渐近方法和计算机代数

——Mathematica 在渐近分析中的应用

董力耘　戴世强　著

上海大学出版社

·上 海·

内 容 提 要

本书详细介绍了渐近分析和摄动方法的经典理论及其计算机代数系统（Mathematica）的实现方法，其中包括 Laplace 方法、驻相法、最陡下降法、微分方程渐近解、PLK 方法、平均法、匹配渐近展开法、多重尺度法等。本书强调渐近方法与 Mathematica 的深度结合，充分利用 Mathematica 来完成公式推导，并给出书中所有实例的完整代码。

本书可作为理工科研究生的应用数学教材使用，亦可供力学、物理、工程、应用数学等相关专业的研究人员、工程师、高校教师和高年级学生参考。

图书在版编目(CIP)数据

渐近方法和计算机代数：Mathematica 在渐近分析中的应用 / 董力耘，戴世强著.— 上海 ：上海大学出版社，2024.10. - ISBN 978-7-5671-5095-9

I. O175.1

中国国家版本馆 CIP 数据核字第 2024 ND9706 号

责任编辑　王悦生

封面设计　柯国富

技术编辑　金　鑫　钱宇坤

渐近方法和计算机代数

——Mathematica 在渐近分析中的应用

董力耘　戴世强　著

上海大学出版社出版发行

（上海市上大路 99 号　邮政编码 200444）

（https://www.shupress.cn　发行热线 021-66135112）

出版人　余　洋

*

江苏凤凰数码印务有限公司印刷　各地新华书店经销

开本 787 mm×1092 mm　1/16　印张 25　字数 607 千

2024 年 10 月第 1 版　2024 年 10 月第 1 次印刷

ISBN 978-7-5671-5095-9/O·76　定价 88.00 元

前　　言

本书是上海大学力学与工程科学学院研究生课程“渐近分析和计算机代数”的配套教材。渐近分析是钱伟长先生所说的力学所（即上海市应用数学和力学研究所）人人都应该掌握的“四大法宝”之一。这门课最早的名称是“渐近分析”，当时大多数研究人员都是手工推导公式，效率低，还容易出错。后来，当作者甫一接触计算机代数系统，就发现它是求解奇异摄动问题的绝配，应该尽快学习和掌握，于是就有了“渐近分析和计算机代数”。这门课的目的是在介绍基本数学原理的同时，讲授如何应用计算机代数系统，如用 Mathematica 来推导公式。经过多年的教学实践，历时两年多的整理和撰写，相关备课资料终于结集成书。2024 年恰逢上海市应用数学和力学研究所成立 40 周年，我们把本书的出版作为一份贺礼，向钱伟长先生致敬，并祝愿力学所越办越好。

上海大学实行的是短学期制，每个学期里 10 周授课，“渐近分析和计算机代数”这门课共 40 个学时。平心而论，课时偏少了些。这门课实际上包含了三个部分——渐近分析、摄动方法和计算机代数，60~80 个学时更为合适。由于学时所限，授课时选取了一部分力学专业常用的内容，而忽略了一些内容，如 WKB 方法以及发散级数求和等。从教学效果来看，似乎并没有达到预期效果。授课时，由于内容比较多，主要采用 PPT 和 Notebook 课件，甚少板书，留下讨论的时间不多，而研究生第一学年又是集中上多门专业课，学生可能来不及消化课程的内容。另外一个重要原因可能是学生没有与课程无缝衔接的教材来事先预习，这样他们在上课时难以做到有的放矢。这也是撰写这本教材的导因。

本书主要使用的参考资料有两种，李家春和戴世强编著的讲义《物理和工程中的渐近方法》（未出版）；李家春和周显初编著的研究生教材《数学物理中的渐近方法》，这也是推荐给同学们的主要参考书，该书 2023 年刚出了新版。这两本资料都介绍了渐近方法的基本原理及其应用，后者还介绍了作者多年的研究成果。目前国内外已经出版了许多关于渐近分析和摄动方法的教材和专著，作者最常用的英文专著就是 A. H. Nayfeh 的 *Perturbation Methods* 和 *Introduction to Perturbation Techniques*，C. M. Bender 和 S. A. Orszag 所著 *Advanced Mathematical Methods for Scientists and Engineers*，E. J. Hinch 的 *Perturbation Methods* 以及 M. H. Holmes 所著的 *Introduction to Perturbation Methods*，其中一些已有中译本。中文专著有谢定裕所著的《渐近方法：在流体力学中的应用》等，详见本书参考文献。这些都是介绍渐近方法的优秀理论著作。

本书的特点是渐近方法与 Mathematica 的深度结合。书中内容尽可能都用 Mathematica 来实现，包括所有例题、插图以及一些定理的辅助推导。用 Mathematica 写书的一个特点是要把复杂的问题分解到 Mathematica 可以解决的程度，这就需要知道足够多的细节。本书中提供了一些完整解决的例子，有些例子还用多种方法处理。这样有助于读者全面了解各种方法的能力和适用范围。限于篇幅，并不能把所有代码和输出都写在书上，其中一部分内容就作为练习，另一方面考虑到读者不必参考完整的源代码就能看懂内容，应提供足够多的细节。此外，实际求解问题常需要借助物理直观，甚至要事先猜出解的形式。解决一个复杂的问题，很大程度上取决于研究者对问题认识的深刻程度。这就给问题的求解带来额外的复杂性，通常不能指望按部就班地使用计算机代数系统就可以迎刃而解。

作为一本教材，作者有一些学习建议供读者参考。读者应对 Mathematica 语言足够熟悉，这样方能充分利用语言的特性。空闲之时常浏览在线帮助，或有意外收获。使用渐近方法解决问题，须知“有常规，无定规”。有时候需要使用多种方法，打“组合拳”方能奏效。众所周知，必须要做一定量的练习，才能真正掌握一种方法。例如，用 Mathematica 完成精读论文中的理论推导部分，或者从参考书中找一些实例来实现（实际上本书就是汇集了一些这样的例子）。在学习的初期，得到正确的结果是第一位的，然后才是使用各种技巧，提高程序的运行效率。Mathematica 的确是科研利器，值得化一些时间和精力去学习，磨刀不误砍柴工，熟练掌握之后往往会有事半功倍的效果。

本书的代码存放在百度网盘：https://pan.baidu.com/s/1wIWzuMAdMVdmjUmrvyD1XQ，提取码：AMCA。内容包括自定义通用函数、各章专用函数和实例的完整代码。由于本书的代码是在不同时期编写的，时间跨度较长，编程风格可能有所不同，变量命名也会略有差异。另外，对于代码的阐释还可以进一步完善。对于发现的错误，将通过网盘中的勘误表及时发布更正，相关的代码也会作相应的更新。

本书的写作和出版得到了国家自然科学基金(11172164, 11572184)的资助，并得益于上海大学力学与工程科学学院、上海市应用数学和力学研究所的优良工作环境和同事们的热情鼓励。感谢卢东强研究员提供了有用的建议；感谢课题组的研究生们，他们在学习和研究过程中提出了各种各样的问题，是很好的素材。还要特别感谢上过这门课的同学们，他们在课程报告中提出了一些很好的建议。在此一并表示衷心的感谢！

由于作者水平有限，书中难免有错误疏漏之处，恳请读者予以批评指正。

作　者

2024 年 9 月

目　录

第 1 章　Mathematica 简明教程

近年来科学和工程界应用最广泛的三大数学软件分别是 Mathematica、MATLAB 和 Maple，其中 Mathematica 和 Maple 以符号运算(symbolic computation)为主，而 MATLAB 以数值运算为主。作为一种计算机代数系统(computer algebra system, CAS)，Mathematica 由沃尔弗拉姆(Stephen Wolfram)自 20 世纪 80 年代初开始构思，并在 1988 年正式发布了第 1 版。Mathematica 的“生日”是 6 月 23 日，这也是数学家、“人工智能之父”图灵(Alan Turing)的生日。作为一个数学软件，Mathematica 就是数学(mathematics)所对应的拉丁文。Mathematica 的得名是沃尔弗拉姆参考了苹果公司联合创始人乔布斯(Steve Jobs)的建议(“start from the generic term for something, then romanticize it”)而确定的。目前 Mathematica 已成为众多计算机用户首选的计算机代数系统。在超过 100 万名 Mathematica 用户中，其中 28%是工程技术人员，21%是计算机专业人员，20%是物理工作者，12%是数学工作者，12%是商业、社会和生命科学从业人员。关于 Mathematica 的最新版本及相关介绍可以访问 www.wolfram.com。现今网络教学资源丰富，有很多的公开课，介绍了 Mathematica 的基本操作和常见命令。本书选用 Mathematica 来实现公式的符号运算，它的常用缩写是 MMA。

1.1　初识 Mathematica

下面通过一些实例来体会一下 MMA 语言的特点。

例 1.1.1　圆周率。

给出π的近似值，保留 50 位有效数字：

```
N[Pi,50]
```

$$3.1415926535897932384626433832795028841971693993751$$

南北朝时期的数学家祖冲之给出π的两个分数近似值，分别是约率(approximate ratio)和密率(precise ratio)：

```
ar = Rationalize[π, 10^-2]
```

$$\frac{22}{7}$$

```
pr = Rationalize[π, 10^-6]
```

$$\frac{355}{113}$$

例 1.1.2　随机数。

产生$1\sim20$内可重复的随机整数，并统计重复出现数字的次数：

```
RandomInteger[20,20]
```

$$\{10,19,19,13,6,3,3,13,17,10,4,16,20,4,13,1,10,6,10,4\}$$

Tally[%]

{{10,4}, {19,2}, {13,3}, {6,2}, {3,2}, {17,1}, {4,3}, {16,1}, {20,1}, {1,1}}

产生1 ~ 20内不重复的随机整数，类似于 MATLAB 的 randperm 函数：

data = RandomSample[Range[20]]

{6,12,10,7,5,17,8,4,11,13,9,2,16,3,20,19,1,15,14,18}

例 1.1.3 字符串操作。

mathsoft = {"MATLAB", "Mathematica", "Maple"}

将三个数学软件根据其名字长度由大到小排序：

Sort[mathsoft, StringLength/@(#1 > #2)&]

{Mathematica,MATLAB,Maple}

通过对字符串操作得到 Mathematica 的缩写 MMA：

StringJoin[ToUpperCase[StringPart[#, {1, (StringLength[#] + 1)/2, −1}]]]&@%[[1]]

MMA

例 1.1.4 代数方程。

(1) 一元二次代数方程的根由韦达定理给出：

sol = Solve[$ax^2 + bx + c == 0, x$]

$$\left\{\left\{x \to \frac{-b-\sqrt{b^2-4ac}}{2a}\right\}, \left\{x \to \frac{-b+\sqrt{b^2-4ac}}{2a}\right\}\right\}$$

x/. sol//two2one

$$-\frac{b}{2a} \pm \frac{\sqrt{b^2-4ac}}{2a}$$

上式中使用了一个自定义函数**two2one**，将方程的两个解合并在一起。

(2) 求解一阶线性方程组，其系数矩阵为$\boldsymbol{A}$（用矩阵形式显示），未知量为$\boldsymbol{X}$，右端项为$\boldsymbol{B}$，分别表示如下：

(A = {{a, b}, {c, d}})//MatrixForm

$$\begin{pmatrix} a & b \\ c & d \end{pmatrix}$$

X = {x, y}; B = {e, f};

Solve[$A.X == B, X$][[1]]

$$\left\{x \to -\frac{de-bf}{bc-ad}, y \to -\frac{-ce+af}{bc-ad}\right\}$$

例 1.1.5 公式化简。

expr = Sin[x]^2 + Cos[x]^2

$$\mathrm{Cos}[x]^2 + \mathrm{Sin}[x]^2$$

虽然上式是恒等式，其值为 1，但 MMA 并不自动进行化简。为了得到化简后的结果，可以使用**Simplify**函数，即

Simplify[Sin[x]^2 + Cos[x]^2]

1

功能更加强大的化简函数是**FullSimplify**，会调用更多的内置函数，可得更充分化简后的结果。从下例可见一斑：

```
FullSimplify[a^2 + b^2 + 2a + 1]
```

$$(1+a)^2+b^2$$

```
Simplify[a^2 + b^2 + 2a + 1]
```

$$1+2a+a^2+b^2$$

例 1.1.6　因式分解。

```
Factor[a^3 + b^3]
```

$$(a+b)(a^2-ab+b^2)$$

热尔曼(Germain)恒等式：

```
Factor[a^4 + 4b^4]
```

$$(a^2-2ab+2b^2)(a^2+2ab+2b^2)$$

例 1.1.7　数列。

给出斐波那契(Fibonacci)数列前 20 项：

```
Table[Fibonacci[n], {n, 20}]
```

{1,1,2,3,5,8,13,21,34,55,89,144,233,377,610,987,1597,2584,4181,6765}

利用列表来构造以上数列：

```
ReplaceRepeated[{1, 1}, {a___, b_, c_} :> {a, b, c, b + c}, MaxIterations → 18]
```

{1,1,2,3,5,8,13,21,34,55,89,144,233,377,610,987,1597,2584,4181,6765}

欧拉(Euler)在 1735 年解决了著名的巴塞尔问题(Basel problem)，即正整数倒数的平方和：

$$\sum_{n=1}^{\infty}\frac{1}{n^2}=1+\frac{1}{2^2}+\frac{1}{3^2}+\frac{1}{4^2}+\frac{1}{5^2}+\frac{1}{6^2}+\cdots=\frac{\pi^2}{6} \tag{1.1.1}$$

可用求和函数**Sum**求解如下：

```
Sum[1/n^2, {n, 1, ∞}]
```

$$\frac{\pi^2}{6}$$

例 1.1.8　微积分。

一个经典的极限为

$$\lim_{x\to 0}\frac{\sin(x)}{x}=1$$

可用极限函数**Limit**计算如下：

```
Limit[Sin[x]/x, x → 0]
```

$$1$$

下面同样以$\sin(x)/x$为例，给出其级数、微分和积分：

```
Series[Sin[x]/x, {x, 0, 10}]
```

$$1-\frac{x^2}{6}+\frac{x^4}{120}-\frac{x^6}{5040}+\frac{x^8}{362880}-\frac{x^{10}}{39916800}+O[x]^{11} \tag{1.1.2}$$

从中很容易看出$x\to 0$的极限值。另外，可知级数的余项为皮亚诺(Peano)型。欧拉在计算式(1.1.1)时用到了$\sin(x)/x$的根集。它的微分和积分分别为

```
D[Sin[x]/x, x]
```

$$\frac{\mathrm{Cos}[x]}{x}-\frac{\mathrm{Sin}[x]}{x^2}$$

```
Integrate[Sin[x]/x, {x, 0, ∞}]
```

$$\frac{\pi}{2}$$

上述反常积分称为狄利克雷(Dirichlet)积分。

例 1.1.9 微分方程。

(1) 简谐振动方程$u''(\mathrm{t})+\omega^2u(t)=0$的通解为

```
DSolve[u''[t] + ω²u[t] == 0, u[t], t]
```

$$\{\{u[t]\to c_1\mathrm{Cos}[t\omega]+c_2\mathrm{Sin}[t\omega]\}\}$$

(2) 一阶波动方程$u_t-au_x=0$的通解为

```
DSolve[∂_t u[x, t] - a∂_x u[x, t] == 0, u[x, t], {t, x}]
```

$$\{\{u[x,t]\to c_1[at+x]\}\} \tag{1.1.3}$$

注意以上代码的最后部分是$\{t,x\}$，而不是$\{x,t\}$。这样可以得到形式更好的解。

例 1.1.10 图形可视化。

将$\sin(x)$曲线与水平轴之间的区域用斜线填充（图 1.1.1），可以用如下方式实现：

```
RegionPlot[Between[y, {Sin[x], 0}], {x, 0, 4Pi}, {y, -1, 1}, BoundaryStyle → Black,
Mesh → 40, MeshFunctions → {#1 - #2&}, MeshStyle → Thin, PlotStyle → None,
PlotPoints → 60, AspectRatio → Automatic, PlotRange → {{0, 4Pi}, {-1, 1}}, Frame
→ False, Axes → True, Ticks → {Table[n Pi/2, {n, 0, 8}], {-1, -0.5, 0, 0.5, 1}}]
```

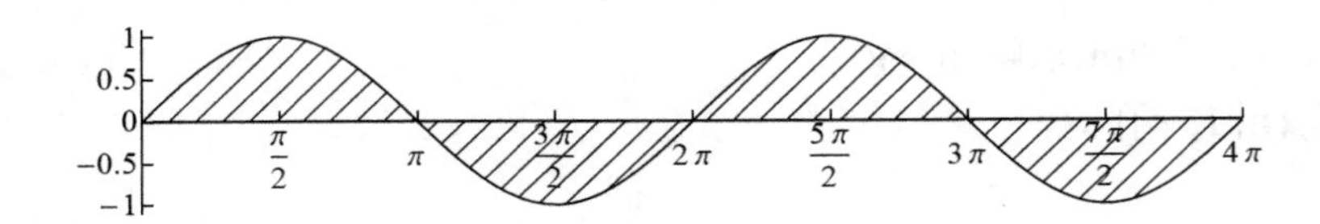

图 1.1.1 用斜线填充的正弦曲线

从上面的一些实例，可以看出 MMA 的一些典型特征：*代码量少，用法灵活，功能强大*。下面总结一下 MMA 语言的一些典型特征。

1. 内置函数的命名方法

MMA 中的内置函数(built-in functions)采用大驼峰命名法(Upper Camel Case)，又名帕斯卡(Pascal)命名法，把函数名中每个构成单词的首字母大写：单个单词构成的函数名，如**Solve**、**Factor**和**Integrate**；多个单词构成的函数名，如**MatrixForm**和**FullSimplify**。

MMA 中有七个单字母的函数名，它们是

```
Select[Names[System`*], StringLength[#] == 1&&ToCharacterCode[#][[1]] ≤ 90&]
```

$$\{\mathrm{C,D,E,I,K,N,O}\}$$

式中，**C**和**K**分别出现在微分方程的经典解和积分解之中。**D**是求导数，**N**是数值运算，**E**是自然常数($\mathrm{e}\approx2.71828$)，**I**是虚数单位($\mathrm{i}=\sqrt{-1}$)，而**O**用于级数，表示量阶。用户自定义的变量名或函数名尽量避免与之重名，以免发生难以察觉的错误。本书中用双斜字体来表示，如用

$\mathbb{E}$来表示变量名**E**，这样就不会与 MMA 内置函数发生冲突。

2. 各种括号的意义

在前面的例子中都出现了方括号，这是因为方括号[⋯]用于函数，而几乎每个语句都会用到函数。

在前面多个例子中出现了花括号。花括号{⋯}表示列表。很多计算结果是放在列表里的，如例 1.1.2 和 1.1.4。

例 1.1.4 中出现了圆括号(⋯)，与其他计算机语言相同，即分组(grouping)，可以改变计算的优先级，圆括号内的表达式先于其他进行计算。例 1.1.4 中，在圆括号内完成了赋值，同时赋值的结果也返回给系统，用于以矩阵形式**MatrixForm**输出，而矩阵$\boldsymbol{A}$并不会受到影响。这是一个很有用的技巧。

上述三种括号在算术运算中居于最高的优先级。

例 1.1.3 中出现了双方括号[[⋯]]，用于取表达式中的元素。这实际上是函数**Part**的表示方法，例如**data[[3]]**等价于**Part[data, 3]**。

3. 逗号和分号

逗号用于程序分段，每一段程序可以包括多个表达式，用分号隔开。逗号之间的多个语句可以视为一个复合表达式。一个表达式后加分号，还可以抑制计算结果的输出。而一对分号表示跨度，用于取列表中的元素。

4. 计算表达式

计算输入表达式可在菜单的“计算”选择“计算单元”，但通常大多数人会倾向于使用快捷键Shift+Enter。如果键盘有数字键区，则只要按下该区右下角的Enter即可计算。

1.2 一切都是表达式

在 MMA 中，*所有对象都是表达式*(Every object is an expression.)。在 MMA 中有两种表达式，一种是原子表达式(atomic expression)，称为原子(atom)或基元，由于 MMA 的官方帮助文件中将**AtomQ**函数翻译为“基元判定”，因此本书将其称为基元；另外一种称为普通表达式(normal expression)或复合表达式(compound expression)，它们可以分解为基元。

基元主要包括数、符号和字符串，而数又包括整数、有理数（分数）、实数（浮点数）和复数。

复合表达式可能非常复杂，但在 MMA 内部都用标准形式表示，可以用**FullForm**来查看，这在模式匹配中也非常重要，因为常常出现所见非所想的情形，这时就要查看表达式的完整表示形式。每个表达式的标准形式如下：

$$\mathbf{Head}[\mathbf{arg}_1, \mathbf{arg}_2, \mathbf{arg}_3, \cdots, \mathbf{arg}_n] \tag{1.2.1}$$

式中，**Head**是表达式的头部，但它本身也可能是一个复杂的表达式。方括号内可以有多个由逗号分开的参数$\mathbf{arg}_j$，也可以没有参数，如基元就是这样。

下面构建一个列表，这是 MMA 中最基本、最常用的数据结构：

$\boldsymbol{V = \{a, b, c\}}$

$$\{a, b, c\}$$

但查看其完全形式，也具有式(1.2.1)的结构：

FullForm[V]

$$\text{List}[a,b,c]$$

对比式(1.2.1)，可见列表**V**的头部为**List**，其参数为**a, b, c**。

表达式的参数也可以取出来，但不是用列表**List**表示，而是用序列**Sequence**。如：

f[*x*, *y*, *z*]/. f[x_] → *x*

$$\text{Sequence}[x,y,z]$$

可见 MMA 的表达式和数学中函数的表示方法类似，不过这里采用的是方括号，而不是常用的圆括号。在下文中，在不引起误解的情况下，大多将表达式称为函数，如**Sin[*x*]**，**Simplify**等，而将算式如$a+b+c$等称为表达式，并通常用变量**expr**来表示。

例如：常见加减乘除的内部表达式为

Map[FullForm, {*a* + *b*, *a* − *b*, *a* ∗ *b*, *a*/*b*}]

$$\{\text{Plus}[a,b],\text{Plus}[a,\text{Times}[-1,b]],\text{Times}[a,b],\text{Times}[a,\text{Power}[b,-1]]\}$$

可以看到，实际上只有加法和乘法，减法和除法都是通过逆元来实现的，如上式中$\text{Times}[-1,b]$和$\text{Power}[b,-1]$，即$-b$和$1/b$。

统计 MMA 12 中文版中所有系统符号，包括内部函数名和特殊字符等，共 6568 个：

Length[Names["System` ∗ "]]

$$6568$$

由于本书主要研究积分的渐近表示和微分方程的渐近解，所涉及的函数大约 50 个，基本上就能解决所遇到的大多数问题。

下面给出一些例子，所用到的函数在后文中出现时一般都有说明，这里提前使用。如果遇到未知的陌生函数，可以查阅 MMA 自带的帮助文件。

先构建一个列表，其中包含数、符号、数学常数和字符串。

list = {1, 2/3 , 3. 14, 3 + 4i, π, *x*, "Mathematica 12"};

查看其中每个对象是否都是基元：

Map[AtomQ, list]

$$\{\text{True},\text{True},\text{True},\text{True},\text{True},\text{True},\text{True}\}$$

可见数、符号和字符串都是基元。

查看每个对象的头部：

Map[Head, list]

$$\{\text{Integer},\text{Rational},\text{Real},\text{Complex},\text{Symbol},\text{Symbol},\text{String}\}$$

选择列表中的数：

Cases[list, _? NumberQ]

$$\left\{1,\frac{2}{3},3.14,3+4\text{i}\right\}$$

在 MMA 中，数有三类：整数（**Integer**，为精确数）、有理数（**Rational**，即分数，也是精确数）、任意给定精度的有理数（**Real**，即浮点数）。复数的实部和虚部也是由上面三类数来构成的。

选择列表中有数值量的对象：

Cases[list, _? NumericQ]

$$\left\{1, \frac{2}{3}, 3.14, 3+4i, \pi\right\}$$

式中，多出了π，它是基元（符号），不是数（不属于 MMA 定义的三类数），但有相应的数值。

下面来看一下数学中的无理数，以$\sqrt{2}$为例，先查看它的相关属性：

Through[{AtomQ, Head, NumberQ, NumericQ}[√2]]

$$\{\text{False}, \text{Power}, \text{False}, \text{True}\}$$

这表明$\sqrt{2}$不是基元，是幂函数，不是数（不属于 MMA 定义的三类数），但有相应的数值。

下面查看$\sqrt{2}$的完全格式：

FullForm[√2]

$$\text{Power}[2, \text{Rational}[1,2]]$$

这表明$\sqrt{2}$通过幂函数**Power**计算所得，有两个参数，幂函数的底为 2，指数为 1/2，分别是整数和分数，它们都是基元。

还可以用**Level**查看$\sqrt{2}$由哪些基元构成：

Level[√2, {−1}]

$$\left\{2, \frac{1}{2}\right\}$$

这就验证了前面的结论。再复杂的表达式也是由基元构成的，可用**Level**函数查看。

最容易导致错误的基元是分数和复数。以 3/4 和$3+4i$为例：

three = {3/4 , 3 + 4i, *a*^*b*};

FullForm/@three

$$\{\text{Rational}[3,4], \text{Complex}[3,4], \text{Power}[a, b]\}$$

可见它们的内部标准表达式和幂函数**Power[*a*, *b*]**非常相似，而不像整数和有理数这两种基元，以 3 和 3.14 为例查看它们的完全格式，发现和惯用的形式一样：

FullForm/@{3, 3. 14}

$$\{3, 3.14\}$$

对于基元，不能用**Part**函数提取其参数部分，即它们只有头部，没有参数。

{3[[0]], (3/4)[[0]], 3. 14[[0]], (3 + 4i)[[0]]}

$$\{\text{Integer}, \text{Rational}, \text{Real}, \text{Complex}\}$$

上式语句等价于用**Head**取各个对象的头部，注意 3/4 和$3+4i$的括号不能略去。当索引为零时，就可以取出表达式的头部，当索引为n（n为正整数）时，可以从中取出第n个参数。

以$\sqrt{2}$为例，取出它的各个部分：

{√2[[0]], √2[[1]], √2[[2]]}

$$\left\{\text{Power}, 2, \frac{1}{2}\right\}$$

再以分数 3/4（这是基元）为例：

num = 3/4 ;

Quiet[{num[[0]], num[[1]], num[[2]]}]

$$\left\{\text{Rational}, \frac{3}{4}[\![1]\!], \frac{3}{4}[\![2]\!]\right\}$$

这里用**Quiet**抑制了提示信息的输出。可以看到并未如预期的那样取出 3 和 4，但这并不意味着不可对基元作进一步的操作，只是不能用**Part**实现而已。

例如，取分数的分子和分母：

NumeratorDenominator[3/4]

$$\{3,4\}$$

取复数的实部和虚部：

ReIm[3 + 4i]

$$\{3,4\}$$

将字符串分解成单个字符：

Characters["Mathematica"]

$$\{\text{M,a,t,h,e,m,a,t,i,c,a}\}$$

【练习题 1.1】 已知**num1 = 3 + 4i; num2 = 2 + $\sqrt{3}$i; num3 = $\sqrt{3}$ + 2i;**分别用**Head**，**Part[num, 1]**，**Part[num, 2]**对上面三个数进行操作，并解释结果。

1.2.1 表达式的四种表示形式

表达式有四种写法，下面以数值运算函数**N**为例说明。

1. 标准形式：$f[x], f[x,y], f[x,y,z], f[x,y,z,\cdots]$

N[Pi]

$$3.14159$$

N[Pi, 10]

$$3.141592653$$

下面用其他三种形式给出上述两个结果。

2. 前缀形式：$f@x$

N@Pi

N@Sequence[Pi, 10]

3. 后缀形式：$x//f$

Pi//N

Sequence[Pi, 10]//N

或者（这种更常用）

Pi//N[#, 10]&

4. 中缀形式：$x\sim f\sim y$

Pi~N~Sequence[]

Pi~N~10

下面对以上结果作一些说明：

(1) **N[Pi]**的输出在 MMA 中只显示 6 位，实际上默认的计算精度是 16 位有效数字。如果仅需输出 6 位有效数字，可用**N[Pi, 6]**；

(2) 有一种类似于前缀形式的表达式：**N@@{Pi, 10}**，也给出同样的结果，实际上它的标准形式是**Apply[N, {Pi, 10}]**；

(3) 本书中最常用到的是标准形式，其次是后缀形式（可以突出数学主题），有时会用到前缀形式，很少用到中缀形式。

【练习题 1.2】　将标准形式$f[x]$、$f[x,y]$和$f[x,y,z]$用其他三种形式表示。

1.2.2　函数操作

除了常见的数学函数，MMA 中还有一些对函数进行操作的函数，常用的有**Apply**，**Map**，**Thread**等。其中**Apply**和**Map**还设计了专门运算符，在一定程度上可以简化代码，但如果对 MMA 不够熟悉的话，也可能为阅读代码带来一些障碍。

1. Apply (@@)：应用

{Apply[f, {x, y, z}], f@@{x, y, z}}

$$\{f[x,y,z],f[x,y,z]\}$$

Plus@@{x, y, z}

$$x+y+z$$

实际上，对于一般函数$f[x,y,z]$都有

Plus@@f[x, y, z]

$$x+y+z$$

而@@@表示仅应用于第 1 层：

{Apply[f, {{x}, {y}, {z}}, {1}], f@@@{{x}, {y}, {z}}}

$$\{\{f[x],f[y],f[z]\},\{f[x],f[y],f[z]\}\}$$

比较应用于第 0 层和第 1 层所得的计算结果之间的差异：

{Apply[Plus, {{a, b, c}, {x, y, z}}, {0}], Plus@@{{a, b, c}, {x, y, z}}}

$$\{\{a+x,b+y,c+z\},\{a+x,b+y,c+z\}\}$$

{Apply[Plus, {{a, b, c}, {x, y, z}}, {1}], Plus@@@{{a, b, c}, {x, y, z}}}

$$\{\{a+b+c,x+y+z\},\{a+b+c,x+y+z\}\}$$

2. Map (/@)：映射

{Map[f, {x, y, z}], f/@{x, y, z}}

$$\{\{f[x],f[y],f[z]\},\{f[x],f[y],f[z]\}\}$$

判断各种类型的数字或常数是否是基元：

AtomQ/@{1, 2/3 , 3. 14, 3 + 4i, Pi}

$$\{\text{True},\text{True},\text{True},\text{True},\text{True}\}$$

将1 ~ 20内的质数用粗体标记：

If[PrimeQ[#], Style[#, Bold], #]&/@Range[20]

$$\{1,\mathbf{2},\mathbf{3},4,\mathbf{5},6,\mathbf{7},8,9,10,\mathbf{11},12,\mathbf{13},14,15,16,\mathbf{17},18,\mathbf{19},20\}$$

3. Thread：逐项作用

Thread[f[{x, y, z}]]

$$\{f[x], f[y], f[z]\}$$

例 1.2.1 积分因子与常微分方程。

下面用积分因子e^x乘以方程的两端，这样左端可以直接积分得到它的原函数：

```
eq = y'[x] + y[x] == 1/x;
Thread[Exp[x]eq, Equal]//Expand
```

$$e^x y[x] + e^x y'[x] == \frac{e^x}{x}$$

```
lhs = Integrate[First[%], x];
(Inactive[D][lhs, x] == Last[%%])
```

$$\partial_x(e^x y[x]) == \frac{e^x}{x}$$

【练习题 1.3】 试用**Thread[AtomQ[{1, 2/3 , 3. 14, 3 + 4i, Pi}]]**，看得到的结果是否符合预期。如不符合预期，应该如何修正？

1.2.3 控制语句

与其他程序设计语言类似，MMA 也有条件控制语句、循环控制语句和转向控制语句。

1. 条件控制语句

(1) If 语句

$$\mathbf{If}[\text{cond, expr}] \tag{1.2.2}$$

即如果**cond**为**True**，执行**expr**。

$$\mathbf{If}[\text{cond, expr}_1\text{, expr}_2] \tag{1.2.3}$$

即如果**cond**为**True**，执行$\mathbf{expr_1}$；如果为**False**，执行$\mathbf{expr_2}$。

$$\mathbf{If}[\text{cond, expr}_1\text{, expr}_2\text{, expr}_3] \tag{1.2.4}$$

即如果**cond**为**True**，执行$\mathbf{expr_1}$；如果为**False**，执行$\mathbf{expr_2}$；非真非假时则执行$\mathbf{expr_3}$。

(2) Which 语句

$$\mathbf{Which}[\text{cond}_1\text{, val}_1\text{, cond}_2\text{, val}_2\text{, }\cdots\text{, cond}_n\text{, val}_n] \tag{1.2.5}$$

逐一测试$\mathbf{cond}_j$，返回第 1 个满足条件的$\mathbf{val}_j$的值；若均不满足，返回**Null**；若无法判断是否满足，则返回表达式本身。

(3) Switch 语句

$$\mathbf{Switch}[\text{expr, pat}_1\text{, val}_1\text{, pat}_2\text{, val}_2\text{, }\cdots] \tag{1.2.6}$$

计算**expr**的值，与模式$\mathbf{pat_1}$，$\mathbf{pat_2}$，……依次比较，找出第 1 个与**expr**匹配的模式$\mathbf{pat}_j$，计算对应的表达式$\mathbf{val}_j$的值；若无法匹配，则返回表达式本身。

例 1.2.2 利用条件控制语句实现符号函数。

MMA 有内置符号函数**Sign**，对于测试数据**data**给出以下结果：

```
data = {-3, 0, 4}
Sign[data]
```

$$\{-1,0,1\}$$

下面利用条件控制语句编写函数实现同样功能。

如果采用式(1.2.3)，实现上述功能需要两次使用**If**。定义函数如下：

```
sign0[x_]:= If[x == 0, 0, If[x > 0, 1, -1]]
```

如果采用式(1.2.4)，则只要使用一次**If**。定义函数如下：

```
sign1[x_]:= Quiet@If[Positive[1/x], 1, -1, 0]
```

如果采用式(1.2.5)，定义函数如下：

```
sign2[x_]:= Which[x > 0, 1, x < 0, -1, x == 0, 0]
```

如果采用式(1.2.6)，定义函数如下：

```
sign3[x_]:= Quiet@Switch[Positive[1/x], True, 1, False, -1, _, 0]
```

最后采用分段函数**Piecewise**来定义符号函数：

```
sign4[x_]:= Piecewise[{{1, x > 0}, {-1, x < 0}}, 0]
```

由于**Piecewise**与 MMA 中的代数、符号和图形函数完全集成，而许多内置函数并不完全支持早期的条件式实现方法，因此最后一种方法更好。

下面以自定义函数**sign1**进行验证，注意这里采用的**Map**方式：

```
sign1/@data
```

$$\{-1,0,1\}$$

2. 循环控制语句

(1) Do 语句

$$\text{Do[Expr, iter]} \tag{1.2.7}$$

(2) For 语句

$$\text{For[init, cond, incr, expr]} \tag{1.2.8}$$

(3) While 语句

$$\text{While[cond, expr]} \tag{1.2.9}$$

例 1.2.3　以高斯(C. F. Gauss)幼时所求的$1+2+3+\cdots+99+100$之和为例

(1) 采用**Do**循环，即式(1.2.7)：

```
sum = 0; Do[sum+= i, {i, 100}]; sum
```

$$5050$$

(2) 采用**For**循环，即式(1.2.8)：

```
For[sum = 0; i = 1, i ≤ 100, i + +, sum+= i];
```

(3) 采用**While**循环，即式(1.2.9)：

```
sum = 0; i = 1; While[i ≤ 100, sum+= i; i + +];
```

注意**sum**可以在**For**循环内初始化。

3. 转向控制语句

包括**Return[expr]**，**Break[]**，**Continue[]**等，由于本书中并未用到，这里不作专门介绍。

1.2.4　编程模块

编程模块有三种：**With**，**Block**，**Module**。下面逐一介绍，其表述形式分别为

$$\text{With[\{x=x0, y=y0, }\cdots\text{\}, expr]} \tag{1.2.10}$$

$$\text{Block[\{x, y, }\cdots\text{\}, expr]} \tag{1.2.11}$$

$$\text{Module}[\{\text{x, y}, \cdots\}, \text{expr}] \tag{1.2.12}$$

式中，花括号内是局部变量列表，**expr**是表达式，可由多个语句组成，语句之间用分号(;)分开。这三种模块的差异主要在于局部变量的类型和使用方式。

(1) 如果在上述模块中出现的变量（如y），在局部变量列表中没有定义，就会使用同名的全局变量。

(2) 在**With**模块中，花括号内是局部常量，必须在初始化时赋值，且在计算中不可变。在**Block**和**Module**模块中都是局部变量，可以初始化，也可以不初始化。

(3) 在**Block**模块中，如果模块外部已经有同名的全局变量，则局部变量会屏蔽这些全局变量，在模块结束时再恢复这些全局变量的值。

(4) 在**Module**模块中，如果模块外部已经有同名的全局变量，则局部变量会重命名。如全局变量为**x**，模块中的局部变量可能为**x$123**，但是看起来还是**x**，其内部表示并不一样。

Module模块更加安全、结果可期，不易出错，建议在编程中尽量采用它。

1.2.5 自定义函数

可以用如下方式来定义函数：

$\boldsymbol{f}[\text{x\_}] := \boldsymbol{ax+b}$

式中，函数名为$\boldsymbol{f}$，用**x_**来表示将替换右端 x 的变量，:=为延迟赋值。**x_**是一个模式，它表示了应该使用这个定义的表达式类别。由于未加限制，**x_**可以匹配任何表达式。

下面用 MMA 1.0 的**logo**（图像）作为输入，这也是允许的。

logo = Show[PolyhedronData["MathematicaPolyhedron"], Boxed → False]

***f*[logo]**

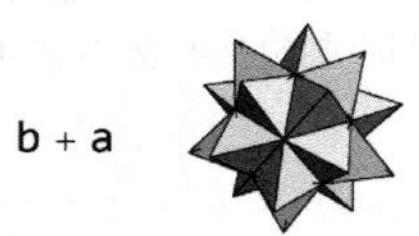

同一个函数f，可以有不同数目的参数，计算时系统会自动进行匹配：

$\boldsymbol{f}[\text{x\_}, \text{y\_}] := \boldsymbol{ax+by+c}$

$\boldsymbol{f}[\text{x\_}, \text{y\_}, \text{z\_}] := \boldsymbol{ax+by+cz+d}$

$\{\boldsymbol{f}[1], \boldsymbol{f}[1,2], \boldsymbol{f}[1,2,3]\}$

$$\{a+b, a+2b+c, a+2b+3c+d\}$$

下面介绍有限制条件的函数。以阶乘函数为例，如果不加任何限制，采用递归的方式定义如下函数：

fac[1][0] = 1;

fac[1][n_]: $= \boldsymbol{n*}$**fac[1]**$[\boldsymbol{n}-\mathbf{1}]$

注意，此函数的头部是**fac[1]**，而不是**fac**。

fac[1][5]

120

当n为负数和浮点数时，如**fac[1][−5]**和**fac[1][3.5]**，就会出现超过迭代极限的错误，这是因为始终不会出现**fac[1][0]**，无法正常终止递归。因此要把阶乘函数的参数限制为非负整数，重新定义如下：

fac[2][0] = 1;

fac[2][n_Integer/; $n \geq 0$]: = $n *$ fac[2][$n-1$]

式中，**n_Integer**只匹配输入参数为整数的情形，而**/; $n \geq 0$**限制n为非负数，其中内置函数**Condition**的缩略表示为/;，如**f[x_/; $x > 0$]**可写成**f[Condition[x_, $x > 0$]]**。

{fac[2][5], fac[2][3. 5], fac[2][−5]}

$$\{120, \text{fac}[2][3.5], \text{fac}[2][-5]\}$$

这样当参数输入有误时，系统就不会进行计算。上述函数等价于

fac[3][0] = 1;

fac[3][n_/; $n \in$ NonNegativeIntegers]: = $n *$ fac[3][$n-1$]

上述代码中非负整数域**NonNegativeIntegers**可以缩写为$\mathbb{Z}_{\geq 0}$。以上代码也可以写成

fac[4][0] = 1;

fac[4][n_Integer]: = $n *$ fac[2][$n-1$]/; $n \geq 0$

这里有一个提高计算效率的常用技巧：

fac[0] = 1;

fac[n_Integer/; $n \geq 0$]: = (fac[n] = $n$fac[$n-1$])

考虑到表达式计算的优先级，圆括号是可以去掉的，此处这样写是为了让代码看起来更清晰。该技巧的实质是保存了中间计算结果，减少了计算量。

1.2.6　纯函数

纯函数(pure function)，在 LISP、MATLAB、Python 等多种语言中也有类似的实现，称为匿名函数(anonymous function)、无名函数(nameless function)或 lambda 表达式等。

在 MMA 中纯函数有三种表示方法，以平方函数x^2为例，分别用$\boldsymbol{f}$，$\boldsymbol{g}$和$\boldsymbol{h}$来表示：

f = Function[x, x^2]; $g = x \mapsto x^2$; $h = \#^2$&;

{$f[x], g[x], h[x]$}

$$\{x^2, x^2, x^2\}$$

式中，**#**代表第 1 个参数，同**#1**。**#n**代表第n个参数。&是与之匹配的符号，若出现了**#**，后必有&。编写代码时采用第 3 种方式最简洁，也是本书中所采用的方式。

纯函数可以手工输入，也可以利用**DSolve**和**RSolve**等函数直接得到纯函数形式的解。

例 1.2.4　下面用两种方法求$F(x)$的表达式：

sol1 = Solve[$F[x] - 1/F[x] == x^2, F[x]$]

$$\left\{\left\{F[x] \to \frac{1}{2}\left(x^2 - \sqrt{4+x^4}\right)\right\}, \left\{F[x] \to \frac{1}{2}\left(x^2 + \sqrt{4+x^4}\right)\right\}\right\}$$

(sol2 = DSolve[$F[x] - 1/F[x] == x^2, F, x$])//Column

$$\left\{F \to \text{Function}\left[\{x\}, \frac{1}{2}\left(x^2 - \sqrt{4+x^4}\right)\right]\right\}$$

$$\left\{F \to \text{Function}\left[\{x\}, \frac{1}{2}\left(x^2 + \sqrt{4+x^4}\right)\right]\right\}$$

虽然上述方程并非微分方程，但是**DSolve**可以求解微分—代数方程，所以仍可使用。

将两种解**sol1**和**sol2**应用于不同的情况：

{*F*[*x*]^2/. sol1[[2]], *F*[*x*]^2/. sol2[[2]]}//Expand

$$\left\{\frac{1}{4}\left(x^2+\sqrt{4+x^4}\right)^2,\frac{1}{4}\left(x^2+\sqrt{4+x^4}\right)^2\right\}$$

可见当表达式中出现了完整的***F*[*x*]**，可得到相同的结果。

{*F*′[*x*]/. sol1[[2]], *F*′[*x*]/. sol2[[2]]}

$$\left\{F'[x],\frac{1}{2}\left(2x+\frac{2x^3}{\sqrt{4+x^4}}\right)\right\}$$

这时**sol1**没有进行运算，而**sol2**给出了正确的结果。

如果把***F*′[*x*]**用**FullForm**显示为完全格式，可得

***F*′[*x*]//FullForm**

$$\text{Derivative}[1][F][x]$$

可以发现在上式中并没有出现***F*[*x*]**，而只有***F***。**sol1**只能应用于显式出现***F*[*x*]**的表达式，而**sol2**则只要在表达式中出现了函数头部***F***即可应用，因而具有最大的适用性。

下面将**sol1**改造为纯函数的形式，这里使用了自定义函数**toPure**：

(sol1//toPure))//Column

$$\left\{F\to\text{Function}\left[\{x\},\frac{1}{2}\left(x^2-\sqrt{4+x^4}\right)\right]\right\}$$

$$\left\{F\to\text{Function}\left[\{x\},\frac{1}{2}\left(x^2+\sqrt{4+x^4}\right)\right]\right\}$$

例 1.2.5 验证杜哈梅(Duhamel)原理。

首先利用纯函数定义波动算子$\mathcal{W}$：

$\mathcal{W}$ = (∂*t*,*t*# − *a*²∂*x*,*x*#&);

非齐次波动方程的齐次初值问题为

equ = $\mathcal{W}$@*u*[*x*, *t*] == *f*[*x*, *t*]

$$u^{(0,2)}[x,t]-a^2u^{(2,0)}[x,t]==f[x,t]$$

ic1 = *u*[*x*, 0] == 0; ic2 = *u*^(0,1)[*x*, *t*] == 0;

相应的齐次波动方程的非齐次初值问题为

eqU = $\mathcal{W}$@*U*[*x*, *t*, *τ*] == 0

$$U^{(0,2,0)}[x,t,\tau]-a^2U^{(2,0,0)}[x,t,\tau]==0$$

IC1 = *U*[*x*, *τ*, *τ*] == 0; IC2 = *U*^(0,1,0)[*x*, *τ*, *τ*] == *f*[*x*, *τ*];

以上两个方程组的解之间具有如下关系：

$$u(x,t)=\int_0^t U(x,t;\tau)\,\mathrm{d}\tau \tag{1.2.13}$$

根据式(1.2.13)，利用纯函数定义如下替换：

u2U = *u* → (Integrate[*U*[#1, #2, *τ*], {*τ*, 0, #2}]&)

$$u\to\left(\int_0^{\#2}U[\#1,\#2,\tau]\,\mathrm{d}\tau\,\&\right) \tag{1.2.14}$$

首先验证式(1.2.14)是否满足初始条件：

ic1/. u2U/. $t \to 0$

True

ic2/. u2U/. $t \to 0$/. ToRules[IC1/. $\tau \to 0$]

True

将式(1.2.14)代入方程**equ**可得

equ1 = equ/. u2U

$$\int_0^t U^{(0,2,0)}[x,t,\tau]\,\mathrm{d}\tau + U^{(0,0,1)}[x,t,t] + 2U^{(0,1,0)}[x,t,t] == f[x,t] + a^2\int_0^t U^{(2,0,0)}[x,t,\tau]\,\mathrm{d}\tau$$

注意到以下事实：

U001 = Solve[D[IC1, τ]/. $\tau \to t$, $U^{(0,0,1)}[x,t,t]$][[1]]

$$\{U^{(0,0,1)}[x,t,t] \to -U^{(0,1,0)}[x,t,t]\}$$

U010 = ToRules[IC2/. $\tau \to t$]

$$\{U^{(0,1,0)}[x,t,t] \to f[x,t]\}$$

这样方程**equ1**变为

equ2 = equ1/. U001/. U010//Simplify

$$\int_0^t U^{(0,2,0)}[x,t,\tau]\,\mathrm{d}\tau == a^2\int_0^t U^{(2,0,0)}[x,t,\tau]\,\mathrm{d}\tau$$

进一步整理后，得到

res = equ2[[1]] − equ2[[2]] == 0/. cIa2Ica[τ]/. IaIb2Iab[τ]

$$\int_0^t \left(U^{(0,2,0)}[x,t,\tau] - a^2U^{(2,0,0)}[x,t,\tau]\right)\mathrm{d}\tau == 0$$

将**eqU**代入上式进行验证：

res/. ToRules[eqU]

True

可见式(1.2.13)确实满足非齐次波动的方程和初始条件。

下面再给出一个使用纯函数的例子。

例 1.2.6 求平面直角坐标系下的 Laplace 方程在极坐标系下的形式。已知

eq = Laplacian[$u[x,y]$, {x,y}] == 0

$$u^{(0,2)}[x,y] + u^{(2,0)}[x,y] == 0 \tag{1.2.15}$$

在极坐标下相应的函数记为$U(r,\theta)$，其中

$$r = \sqrt{x^2+y^2}, \theta = \arctan\left(\frac{y}{x}\right) \tag{1.2.16}$$

即

$$x = r\cos(\theta), y = r\sin(\theta) \tag{1.2.17}$$

用纯函数定义替换**u2U**等，实现式(1.2.16)和式(1.2.17)所定义的变换：

u2U = $u \to (U[R[\#1,\#2], \Theta[\#1,\#2]]\&)$;

R2r = {$R[x,y] \to r, \Theta[x,y] \to \theta$};

Rf = $R \to (\sqrt{\#1^2+\#2^2}\&)$;

```
Tf = θ → (ArcTan[#2/#1]&);
xy2rθ = {x → rCos[θ], y → rSin[θ]}
```

则方程(1.2.15)转化为

```
eq/.u2U/.R2r/.Rf/.Tf/.xy2rθ//Simplify//PowerExpand
Thread[%/r^2, Equal]//Expand
```

$$\frac{U^{(0,2)}[r,\theta]}{r^2}+\frac{U^{(1,0)}[r,\theta]}{r}+U^{(2,0)}[r,\theta]==0 \tag{1.2.18}$$

1.2.7 模式匹配和替换规则

通过模式匹配进行替换是 MMA 的最强大且最常用的功能。相关函数为

(1) 全部替换：**ReplaceAll** (/.)；重复替换：**ReplaceRepeated** (//.)

(2) 规则：**Rule** (→)；规则延迟：**RuleDelayed** (:→)

给变量a赋值 5，计算a^2得到 25，a的值仍是 5。后面推导时再次用到a，就会用 5 代替，如果用户打算把a作为一个新变量来使用时，就会出现错误。

```
{a = 5, a^2, a}
```

$$\{5,25,5\}$$

定义一个替换，把 5 代入b，计算b^2得到 25，而b并没有具体的值，这样以后用到b，还是一个未定义的变量名。建议尽量用这种方式得到表达式值，可以减少出错的可能性。

```
{r = b → 5, b^2/.r, b}
```

$$\{b\to 5,25,b\}$$

下面将列表中的a用b替换，b用c替换，结果如下：

```
{a, b, a_1, a1}/.{a → b, b → c}
```

$$\{b,c,b_1,\mathrm{a1}\} \tag{1.2.19}$$

式中，a_1的完全格式为**Subscript[a, 1]**，因而进行了替换，而**a1**作为一个单独的符号，并未进行替换。

用//.可反复进行替换直到结果不变。

```
{a, b, a_1, a1}//.{a → b, b → c}
```

$$\{c,c,c_1,\mathrm{a1}\}$$

例 1.2.7 规则和规则延迟的差异。

```
Table[a, 3]/.{{a → RandomReal[]}, {a :→ RandomReal[]}}//NumberForm[#, 6]&
```

$$\{\{0.387669,0.387669,0.387669\},\{0.178543,0.625478,0.348033\}\}$$

```
m = 1; Table[a, 9]/.a → m++
```

$$\{1,1,1,1,1,1,1,1,1\}$$

```
m = 1; Table[a, 9]/.a :→ m++
```

$$\{1,2,3,4,5,6,7,8,9\}$$

有时用规则未能达到预期替换效果，可尝试采用规则延迟，或有意外收获。

例 1.2.8 将$abcd$转换为$a+b+c+d$。

```
abcd/.x_y_ → x + y
```

$$a + bcd$$

重复三次可以完成转换。更简洁的方法是使用重复替换。

abcd//.x_y_ → x + y

$$a + b + c + d$$

例 1.2.9 是否得到预期的替换结果？

a + b + c + d/.d + b → bd

$$a + \mathrm{bd} + c$$

这种能力给复杂表达式的化简带来方便：要替换掉的两（多）项不一定必须是相邻的。但有时候替换可能不如预期那样：

a + b + c + d/.{a + d → ad, b + c → bc}

$$\mathrm{ad} + b + c$$

这可能是原表达式经过一次替换后，存储结构已经发生改变，就不再进行替换。

a + b + c + d/.{a + d → ad, c → f[c]}

$$b + c + \mathrm{ad}$$

这时可以分两次替换（如下）或重复替换//.来实现：

a + b + c + d/.a + d → ad/.b + c → bc

$$\mathrm{ad} + \mathrm{bc}$$

例 1.2.10 将$1 + x + x^2 + x^3 + x^4$替换为$1 + p[1] + p[2] + p[3] + p[4]$。

expr = 1 + x + x^2 + x^3 + x^4;

expr/.x^n_ → p[n]

$$1 + x + p[2] + p[3] + p[4]$$

可见**expr**中x未能替换。

expr/.{x^n_ → P[n], x → P[1]}

$$1 + P[1] + P[2] + P[3] + P[4]$$

这样也是可以的，但不推荐。

expr/.x^n_. → p[n]

$$1 + p[1] + p[2] + p[3] + p[4]$$

当用**x^n_.**来替换时指明了n的默认值（即 1），包含了x这种情形。

例 1.2.11 首先产生$1 \sim 100$的列表，利用替换实现求和。

data = Range[100];

data//.{a_, b_, c___} → {a + b, c}

$$\{5050\}$$

本例中使用模式匹配，用两个数之和替换它们自身，列表不断缩短，最后只剩下所有数字之和。不过这种方式的计算效率较低。

例 1.2.12 所见非所得。

expr = Series[Sin[x], {x, 0, 11}]

$$x - \frac{x^3}{6} + \frac{x^5}{120} - \frac{x^7}{5040} + \frac{x^9}{362880} - \frac{x^{11}}{39916800} + O[x]^{12} \tag{1.2.20}$$

expr/.x^5 → y

$$x-\frac{x^3}{6}+\frac{x^5}{120}-\frac{x^7}{5040}+\frac{x^9}{362880}-\frac{x^{11}}{39916800}+O[x]^{12} \tag{1.2.21}$$

在式(1.2.20)中可以看到出现了x^5，欲用y来替换，但式(1.2.21)与(1.2.20)相同，表明并未进行替换。查看**expr**的完全形式，可知

FullForm[expr]

SeriesData[x, 0, List[1,0, Rational[−1,6],0, Rational[1,120],0, Rational[−1,5040],0, Rational[1,362880],0, Rational[−1,39916800]],1,12,1]

其中根本找不到x^5，只有其系数**Rational[1, 120]**，因此无法进行替换。

加载软件包**Notation**，用**Symbolize**将a_2变成单个符号变量，这是一个很有用的功能：

Needs[Notation`]; Symbolize[a₂]

可再尝试对a_2进行替换：

$\boldsymbol{a_2/.a\to b}$

$$a_2$$

对比式(1.2.19)，发现a_2并未进行替换。如果看一下它的完全形式：

$\boldsymbol{a_2}$**//FullForm**

List[Subscript[a, 1],a\[UnderBracket]Subscript\[UnderBracket]2]

可见a_2被用一长串代码来表示，从中并不能找到单个符号a，因此未能进行有效替换。

下面对比一下a_1和a_2的头部：

Head/@$\boldsymbol{\{a_1, a_2\}}$

{Subscript, Symbol}

如前所示，a_1的完全格式是**Subscript[*a*, 1]**，而a_2则已经是一个符号了。

【练习题 1.4】 试将$1+x+x^2+x^3+x^4$替换为$p[0]+p[1]+p[2]+p[3]+p[4]$。

【思考题 1.1】 解释下面的结果：

{3 + 4i, 3 − 4i, *a* + *b*i, *a* − *b*i}/. i → −i

$$\{3+4\mathrm{i},3-4\mathrm{i},a-\mathrm{i}b,a-\mathrm{i}b\}$$

【思考题 1.2】 解释下面的结果：

{3 + 4i, 3 − 4i, *a* + *b*i, *a* − *b*i}/. Complex[a_, b_] $\boldsymbol{\to\sqrt{a^2+b^2}}$

$$\{5,5,a+b,a+b\}$$

【思考题 1.3】 观察下面的结果，并解释原因：

{{*a*, *b*}, {*c*, *d*}}/. {x_, y_} → *xy*

$$\{ac,bd\}$$

{{*a*, *b*}, {*c*, *d*}, {*e*, *f*}}/. {x_, y_} → *xy*

$$\{ab,cd,ef\}$$

如何改变替换规则，使得第 1 式替换为$\{ab,cd\}$？

【思考题 1.4】 观察以下结果，讨论 MMA 中替换的实现过程。

$\boldsymbol{x+x^2/.x\to a}$

$$a+a^2$$

$\boldsymbol{x+x^2/.\{x\to a,x^2\to b\}}$

$$a+b$$

1.2.8 化简

计算得到的结果往往不是最简洁的形式（有时想要得到理想的形式并非易事），而在计算过程中适时地化简也有助于顺利完成计算。常用的化简函数包括：**Simplify**，**FullSimplify**，**Refine**，**PowerExpand**，**FunctionExpand**等。

例 1.2.13　$\sqrt{x^2}$的化简。

Simplify[$\sqrt{x^2}$]

$$\sqrt{x^2}$$

这是因为不知道x的性质，所以没有进一步化简。

Simplify[$\sqrt{x^2}, x > 0$]

$$x$$

假如已知$x > 0$，就可以得到预期的结果。也可直接使用**PowerExpand**[$\sqrt{x^2}$]。

Simplify[$\sqrt{x^2}, x < 0$]

$$-x$$

Simplify[$\sqrt{x^2}, x \in$ **Reals**]

$$\text{Abs}[x]$$

例 1.2.14　三角函数的化简。

假设n为整数，可以得到如下结果：

Simplify[{Cos[*n*Pi], Sin[*n*Pi]}, *n* ∈ Integers]

$$\{(-1)^n, 0\}$$

利用**TrigReduce**和**TrigExpand**也可以得到同样的结果，事实上**Simplify**函数会调用相关三角函数的操作。

【练习题 1.5】　将$\sqrt{x}(x < 0)$和$\sqrt{-x}(x > 0)$进一步化简。

1.2.9 对（不）等式的操作

下面介绍对等式或不等式两端的操作。相比于其他函数，这些是新引入的函数。MMA 提供了五个对（不）等式进行操作的函数，包括加减乘除和一个更一般的操作：

Names[" * Sides"]

{AddSides,ApplySides,DivideSides,MultiplySides,SubtractSides}

以线性方程组为例，假设其中各个系数均不为零。

$Assumptions = abcdef ≠ 0

eq1 = ax + by == c; eq2 = dx + ey == f;

将**eq1**两端减去c，可得

SubtractSides[eq1, *c*]

$$-c + ax + by == 0$$

两边相减的功能可以通过两边相加一个相反数来实现：

AddSides[eq1, −c]

$$-c+ax+by==0$$

由于已经假设六个系数均不为零，两边相乘操作可以更简洁些。将**eq1**两端乘以d，**eq2**两端乘以a，可得

eq1d = MultiplySides[eq1, *d*]

$$d(ax+by)==cd$$

eq2a = MultiplySides[eq2, *a*]

$$a(dx+ey)==af$$

将以上两式相减消去x，可得

eqy = SubtractSides[eq1d, eq2a]//Factor

$$(bd-ae)y==cd-af$$

这样就可以解出y，即

DivideSides[eqy, *bd* − *ae*]

$$y==\frac{cd-af}{bd-ae}$$

等式的两端乘以一个数也可以用以下方式实现：

ApplySides[*d*#&, eq1]
Map[#d&, eq1]
Thread[*d* ∗ eq1, Equal]

$$d(ax+by)==cd$$

下面给一些不等式的例子：

ie = −*x* < 1

$$-x<1$$

MultiplySides[ie, −1]

$$-1<x$$

Reduce[ie]

$$x>-1$$

如果未给出x的明确属性，则会给出各种可能的结果：

DivideSides[ie, *x*]

$$\begin{cases}-1<\dfrac{1}{x} & x>0\\ \dfrac{1}{x}<-1 & x<0\\ -x<1 & \text{True}\end{cases}$$

此时可以利用假设来得到唯一的结果：

DivideSides[ie, *x*, Assumptions → *x* > 0]]

$$-1<\frac{1}{x}$$

MultiplySides[−1 < *x* < 2, −1]

$$-2<-x<1$$

利用这些函数，对等式（尤其是不等式）的操作变得十分方便。

1.3　数学相关专题介绍

下面介绍与本书主题密切相关的一些数学内容及其如何用 MMA 来处理或求解。

1.3.1　列表、向量、矩阵和多项式

前面已经多次出现了列表，这是 MMA 中的主要数据结构。列表中的元素可以是数、符号和字符串等基元，也可以是各种复合表达式，甚至包括图形、音频等数字化的对象。

首先介绍一维数组及相关操作。用**Range**构造一维数组，可以视为列表、向量或集合。

```
vec = Range[12]
```

$$\{1,2,3,4,5,6,7,8,9,10,11,12\}$$

从数组内提取数据的函数是**Part**，常用成对的双方括号表示。下面的例子是提取其中一个数据和连续几个数据：

```
{Part[vec, 5], vec[[5]]}
```

$$\{5,5\}$$

```
{Part[vec, 3;;6], vec[[3;;6]]}
```

$$\{\{3,4,5,6\},\{3,4,5,6\}\}$$

提取最后一个元素有两种方式，第 2 种方式更简便通用：

```
{vec[[12]], vec[[-1]]}
```

$$\{12,12\}$$

用两种方式将数组元素倒序输出：

```
{vec[[-1;;1;;-1]], Reverse[vec]}
```

$$\{\{12,11,10,9,8,7,6,5,4,3,2,1\},\{12,11,10,9,8,7,6,5,4,3,2,1\}\}$$

可将一维数组重塑为二维数组，并以矩阵形式显示：

```
(mat = ArrayReshape[vec, {3, 4}])//MatrixForm
```

$$\begin{pmatrix}1 & 2 & 3 & 4\\ 5 & 6 & 7 & 8\\ 9 & 10 & 11 & 12\end{pmatrix}$$

注意，上式中如果没有圆括号，由于运算符优先级不同，相当于

```
MAT = MatrixForm[ArrayReshape[vec, {3, 4}]]
```

这样会把该矩阵的矩阵表示形式赋给**MAT**，而不是矩阵本身，因此不能进行正常的矩阵的操作或运算。这是初学者最常见的错误之一。

取二维数组的第 2 行和第 3 列：

```
row2 = mat[[2, All]]
```

$$\{5,6,7,8\}$$

```
col3 = mat[[All, 3]]
```

$$\{3,7,11\}$$

注意**row2**和**col3**都是以行向量来表示的，即 MMA 不区分行向量和列向量。另外，它们是一维数组，不能转置，这与 MATLAB 不同。

现在用不同方式取第 2 行和第 3 列，注意与前面表达式的差别：

ROW2 = mat[[{2}, All]]

$$\{\{5,6,7,8\}\}$$

COL3 = mat[[All, {3}]]

$$\{\{3\},\{7\},\{11\}\}$$

这里**ROW2**和**COL3**都是二维数组，**COL3**可以显示为列向量形式，且可以转置。

COL3//MatrixForm

$$\begin{pmatrix}3\\7\\11\end{pmatrix}$$

Transpose[COL3]

$$\{\{3,7,11\}\}$$

【练习题 1.6】 确定以上数组的维数、矩阵形式以及是否可以转置。

除了**Range**以外，更强大的构造数组的函数是**Table**和**Array**。下面来构造符号矩阵。

A1 = Table[*a*[*i*, *j*], {*i*, 1, 3}, {*j*, 1, 3}]

$$\{\{a[1,1],a[1,2],a[1,3]\},\{a[2,1],a[2,2],a[2,3]\},\{a[3,1],a[3,2],a[3,3]\}\}$$

用**Array[*a*, {3, 3}]**可以实现同样的功能。

A2 = Table[$a_{i,j}$, {*i*, 1, 3}, {*j*, 1, 3}]

$$\{\{a_{1,1},a_{1,2},a_{1,3}\},\{a_{2,1},a_{2,2},a_{2,3}\},\{a_{3,1},a_{3,2},a_{3,3}\}\}$$

用**Array[$a_{\#\#}$&, {3, 3}]**可以实现同样的功能。

注意：A1 的每个元素$a(i,j)$都是一个函数a，其参数为i,j，而 A2 的元素$a_{i,j}$实际是下角标函数**Subscript[a, i, j]**，看起来像是带下标的符号，这种形式用得更多一些。

下面给出相同形状的两个向量和两个矩阵，用于演示向量与向量、矩阵与向量、矩阵与矩阵之间的运算：

$X = \{x, y\}; U = \{u, v\}; A =$ Array[$a_{\#\#}$&, {2, 2}]; $B =$ Array[$b_{\#\#}$&, {2, 2}];

向量的加减乘除是逐元操作：

{*X* + *U*, *X* − *U*, *X* ∗ *U*, *X*/*U*}

$$\left\{\{u+x,v+y\},\{-u+x,-v+y\},\{ux,vy\},\left\{\frac{x}{u},\frac{y}{v}\right\}\right\}$$

矩阵的加减乘除也是如此：

MatrixForm/@{*A* + *B*, *A* − *B*, *A* ∗ *B*, *A*/*B*}/.aij

$$\left\{\begin{pmatrix}a_{11}+b_{11} & a_{12}+b_{12}\\ a_{21}+b_{21} & a_{22}+b_{22}\end{pmatrix},\begin{pmatrix}a_{11}-b_{11} & a_{12}-b_{12}\\ a_{21}-b_{21} & a_{22}-b_{22}\end{pmatrix},\begin{pmatrix}a_{11}b_{11} & a_{12}b_{12}\\ a_{21}b_{21} & a_{22}b_{22}\end{pmatrix},\begin{pmatrix}\frac{a_{11}}{b_{11}} & \frac{a_{12}}{b_{12}}\\ \frac{a_{21}}{b_{21}} & \frac{a_{22}}{b_{22}}\end{pmatrix}\right\}$$

式中，逐元乘积称为阿达玛(Hadamard)积，而自定义替换**aij**将$a_{i,j}$转换为a_{ij}。

向量和向量的点乘为

{Dot[*X*, *U*], *X*. *U*, Inner[Times, *X*, *U*]}

$$\{ux + vy, ux + vy, ux + vy\}$$

用矩阵和向量的点乘来表示方程组：

Thread[*A*. *X* == *U*]//Column

$$xa_{1,1} + ya_{1,2} == u$$
$$xa_{2,1} + ya_{2,2} == v$$

可以看出，当向量在矩阵的右侧时，MMA 自动将其作为列向量处理，与线性代数的结果一致。形式上看就是下面的样子：

MatrixForm[*A*]. MatrixForm[*X*] == MatrixForm[*U*]

$$\begin{pmatrix} a_{1,1} & a_{1,2} \\ a_{2,1} & a_{2,2} \end{pmatrix} \cdot \begin{pmatrix} x \\ y \end{pmatrix} == \begin{pmatrix} u \\ v \end{pmatrix}$$

而当向量在矩阵的左侧时，MMA 自动将其作为行向量处理。

矩阵$\boldsymbol{A}$的行列式为

Det[*A*]

$$-a_{1,2}a_{2,1} + a_{1,1}a_{2,2}$$

矩阵$\boldsymbol{A}$的特征值为

Eigenvalues[*A*]/. aij//FullSimplify

$$\left\{\frac{1}{2}\left(a_{11} - \sqrt{4a_{12}a_{21} + (a_{11} - a_{22})^2} + a_{22}\right), \frac{1}{2}\left(a_{11} + \sqrt{4a_{12}a_{21} + (a_{11} - a_{22})^2} + a_{22}\right)\right\}$$

矩阵$\boldsymbol{A}$的逆为

Inverse[*A*]/. aij//Simplify

$$\left\{\left\{\frac{a_{22}}{-a_{12}a_{21} + a_{11}a_{22}}, \frac{a_{12}}{a_{12}a_{21} - a_{11}a_{22}}\right\}, \left\{\frac{a_{21}}{a_{12}a_{21} - a_{11}a_{22}}, \frac{a_{11}}{-a_{12}a_{21} + a_{11}a_{22}}\right\}\right\}$$

求解系数矩阵为$\boldsymbol{A}$的非齐次二元一次代数方程：

Solve[Thread[*A*. *X* == *U*], {*x*, *y*}][[−1]]//Simplify

$$\left\{x \to \frac{va_{2,1} - ua_{2,2}}{a_{1,2}a_{2,1} - a_{1,1}a_{2,2}}, y \to \frac{va_{1,1} - ua_{1,2}}{-a_{1,2}a_{2,1} + a_{1,1}a_{2,2}}\right\}$$

下面是四个与多项式有关的常用函数。

展开(**Expand**)和因式分解(**Factor**)是一对相反的功能。与**Expand**同类的函数还有**ExpandAll**，可以同时展开分式的分子和分母等。

poly = (*a* + *b* + *c*)^3//Expand

$$a^3 + 3a^2b + 3ab^2 + b^3 + 3a^2c + 6abc + 3b^2c + 3ac^2 + 3bc^2 + c^3$$

poly//Factor

$$(a + b + c)^3$$

合并同类项：**Collet**

Collect[poly, *a*]

$$a^3 + b^3 + 3b^2c + 3bc^2 + c^3 + a^2(3b + 3c) + a(3b^2 + 6bc + 3c^2)$$

Collect[poly, *a*, Factor]

$$a^3+3a^2(b+c)+3a(b+c)^2+(b+c)^3$$

Collect[poly, *a*, FactorTerms]

$$a^3+b^3+3b^2c+3bc^2+c^3+3a^2(b+c)+3a(b^2+2bc+c^2)$$

取某一项的系数：**Coefficient**

Coefficient[poly, *a*²]

$$3b+3c$$

Coefficient[poly, {*a*, *a*², *a*³}]

$$\{3b^2+6bc+3c^2, 3b+3c, 1\}$$

采用上述形式，难以取出常数部分，则可以使用如下形式：

Coefficient[poly, *a*, {0, 1, 2, 3}]

$$\{b^3+3b^2c+3bc^2+c^3, 3b^2+6bc+3c^2, 3b+3c, 1\}$$

还可以使用**CoefficientList[poly, *a*]**得到同样结果。

1.3.2 极限和级数

1. 极限：Limit

Limit[(1 + 1/*x*)^*x*, *x* → ∞]

$$\mathrm{e}$$

Limit[Log[1 + *x*]/*x* , *x* → 0]

$$1$$

Limit[((1 + *x*)^*n* − 1)/*x* , *x* → 0]

$$n$$

数学家阿诺德(V. I. Arnold)提出的一个极限问题：

$$\lim_{x\to 0}\frac{\sin(\tan(x))-\tan(\sin(x))}{\arcsin(\arctan(x))-\arctan(\arcsin(x))}$$

直接利用**Limit**求解可得

```
expr = (Sin[Tan[x]] − Tan[Sin[x]])/(ArcSin[ArcTan[x]] − ArcTan[ArcSin[x]]);
Limit[expr, x → 0]
```

$$1$$

2. 级数：Series和反函数的级数：InverseSeries

几个常用函数的级数展开式：

Series[Exp[*x*], {*x*, 0, 8}]

$$1+x+\frac{x^2}{2}+\frac{x^3}{6}+\frac{x^4}{24}+\frac{x^5}{120}+\frac{x^6}{720}+\frac{x^7}{5040}+\frac{x^8}{40320}+O[x]^9 \tag{1.3.1}$$

Series[Sin[*x*], {*x*, 0, 14}]

$$x-\frac{x^3}{6}+\frac{x^5}{120}-\frac{x^7}{5040}+\frac{x^9}{362880}-\frac{x^{11}}{39916800}+\frac{x^{13}}{6227020800}+O[x]^{15} \tag{1.3.2}$$

Series[Cos[*x*], {*x*, 0, 12}]

$$1-\frac{x^2}{2}+\frac{x^4}{24}-\frac{x^6}{720}+\frac{x^8}{40320}-\frac{x^{10}}{3628800}+\frac{x^{12}}{479001600}+O[x]^{13}$$

Series[Log[1 + *x*], {*x*, 0, 10}]

$$x-\frac{x^2}{2}+\frac{x^3}{3}-\frac{x^4}{4}+\frac{x^5}{5}-\frac{x^6}{6}+\frac{x^7}{7}-\frac{x^8}{8}+\frac{x^9}{9}-\frac{x^{10}}{10}+O[x]^{11}$$

一个简便的方法是在表达式后再加上$\boldsymbol{O[x]^n}$，就可以将其强制转化为级数形式，如

Sin[*x*] + *O*[*x*]

$$x-\frac{x^3}{6}+\frac{x^5}{120}-\frac{x^7}{5040}+\frac{x^9}{362880}-\frac{x^{11}}{39916800}+\frac{x^{13}}{6227020800}+O[x]^{14}$$

$\sin(x)$的反函数$\arcsin(x)$的逆级数就是$\sin(x)$的级数：

InverseSeries[Series[ArcSin[*x*], {*x*, 0, 13}]]

$$x-\frac{x^3}{6}+\frac{x^5}{120}-\frac{x^7}{5040}+\frac{x^9}{362880}-\frac{x^{11}}{39916800}+\frac{x^{13}}{6227020800}+O[x]^{14}$$

将式(1.3.2)转化为多项式：

Normal[Series[Sin[*x*], {*x*, 0, 14}]]

$$x-\frac{x^3}{6}+\frac{x^5}{120}-\frac{x^7}{5040}+\frac{x^9}{362880}-\frac{x^{11}}{39916800}+\frac{x^{13}}{6227020800} \tag{1.3.3}$$

注意：式(1.3.2)和式(1.3.3)看起来非常相似，但是它们内部数据存储结构是不同的。

下面以指数函数为例求级数的通项公式。可以发现式(1.3.1)通项公式的形式为$c_n x^n$。先求其系数的表达式：

$\mathbf{c_n}$ = Simplify[SeriesCoefficient[Exp[*x*], {*x*, 0, *n*}], *n* ≥ 0]

$$\frac{1}{n!}$$

写成级数求和的形式，即

$$\mathrm{e}^x=\sum_{n=0}^{\infty}\frac{1}{n!}x^n$$

Series是一个功能强大的函数，不仅可以给出 Taylor 级数，还可以给出渐近级数展开式。如零阶贝塞尔(Bessel)函数在$x=0$处展开为

Series[BesselJ[0, *x*], {*x*, 0, 10}]

$$1-\frac{x^2}{4}+\frac{x^4}{64}-\frac{x^6}{2304}+\frac{x^8}{147456}-\frac{x^{10}}{14745600}+O[x]^{11}$$

而它在$x=\infty$处的渐近展开式为

Series[BesselJ[0, *x*], {*x*, ∞, 6}]

$$\mathrm{Cos}\left[-x+\frac{\pi}{4}+O\left[\frac{1}{x}\right]^7\right]\left(\sqrt{\frac{2}{\pi}}\sqrt{\frac{1}{x}}-\frac{9\left(\frac{1}{x}\right)^{5/2}}{64\sqrt{2\pi}}+\frac{3675\left(\frac{1}{x}\right)^{9/2}}{16384\sqrt{2\pi}}+O\left[\frac{1}{x}\right]^{13/2}\right)$$

$$+\left(-\frac{\left(\frac{1}{x}\right)^{3/2}}{4\sqrt{2\pi}}+\frac{75\left(\frac{1}{x}\right)^{7/2}}{512\sqrt{2\pi}}-\frac{59535\left(\frac{1}{x}\right)^{11/2}}{131072\sqrt{2\pi}}+O\left[\frac{1}{x}\right]^{13/2}\right)\mathrm{Sin}\left[-x+\frac{\pi}{4}+O\left[\frac{1}{x}\right]^7\right]$$

1.3.3 微分和积分

1. 微分：D

求函数的（偏）导数有多种写法：

{f'[x], D[f[x], x], ∂_xf[x]}

$$\{f'[x], f'[x], f'[x]\}$$

{D[f[x], x, x], D[f[x], {x, 2}], f''[x], ∂_{x,x}f[x]}

$$\{f''[x], f''[x], f''[x], f''[x]\}$$

{∂_xf[x, y], D[f[x, y], x], Derivative[1, 0][f][x, y]}

$$\{f^{(1,0)}[x,y], f^{(1,0)}[x,y], f^{(1,0)}[x,y]\}$$

{∂_{x,y}f[x, y], D[f[x, y], x, y], Derivative[1, 1][f][x, y]}

$$\{f^{(1,1)}[x,y], f^{(1,1)}[x,y], f^{(1,1)}[x,y]\}$$

给出一些常见函数和符号函数（如$f(x)$等）的导数：

D[{x^n, Sin[x], e^x, Log[x]}, x]

$$\left\{nx^{-1+n}, \mathrm{Cos}[x], \mathrm{e}^x, \frac{1}{x}\right\}$$

复合函数求导链式法则的一些实例：

D[f[g[x]], x]

$$f'[g[x]]g'[x]$$

D[{f[x]g[x], f[x]/g[x]}, x]

$$\left\{g[x]f'[x] + f[x]g'[x], \frac{f'[x]}{g[x]} - \frac{f[x]g'[x]}{g[x]^2}\right\}$$

2. 积分：Integrate

常见函数的不定积分：

Integrate[#, x]&/@{x^n, 1/x, Sin[x], Cos[x], Exp[x], Log[x]}

$$\left\{\frac{x^{1+n}}{1+n}, \mathrm{Log}[x], -\mathrm{Cos}[x], \mathrm{Sin}[x], \mathrm{e}^x, -x + x\mathrm{Log}[x]\right\}$$

下面给出一些定积分的例子。

(1) 物理学家费曼(R. Feynman)喜欢的一个积分：

Integrate[Log[a − x]/(x − b), x]

$$\mathrm{Log}[a-x]\mathrm{Log}\left[-\frac{-b+x}{-a+b}\right] + \mathrm{PolyLog}\left[2, -\frac{a-x}{-a+b}\right]$$

(2) 欧拉-泊松(Euler-Poisson)积分：

Integrate[Exp[−x^2], {x, 0, ∞}]

$$\frac{\sqrt{\pi}}{2}$$

(3) 求半径为r的圆的周长和面积：

Integrate[1, {x, y} ∈ Circle[{0, 0}, r]]

$$2\pi r$$

```
Integrate[1, {x, y} ∈ Disk[{0, 0}, r]]
```

$$\pi r^2$$

(4) 复平面上的路径积分：

$$\int_C \frac{1}{z}\mathrm{d}z$$

1) 沿封闭折线路径C_1积分[如图 1.3.1(a)所示]：

```
Integrate[1/z, {z, 1, i, −1, −i, 1}] /. Complex[0, a_] :→ aHoldForm[i]
```

$$2\pi\mathrm{i}$$

2) 沿圆心在原点的单位圆的（光滑）路径C_2积分[如图 1.3.1(b)所示]。计算时需要先将其转换为参数积分：

```
expr = f[z] Dt[z]/Dt[t] /. f → (1/# &)/. z → g[t]
```

$$\frac{g'[t]}{g[t]}$$

```
ig = expr/. g → (Cos[#] + iSin[#]&)
```

$$\frac{\mathrm{iCos}[t]-\mathrm{Sin}[t]}{\mathrm{Cos}[t]+\mathrm{iSin}[t]}$$

```
Integrate[ig, {t, 0, 2π}]/. Complex[0, a_] :→ aHoldForm[i]
```

$$2\pi\mathrm{i}$$

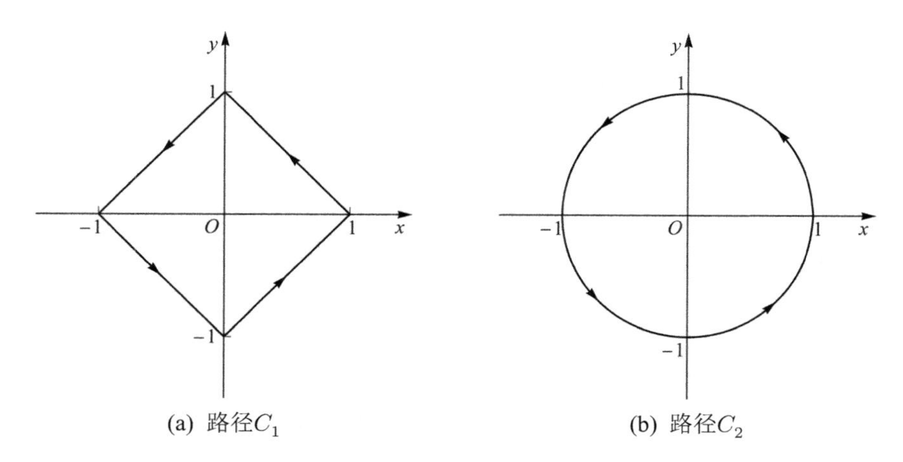

(a) 路径C_1　　(b) 路径C_2

图 1.3.1　积分路径

在 MMA 12 以后的版本中，求解复平面上的路径积分更加容易。

例 1.3.1　积分微商定理。

考虑以下含参变量积分所定义函数的微分：

```
F[x_] = Integrate[f[x, s], {s, a, x}]
```

$$\int_a^x f[x,s]\,\mathrm{d}s$$

```
F'[x]
```

$$f[x,x]+\int_a^x f^{(1,0)}[x,s]\,\mathrm{d}s \tag{1.3.4}$$

更一般的情形为

expr = Integrate[*f*[*x*, *s*], {*s*, *a*[*x*], *b*[*x*]}]

$$\int_{a[x]}^{b[x]} f[x,s]\,\mathrm{d}s$$

D[expr, *x*]

$$\int_{a[x]}^{b[x]} f^{(1,0)}[x,s]\,\mathrm{d}s - f[x,a[x]]a'[x]+f[x,b[x]]b'[x] \tag{1.3.5}$$

上式称为莱布尼茨(Leibniz)公式，式中$f(x,s)$及其偏导数需满足一定的光滑性。

对于没有给出具体形式的符号函数$f(x)$，也可以进行一些运算。以下是一些不定积分的例子：

Integrate[*f*′[*x*], *x*]

$$f[x]$$

Integrate[*cf*[*x*], *x*]

$$c\int f[x]\,\mathrm{d}x$$

但是对于$f(x)$和$g(x)$的线性组合$af(x)+bg(x)$，却未能得到预期的结果：

Integrate[*af*[*x*] + *bg*[*x*], *x*]

$$\int (af[x]+bg[x])\,\mathrm{d}x$$

对于同样函数的定积分，也没有得到预期的结果：

Integrate[*f*′[*x*], {*x*, 0, *a*}]

$$\int_0^a f'[x]\,\mathrm{d}x$$

Integrate[*cf*[*x*], {*x*, 0, *a*}]

$$\int_0^a cf[x]\,\mathrm{d}x$$

因此需要编制一个函数**INTEGRATE**来解决以上问题：

INTEGRATE[f_ + g_, x_]: = INTEGRATE[*f*, *x*] + INTEGRATE[*g*, *x*];

INTEGRATE[*af*[*x*] + *bg*[*x*], *x*]

$$a\int f[x]\,\mathrm{d}x+b\int g[x]\,\mathrm{d}x$$

对于定积分的情形，可以利用不定积分的结果来求解：

INTEGRATE[f_, {x_, x0_, x1_}] := Module[{ans}, ans = Integrate[*f*, *x*];

If[FreeQ[ans, Integrate], (ans/. *x* → x1) − (ans/. *x* → x0), Integrate[*f*, {*x*, x0, x1}]]]

应用**integrate**可得到预期的结果：

INTEGRATE[*f*′[*x*], {*x*, 0, *a*}]

$$-f[0]+f[a]$$

```
expr = D[x^2 f[x], x]
```

$$2xf[x]+x^2f'[x]$$

```
INTEGRATE[expr, {x, 0, a}]
```

$$a^2f[a]$$

下面定义两个替换来实现积分的线性性质：

```
Ifg2IfIg = INTEGRATE[f_ + g_, {x_, x0_, x1_}]
        :→ INTEGRATE[f, {x, x0, x1}] + INTEGRATE[g, {x, x0, x1}];
Icf2cIf = INTEGRATE[c_f_, {x_, x0_, x1_}] :→ cINTEGRATE[f, {x, x0, x1}]/; FreeQ[c, x];
```

应用实例如下：

```
INTEGRATE[cf[x], {x, 0, a}]/. Icf2cIf
```

$$c\int_0^a f[x]\,\mathrm{d}x$$

```
INTEGRATE[cf[x] + dg[x], {x, 0, a}]/. Ifg2IfIg/. Icf2cIf
```

$$c\int_0^a f[x]\,\mathrm{d}x+d\int_0^a g[x]\,\mathrm{d}x$$

3. 积分变换

先比较一下 MMA 内置的 Fourier 变换和 Laplace 变换的功能，如表 1.3.1 所示。

表 1.3.1　Fourier 变换与 Laplace 变换的基本性质

被积函数	Fourier 变换	Laplace 变换
$af(x)$	$\mathcal{F}_x[af(x)](s)$	$a(\mathcal{L}_x[f(x)](s))$
$f(x)+g(x)$	$\mathcal{F}_x[f(x)+g(x)](s)$	$\mathcal{L}_x[f(x)](s)+\mathcal{L}_x[g(x)](s)$
$f'(x)$	$-\mathrm{i}s(\mathcal{F}_x[f(x)](s))$	$s(\mathcal{L}_x[f(x)](s))-f(0)$
$f''(x)$	$-s^2(\mathcal{F}_x[f(x)](s))$	$s^2(\mathcal{L}_x[f(x)](s))-f'(0)-f(0)s$
$\int_{-\infty}^x f(t)\,\mathrm{d}t$	$\mathcal{F}_x[\int_{-\infty}^x f(t)\,\mathrm{d}t](s)$	$\dfrac{\mathcal{L}_x[f(x)](s)-\int_0^{-\infty} f(x)\,\mathrm{d}x}{s}$
$\psi^{(1,0)}(x,t)$	$-\mathrm{i}s(\mathcal{F}_x[\psi(x,t)](s))$	$s(\mathcal{L}_x[\psi(x,t)](s))-\psi(0,t)$
$\psi^{(2,0)}(x,t)$	$-s^2(\mathcal{F}_x[\psi(x,t)](s))$	$s^2(\mathcal{L}_x[\psi(x,t)](s))-s\psi(0,t)-\psi^{(1,0)}(0,t)$

可见在 MMA 中，Laplace 变换的性质实现得更彻底一些。利用 Laplace 变换可以直接将常微分方程变换为代数方程，但是还不能将偏微分方程完全变换为常微分方程。相比之下，Fourier 变换的功能更弱一些。

例 1.3.2　用 Laplace 变换求解热传导方程。

一根长为l的均匀细杆，初始温度为 0，一端维持常温c，另一端绝热，求杆中温度的变化。

$$u_t(x,t)-ku_{xx}(x,t)=0\ \ (0<x<l,t>0)\tag{1.3.6}$$

$$u(x,0)=0\ \ (0<x<l)\tag{1.3.7}$$

$$u(0,t)=c,u_x(l,t)=0\ \ (t\geq 0)\tag{1.3.8}$$

将以上方程和初、边值条件记为

eq = $\partial_t u[x,t] - k\partial_{x,x}u[x,t]$ == 0;

ic = $u[x,0]$ == 0

bc1 = $u[0,t]$ == c; bc2 = $u^{(1,0)}[l,t]$ == 0

对**eq**两端作 Laplace 变换，在变换中变量x是参数。考虑初始条件**ic**可得

EQ = LaplaceTransform[eq, t, s]/. ToRules[ic]

$$s\text{LaplaceTransform}[u[x,t],t,s]-k\text{LaplaceTransform}[u^{(2,0)}[x,t],t,s]==0$$

上式中 Laplace 变换以后的函数名太长，因此定义以下替换：

u2U = LaplaceTransform[u[x_, t], t, s] :→ U[x, s]

un2Un = LaplaceTransform[$u^{(n\_,0)}$[x_, t], t, s] :→ D[U[x, s], {x, n}]

这样，方程**EQ**变为

EQU = EQ/. un2Un/. u2U

$$sU[x,s]-kU^{(2,0)}[x,s]==0 \tag{1.3.9}$$

可见方程**EQU**的形式更简洁。直接求其通解可得

U\$ = DSolve[EQU, U, {x, s}][[1]]/. {C[1] → A, C[2] → B}

$$\left\{U\to\text{Function}\left[\{x,s\},\mathrm{e}^{\frac{\sqrt{s}x}{\sqrt{k}}}A[s]+\mathrm{e}^{-\frac{\sqrt{s}x}{\sqrt{k}}}B[s]\right]\right\}$$

对边界条件**bc1**和**bc2**作 Laplace 变换：

BC1 = LaplaceTransform[bc1, t, s]/. u2U

$$U[0,s]==\frac{c}{s}$$

BC2 = LaplaceTransform[bc2, t, s]/. un2Un

$$U^{(1,0)}[l,s]==0$$

将通解**U\$**代入边界条件**BC1**和**BC2**，确定$A(s)$和$B(s)$后就得到了$U(x,s)$。

{AB} = Solve[{BC1, BC2}/. U\$, {A[s], B[s]}]

ans = U[x, s]/. U\$/. AB//FullSimplify

$$\frac{c\text{Cosh}\left[\frac{\sqrt{s}(l-x)}{\sqrt{k}}\right]\text{Sech}\left[\frac{l\sqrt{s}}{\sqrt{k}}\right]}{s} \tag{1.3.10}$$

直接对解(1.3.10)作 Laplace 逆变换是不明智的。可作如下处理，将分母展开为级数：

{up, dn} = NumeratorDenominator[%]/s/Exp[2l√s/√k] //Expand

$$\left\{\frac{c\mathrm{e}^{-\frac{2l\sqrt{s}}{\sqrt{k}}+\frac{\sqrt{s}x}{\sqrt{k}}}}{s}+\frac{c\mathrm{e}^{-\frac{2l\sqrt{s}}{\sqrt{k}}+\frac{2\sqrt{s}(l-x)}{\sqrt{k}}+\frac{\sqrt{s}x}{\sqrt{k}}}}{s},1+\mathrm{e}^{-\frac{2l\sqrt{s}}{\sqrt{k}}}\right\}$$

exp2x = Exp[_] → x;

x2exp = x → Exp[−2l√s/√k];

gt[n_] = SeriesCoefficient[1/dn /. exp2x, {x, 0, n}, Assumptions → n ≥ 0]x^n/. x2exp

$$(-1)^n\left(\mathrm{e}^{-\frac{2l\sqrt{s}}{\sqrt{k}}}\right)^n$$

得到解的通项公式，并对其作 Laplace 逆变换：

res = up ∗ gt[*n*]//Expand//PowerExpand

asm = *n* ≥ 0&&*l* > *x* > 0&&*k* > 0

P = FullSimplify[InverseLaplaceTransform[res[[1]], *s*, *t*], asm

$$(-1)^n c\mathrm{Erfc}\left[\frac{2l(1+n)-x}{2\sqrt{kt}}\right]$$

Q = FullSimplify[InverseLaplaceTransform[res[[2]], *s*, *t*], asm]

$$(-1)^n c\mathrm{Erfc}\left[\frac{2ln+x}{2\sqrt{kt}}\right]$$

这样就得到了本例的解：

RES = Simplify[sum[P + Q, {*n*, 0, ∞}]]/. Sca2cSa[*n*]

$$c\sum_{n=0}^{\infty}(-1)^n\left(\mathrm{Erfc}\left[\frac{2l(1+n)-x}{2\sqrt{kt}}\right]+\mathrm{Erfc}\left[\frac{2ln+x}{2\sqrt{kt}}\right]\right) \tag{1.3.11}$$

一个特例是当$x = l$时的值：

(RES/. *x* → *l*//FullSimplify)/. Sca2cSa[*n*]

$$2c\sum_{n=0}^{\infty}(-1)^n\mathrm{Erfc}\left[\frac{l+2ln}{2\sqrt{kt}}\right]$$

式中，自定义替换**Sca2cSa**将求和号中与n无关的部分提到求和号以外。

1.3.4 微分方程的精确解和级数解

MMA 求解微分方程的函数分为以下三类：

(1) 求解微分方程精确解的函数：**DSolve**，**DSolveValue**

(2) 求解微分方程数值解的函数：**NDSolve**，**NDSolveValue**

(3) 求解微分方程渐近解的函数：**AsymptoticDSolveValue**

例 1.3.3 Logistic 人口模型：

$$p'(t) = k(\mathbb{N} - p(t))p(t), p(0) = n$$

式中，$p(t)$为人口数，$\mathbb{N}$为人口上限，k为增长指数。

将以上方程记为

popEq = *p*′[*t*] == *k*(ℕ − *p*[*t*])*p*[*t*]; ic = *p*[0] == *n*;

DSolveValue[{popEq, ic}, *p*[*t*], *t*]//Quiet//Simplify

$$\frac{\mathrm{e}^{kt\mathbb{N}}n\mathbb{N}}{(-1+\mathrm{e}^{kt\mathbb{N}})n+\mathbb{N}}$$

例 1.3.4 Duffing 非线性振动方程：

$$u''(t) + u(t) + \epsilon u(t)^3 = 0, u(0) = a, u'(0) = 0$$

将以上方程和初始条件记为

DuffingEq = *u*"[*t*] + *u*[*t*] + *ϵu*[*t*]³ == 0

ic1 = *u*[0] == a; ic2 = *u*′[0] == 0

直接求解以上方程组，可得

sol = DSolveValue[{DuffingEq, ic1, ic2}, *u*[*t*], *t*]//FullSimplify

$$a\text{JacobiCD}\left[t\sqrt{1+\frac{a^2\epsilon}{2}},-1+\frac{2}{2+a^2\epsilon}\right]$$

其振动周期T为

***T* = FunctionPeriod[sol, *t*]//FullSimplify**

$$\frac{4\text{EllipticK}\left[-1+\frac{2}{2+a^2\epsilon}\right]}{\sqrt{1+\frac{a^2\epsilon}{2}}}$$

将T展开成ϵ的幂级数：

***T* + O[ϵ]^5**

$$2\pi-\frac{3}{4}(a^2\pi)\epsilon+\frac{57}{128}a^4\pi\epsilon^2-\frac{315(a^6\pi)\epsilon^3}{1024}+\frac{30345a^8\pi\epsilon^4}{131072}+O[\epsilon]^5$$

相应的振动频率$\omega(=2\pi/T)$的展开式为

2 π/*T* + O[ϵ]^5

$$1+\frac{3a^2\epsilon}{8}-\frac{21a^4\epsilon^2}{256}+\frac{81a^6\epsilon^3}{2048}-\frac{6549a^8\epsilon^4}{262144}+O[\epsilon]^5 \tag{1.3.12}$$

例 1.3.5 二阶波动方程的初值问题：

$$u_{tt}(x,t)-a^2u_{xx}(x,t)=0, u(x,0)=\varphi(x), u_t(x,0)=\psi(x)$$

将以上方程和初始条件记为

waveEq2 = $\partial_{t,t}$*u*[*x*, *t*] − *a*^2$\partial_{x,x}$*u*[*x*, *t*] == 0;

ic1 = *u*[*x*, 0] == *φ*[*x*]; ic2 = *u*^(0,1)[*x*, 0] == *ψ*[*x*];

联立求解方程并进行化简，可得

sol = DSolve[{waveEq2, ic1, ic2}, *u*[*x*, *t*], {*x*, *t*}][[1]]/. *K*[1] → *τ*//PowerExpand;

***u*[*x*, *t*] == (*u*[*x*, *t*]/. sol)/. *x* + b_ → HoldForm[*x* + *b*]/. a_ + b_ → HoldForm[*b* + *a*]**

$$u[x,t]==\frac{1}{2}(\varphi[x-at]+\varphi[x+at])+\frac{\int_{x-at}^{x+at}\psi[\tau]\,\mathrm{d}\tau}{2a} \tag{1.3.13}$$

上式即著名的达朗贝尔(d' Alembert)公式。

例 1.3.6 热传导方程的初值问题：

$$u_t(x,t)-a^2u_{xx}(x,t)=0, u(x,0)=\varphi(x)$$

将以上方程和初始条件记为

heatEq = ∂_t*u*[*x*, *t*] − *a*^2$\partial_{x,x}$*u*[*x*, *t*] == 0;

ic = *u*[*x*, 0] == *φ*[*x*];

联立求解方程并进行化简，可得

{sol} = DSolve[{heatEq, ic}, *u*[*x*, *t*], {*x*, *t*}][[1]]/. *K*[1] :→ *ξ*//PowerExpand

***u*[*x*, *t*] == Drop[*u*[*x*, *t*]/. sol, −1]/. Ica2cla[*ξ*]**

$$u[x,t]==\frac{\int_{-\infty}^{\infty}\mathrm{e}^{-\frac{(x-\xi)^2}{4a^2t}}\varphi[\xi]\,\mathrm{d}\xi}{2a\sqrt{\pi}\sqrt{t}} \tag{1.3.14}$$

其中自定义替换**Ica2cla**将积分号中与ξ无关的部分提到积分号以外。

例 1.3.7　Laplace 方程的狄利克雷(Dirichlet)问题：

$$u_{xx}(x,y)+u_{yy}(x,y)=0$$

$$u(0,y)=0, u(a,y)=0, u(x,0)=\sin\left(\frac{\pi x}{a}\right), u(x,b)=0$$

将以上方程和边界条件记为

```
LaplaceEq = ∂x,x u[x, y] + ∂y,y u[x, y] == 0;
bc1 = u[0, y] == 0; bc2 = u[a, y] == 0;
bc3 = u[x, 0] == Sin[π x/a]; bc4 = u[x, b] == 0;
```

本例可用分离变量法求解。这里直接用 MMA 求解方程并进行化简，可得

```
ue = DSolveValue[{LaplaceEq, bc1, bc2, bc3, bc4}, u[x, y], {x, y}]//FullSimplify
```

$$\text{Csch}\left[\frac{b\pi}{a}\right]\text{Sin}\left[\frac{\pi x}{a}\right]\text{Sinh}\left[\frac{\pi(b-y)}{a}\right] \tag{1.3.15}$$

当$a=b=1$时，精确解的三维图形如图 1.3.2 所示。

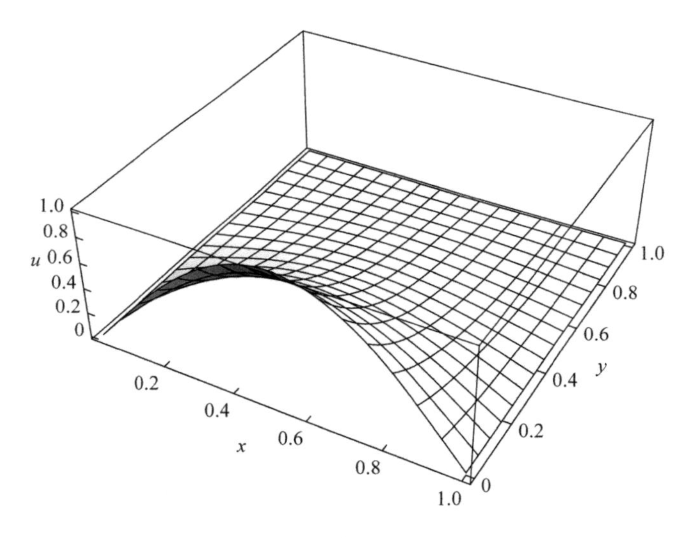

图 1.3.2　例 1.3.7 的精确解

可用如下数值解验证精确解(1.3.15):

```
un = NDSolveValue[{LaplaceEq, DirichletCondition[u[x, y] == 0, x == 0||x == 1
||y == 1], DirichletCondition[u[x, y] == Sin[Pix], y == 0]}, u, {x, y} ∈ Rectangle[]]
```

例 1.3.8　求 Burgers 方程

$$u_t(x,t)+u(x,t)u_x(x,t)-\nu u_{xx}(x,t)=0$$

的解析解。

将以上方程记为

```
BurgersEq = ∂t u[x, t] + u[x, t]∂x u[x, t] − ν∂x,x u[x, t] == 0;
```

直接求解该方程，可得

```
{ans} = Quiet[DSolve[BurgersEq, u[x, t], {x, t}]];
u[x, t] == (u[x, t]/. ans)//TraditionalForm
```

$$u(x,t) == -\frac{2{c_1}^2\nu\tanh(c_2t+c_1x+c_3)+c_2}{c_1} \tag{1.3.16}$$

图 1.3.3 给出解(1.3.16)的时空演化过程，可见激波解有一个过渡层，其厚度与ν有关。

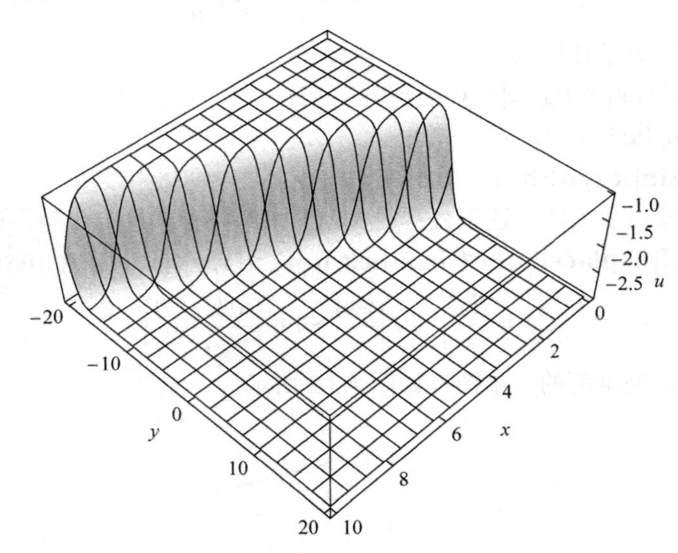

图 1.3.3 例 1.3.8 的激波解($\nu = 0.5, c_1 = 1, c_2 = 2, c_3 = 0$)

例 1.3.9 求 KdV 方程

$$u_t(x,t) + u(x,t)u_x(x,t) + \alpha u_{xxx}(x,t) = 0$$

的行波解。

将以上方程记为

KdVEq = $\partial_t u[x,t] + u[x,t]\partial_x u[x,t] + \alpha\partial_{\{x,3\}}u[x,t] == 0$

该方程也可像例 1.3.8 一样求解，但这里用行波法逐步求解。

首先作行波变换$\xi = x - ct$，原方程变为三阶常微分方程：

Keq1 = KdVEq/.u → (u[η[#1, #2]]&)/.η[x, t] → ξ/.η → (#1 − c#2&)

$$-cu'[\xi] + u[\xi]u'[\xi] + \alpha u^{(3)}[\xi] == 0$$

对上式积分一次可得

Keq2 = Map[Integrate[#, ξ]&, Keq1]

$$-cu[\xi] + \frac{u[\xi]^2}{2} + \alpha u''[\xi] == 0$$

对上式乘以$u'(\xi)$再积分一次，考虑到$\xi \to \pm\infty$时，$u(\xi) = u'(\xi) = 0$，右端积分常数应为零，可得

Map[Times[u'[ξ]#]&, Keq2]//Expand
Keq3 = Map[Integrate[#, ξ]&, %]

$$-\frac{1}{2}cu[\xi]^2 + \frac{u[\xi]^3}{6} + \frac{1}{2}\alpha u'[\xi]^2 == 0$$

上式的物理意义是势能$-cu(\xi)^2/2 + u(\xi)^3/6$与动能$\alpha u'(\xi)^2/2$之和为常数，即能量守恒。由此可以得到$u'(\xi)$的表达式并将其转化为方程：

{equ1} = Solve[Keq3, *u*′[*ξ*]][[2]]//toEqual

$$\left\{u'[\xi] == \frac{\sqrt{3c-u[\xi]}u[\xi]}{\sqrt{3}\sqrt{\alpha}}\right\}$$

求解以上方程并用原始变量(x,t)表示，可得

uf = DSolveValue[equ1, *u*[*ξ*], *ξ*]/. *C*[1] → 0//Simplify

***uf*/. *ξ* → *x* − *ct*//Simplify**

$$3c\text{Sech}\left[\frac{\sqrt{c}(-ct+x)}{2\sqrt{\alpha}}\right]^2 \tag{1.3.17}$$

图 1.3.4 给出解(1.3.17)的时空演化过程，可见一个保持形状和速度的钟形孤立波。

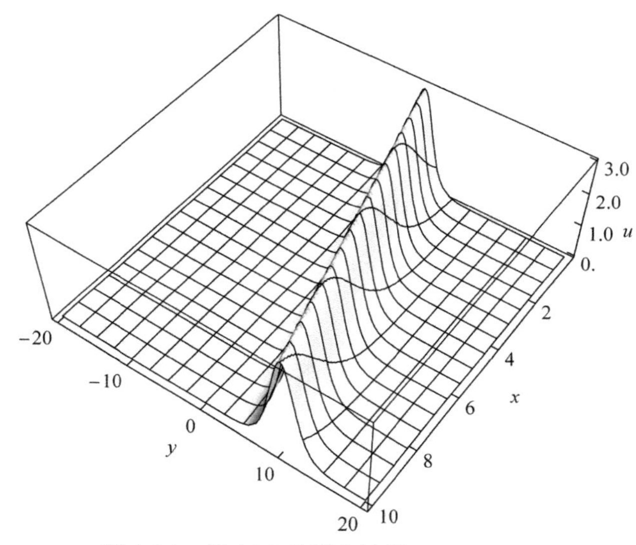

图 1.3.4 例 1.3.9 的孤立波解($\alpha=1, c=1$)

以上各例都是求精确解或数值解。下面研究微分方程的级数解及其通项公式。

例 1.3.10 求一阶非线性、非自治常微分方程初值问题

$$u'(t)+u(t)+\epsilon u(t)^3=t \tag{1.3.18}$$

$$u(0)=-1 \tag{1.3.19}$$

的级数解。

将以上方程和初始条件记为

eq = *u*′[*t*] + *u*[*t*] + *ϵu*[*t*]^3 == *t*;

ic = *u*[0] == −1;

该方程不能直接用**DSolve**求得解析解。下面求它的两种级数解。

(1) Taylor 级数解。

定义 Taylor 级数如下：

u2P[n_] = *u* → (Sum[*u_i*#^*i*, {*i*, 0, *n*}]&)

下面给出两个实例，其中自定义函数**caP**和**show**将级数表示为常见的形式：

***u*[*t*]/. u2P[5]//caP[*t*]//show[#, 1]&**

$$u_0+u_1t+u_2t^2+u_3t^3+u_4t^4+u_5t^5$$

```
u'[t]/.u2P[5]//caP[t]//show[#,1]&
```

$$u_1+2u_2t+3u_3t^2+4u_4t^3+5u_5t^4$$

将方程(1.3.18)的右端项移到左端，代入 Taylor 级数解，可得联立的代数方程组：

```
lhs = doEq[eq,−1]/.u2P[5]//Expand;
(eqs = Thread[CoefficientList[lhs,t] == 0][[Range[5]]])//Column
```

$$\begin{cases}u_0+\epsilon u_0^3+u_1==0\\-1+u_1+3\epsilon u_0^2u_1+2u_2==0\\3\epsilon u_0u_1^2+u_2+3\epsilon u_0^2u_2+3u_3==0\\\epsilon u_1^3+6\epsilon u_0u_1u_2+u_3+3\epsilon u_0^2u_3+4u_4==0\\3\epsilon u_1^2u_2+3\epsilon u_0u_2^2+6\epsilon u_0u_1u_3+u_4+3\epsilon u_0^2u_4+5u_5==0\end{cases}$$

根据初始条件，确定u_0：

```
u0 = Solve[u[t] + 1 == 0/.u2P[5]/.t → 0,u0][[1]]
```

$$\{u_0\to-1\}$$

联立求解方程组，可得到各阶解：

```
(us1 = Solve[eqs/.u0,Array[u#&,5]][[1]])//Column
```

$$\begin{cases}u_1\to1+\epsilon\\u_2\to\frac{1}{2}(-4\epsilon-3\epsilon^2)\\u_3\to\frac{1}{6}\epsilon(10+27\epsilon+15\epsilon^2)\\u_4\to\frac{1}{24}(-16\epsilon-147\epsilon^2-240\epsilon^3-105\epsilon^4)\\u_5\to\frac{1}{120}\epsilon(16+579\epsilon+2253\epsilon^2+2625\epsilon^3+945\epsilon^4)\end{cases}$$

(2) ϵ的幂级数解。

定义ϵ的幂级数如下：

```
u2S[n_]:= u → (Sum[u_i[#]ϵ^i,{i,0,n}] + O[ϵ]^(n+1)&)
```

下面给出两个应用实例：

```
u[t]/.u2S[5]
```

$$u_0[t]+u_1[t]\epsilon+u_2[t]\epsilon^2+u_3[t]\epsilon^3+u_4[t]\epsilon^4+u_5[t]\epsilon^5+O[\epsilon]^6 \tag{1.3.20}$$

```
u'[t]/.u2S[5]
```

$$u_0'[t]+\epsilon u_1'[t]+\epsilon^2u_2'[t]+\epsilon^3u_3'[t]+\epsilon^4u_4'[t]+\epsilon^5u_5'[t] \tag{1.3.21}$$

注意式(1.3.20)是级数形式，而式(1.3.21)不是。下面将式(1.3.21)表示成常规的形式：

```
%//caP//show[#,1]&
```

$$u_0'[t]+u_1'[t]\epsilon+u_2'[t]\epsilon^2+u_3'[t]\epsilon^3+u_4'[t]\epsilon^4+u_5'[t]\epsilon^5$$

将幂级数代入式(1.3.18)和式(1.3.19)，可得联立的方程组：

```
List@@(eqs = LogicalExpand[eq/.u2S[2]]) //Column
```

$$\begin{cases}-t+u_0[t]+u_0'[t]==0\\u_0[t]^3+u_1[t]+u_1'[t]==0\\3u_0[t]^2u_1[t]+u_2[t]+u_2'[t]==0\end{cases}$$

ics = LogicalExpand[ic/. u2S[2]]

$$1 + u_0[0] == 0\&\&u_1[0] == 0\&\&u_2[0] == 0$$

联立求解，直接得到各阶解：

(us2 = DSolve[{eqs, ics}, {u_0[t], u_1[t], u_2[t]}, t][[1]]) //Column

$$\begin{cases} u_0[t] \to -1 + t \\ u_1[t] \to -\mathrm{e}^{-t}(16 - 16\mathrm{e}^t + 15\mathrm{e}^t t - 6\mathrm{e}^t t^2 + \mathrm{e}^t t^3) \\ u_2[t] \to \mathrm{e}^{-t}(1941 - 1941\mathrm{e}^t + 48t + 1893\mathrm{e}^t t - 48t^2 - 876\mathrm{e}^t t^2 + 16t^3 \\ \qquad +240\mathrm{e}^t t^3 - 39\mathrm{e}^t t^4 + 3\mathrm{e}^t t^5) \end{cases}$$

MMA 12 有更快捷的求解方式，即使用新引入的函数**AsymptoticDSolveValue**。

先求t的幂级数解：

ut = AsymptoticDSolveValue[{eq, ic}, u[t], {t, 0, 5}]

$$\begin{aligned} &-1 + t(1+\epsilon) + \frac{1}{2}t^2(-4\epsilon - 3\epsilon^2) + \frac{1}{6}t^3\epsilon(10 + 27\epsilon + 15\epsilon^2) \\ &+\frac{1}{24}t^4(-16\epsilon - 147\epsilon^2 - 240\epsilon^3 - 105\epsilon^4) \\ &+\frac{1}{120}t^5\epsilon(16 + 579\epsilon + 2253\epsilon^2 + 2625\epsilon^3 + 945\epsilon^4) \end{aligned} \tag{1.3.22}$$

也可以将上式表示为ϵ的幂级数形式：

Collect[ut, ϵ]

$$\begin{aligned} &-1 + t + \left(t - 2t^2 + \frac{5t^3}{3} - \frac{2t^4}{3} + \frac{2t^5}{15}\right)\epsilon + \left(-\frac{3t^2}{2} + \frac{9t^3}{2} - \frac{49t^4}{8} + \frac{193t^5}{40}\right)\epsilon^2 \\ &+\left(\frac{5t^3}{2} - 10t^4 + \frac{751t^5}{40}\right)\epsilon^3 + \left(-\frac{35t^4}{8} + \frac{175t^5}{8}\right)\epsilon^4 + \frac{63t^5\epsilon^5}{8} \end{aligned} \tag{1.3.23}$$

再求二阶幂级数解并整理，可得

uϵ2 = AsymptoticDSolveValue[{eq, ic}, u[t], t, {ϵ, 0, 2}]//Expand

Collect[uϵ2, {ϵ, ϵ^2e^{-t}, ϵ^2}]

$$-1 + t + (16 - 16\mathrm{e}^{-t} - 15t + 6t^2 - t^3)\epsilon + \mathrm{e}^{-t}(1941 + 48t - 48t^2 + 16t^3)\epsilon^2 + (-1941 + 1893t - 876t^2 + 240t^3 - 39t^4 + 3t^5)\epsilon^2$$

对比式(1.3.22)和式(1.3.23)，可见它们有明显的差异。

零阶到二阶近似方程的解为

({u_0, u_1, u_2} = CoefficientList[uϵ2, ϵ])//Column

$$\begin{cases} -1 + t \\ 16 - 16e^{-t} - 15t + 6t^2 - t^3 \\ -1941 + 1941e^{-t} + 1893t + 48e^{-t}t - 876t^2 - 48e^{-t}t^2 + 240t^3 \\ \qquad +16e^{-t}t^3 - 39t^4 + 3t^5 \end{cases} \tag{1.3.24}$$

由于该问题不能得到精确解，就用数值解**un**代替：

un = NDSolveValue[{eq/. ϵ → .01, ic}, u[t], {t, 0, 8}]

首先给出不同精度渐近解(1.3.24)与精确解**un**的对比，如图 1.3.5 所示。可见三项渐近解更好地逼近精确解。然后给出三项渐近解、五项 Taylor 级数解(1.3.23)与精确解的对比，如图 1.3.6 所示。可见三项渐近解比五项 Taylor 级数解更接近精确解。

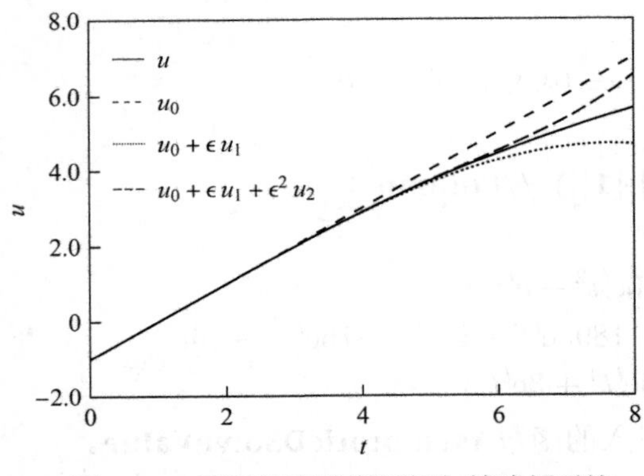

图 1.3.5　不同精度的渐近解与精确解对比

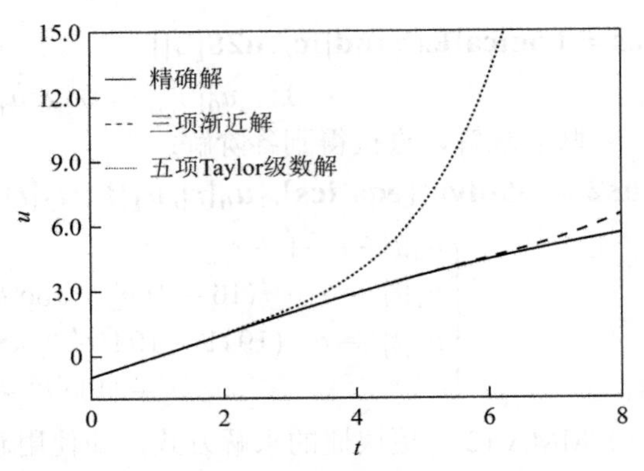

图 1.3.6　渐近解和 Taylor 级数解与精确解对比

1.4　自定义通用函数

为了简化代码或者完成特定的功能，作者编制了一些“通用”函数，它们会出现在多个章节中，因此在本节中介绍。这些函数放在**start.nb**中，在运行各章程序之前需要先运行这个文件。此外，部分章节还有专用的函数。本书所有自编的函数和实例都在 MMA 12 中文版下测试通过。

1.4.1　显示相关的函数

1. 按任意顺序显示三类表达式：show

函数**show**实现按任意顺序显示几项之和（积）或列表。下面以几项之和为例来说明其用法。

用户输入的几项之和（积）实际上会被 MMA 按内部规则自动排序，但是列表不会：

{b + a + c, bac, {b, a, c}}

$$\{a+b+c, abc, \{b,a,c\}\}$$

除了**Hold**等少数函数以外，大部分输入的表达式在计算前会被 MMA 重写。

函数**show**不带参数，则是将表达式倒序显示：

a + b + c//show

$$c+b+a$$

将$a+b+c$以给定的顺序显示，下例中的显示顺序为{2,1,3}，结果如下：

a + b + c//show[#, {2, 1, 3}]&

$$b+a+c$$

将表达式向左（右）作移动，采用循环处理，

{a + b + c//show[#, −1]&, a + b + c//show[#, 2]&}

$$\{b+c+a, b+c+a\}$$

以上操作同样适用于abc和$\{a,b,c\}$。

下面稍微复杂一点的例子，将$a+b+cd$显示为$dc+b+a$。

一种实现方法如下：

MapAt[show, $\boldsymbol{a+b+cd}$**,{3}]//show**

该函数主要用来以期望的顺序显示所得到的结果，但需要注意使用方法。

【思考题 1.5】　分析以下结果，为什么**abc^2//Expand**未能展开？

abc = $\boldsymbol{a+b+c}$**//show**

$$c+b+a$$

abc^2//Expand

$$(c+b+a)^2$$

(ABC = $\boldsymbol{a+b+c}$**)//show**

$$c+b+a$$

ABC^2//Expand

$$a^2+2ab+b^2+2ac+2bc+c^2$$

2. 表达式的简约表示：F$，Fx$，Fxy$，Fxyz$，Fn$

在 MMA 中，无论输入还是输出，函数通常显式地列出其自变量，这往往导致表达式过长。下面引入的几个函数主要是为了在不引起误解的情况下缩短表达式的长度，其中**F$**将不显示函数的自变量，如将$u[x,t]$显示为$u$。**Fx$**、**Fxy$**和**Fxyz$**分别针对单变量、两变量和三变量的函数的导数将其表示为下标形式，如$u^{(1,1)}[x,t]$显示为u_{xt}。**Fn$**则针对单变量函数，将其导数显示为不含自变量的形式，如$u^{(3)}[t]$显示为u'''。

以 Legendre 方程为例，可在 Word 中输入如下内容：

$$(1-x^2)y''-2xy'+\mu y=0 \tag{1.4.1}$$

在 MMA 中输入式(1.4.1)以及得到的输出如下：

LegendreEQ = $\boldsymbol{(1-x^2)y''[x]-2xy'[x]+\mu y[x]==0}$

$$\mu y[x]-2xy'[x]+(1-x^2)y''[x]==0$$

导数$y'(x)$可有两种表示形式，即y_{x}或y'。其中第 1 种方式明确给出了自变量x，可用**Fx$**得到，第 2 种则可用**Fn$**得到。

LegendreEQ/.Fx$/.F$[$\boldsymbol{x}$**]**

$$\mu y-2xy_{\mathrm{x}}+(1-x^2)y_{\mathrm{xx}}==0$$

可用**show**可改变显示各项的顺序使之符合习惯

show/@%

$$(1-x^2)y_{\mathrm{xx}}-2xy_{\mathrm{x}}+\mu y==0 \tag{1.4.2}$$

对于单变量函数，**F$[]**不用指明自变量，而**F$[**$\boldsymbol{x}$**]**则明确指定了自变量，它们给出同样的结果。注意，有时则必须用**F$[**$\boldsymbol{x}$**]**。

show[#,{2,1,3}]&/@(LegendreEQ/.Fn$/.F$[])

$$(1-x^2)y''-2xy'+\mu y==0 \tag{1.4.3}$$

可见，式(1.4.3)与式(1.4.1)完全一致。

下面再以 KdV 方程为例，可在 Word 中输入如下：

$$u_t+uu_x+\alpha u_{xxx}=0 \tag{1.4.4}$$

在 MMA 中则为

KdVEQ = $\boldsymbol{\partial_t u[x,t]+u[x,t]\partial_x u[x,t]+\alpha\partial_{\{x,3\}}u[x,t]==0}$

$$u^{(0,1)}[x,t]+u[x,t]u^{(1,0)}[x,t]+\alpha u^{(3,0)}[x,t]==0$$

将上式用简约形式表示为

KdVEQ/. Fxy$/. F$[*x*, *t*]

$$u_{\mathrm{t}}+uu_{\mathrm{x}}+\alpha u_{\mathrm{xxx}}==0 \tag{1.4.5}$$

可见式(1.4.5)与式(1.4.4)几乎一样，除了下标的字体样式有所不同。

3. 下标缩并：aij，aijk

在 MMA 中，多个下标用逗号分开，如$a_{2,1}$，当下标的值小于 10 时，用替换将它变为更精简的形式a_{21}。**aij**和**aijk**分别处理两个和三个下标的情况。用以下例子说明：

(A2 = Array[*a*##&, {2, 2}])//MatrixForm

$$\begin{pmatrix} a_{1,1} & a_{1,2} \\ a_{2,1} & a_{2,2} \end{pmatrix}$$

下标缩并以后的形式更符合习惯，且表达式变短了：

A2/. aij//MatrixForm

$$\begin{pmatrix} a_{11} & a_{12} \\ a_{21} & a_{22} \end{pmatrix}$$

Eigenvalues[A2]/. aij//FullSimplify

$$\left\{\frac{1}{2}\left(a_{11}-\sqrt{4a_{12}a_{21}+(a_{11}-a_{22})^2}+a_{22}\right),\frac{1}{2}\left(a_{11}+\sqrt{4a_{12}a_{21}+(a_{11}-a_{22})^2}+a_{22}\right)\right\}$$

4. 常见的指数形式：caP

在 MMA 中，并非总是按照书写的常规顺序显示表达式，如

expr = *u*[*t*]/. *u* → (Sum[*u*$_j$(−1)^j#^{j}, {*j*, 0, 5}]&)

$$u_0-tu_1+t^2u_2-t^3u_3+t^4u_4-t^5u_5$$

而人们更习惯把$-t^3u_3$表示为$-u_3t^3$，函数**caP**就是实现这个功能。举例如下：

expr//caP[#, *t*]&//show[#, 1]&

$$u_0-u_1t+u_2t^2-u_3t^3+u_4t^4-u_5t^5$$

D[expr, *t*]//caP[#, *t*]&//show[#, 1]&

$$-u_1+2u_2t-3u_3t^2+4u_4t^3-5u_5t^4$$

D[expr, {*t*, 2}]//caP[#, *t*]&//show[#, 1]&

$$2u_2-6u_3t+12u_4t^2-20u_5t^3$$

5. 表达式缩并：two2one

当一个列表中两个表达式仅有正负号之差时，可以缩并成一个表达式，如例 1.1.4。

下面再给出三个例子：

{−*y*, *y*}//two2one

$$\pm y$$

{*x* + *y*, *x* − *y*}//two2one

$$x\pm y$$

{*a* + *b* + *c* + *d*, *a* − *b* + *c* − *d*}//two2one

$$(a+c)\pm(b+d)$$

注意，这些自定义函数仅用于显示函数，不可将这些函数直接作用过的变量再用于计算。

1.4.2 处理方程（组）和多项式的函数

1. 处理方程（等式）：doEq，standard

函数**doEq**可以处理方程的两端，并进行相关的运算。

eq $= aU_1''[x] + bU_0[x] == U_1[x]$

如果输入参数是一个方程，则将其转变为齐次方程形式，方程右端项为 0，其余项都置于方程左端。

doEq[eq]

$$bU_0[x] - U_1[x] + aU_1''[x] == 0$$

如果第 2 个参数指定了某个变量，则将所有包含该变量的项放在方程左端，其他项则放在方程的右端。

doEq[eq, U_1**]**

$$-U_1[x] + aU_1''[x] == -bU_0[x] \tag{1.4.6}$$

还可以对方程进行一些操作：

doEq[eq $- U_1[x]$**]**

$$aU_0[x] - U_1[x] + U_1''[x] == 0$$

doEq[$c *$ **eq]**

$$acU_0[x] + cU_1''[x] == cU_1[x]$$

doEq[eq^2**]**

$$a^2U_0[x]^2 + 2aU_0[x]U_1''[x] + U_1''[x]^2 == U_1[x]^2$$

函数**standard**将方程标准化，通常是将最高阶导数项的系数归一。如果未能得到预期的结果，可以将指定项的系数归一。

standard[eq]

$$\frac{bU_0[x]}{a} - \frac{U_1[x]}{a} + U_1''[x] == 0 \tag{1.4.7}$$

还可以将其中任意一项的系数归一，例如：

standard[eq, $U_0[x]$**]**

$$U_0[x] - \frac{U_1[x]}{b} + \frac{aU_1''[x]}{b} == 0$$

2. 处理联立方程组：getEqs，getOrd

以二阶常微分方程的初值问题为例，求其正则摄动级数解。

ode $= u''[t] + (1+\epsilon)u[t] == 0;$ **ic1** $= u[0] == 1;$ **ic2** $= u'[0] == 0$

将u展开为ϵ的幂级数并代入以上方程和初始条件：

u2S[n_]: $= u \to (\mathrm{Sum}[u_i[\#]\epsilon^i, \{i, 0, n\}] + O[\epsilon]^{n+1}\&)$

ODE = ode/. u2S[2]

$$(u_0[t] + u_0''[t]) + (u_0[t] + u_1[t] + u_1''[t])\epsilon + (u_1[t] + u_2[t] + u_2''[t])\epsilon^2 + O[\epsilon]^3 == 0 \tag{1.4.8}$$

IC1 = ic1/. u2S[2]

$$u_0[0] + u_1[0]\epsilon + u_2[0]\epsilon^2 + O[\epsilon]^3 == 1 \tag{1.4.9}$$

IC2 = ic2/. u2S[2]

$$u_0{}'[0]+\epsilon u_1{}'[0]+\epsilon^2 u_2{}'[0]==0 \tag{1.4.10}$$

比较式(1.4.8)，式(1.4.9)和式(1.4.10)，可见式(1.4.10)左端缺少了$O[\epsilon]^3$。这可能是因为**ic2**左端是一个导数，将级数代入后，由于量阶函数不是t的函数，所以在求导以后就消失了。

下面尝试得到联立的方程组：

eqs = LogicalExpand[ODE]

$$u_0[t]+u_0{}''[t]==0\&\&u_0[t]+u_1[t]+u_1{}''[t]==0\&\&u_1[t]+u_2[t]+u_2{}''[t]==0$$

ic1s = LogicalExpand[IC1]

$$-1+u_0[0]==0\&\&u_1[0]==0\&\&u_2[0]==0$$

ic2s = LogicalExpand[IC2]

$$u_0{}'[0]+\epsilon u_1{}'[0]+\epsilon^2 u_2{}'[0]==0 \tag{1.4.11}$$

由于式(1.4.10)左端不再是一个级数，未能得到联立的方程组。利用自定义函数**getEqs**可以处理这种情况。

ic2s = getEqs[ic2, 2]

$$u_0{}'[0]==0\&\&u_1{}'[0]==0\&\&u_2{}'[0]==0$$

用**getOrd**获得某一阶的方程或初边值条件。下面取一阶近似方程或初边值条件：

getOrd[2]@eqs

$$u_0[t]+u_1[t]+u_1{}''[t]==0$$

getOrd[2]/@{eqs, ic1s, ic2s}

$$\{u_0[t]+u_1[t]+u_1{}''[t]==0,u_1[0]==0,u_1{}'[0]==0\}$$

3. 处理多项式：doPoly，doPolyList

这里的多项式不是严格数学意义上的多项式，而是多个项相加即可。如：

lhs = doEq[eq, −1]

$$aU_0[x]-U_1[x]+U_1{}''[x]$$

这里实际上是**lhs = eq[[1]] − eq[[2]]**，**lhs**也当作多项式一样操作。

poly = $\sqrt{x}+x+x^2$Log[x]

doPoly[poly]

$$\sqrt{x}(1+\sqrt{x}+x^{3/2}\mathrm{Log}[x])$$

此处等价于**doPoly[poly, 1]**，将第 1 项作为“公因式”提出来，它未必是真正数学意义上的公因式。可用以下方式将分解后的公因式和商式放在一个列表里：

List@@%

$$\{\sqrt{x},1+\sqrt{x}+x^{3/2}\mathrm{Log}[x]\}$$

把上式中最后一项作为公因式，则得到以下结果：

doPoly[poly, −1]

$$x^2\left(1+\frac{1}{x^{3/2}\mathrm{Log}[x]}+\frac{1}{x\mathrm{Log}[x]}\right)\mathrm{Log}[x]$$

由于 MMA 对输出结果自动排序，此处第 1 项（公因式）分成两部分，所以未能得到预期的结果：

List@@%

$$\left\{x^2, 1+\frac{1}{x^{3/2}\mathrm{Log}[x]}+\frac{1}{x\mathrm{Log}[x]}, \mathrm{Log}[x]\right\}$$

这时，可以用**doPolyList**来实现：

doPolyList[poly, −1]

$$\left\{x^2\mathrm{Log}[x], 1+\frac{1}{x^{3/2}\mathrm{Log}[x]}+\frac{1}{x\mathrm{Log}[x]}\right\}$$

实际上，作为公因式的项可以任意指定：

doPoly[poly, Log[*x*]]

$$\left(x^2+\frac{\sqrt{x}}{\mathrm{Log}[x]}+\frac{x}{\mathrm{Log}[x]}\right)\mathrm{Log}[x]$$

1.4.3 处理求和与积分的函数

1. 处理求和：Sca2cSa和cSa2Sca，Sab2SaSb和SaSb2Sab

处理求和时，常把**Sum**设为闲置，让它不自动计算，并用**sum**表示，即

sum: = Inactive[Sum]

Sca2cSa和**cSa2Sca**是一对相反的替换，分别为将与下标无关的系数提到求和符号以外和将与下标无关的系数放在求和符号以内，其中函数名中的**S**表示求和。

sum[*ab*

$$\sum_{j=1}^{n} a j^2 b_j == a\sum_{j=1}^{n} j^2 b_j$$

$c*$sum[b_j, {j, 1, n}] == ($c*$sum[b_j, {j, 1, n}]/. cSa2Sca[j])

$$c\sum_{j=1}^{n} b_j == \sum_{j=1}^{n} c b_j$$

ca_jsum[b_j, {j, 1, n}] == (ca_jsum[b_j, {j, 1, n}]/. cSa2Sca[j])

$$c a_j\sum_{j=1}^{n} b_j == a_j\sum_{j=1}^{n} c b_j$$

Sab2SaSb和**SaSb2Sab**也是一对相反的替换，分别将求和拆分为两个部分和把两个同类的求和合并成一个求和。

(ans = sum[a_j+b_j, {j, 1, n}]) == (ans/. Sab2SaSb)

$$\sum_{j=1}^{n}(a_j+b_j) == \sum_{j=1}^{n} a_j+\sum_{j=1}^{n} b_j$$

(ans = sum[a_j, {j, 1, n}] + sum[b_j, {j, 1, n}]) == (ans/. SaSb2Sab)

$$\sum_{j=1}^{n} a_j+\sum_{j=1}^{n} b_j == \sum_{j=1}^{n}(a_j+b_j)$$

最后给出一个较复杂的例子：先拆分，再合并

ans = sum[$ab_je_j+cd_j+fg_j$, {j, 0, ∞}]//. Sab2SaSb/. Sca2cSb[j]

$$c\sum_{j=0}^{\infty} d_j+a\sum_{j=0}^{\infty} b_j e_j+f\sum_{j=0}^{\infty} g_j$$

ans/. cSa2Sca[]//. SaSb2Sab

$$\sum_{j=0}^{\infty}(cd_j + ab_je_j + fg_j)$$

2. 处理定积分：Ica2cIa和cIa2Ica，Iab2IaIb和IaIb2Iab

处理抽象函数的积分时，常把**Integrate**设为闲置，并用**integrate**表示，即

integrate: = Inactive[Integrate]

Ica2cIa和**cIa2Ica**是一对相反的替换，分别为将与积分变量无关的系数提到积分符号以外和将与积分变量无关的系数放在积分符号以内，其中函数名中的**I**表示定积分。

integrate[*axf*[*x*], {*x*, 0, 1}]/. Ica2cIa[]

$$a\int_0^1 xf[x]\,\mathrm{d}x$$

***ax*integrate[*f*[*x*], {*x*, 0, 1}]/. cIa2Ica[]**

$$x\int_0^1 af[x]\,\mathrm{d}x$$

Iab2IaIb和**IaIb2Iab**也是一对相反的替换，分别为将积分拆分成两个部分和把两个同类的积分合并成一个积分。

ans = integrate[*axf*[*x*] + *bg*[*x*], {*x*, *c*, *d*}]

$$\int_c^d (axf[x] + bg[x])\,\mathrm{d}x$$

ANS = ans/. Iab2IaSb/. Ica2cIa[*x*]

$$a\int_c^d xf[x]\,dx + b\int_c^d g[x]\,\mathrm{d}x$$

ANS/. cIa2Ica[*x*]/. IaIb2Iab

$$\int_c^d (axf[x] + bg[x])\,\mathrm{d}x$$

3. 处理不定积分：ica2cia和cia2ica，iab2iaib和iaib2iab

ica2cia和**cia2ica**是一对相反的替换，分别为将与积分变量无关的系数提到积分符号以外和将与积分变量无关的系数放在积分符号以内。**iab2iaib**和**iaib2iab**也是一对相反的替换，分别为将积分拆分成两个部分和把两个同类的积分合并成一个积分。为与处理定积分的函数相区分，这里采用**i**表示不定积分。下面仅给出一个例子：

ans = integrate[ig, *x*]

$$\int (axf[x] + bg[x])\mathrm{d}x$$

ANS = ans/. iab2iaib[*x*]/. ica2cia[*x*]

$$a\int xf[x]\,\mathrm{d}x + b\int g[x]\mathrm{d}x$$

ANS/. cia2ica[*x*]/. iaib2iab[*x*]

$$\int (axf[x] + bg[x])dx$$

1.4.4　其他有用的函数

1. 给出函数的量级：approx

approx[Log[1 + *x*], *x*]

$$\mathbb{O}[x]$$

approx[Sin[*x*] − *x*, *x*]

$$\mathbb{O}[x^3] \tag{1.4.12}$$

approx[*a*/(*bx*³), *x*]

$$\mathbb{O}\left[\frac{1}{x^3}\right] \tag{1.4.13}$$

该函数的完整形式是**approx[*f*[*x*], *x*, *x*₀]**，默认情况下假设$x_0 \to 0$。

approx[1/(1 + *x*), *x*, ∞]

$$\mathbb{O}\left[\frac{1}{x}\right]$$

这里出现的$\mathbb{O}$是区别于 MMA 内置量阶函数O的严格同阶函数。

2. 纯函数化：toPure

下面用一个实例来说明。可按照通常的方式来求解例 1.1.9 并转为纯函数：

u1 = DSolve[$\partial_t u[x,t] - a\partial_x u[x,t]$ == 0, *u*[*x*, *t*], {*x*, *t*}][[1]]/. *C*[1] → *f*//toPure

$$\left\{u \to \text{Function}\left[\{x,t\}, f\left[\frac{at+x}{a}\right]\right]\right\} \tag{1.4.14}$$

也可以直接求得纯函数解(1.4.14)：

u2 = DSolve[$\partial_t u[x,t] - a\partial_x u[x,t]$ == 0, *u*, {*x*, *t*}][[1]]/. *C*[1] → *f*

但这种解的形式不如解(1.1.3)那么简洁。可以这样处理：

u3 = DSolve[$\partial_t u[x,t] - a\partial_x u[x,t]$ == 0, *u*[*x*, *t*], {*t*, *x*}][[1]]/. *C*[1] → *f*//toPure

$$\{u \to \text{Function}[\{x,t\}, f[at+x]]\} \tag{1.4.15}$$

注意，用以下方式仍得不到解(1.4.15)。

DSolve[$\partial_t u[x,t] - a\partial_x u[x,t]$ == 0, *u*, {*t*, *x*}][[1]]/. *C*[1] → *f*

3. 将规则转化为方程：toEqual

该函数将一个替换规则转化为一个方程。如：

equ = u1//toEqual

$$\left\{u[x,t] == f\left[\frac{at+x}{a}\right]\right\}$$

1.5　使用说明和建议

1. 设置工作目录

建议不要在默认目录下工作。可以直接设定某一目录为当前工作目录，如

SetDirectory["D:\\NOTEBOOK"]或者**SetDirectory["D:/NOTEBOOK"]**

也可以设置当前笔记本(notebook)所在的目录为工作目录：

SetDirectory[NotebookDirectory[]]

这样，计算结果（如将绘制的图形输出到文件）就可保存在指定的目录。

2. 寻求帮助

MMA 自带的帮助文件是最准确、最权威的用法文档。如查找所用以**Expand**结尾的函数，可用如下代码：

?* **Expand**

查询具体函数的的信息，如

? **FunctionExpand**

点击所显示信息的右上角的 ⓘ，可以跳转到帮助页面，查看详细的帮助。

3. 内存变量管理

察看系统中的全局变量，可用如下代码：

? **Global`***

查看用户自定义的函数f的信息：

***f*[x_]: = Sin[*x*]**

? ***f***

用户在 Notebook 工作环境（见图 1.5.1）中直接输入的变量都是全局变量。

清除函数的定义要用***f*[x_] =.**而不是***f* =.**，也可以用**Clear[*f*]**。用**Clear["f * "]**可以清除以 f 开头的自定义函数或变量的定义。用**Clear["Global` * "]**可以清除所有自定义函数或变量的定义，但是这些自定义函数名或变量名仍然留在内存中。用**Remove["Global` * "]**则可以清除所有自定义表达式的名和定义。

4. 关于本书自定义函数的说明

本书中作者根据需要编写了一些自定义函数或替换，都是为了解决具体问题，因此在通用性上有所欠缺，也未就可能出现的问题提供足够的提示。在使用这些函数时务必先测试一些相对简单的例子，做到心中有数，这样才更有把握得到正确的结果。

5. 本书的约定

(1) 为避免与系统内置函数混淆，本书主要采用小驼峰(camel)命名法，即第 1 个单词全部小写，其后每个单词首字母大写。这样对于单个单词构成的函数名实际上就是全部小写了，如**function**，对于多个单词构成的函数名，则写成诸如**myJob**，**myFirstJob**的函数名。

(2) 本书中 MMA 的代码用加粗的 Cambria Math 字体，无论是它们出现在段落中，或者单独成行。单独成行的代码是可以运行的，采用左对齐的方式。运行代码后的输出，如果是公式，则用 Latin Modern Math 字体居中显示。这种 Latex 风格的公式十分美观。在段落中出现的数学符号就用 Latin Modern Math 字体显示，如$\sin(x)$；与代码相关的符号就用 Cambria Math 字体显示，如**Clear[*f*]**。

(3) 在绝大多数应用 Mathematica 的数学、力学或物理学等学科的书籍中，通常会同时显示**In[*n*]**和**Out[*n*]**，输入和输出都是左对齐，图 1.5.1 为示例代码实际运行结果的截图。最近出版的一些新书，如 Abell 等(2023)的书，不再显示**In**和**Out**。本书中也采用这样的体例。图 1.5.1 的内容在本书中以图 1.5.2 的形式出现。在叙述问题时，本书采用传统的方式手工输入，参见图 1.5.2 中的式(1.5.1)和式(1.5.2)。代码是从 Notebook 中拷贝过来，并设为粗体。计算输出也是直接拷贝的，在回车以后 Word 会作相应的调整，如括号的大小等。为节省篇幅，就抑制了一些输出。例如，由于方程和初始条件已经手工输入了，对应的代码运行结果就不再输出了（参考图 1.5.1）。对于计算所得的结果，可能会编号，如(1.5.3)，以便后文引用。此外还可以通过变量名在后文引用，如**ue**。这样用解(1.5.3)和**ue**都同样表示方程(1.5.1)的解。

```
In[1]:= eq = u''[t] + u[t] == 0
Out[1]= u[t] + u''[t] == 0

In[2]:= ic1 = u[0] == a
Out[2]= u[0] == a

In[3]:= ic2 = u'[0] == 0
Out[3]= u'[0] == 0

In[4]:= ue = DSolveValue[{eq, ic1, ic2}, u[t], t]
Out[4]= a Cos[t]

In[5]:= ua = AsymptoticDSolveValue[{eq, ic1, ic2}, u[t], t, {t, 0, 8}] // Collect[#, a] &
```

Out[5]= $a\left(1-\frac{t^2}{2}+\frac{t^4}{24}-\frac{t^6}{720}+\frac{t^8}{40320}\right)$

```
In[6]:= Series[ue, {t, 0, 8}] // Normal // Collect[#, a] &
```

Out[6]= $a\left(1-\frac{t^2}{2}+\frac{t^4}{24}-\frac{t^6}{720}+\frac{t^8}{40320}\right)$

图 1.5.1 MMA 的 Notebook 示例

已知方程和初始条件如下：

$$u''(t)+u(t)=0 \tag{1.5.1}$$

$$u(0)=a, u'(0)=0 \tag{1.5.2}$$

将以上方程和初始条件记为

eq = *u*"[*t*] + *u*[*t*] == 0; ic1 = *u*[0] == *a*; ic2 = *u*'[0] == 0;

结合初始条件(1.5.2)即可求得方程(1.5.1)的精确解

ue = DSolveValue[{eq, ic1, ic2}, *u*[*t*], *t*]

$$a\mathrm{Cos}[t] \tag{1.5.3}$$

我们还可以直接求得方程(1.5.1)的级数解：

ua = AsymptoticDSolveValue[{eq, ic1, ic2}, *u*[*t*], *t*, {*t*, 0, 8}]//Collect[#, *a*]&

$$a\left(1-\frac{t^2}{2}+\frac{t^4}{24}-\frac{t^6}{720}+\frac{t^8}{40320}\right) \tag{1.5.4}$$

将精确解(1.5.3)展开成级数可验证式(1.5.4)，即

Series[ue, {*t*, 0, 8}]//Normal//Collect[#, *a*]&

$$a\left(1-\frac{t^2}{2}+\frac{t^4}{24}-\frac{t^6}{720}+\frac{t^8}{40320}\right)$$

图 1.5.2 Notebook 内容在本书种的呈现示例

作者对图 1.5.1 的代码补充了文字说明，以增强可读性。这样本书的形式与大部分同类书籍相仿，只是增加了相应的代码，方便读者了解这些结果是怎样得到的。另行输入的一些数学公式，函数$u(t)$的自变量t可以不显式地写出来，如u；或者自变量用圆括号包围，如式(1.5.1)，

与 MMA 的表达式***u*[*t*]**有明显的差异。手工输入的数学公式单独成行时，也是采用居中排版。当然也有一些输入结果和传统形式一样，如式(1.5.4)。

(4) 变量的命名

本书中所用的变量名大多为英文单词的缩写，列于表 1.5.1，其中加粗的变量名是最常用的。表中给出的变量名全部是小写，也可以全部大写，这两种命名方法都不会与 MMA 内置函数发生冲突。由于变量名都是两个字母以上，在后面加数字或 s 都不会发生冲突。

表 1.5.1 本书常见变量名及其含义

变量名	英文全称	中文	变量名	英文全称	中文
amp	**amp**litude	幅值	**ratio**	**ratio**	比值
ans	**ans**wer	答案	rc	**r**adiusof **c**onvergence	收敛半径
asm	**as**su**m**ption	假设	rel	**rel**ation	关系
bc	**b**oundary **c**ondition	边界条件	rem	**rem**ainder	余项
ce	**coe**fficient	系数	req	**r**ecursive **eq**uation	递归方程
cf	**c**ommon **f**actor	公因子（式）	**res**	**res**ult	结果
cond	**cond**ition	条件	rest	**rest**	其他项
diff	**diff**erence	两项之差	rf	**r**ecursion **f**ormula	递推公式
dn	**down**	表示分母	rg	**r**an**g**e	积分区间
dr	**d**ispersion **r**elation	色散关系	**rhs**	**r**ight-**h**and **s**ide	方程右端
ep	**e**x**p**onent	指数	rt	**r**esonance **t**erm	共振项
eq	**eq**uation	方程	seri	**seri**es	级数
eqs	**eq**uation**s**	方程组	**sol**	**sol**ution	解答
expr	**expr**ession	表达式	st	**s**ecular **t**erm	长期项
fd	**f**unction **d**omain	定义域	term	**term**	项
fr	**f**unction **r**ange	值域	**u**	**u**nknown	未知函数u
gf	**g**auge **f**unction	标准函数	u$	$u(t)$，$u(x)$，$u(x,t)$	u的解
gt	**g**eneral **t**erm	通项	u0	$u(t)$，$u(x)$，$u(x,t)$	退化方程解
ic	**i**nitial **c**ondition	初始条件	u1	$u_1(t)$	u_1的解
ieq	**i**ndicial **eq**uation	特征方程	ua	**a**symptotic solution	u的渐近解
ig	**i**nte**g**rand	被积表达式	ue	**e**xact solution	u的精确解
keep	**keep**	保留项	un	**n**umerical solution	u的数值解
lhs	**l**eft-**h**and **s**ide	方程左端	up	**up**	表示分子
nst	**n**on**s**ecular **t**erm	非长期项	ut	$u'(t)$ or $\partial_t u(x,t)$	一阶(偏)导数
num	**num**ber	数字	utt	$u''(t)$ or $\partial_{t,t} u(x,t)$	二阶(偏)导数
ph	**ph**ase	相位	ux	$u'(x)$ or $\partial_x u(x,t)$	一阶(偏)导数
poly	**poly**nomial	多项式	uxx	$u''(x)$ or $\partial_{x,x} u(x,t)$	二阶(偏)导数
ps	**p**articular **s**olution	特解	uxt	$\partial_{x,t} u(x,t)$	混合偏导数

通常方程只有一个边界条件或初始条件，就用**bc**或**ic**表示。如果有两个边界条件或初始条件，则用**bc1**和**bc2**或**ic1**和**ic2**代表第 1 个和第 2 个边界或初始条件。如果是无穷远处的边界条件，可能会用**bc8**表示，因为∞旋转 90° 以后很像 8。**bcs**或**ics**则表示n阶近似时各阶方程对应的边界或初始条件，通常$n \geq 3$。

在变量命名中，常出现数字 2，其对应英语介词 to，代表一种替换规则。如**u2U**，就是把函数u转化为函数U，而**u2S**就是把u用级数(Series)展开。

有三个变量名来表示答案，分别是**sol**，**res**和**ans**。其中**sol**多用来表示各种方程的解，**res**通常用于表示最终结果而放在最后，而**ans**则用于其他的情况。如果函数名是ψ这样的希腊字母，它的解就用其对应的英文字母表示，如**psi**。$u_2(t)$的解通常用**u2**表示。如果一次得到$u_1(t)$和$u_2(t)$的解，则用**u1u2**表示。如果通过方程组联立求解，一次性得到多个解，如$u_1(t), u_2(t), \cdots, u_n(t)$，则用**us**表示这个解集。

未列入上表中的一个常用变量名是**tmp**或**temp**，其含义是临时变量，通常它们可用%来表示。%表示最后一个输出结果，%%表示倒数第 2 个输出结果。%n则具体指明第n个输出结果。本书中倾向于每个输出都用一个变量名表示，这样便于以后引用，但也会造成变量名偏多的情况。

(5) 长函数名的缩写和闲置函数

有些常用的内置函数名过长，有时为了排版的需要，可能采用它的首字母缩写，如：

ADSV: = AsymptoticDSolveValue；FSF: = FindSequenceFunction

还有一些两个单词构成的较长函数名，截取每个词前两个字母构成缩写，如

PoEx: = PowerExpand；FuSi: = FullSimplify

如果在正文中，遇到这些缩写（与自定义函数不同）而不知其意，可以使用查询，如：

? Fu*Si*

将直接得到**FullSimplify**的帮助。

当然也可能出现有多个函数具有同样的缩写，通常也容易甄别出函数的全称是哪个。

前面已经提到两个经常要设为闲置状态的函数，用全小写字母表示：

integrate: = Inactive[Integrate]；sum: = Inactive[Sum]

这些约定会放在 **start.nb** 这个文件中。每次使用前，只要先运行这个文件，就可以直接使用这些缩写或闲置函数。

6. 学习资料推荐

关于 Mathematica 的研发历程和趣闻轶事可以参考 Wolfram(2019, 2024)的书。如果要全面而系统地学习 Mathematica 的知识可以参考 Abell 等(2022)和 Wellin(2013)的英文教程、张韵华(2011)和黑斯廷斯等(2018)的中文教程。Mathematica 在微分方程中的应用可以参考 Abell 等(2023)的书。实际上，近年来 Mathematica 教程及其在不同领域的应用已经出版了很多书籍，这里仅列举了其中的一小部分。

关于公开课，推荐北京某高校“Mathematica 及其应用”（共八讲，内含有趣的故事以及专业的应用）和中国科学技术大学的“符号计算语言 Mathematica”（全 48 讲，内容全面，可以帮助读者快速入门），都是很好的课程。现在网络教学资源很丰富，许多学者还乐于分享，这样读者可以通过搜索引擎找到许多有用的教程。

第 2 章　渐近级数

渐近分析被称为“近似的微积分”。它提供了一个强大的工具，用于逼近各类问题的解，包括极限、积分、微分方程和差分方程。本章介绍渐近分析的基础知识，包括量阶符号、渐近序列、渐近展开，并给出一些实例。

2.1　量阶符号

定义 2.1　设$f(x)$和$g(x)$是定义在Ω上的两个函数。如果存在某个常数$A(0 \le A < \infty)$，使对Ω中某个内点x_0的邻域U内的所有x，满足

$$|f(x)| \le A|g(x)| \tag{2.1.1}$$

或者

$$\lim_{x \to x_0} \left|\frac{f(x)}{g(x)}\right| = A \tag{2.1.2}$$

则称$f(x)$在x_0的邻域内与$g(x)$同阶，并记为

$$f(x) = O\big(g(x)\big), \quad x \to x_0 \tag{2.1.3}$$

定义 2.2　如果$0 < A < \infty$，则称$f(x)$与$g(x)$严格同阶，用$\mathbb{O}$表示，即

$$f(x) = \mathbb{O}\big(g(x)\big), \quad x \to x_0 \tag{2.1.4}$$

定义 2.3　若A与Ω内的x无关，则称(2.1.1)式在Ω内一致成立，否则就称为非一致成立。

定义 2.4　设$f(x)$和$g(x)$是定义在Ω上的两个函数。如果任意$\epsilon > 0$，Ω中某个内点x_0总有一个邻域U_ϵ存在，使所有$x \in U_\epsilon$满足

$$|f(x)| \le \epsilon|g(x)| \tag{2.1.5}$$

或者

$$\lim_{x \to x_0} \left|\frac{f(x)}{g(x)}\right| = 0 \tag{2.1.6}$$

则称$f(x)$在x_0的邻域内是$g(x)$的高阶小量，并记为

$$f(x) = o\big(g(x)\big), \quad x \to x_0 \tag{2.1.7}$$

定义 2.5　若

$$\lim_{x \to x_0} \frac{f(x)}{g(x)} = 1 \tag{2.1.8}$$

则称$f(x)$渐近等价于或渐近于$g(x)$，用$f(x) \sim g(x)$表示。可见渐近等价是同阶的特例。

式(2.1.8)等价于

$$f(x) = g(x) + o\big(g(x)\big) \tag{2.1.9}$$

与量阶符号相关的一些常用符号，如$\ll$（远小于）或$\gg$（远大于），其具体含义是：当$x \to x_0$时，$f(x) \ll g(x)$或$g(x) \gg f(x)$，即$f(x) = o(g(x))$。

当$x \to x_0$时，$f(x) \gg g(x)$的含义是

$$\lim_{x \to x_0} \left| \frac{f(x)}{g(x)} \right| = \infty \tag{2.1.10}$$

或者$g(x) = o(f(x))$。

【思考题 2.1】　如果$f(x) \sim g(x)$，是否可以说$f(x) - g(x) \sim 0$?

在 MMA 11.3 及以上的版本中，引入一些与渐近分析相关的新函数：

AsymptoticEqual：渐近相等或严格同阶($\mathbb{O}$)，见式(2.1.4)；

AsymptoticLessEqual：渐近小于等于或同阶(O)，见定义 2.1；

AsymptoticGreater：渐近大于，或远大于($\gg$)，见式(2.1.10)；

AsymptoticLess：渐近小于，或高阶小量(o)，或远小于($\ll$)，见定义 2.4；

AsymptoticEquivalent：渐近等价($\sim$)，见定义 2.5。

借助这些函数，对函数进行量阶分析更加方便。

例 2.1.1　假设$f(x) = \sin(x)$，$g(x) = x$，根据式(2.1.2)，当$x \to 0$时，求极限

Limit[Sin[*x*]/*x*, *x* → 0]

$$1$$

由于该极限存在，所以$\sin(x)$与x同阶，即$\sin(x) = O(x)$，验证如下：

AsymptoticLessEqual[Sin[*x*], *x*, *x* → 0]

$$\text{True}$$

由于$A > 0$，所以它们是严格同阶，即$\sin(x) = \mathbb{O}(x)$，验证如下：

AsymptoticEqual[Sin[*x*], *x*, *x* → 0]

$$\text{True}$$

由于$A = 1$，$\sin(x)$渐近于x，即$\sin(x) \sim x$，验证如下：

AsymptoticEquivalent[Sin[*x*], *x*, *x* → 0]

$$\text{True}$$

例 2.1.2　假设$f(x) = x\sin(1 + 1/x)$，$g(x) = \sin(x)$，根据定义 2.1 中的式(2.1.2)，当$x \to 0$时，求$h(x) = f(x)/g(x)$的极限。

如图 2.1.1 所示，可见$h(x)$在零点附近高频振荡。

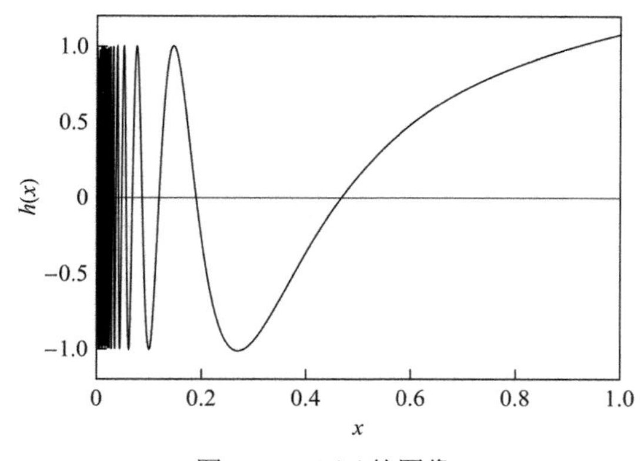

图 2.1.1　$h(x)$的图像

直接计算其极限，可得

Limit[(expr = x Sin[1 + 1/x]/Sin[x]), x → 0]

Indeterminate

这表明该极限不存在，并不满足式(2.1.2)，但进一步计算表明：

Limit[expr, x → 0, Method → {"AllowIndeterminateOutput" → False}]

Interval[{−1,1}]

即其极限值在一个有限的范围[−1,1]内。根据式(2.1.1)，$x\sin(1+1/x) = O(\sin(x))$。可见式(2.1.1)比式(2.1.2)要求更宽松，满足式(2.1.2)的情形必定满足式(2.1.1)，反之则不然。

AsymptoticLessEqual[xSin[1 + 1/x], Sin[x], x → 0]

True

由此可见，在**AsymptoticLessEqual**中采用的是式(2.1.1)。

例 2.1.3 一致成立的例子。

当$-\infty < x < \infty$时，

$$\sin(x) = O(1)$$

$$\sin(x) = O(x)$$

下面对典型情况（x取 0、有限值或无穷大）进行验证：

AsymptoticLessEqual[Sin[x], 1, x → #]&/@{−∞, −1, 0, 1, ∞}

{True, True, True, True, True}

AsymptoticLessEqual[Sin[x], x, x → #]&/@{−∞, −1, 0, 1, ∞}

{True, True, True, True, True}

例 2.1.4 非一致成立的例子。

当$0 \le x < \infty$，$\epsilon \to 0$时，以下关系是否总是成立？

$$\sqrt{x+\epsilon} - \sqrt{x} = O(\epsilon)$$

利用式(2.1.2)求下列极限：

Limit[(√(x + ϵ) − √x)/ϵ, ϵ → 0]

$$\frac{1}{2\sqrt{x}}$$

该极限依赖x的取值。当$x > 0$时，极限存在，而当$x \to 0$时，上述极限趋于无穷大，即在包含零的区域内上式非一致成立：

AsymptoticLessEqual[√(x + ϵ) − √x, ϵ, {ϵ, x} → 0]

False

利用 MMA 可给出成立的条件：

cond = AsymptoticLessEqual[√(x + ϵ) − √x, ϵ, ϵ → 0]

$$\sqrt{x} \ne 0$$

进一步化简可得

ApplySides[#^2&, cond]

$$x \ne 0$$

因此，当$x \ne 0$时，$\sqrt{x+\epsilon} \sim \sqrt{x}$，$\epsilon \to 0$。

例 2.1.5 根据定义 2.1 和 2.4，可知

$$f = o(g) \Longrightarrow f = O(g)$$

当$x \to 0$时，$x^2 = o(x), x^2 = O(x)$。验证如下：

AsymptoticLess[$x^2, x, x \to 0$]

True

AsymptoticLessEqual[$x^2, x, x \to 0$]

True

但是反之并不成立。当$x \to 0$时，$\sin(x) = O(x)$，但$\sin(x) \neq o(x)$

AsymptoticLessEqual[Sin[x], $x, x \to 0$]

True

AsymptoticLess[Sin[x], $x, x \to 0$]

False

如果采用严格同阶$\mathbb{O}$的话，则可以将两者完全区分开来，即

$$f = o(g) \nRightarrow f = \mathbb{O}(g)$$

AsymptoticEqual[$x^2, x, x \to 0$]

False

即$x^2 \neq \mathbb{O}(x)$。

例 2.1.6 在渐近分析中，只有三种数：0、有限数和无限。1 和 10^{999} 都是有限数，因而具有相同的量阶。这与物理上的量级有明显的差别，通常两个同类物理量之比为 10 就称之为两者相差一个量级。

在渐近分析中，$\epsilon \ll 1$意味着$\epsilon \to 0$。在算术中，$-10000 < \epsilon$，$\epsilon \to 0^+$，但是从量阶的角度而言，则有$-10000 \gg \epsilon$，$\epsilon \to 0^+$。

例 2.1.7 当$x \to 0$时，列出一些常见的渐近关系

$$\begin{gathered}
\sin(x) = O(x) \\
\sin(x) = o(1) \\
\cos(x) = O(1) \\
1 - \cos(x) = o(x) \\
\sin(x) - x = o(x) \\
\sin(x) - x = o(x^2) \\
\sin(x) - x = O(x^3)
\end{gathered}$$

下面对最后两个关系进行验证：

AsymptoticLess[Sin[x] $- x, x^2, x \to 0$]

True

AsymptoticEqual[Sin[x] $- x, x^3, x \to 0$]

True

量阶符号O和o具有以下性质，这里不作证明，仅列举如下：

$$\begin{gathered}
O(O(f)) = O(f) \\
O(f) \cdot O(g) = O(f \cdot g) \\
O(f) + O(g) = O(|f| + |g|) \\
O(f) + O(f) = O(f) + o(f) = O(f) \\
O(f) \cdot o(g) = o(f) \cdot o(g) = o(f \cdot g)
\end{gathered}$$

$$o\big(O(h)\big) = O\big(o(h)\big) = o(h)$$

在 MMA 中，渐近相关的一些函数通常给出结果为 True（真）或 False（假）的判断，不够直观。这里将相关函数重新打包成两个函数，输出的结果就是常见的形式。

judge：判断两个函数之间的渐近关系，并给出最强结果，如例 2.1.1，仅给出渐近等价。

order：扩展的量阶函数。在 MMA 中，囿于命名规则的限制，只有大O函数，本书则引入了o，用$\mathbb{o}$表示，而$\mathbb{O}$则表示严格同阶，以区别于系统内置函数O。

利用这两个函数，可以更方便地进行分析。

例 2.1.8 判断两个函数之间的渐近关系或量阶。

judge[Sin[2*x*], 2*x*, *x* → 0]

$$\text{Sin}[2x] \sim 2x \ \text{ as } \ x \to 0$$

judge[Sin[2*x*], *x*, *x* → 0]

$$\text{Sin}[2x] = \mathbb{O}[x] \ \text{ as } \ x \to 0$$

judge[Sin[*x*], *x*², *x* → 0]

$$\text{Sin}[x] \gg x^2 \ \text{ as } \ x \to 0$$

judge[Sin[*x*], *x*, *x* → ∞]

$$\text{Sin}[x] \ll x \ \text{ as } \ x \to \infty$$

order[Sin[2*x*], *x*, *x* → 0]

$$\text{Sin}[2x] = \mathbb{O}[x] \ \text{ as } \ x \to 0$$

order[Sin[2*x*], *x*, *x* → ∞]

$$\text{Sin}[2x] = \mathbb{o}[x] \ \text{ as } \ x \to \infty$$

order[*x*, *x*², *x* → ∞]

$$x = \mathbb{o}[x^2] \ \text{ as } \ x \to \infty$$

order[*x*², *x*, *x* → ∞]

$$x = \mathbb{o}[x^2] \ \text{ as } \ x \to \infty$$

利用函数**order**可以方便地得到例 2.1.7 的结果。在改进的函数**judge**中，则采用了严格同阶$\mathbb{O}$，即定义 2.2。

2.2 标准函数

定义 2.6 对于标准函数(gauge function)系$\{g_n(x)\}$，满足$g_{n+1}(x) = o(g_n(x))$，可将$f(x)$表示为

$$f(x) = \sum_{n=1}^{N} c_n g_n(x) + o\big(g_N(x)\big) \tag{2.2.1}$$

或者

$$f(x) = \sum_{n=1}^{N} c_n g_n(x) + O\big(g_{N+1}(x)\big) \tag{2.2.2}$$

则称$\sum_{n=1}^{N} c_n g_n(x)$为函数$f(x)$的$N$项渐近级数或渐近展开，并记为

$$f(x) = c_1g_1(x) + c_2g_2(x) + \cdots + c_Ng_N(x) \tag{2.2.3}$$

在可数个标准函数的情况下，对于任意大小的N，上式都成立，则有

$$f(x) = \sum_{n=1}^{\infty} c_ng_n(x) \tag{2.2.4}$$

由渐近级数的定义 2.6 可知，如已知函数$f(x)$及给定的渐近序列$\{g_n(x)\}$，可以逐个唯一确定渐近级数的系数c_N，即

$$c_N = \lim_{x\to x_0} \frac{f(x) - \sum_{n=1}^{N-1} c_ng_n(x)}{g_N(x)} \tag{2.2.5}$$

为了刻画渐近级数的性质，常采用一些人们熟知的初等函数，如幂函数，对数函数，指数函数作为标准函数。根据变化的快慢排序，可知当$x \to \infty$时

$$\ln(x) \ll x^n \ll \mathrm{e}^x$$

验证如下：

AsymptoticLess[Log[x], x^n, $x \to \infty$]

True

AsymptoticLess[x^n, e^x, $x \to \infty$]

True

同理可知

AsymptoticLess[$\mathrm{e}^{-1/x}$, x^n, $x \to 0$, Direction → "FromAbove"]

True

AsymptoticLess[x^n, 1/Log[1/x], $x \to 0$]

True

这里需注意到x趋于 0 的方向对于极限值的影响，如

Limit[$\mathrm{e}^{-1/x}$, $x \to 0$, Direction → "FromAbove"]

0

Limit[$\mathrm{e}^{-1/x}$, $x \to 0$, Direction → "FromBelow"]

∞

分别从上方（0 点右端）和下方（0 点左端）趋于 0，可得不同的极限值。如图 2.2.1 所示，可见函数$\mathrm{e}^{-1/x}$在 0 点处发生间断。

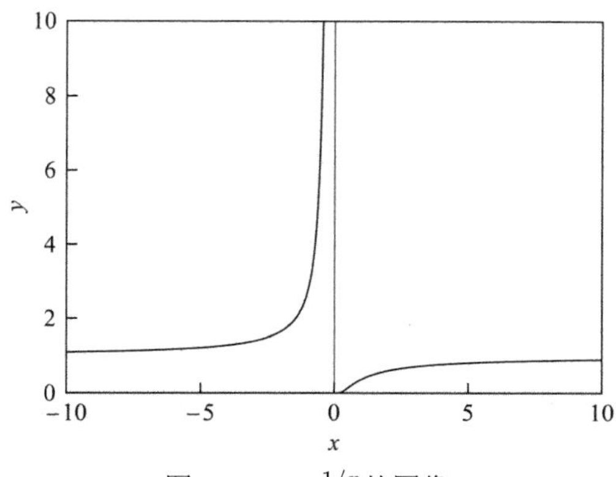

图 2.2.1　$\mathrm{e}^{-1/x}$的图像

在渐近分析中，通常用ϵ表示小参数。最简单、最有用的标准函数是ϵ的幂函数

$$1, \epsilon, \epsilon^2, \epsilon^3, \epsilon^4, \epsilon^5, \cdots \tag{2.2.6}$$

以及ϵ的逆幂函数

$$1, \epsilon^{-1}, \epsilon^{-2}, \epsilon^{-3}, \epsilon^{-4}, \epsilon^{-5}, \cdots \tag{2.2.7}$$

构造以ϵ为底的幂函数列表

```
list = ϵ^Range[0, 7]
```

$$\{1, \epsilon, \epsilon^2, \epsilon^3, \epsilon^4, \epsilon^5, \epsilon^6, \epsilon^7\}$$

两两组合进行对比，可知确为标准函数

```
pair = MovingMap[#&, list, 1]
```

$$\{\{1, \epsilon\}, \{\epsilon, \epsilon^2\}, \{\epsilon^2, \epsilon^3\}, \{\epsilon^3, \epsilon^4\}, \{\epsilon^4, \epsilon^5\}, \{\epsilon^5, \epsilon^6\}, \{\epsilon^6, \epsilon^7\}\}$$

```
AsymptoticGreater[#[[1]], #[[2]], ϵ → 0]&/@pair
```

$$\{\mathrm{True}, \mathrm{True}, \mathrm{True}, \mathrm{True}, \mathrm{True}, \mathrm{True}, \mathrm{True}\}$$

用$\gg$可以表示为

```
GreaterGreater@@list
```

$$1 \gg \epsilon \gg \epsilon^2 \gg \epsilon^3 \gg \epsilon^4 \gg \epsilon^5 \gg \epsilon^6 \gg \epsilon^7$$

同理可得

$$1 \ll \frac{1}{\epsilon} \ll \frac{1}{\epsilon^2} \ll \frac{1}{\epsilon^3} \ll \frac{1}{\epsilon^4} \ll \frac{1}{\epsilon^5} \ll \frac{1}{\epsilon^6} \ll \frac{1}{\epsilon^7}$$

对于小的ϵ，根据以上两个级数的通项公式ϵ^n和ϵ^{-n}，易知

```
judge[ϵ^n, ϵ^(n+1), ϵ → 0]
```

$$\epsilon^n \gg \epsilon^{n+1} \text{ as } \epsilon \to 0$$

```
judge[ϵ^-n, ϵ^-(n+1), ϵ → 0]
```

$$\epsilon^{-n} \ll \epsilon^{-n-1} \text{ as } \epsilon \to 0$$

根据定义可知，级数(2.2.6)为渐近级数。

为了表示比ϵ的任何幂函数更快（慢）趋于零的函数，则需补充$\mathrm{e}^{-1/\epsilon}$或$(\ln(1/\epsilon))^{-1}$等函数到标准函数中。

2.3 渐近级数

虽然渐近级数可以根据式(2.2.5)确定，但实际常常直接利用 MMA 的内置函数**Series**来得到许多函数的（渐近）级数展开式。

例 2.3.1 正弦函数$\sin(x)$的级数展开式。

```
Series[Sin[x], {x, 0, 13}]
```

$$x - \frac{x^3}{6} + \frac{x^5}{120} - \frac{x^7}{5040} + \frac{x^9}{362880} - \frac{x^{11}}{39916800} + \frac{x^{13}}{6227020800} + O[x]^{14}$$

从上式可知，其中仅有奇数次幂。下面尝试获得其通项公式：

```
gt[n_] = Simplify[SeriesCoefficient[Sin[x], {x, 0, 2n + 1}], n ∈ ℤ≥0] x^(2n+1)
```

$$\frac{(-1)^n x^{1+2n}}{(1+2n)!}$$

计算第$n+1$项与第n项的比值**ratio**可得

```
ratio = gt[n + 1]/gt[n] //FunctionExpand
```

$$-\frac{x^2}{2(1+n)(3+2n)}$$

```
ans = Simplify[Reduce[Abs[ratio] < 1, x], x > 0&&n > 0]//Most
```

$$x < \sqrt{6+10n+4n^2}$$

```
Limit[#, n → ∞]&/@ans
```

$$x < \infty$$

这表明该级数收敛，且收敛半径为∞。

下面验证它是否为渐近级数：

```
Limit[ratio, x → 0]
```

$$0$$

这说明满足渐近级数的定义 2.6。

当$x \to 0$时，$\sin(x)$的幂级数展开式不但是收敛的，而且是渐近的。

例 2.3.2　求反双曲正割函数$\mathrm{arsech}(x)$的级数展开式：

```
seri = Series[ArcSech[x], {x, 0, 16}, Assumptions → x > 0]/. Log[a_] − Log[b_]
            → Log[a/b]
```

$$\mathrm{Log}\left[\frac{2}{x}\right]-\frac{x^2}{4}-\frac{3x^4}{32}-\frac{5x^6}{96}-\frac{35x^8}{1024}-\frac{63x^{10}}{2560}-\frac{77x^{12}}{4096}-\frac{429x^{14}}{28672}-\frac{6435x^{16}}{524288}+O[x]^{17}$$

与上例不同，这里首项为$\ln(2/x)$，可以预期在用**SeriesCoefficient**求通项公式时会遇到一些问题。可以发现，除首项外其余各项均为x的偶数次幂项，可以尝试寻找这些项的通项表达式。

```
data = List@@(Normal[seri]/. Log[x_] → 0)/. x → 1
```

$$\left\{-\frac{1}{4},-\frac{3}{32},-\frac{5}{96},-\frac{35}{1024},-\frac{63}{2560},-\frac{77}{4096},-\frac{429}{28672},-\frac{6435}{524288}\right\}$$

从中可以发现系数具有如下形式：

```
ce[n_] = FindSequenceFunction[data, n]//FunctionExpand
```

$$-\frac{\mathrm{Gamma}\left[\frac{1}{2}+n\right]}{2n^2\sqrt{\pi}\mathrm{Gamma}[n]}$$

```
gt[n_] = ce[n]x^(2n)
```

计算第$n+1$项与第n项的比值：

```
ratio = gt[n + 1]/gt[n] //FullSimplify
```

$$\frac{n(1+2n)x^2}{2(1+n)^2}$$

```
Limit[ratio, n → ∞]
```

$$x^2$$

当$x^2<1$时级数收敛，即

Reduce[$x^2<1$]

$$-1<x<1$$

Limit[ratio, $x\to 0$]

$$0$$

这说明，当$x\to 0$时，该级数是渐近级数。

将首项$\ln(2/x)$与后面的幂级数之和相加，可得

Log[2/x] + Sum[gt[n], {n, 1, ∞}]//Simplify

$$\text{Log}\left[\frac{1}{x}\right]+\text{Log}\left[1+\sqrt{1-x^2}\right] \tag{2.3.1}$$

同时注意到

ArcSech[x]//TrigToExp

$$\text{Log}\left[\sqrt{-1+\frac{1}{x}}\sqrt{1+\frac{1}{x}}+\frac{1}{x}\right] \tag{2.3.2}$$

【练习题 2.1】 验证式(2.3.1)与式(2.3.2)相等。

例 2.3.3 求 Bessel 函数在$x\to 0$和$x\to\infty$的级数表达式。

下面分两种情况讨论。

(1) 当$x\to 0$时，直接用**Series**得到

Series[BesselJ[0, x], {x, 0, 12}]

$$1-\frac{x^2}{4}+\frac{x^4}{64}-\frac{x^6}{2304}+\frac{x^8}{147456}-\frac{x^{10}}{14745600}+\frac{x^{12}}{2123366400}+O[x]^{13}$$

其通项公式为

gt1[n_] = FullSimplify[SeriesCoefficient[BesselJ[0, x], {x, 0, 2n}], $n\in\mathbb{Z}_{\geq 0}$]x^{2n}

$$\frac{\left(-\frac{1}{4}\right)^n x^{2n}}{(n!)^2}$$

参考例 2.3.1，可知该级数既是收敛的（收敛半径为∞，可以用该级数计算任意大的x处的值），又是渐近的（当$x\to 0$时）。

该收敛级数的无限和为

$$\sum_{n=0}^{\infty}\frac{\left(-\frac{1}{4}\right)^n x^{2n}}{(n!)^2} \tag{2.3.3}$$

(2) 当$x\to\infty$时，同样用**Series**得到它的渐近级数为

expr = Series[BesselJ[0, x], {x, ∞, 20}]

$$\text{Cos}\left[-x+\frac{\pi}{4}+O\left[\frac{1}{x}\right]^{21}\right]\left(\sqrt{\frac{2}{\pi}}\sqrt{\frac{1}{x}}-\cdots\right)+(\cdots)\text{Sin}\left[-x+\frac{\pi}{4}+O\left[\frac{1}{x}\right]^{21}\right]$$

这里共展开了 20 项，由于表达式过长，其中一些项用省略号表示。之所以取这么多项，是因为需要足够多的数据来确定一个比较复杂的解析表达式。

【练习题 2.2】 尝试用**SeriesCoefficient**来确定$x\to\infty$时 Bessel 函数的通项公式。所

得结果正确吗?

下面推导当$x\to\infty$时 Bessel 函数的通项公式，并判断级数是否收敛，以及是不是渐近级数。虽然以上级数表达式中有cos和sin函数，但只需研究其后括号内级数的性质即可。

取紧跟$\cos(-x+\pi/4)$的括号中的级数部分：

```
poly = Normal[expr[[1, 2]]]/. √a_/√b_ → √(a/b);
{term, poly1} = PowerExpand[doPolyList[poly]]/. √a_/√b_ → √(a/b)
```

$$\left\{\sqrt{\frac{2}{\pi}}\sqrt{\frac{1}{x}}, 1-\frac{502860269940467106811189921875}{1180591620717411303424x^{18}}+\frac{5767329795235581592707 1875}{9223372036854775808x^{16}}-\frac{1070401384414690453125}{9007199254740992x^{14}}+\frac{213786613951685775}{70368744177664x^{12}}-\frac{30241281245175}{274877906944x^{10}}+\frac{13043905875}{2147483648x^8}-\frac{2401245}{4194304x^6}+\frac{3675}{32768x^4}-\frac{9}{128x^2}\right\}$$

先找出x^n的系数的规律：

```
ces = Coefficient[poly1, x, −Range[0, 18, 2]]
```

$$\left\{1,-\frac{9}{128},\frac{3675}{32768},-\frac{2401245}{4194304},\frac{13043905875}{2147483648},-\frac{30241281245175}{274877906944},\frac{213786613951685775}{70368744177664},-\frac{1070401384414690453125}{9007199254740992},\cdots,-\frac{502860269940467106811189921875}{1180591620717411303424}\right\}$$

```
ce[n_] = FindSequenceFunction[ces, n]//FullSimplify
```

$$\frac{\left(-\frac{1}{4}\right)^{-1+n}\text{Gamma}\left[-\frac{3}{2}+2n\right]^2}{\pi\text{Gamma}[-1+2n]}$$

再找出x^n指数部分的规律：

```
eps = Sort[List@@poly1//Exponent[#, x]&, #1 > #2&]
```

$$\{0,-2,-4,-6,-8,-10,-12,-14,-16,-18\}$$

```
ep[n_] = FindSequenceFunction[eps, n]//Expand
```

$$2-2n$$

综上结果，可得通项公式为

```
gt2[x_, n_] = termcoef[n]x^ep[n]//PowerExpand//FullSimplify
```

$$\frac{(-1)^{1+n}2^{\frac{5}{2}-2n}x^{\frac{3}{2}-2n}\text{Gamma}\left[-\frac{3}{2}+2n\right]^2}{\pi^{3/2}\text{Gamma}[-1+2n]}$$

计算第$n+1$项与第n项的比值：

```
ratio = gt2[x, n + 1]/gt2[x, n] //FullSimplify
```

$$-\frac{(3-16n+16n^2)^2}{128n(-1+2n)x^2}$$

```
Limit[Abs[ratio], n → ∞, Assumptions → x ≠ 0&&x ∈ Reals]
```

$$\infty$$

由此可知，该级数是发散的。

Limit[ratio, $x \to \infty$]

$$0$$

上式表明该级数是渐近的。

同样可以得到$\sin(-x+\pi/4)$后括号内级数的通项公式（略）。这样就可以得到 Bessel 函数的完整通项公式，即

$$\mathrm{Cos}\left[-x+\frac{\pi}{4}\right]\sum_{n=1}^{\infty}\frac{(-1)^{1+n}2^{\frac{5}{2}-2n}x^{\frac{3}{2}-2n}\mathrm{Gamma}\left[-\frac{3}{2}+2n\right]^2}{\pi^{3/2}\mathrm{Gamma}[-1+2n]} + \mathrm{Sin}\left[-x+\frac{\pi}{4}\right]\sum_{n=1}^{\infty}\frac{(-1)^{n}2^{\frac{3}{2}-2n}x^{\frac{1}{2}-2n}\mathrm{Gamma}\left[-\frac{1}{2}+2n\right]^2}{\pi^{3/2}\mathrm{Gamma}[2n]} \tag{2.3.4}$$

【练习题 2.3】 确定式(2.3.4)中$\sin(-x+\pi/4)$后括号内级数的通项公式。

以上采用 MMA 的内置函数**Series**得到了一些常见函数和特殊函数的级数表达式，可见其功能强大，不但可以得到幂级数，还可以得到渐近级数，但是它也不是万能的。

【练习题 2.4】 尝试用**Series**求出当$x \to 0$时$\sin(3x)$标准函数为$\{\ln(1+x^n)\}$的级数展开式。

下面根据式(2.2.5)来确定函数的渐近级数。

例 2.3.4 当$x \to 0$时，将$\sin(3x)$用$\ln(1+x^n)$展开。

首先验证$\{\ln(1+x^n)\}$是否为渐近序列：

Limit[Log[1 + x^{n+1}]/Log[1 + x^n], $x \to 0$, Assumptions $\to$ $n > 0$&&$n \in$ Integers]

$$0$$

这就确认了该标准函数序列为渐近序列。下面根据定义，逐步确定系数c_n：

c_1 = Limit[Sin[3x]/Log[1 + x], $x \to 0$]

$$3$$

c_2 = Limit[(Sin[3x] − c_1Log[1 + x])/Log[1 + x^2], $x \to 0$]

$$\frac{3}{2}$$

c_3 = Limit[(Sin[3x] − c_1Log[1 + x] − c_2Log[1 + x^2])/Log[1 + x^3], $x \to 0$]

$$-\frac{11}{2}$$

这样就确定了前三项的系数：

Sum[c_nLog[1 + x^n], {n, 1, 3}]

$$3\mathrm{Log}[1+x]+\frac{3}{2}\mathrm{Log}[1+x^2]-\frac{11}{2}\mathrm{Log}[1+x^3]$$

易知对于给定的标准函数序列，函数的渐近展开式是唯一确定的。上述确定渐近序列系数的步骤易于编程实现，可将其编写成一个函数**asymptoticExpand**。将上述函数略微修改，即得只输出渐近级数系数的函数**asymptoticExpandList**。

下面给出自定义函数**asymptoticExpand**的一些应用实例。

例 2.3.5 同一个函数可以有不同的渐近级数展开式。

以正切函数$\tan(x)$为例：

asymptoticExpand[Tan[x], Table[x^i, {i, 1, 10}], 0]

$$x+\frac{x^3}{3}+\frac{2x^5}{15}+\frac{17x^7}{315}+\frac{62x^9}{2835}$$

asymptoticExpand[Tan[x], Table[Sin[x]^i, {i, 1, 10}], 0]

$$\mathrm{Sin}[x]+\frac{\mathrm{Sin}[x]^3}{2}+\frac{3\mathrm{Sin}[x]^5}{8}+\frac{5\mathrm{Sin}[x]^7}{16}+\frac{35\mathrm{Sin}[x]^9}{128}$$

例 2.3.6　用**asymptoticExpand**将$\sin(3x)$展开为不同的渐近展开式。

asymptoticExpand[Sin[3x], Table[Log[1 + x^i], {i, 10}]]

$$3\mathrm{Log}[1+x]+\frac{3}{2}\mathrm{Log}[1+x^2]-\frac{11}{2}\mathrm{Log}[1+x^3]+\frac{3}{2}\mathrm{Log}[1+x^4]+\frac{57}{40}\mathrm{Log}[1+x^5]$$

$$-\frac{11}{4}\mathrm{Log}[1+x^6]-\frac{69}{80}\mathrm{Log}[1+x^7]+\frac{3}{2}\mathrm{Log}[1+x^8]+\frac{6963\mathrm{Log}[1+x^9]}{4480}+\frac{57}{80}\mathrm{Log}[1+x^{10}]$$

asymptoticExpand[Sin[3x], Table[x^i/(1 + x^2)^(3/2), {i, 10}]]

$$\frac{3x}{(1+x^2)^{3/2}}-\frac{18x^5}{5(1+x^2)^{3/2}}+\frac{51x^7}{70(1+x^2)^{3/2}}+\frac{18x^9}{35(1+x^2)^{3/2}}$$

例 2.3.7　没有明确规律的标准函数序列。

可以构造一个满足$g_{n+1}(x)=o(g_n(x))$的标准函数序列，可得相应的展开式。

gfs = {Log[1 + x], Log[1 + x^2], x^3, x^4/(1 + x^2)^(3/2), x^5/(1 + x^2)^(3/2)};

首先验证**gfs**为标准函数序列，即后一项相较前一项都是高阶小量：

Limit[Rest[gfs]/Most[gfs], x → 0]

$$\{0,0,0,0\}$$

asymptoticExpand[Sin[3x], gfs, 0]//show[#, −2]&

$$3\mathrm{Log}[1+x]+\frac{3}{2}\mathrm{Log}[1+x^2]-\frac{11x^3}{2}+\frac{3x^4}{2(1+x^2)^{3/2}}+\frac{57x^5}{40(1+x^2)^{3/2}}$$

例 2.3.8　不同函数可以有相同的展开式。

两个函数$f_1(x)=1/(1+x)$和$f_2(x)=(1+\mathrm{e}^{-x})/(1+x)$，两者相差一个指数小量(EST)。求当$x\to\infty$时的渐近幂级数展开式。

gfs = Table[x^−i, {i, 7}]

$$\left\{\frac{1}{x},\frac{1}{x^2},\frac{1}{x^3},\frac{1}{x^4},\frac{1}{x^5},\frac{1}{x^6},\frac{1}{x^7}\right\}$$

asymptoticExpand[1/(1 + x), gfs, ∞]//show

$$\frac{1}{x}-\frac{1}{x^2}+\frac{1}{x^3}-\frac{1}{x^4}+\frac{1}{x^5}-\frac{1}{x^6}+\frac{1}{x^7}$$

asymptoticExpand[(1 + e^−x)/(1 + x), gfs, ∞]//show

$$\frac{1}{x}-\frac{1}{x^2}+\frac{1}{x^3}-\frac{1}{x^4}+\frac{1}{x^5}-\frac{1}{x^6}+\frac{1}{x^7}$$

可见，不同函数可以具有相同的展开式。实际上可以写出很多这样的函数，只要相差一个指数小量(如$\mathrm{e}^{-x}, x\to\infty$)即可，因为指数小量比$x$的任何幂次都更快地趋于零。事实上，这个指数小量根据式(2.2.5)展开，所有的系数均为零，因此不会在上述展开式中出现，即

asymptoticExpandList[e^{-x}, **gfs**, ∞]

{0,0,0,0,0,0,0}

2.4 收敛与渐近

当x固定，$N \to \infty$时，函数项级数的部分和$S(N) = \sum_{n=1}^{N} c_n g_n(x)$有极限$f(x)$，即

$$\lim_{N \to \infty} S(N) = f(x) \tag{2.4.1}$$

对于收敛级数而言，项数取得越多，结果就越精确。

$$\lim_{n \to \infty} a_n = 0 \tag{2.4.2}$$

与收敛相对的概念是发散。对于发散级数而言，并非项数越多越精确。

渐近级数是指当项数N固定时，变量$x \to x_0$时，余项同级数的末项相比是高阶小量。当x越接近x_0，结果就越精确。对于固定的x，精度是有一定的限制的，单纯增加项数并不能提高精度。

同一渐近展开式可以表示不同的函数，参见例 2.3.8。一个函数可以展开成多种渐近序列组成的渐近展开式，参见例 2.3.5。但是对于给定的渐近序列，根据式(2.2.5)，函数按此序列展开的表达式是唯一的。

渐近级数可以是收敛级数，也可以是发散级数。

常用比值判别法来判断级数的收敛性：

$$\lim_{\substack{n \to \infty \\ x \text{ fixed}}} \left| \frac{c_{n+1} g_{n+1}(x)}{c_n g_n(x)} \right| < 1 \tag{2.4.3}$$

而渐近级数则满足

$$\lim_{\substack{n \text{ fixed} \\ x \to x_0}} \frac{c_{n+1} g_{n+1}(x)}{c_n g_n(x)} = 0 \tag{2.4.4}$$

注意：上述式(2.4.3)和式(2.4.4)采用的是不同的极限过程。

由于渐近级数要求

$$\lim_{x \to x_0} \frac{g_{n+1}(x)}{g_n(x)} = 0 \tag{2.4.5}$$

因此，只要通项的系数之比有界就可满足式(2.4.4)，即

$$\lim_{\substack{n \text{ fixed} \\ x \to x_0}} \left| \frac{c_{n+1}}{c_n} \right| < \infty \tag{2.4.6}$$

【思考题 2.2】 渐近级数一定发散吗？收敛级数一定是渐近级数吗？发散级数一定是渐近级数吗？

例 2.4.1 前述已经得到 Bessel 函数的两个级数展开式(2.3.3)和 (2.3.4)。下面用它们计算x较大时的数值。这里取$x = 10$。利用 MMA 内置函数**BesselJ[0, *x*]**计算其精确值，可得**BesselJ[0, 10] = −0.2459357644513617**。表 2.4.1 给出了结果对照。可见，当收敛级数(2.3.3)取 16 项，而发散级数(2.3.4)仅取 2 项，即可达到同样的精度。虽然渐近级数是发散的，

但是取很少几项就能得到相当精确的数值。

表 2.4.1　用收敛级数与发散级数计算 Bessel 函数

项数	收敛级数	误差	发散级数	误差
1	-24	96.58646	-0.2461	0.00068
2	132.25	538.742	**-0.24593**	1.03E-05
3	-301.778	1226.059	-0.24594	4.9E-07
4	376.3906	1531.443	-0.24594	4.78E-08
5	-301.778	1226.059	-0.24594	7.89E-09
6	169.1725	688.8727	-0.24594	1.97E-09
7	-71.1083	288.1334	-0.24594	6.9E-10
8	22.75142	93.50959	-0.24594	3.24E-10
9	-6.21762	24.28147	-0.24594	1.96E-10
10	1.024641	5.166297	-0.24594	1.49E-10
11	-0.47169	0.917952	-0.24594	1.39E-10
12	-0.21191	0.138341	-0.24594	1.56E-10
13	-0.25034	0.017915	-0.24594	2.07E-10
14	-0.24544	0.002016	-0.24594	3.22E-10
15	-0.24598	0.000199	-0.24594	5.79E-10
16	**-0.24593**	1.74E-05	-0.24594	1.19E-09
17	-0.24594	1.35E-06	-0.24594	2.8E-09
18	-0.24594	9.41E-08	-0.24594	7.41E-09

2.5　渐近级数的性质

若函数$f(x)$和$h(x)$用相同的渐近序列$\{g_n(x)\}$展开为渐近级数，即

$$f(x) \sim \sum_{n=1}^{\infty} f_n g_n(x) \tag{2.5.1}$$

$$h(x) \sim \sum_{n=1}^{\infty} h_n g_n(x) \tag{2.5.2}$$

则有

$$f(x) \pm h(x) \sim \sum_{n=1}^{\infty} (f_n \pm h_n) g_n(x) \tag{2.5.3}$$

$$cf(x) \sim \sum_{n=1}^{\infty} cf_n(x) \tag{2.5.4}$$

式中，c为任意非零常数。

若函数$f(x)$和$h(x)$在$x \to \infty$时可展开为渐近幂级数，即

$$f(x) \sim \sum_{n=0}^{\infty} \frac{f_n}{x^n}, \quad x \to \infty \tag{2.5.5}$$

$$h(x) \sim \sum_{n=0}^{\infty} \frac{h_n}{x^n}, \quad x \to \infty \tag{2.5.6}$$

则有

$$f(x) \cdot h(x) \sim \sum_{n=1}^{\infty} \frac{c_n}{x^n} \tag{2.5.7}$$

$$\frac{f(x)}{h(x)} \sim \sum_{n=1}^{\infty} \frac{d_n}{x^n} \tag{2.5.8}$$

式中，系数c_n为

$$c_n = \sum_{j=0}^{n} f_j h_{n-j}, \quad n = 0,1,2,\cdots$$

由上式可知，d_n由方程组

$$f_n = \sum_{j=0}^{n} d_j h_{n-j}, \quad n = 0,1,2,\cdots$$

的解来确定，只要$h_0 \neq 0$，方程组有解。

若$f(x)$有连续的导函数$f'(x)$，则

$$f'(x) \sim -\sum_{n=2}^{\infty} \frac{(n-1) f_{n-1}}{x^n} \tag{2.5.9}$$

若$f(x)$在$x > a > 0$时连续，那么对于$x > a$，函数

$$F(x) = \int_x^{\infty} \left(f(t) - f_0 - \frac{f_1}{t} \right) \mathrm{d}t \tag{2.5.10}$$

有渐近展开式

$$F(x) \sim \frac{f_2}{x} + \frac{f_3}{2x^2} + \cdots + \frac{f_{n+1}}{nx^n} + \cdots, \quad x \to \infty \tag{2.5.11}$$

定义 2.7 若f不仅是x的函数，还是参数ϵ的函数，即$f(x,\epsilon)$，可以用渐近序列$\{\delta_n(\epsilon)\}$展开

$$f(x,\epsilon) = \sum_{n=1}^{N-1} f_n(x) \delta_n(\epsilon) + R_N(x,\epsilon), \quad N > 1 \tag{2.5.12}$$

如果

$$R_N(x,\epsilon) = O\big(\delta_N(\epsilon)\big) \tag{2.5.13}$$

对所有x一致成立，则称展开式是一致有效的，否则称为非一致有效的。

下面通过几个实例，研究函数的渐近展开式。

例 2.5.1 求$\sin(x+\epsilon)$的展开式。

expr = Sin[*x* + *ϵ*] + *O*[*ϵ*]^6

$$\mathrm{Sin}[x] + \mathrm{Cos}[x]\epsilon - \frac{1}{2}\mathrm{Sin}[x]\epsilon^2 - \frac{1}{6}\mathrm{Cos}[x]\epsilon^3 + \frac{1}{24}\mathrm{Sin}[x]\epsilon^4 + \frac{1}{120}\mathrm{Cos}[x]\epsilon^5 + O[\epsilon]^6$$

易知渐近序列为

ϵ^Exponent[expr, ϵ, List]

$$\{1, \epsilon, \epsilon^2, \epsilon^3, \epsilon^4, \epsilon^5\}$$

其系数的通项公式为

ce = SeriesCoefficient[Sin[$x+\epsilon$], {ϵ, 0, n}, Assumptions → $n \geq 0$]

$$\frac{\mathrm{Sin}[\frac{n\pi}{2}+x]}{n!}$$

式中，$-1 \leq \mathrm{Sin}[n\pi/2+x] \leq 1$，而$n! \geq 1$，因此对于所有$x$，系数**ce**总是小于 1，有界。因此展开式是一致有效的。

例 2.5.2　求$\sqrt{x+\epsilon}$的展开式。

expr = Normal[$\sqrt{x+\epsilon}+O[\epsilon]^8$]

$$\sqrt{x}+\frac{\epsilon}{2\sqrt{x}}-\frac{\epsilon^2}{8x^{3/2}}+\frac{\epsilon^3}{16x^{5/2}}-\frac{5\epsilon^4}{128x^{7/2}}+\frac{7\epsilon^5}{256x^{9/2}}-\frac{21\epsilon^6}{1024x^{11/2}}+\frac{33\epsilon^7}{2048x^{13/2}} \tag{2.5.14}$$

除第 1 项外，其后每一项在$x=0$都是奇异的，且后一项比前一项的奇性更强，因此是非一致有效的，它在$x=0$附近失效。

{cf, poly} = List@@doPoly[expr]

$$\left\{\sqrt{x}, 1+\frac{\epsilon}{2x}-\frac{\epsilon^2}{8x^2}+\frac{\epsilon^3}{16x^3}-\frac{5\epsilon^4}{128x^4}+\frac{7\epsilon^5}{256x^5}-\frac{21\epsilon^6}{1024x^6}+\frac{33\epsilon^7}{2048x^7}\right\}$$

只要研究上式中的第 2 项**poly**，并忽略其中各项的常系数，可得

list = Cases[poly, a_?NumberQb_|b_ → b]

$$\left\{1, \frac{\epsilon}{x}, \frac{\epsilon^2}{x^2}, \frac{\epsilon^3}{x^3}, \frac{\epsilon^4}{x^4}, \frac{\epsilon^5}{x^5}, \frac{\epsilon^6}{x^6}, \frac{\epsilon^7}{x^7}\right\}$$

易见后一项与前一项的比值均为

{qt} = Rest[list]/Most[list] //Union

$$\left\{\frac{\epsilon}{x}\right\}$$

若为渐近级数，必有

$$\frac{\epsilon}{x} \ll 1$$

即$\epsilon = o(x)$。但是当

AsymptoticLess[qt, 1, {x, ϵ} → 0]

False

即当$x \to 0$时，上式不成立。因此展开式(2.5.14)为非一致有效展开式。

下面以余误差函数$\mathrm{erfc}(x)$为例来说明最佳截断问题。直接将其展开为级数：

Series[Erfc[x], {x, ∞, 13}]//Normal

$$\mathrm{e}^{-x^2}\left(\frac{10395}{64\sqrt{\pi}x^{13}}-\frac{945}{32\sqrt{\pi}x^{11}}+\frac{105}{16\sqrt{\pi}x^9}-\frac{15}{8\sqrt{\pi}x^7}+\frac{3}{4\sqrt{\pi}x^5}-\frac{1}{2\sqrt{\pi}x^3}+\frac{1}{\sqrt{\pi}x}\right)$$

采用类似于例 2.3.3 的方法，可以得到如下通项公式：

gt[n_] = $(-1)^{1+n}\mathrm{e}^{-x^2}x^{1-2n}$Gamma[$-1/2+n$]/$n$

计算第$n+1$项与第n项的比值，可知该级数既是发散级数，又是渐近级数：

ratio = Abs[gt[$n+1$]/gt[n]]//FullSimplify[#, $n>1$&&$x \in$ Reals]&

$$\frac{-1+2n}{2x^2}$$

Limit[ratio, $n \to \infty$, Assumptions $\to x \in \mathbb{R}$]

$$\infty$$

Limit[ratio, $x \to \infty$, Assumptions $\to n \geq 0$]

$$0$$

对于给定的x，可知当ratio ≥ 1时，后面的项就开始增加，即

cond = Simplify[Reduce[ratio ≥ 1, n], n > 0&&x ≠ 0]

$$n \geq \frac{1}{2} + x^2$$

所以级数中绝对值最小的项为

(𝕄 = Ceiling[cond[[2]]])//TraditionalForm

$$\left\lceil x^2 + \frac{1}{2} \right\rceil$$

最佳截断在第ℕ项，即

(ℕ = 𝕄 − 1)//TraditionalForm

$$\left\lceil x^2 + \frac{1}{2} \right\rceil - 1 \tag{2.5.15}$$

因为渐近级数的截断误差由被省略的第 1 项确定，为了减少误差，就取绝对值最小的那一项，即第𝕄项。最佳截断的位置与x有关，如$x = 2$,3时，最佳截断位置为

ℕ/. {{x → 2}, {x → 3}}

{4,9}

下面给出余误差函数在$x = 2$,3时的精确值（保留 9 位有效数字）：

{Erfc[2], Erfc[3]}//N[#, 9]&

{0.00467773498,0.000022090497}

余误差函数的级数表达式为：

erfc[x_, num_]: = Sum[gt[x, n], {n, 1, num}]

表 2.5.1 给出余误差函数在$x = 2$,3时取不同项数时的数值。下面确定表 2.5.1 中误差最小的那一项ℕ：

Position[#, Min[#]]&@Table[Abs[(erfc[2, n] − Erfc[2])/Erfc[2]], {n, 1, 15}]

{{4}}

Position[#, Min[#]]&@Table[Abs[(erfc[3, n] − Erfc[3])/Erfc[3]], {n, 1, 15}]

{{9}}

同时确定级数中绝对值最小的那一项𝕄：

Position[#, Min[#]]&@Abs[Table[gt[x, n], {n, 1, 10}]/. x → 2.]

{{5}}

Position[#, Min[#]]&@Abs[Table[gt[x, n], {n, 1, 10}]/. x → 3.]

{{10}}

这样就验证了上面的结论，即式(2.5.15)。

表 2.5.1　余误差函数的最佳截断

项数	$x=2$	误差	$x=3$	误差
1	0.005167	0.10454	2.32088E-05	0.050626
2	0.004521	0.033527	2.19195E-05	0.007742
3	0.004763	0.018248	2.21344E-05	0.001986
4	0.004612	**0.014112**	2.20747E-05	0.000717
5	**0.004744**	0.014203	2.20979E-05	0.000334
6	0.004595	0.017651	2.20863E-05	0.000191
7	0.0048	0.026148	2.20934E-05	0.00013
8	0.004467	0.045025	2.20882E-05	0.000102
9	0.005091	0.088425	2.20925E-05	**9.12E-05**
10	0.003765	0.195157	**2.20885E-05**	9.13E-05
11	0.006915	0.478351	2.20927E-05	0.000101
12	-0.00135	1.289609	2.20878E-05	0.000123
13	0.022422	3.793278	2.20941E-05	0.000164
14	-0.05188	12.09074	2.20853E-05	0.000235

【练习题 2.5】　推导当$x\to\infty$时余误差函数的级数展开式的通项公式。
【思考题 2.3】　是不是所有渐近级数都存在最佳截断？

2.6　隐函数的渐近分析

对于解析函数，可以用 Lagrange 反函数定理求出隐函数的幂级数展开式，由此可以得到其反函数的渐近展开式，也可以用来求解某些超越方程根的渐近展开式。该定理直接给出了渐近展开式的通项公式。详细内容可参看李家春等(2002)的教材。

本节则采用 MMA 新引进的函数**AsymptoticSolve**和反函数级数**InverseSeries**来求解一些不能得到封闭形式解的方程，但根据有限项级数推导通项公式则有较大的困难。

例 2.6.1　求 Kepler 方程

$$\mathbb{E}-e\sin(\mathbb{E})=t$$

的反函数$\mathbb{E}(e)$。其中$\mathbb{E}$为行星偏近日点角，e为偏心率，t为时间。

将方程记为

$\mathbf{eq}=\mathbb{E}-\boldsymbol{e}\mathbf{Sin}[\mathbb{E}]==\boldsymbol{t};$

$\{\mathbf{e\$}\}=\mathbf{Solve}[\mathbf{eq},\boldsymbol{e}]$

$$\{\{e\to-(t-\mathbb{E})\mathrm{Csc}[\mathbb{E}]\}\}$$

$\mathbf{rhs}=\boldsymbol{e}/.\mathbf{e\$}$

$$-(t-\mathbb{E})\mathrm{Csc}[\mathbb{E}]$$

$\{\mathbf{sol}\}=\mathbf{Solve}[\mathbf{rhs}==\mathbf{0},\mathbb{E}]$

$$\{\{\mathbb{E} \to t\}\}$$

采用反函数级数来求解：

Series[rhs, {𝔼, 𝔼/. sol, 3}]

$$\mathrm{Csc}[t](\mathbb{E}-t)-\mathrm{Cot}[t]\mathrm{Csc}[t](\mathbb{E}-t)^2+\left(\frac{1}{2}+\mathrm{Cot}[t]^2\right)\mathrm{Csc}[t](\mathbb{E}-t)^3+O[\mathbb{E}-t]^4$$

Map[TrigReduce, Normal@InverseSeries[%, *e*]]

$$t+e\mathrm{Sin}[t]+\frac{1}{2}e^2\mathrm{Sin}[2t]+\frac{1}{8}(-e^3\mathrm{Sin}[t]+3e^3\mathrm{Sin}[3t])$$

【练习题 2.6】 试用**AsymptoticSolve**求解例 2.6.1。

例 2.6.2 求方程$x=\cot(x)$之根x_n，$x_n \in (n\pi,(n+1)\pi)$，$n=\pm1,\pm2,\cdots$

先画出函数的图形，见图 2.6.1：

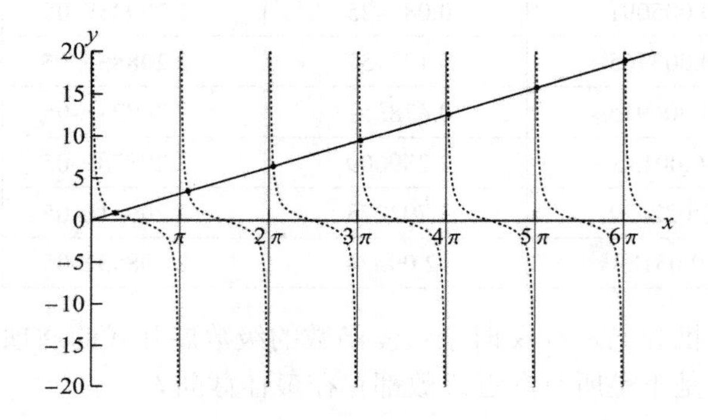

图 2.6.1 $y=\cot(x)$与$y=x$的交点

从图 2.6.1 中，易见当n足够大时，$x_n \to n\pi$。

eq1 = *x* == Cot[*x*];

将方程改写为

eq2 = Thread[eq1 ∗ Tan[*x*], Equal]

$$x\mathrm{Tan}[x]==1$$

假设n为整数，即

$Assumptions = *n* ∈ Integers;

lhs = (eq2[[1]]/. *x* → *nπ* + *ϵ*) + *O*[*ϵ*]⁶

$$n\pi\epsilon+\epsilon^2+\frac{1}{3}n\pi\epsilon^3+\frac{\epsilon^4}{3}+\frac{2}{15}n\pi\epsilon^5+O[\epsilon]^6$$

epsilon = Normal@InverseSeries[lhs, *δ*]/. *δ* → 1//Expand

$$\frac{14}{n^9\pi^9}-\frac{10}{n^7\pi^7}+\frac{53}{15n^5\pi^5}-\frac{4}{3n^3\pi^3}+\frac{1}{n\pi}$$

(res = *nπ* + epsilon)//show

$$n\pi+\frac{1}{n\pi}-\frac{4}{3n^3\pi^3}+\frac{53}{15n^5\pi^5}-\frac{10}{n^7\pi^7}+\frac{14}{n^9\pi^9}$$

【练习题 2.7】 试用**AsymptoticSolve**求解例 2.6.2。

例 2.6.3　求隐式方程

$$xe^x = y \tag{2.6.1}$$

的渐近展开式。

将方程记为

eq = *xe^x* == *y*;

(1) 当$x \to 0$时，可以直接给出渐近解：

AsymptoticSolve[eq, {*x*, 0}, {*y*, 0, 6}][[1]]

$$\left\{x \to y - y^2 + \frac{3y^3}{2} - \frac{8y^4}{3} + \frac{125y^5}{24} - \frac{54y^6}{5}\right\} \tag{2.6.2}$$

(2) 当$x \to \infty$时，该方程的解称为 Lambert's W 函数。

仿照$x \to 0$的情形，并不能给出相应的级数解，事实上此时并不存在幂级数形式的解，但这个方程却可以直接求解，因为 MMA 内置了**ProductLog**函数，亦即 Lambert's W 函数：

sol = Solve[eq, *x*][[1]]

$$\{x \to \mathrm{ProductLog}[y]\} \tag{2.6.3}$$

利用**ProductLog**函数的性质，可以展开为如下级数：

Expand@Normal@Series[*x*/. sol, {*y*, ∞, 0}]

$$\mathrm{Log}[y] - \mathrm{Log}[\mathrm{Log}[y]] - \frac{\mathrm{Log}[\mathrm{Log}[y]]}{\mathrm{Log}[y]^2} + \frac{\mathrm{Log}[\mathrm{Log}[y]]}{\mathrm{Log}[y]} + \frac{\mathrm{Log}[\mathrm{Log}[y]]^2}{2\mathrm{Log}[y]^2} \tag{2.6.4}$$

下面采用迭代法来推导上述结果。

eq1 = Thread[Log[eq], Equal]//PowerExpand

$$x + \mathrm{Log}[x] == \mathrm{Log}[y]$$

rel = doEq[eq1 − Log[*x*]]

$$x == -\mathrm{Log}[x] + \mathrm{Log}[y]$$

写成迭代方程为

$$x_{n+1} = -\ln(x_n) + \ln(y) \tag{2.6.5}$$

当$x \to \infty$时，有

AsymptoticGreater[*x*, Log[*x*], *x* → ∞]

True

即$x \gg \ln(x)$，因此

$$x_0 = \ln(y)$$

利用式(2.6.5)迭代 3 次，并用$a(0)$和$a(1)$分别表示$\ln(y)$和$\ln(\ln(y))$，可得

Nest[(Log[*y*] − Log[#]&), Log[*y*], 3]//. {Log[*y*] → *a*[0], Log[*a*[n_]] → *a*[*n* + 1]}

$$a[0] - \mathrm{Log}\big[a[0] - \mathrm{Log}[a[0] - a[1]]\big] \tag{2.6.6}$$

将上式改写为$a(0) - \ln(a(0) - \ln(a(0)(1 - a(1)/a(0))))$，把$\epsilon = a(1)/a(0)$作为小参数并展开$\ln(1+\epsilon)$：

%/. Log[*a*[0] − *a*[1]] → Log[*a*[0]] − Log[1 + *a*[1]/*a*[0]]/. *a*[1]/*a*[0] → *ϵ*/. Log[*a*[0]] → *a*[1]

$$a[0] - \mathrm{Log}[a[0] - a[1] + \mathrm{Log}[1 + \epsilon]]$$

eq3 = %/. Log[1 + ϵ] → Normal[Log[1 + ϵ] + *O*[ϵ]^num]/. ϵ → *a*[1]/*a*[0]

$$a[0]-\mathrm{Log}\left[a[0]-a[1]+\frac{a[1]}{a[0]}-\frac{a[1]^2}{2a[0]^2}\right]$$

类似地，取如下δ作为小参数：

del = *δ* → eq3/. *a*[0] − Log[*a*[0] + b_] → *b*/*a*[0]

$$\delta\to\frac{-a[1]+\dfrac{a[1]}{a[0]}-\dfrac{a[1]^2}{2a[0]^2}}{a[0]} \tag{2.6.7}$$

led = Reverse[del];

eq3/. Log[*a*[0] + b_] → Log[*a*[0]] + Log[1 + *b*/*a*[0]]/. led/. Log[*a*[0]] → *a*[1]

$$a[0]-a[1]-\mathrm{Log}[1+\delta]$$

根据δ展开$ln(1+\delta)$，并将δ的表达式(2.6.7)代入上式，取前五项，可再次得到式(2.6.4)。

Normal[% + *O*[*δ*]^3]/. del//Expand

$$a[0]-a[1]-\frac{a[1]}{a[0]^2}+\frac{a[1]}{a[0]}+\frac{a[1]^2}{2a[0]^4}-\frac{a[1]^2}{2a[0]^3}+\frac{a[1]^2}{2a[0]^2}-\frac{a[1]^3}{2a[0]^5}+\frac{a[1]^3}{2a[0]^4}+\frac{a[1]^4}{8a[0]^6}$$

Collect[%, *a*[0]]/.c_.*a*[0]^n_/; *n* < −2 → 0/. {*a*[0] → Log[*y*], *a*[1] → Log[Log[*y*]]}//Expand

$$\mathrm{Log}[y]-\mathrm{Log}[\mathrm{Log}[y]]-\frac{\mathrm{Log}[\mathrm{Log}[y]]}{\mathrm{Log}[y]^2}+\frac{\mathrm{Log}[\mathrm{Log}[y]]}{\mathrm{Log}[y]}+\frac{\mathrm{Log}[\mathrm{Log}[y]]^2}{2\mathrm{Log}[y]^2}$$

第 3 章　积分的渐近展开

许多微分方程的解不能用初等函数表示，但可以表示为积分形式，如特殊函数。有许多方法可以把微分方程的解表示成积分形式，如 Laplace 变换和 Fourier 变换等。通常复杂的积分表达式往往很难直接看出它的性态。如果把这些积分用熟悉的初等函数来近似表示，就能轻易把握它的主要特征。在高等数学中精确求解定积分的常用方法包括凑微分、换元法、分部积分法等，而在复变函数中精确求解定积分的常用方法包括留数定理、Jordan 引理等。许多在实数域内难以求解的积分可以在复数域内简便地求解。本章首先介绍两种获得积分级数展开式的常规方法（逐项积分法、分部积分法），然后介绍三种特殊方法（Lapalce 方法、驻相法和最陡下降法）。

3.1　逐项积分法

研究以下含参变量积分的主要性态：

$$I(x)=\int_a^b f(x,t)\mathrm{d}t,\quad x\to x_0 \tag{3.1.1}$$

如果满足以下条件：

$$f(x,t)\sim f_0(t),\quad x\to x_0 \tag{3.1.2}$$

在区间$a\le t\le b$上是一致成立的，那么$I(x)$的主要性态由下式给出

$$I(x)\sim\int_a^b f_0(t)\mathrm{d}t \tag{3.1.3}$$

这里要求式(3.1.3)的右端积分是非零的有限值。

如果要得到$I(x)$性态更精确的描述，可以给出它的完全渐近展开。假设对于某个$\alpha(\alpha>0)$，$f(x,t)$具有渐近展开式

$$f(x,t)\sim\sum_{n=0}^{\infty}f_n(t)(x-x_0)^{\alpha n},\quad x\to x_0,\alpha>0 \tag{3.1.4}$$

在区间$a\le t\le b$上是一致成立的，则有

$$\int_a^b f(x,t)\mathrm{d}t\sim\sum_{n=0}^{\infty}(x-x_0)^{\alpha n}\int_a^b f_n(t)\mathrm{d}t,\quad x\to x_0 \tag{3.1.5}$$

这里要求上式右端的所有项均为有限值，此时积分与无限求和可以交换顺序。这种方法称为逐项积分法(integration by terms)。

例 3.1.1　当$x\to 0$时，求以下积分

$$I(x)=\int_0^1\frac{\sin(tx)}{t}\mathrm{d}t$$

的渐近展开。

已知被积函数**ig**为

ig = Sin[*tx*]/*t*

假设n为非负整数，即

$Assumptions = *n* ∈ ℤ≥0

利用式(3.1.4)，先将被积函数根据小参数x展开为级数。这里仅给出前五项：

ig1 = ig + *O*[*x*]^10

$$x-\frac{t^2x^3}{6}+\frac{t^4x^5}{120}-\frac{t^6x^7}{5040}+\frac{t^8x^9}{362880}+O[x]^{10} \tag{3.1.6}$$

对式(3.1.6)直接积分可得

Integrate[ig1, {*t*, 0, 1}]

$$x-\frac{x^3}{18}+\frac{x^5}{600}-\frac{x^7}{35280}+\frac{x^9}{3265920} \tag{3.1.7}$$

式(3.1.7)是对截断的有限级数直接作积分。注意：式(3.1.6)为级数，但整体积分以后却得到一个多项式，即式(3.1.7)，而在老一些版本的 MMA 中仍表示为级数。

此外，还可以使用**Map**函数，将积分逐个作用于级数的每一项：

Map[Integrate[#, {*t*, 0, 1}]&, ig1]

$$x-\frac{x^3}{18}+\frac{x^5}{600}-\frac{x^7}{35280}+\frac{x^9}{3265920}+O[x]^{10} \tag{3.1.8}$$

注意这样得到的式(3.1.8)仍为级数，而非多项式。

以上虽然求得了该积分的前五项渐近展开式，但是通项的解析结构并不清楚（每一项的系数都已计算为具体的数值），不便于判断级数的收敛性以及其是否为渐近级数。下面就来求级数的通项表达式。

首先注意到式(3.1.6)中仅有x的奇次项，利用**SeriesCoefficient**得到级数展开式的系数，并利用本例假设进行化简：

Simplify[SeriesCoefficient[ig, {*x*, 0, 2*n* + 1}]]

ce[n_] = FullSimplify/@PowerExpand@%

$$\frac{(-1)^n t^{2n}}{\text{Gamma}[2+2n]} \tag{3.1.9}$$

则通项公式为

gt[n_] = ce[*n*]*x*^(2*n*+1)

$$\frac{(-1)^n t^{2n} x^{1+2n}}{\text{Gamma}[2+2n]} \tag{3.1.10}$$

ratio = gt[*n* + 1]/gt[*n*] //FullSimplify

$$-\frac{t^2x^2}{6+10n+4n^2}$$

首先根据比值判别法，可得

Limit[ratio, *n* → ∞]

$$0$$

即被积函数展开所得的级数(3.1.6)是收敛的。

对式(3.1.10)积分得到$I(x)$的渐近展开式的通项：

GT[n_] = Integrate[gt[*n*], {*t*, 0, 1}]

$$\frac{(-1)^n x^{1+2n}}{(1+2n)\text{Gamma}[2(1+n)]} \tag{3.1.11}$$

下面确定积分渐近级数的收敛性和渐近性。计算第n项和第$n-1$项的比值，可得

RATIO = GT[*n*]/GT[*n* − 1] //FullSimplify

$$-\frac{(1+2n)x^2}{2(1+n)(3+2n)^2}$$

Limit[RATIO, *n* → ∞]

$$0$$

RC = Limit[1/Abs[RATIO] , *n* → ∞]

$$\infty$$

可知级数(3.1.8)是收敛的，且收敛半径为∞。

下面根据渐近级数的定义，当$x \to 0$时取极限：

Limit[RATIO, *x* → 0]

$$0$$

这表明级数(3.1.8)是渐近的。

综上可知，所得到的级数(3.1.8)既是收敛级数，又是渐近级数。

例 3.1.2　当$\epsilon \to 0$时，求以下积分的渐近展开：

$$I(\epsilon) = \int_0^1 \sin(\epsilon x^2)\,\mathrm{d}x$$

已知被积函数为

ig = Sin[*ϵx*²]

本例可用例 3.1.1 的方法处理，也可以直接采用 MMA 12 的相关函数直接计算：

AsymptoticIntegrate[ig, {*x*, 0, 1}, {*ϵ*, 0, 16}]

$$\frac{\epsilon}{3}-\frac{\epsilon^3}{42}+\frac{\epsilon^5}{1320}-\frac{\epsilon^7}{75600}+\frac{\epsilon^9}{6894720}-\cdots+\frac{\epsilon^{13}}{168129561600}-\frac{\epsilon^{15}}{40537905408000} \tag{3.1.12}$$

从式(3.1.12)提取ϵ^m的系数，并删去偶数次幂的系数0，可得

data = Cases[CoefficientList[%, *ϵ*], Except[0]]

$$\left\{\frac{1}{3},-\frac{1}{42},\frac{1}{1320},-\frac{1}{75600},\frac{1}{6894720},\cdots,\frac{1}{168129561600},-\frac{1}{40537905408000}\right\} \tag{3.1.13}$$

根据式(3.1.13)，推测通项公式，并使n从0开始：

GT[n_] = FindSequenceFunction[data, *n*]*ϵ*^(2*n*−1)/. *n* → *n* + 1//FullSimplify

$$\frac{(-1)^n \epsilon^{1+2n}}{(3+4n)\text{Gamma}[2+2n]} \tag{3.1.14}$$

可以利用 MMA 的内置函数**SumConvergence**直接判断级数和的收敛性，可知积分的级数展开式是收敛的：

SumConvergence[GT[*n*], *n*]

True

计算第$n+1$项和第n项的比值，可得

RATIO = GT[n + 1]/GT[n] //FunctionExpand

$$-\frac{(3+4n)\epsilon^2}{2(1+n)(3+2n)(3+4(1+n))}$$

Limit[RATIO, ϵ → 0]

$$0$$

这表明级数(3.1.12)既是收敛的，又是渐近的。

例 3.1.3 当$m \to 0$时，求以下完全椭圆积分的渐近展开：

$$I(m)=\int_0^{\frac{\pi}{2}}\frac{\mathrm{d}\theta}{\sqrt{1-m\sin(\theta)^2}} \tag{3.1.15}$$

已知被积函数为

ig = 1/$\sqrt{1 - m\text{Sin}[\theta]^2}$

将被积函数**ig**展开为级数，并逐项积分

seri = ig + O[m]^6//Normal

$$1+\frac{1}{2}m\text{Sin}[\theta]^2+\frac{3}{8}m^2\text{Sin}[\theta]^4+\frac{5}{16}m^3\text{Sin}[\theta]^6+\frac{35}{128}m^4\text{Sin}[\theta]^8+\frac{63}{256}m^5\text{Sin}[\theta]^{10}$$

SERI = Map[Integrate[#, {θ, 0, π/2}]&, seri]

$$\frac{\pi}{2}+\frac{m\pi}{8}+\frac{9m^2\pi}{128}+\frac{25m^3\pi}{512}+\frac{1225m^4\pi}{32768}+\frac{3969m^5\pi}{131072} \tag{3.1.16}$$

计算被积函数级数展开式(3.1.16)的通项，并确定其收敛条件：

sc = SeriesCoefficient[ig, {m, 0, n}]//Simplify

ce[n_] = Assuming[n ∈ ℤ≥0, FullSimplify/@PowerExpand@sc]

gt[n_] = ce[n]m^(2n+1)

$$(-1)^n m^{1+2n}\text{Binomial}\left[-\frac{1}{2},n\right]\text{Sin}[\theta]^{2n} \tag{3.1.17}$$

该级数的收敛条件为

cond = Simplify[SumConvergence[gt[n], n], m ≥ 0]

$$m<\text{Abs}[\text{Csc}[\theta]]$$

考察函数$|\csc(\theta)|$的值域，可知：

FunctionRange[Abs[Csc[θ]], θ, y]

$$y\geq 1$$

由此可知，收敛条件为

$$0\leq m<1 \tag{3.1.18}$$

对被积函数的级数通项进行积分，可得积分级数展开式的通项：

GT[n_] = Simplify[Integrate[gt[n], {θ, 0, π/2}]]

$$\frac{(-1)^n m^{1+2n}\sqrt{\pi}\text{Binomial}\left[-\frac{1}{2},n\right]\text{Gamma}\left[\frac{1}{2}+n\right]}{2\text{Gamma}[1+n]} \tag{3.1.19}$$

直接使用**SumConvergence**并不能得到期望的结果，但仍可使用比值判别法：

RATIO = GT[n + 1]/GT[n] //FunctionExpand

$$-\frac{m^2(-1-2n)(1+2n)}{4(1+n)^2}$$

rc = Limit[RATIO, *n* → ∞]

$$m^2$$

如果级数(3.1.19)收敛，则有

Reduce[rc < 1&&*m* ≥ 0, *m*]

$$0 \le m < 1 \tag{3.1.20}$$

式(3.1.15)即 MMA 内置函数**EllipticK**的积分表达式。用**Series[EllipticK[*m*], {*m*, 0, 7}]**即可得式(3.1.16)。该函数的定义域为

FunctionDomain[EllipticK[*m*], *m*]

$$m < 1$$

由于m定义为椭圆模的平方，有$m \ge 0$，因此，$0 \le m < 1$。

以上三个例子中，都是小参数出现在被积函数里。下面给出小参数出现在积分限上的一些例子。

例 3.1.4　当$x \to 0$时，求以下不完全伽马函数的渐近展开：

$$\gamma(a,x) = \int_0^x \mathrm{e}^{-t}\, t^{a-1} \mathrm{d}t$$

已知被积函数为

ig = *e*^(−*t*) *t*^(*a*−1);

将**ig**展开为级数，取前七项并逐项积分，可得

Series[ig, {*t*, 0, 5}]//Normal//Expand

$$t^{-1+a} - t^a + \frac{t^{1+a}}{2} - \frac{t^{2+a}}{6} + \frac{t^{3+a}}{24} - \frac{t^{4+a}}{120} + \frac{t^{5+a}}{720} \tag{3.1.21}$$

Integrate[%, {*t*, 0, *x*}]//Normal//Expand

$$\frac{x^a}{a} - \frac{x^{1+a}}{1+a} + \frac{x^{2+a}}{2(2+a)} - \frac{x^{3+a}}{6(3+a)} + \frac{x^{4+a}}{24(4+a)} - \frac{x^{5+a}}{120(5+a)} + \frac{x^{6+a}}{720(6+a)} \tag{3.1.22}$$

下面计算式(3.1.21)中系数的表达式：

ce[n_] = MapAt[SeriesCoefficient[#, {*t*, 0, *n*}]&, ig, 1]//Normal

$$(-1)^n t^{-1+a}/n!$$

由此可得通项表达式$\mathrm{gt}(n)$，并通过积分得到式(3.1.22)的第n项表达式$\mathrm{GT}(n)$，即

gt[n_] = ce[*n*]*t*^*n*;

GT[n_] = Integrate[gt[*n*], {*t*, 0, *x*}]//Normal

$$\frac{(-1)^n x^{a+n}}{(a+n)n!} \tag{3.1.23}$$

RATIO = GT[*n* + 1]/GT[*n*] //FunctionExpand

$$-\frac{(a+n)x}{(1+n)(1+a+n)} \tag{3.1.24}$$

据式(3.1.24)可判断级数的收敛性以及其是否为渐近级数。

例 3.1.5　当$x \to 0$时，求以下积分的渐近展开：

$$I(x)=\int_x^{\infty}\mathrm{e}^{-t^4}\,\mathrm{d}t$$

宜将上述积分改写成下面的形式：

$$I(x)=\int_0^{\infty}\mathrm{e}^{-t^4}\mathrm{d}t-\int_0^{x}\mathrm{e}^{-t^4}\mathrm{d}t$$

式中，被积函数为

ig = Exp[−*t*⁴]

对于右端第 1 个积分直接积分，可得

ans1 = Integrate[ig, {*t*, 0, ∞}]

$$\text{Gamma}\left[\frac{5}{4}\right]$$

对于右端第 2 个积分展开后积分，可得

Series[ig, {*t*, 0, 20}]; ans2 = Integrate[%, {*t*, 0, *x*}]//Normal//Expand

$$x-\frac{x^5}{5}+\frac{x^9}{18}-\frac{x^{13}}{78}+\frac{x^{17}}{408}-\frac{x^{21}}{2520}$$

res = ans1 − ans2//show[#, 1]&

$$\text{Gamma}\left[\frac{5}{4}\right]-x+\frac{x^5}{5}-\frac{x^9}{18}+\frac{x^{13}}{78}-\frac{x^{17}}{408}+\frac{x^{21}}{2520} \tag{3.1.25}$$

【练习题 3.1】 试给出式(3.1.25)的通项公式，并判断其收敛性以及是否为渐近级数。

由上面的例子可以看出，实现逐项积分法的过程比较简单，可将式(3.1.5)写成一个函数 **integrateByTerms**（代码见本书附录）。下面给出一个应用实例。

例 3.1.6 当$x\to 0$时，求以下积分的渐近展开：

$$I(x)=\int_x^{\infty}\mathrm{e}^{-t}t^{-3/4}\,\mathrm{d}t$$

与例 3.1.5 类似，可将以上积分拆分为两个部分：

$$I(x)=\int_0^{\infty}\mathrm{e}^{-t}t^{-3/4}\,\mathrm{d}t-\int_0^{x}\mathrm{e}^{-t}t^{-3/4}\,\mathrm{d}t \tag{3.1.26}$$

已知被积函数为

ig = Exp[−*t*]*t*^−3/4

式(3.1.25)中的第 1 个积分为

ans1 = Integrate[ig, {*t*, 0, ∞}]

$$\text{Gamma}[1/4]$$

式(3.1.25)中的第 2 个积分用自定义函数**integrateByTerms**来计算：

ans2 = integrateByTerms[ig, {*t*, 0, *x*}, {*t*, 0, 4}]

$$4x^{1/4}-\frac{4x^{5/4}}{5}+\frac{2x^{9/4}}{9}-\frac{2x^{13/4}}{39}+\frac{x^{17/4}}{102}$$

res = ans1 − ans2//show[#, −1]&

$$\text{Gamma}\left[\frac{1}{4}\right]-4x^{1/4}+\frac{4x^{5/4}}{5}-\frac{2x^{9/4}}{9}+\frac{2x^{13/4}}{39}-\frac{x^{17/4}}{102}$$

3.2　分部积分法

分部积分法(integration by parts)的基本原理如下：假设$u=u(x)$和$v=v(x)$都是x的函数，各自具有连续的导数$u'(x)$和$v'(x)$。对于乘积函数uv求微分可知

$$\mathrm{d}(uv)=u\mathrm{d}v+v\mathrm{d}u \tag{3.2.1}$$

或者

$$u\mathrm{d}v=\mathrm{d}(uv)-v\mathrm{d}u \tag{3.2.2}$$

对式(3.2.2)两端进行积分

$$\int u\mathrm{d}v=uv-\int v\mathrm{d}u \tag{3.2.3}$$

其他两种有用的变形为

$$\int uv'\mathrm{d}x=uv+\int(-u'v)\mathrm{d}x \tag{3.2.4}$$

$$\int uv\mathrm{d}x=\int\frac{uv}{v'}v'\mathrm{d}x=\int\frac{uv}{v'}\mathrm{d}v \tag{3.2.5}$$

特别地，对于$v=\mathrm{e}^{h(x)}$的情形，有

$$\int u\mathrm{e}^{h(x)}\mathrm{d}x=\int\frac{u}{h'(x)}\mathrm{d}\mathrm{e}^{h(x)}=\frac{u}{h'(x)}\mathrm{e}^{h(x)}-\int\left(\frac{u}{h'(x)}\right)'\mathrm{e}^{h(x)}\mathrm{d}x \tag{3.2.6}$$

分部积分法的关键是如何确定u和v。如果选取不合适，可能导致积分越来越复杂。下面给出一些实例。

例 3.2.1　当$x\to\infty$时，求积分

$$I(x)=\int_x^{\infty}\mathrm{e}^{-t}t^{-2}\mathrm{d}t$$

的渐近展开。

在这个例子中，可根据式(3.2.4)实现分部积分。

已知被积函数和积分区间分别为

ig = $\boldsymbol{e^{-t}t^{-2}}$; rg = {*t*, *x*, ∞};

第 1 次分部积分，从被积函数**ig**中选取u和$\mathrm{d}v$，并计算出v:

u **= Select[ig, FreeQ[#, *E*]&]**

$$\frac{1}{t^2}$$

dv通常选取以e为底的指数函数，这样积分以后的结果不会变得更复杂，即

dv = Select[ig, ! FreeQ[#, *E*]&]

$$\mathrm{e}^{-t}$$

v **= Integrate[dv, *t*]**

$$-\mathrm{e}^{-t}$$

这样可得式(3.2.4)右端积分项的被积函数$-u'v$以及第 1 项uv:

```
vdu = -vD[u, t]
```

$$-\frac{2e^{-t}}{t^3}$$

```
uv = Limit[uv, t → rg[[3]]] - Limit[uv, t → rg[[2]]]
```

$$\frac{e^{-x}}{x^2}$$

然后进行第 2 次分部积分，从$-u'v$选取u和dv，并计算出v，然后计算$-u'v$和uv:

```
u = Select[vdu, FreeQ[#, E]&]
```

$$-\frac{2}{t^3}$$

```
dv = Select[vdu, ! FreeQ[#, E]&]
```

$$e^{-t}$$

```
v = Integrate[dv, t]
```

$$-e^{-t}$$

```
vdu = -vD[u, t]
```

$$\frac{6e^{-t}}{t^4}$$

```
uv = Limit[uv, t → rg[[3]]] - Limit[uv, t → rg[[2]]]
```

$$-\frac{2e^{-x}}{x^3}$$

以上这个过程可以重复进行。

易见上述求解过程可方便地编程实现，可编写一个函数**integrateByParts**（代码见本书附录）。利用这个函数计算本例即得

```
{res, rem} = integrateByParts[E^-t t^-2, {t, x, ∞}, 6]
```

$$\left\{-\frac{720e^{-x}}{x^7}+\frac{120e^{-x}}{x^6}-\frac{24e^{-x}}{x^5}+\frac{6e^{-x}}{x^4}-\frac{2e^{-x}}{x^3}+\frac{e^{-x}}{x^2}, \frac{5040e^{-t}}{t^8}\right\}$$

式中，第 2 项**rem**是余项积分中的被积函数。

根据多次分部积分的结果，可以找到通项表达式：

```
gt[n_] = FSF[Reverse[List@@res], n]//FunctionExpand//PowerExpand
```

$$(-1)^{1-n}e^{-x}x^{-1-n}\text{Gamma}[1+n]$$

```
ratio = gt[n + 1]/gt[n] //FunctionExpand
```

$$-\frac{1+n}{x}$$

根据比值判别法，可知所得级数是发散级数：

```
Limit[ratio, n → ∞, Assumptions → x > 0]
```

$$-\infty$$

但该级数却是渐近级数：

```
Limit[ratio, x → ∞]
```

$$0$$

例 3.2.2　当$x\to\infty$时，求以下积分的渐近展开：

$$I(x)=\int_0^{\infty}\frac{\mathrm{e}^{-t}}{x+1}\mathrm{d}t$$

已知被积函数和积分区间为

```
ig = e^-t/(x + t); rg = {t, 0, ∞};
{res, rem} = integrateByParts[ig, rg, 6]
```

$$\left\{-\frac{120}{x^6}+\frac{24}{x^5}-\frac{6}{x^4}+\frac{2}{x^3}-\frac{1}{x^2}+\frac{1}{x},\frac{720\mathrm{e}^{-t}}{(t+x)^7}\right\}$$

可以看到上式中**res**的显示顺序与日常习惯的顺序不同，为此写了一个函数**SHOW**来显示计算结果：

```
SHOW[res, rem, rg]
```

$$\frac{1}{x}-\frac{1}{x^2}+\frac{2}{x^3}-\frac{6}{x^4}+\frac{24}{x^5}-\frac{120}{x^6}+\int_0^{\infty}\frac{720\mathrm{e}^{-t}}{(t+x)^7}\mathrm{d}t \tag{3.2.7}$$

利用 MMA 的相关函数验证上述结果：

```
AsymptoticIntegrate[ig, rg, {x, ∞, 6}]//show
```

$$\frac{1}{x}-\frac{1}{x^2}+\frac{2}{x^3}-\frac{6}{x^4}+\frac{24}{x^5}-\frac{120}{x^6} \tag{3.2.8}$$

比较式(3.2.7)与式(3.2.8)，式(3.2.7)还给出了积分形式的余项，更容易进行误差分析。

例 3.2.3　当$x\to\infty$时，求以下积分的渐近展开：

$$I(x)=\int_x^{\infty}\mathrm{e}^{-t^2}\mathrm{d}t$$

已知被积函数和积分区间为

```
ig = Exp[-t^2]; rg = {t, x, ∞};
```

使用换元法，令$s=t^2$，可得新的被积函数和积分区间：

```
{ig1, rg1} = substitute[ig, rg, s, s == t^2]
```

$$\left\{\frac{\mathrm{e}^{-s}}{2\sqrt{s}},\{s,x^2,\infty\}\right\}$$

以上代码中，自定义函数**substitute**实现换元。

```
{res, rem} = integrateByParts[ig1, rg1, 6]//PowerExpand;
SHOW[res, rem, rg1]
```

$$\frac{\mathrm{e}^{-x^2}}{2x}-\frac{\mathrm{e}^{-x^2}}{4x^3}+\frac{3\mathrm{e}^{-x^2}}{8x^5}-\frac{15\mathrm{e}^{-x^2}}{16x^7}+\frac{105\mathrm{e}^{-x^2}}{32x^9}-\frac{945\mathrm{e}^{-x^2}}{64x^{11}}+\int_{x^2}^{\infty}\frac{10395\mathrm{e}^{-s}}{128s^{13/2}}\mathrm{d}s \tag{3.2.9}$$

例 3.2.4　当$x\to\infty$时，求以下积分的渐近展开：

$$I(x)=\int_0^{\infty}\frac{\mathrm{e}^{-xt}}{1+t}\mathrm{d}t$$

已知被积函数和积分区间为

```
ig = Exp[-xt]/(1 + t);
rg = {t, 0, ∞};
```

利用自定义函数**integrateByParts**计算并显示如下：

{res, rem} = integrateByParts[ig, rg, 6]//Normal;

SHOW[res, rem, rg]

$$\frac{1}{x}-\frac{1}{x^2}+\frac{2}{x^3}-\frac{6}{x^4}+\frac{24}{x^5}-\frac{120}{x^6}+\int_0^\infty \frac{720\mathrm{e}^{-tx}}{(1+t)^7x^6}\mathrm{d}t \tag{3.2.10}$$

注意到上式与式(3.2.7)非常相似。实际上作一个变量代换$s=xt$，两者就是完全一样的。

{expr, rg} = Simplify[substitute[ig, {*t*, 0, ∞}, *s*, *s* == *xt*]/. Dt[*x*] → 0, *x* > 0]

$$\left\{\frac{\mathrm{e}^{-s}}{s+x},\{s,0,\infty\}\right\}$$

{res, rem} = integrateByParts[expr, rg, 6]//Normal

$$\left\{-\frac{120}{x^6}+\frac{24}{x^5}-\frac{6}{x^4}+\frac{2}{x^3}-\frac{1}{x^2}+\frac{1}{x},\frac{720\mathrm{e}^{-s}}{(s+x)^7}\right\}$$

【练习题 3.2】 给出级数(3.2.7)和(3.2.9)的通项公式，并判断其收敛性、是否为渐近级数。

如果将函数**integrateByParts**直接应用于如下广义 Laplace 积分：

$$\int_a^b f(t)\,\mathrm{e}^{xh(t)}\mathrm{d}t$$

就会遇到问题。为了方便分部积分，根据式(3.2.6)，将以上积分改写为

$$\int_a^b \frac{f(t)}{h'(t)}\frac{\mathrm{d}(\mathrm{e}^{xh(t)})}{\mathrm{d}t}\mathrm{d}t$$

假设$h(t)$在$t=c(a\le c\le b)$处有一个全局最大值，且$f(c)\ne 0$。

根据式(3.2.6)编写函数**INTEGRATEByParts**以便对广义 Laplace 积分进行分部积分。

下面利用该函数进行分部积分：

ig = *f*[*t*]*e*^{*xh*[*t*]}; rg = {*t*, *a*, *b*};

{res, rem} = INTEGRATEByParts[ig, rg, *x*, 1];

SHOW[res, rem, rg, 1]

$$-\frac{\mathrm{e}^{xh[a]}f[a]}{xh'[a]}+\frac{\mathrm{e}^{xh[b]}f[b]}{xh'[b]}+\int_a^b\frac{\mathrm{e}^{xh[t]}(-f'[t]h'[t]+f[t]h''[t])}{xh'[t]^2}\mathrm{d}t \tag{3.2.11}$$

可见，利用该函数形式上可以进行分部积分，但是要求$h'(a)$和$h'(b)$均不为零，且当$t\in[a,b]$时，$h'(t)\ne 0$。这个条件并非总能满足。可用下一节的 Laplace 方法处理这种情况。

3.3 Laplace 方法

广义 Laplace 积分具有如下形式：

$$I(x)=\int_a^b f(t)\mathrm{e}^{xh(t)}\,\mathrm{d}t,\quad x\to\infty \tag{3.3.1}$$

式中，$x>0$。假设$f(t)$和$h(t)$都是连续的实函数。

先考虑一个具体例子，已知n阶虚宗量 Bessel 函数的积分表达式如下：

$$\int_0^{\pi} \mathrm{e}^{x\cos(t)}\cos(nt)\,\mathrm{d}t$$

式中，x为大参数。将上式与式(3.3.1)对比可知：

f[t_]: = Cos[nt];h[t_]: = Cos[t];

由图 3.3.1 可见，$h(t)$在$t=0$处达到最大值($h'(0)=0, h''(0)=-1<0$)，即$h(0)=1$

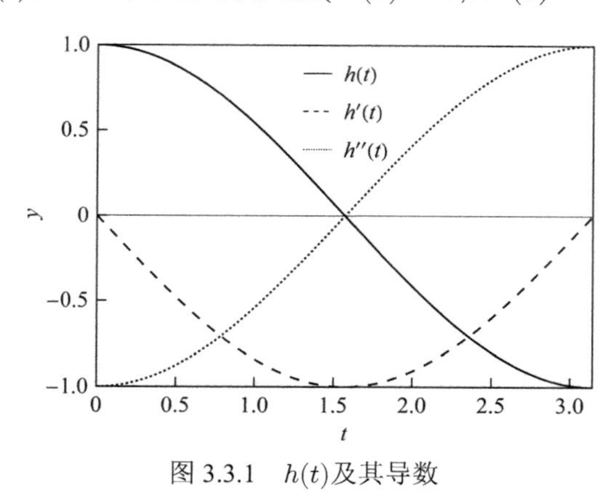

图 3.3.1　$h(t)$及其导数

Maximize[{h[t], 0 ≤ t ≤ π}, t]

$$\{1,\{t\to 0\}\}$$

图 3.3.2 和图 3.3.3 分别给出了$\mathrm{e}^{xh(t)}$和$f(t)\mathrm{e}^{xh(t)}$的图像，可以发现积分的主要贡献来自于最大值（零点）附近。

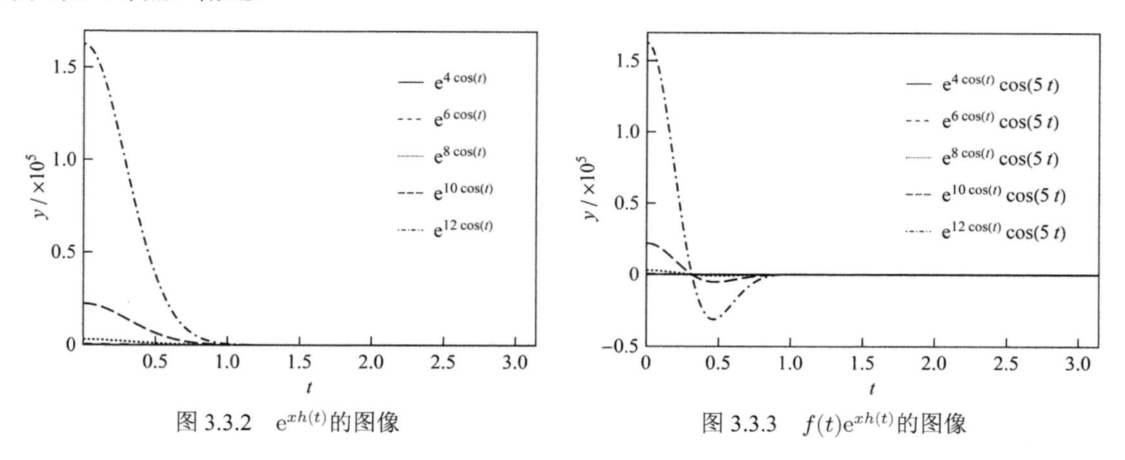

图 3.3.2　$\mathrm{e}^{xh(t)}$的图像　　图 3.3.3　$f(t)\mathrm{e}^{xh(t)}$的图像

由于$h(t)$在指数函数的指数部分，又乘以正的大参数x，因此最大值附近对积分的贡献显著增加。在图 3.3.2 中似乎只有三条曲线，实际上是前两条曲线的值因为相对较小，所以很难看出来。即使$f(t)=\cos(nt)$是一个振荡函数，积分的主要贡献仍然集中在$h(t)$的最大值附近，见图 3.3.3。由此可见，只要正确估计$h(t)$最大值附近的贡献，就能确定积分的主要性态。

下面研究积分式(3.3.1)，已知被积函数为

ig = f[t]Exp[xh[t]]

本节仅考虑积分区间内$h(t)$只有单一最大值的情况。$h(t)$的最大值可能出现在积分区间的内部（内点），也可能落在积分上下限处（边界点）。将最大值所对应的x记为c。

(1) 最大值点为内点，即$a < c < b$，$h'(c) = 0$，$h''(c) < 0$

将$h(t)$和$f(t)$在c点附近展开：

```
hc = h[t] → Normal[h[t] + O[t, c]^3]/. h'[c] → 0
```

$$h[t] \to h[c] + \frac{1}{2}(-c+t)^2 h''[c]$$

而$f(t)$只取首项，即

```
fc = f[t] → Normal[f[t] + O[t, c]]
```

$$f[t] \to f[c]$$

```
IG = ig/. {fc, hc}
```

$$\mathrm{e}^{x(h[c]+\frac{1}{2}(-c+t)^2 h''[c])} f[c]$$

```
res = Simplify[Integrate[IG, {t, a, b}], x > 0&&h''[c] < 0]
```

$$\frac{\mathrm{e}^{xh[c]}\sqrt{\frac{\pi}{2}}\left(-\mathrm{Erf}\left[\frac{(a-c)\sqrt{-xh''[c]}}{\sqrt{2}}\right] + \mathrm{Erf}\left[\frac{(b-c)\sqrt{-xh''[c]}}{\sqrt{2}}\right]\right) f[c]}{\sqrt{-xh''[c]}}$$

```
Simplify[res/. {a → -∞, b → ∞}, h''[c] < 0&&x > 0]
```

$$\frac{\mathrm{e}^{xh[c]}\sqrt{2\pi} f[c]}{\sqrt{-xh''[c]}} \tag{3.3.2}$$

(2) 最大值点位于积分下限处，即$c = a$，$h'(a) = 0$，$h''(a) < 0$

```
ha = h[t] → Normal[h[t] + O[t, a]^3]/. h'[a] → 0
```

$$h[t] \to h[a] + \frac{1}{2}(-a+t)^2 h''[a]$$

```
fa = f[t] → Normal[f[t] + O[t, a]]
```

$$f[t] \to f[a]$$

```
IG = ig/. {fa, ha};
res = Simplify[Integrate[IG, {t, a, b}], x > 0&&h''[a] < 0];
Simplify[res/. {b → ∞}, h''[a] < 0&&x > 0]
```

$$\frac{\mathrm{e}^{xh[a]}\sqrt{\frac{\pi}{2}} f[a]}{\sqrt{-xh''[a]}} \tag{3.3.3}$$

(3) 最大值点位于积分上限处，即$c = b$，$h'(b) = 0$，$h''(b) < 0$

```
hb = h[t] → Normal[h[t] + O[t, b]^3]/. h'[b] → 0;
fb = f[t] → Normal[f[t] + O[t, b]];
IG = ig/. {fb, hb}
res = Simplify[Integrate[IG, {t, a, b}], x > 0&&h''[b] < 0]
Simplify[res/. {a → -∞}, h''[b] < 0&&x > 0]
```

$$\frac{\mathrm{e}^{xh[b]}\sqrt{\frac{\pi}{2}} f[b]}{\sqrt{-xh''[b]}} \tag{3.3.4}$$

(4) 最大值点出现在积分下限处，但并非极值点，即$c=a$，$h'(a)\neq 0$

```
ha = h[t] → Normal[h[t] + O[t, a]^2]
IG = ig/. {fa, ha}
Integrate[IG, {t, a, ∞}]//Normal
```

$$-\frac{\mathrm{e}^{xh[a]}f[a]}{xh'[a]} \tag{3.3.5}$$

(5) 最大值点出现在积分上限处，但并非极值点，即$c=b$，$h'(b)\neq 0$

```
hb = h[t] → Normal[h[t] + O[t, b]^2]
IG = ig/. {fb, hb}
Integrate[IG, {t, -∞, b}]
```

$$\frac{\mathrm{e}^{xh[b]}f[b]}{xh'[b]} \tag{3.3.6}$$

根据式(3.3.2)至式(3.3.6)，就可以得到不同情况下广义 Laplace 积分的首项近似。

下面再给出一个有用的 **Watson 引理**：

考虑以下积分

$$I(x)=\int_0^b f(t)\mathrm{e}^{-xt}\,\mathrm{d}t,\quad x\to\infty \tag{3.3.7}$$

已知被积函数具有如下形式：

```
ig = f[t]Exp[-xt]
```

$$\mathrm{e}^{-tx}f[t]$$

这是一种常见的积分，它是广义 Laplace 积分的特例，即$h(t)=-t$。积分的主要贡献来自$t=O(1/x)$的小区域，其他部分的贡献都是指数小量，即

$$\int_0^b f(t)\mathrm{e}^{-xt}\,\mathrm{d}t\sim\int_0^\infty f(t)\mathrm{e}^{-xt}\,\mathrm{d}t$$

假设$f(t)$具有如下渐近展开：

```
f2S = f[t] → t^α Sum[a_j t^(jβ), {j, 0, ∞}]
```

为使积分在$t=0$处收敛，需有$\alpha>1$，$\beta>0$。为使$b=\infty$时积分式(3.3.7)收敛，需有$f(t)\ll \mathrm{e}^{ct}(t\to\infty)$，其中常数$c>0$。

```
ig/. f2S/. a_t^b_Sum[d_t^c_, e_] :→ Sum[a * d * t^(b+c), e]
```

$$\sum_{j=0}^{\infty}\mathrm{e}^{-tx}t^{\alpha+j\beta}a_j$$

```
rhs = MapAt[Integrate[#, {t, 0, ∞}]&, %, {1}]//Normal
```

$$\sum_{j=0}^{\infty}x^{-1-\alpha-j\beta}\mathrm{Gamma}[1+\alpha+j\beta]a_j$$

```
Tilde[Integrate[ig, {t, 0, b}], rhs]
```

$$\int_0^b \mathrm{e}^{-tx}f[t]\,\mathrm{d}t\sim\sum_{j=0}^{\infty}x^{-1-\alpha-j\beta}\mathrm{Gamma}[1+\alpha+j\beta]a_j \tag{3.3.8}$$

如果$h(t)$简单且可逆，则可先作变量代换，然后利用 Watson 引理可以直接得到积分的完全级数展开式，十分方便。

例 3.3.1 求以下n阶虚宗量 Bessel 函数的渐近表示：

$$I_n(x)=\frac{1}{\pi}\int_0^{\pi}\mathrm{e}^{x\cos(t)}\cos(nt)\,\mathrm{d}t\,,\quad x\to\infty$$

已知被积函数为

ig = Exp[xCos[t]]Cos[nt];

从中提取$f(t)$和$h(t)$，并确定最大值点的位置：

{f[t_], h[t_]} = ig/. Exp[x * h_]f_ → {f, h}

$$\{\mathrm{Cos}[nt],\mathrm{Cos}[t]\}$$

tsol = Solve[h'[t] == 0&&h''[t] < 0&&0 ≤ t ≤ π, t][[1]]

$$\{t\to 0\}$$

可知函数在$t=0$处有最大值。符合第 2 种情形，利用式(3.3.3)可得

1/π e^{xh[a]} √(π/2) f[a]/√(−xh''[a])/. a → 0/. (a_x_)^n_y_^n_ → Defer[(axy)]^n

$$\mathrm{e}^x/\sqrt{2\pi x}$$

对于形式如式(3.3.1)的被积函数，可将上述求解过程写成函数**laplaceMethod**。考虑到被积函数可能并非标准形式，该函数一般只适用于比较简单的情形，如：

laplaceMethod[Exp[xCos[t]]Cos[nt], {t, 0, π}]

$$\frac{\mathrm{e}^x\sqrt{\frac{\pi}{2}}}{\sqrt{x}}$$

laplaceMethod[Exp[−xSinh[t]^2], {t, 0, ∞}]

$$\frac{\sqrt{\pi}}{2\sqrt{x}}$$

例 3.3.2 求以下 Legendre 多项式的渐近展开：

$$P_n(\mu)=\frac{1}{\pi}\int_0^{\pi}\left(\mu+\sqrt{\mu^2-1}\cos(\theta)\right)^n\mathrm{d}\theta\,,\quad n\to\infty$$

易见该例中被积函数并非标准形式，需要将其改写成以e为底的指数形式：

$$P_n(\mu)=\frac{1}{\pi}\int_0^{\pi}\mathrm{e}^{n\ln(\mu+\sqrt{\mu^2-1}\cos(\theta))}\mathrm{d}\theta$$

对比式(3.3.1)可知

$$f(\theta)=1,h(\theta)=\ln(\mu+\sqrt{\mu^2-1}\cos(\theta))$$

已知被积函数和积分区间为

expr = (μ + (μ^2 − 1)^{1/2}Cos[θ])^n;

rg = {θ, 0, π};

{f[θ_], h[θ_]} = expr/.a_.(b_^n) → {a, Log[b]}//PowerExpand

$$\left\{1,\mathrm{Log}\left[\mu+\sqrt{-1+\mu^2}\mathrm{Cos}[\theta]\right]\right\}$$

确定最大值点的位置：

theta = First@FullSimplify[Solve[h'[θ] == 0&&h''[θ] < 0&&0 ≤ θ ≤ π, θ], μ > 1]

$$\{\theta\to 0\}$$

可知函数在$\theta=0$处有最大值。由于最大值点是边界点，利用式(3.3.3)可得

```
(1/π e^(xh[a]) Sqrt[π/2] f[a]/Sqrt[-x h''[a]]/.{x → n, a → θ}/.theta//PowerExpand)
    /.(a_x_)^m_y_^m_ → Defer[(a x y)]^m
```

$$\frac{\left(\mu+\sqrt{-1+\mu^2}\right)^{\frac{1}{2}+n}}{(-1+\mu^2)^{1/4}\sqrt{2\pi n}}$$

例 3.3.3　求以下积分的渐近展开：

$$\int_0^\infty \frac{\mathrm{e}^{-xt}}{1+t}\mathrm{d}t$$

已知被积函数和积分区间为

```
ig = Exp[-x t]/(1 + t); rg = {t, 0, ∞};
{f[t_], h[t_]} = ig/.Exp[x h_] f_ → {f, h}
```

$$\left\{\frac{1}{1+t}, -t\right\}$$

```
{h'[t], h''[t]}
```

$$\{-1,0\}$$

可见$h(t)$是一个单调递减函数，最大值点出现在积分下限处$t=0$，但并非极值点。利用式(3.3. 4)可得

```
-(e^(x h[t]) f[t])/(x h'[t]) /. t → 0
```

$$\frac{1}{x}$$

例 3.3.4　求以下Γ函数的首项渐近展开式：

$$\Gamma(s+1)=\int_0^\infty t^s\mathrm{e}^{-t}\,\mathrm{d}t,\quad s\to\infty$$

已知被积函数为

```
ig = t^s e^(-t);
```

对比式(3.3.1)，可见目前被积函数并非标准形式。将被积函数转化为指数形式

```
ig1 = MapAt[Times@@doPoly[#, s]&, toExp[ig], {2}]
```

$$\mathrm{e}^{s\left(-\frac{t}{s}+\mathrm{Log}[t]\right)}$$

```
{f[t_], h[t]} = ig1/.f_.Exp[s h_] → {f, h}
```

$$\left\{1, -\frac{t}{s}+\mathrm{Log}[t]\right\}$$

直接寻找极值点，发现它不是一个常数值：

```
tsol = Solve[h'[t] == 0, t][[1]]
```

$$\{t\to s\}$$

作变量代换$u=t/s$，可得

```
{ig2, rg2} = Simplify[substitute[f[t]Exp[s * h[t]], {t, 0, ∞}, u, u == t/s]/.Dt[s] → 0,
    s > 0]//PowerExpand
```

$$\left\{\mathrm{e}^{-su}s^{1+s}u^{s},\{u,0,\infty\}\right\}$$

Factor//@(integrate[ig2, rg2]/. Ica2cIa[u]/. u^s → E^g[s * Log[u]]/. g → (#&))
%/. −su_ → sg[−u]/. g → (#&)

$$s^{1+s}\int_{0}^{\infty}\mathrm{e}^{s(-u+\mathrm{Log}[u])}\,\mathrm{d}u \tag{3.3.9}$$

{c, ig3, rg3} = %/. c_int_[item_, b_List] :→ {c, item, b}

$$\left\{s^{1+s},\mathrm{e}^{s(-u+\mathrm{Log}[u])},\{u,0,\infty\}\right\}$$

经过变换以后，$f(u)=1$，$h(u)=-u+\ln(u)$，极大值点出现在$u=1$处，这是一个内点。

下面可以直接使用自定义函数**laplaceMethod**计算，可得首项近似：

res = c * laplaceMethod[ig3, rg3, s]

$$\mathrm{e}^{-s}\sqrt{2\pi}s^{\frac{1}{2}+s} \tag{3.3.10}$$

上式即著名的斯特林(Stirling)公式。

3.4 驻相法

广义 Fourier 积分具有如下形式：

$$I(x)=\int_{a}^{b}f(t)\mathrm{e}^{\mathrm{i}xh(t)}\,\mathrm{d}t,\quad x\to\infty \tag{3.4.1}$$

式中，$f(t)$，$h(t)$，a，b，x都是实数。

下面仍通过一个实例来考察 Fourier 积分的性态。

$$\int_{-1}^{1}\cos(10t^{2})\,\mathrm{d}t=\mathrm{Re}\left(\int_{-1}^{1}\mathrm{e}^{10\mathrm{i}t^{2}}\,\mathrm{d}t\right)$$

与式(3.4.1)对比，可知$f(t)=1$，$h(t)=t^2$，$x=10$。由$h'(t)=2t=0$可知驻点为$t=0$。被积函数$\cos(10t^2)$的图像如图 3.4.1 所示，作为对比，$\cos(100t^2)$的图像在图 3.4.2 给出。

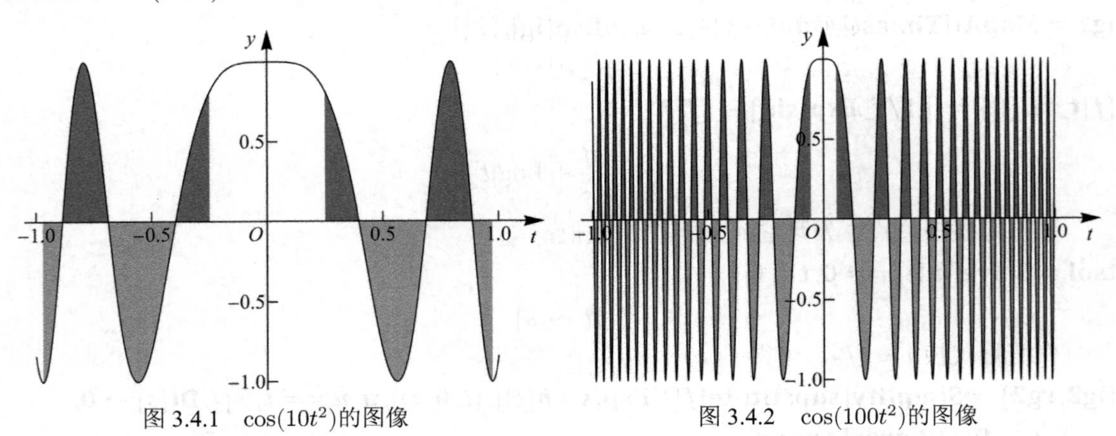

图 3.4.1 $\cos(10t^2)$的图像　　图 3.4.2 $\cos(100t^2)$的图像

图 3.4.1 中水平轴上方灰色和下方浅灰区域的面积大小相等，符号相反，因此对于积分的贡献为 0。由图 3.4.1 可见，积分的主要贡献来自驻点（零点）附近，其次是两端边界点附近，而内点的贡献则彼此抵消了。取更大的$x(=100)$，被积函数的图形如图 3.4.2 所示。可见随着x的增大，出现高频振荡，积分值将逐渐减小并趋于 0。

由式(3.4.1)可知，被积函数和积分区间分别为

ig = *f*[*t*]e^i*xh*[*t*]^; rg = {*t*, *a*, *b*};

如果$h(t)$没有驻点，可直接使用分部积分法：

{rem, res} = INTEGRATEByParts[ig, rg, *x*, 1];

SHOW[res, rem, rg, 1]

$$\frac{\mathrm{i}\mathrm{e}^{\mathrm{i}xh[a]}f[a]}{xh'[a]}-\frac{\mathrm{i}\mathrm{e}^{\mathrm{i}xh[b]}f[b]}{xh'[b]}+\int_a^b\frac{\mathrm{i}\mathrm{e}^{\mathrm{i}xh[t]}(f'[t]h'[t]-f[t]h''[t])}{xh'[t]^2}\mathrm{d}t \tag{3.4.2}$$

若无驻点，边界的贡献为$O(x^{-1})$：

approx[res, *x*]

$$\mathbb{O}[1/x]$$

对余项进行估计，可知其贡献为$O(x^{-2})$。

易知，当$x\to\infty$时，式(3.4.1)中的积分$I(x)\to 0$。事实上，这里有一个十分通用的引理。

广义 Riemann-Lebesgue 引理　若$f(t)$绝对可积，$h(t)$连续可微，$h(t)$在区间$[a,b]$的任一子区间上不为常数，那么

$$\lim_{x\to\infty}\int_a^b f(t)\mathrm{e}^{\mathrm{i}xh(t)}\,\mathrm{d}t=0 \tag{3.4.3}$$

直观而言，当x充分大时，被积函数迅速振荡，来自邻近子区间的贡献几乎彼此抵消。这个结果在$f(t)$不可微或者分部积分法失效时（有驻点时）仍然成立。

当$h(t)$有驻点c时，虽然仍有$I(x)\to 0$，但是趋于零的速度会更慢一些。

下面分两种情况讨论。

(1) 驻点为内点时，即$h'(c)=0$，且$a<c<b$

hc = *h*[*t*] → Normal[*h*[*t*] + *O*[*t*, *c*]^3]/. *h*'[*c*] → 0;

fc=*f*[*t*]→Normal[*f*[*t*]+*O*[*t*,*c*]];

ig1 = ig/. {fc, hc}

$$\mathrm{e}^{\mathrm{i}x\left(h[c]+\frac{1}{2}(-c+t)^2h''[c]\right)}f[c]$$

对于$h''[c]>0$的情形，直接积分可得

res1 = Integrate[ig1, {*t*, −∞, ∞}, Assumptions → *x* > 0&&*h*''[*c*] > 0]//Normal

$$\frac{(1+\mathrm{i})\mathrm{e}^{\mathrm{i}xh[c]}\sqrt{\pi}f[c]}{\sqrt{xh''[c]}}$$

将上式中的系数$1+\mathrm{i}$转化为指数形式，可得

MapAt[xy2Exp, res1, 1]

$$\mathrm{e}^{\frac{\mathrm{i}\pi}{4}+\mathrm{i}xh[c]}\sqrt{2\pi}f[c]\Big/\sqrt{xh''[c]} \tag{3.4.4}$$

对于$h''[c]<0$的情形，同样处理，可得

res2 = Integrate[ig1, {*t*, −∞, ∞}, Assumptions → *x* > 0&&*h*″[*c*] < 0]//Normal

$$\frac{(1-\mathrm{i})\mathrm{e}^{\mathrm{i}xh[c]}\sqrt{\pi}f[c]}{\sqrt{-xh''[c]}}$$

MapAt[xy2Exp, res2, 1]

$$\mathrm{e}^{-\frac{\mathrm{i}\pi}{4}+\mathrm{i}xh[c]}\sqrt{2\pi}f[c]/\sqrt{-xh''[c]} \tag{3.4.5}$$

式(3.4.4)与式(3.4.5)可合并为

$$\frac{\mathrm{e}^{\frac{\mathrm{i}\pi}{4}\mathrm{Sign}\left[h''[c]\right]+\mathrm{i}xh[c]}\sqrt{2\pi}f[c]}{\sqrt{x|h''[c]|}} \tag{3.4.6}$$

(2) 当驻点为边界点时，即$h'(c)=0$，$c=a$或$c=b$

以$c=a$为例，有

ha = *h*[*t*] → Normal[*h*[*t*] + *O*[*t*, *a*]³]/. *h*′[*a*] → 0;
fa = *f*[*t*] → Normal[*f*[*t*] + *O*[*t*, *a*]];
ig1 = ig/. {fa, ha}

$$\mathrm{e}^{\mathrm{i}x\left(h[a]+\frac{1}{2}(-a+t)^2h''[a]\right)}f[a]$$

res1 = Integrate[ig1, {*t*, *a*, ∞}, Assumptions → *x* > 0&&*h*″[*a*] > 0]//Normal;
MapAt[xy2Exp, res1, 1]/. √a_/√b_ → √hf[*a*/*b*]/. hf → HoldForm

$$\mathrm{e}^{\frac{\mathrm{i}\pi}{4}+\mathrm{i}xh[a]}f[a]\sqrt{\frac{\pi}{2xh''[a]}} \tag{3.4.7}$$

res2 = Integrate[ig1, {*t*, −∞, *a*}, Assumptions → *x* > 0&&*h*″[*a*] < 0]//Normal;
MapAt[xy2Exp, res2, 1]/. √a_/√b_ → √hf[*a*/*b*]/. hf → HoldForm

$$\mathrm{e}^{-\frac{\mathrm{i}\pi}{4}+\mathrm{i}xh[a]}f[a]\sqrt{-\frac{\pi}{2xh''[a]}} \tag{3.4.8}$$

式(3.4.7)和式(3.4.8)可以合并为

$$\frac{\mathrm{e}^{\frac{\mathrm{i}\pi}{4}\mathrm{Sign}\left[h''[a]\right]+\mathrm{i}xh[a]}\sqrt{\pi}f[a]}{\sqrt{2x|h''[a]|}} \tag{3.4.9}$$

approx[res1, *x*]

$$\mathbb{O}[1/\sqrt{x}]$$

可见驻点的贡献为$O(x^{-\frac{1}{2}})$。

驻相积分定理 对于积分

$$I(x)=\int_a^b f(t)\mathrm{e}^{\mathrm{i}xh(t)}\,\mathrm{d}t$$

式中，$f(t)$，$h(t)$解析，$f(a)\neq 0$，$h'(a)=0$，$h''(a)\neq 0$，其他点$h'(t)\neq 0$，且$(f(t)/h'(t))'$绝对可积，则有

$$I(x)\sim f(a)\sqrt{\frac{\pi}{2x|h''(a)|}}\mathrm{e}^{\mathrm{i}\left(xh(a)+\frac{\pi}{4}\mathrm{sign}\left(h''(a)\right)\right)}=O\left(x^{-\frac{1}{2}}\right) \tag{3.4.10}$$

直观来说，在驻点附近，由于振荡没有其他部分快，所以驻点附近的相邻子区间之间的相抵部分就变少了，可参考图 3.4.1 和图 3.4.2。

证明的详情可参看李家春等(2002)的书。

例 3.4.1　求以下 Bessel 函数的渐近表示：

$$I_n(x)=\frac{1}{\pi}\int_0^{\pi}\cos(x\sin(t)-nt)\,\mathrm{d}t,\quad x\to\infty \tag{3.4.11}$$

积分式(3.4.11)可改写为

$$I_n(x)=\frac{1}{\pi}\mathrm{Re}\left\{\int_0^{\pi}\mathrm{e}^{\mathrm{i}(x\sin(t)-nt)}\,\mathrm{d}t\right\}=\frac{1}{\pi}\mathrm{Re}\left\{\int_0^{\pi}\mathrm{e}^{-\mathrm{i}nt}\mathrm{e}^{\mathrm{i}x\sin(t)}\,\mathrm{d}t\right\} \tag{3.4.12}$$

与式(3.4.1)比较可得

$$f(t)=\mathrm{e}^{-\mathrm{i}nt},h(t)=\sin(t)$$

已知被积函数和积分区间为

```
ig = Inactive[Cos][xSin[t] − nt]; rg = {t, 0, Pi};
```

该被积函数的形式不适宜直接应用驻相法，将其转换为指数形式：

```
expr = ig/. f_[a_] → Re[Exp[ia]]
```

$$\mathrm{Re}[\mathrm{e}^{\mathrm{i}(-nt+x\mathrm{Sin}[t])}]$$

积分以后再取实部，因此被积函数为

```
ig1 = expr[[1]]//ExpandAll
```

$$\mathrm{e}^{-\mathrm{i}nt+\mathrm{i}x\mathrm{Sin}[t]}$$

取出对应的$f(t)$和$h(t)$，可知

```
{f[t_], h[t_]} = ig1/. Exp[a_ + xb_]/; FreeQ[a, x] :→ {Exp[a], −ib}
```

$$\{\mathrm{e}^{-\mathrm{i}nt},\mathrm{Sin}[t]\}$$

求出驻点的位置c：

```
tsol = Solve[h'[t] == 0&&0 ≤ t ≤ Pi, t][[1]]
c = t/. tsol
```

$$\frac{\pi}{2}$$

可知，该驻点c为内点：$0<c<\pi$。

```
{f[c], h[c], h''[c]}/. tsol
```

$$\left\{\mathrm{e}^{-\frac{1}{2}\mathrm{i}n\pi},1,-1\right\}$$

由式(3.4.4)可知

$$\frac{1}{\pi}\mathrm{Re}\left[\frac{\mathrm{e}^{\frac{\mathrm{i}\pi}{4}-\mathrm{i}x}\sqrt{2\pi}\mathrm{e}^{\frac{\mathrm{i}n\pi}{2}}}{\sqrt{x}}\right]=\sqrt{\frac{2}{\pi x}}\cos\left(x-\frac{n}{2}\pi-\frac{\pi}{4}\right)$$

也可采用自定义程序**stationaryPhaseMethod**得到

```
res = stationaryPhaseMethod[f[t], h[t], rg];
FullSimplify[ComplexExpand[Re[res/Pi]], x > 0]/. √a_/√b_ :→ HoldForm[√(a/b)]
```

$$\sqrt{\frac{2}{\pi x}}\mathrm{Sin}\left[\frac{\pi}{4}-\frac{n\pi}{2}+x\right]$$

例 3.4.2 求以下积分的渐近表示：

$$u(x,t)=\frac{1}{2\pi}\int_0^\infty \cos[k(x-tv(k))]\,\mathrm{d}k,\quad t\to\infty \tag{3.4.13}$$

上式表示在(0,0)处的一个冲击扰动(impulsive disturbance)在(x,t)产生的影响，式中$v(k)$为水中两维波的传播速度（对应的波长为$2\pi/k$）。

积分式(3.4.13)可改写为

$$u(x,t)=\frac{1}{2\pi}\mathrm{Re}\left\{\int_0^\infty \mathrm{e}^{\mathrm{i}k(x-tv(k))}\mathrm{d}k\right\}$$

只要计算以下积分，并取实部即可：

$$I(x,t)=\int_0^\infty \mathrm{e}^{\mathrm{i}k(x-tv(k))}\mathrm{d}k$$

被积函数和积分区间分别为

ig = Cos[*k*(*x* − *tv*[*k*])]; rg = {*k*, 0, ∞}

式(3.4.13)右端积分前的系数记为

c1 = 1/(2*π*)

将被积函数表示成指数形式：

IG = ig/. Cos[a_] → Exp[i*a*]//ExpandAll

$$\mathrm{e}^{\mathrm{i}kx-\mathrm{i}ktv[k]}$$

对于足够大的t和固定的x/t，应用驻相法，对照式(3.4.1)可得$f(k)$和$h(k)$：

{*f*[k_], *h*[k_]} = IG/.a_.Exp[b_] :→ {*a*, *b*/(i*t*)}//Expand

$$\left\{1,\frac{kx}{t}-kv[k]\right\}$$

假设驻点k_0存在，满足$h'(k)=0$，可以得到

v$ = Solve[*h*′[*k*₀] == 0, *v*[*k*₀]][[1]]//Expand

$$\left\{v[k_0]\to\frac{x}{t}-k_0v'[k_0]\right\}$$

$h''(k_0)$具有如下形式，其符号视具体情况而定：

h''[k₀]

$$-2v'[k_0]-k_0v''[k_0]$$

由于波数k_0为正的有限值，属于内点，利用式(3.4.6)，可得

c1*f*[*k*₀]√(2*π*/(*t*Abs[*h*′′[*k*₀]])) Exp[i(*th*[*k*₀] + *π* Sign[*h*′′[*k*₀]]/4)]//PowerExpand

$$\frac{\mathrm{e}^{\mathrm{i}\left(\frac{1}{4}\pi\mathrm{Sign}\left[-2v'[k_0]-k_0v''[k_0]\right]+t\left(\frac{xk_0}{t}-k_0v[k_0]\right)\right)}}{\sqrt{2\pi}\sqrt{t}\sqrt{\mathrm{Abs}\left[-2v'[k_0]-k_0v''[k_0]\right]}}$$

对上式作进一步化简，可得

%/. a_Sign[b_] :→ PlusMinus[*a*]/. vk//Simplify//ExpandAll

$$\frac{\mathrm{e}^{\mathrm{i}\left(\pm\frac{\pi}{4}\right)+\mathrm{i}tk_0^2v'[k_0]}}{\sqrt{2\pi}\sqrt{t}\sqrt{\mathrm{Abs}\left[2v'[k_0]+k_0v''[k_0]\right]}}$$

对上式取实部后再次化简，可得

```
Re[%]//ComplexExpand//Simplify[#,t > 0&&2v'[k0] + k0v''[k0] ∈ Reals]&
res = %/.{1/(√a_√b_√c_) :→ 1/Inactive[Sqrt][abc]}//HoldForm[#]&//Activate
res//TraditionalForm
```

$$\frac{\cos\left(\pm\frac{\pi}{4}+tk_0^2v'(k_0)\right)}{\sqrt{2\pi t|2v'(k_0)+k_0v''(k_0)|}} \tag{3.4.14}$$

例 3.4.3　地震海啸的先导波。已知地底地震产生的海面升高为

$$\zeta(r,\theta,t)=\frac{\cos(\theta)}{2\pi}\mathrm{Re}\left(\int_0^{\pi}\mathrm{d}\psi\,\mathrm{e}^{-\mathrm{i}\psi}\int_0^{\infty}\mathrm{d}k\,\varphi(k)\mathrm{e}^{\mathrm{i}(kr\sin(\psi)-\omega(k)t)}\right) \tag{3.4.15}$$

式中，r为距点源的径向距离；θ为方位角；　φ与海底扰动有关。求上述积分在$t\to\infty$的渐近表示。

先作以下假设，便于后面在化简时直接使用，对于深水波而言，存在以下关系：$\omega'(k)>0$和$\omega''(k)<0$。

```
$Assumptions = r > 0&&k0 > 0&&t > 0&&ω'[k0] > 0&&ω''[k0] < 0
```

将式(3.4.15)右端的积分记为

```
expr = integrate[Exp[-iψ]integrate[f[k]Exp[i(krSin[ψ] - ω[k]t)],{k,0,∞}],{ψ,0,π}]
```

$$\int_0^{\pi}\mathrm{e}^{-\mathrm{i}\psi}\int_0^{\infty}\mathrm{e}^{\mathrm{i}(kr\mathrm{Sin}[\psi]-t\omega[k])}\varphi[k]\,\mathrm{d}k\,\mathrm{d}\psi \tag{3.4.16}$$

上式是一个二重积分，可将其视为重复积分。类似地，有以下关系：

$$h(k,\psi)=k\frac{r\sin(\psi)}{t}-\omega(k)$$

即h依赖于两个变量k和ψ。在$k\geq 0,0\leq\psi\leq\pi$范围内，令$h(k,\psi)$关于k和ψ的偏导数同时为零可找到驻点。

将式(3.4.15)右端积分前的系数记为

```
c1 = Cos[θ]/(2π)
```

外层积分的被积函数为

```
IG = expr[[1]]
```

$$\mathrm{e}^{-\mathrm{i}\psi}\int_0^{\infty}\mathrm{e}^{\mathrm{i}(kr\mathrm{Sin}[\psi]-t\omega[k])}\varphi[k]\,\mathrm{d}k \tag{3.4.17}$$

将式(3.4.16)积分前的系数记为

```
c2 = IG[[1]]
```

$$\mathrm{e}^{-\mathrm{i}\psi}$$

内层积分的被积函数为

```
ig = IG[[2,1]]//ExpandAll//Simplify//Apart
```

$$\mathrm{e}^{\mathrm{i}kr\mathrm{Sin}[\psi]-\mathrm{i}t\omega[k]}\varphi[k]$$

可先固定ψ，求出沿k的驻相贡献，然后对ψ重复这一过程。这里先求内层积分，对于足够大的t和固定的r/t，$\sin(\psi)$也保持不变。应用驻相法，对照式(3.4.1)，可得

```
{f[k_],h[k_]} = ig/.a_Exp[b_] :→ {a,b/(it)}//Expand
```

$$\left\{\varphi[k], \frac{kr\mathrm{Sin}[\psi]}{t} - \omega[k]\right\} \tag{3.4.18}$$

由于$0<\psi<\pi$内，$\sin(\psi)>0$，因此$h(k)$的零点有一个驻点为

```
h'[k0] == 0//Simplify
```

$$r\mathrm{Sin}[\psi] == t\omega'[k_0]$$

$h''(k_0)$的符号为

```
Sign[h''[k0]]//Simplify
```

$$1$$

由于$h''(k_0)=-\omega''(k_0)$，而$\omega''(k_0)<0$，因此$h''(k_0)>0$。

波数k_0为有限的正数，$0<k_0<\infty$，属于内点，利用式(3.4.6)可得

```
f[k0]√(2π/(tAbs[h''[k0]])) Exp[i(th[k0] + π Sign[h''[k0]]/4)]/. Sign[ω''[k0]] :→ -1
ans1 = %//PowerExpand//ExpandAll
```

$$\frac{\mathrm{e}^{\frac{\mathrm{i}\pi}{4}+\mathrm{i}r\mathrm{Sin}[\psi]k_0-\mathrm{i}t\omega[k_0]}\sqrt{2\pi}\varphi[k_0]}{\sqrt{t}\sqrt{\mathrm{Abs}[\omega''[k_0]]}}$$

然后计算外层积分，对于足够大的t和固定的r/t，再次使用驻相法，对照式(3.4.1)，从中提取$F(\psi)$和$H(\psi)$，可得

```
{F[ψ_], H[ψ_]} = c2ans1/. Exp[Longest[a_] + b_]c_/; FreeQ[a, k0]
        :→ {Exp[a]c, b/(it)}//Expand
```

$$\left\{\frac{\mathrm{e}^{\frac{\mathrm{i}\pi}{4}-\mathrm{i}\psi}\sqrt{2\pi}\varphi[k_0]}{\sqrt{t}\sqrt{\mathrm{Abs}[\omega''[k_0]]}}, \frac{r\mathrm{Sin}[\psi]k_0}{t} - \omega[k_0]\right\}$$

计算$F(\psi)$的驻点，可得

```
{eqPsi} = Solve[H'[ψ] == 0, Cos[ψ]][[1]]//toEqual
```

$$\{\mathrm{Cos}[\psi] == 0\}$$

```
psi = Solve[eqPsi&&0 < ψ < π, ψ][[1]]
```

$$\left\{\psi \to \frac{\pi}{2}\right\}$$

$H''(\psi)$的符号为

```
Sign[H''[ψ]]/. psi//Simplify
```

$$-1$$

由于$0<\psi<\pi$，属于内点，利用式(3.4.6)可得

```
ans2 = F[ψ] √(2π/(tAbs[H''[ψ]])) Exp[i(tH[ψ] + π Sign[H''[ψ]]/4)]/. psi//FullSimplify
```

$$-\frac{2\mathrm{i}\mathrm{e}^{\mathrm{i}(rk_0-t\omega[k_0])}\pi\varphi[k_0]}{\sqrt{-rtk_0\omega''[k_0]}} \tag{3.4.19}$$

综合以上结果可知

```
res = c1 * Re[ans2]//ComplexExpand//Simplify
```

$$\frac{\text{Cos}[\theta]\text{Sin}\left[rk_0 - t\omega[k_0]\right]\varphi[k_0]}{\sqrt{-rtk_0\omega''[k_0]}} \tag{3.4.20}$$

3.5　最陡下降法

在复平面上考虑如下积分：

$$I(s) = \int_c f(z)\mathrm{e}^{sh(z)}\,\mathrm{d}z, \quad s \to \infty \tag{3.5.1}$$

式中，$f(z)$和$h(z)$均为复平面上的解析函数。易见，广义 Laplace 积分式(3.3.1)和广义 Fourier 积分式(3.4.1)都是式(3.5.1)的特例。

将式(3.5.1)中$h(z)$写成实部和虚部之和：

$$h(z) = \varphi(z) + \mathrm{i}\psi(z)$$

式中，$\varphi(z)$和$\psi(z)$为都是实函数。

当积分区域内无驻点时，可采用分部积分法。当积分区域内有驻点的时候，可分为三种情况处理：

(1) $h(z) = \varphi(z)$，即$h(z)$仅为实函数时，上述积分退化为广义 Laplace 积分，可用 Laplace 方法求解；

(2) $h(z) = \mathrm{i}\psi(z)$，即$h(z)$的实部为零，上述积分退化为广义 Fourier 积分，可用驻相法求解；

(3) 一般情况下，则用最陡下降法。但在具体求解时，经常通过选择合适路径，将其转化为可用 Laplace 方法求解的积分。

为方便起见，将实部φ称为势函数，虚部ψ称为相位函数。易知它们满足 Cauchy-Riemann 条件：

$$\frac{\partial\varphi}{\partial x} = \frac{\partial\psi}{\partial y}, \frac{\partial\varphi}{\partial y} = -\frac{\partial\psi}{\partial x} \tag{3.5.2}$$

沿着等势线和等相位线

$$\varphi(x,y) = \text{const}, \psi(x,y) = \text{const}$$

构成两族正交的曲线簇，如图 3.5.1 所示。易用 MMA 进行验证：

$$\text{ArcCos}(\nabla\varphi \cdot \nabla\psi) = \frac{\pi}{2} \tag{3.5.3}$$

下面考虑一个具体的例子：

$$\int_a^b \mathrm{e}^{sz^2}\,\mathrm{d}z, \quad s \to \infty$$

式中，$f(z) = 1$，$h(z) = z^2$。

已知被积函数为

```
ig = Exp[sz^2];
```

从中提取$f(z)$和$h(z)$：

```
{f, h} = ig/.f_.Exp[sh_] → {f, h}
```

$$\{1, z^2\}$$

即$f(z) = 1$，$h(z) = z^2$。

从$h(z)$得到$\varphi(x, y)$和$\psi(x, y)$，并确定驻点：

{φ[x_, y_], ψ[x_, y_]} = ReIm[h/. z → x + iy]//ComplexExpand

$$\{x^2 - y^2, 2xy\}$$

{z0} = Solve[D[h, z] == 0, z, Complexes]

$$\{\{z \to 0\}\}$$

这样便得到$\varphi(z) = x^2 - y^2$，$\psi(z) = 2xy$以及驻点位置(0,0)。图 3.5.1 给出势函数和相位函数的等值线。其中，实线为等势线，虚线为等相位线。等势线和等相位线是相互垂直的，如图 3.5.1 右上方的黑色交点所示，其中方向右上的黑色箭头是等相位线的梯度方向，与经过该点的等势线相切。

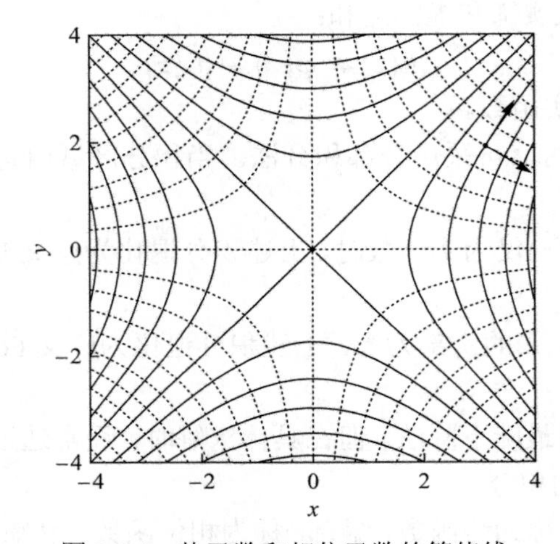

图 3.5.1 势函数和相位函数的等值线

容易验证势函数φ和相位函数ψ满足 Cauchy-Riemann 方程，即

{∂ₓφ[x, y] == ∂ᵧψ[x, y], ∂ᵧφ[x, y] == −∂ₓψ[x, y]}

$$\{\text{True}, \text{True}\}$$

同时势函数φ和相位函数ψ也满足 Laplace 方程：

{Laplacian[φ[x, y], {x, y}] == 0, Laplacian[ψ[x, y], {x, y}] == 0}

$$\{\text{True}, \text{True}\}$$

且在任一点(x, y)处正交，即$\nabla\varphi \cdot \nabla\psi = 0$

Grad[φ[x, y], {x, y}]. Grad[ψ[x, y], {x, y}]

$$0$$

可在图 3.5.1 中得到直观的验证，具体可观察势函数φ和相位函数ψ的交点及切线。

图 3.5.2 分别给出势函数φ和相位函数ψ的图像。图 3.5.2(a)是一个马鞍面，又称双曲抛物面，而图 3.5.2(b)的实直线和虚直线分别对应于两条相位为常数($\psi(0, y) = 0$，$\psi(x, 0) = 0$)的路径，同时注意到

Exp[φ[x, y]]/. x → 0

$$\mathrm{e}^{-y^2}$$

Exp[φ[x, y]]/. y → 0

$$e^{x^2}$$

因此，图 3.5.2(a)中实线路径为最陡下降路径，而虚线路径为最陡上升路径。

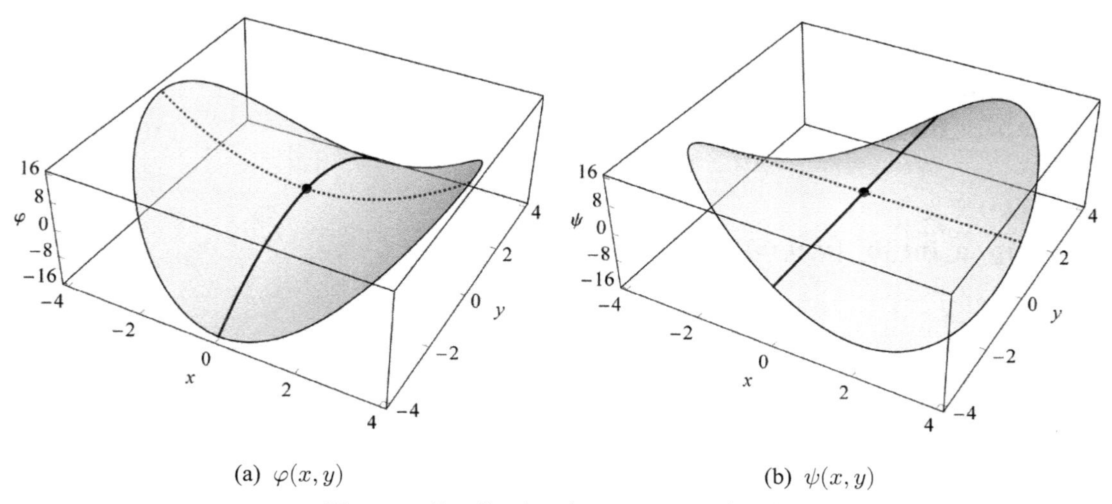

(a) $\varphi(x,y)$　　(b) $\psi(x,y)$

图 3.5.2　势函数$\varphi(x,y)$和相位函数$\psi(x,y)$

例 3.5.1　用最陡下降法求Γ函数的完全渐近展开式。已知

$$\Gamma(s+1)=\int_0^{\infty}\mathrm{e}^{-x}\,x^s\mathrm{d}x,\quad s\to\infty \tag{3.5.4}$$

假设s为一个正的常数，即

$Assumptions = s > 0; s/: Dt[s] = 0;

已知被积函数和积分区间为

ig = e^(−x) x^s; rgx = {x, 0, ∞};

将被积函数转化为指数形式：

ep = Log[ig]//PowerExpand;

ig1 = Exp[ep]

$$e^{-x+s\text{Log}[x]}$$

为将移动驻点变成固定驻点，引入变换：

x2u = x → su;

被积函数和积分限相应改变为

ig2 = ig1/. x2u;

dxdu = Dt[x/. x2u]/Dt[u];

ig3 = ig2 * dxdu//FullSimplify//PowerExpand

$$e^{-su}s^{1+s}u^s$$

rgu = Simplify[rgx/s /. x2u]

$$\{u,0,\infty\}$$

经过一些变换，将积分进一步化简：

integrate[ig3, rgu]/. Ica2cIa[u];

```
%/. int_[a_, {u, 0, ∞}] :→ int[Exp[g@Log[a]], {u, 0, ∞}]/. g → PowerExpand;
%/.a_.int_[b_, {u, 0, ∞}] :→ (a/Exp[s])int[bExp[s], {u, 0, ∞}];
```

$$e^{-s}s^{1+s}\int_0^{\infty} e^{s-su+s\mathrm{Log}[u]}\,du$$

积分前的系数为

```
tmp = MapAt[Factor, %, {3, 1, 2}];
ce = tmp/. a_int_[b_, {u, 0, ∞}] → a
```

$$e^{-s}s^{1+s}$$

而积分变为

```
int = tmp/.a_.int_[b_, {u, 0, ∞}] :→ int[b, {u, 0, ∞}]
```

$$\int_0^{\infty} e^{-s(-1+u-\mathrm{Log}[u])}\,du$$

再次作变量代换：

```
t2u = t^2 == int[[1]]/. Exp[-sa_] → a
```

$$t^2 == -1+u-\mathrm{Log}[u]$$

```
tu = Thread[Sqrt[t2u], Equal]//PowerExpand
```

$$t == \sqrt{-1+u-\mathrm{Log}[u]}$$

```
u2t2 = ToRules@Reverse[t2u]
```

$$\{-1+u-\mathrm{Log}[u]\to t^2\}$$

现在被积函数则变为

```
ig = int[[1]]dudt/. u2t2
```

$$\mathrm{dudt} * e^{-st^2}$$

下面求**dudt**。为了求得完全渐近展开式，将t展开为u的级数：

```
seri = (Series[tu[[2]], {u, 1, 11}])//PowerExpand;
```

再用逆级数把u表示为t的级数并求导：

```
(iseri = InverseSeries[seri, tu[[1]]]//Normal)//Short
```

$$1+\sqrt{2}t+\frac{2t^2}{3}+\ll 12 \gg+\frac{163879t^{11}}{33949238400\sqrt{2}}$$

```
(dudt = D[iseri, t])//Short
```

$$\sqrt{2}+\frac{4t}{3}+\frac{t^2}{3\sqrt{2}}-\frac{8t^3}{135}+\ll 9 \gg+\frac{163879t^{10}}{3086294400\sqrt{2}}$$

将被积函数**ig**展开并逐项积分，可得

```
ans = Map[Integrate[#, {t, -∞, ∞}, Assumptions → s > 0]&, Expand[ig]]
```

$$\frac{163879\sqrt{\frac{\pi}{2}}}{104509440s^{11/2}}-\frac{571\sqrt{\frac{\pi}{2}}}{1244160s^{9/2}}-\frac{139\sqrt{\frac{\pi}{2}}}{25920s^{7/2}}+\frac{\sqrt{\frac{\pi}{2}}}{144s^{5/2}}+\frac{\sqrt{\frac{\pi}{2}}}{6s^{3/2}}+\frac{\sqrt{2\pi}}{\sqrt{s}}$$

```
res = Times@@(ans * ce//Expand//doPoly[#, -1]&)
```

$$e^{-s}\sqrt{2\pi}\left(1+\frac{163879}{209018880s^5}-\frac{571}{2488320s^4}-\frac{139}{51840s^3}+\frac{1}{288s^2}+\frac{1}{12s}\right)s^{\frac{1}{2}+s} \tag{3.5.5}$$

Collect[PowerExpand@Log[res] + *O*[*s*, ∞]^6, {Log[*s*], *s*}, Simplify]

$$\frac{1}{1260s^5}-\frac{1}{360s^3}+\frac{1}{12s}-s+\frac{1}{2}\mathrm{Log}[2\pi]+\left(\frac{1}{2}+s\right)\mathrm{Log}[s]$$

以上结果可用**Series[LogGamma[*s*], {*s*, ∞, 6}]**来验证。

例 3.5.2　当$s\to\infty$时，求以下积分的完全渐近行为：

$$I(s)=\int_0^1 \ln(z)\,\mathrm{e}^{\mathrm{i}sz}\mathrm{d}z,\quad s\to\infty \tag{3.5.6}$$

已知被积函数为

ig = Log[*z*]Exp[i*sz*]

对比式(3.5.1)，可知式(3.5.6)已是标准形式，从中取出$f(z)$和$h(z)$：

{*f*[z_], *h*[z_]} = ig/. f_Exp[*s*h_] → {*f*, *h*}

$$\{\mathrm{Log}[z],\mathrm{i}z\}$$

{*h*′[*z*], *h*″[*z*]}

$$\{\mathrm{i},0\}$$

这说明$h(t)$没有驻点，不能直接使用驻相法。

如果采用分部积分法，则由于出现了∞，分部积分法亦不可行。

integrateByParts[ig, rgt, 1]//Simplify[#, *s* > 0]&

$$\left\{(-\mathrm{i})\infty,\frac{\mathrm{i}\mathrm{e}^{\mathrm{i}ts}}{ts}\right\}$$

下面将原积分视为复平面上的积分，$z=x+\mathrm{i}y$。则势函数$\varphi(x,y)$和相位$\psi(x,y)$分别为

{*φ*[x_, y_], *ψ*[x_, y_]} = ReIm[*h*[*x* + i*y*]]//ComplexExpand

$$\{-y,x\}$$

图 3.5.3(a)给出势函数$\varphi(x,y)$图像以及两条最陡下降曲线，而图 3.5.3(b)则给出相位函数$\psi(x,y)$图像和相应的等相位线（实线对应实线，点线对应点线）。

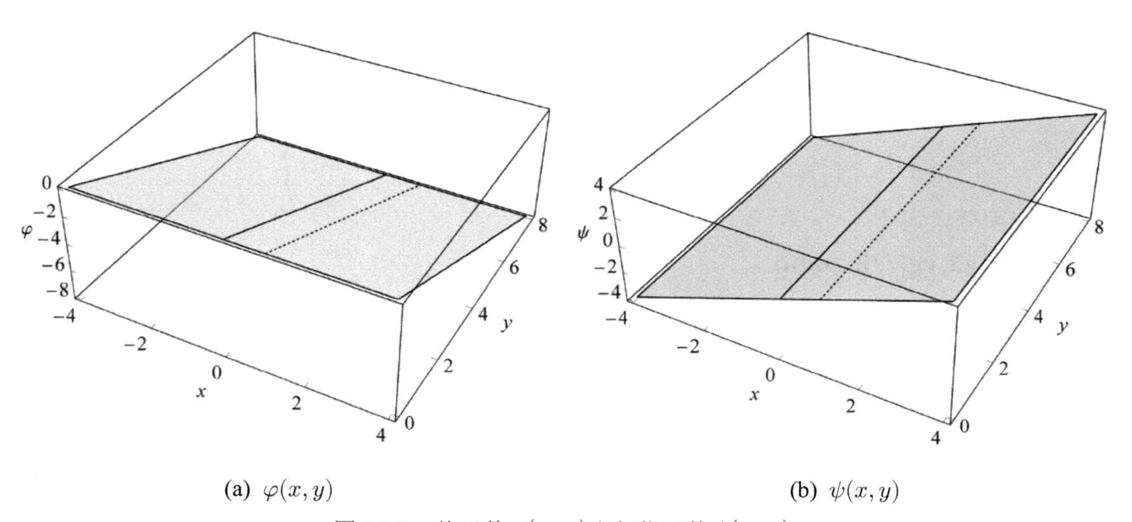

(a) $\varphi(x,y)$　　(b) $\psi(x,y)$

图 3.5.3　势函数$\varphi(x,y)$和相位函数$\psi(x,y)$

图 3.5.4 给出的积分路径C_1和C_3与图 3.5.3(a)给出的两条最陡下降曲线是对应的（实线对

应实线，点线对应点线）。

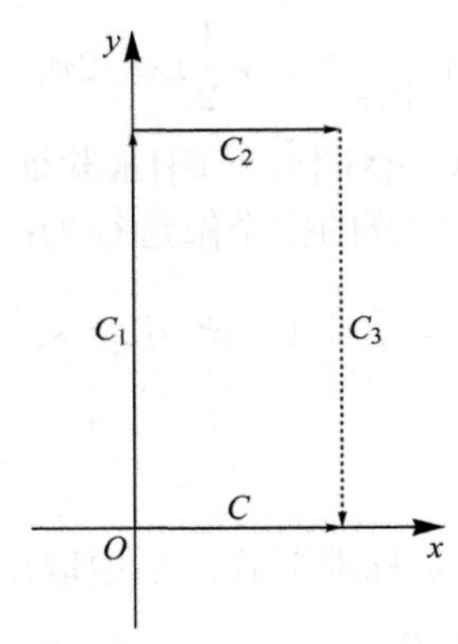

图 3.5.4 积分路径

将积分式(3.5.6)转化为

$$\int_0^1 \ln(z)\,\mathrm{e}^{-\mathrm{i}sz}\mathrm{d}z = \int_{C_1} + \int_{C_2} + \int_{C_3} \ln(z)\,\mathrm{e}^{-\mathrm{i}sz}\mathrm{d}z$$

沿着路径C_1，实部指数衰减，虚部为常数，为最陡下降路径：

Exp[s * *h*[*x* + i*y*]]/. *x* → 0/. Exp[a_ + b_] → {Exp[*a*], Exp[*b*/i]}

$$\{\mathrm{e}^{-sy}, 1\}$$

ig1 = ig/. *t* → i*y*

$$\mathrm{e}^{-sy}\mathrm{Log}[\mathrm{i}y]$$

dtdy = D[i*y*, *y*]

$$\mathrm{i}$$

ig2 = ig1 * dtdy

$$\mathrm{ie}^{-sy}\mathrm{Log}[\mathrm{i}y]$$

作变量代换，令$u = sy$，可得

{ig3, rg} = substitute[ig2, {*y*, 0, ∞}, *u*, *u* == *sy*]/. Dt[*s*] → 0//Simplify[#, *s* > 0]&//Expand

$$\left\{-\frac{\mathrm{e}^{-u}\pi}{2s} + \frac{\mathrm{ie}^{-u}\mathrm{Log}[u]}{s} - \frac{\mathrm{ie}^{-u}\mathrm{Log}[s]}{s}, \{u, 0, \infty\}\right\}$$

直接积分，可得

Integrate[ig3, rg]//Expand

$$-\frac{\mathrm{iEulerGamma}}{s} - \frac{\pi}{2s} - \frac{\mathrm{iLog}[s]}{s}$$

其中利用了如下结果：

Integrate[*e*^−*u*^Log[*u*], {*u*, 0, ∞}]

$$-\mathrm{EulerGamma}$$

沿着路径C_2，当$Y \to \infty$时：

Simplify[Exp[*s* * *h*[*x* + i*Y*]]/. *Y* → ∞/. Exp[a_ + b_] → {Exp[*a*], Exp[*b*/i]}]

$$\{0,1\}$$

```
p2 = Integrate[ig, {t, i∞, 1 + i∞}]
```

$$0$$

沿着路径C_3，实部指数衰减，虚部为常数，也是最陡下降路径：

```
ExpandAll[Exp[s * h[x + iy]]/. x → 1]/. Exp[a_ + b_] → {Exp[a], Exp[b/i]}
```

$$\{\mathrm{e}^{-sy}, \mathrm{e}^{s}\}$$

```
ig4 = ig/. t → 1 + iy
```

$$\mathrm{e}^{\mathrm{i}s(1+\mathrm{i}y)}\mathrm{Log}[1+\mathrm{i}y]$$

```
dtdy = D[1 + iy, y]
```

$$\mathrm{i}$$

```
ig = ig4  dtdy//ExpandAll
```

$$\mathrm{i}\mathrm{e}^{\mathrm{i}s-sy}\mathrm{Log}[1+\mathrm{i}y]$$

```
ans = Integrate[ig, {y, ∞, 0}]
```

$$-\frac{\mathrm{i}\mathrm{Gamma}[0,-\mathrm{i}s]}{s}$$

```
p3 = Series[ans, {s, ∞, 8}]//Normal
```

$$\mathrm{e}^{\mathrm{i}s}\left(-\frac{720}{s^8}-\frac{120\mathrm{i}}{s^7}+\frac{24}{s^6}+\frac{6\mathrm{i}}{s^5}-\frac{2}{s^4}-\frac{\mathrm{i}}{s^3}+\frac{1}{s^2}\right) \tag{3.5.7}$$

很容易得到式(3.5.7)中级数的通项公式：

```
gt[n_] = FSF[Reverse@(List@@p3[[2]]), n]//FunctionExpand//PowerExpand
```

$$\mathrm{i}^{1-n}s^{-1-n}\mathrm{Gamma}[n]$$

```
p3 = Quiet[p3[[1]]Sum[gt[n], {n, 1, ∞}]]
```

$$\mathrm{e}^{\mathrm{i}s}\sum_{n=1}^{\infty}\mathrm{i}^{1-n}s^{-1-n}\mathrm{Gamma}[n]$$

```
Collect[p1 + p2 + p3, {Log[s], 1/s}]
```

$$\frac{-\mathrm{i}\mathrm{EulerGamma}-\frac{\pi}{2}}{s}-\frac{\mathrm{i}\mathrm{Log}[s]}{s}+\mathrm{e}^{\mathrm{i}s}\sum_{n=1}^{\infty}\mathrm{i}^{1-n}s^{-1-n}\mathrm{Gamma}[n] \tag{3.5.8}$$

可用内置函数**AsymptoticIntegrate**验证上述结果：

```
AsymptoticIntegrate[expr, rgt, {s, ∞, 5}]
```

$$\mathrm{e}^{\mathrm{i}s}\left(\frac{6\mathrm{i}}{s^5}-\frac{2}{s^4}-\frac{\mathrm{i}}{s^3}+\frac{1}{s^2}\right)-\frac{\mathrm{i}\mathrm{EulerGamma}}{s}-\frac{\pi}{2s}-\frac{\mathrm{i}\mathrm{Log}[s]}{s}$$

例 3.5.3　当$s\to\infty$时，求以下积分的完全渐近行为

$$I(s)=\int_0^1 \mathrm{e}^{\mathrm{i}sz^2}\,\mathrm{d}z,\quad s\to\infty \tag{3.5.9}$$

已知被积函数和积分区间分别记为

```
ig = Exp[isz^2]; rg = {z, 0, 1};
```

如果直接积分，MMA 也可以直接给出结果，但是不易看出其性质。

```
Integrate[ig, rg]/. √a_√b_ :→ HoldForm[√ab]/. √a_/√b_ :→ HoldForm[√a/b]
```

$$\left(\mathrm{FresnelC}\left[\sqrt{\frac{2s}{\pi}}\right]+\mathrm{i}\mathrm{FresnelS}\left[\sqrt{\frac{2s}{\pi}}\right]\right)\sqrt{\frac{\pi}{2s}}$$

(1) 驻相法

本例采用驻相法，可以得到首项近似。这里直接利用自定义函数：

stationaryPhaseMethod[ig, rg, *s*]

$$\frac{e^{\frac{i\pi}{4}}\sqrt{\pi}}{2\sqrt{s}} \tag{3.5.10}$$

事实上，将积分上限扩展到∞即得上述结果。

(2) 分部积分法

为简便起见，直接利用**AsymptoticIntegrate**就可以得到该积分的渐近展开式：

ans = AsymptoticIntegrate[ig, rg, {*s*, ∞, 5}]//TrigToExp

$$-\frac{105ie^{is}}{32s^5}+\frac{15e^{is}}{16s^4}+\frac{3ie^{is}}{8s^3}-\frac{e^{is}}{4s^2}-\frac{ie^{is}}{2s}+\frac{\left(\frac{1}{2}+\frac{i}{2}\right)\sqrt{\frac{\pi}{2}}}{\sqrt{s}}$$

经过整理和化简，可得

Collect[%, {*e*^is^, 1/√*s*}, xy2Exp]

$$e^{is}\left(-\frac{105i}{32s^5}+\frac{15}{16s^4}+\frac{3i}{8s^3}-\frac{1}{4s^2}-\frac{i}{2s}\right)+\frac{e^{\frac{i\pi}{4}}\sqrt{\pi}}{2\sqrt{s}}$$

可从有限项归纳出一般的通项公式：

data = Coefficient[Select[ans, ! FreeQ[#, *e*^is^]&]/. *e*^is^ → 1, *s*, −Range[5]]

$$\left\{-\frac{i}{2},-\frac{1}{4},\frac{3i}{8},\frac{15}{16},-\frac{105i}{32}\right\}$$

Simplify[FindSequenceFunction[data, *n*]//FunctionExpand, *n* ∈ ℤ≥0]

$$\frac{i^{-n}\mathrm{Gamma}[-\frac{1}{2}+n]}{2\sqrt{\pi}}$$

则当$s\to\infty$时，$I(s)$的完全渐近展开式为

$$\frac{e^{\frac{i\pi}{4}}\sqrt{\pi}}{2\sqrt{s}}+e^{is}\sum_{n=1}^{\infty}\frac{i^{-n}s^{-n}\mathrm{Gamma}\left[-\frac{1}{2}+n\right]}{2\sqrt{\pi}} \tag{3.5.11}$$

(3) 最陡下降法

由被积函数可得$f(z)$和$h(z)$：

{fz, hz} = ig/.fz_.Exp[*s*hz_] :→ {fz, hz}/. *z* → *x* + i*y*

$$\{1, i(x+iy)^2\}$$

$h(z)$的实部和虚部分别为

{hzr, hzi} = {Re[hz], Im[hz]}//ComplexExpand

$$\{-2xy, x^2-y^2\}$$

当等相位线经过原点时，可知$\mathrm{Im}\big(f(z)\big)=0$。

hzi/. {*x* → 0, *y* → 0}

$$0$$

因此首先确定$\mathrm{Im}\big(h(z)\big)=0$的最陡下降曲线：

xsol = Solve[hzi == 0, *x*]

$$\{\{x \to -y\}, \{x \to y\}\}$$

其中上式第 1 个解对应于图 3.5.5 中y轴左侧的虚线，第 2 个解对应于y轴右侧的实线C_1。计算实部可知，左侧虚线为最陡上升曲线，而右侧实线为最陡下降曲线。

two = Exp[s * hzr/. xsol]

$$\left\{\mathrm{e}^{2sy^2}, \mathrm{e}^{-2sy^2}\right\}$$

Limit[two, s → ∞, Assumptions → y ∈ ℝ]

$$\{\infty, 0\}$$

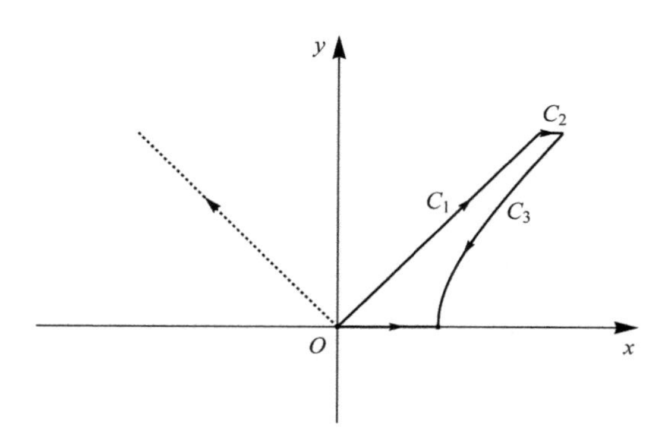

图 3.5.5 实线C_1和C_3为最陡下降路径，虚线为最陡上升路径

下面先考虑右侧直线C_1: $z=(1+\mathrm{i})y$。在积分上限处，$h(z)$的虚部为

hzi/. {x → 1, y → 0}

$$1$$

因此另一条等相位线是 $\mathrm{Im}(f(z))=1$，用C_3: $z=\sqrt{y^2+1}+\mathrm{i}y$表示，其方程为

eqi = hzi == 1//Simplify

$$x^2 == 1 + y^2$$

ApplySides[Sqrt, SubtractSides[eqi, 1]]//PowerExpand//Reverse

$$y == \sqrt{-1+x^2}$$

沿着C_3，有

ig3 = ig/. {z → x + iSqrt[x^2 − 1]}//ExpandAll

$$\mathrm{e}^{\mathrm{i}s-2sx\sqrt{-1+x^2}}$$

re = Re[Exponent[ig3, E]]//ComplexExpand//Simplify[#, x ≥ 1]&

$$-2sx\sqrt{-1+x^2}$$

Limit[Exp[re], s → ∞, Assumptions → x > 1]

$$0$$

可知C_3是最陡下降曲线。此外，当$y \to \infty$时，C_1和C_3趋于彼此相切。

由于C_1和C_3上 $\mathrm{Im}(h(z))$具有不同的值，原始路径显然不能连续地变为C_1+C_3，因此必须添加C_2将C_1和C_3连接起来。C_2平行于实轴，因此可以表示为C_2: $x+\mathrm{i}Y, Y \le x \le \sqrt{Y^2+1}$。可以预期，当$Y \to \infty$时，来自$C_2$的贡献趋于零。

ig2 = ig/. z → x + iY//ExpandAll

$$\mathrm{e}^{\mathrm{i}sx^2-2sxY-\mathrm{i}sY^2}$$

ans = Integrate[ig2, {x, Y, $\sqrt{Y^2+1}$}, Assumptions → s > 0&&Y > 0]

$$\frac{(-1)^{1/4}\sqrt{\pi}(-1+\mathrm{Erf}[(-1)^{1/4}\sqrt{s}(Y-\mathrm{i}\sqrt{1+Y^2})]+\mathrm{Erfc}[\sqrt{2}\sqrt{s}Y])}{2\sqrt{s}}$$

Limit[ans, Y → ∞, Assumptions → s > 0]

$$0$$

amp = Abs[ig2]//ComplexExpand

$$\mathrm{e}^{-2sxY}$$

Limit[amp, Y → ∞, Assumptions → s > 0&&x > 0]

$$0$$

下面计算来自C_1的贡献。

{ig1, rg1} = substitute[ig, {z, 0, Y + Yi}, y, y == z/(1 + i)]

$$\{(1+\mathrm{i})\mathrm{e}^{-2sy^2}, \{y, 0, Y\}\}$$

Limit[Integrate[ig1, rg1], Y → ∞]//xy2Exp//Refine

$$\frac{\mathrm{e}^{\frac{\mathrm{i}\pi}{4}}\sqrt{\pi}}{2\sqrt{s}}$$

最后计算来自C_3的贡献。

{ig3, rg3} = substitute[ig, {z, $\sqrt{Y^2\ \ +1}$ + iY, 1}, y, z == $\sqrt{\mathrm{i}y+1}$]//Simplify//ExpandAll

$$\left\{\frac{\mathrm{i}\mathrm{e}^{\mathrm{i}s-sy}}{2\sqrt{1+\mathrm{i}y}}, \left\{y, 2Y\sqrt{1+Y^2}, 0\right\}\right\}$$

当$Y\to\infty$时，积分限变为

rg31 = rg3/. Y → ∞

$$\{y, \infty, 0\}$$

下面处理被积函数**ig3**，将其中与y无关的量提到积分号以外，可得

tmp = ig3/. Exp[a_ − sy] :→ HoldForm[e^{is}]Exp[−sy]

$$\frac{\mathrm{i}\mathrm{e}^{-sy}\mathrm{e}^{\mathrm{i}s}}{2\sqrt{1+\mathrm{i}y}}$$

out = Select[tmp, FreeQ[#, y]&]

$$\frac{1}{2}\mathrm{i}\mathrm{e}^{\mathrm{i}s}$$

被积函数变为

ig31 = Select[tmp, ! FreeQ[#, y]&]

$$\frac{\mathrm{e}^{-sy}}{\sqrt{1+\mathrm{i}y}}$$

沿C_3的路径积分变为

out ∗ integrate[ig31, rg31]

$$\frac{1}{2}\mathrm{i}\mathrm{e}^{\mathrm{i}s}\int_{\infty}^{0}\frac{\mathrm{e}^{-sy}}{\sqrt{1+\mathrm{i}y}}\mathrm{d}y$$

此时可应用 Watson 引理，将$1/\sqrt{1+\mathrm{i}y}$展开成级数，并逐项积分：

```
term = List@@ig31//Last
```

$$\frac{1}{\sqrt{1+\mathrm{i}y}}$$

```
gt = SeriesCoefficient[term, {y, 0, n}, Assumptions → n > 0]y^n//FunctionExpand
gt = FullSimplify[gt, n ∈ ℤ≥0]//PowerExpand
```

$$\frac{\mathrm{i}^n\sqrt{\pi}y^n}{n!\,\mathrm{Gamma}[\frac{1}{2}-n]}$$

注意到**Gamma**函数的以下性质：

```
Gamma[n + 1/2]Gamma[1/2 − n]//FullSimplify[#, n ∈ ℤ≥0]&
```

$$(-1)^n\pi$$

```
Gamma[1/2]
```

$$\sqrt{\pi}$$

积分以后将结果进一步简化：

```
Integrate[e^(−sy) gt, {y, 0, ∞}, Assumptions → n ≥ 0&&s > 0]
%/. Gamma[1/2 − n] → (−1)^n π/Gamma[n + 1/2]
res = Simplify[#, n ∈ ℤ≥0]&/@%
```

$$\frac{(-1)^n\mathrm{i}^n s^{-1-n}\mathrm{Gamma}[\frac{1}{2}+n]}{\sqrt{\pi}}$$

最后将C_1和C_3的贡献加在一起，可得当$s\to\infty$时，$I(s)$的完全渐近展开式：

$$\frac{\mathrm{e}^{\frac{\mathrm{i}\pi}{4}}\sqrt{\pi}}{2\sqrt{s}}-\frac{1}{2}\mathrm{i}\mathrm{e}^{\mathrm{i}s}\sum_{n=0}^{\infty}\frac{(-1)^n\mathrm{i}^n s^{-1-n}\mathrm{Gamma}\left[\frac{1}{2}+n\right]}{\sqrt{\pi}} \tag{3.5.12}$$

第 4 章　线性微分方程的局部渐近解

本章讨论线性常微分方程的局部渐近行为。首先根据微分方程系数的性质对奇点进行分类，然后在各类奇点的邻域内求级数解或渐近解，重点研究非正则奇点邻域内的渐近解。这样可以清晰地给出方程奇点附近的解的解析特征，揭示方程形式与解的结构之间的联系。

4.1　常微分方程奇点的分类

渐近分析最重要的应用之一是寻找常微分方程的近似解。本章的重点不是求出方程精确解的技巧，而是通过 Taylor 级数或渐近级数找出近似解。首先从一阶线性常微分方程开始讨论方程的奇点及其性质。

4.1.1　一阶常微分方程

对于一阶非齐次常微分方程

$$y'(x)-p(x)y(x)=r(x) \tag{4.1.1}$$

相应的齐次方程为

$$y'(x)-p(x)y(x)=0 \tag{4.1.2}$$

一旦得到齐次方程(4.1.2)的解，就可以用常数变易法求得原方程(4.1.1)的解。可简单论证如下：

eq1 = y′[x] − p[x]y[x] == r[x];

假设y_0是齐次方程的解，可得以下关系：

eq0 = y′[x] − p[x]y[x] == 0;

y1 = Solve[eq0, y′[x]][[1]]/. y → y₀

$$\{y_0{}'[x]\to p[x]y_0[x]\} \tag{4.1.3}$$

利用常数变易法可以求得原方程的通解，令

$$y(x)=c(x)y_0(x) \tag{4.1.4}$$

eqc = eq1/. y → (c[#]y₀[#]&)/. y1//Simplify

$$r[x]==y_0[x]c'[x]$$

c$ = DSolve[eqc, c[x], x][[1]]/. K[1] → s/. C[1] → 0//toPure

$$\{c\to \text{Function}[\{x\},\int_1^x\frac{r[s]}{y_0[s]}\text{d}s]\} \tag{4.1.5}$$

容易验证，式(4.1.4)满足方程(4.1.2)：

因此下面仅讨论一阶齐次常微分方程(4.1.2)，它的通解可用 MMA 求解：

eq = y′[x] − p[x]y[x] == 0;

```
lhs = Integrate[#, x]&/@Expand[eq[[1]]/y[x]]
{sol} = DSolve[lhs == Log[A], y, x]
expr = y[x]/. sol
```

$$Ae^{\int p[x]\,dx} \tag{4.1.6}$$

定义将$p(x)$展开成级数的函数**p2S**:

```
p2S[m_,n_:0]:= p[x] → Sum[p_i x^(i-m), {i, 0, n}] + Sum[p_i x^(i-m), {i, n + 1, ∞}];
```

(1) 若$p(x)$在原点的邻域$|x| < r$内是（正则）解析的，则$p(x)$可以表示为在$|x| < r$内收敛的 Taylor 级数，即

```
p[x] == (p[x]/. p2S[0, 3]//usual)
```

$$p[x] == p_0 + p_1 x + p_2 x^2 + p_3 x^3 + \sum_{i=4}^{\infty} p_i x^i \tag{4.1.7}$$

称原点为微分方程(4.1.2)的正常点(ordinary point)，否则就是它的一个奇点(singular point)。其中，自定义函数**usual**将级数表示成常见的形式。

方程(4.1.2)的解为

```
ans1 = expr/. p2S[0]/. is2si[0]//usual
```

$$Ae^{\sum_{i=0}^{\infty} \frac{p_i x^{1+i}}{1+i}} \tag{4.1.8}$$

易知式(4.1.8)也是一个解析函数。其中，自定义函数**is2si**实现积分与求和的交换。

(2) 若原点为函数$p(x)$的一阶极点，即

```
p[x] == (p[x]/. p2S[1, 3]//usual)
```

$$p[x] == \frac{p_0}{x} + p_1 + p_2 x + p_3 x^2 + \sum_{i=4}^{\infty} p_i x^{-1+i} \tag{4.1.9}$$

方程(4.1.2)的解为

```
ans2 = expr/. p2S[1]/. is2si[1]//Simplify//usual
```

$$Ae^{\sum_{i=1}^{\infty} \frac{p_i x^i}{i}} x^{p_0} \tag{4.1.10}$$

当p_0为负整数时，解有极点。如$p_0 = -m$，则为m阶极点。

当p_0为非整数的情况时，解有代数支点，如$p_0 = 1/(m+1)$，为m阶支点；当p_0为无理数时，则为无穷阶支点。

这种情况下，称原点为微分方程(4.1.2)的正则奇点(regular singular point)。

(3) 若原点为函数$p(x)$的二阶或二阶以上极点($m \geq 2$)，即

```
p[x] == (p[x]/. p2S[m]//usual)
```

$$p[x] == \sum_{i=0}^{\infty} p_i x^{i-m} \tag{4.1.11}$$

方程(4.1.2)的解为

```
ans3 = expr/. p2S[m]/. is2si[m]//Simplify//usual
```

$$Ae^{\sum_{i=0}^{-2+m} \frac{p_i x^{1+i-m}}{1+i-m} + \sum_{i=m}^{\infty} \frac{p_i x^{1+i-m}}{1+i-m}} x^{p_{-1+m}} \tag{4.1.12}$$

以二阶极点($m = 2$)为例

p[x] == (p[x]/. p2S[2, 1]//usual)

$$p[x]==\frac{p_0}{x^2}+\frac{p_1}{x}+\sum_{i=2}^{\infty}p_i x^{-2+i}$$

ans3/. m → 2/. Exp[a_ + b_] :→ e^a Defer[e^b]

$$A\mathrm{e}^{-\frac{p_0}{x}}x^{p_1}\mathrm{e}^{\sum_{i=0}^{\infty}\frac{x^{1+i}p_i}{1+i}}$$

称方程的解在原点具有本性奇点(essential singular point)。原点为微分方程(4.1.2)的非正则奇点(irregular singular point)。

下面将一阶常微分方程的奇点类型、系数性质和解的性质归纳总结，如表 4.1 所示。

表 4.1 一阶常微分方程的奇点类型、系数性质和解的性质

奇点类型	系数$p(x)$性质	解$y(x)$的性质
正常点	解析	解析
正则奇点	$p(x)$有一阶极点	解析；有极点；代数支点
非正则奇点	$p(x)$有二阶以上极点	有本性奇点

当$x_0=\infty$时，可以利用倒数变换

$$x=1/\chi \tag{4.1.13}$$

把无穷远点映射到原点，然后按照前面的方法进行讨论。

定义以下变换，如倒数变换：

```
y2Y = y → (Y[X[#]]&);
χ2X = X[x] → χ;
Xx = X → (1/# &);
x2X = x → 1/χ;
```

将以上变换代入方程(4.1.2)，可得

eqY = eq/. y2Y/. χ2X/. Xx/. x2X//Simplify

$$p\left[\frac{1}{\chi}\right]Y[\chi]+X^2Y'[\chi]==0 \tag{4.1.14}$$

lhs = eqY[[1]]/χ^2 //Expand

$$\frac{p\left[\frac{1}{\chi}\right]Y[\chi]}{\chi^2}+Y'[\chi]$$

下面给出三种情况下$p(x)$应该具有的形式：

(1) 正常点

{Po} = ExpandAll[Solve[(Coefficient[lhs, Y[χ]]) == s2ss[a, χ, 2], p[1/χ]]/. χ → 1/x]/. xs2sx

p[x] == (p[x]/. Po//usual)

$$p[x]==\frac{a_0}{x^2}+\frac{a_1}{x^3}+\frac{a_2}{x^4}+\sum_{i=3}^{\infty}a_i\left(\frac{1}{x}\right)^{2+i} \tag{4.1.15}$$

(2) 正则奇点

```
{Prs} = ExpandAll[Solve[(Coefficient[lhs,Y[χ]]) == s2ss[a,χ,2]/χ,p[1/χ]]/.χ
        → 1/x]/.xs2sx
p[x] == (p[x]/.Prs//usual)
```

$$p[x] == \frac{a_0}{x} + \frac{a_1}{x^2} + \frac{a_2}{x^3} + \sum_{i=3}^{\infty} a_i \left(\frac{1}{x}\right)^{1+i} \tag{4.1.16}$$

(3) 非正则奇点

当$p(x)$为其他情况时，无穷远点为非正则奇点，如：

```
{Pis} = ExpandAll[Solve[(Coefficient[lhs,Y[χ]]) == s2ss[a,2]/χ^m,p[1/χ]]/.χ → 1/x
/.m → 2]
p[x] == (p[x]/.Pis//usual)
```

$$p[x] == a_0 + \frac{a_1}{x} + \frac{a_2}{x^2} + \sum_{i=3}^{\infty} a_i \left(\frac{1}{x}\right)^{i} \tag{4.1.17}$$

这里用到两个自定义函数：**s2ss**用于将级数分为两个部分；**xs2sx**用于将求和号外的部分放入求和号内。

4.1.2 二阶常微分方程

对于二阶变系数齐次线性微分方程

$$y''(x) + p(x)y'(x) + q(x)y(x) = 0 \tag{4.1.18}$$

二阶变系数方程不能像一阶方程那样利用通解直接讨论系数和解之间的关系，但它们之间也有类似关系。

方程(4.1.18)有两个线性独立的解$y_1(x)$和$y_2(x)$。两个解$y_1(x)$和$y_2(x)$线性独立，当且仅当朗斯基(Wronsky)行列式不等于 0。

$$W\big(y_1(x), y_2(x)\big) = \begin{vmatrix} y_1(x) & y_2(x) \\ {y_1}'(x) & {y_2}'(x) \end{vmatrix} \neq 0$$

当$p(x)$和$q(x)$满足下面条件时，原点具有相应的奇点类型：

(1) 正常点

若方程的系数$p(x)$和$q(x)$在原点的邻域$|x| < r$内是解析的，则称原点为微分方程的正常点。此时，$p(x)$和$q(x)$可展开为具有非零收敛半径的收敛幂级数，且$y(x)$也有收敛幂级数形式的解。

$p(x)$和$q(x)$均可用 Taylor 级数表示：

```
p[x] == (s2ss[p,x,3]//usual)
```

$$p[x] == p_0 + p_1 x + p_2 x^2 + p_3 x^3 + \sum_{i=4}^{\infty} p_i x^i \tag{4.1.19}$$

```
q[x] == (s2ss[q,x,3]//usual)
```

$$q[x] == q_0 + q_1 x + q_2 x^2 + q_3 x^3 + \sum_{i=4}^{\infty} q_i x^i \tag{4.1.20}$$

(2) 正则奇点

若方程的系数满足：$xp(x)$和$x^2q(x)$在原点的邻域$|x|<r$内是解析的，则称原点为微分方程的正则奇点。则$p(x)$和$q(x)$可以表示为

p[x] == (Expand[s2ss[p, x, 3]/x]/.xs2sx//usual)

$$p[x]==\frac{p_0}{x}+p_1+p_2x+p_3x^2+\sum_{i=4}^{\infty}p_ix^{-1+i} \tag{4.1.21}$$

q[x] == (Expand[s2ss[q, x, 3]/x^2]/.xs2sx//usual)

$$q[x]==\frac{q_0}{x^2}+\frac{q_1}{x}+q_2+q_3x+\sum_{i=4}^{\infty}q_ix^{-2+i} \tag{4.1.22}$$

在邻域$|x|<r$内，方程(4.1.18)的两个线性无关解为

$$y_1(x)=x^{r_1}\sum_{n=0}^{\infty}a_nx^n \tag{4.1.23}$$

$$y_2(x)=x^{r_2}\sum_{n=0}^{\infty}b_nx^n \tag{4.1.24}$$

式(4.1.23)和式(4.1.24)称为方程(4.1.18)的 Frobenius 型级数解。

此外，还可能有另外一种形式的解：

$$y_2(x)=y_1(x)\ln(x)+x^{r_2}\sum_{n=0}^{\infty}c_nx^n \tag{4.1.25}$$

根据解的形式，可以讨论如下：

1) 当r_1和r_2为正整数或零时，为解析解；

2) 当r_1或r_2为负整数时，原点为方程的r_1或r_2阶极点；

3) 当r_1和r_2不是整数时，原点为代数支点。如解为式(4.1.25)时，则会出现对数支点。

(3) 非正则奇点

若方程的系数满足：$xp(x)$和$x^2q(x)$其中之一在原点的邻域$|x|<r$内不是解析的，则称原点为微分方程的非正则奇点。在该点邻域内至少有一个解在原点有本性奇点。

下面将二阶常微分方程的奇点类型、系数性质和解的性质归纳总结，如表 4.2 所示。

表 4.2 二阶常微分方程的奇点类型、系数性质和解的性质

奇点类型	系数$p(x),q(x)$性质	解$y(x)$的性质
正常点	$p(x),q(x)$解析	解析
正则奇点	$p(x)x,q(x)x^2$解析	解析；有极点；有代数支点或对数支点
非正则奇点	以上条件不满足	至少有一个解有本性奇点

当$x_0=\infty$时，对于二阶方程，可以仿照一阶方程的处理办法。具体过程如下：

eq = y"[x] + p[x]y'[x] + q[x]y[x] == 0

将方程作如式(4.1.13)的倒数变换，转化为标准形式，合并同类项：

eqY = eq/.y2Y/.χ2X/.Xx/.x2X//standard//Collect[#, Y'[χ]]&

$$\frac{q\left[\frac{1}{\chi}\right]Y[\chi]}{\chi^4}+\left(\frac{2}{\chi}-\frac{p\left[\frac{1}{\chi}\right]}{\chi^2}\right)Y'[\chi]+Y''[\chi]==0 \tag{4.1.26}$$

变换后方程中$Y'[\chi]$和$Y[\chi]$的系数为

```
{P, Q} = Coefficient[eqY[[1]], {Y'[χ], Y[χ]}]
```

$$\left\{\frac{2}{\chi}-\frac{p\left[\frac{1}{\chi}\right]}{\chi^2},\frac{q\left[\frac{1}{\chi}\right]}{\chi^4}\right\} \tag{4.1.27}$$

相应的奇点分类如下：

(1) 正常点

```
{po} = ExpandAll[Solve[P == s2ss[p, χ, 1], p[1/χ]]]/. χ → 1/x /. xs2sx
{qo} = ExpandAll[Solve[Q == s2ss[q, χ, 1], q[1/χ]]]/. χ → 1/x /. xs2sx
{p[x] == (p[x]/. po), q[x] == (q[x]/. qo)}
```

$$\left\{p[x]==\frac{2}{x}-\frac{p_0}{x^2}-\frac{p_1}{x^3}-\sum_{i=2}^{\infty}\left(\frac{1}{x}\right)^{2+i}p_i\,,q[x]==\frac{q_0}{x^4}+\frac{q_1}{x^5}+\sum_{i=2}^{\infty}\left(\frac{1}{x}\right)^{4+i}q_i\right\} \tag{4.1.28}$$

(2) 正则奇点

```
{pr} = ExpandAll[Solve[P == s2ss[p, χ, 1]/χ , p[1/χ]]]/. χ → 1/x /. xs2sx
{qr} = ExpandAll[Solve[Q == s2ss[q, χ, 1]/χ^2 , q[1/χ]]]/. χ → 1/x /. xs2sx
{p[x] == (p[x]/. pr//Collect[#, 1/x]&//USUAL), q[x] == (q[x]/. qr//usual)}
```

$$\left\{p[x]==\frac{2-p_0}{x}-\frac{p_1}{x^2}-\sum_{i=2}^{\infty}p_i\left(\frac{1}{x}\right)^{1+i},q[x]==\frac{q_0}{x^2}+\frac{q_1}{x^3}+\sum_{i=2}^{\infty}q_i\left(\frac{1}{x}\right)^{2+i}\right\} \tag{4.1.29}$$

(3) 非正则奇点

对于非正则奇点，仅给出一个特例：

```
{pi} = ExpandAll[Solve[P == s2ss[p, χ, 1]/χ^2 , p[1/χ]]]/. χ → 1/x /. xs2sx
{qi} = ExpandAll[Solve[Q == s2ss[q, χ, 1]/χ^3 , q[1/χ]]]/. χ → 1/x /. xs2sx
{p[x] == (p[x]/. pi//Collect[#, 1/x]&//USUAL), q[x] == (q[x]/. qi//usual)}
```

$$\left\{p[x]==-p_0+\frac{2-p_1}{x}-\sum_{i=2}^{\infty}p_i\left(\frac{1}{x}\right)^{i},q[x]==\frac{q_0}{x}+\frac{q_1}{x^2}+\sum_{i=2}^{\infty}q_i\left(\frac{1}{x}\right)^{1+i}\right\} \tag{4.1.30}$$

根据前面的理论结果，编写以下函数：

singularPointType：判断方程的奇点类型，包括 0 和∞，也可判断给定x_0的类型；

isAnalytic：根据方程解的级数形式判断在奇点处是否解析、具有极点或本性奇点；

zeroPoint：求方程系数里分母的零点。

下面给出一些例子。

例 4.1.1　讨论以下微分方程的奇点以及解的性质：

$$(x-1)(2x-1)y''(x)+2xy'(x)-2y(x)=0 \tag{4.1.31}$$

将以上方程记为

```
eq = (x - 1)(2x - 1)y"[x] + 2xy'[x] - 2y[x] == 0;
```

将方程(4.1.33)化为标准形式：

```
standard[eq]
```

$$-\frac{2y[x]}{(-1+x)(-1+2x)}+\frac{2xy'[x]}{(-1+x)(-1+2x)}+y''[x]==0 \tag{4.1.32}$$

计算系数分母中的零点，可得

xs = zeroPoint[eq]

$$\left\{\left\{x\to\frac{1}{2}\right\},\{x\to 1\}\right\} \tag{4.1.33}$$

判断以上奇点的类型，还添加了 0 和∞，可得

singularPointType[eq, *y*, *x*]

$$\left\{\{0,\text{ordinary}\},\left\{\frac{1}{2},\text{regular}\right\},\{1,\text{regular}\},\{\infty,\text{regular}\}\right\} \tag{4.1.34}$$

由此可知，1/2、1 和∞都是正则奇点，而 0 是正常点。

求出方程(4.1.32)的两个通解：

{y1, y2} = Coefficient[DSolveValue[eq, *y*[*x*], *x*], {*C*[1], *C*[2]}]

$$\left\{\frac{1}{1-x},x\right\} \tag{4.1.35}$$

最后判断通解(4.1.35)在两个奇点（即 1/2 和 1）的性质：

isAnalytic[eq]

$$\left\{\left\{\frac{1}{1-x},\frac{1}{2},\text{analytic}\right\},\left\{\frac{1}{1-x},1,\text{1st pole point}\right\},\left\{x,\frac{1}{2},\text{analytic}\right\},\{x,1,\text{analytic}\}\right\}$$

如上式中的第 2 项表明解$1/(1-x)$在$x=1$具有一阶极点。

例 4.1.2 讨论以下微分方程的奇点以及解的性质：

$$y''(x)+\frac{(x-1)y'(x)}{x}-\frac{y(x)}{x^2}=0 \tag{4.1.36}$$

将以上方程记为

eq = *y*"[*x*] + (1 − *x*) *y*'[*x*]/*x* − *y*[*x*]/*x*² == 0

xs = zeroPoint[eq]

$$\{\{x\to 0\}\}$$

可仅对$x=0$判断其奇点类型：0 是正则奇点。

singularPointType[eq, *y*, *x*, #]&/@(*x*/.xs)//Flatten[#, 1]&

$$\{\{0,\text{regular}\}\}$$

{y1, y2} = Simplify[Coefficient[DSolveValue[eq, *y*[*x*], *x*], {*C*[1], *C*[2]}]]/. −a_ → *a*

$$\left\{\frac{1+x}{x},\frac{e^x}{x}\right\}$$

isAnalytic[eq]

$$\left\{\left\{\frac{1+x}{x},0,\text{1st pole point}\right\},\left\{\frac{e^x}{x},0,\text{1st pole point}\right\}\right\}$$

可见，这两个解在 0 点都具有一阶极点。注意到**y2 − y1**也是方程的一个解，但它在$x=0$是解析的：

Series[y2 − y1, {*x*, 0, 4}]

$$\frac{x}{2}+\frac{x^2}{6}+\frac{x^3}{24}+\frac{x^4}{120}+O[x]^5$$

例 4.1.3 讨论以下微分方程的奇点以及解的性质：

$$y''(x)-\frac{(1+x)y'(x)}{x}+\frac{y(x)}{x}=0 \tag{4.1.37}$$

将以上方程记为

```
eq = y"[x] − (1 + x) y′[x]/x + y[x]/x == 0
xs = zeroPoint[eq]
```

$$\{\{x\to 0\}\}$$

```
singularPointType[eq, y, x]
```

$$\{\{0,\text{regular}\},\{\infty,\text{irregular}\}\}$$

```
{y1, y2} = Coefficient[DSolveValue[eq, y[x], x], {C[1], C[2]}]
```

$$\{e^x,-1-x\}$$

```
isAnalytic[eq]
```

$$\{\{e^x,0,\text{analytic}\},\{-1-x,0,\text{analytic}\}\}$$

可见，该方程在$x=0$有正则奇点，但它的两个解在此处都是解析的。

例 4.1.4　讨论以下微分方程的奇点以及解的性质：

$$x^3y''(x)+x(1-2x)y'(x)-2y(x)=0 \tag{4.1.38}$$

将以上方程记为

```
eq = x^3 y"[x] + x(1 − 2x)y′[x] − 2y[x] == 0
xs = zeroPoint[eq]
```

$$\{\{x\to 0\}\}$$

可见，$x=0$为非正则奇点：

```
singularPointType[eq, y, x]
```

$$\{\{0,\text{irregular}\},\{\infty,\text{regular}\}\}$$

```
{y1, y2} = Coefficient[DSolveValue[eq, y[x], x], {C[1], C[2]}]
```

$$\left\{\frac{1}{2}e^{\frac{1}{x}}x^2(-1+2x),-2x^2(1+2x)\right\}$$

正如预期，一个解在$x=0$有本性奇点，但另一解却是解析的：

```
isAnalytic[eq]
```

$$\left\{\left\{\frac{1}{2}e^{\frac{1}{x}}x^2(-1+2x),0,\text{essential singular point}\right\},\{-2x^2(1+2x),0,\text{analytic}\}\right\}$$

例 4.1.5　求以下微分方程的级数解：

$$y'(x)-\sqrt{x}y(x)=0 \tag{4.1.39}$$

将以上方程记为

```
eq = y′[x] − √x y[x] == 0
```

与前面诸例不同，该方程中y的系数具有分数次幂。

```
sol = DSolve[eq, y, x][[1]]/. C[1] → α
```

$$\left\{y\to \text{Function}\left[\{x\},e^{\frac{2x^{3/2}}{3}}\alpha\right]\right\}$$

可见，该方程具有封闭形式的解，将其展开成级数，取前五项用于计算通项公式

```
poly = (y[x]/. sol) + O[x]^7//Normal
```

$$\alpha+\frac{2}{3}x^{3/2}\alpha+\frac{2x^3\alpha}{9}+\frac{4}{81}x^{9/2}\alpha+\frac{2x^6\alpha}{243}$$

可以从上式中归纳出通项公式：

gt[n_] = FSF[List@@poly, *n*]/. *n* → *n* + 1/. *a*^*n*_ *b*^*n*_ :→ Defer[*ab*]^*n*//FunctionExpand

$$\frac{\alpha\left(\frac{2x^{3/2}}{3}\right)^n}{\text{Gamma}[1+n]}$$

将解表示成级数求和的形式：

sum[gt[*n*], {*n*, 0, ∞}]//TraditionalForm

$$\sum_{n=0}^{\infty}\frac{\alpha\left(\frac{2x^{3/2}}{3}\right)^n}{\Gamma(n+1)} \tag{4.1.40}$$

可以验证上述级数是收敛的，但它并不是 Frobenius 型级数。

例 4.1.6 求以下微分方程的级数解：

$$x^2y''(x)+(1+3x)y'(x)+y(x)=0 \tag{4.1.41}$$

将以上方程记为

eq = *x*^2*y*"[*x*] + (1 + 3*x*)*y*′[*x*] + *y*[*x*] == 0

判断奇点的类型，可得

singularPointType[eq, *y*, *x*]

$$\{\{0,\text{irregular}\},\{\infty,\text{regular}\}\}$$

由此可知，0 是非正则奇点。

下面求其级数解。定义y的幂级数展开式为

y2s[n_] = *y* → (Sum[*a*_*i*#1^*i*, {*i*, 0, *n*}]&)

将级数代入方程，确定了前六项的系数(令$a_0=1$)，可得系数的公式：

{sol} = Solve[Most[CoefficientList[eq[[1]]/. y2s[5], *x*]] == 0, Array[*a*_#&, 5]]/. *a*_0 → 1

$$\{\{a_1\to -1,a_2\to 2,a_3\to -6,a_4\to 24,a_5\to -120\}\}$$

ce[n_] = FindSequenceFunction[Array[*a*_#&, 5]/. sol, *n*]//FunctionExpand;

gt[n_] = ce[*n*]*x*^*n*

$$(-1)^n x^n\text{Gamma}[1+n]$$

这样，就形式上得到了方程的级数解：

***y*[*x*] == Sum[gt[*n*], {*n*, 0, ∞}]//TraditionalForm**

$$y(x)=\sum_{n=0}^{\infty}(-1)^n x^n\,\Gamma(n+1) \tag{4.1.42}$$

利用比值判别法判断该级数的收敛性：

ratio = gt[*n* + 1]/gt[*n*] //FunctionExpand

$$-(1+n)x$$

Limit[%, *n* → ∞]

$$x(-\infty)$$

这表明，除了 0 以外，该级数处处发散，因此它也不是 Frobenius 型级数。

4.2 正常点附近的级数解

当x_0为正常点时，$y(x)$在x_0点是解析的，可以用$x-x_0$的 Taylor 级数表示，即

$$y(x)=\sum_{i=0}^{\infty}a_i\left(x-x_0\right)^i \tag{4.2.1}$$

将其代入微分方程，通过递推关系确定系数a_i。

例 4.2.1 求以下微分方程在$x=0$附近的级数解：

$$y'(x)-2xy(x)=0 \tag{4.2.2}$$

原方程记为

```
eq = y'[x] − 2xy[x] == 0;
```

易知$x=0$为正常点，因此有 Taylor 级数形式的解。

```
singularPointType[eq, y, x, 0]
```

$$\{\{0,\text{ordinary}\}\}$$

假设i为整数，即

```
$Assumptions = i ∈ Integers;
```

将$y(x)$展开为 Taylor 级数如下：

```
y2s[x0_:0,n_:∞]: = y → (Sum[a_i(# − x0)^i, {i, 0, n}]&)
```

将取$m=10$项级数代入方程(4.2.2)，可得联立方程组并求解：

```
m = 10;
eqs = LogicalExpand[(eq[[1]]/. y2s[0, m]) + O[x]^m == 0]
```

$$a_1==0\&\&-2a_0+2a_2==0\&\&-2a_1+3a_3==0\&\&-2a_2+4a_4==0$$
$$\&\&-2a_3+5a_5==0\&\&-2a_4+6a_6==0\&\&-2a_5+7a_7==0$$
$$\&\&-2a_6+8a_8==0\&\&-2a_7+9a_9==0\&\&-2a_8+10a_{10}==0$$

```
sol = Solve[eqs, Array[a[#]&, m]][[1]]
```

$$\left\{a_1\to 0,a_2\to a_0,a_3\to 0,a_4\to\frac{a_0}{2},\cdots,a_6\to\frac{a_0}{6},a_7\to 0,a_8\to\frac{a_0}{24},a_9\to 0,a_{10}\to\frac{a_0}{120}\right\}$$

```
(y[x]/. y2s[0, m]/. sol)/. ba2ab//show[#, 1]&
```

$$a_0+a_0x^2+\frac{a_0x^4}{2}+\frac{a_0x^6}{6}+\frac{a_0x^8}{24}+\frac{a_0x^{10}}{120} \tag{4.2.3}$$

其中，自定义替换**ba2ab**将ba_i显示为a_ib。

根据级数(4.2.3)的前六项推测通项公式:

```
gt[n_] = FindSequenceFunction[Array[a_# x^#&, m]/. sol, n]//PowerExpand
```

$$\frac{(1+(-1)^n)x^na_0}{2\text{Gamma}\left[1+\frac{n}{2}\right]} \tag{4.2.4}$$

奇数项为

```
Simplify[gt[2i + 1], i ∈ ℤ≥0]
```

$$0$$

偶数项为

```
Simplify[gt[2i], i ∈ ℤ≥ 0]/. ba2ab
```

$$\frac{a_0x^{2i}}{\text{Gamma}[1+i]}$$

方程(4.2.2)的 Taylor 级数解为

```
sum[gt[2i], {i, 0, ∞}]/. S_[a0b_, c__] :→ a0S[b, c]//Simplify[#, i ∈ ℤ≥ 0]&
```

$$a_0\sum_{i=0}^{\infty}\frac{x^{2i}}{\text{Gamma}[1+i]}$$

例 4.2.2 求以下 Airy 方程在$x=0$附近的级数解：

$$y''(x)-xy(x)=0 \tag{4.2.5}$$

原方程记为

```
eq = y"[x] − xy[x] == 0;
```

易知$x=0$为正常点。定义如下 Taylor 级数展开式：

```
y2s[x0_:0,m_: − 1,n_:∞] := y → (Sum[a_i(# − x0)^i, {i, 0, m}]
        +Sum[a_i(# − x0)^i, {i, m + 1, n}]&)
```

将其代入方程(4.2.5)，方程的左端项变为

```
lhs = eq[[1]]/. y2s[0, 4]//Expand
```

$$-xa_0-x^2a_1+2a_2-x^3a_2+6xa_3-x^4a_3+12x^2a_4-x^5a_4$$
$$+\sum_{i=5}^{\infty}(-1+i)ix^{-2+i}a_i-x\sum_{i=5}^{\infty}x^ia_i$$

在上式中，将级数展开五项用于确定$a_2\sim a_4$的数值，后面的求和项用于求递推公式。

```
LHS = lhs/. cSa2Sca[i]//Collect[#, x]&
```

$$2a_2-x^3a_2-x^4a_3+x(-a_0+6a_3)-x^5a_4+x^2(-a_1+12a_4)$$
$$+\sum_{i=5}^{\infty}(-1+i)ix^{-2+i}a_i+\sum_{i=5}^{\infty}-x^{1+i}a_i$$

上式中将求和号外的系数放入求和号之内。下面提取首项，即常数项（x^0项）：

```
eqa2 = Select[LHS, FreeQ[#, x]&] == 0
a2 = Solve[eqa2, a_2][[1]]
```

$$\{a_2\to 0\}$$

提取x^1项的系数并令其为零：•

```
eqa3 = Coefficient[LHS, x, 1] == 0
a3 = Solve[eqa3, a_3][[1]]
```

$$\left\{a_3\to\frac{a_0}{6}\right\}$$

提取x^2项的系数并令其为零：

```
eqa4 = Coefficient[LHS, x, 2] == 0
a4 = Solve[eqa4, a_4][[1]]
```

$$\left\{a_4\to\frac{a_1}{12}\right\}$$

下面计算递推公式，将x的幂次均化为x^i，然后进行合并，提取递推方程：

```
s1 = Select[LHS, ! FreeQ[#, Sum]&]/. same[i]
```

$$\sum_{i=5}^{\infty} -x^i a_{-1+i} + \sum_{i=5}^{\infty}(1+i)(2+i)x^i a_{2+i}$$

其中，自定义替换**same**将求和符号内x的幂次变成相同的，从而找到递推公式。

```
s2 = s1/. SaSb2Sab
```

$$\sum_{i=5}^{\infty}(-x^i a_{-1+i} + (1+i)(2+i)x^i a_{2+i})$$

为方便起见，将a_i用$A(i)$表示，可得以下递推方程：

```
eqA = s2[[1]] == 0/. a_i_ :> A[i]//FullSimplify[#, x^i ≠ 0]&
```

$$A[-1+i] == (1+i)(2+i)A[2+i] \tag{4.2.6}$$

利用**RSolve**求得递推公式，由于结果复杂冗长，仅显示了部分内容：

```
ans = RSolveValue[{eqA, A[0] == a_0, A[1] == a_1, A[2] == 0}, A[i], i]//Simplify
```

$$\frac{3^{-1-\frac{2i}{3}}\left(\left(1+2\mathrm{Cos}\left[\frac{2i\pi}{3}\right]\right)\mathrm{Gamma}\left[\frac{2}{3}\right]a_0 + 3^{1/6}\mathrm{Gamma}\left[\frac{4}{3}\right]\left(\sqrt{3}-\cdots+3\mathrm{Sin}\left[\frac{2i\pi}{3}\right]\right)a_1\right)}{\mathrm{Gamma}\left[1+\frac{i}{3}\right]\mathrm{Gamma}\left[\frac{2+i}{3}\right]}$$

将上述结果用纯函数表示为

```
Ai = (A[i] == ans)//ToRules//toPure;
```

分开处理如下：

```
A[3i]/. Ai//Simplify[#, i ∈ Z≥0]&
```

$$\frac{9^{-i}\mathrm{Gamma}\left[\frac{4}{3}\right]a_1}{\mathrm{Gamma}[1+i]\mathrm{Gamma}\left[\frac{4}{3}+i\right]} \tag{4.2.7}$$

```
A[3i + 1]/. Ai//Simplify[#, i ∈ Z≥0]&
```

$$\frac{9^{-i}\mathrm{Gamma}\left[\frac{4}{3}\right]a_1}{\mathrm{Gamma}[1+i]\mathrm{Gamma}\left[\frac{4}{3}+i\right]} \tag{4.2.8}$$

```
A[3i + 2]/. Ai//Simplify[#, i ∈ Z≥0]&
```

$$0$$

最后，可以得到级数表达式：

```
ans = sum[A[3i]x^(3i), {i, 0, ∞}] + sum[A[3i + 1]x^(3i+1), {i, 0, ∞}]/. Ai//Simplify
res = FullSimplify[ans/. Sca2cSa[i]]/. c_?NumericQ  a_i_ :> a_i
```

$$a_0\sum_{i=0}^{\infty}\frac{9^{-i}x^{3i}}{i!\,\mathrm{Gamma}\left[\frac{2}{3}+i\right]} + a_1\sum_{i=0}^{\infty}\frac{9^{-i}x^{1+3i}}{i!\,\mathrm{Gamma}\left[\frac{4}{3}+i\right]} \tag{4.2.9}$$

适当选择常数a_0和a_1即可得到常用的艾里(Airy)函数：当$x\to+\infty$时，**AiryAi[x]**应指数减小，而当$x\to-\infty$时，**AiryBi[x]**应该振荡并与**AiryAi[x]**的相位差为90°。这样**AiryAi[x]**取$a_0=3^{-2/3}, a_1=-3^{-4/3}$，而**AiryBi[x]**取$a_0=3^{-1/6}, a_1=3^{-5/6}$。验证如下：

```
res/. {a_0 → 3^(-2/3), a_1 → -3^(-4/3)}//Activate//FullSimplify
```

$$\text{AiryAi}[x]$$

res/.{$a_0 \to 3^{-1/6}, a_1 \to 3^{-5/6}$}//Activate//FullSimplify

$$\text{AiryBi}[x]$$

4.3 正则奇点附近的级数解

定理 4.1 当x_0为正则奇点时，至少有一个解具有如下形式：

$$y(x) = (x - x_0)^\alpha \sum_{i=0}^{\infty} a_i (x - x_0)^i \tag{4.3.1}$$

称上述级数为 Frobenius 型级数，其中α为特征指数。若α不为整数，则该解在x_0处有代数支点；若α为负整数，则该解在x_0处有极点；若α为非负整数，则该解在x_0处解析。另外，还可能出现对数支点。

例 4.3.1 求以下微分方程在$x = 0$附近 Frobenius 型级数形式的解：

$$y''(x) + \frac{y(x)}{4x^2} = 0 \tag{4.3.2}$$

将以上方程记为

```
eq = y"[x] + y[x]/(4x^2) == 0
```

易知$x = 0$为正则奇点，可以有 Frobenius 型级数形式的解。

直接求解方程(4.3.2)，可得两个线性无关解y_1和y_2：

```
{y1, y2} = Coefficient[DSolveValue[eq, y[x], x], {C[1], C[2]}]/. a_?NumberQb_ → b
```

$$\{\sqrt{x}, \sqrt{x}\text{Log}[x]\} \tag{4.3.3}$$

第 2 个解具有$y_2 = y_1 \ln(x)$的形式是因为方程(4.3.2)的特征方程有重根，即

```
Solve[eq/. y → (#^α&), α]
```

$$\left\{\left\{\alpha \to \frac{1}{2}\right\}, \left\{\alpha \to \frac{1}{2}\right\}\right\}$$

在这种情况下，求 Taylor 级数的解是无效的，只能求得平凡解$y(x) = 0$。

下面求其 Frobenius 型级数解，定义如下级数展开式：

```
y2s[x0_:0,α_:0,m_: - 1,n_:∞] := y → (Sum[a_i(# - x0)^(i+α), {i, 0, m}]
    +Sum[a_i(# - x0)^(i+α), {i, m + 1, n}]&)
expr = Expand[eq[[1]]/x^α /. y2s[0, α, 0]]/. cSa2Sca[i]
```

$$\frac{a_0}{4x^2} - \frac{\alpha a_0}{x^2} + \frac{\alpha^2 a_0}{x^2} + \sum_{i=1}^{\infty} \frac{1}{4} x^{-2+i} a_i + \sum_{i=1}^{\infty} x^{-2+i}(-1 + i + \alpha)(i + \alpha) a_i$$

设x^{-2}的系数为零，可得特征方程，并得到一对重根：

```
ieq = Coefficient[expr, x, -2] == 0//Simplify[#, a_0 ≠ 0]&
```

$$2\alpha == 1$$

```
alfa = Solve[ieq, α][[1]]
```

$$\left\{\alpha \to \frac{1}{2}\right\}$$

确定递推方程并求解可得

```
Select[tmp, ! FreeQ[#, Sum]&]/. SaSb2Sab
```

$$\sum_{i=1}^{\infty}\left(\frac{1}{4}x^{-2+i}a_i + x^{-2+i}(-1+i+\alpha)(i+\alpha)a_i\right)$$

```
eqr = %[[1]] == 0/. alfa/. a_i_ :→ A[i]
      //Simplify[#, x ≠ 0&&i ≥ 1]&
```

$$A[i] == 0$$

```
{Ai} = RSolve[eqr, A, i]
```

$$\{\{a \to \text{Function}[\{i\}, 0]\}\}$$

即可得解$y_1 = \sqrt{x}$。

```
y[x]/. y2s[0, α, 5]/. alfa/. a_i_/; i = ! = 0 :→ A[i]/. Ai
```

$$\sqrt{x}a_0 \tag{4.3.4}$$

注意到另一个线性独立的解，并不是 Frobenius 型级数解的形式：

```
D[x^α, α]/. alfa
```

$$\sqrt{x}\text{Log}[x] \tag{4.3.5}$$

容易验证，该解(4.3.5)满足方程。

```
eq/. y → (√#Log[#]&)
```

$$\text{True}$$

计算 Wronsky 行列式，可知解(4.3.4)和解(4.3.5)是线性无关的。

```
Wronskian[{√x, √xLog[x]}, x]
```

$$1$$

下面研究一个更复杂的例子。

例 4.3.2　求以下 Euler 方程的解：

$$x^2y''(x) + p_0xy'(x) + q_0y(x) = 0 \tag{4.3.6}$$

将以上方程记为

```
eq = x^2y"[x] + p_0xy'[x] + q_0y[x] == 0
```

例 4.3.1 可视为本例的特例：$p_0 = 0$，$q_0 = 1/4$。

方程(4.3.6)的特征方程为

```
ieq = eq1/. y → (#^α&)//Simplify[#, x ≠ 0]&
```

$$\alpha^2 + \alpha p_0 + q_0 == \alpha \tag{4.3.7}$$

从方程(4.3.7)解出两个特征值α_1和α_2：

```
{α1, α2} = Solve[ieq, α]//FullSimplify
```

$$\left\{\left\{\alpha \to \frac{1}{2}\left(1-p_0-\sqrt{(-1+p_0)^2-4q_0}\right)\right\}, \left\{\alpha \to \frac{1}{2}\left(1-p_0+\sqrt{(-1+p_0)^2-4q_0}\right)\right\}\right\}$$

直接求解方程(4.3.6)，可得

```
ans = Map[Collect[#, √_, FullSimplify]&, Simplify[DSolve[eq, y[x], x], q_0 > 0]
  //ExpandAll, {4}][[1]]
```

$$\left\{y[x] \to x^{\frac{1}{2}\left(1-p_0-\sqrt{(-1+p_0)^2-4q_0}\right)}c_1 + x^{\frac{1}{2}\left(1-p_0+\sqrt{(-1+p_0)^2-4q_0}\right)}c_2\right\}$$

(1) 若$\alpha_1 \neq \alpha_2$，则

```
ans/. Reverse/@Flatten[{α1/. α → α1, α2/. α → α2}]
```

$$\{y[x] \to x^{\alpha_1} c_1 + x^{\alpha_2} c_2\} \tag{4.3.8}$$

(2) 若$\alpha_1 = \alpha_2 = \alpha$，则将$p_0$和$q_0$用$\alpha$表示：

```
p0q0Eq = (α/. α1) == (α/. α2)//FullSimplify
```

$$\sqrt{(-1+p_0)^2 - 4q_0} == 0$$

```
alfap0Eq = α == (α/. α1/. ToRules[p0q0Eq])
```

$$\alpha == \frac{1}{2}(1-p_0)$$

```
p0q0 = Solve[{alfap0Eq, p0q0Eq}, {p0, q0}][[1]]
```

$$\{p_0 \to 1-2\alpha, q_0 \to \alpha^2\}$$

这样就可以得到相应的方程及其根：

```
eq3 = eq/. p0q0
```

$$\alpha^2 y[x] + x(1-2\alpha)y'[x] + x^2 y''[x] == 0$$

```
Coefficient[DSolveValue[eq3, y[x], x], {C[1], C[2]}]/. a_b_/; FreeQ[a, x] → b
```

$$\{x^\alpha, x^\alpha \mathrm{Log}[x]\} \tag{4.3.9}$$

易知这是两个线性无关的解。

将x_0（有限点）为正则奇点的齐次线性常微分方程改写为如下形式：

$$L[y(x)] = y''(x) + \frac{p(x)}{x-x_0} y'(x) + \frac{q(x)}{(x-x_0)^2} y(x) = 0 \tag{4.3.10}$$

式中，L为微分算子，$p(x)$和$q(x)$均为x_0的邻域内的解析函数。可以通过平移变换，将x_0移至0点。

先将x_0设为单个符号变量：

```
Needs["Notation`"]
Symbolize[x0]
```

方程(4.3.10)记为

```
eq = y"[x] + p[x] y'[x]/(x - x0) + q[x] y[x]/(x - x0)^2 == 0;
eq/. {y → (Y[X[#]]&), p → (P[X[#]]&), q → (Q[X[#]]&)}/. X[x] → χ/. X → (# - x0&)/. x
    → X + x0
```

$$\frac{Q[\chi]Y[\chi]}{\chi^2} + \frac{P[\chi]Y'[\chi]}{\chi} + Y''[\chi] == 0$$

因此，只需考虑$x_0 = 0$的情况即可。

定义如下算子L：

$$L[y(x)] = y''(x) + \frac{p(x)}{x} y'(x) + \frac{q(x)}{x^2} y(x) = 0 \tag{4.3.11}$$

式中，$p(x)$和$q(x)$都是解析函数，即

$$p(x) = \sum_{i=0}^{\infty} p_i\, x^i, q(x) = \sum_{i=0}^{\infty} q_i\, x^i \tag{4.3.12}$$

假定方程(4.3.11)具有 Frobenius 型级数解，即

$$y(x) = x^\alpha \sum_{i=0}^{\infty} a_i\, x^i,\quad a_0 \neq 0 \tag{4.3.13}$$

下面部分内容可利用 MMA 进行推导。将方程(4.3.11)用算子L表示

```
L = (D[#, {x, 2}] + p[x] D[#, x]/x + q[x] #/x^2 &)
eq = L[y[x]] == 0;
```

根据式(4.3.12)定义以下级数展开式:

```
f2s[p_,n_:∞]: = p → (Sum[p_i #^i, {i, 0, n}]&)
```

根据式(4.3.13)定义以下级数展开式:

```
y2s[α_:0,n_:∞]: = y → (Sum[a_i #^(i+α), {i, 0, n}]&)
```

将$y(x)$和$p(x), q(x)$分别展开成级数，取前四项代入方程(4.3.11)可得

```
lhs = doEq[eq, -1]/. {f2s[p, 3], f2s[q, 3]}/. y2s[α, 3]
    //Expand;
```

提取奇性最强的项($x^{\alpha-2}$)的系数，并令其为 0，可得特征指数方程:

```
ieq = Simplify[Coefficient[lhs, x, α - 2] == 0]/. a_0 → 1
```

$$(-1+\alpha)\alpha + \alpha p_0 + q_0 == 0 \tag{4.3.14}$$

式中，α为特征指数(indicial exponent)。

定义特征多项式为

```
P[α_] = doEq[ieq, -1]
```

$$(-1+\alpha)\alpha + \alpha p_0 + q_0 \tag{4.3.15}$$

对于特征指数α，有

$$P[\alpha] = 0 \tag{4.3.16}$$

该方程的两个根用α_1和α_2表示。

将展开式中出现的特征多项式缩并为一个符号，定义如下函数:

```
P2one[n_]: = Expand[P[α + n]] → Inactive[P][α + n]
```

取$x^{\alpha-1}$的系数并令其为 0，可得

```
Collect[Coefficient[lhs, x, α - 1], {a_0, a_1}] == 0/. P2one[1]
```

$$a_0(\alpha p_1 + q_1) + a_1 P[1+\alpha] == 0 \tag{4.3.17}$$

取常数项的系数并令其为 0，可得

```
Collect[Coefficient[lhs/x^α, x, 0], {a_0, a_1, a_2}, Collect[#, {p_1},
   Factor]&] == 0/. P2one[2]
```

$$a_1\big((1+\alpha)p_1 + q_1\big) + a_0(\alpha p_1 + q_2) + a_2 P[2+\alpha] == 0 \tag{4.3.18}$$

取$x^{\alpha+1}$的系数并令其为 0，可得

```
Collect[Coefficient[lhs, x, α + 1], {a_0, a_1, a_2, a_3}, Collect[#, {p_1, p_2},
   Factor]&] == 0/. P2one[3]
```

$$a_2\big((2+\alpha)p_1 + q_1\big) + a_1\big((1+\alpha)p_2 + q_2\big) + a_0(\alpha p_3 + q_3) + a_3 P[3+\alpha] == 0 \tag{4.3.19}$$

从式(4.3.17)至式(4.3.19)可以归纳出方程展开式的规律为

$$a_0 x^{\alpha-2} P[\alpha] + \sum_{i=1}^{\infty} x^{i+\alpha-2}\left(P[\alpha+i]a_i + \sum_{j=0}^{i-1}\big((\alpha+j)p_{i-j} + q_{i-j}\big)\, a_j\right) = 0 \tag{4.3.20}$$

令式(4.3.20)求和号中$x^{\alpha+i-2}$的系数为 0，可得递推关系式:

$$P[\alpha+i]a_i=-\sum_{j=0}^{i-1}\big((\alpha+j)p_{i-j}+q_{i-j}\big)a_j \tag{4.3.21}$$

可知，a_i为α的函数，$i=1,2,\cdots$。

下面分成三种情况来讨论。

(1) 特征方程的两根相差不是整数

此时$\alpha_1\neq\alpha_2$，且$\alpha_1-\alpha_2\notin\mathbb{Z}$，可知

$$P[\alpha_m+i]\neq 0,\quad m=1,2;i=1,2,\cdots \tag{4.3.22}$$

可以完全确定两个 Frobenius 型级数的系数，从而得到两个线性独立的级数解。

$$y_1(x,\alpha_1)=x^{\alpha_1}\sum_{i=0}^{\infty}a_i\,(\alpha_1)x^i,\quad y_2(x,\alpha_2)=x^{\alpha_2}\sum_{i=0}^{\infty}a_i\,(\alpha_2)x^i \tag{4.3.23}$$

(2) 特征方程有等根

此时$\alpha_1=\alpha_2$，由于

$$P[\alpha+i]\neq 0 \tag{4.3.24}$$

这样可以确定一个 Frobenius 型级数的系数，可得一个解，用$y_1(x,\alpha)$表示

$$y_1(x,\alpha)=x^{\alpha}\sum_{i=0}^{\infty}a_i\,(\alpha)x^i \tag{4.3.25}$$

式中，$a_i(\alpha)$满足递推关系式。当$\alpha=\alpha_1$时，$L\big(y_1(x,\alpha_1)\big)=0$。

当$\alpha\neq\alpha_1$时，$y(x,\alpha)$满足递推关系式(4.3.20)，其中$P(\alpha+i)\neq 0$，但$P(\alpha)\neq 0$，因此

$$L[y_1(x,\alpha)]=a_0x^{\alpha-2}P(\alpha) \tag{4.3.26}$$

上式的右端不等于 0。注意到有等根时，特征方程可以写成

$$P(\alpha)=(\alpha-\alpha_1)^2 \tag{4.3.27}$$

在式(4.3.26)两端对α求导，并令$\alpha=\alpha_1$，可得

$$L\left[\left.\frac{\partial y_1(x,\alpha)}{\partial\alpha}\right|_{\alpha=\alpha_1}\right]=a_0((\alpha-\alpha_1)^2\ln(x)+2(\alpha-\alpha_1))x^{\alpha-2}\overset{\alpha=\alpha_1}{\Longrightarrow}0$$

这表明，$\left.\frac{\partial y(x,\alpha)}{\partial\alpha}\right|_{\alpha=\alpha_1}$也是方程(4.3.26)的一个新解。

在式(4.3.25)两端对α求导，并令$\alpha=\alpha_1$，可得

$$y_2(x,\alpha_1)=\left.\frac{\partial y_1(x,\alpha)}{\partial\alpha}\right|_{\alpha=\alpha_1}=y_1(x,\alpha_1)\ln(x)+\sum_{i=0}^{\infty}b_i\,x^i \tag{4.3.28}$$

式中，

$$b_i=\left.\frac{\partial a_i(\alpha)}{\partial\alpha}\right|_{\alpha=\alpha_1} \tag{4.3.29}$$

这样就得到了两个线性无关解的级数展开式。

(3) 特征方程的两根相差为整数

不妨设$\alpha_1>\alpha_2$，$\alpha_1-\alpha_2=n\in\mathbb{Z}$。则有

$$P(\alpha)=(\alpha-\alpha_1)(\alpha-\alpha_2) \tag{4.3.30}$$

由于

$$P(\alpha_1+i)\neq 0$$

这样，就有一个 Frobenius 型级数解：

$$y_1(x,\alpha) = x^{\alpha_1}\sum_{i=0}^{\infty} a_i(\alpha)x^i \tag{4.3.31}$$

另一方面，由于

$$P(\alpha_2+n)=0 \tag{4.3.32}$$

根据式(4.3.21)，只有当

$$\sum_{j=0}^{n-1}\left((\alpha+j)p_{i-j}+q_{i-j}\right)a_j=0 \tag{4.3.33}$$

才能满足递推关系，但是式(4.3.33)一般并不能成立。仿照等根时的做法：

$$L\left[\left.\frac{\partial y(x,\alpha)}{\partial\alpha}\right|_{\alpha=\alpha_1}\right]=a_0x^{\alpha_1-2}P'(\alpha_1)=a_0x^{\alpha_2+n-2}P'(\alpha_1) \tag{4.3.34}$$

上式右端一般不等于 0。此时可以求满足上述方程的特解，假设它具有 Frobenius 型级数的形式：

$$\sum_{i=0}^{\infty} c_i(\alpha)x^{i+\alpha_2} \tag{4.3.35}$$

将其代入式(4.3.34)，让x^{α_1+i-2}的系数为 0，可得

$$x^{\alpha_2-2}\colon P(\alpha_2)c_0=0 \tag{4.3.36}$$

$$x^{\alpha_2+i-2}\colon P(\alpha_2+i)c_i+\sum_{j=0}^{i-1}\left((\alpha_2+j)p_{i-j}+q_{i-j}\right)c_j=0 \tag{4.3.37}$$

$$x^{\alpha_2+n-2}\colon P(\alpha_2+n)c_n+\sum_{j=0}^{n-1}\left((\alpha_2+j)p_{n-j}+q_{n-j}\right)c_j=a_0P'(\alpha_1) \tag{4.3.38}$$

由于$P(\alpha_2+n)=0$，而a_0就完全确定了：

$$a_0=\frac{1}{P'(\alpha_1)}\sum_{j=0}^{n-1}\left((\alpha_2+j)p_{n-j}+q_{n-j}\right)c_j\neq 0 \tag{4.3.39}$$

将满足非齐次方程的两个解，即式(4.3.35)和式(4.3.34)相减，就得到满足齐次方程(4.3.11)的第 2 个解

$$y(x,\alpha)=\sum_{i=0}^{\infty} c_i(\alpha)x^{i+\alpha_2}-\left.\frac{\partial y(x,\alpha)}{\partial\alpha}\right|_{\alpha=\alpha_1} \tag{4.3.40}$$

式中，系数c_i满足递推关系，即式(4.3.37)，c_0和c_n为任意常数。

例 4.3.3　ν阶修正 Bessel 方程

$$y''(x)+\frac{1}{x}y'(x)-\left(1+\frac{\nu^2}{x^2}\right)y(x)=0 \tag{4.3.41}$$

将方程(4.3.41)记为

```
eq = y''[x] + y'[x]/x − (1 + ν^2/x^2)y[x] == 0
```

易知 0 为正则奇点。

```
singularPointType[eq, y, x, 0]
```

{{0,regular}}

定义$y(x)$的级数展开式如下：

```
y2s[x0_:0,α_:0,m_: − 1,n_:∞] := y → (Sum[a_i(# − x0)^(i+α), {i, 0, m}] +
        Sum[a_i(# − x0)^(i+α), {i, m + 1, n}]&)
```

将其代入方程(4.3.41)，为便于处理，消去了公因子x^{α}：

lhs = Expand[eq[[1]]/x^{α} /. y2s[0, α, 1]]/. cSa2Sca[i]

$$-a_0+\frac{\alpha^2 a_0}{x^2}-\frac{\nu^2 a_0}{x^2}+\frac{a_1}{x}-xa_1+\frac{2\alpha a_1}{x}+\frac{\alpha^2 a_1}{x}-\frac{\nu^2 a_1}{x}+\sum_{i=2}^{\infty}-x^i a_i+\sum_{i=2}^{\infty}x^{-2+i}(i+\alpha)a_i$$
$$+\sum_{i=2}^{\infty}x^{-2+i}(-1+i+\alpha)(i+\alpha)a_i+\sum_{i=2}^{\infty}-x^{-2+i}\nu^2 a_i \tag{4.3.42}$$

根据奇性最强(x^{-2})的项，确定特征方程：

ieq = Coefficient[lhs, x, −2] == 0//Simplify[#, $a_0 \neq 0$]&

$$\alpha^2==\nu^2 \tag{4.3.43}$$

相应的特征多项式为

P[α_] = doEq[ieq, −1]

$$\alpha^2-\nu^2 \tag{4.3.44}$$

两个特征指数为

{α1, α2} = Solve[ieq, α]

$$\{\{\alpha\to-\nu\},\{\alpha\to\nu\}\}$$

取出x^{-1}的系数，可以确定$a_1=0$：

eq1 = Coefficient[lhs, x, −1] == 0//FullSimplify

$$(1+\alpha-\nu)(1+\alpha+\nu)a_1==0$$

a1 = Solve[eq1, a_1][[1]]

$$\{a_1\to 0\}$$

从式(4.3.42)中得到递推方程：

Select[lhs, ! FreeQ[#, Sum]&]/. same[i]//. SaSb2Sab

eqr = (%[[1]] == 0//Collect[#, $a_{2+i}x^i$, Collect[#, ν, Factor]&]&)/. x^i → 1

$$-a_i+((2+i+\alpha)^2-\nu^2)a_{2+i}==0 \tag{4.3.45}$$

求解方程(4.3.45)，可得递推公式：

ai = RSolveValue[{eqr, a[0] == a_0, a[1] == 0}, a[i], i]//FullSimplify

$$\frac{2^{-1-i}(1+(-1)^i)a_0\text{Gamma}\left[\frac{1}{2}(2+\alpha-\nu)\right]\text{Gamma}\left[\frac{1}{2}(2+\alpha+\nu)\right]}{\text{Gamma}\left[\frac{1}{2}(2+i+\alpha-\nu)\right]\text{Gamma}\left[\frac{1}{2}(2+i+\alpha+\nu)\right]} \tag{4.3.46}$$

式中，奇次项的系数为

aod[i_, ν_] = FullSimplify[ai[2i + 1], i ∈ Integers]

$$0$$

而偶次项的系数为

aev[i_, ν_] = FullSimplify[ai[2i], i ∈ Integers]

$$\frac{4^{-i}a_0\text{Gamma}\left[\frac{1}{2}(2+\alpha-\nu)\right]\text{Gamma}\left[\frac{1}{2}(2+\alpha+\nu)\right]}{\text{Gamma}\left[\frac{1}{2}(2+2i+\alpha-\nu)\right]\text{Gamma}\left[\frac{1}{2}(2+2i+\alpha+\nu)\right]}$$

当$\alpha=\nu$时，先求出通项公式再求和得到解：

gt[i_, ν_] = FullSimplify[$x^{2i+\alpha}$aev[i, ν]/. α2, i ∈ Integers]

```
sum[gt[i_, ν_], {i, 0, ∞}]//. Sca2cSa[i]
```

$$a_0\text{Gamma}[1+\nu]\sum_{i=0}^{\infty}\frac{4^{-i}x^{2i+\nu}}{\text{Gamma}[1+i]\text{Gamma}[1+i+\nu]} \tag{4.3.47}$$

同理可得$\alpha=-\nu$时的解：

$$a_0\text{Gamma}[1-\nu]\sum_{i=0}^{\infty}\frac{4^{-i}x^{2i-\nu}}{\text{Gamma}[1+i]\text{Gamma}[1+i-\nu]} \tag{4.3.48}$$

以式(4.3.47)为例判断其收敛性。首先计算比值

```
ratio = gt[i + 1, ν]/gt[i, ν] //FullSimplify
```

$$\frac{x^2}{4(1+i)(1+i+\nu)}$$

```
Limit[ratio, i → ∞]
```

$$0$$

可知，该级数收敛，且收敛半径为∞。

下面分三种情况讨论。

(1) $\nu=0$。易知特征方程有重根，$\alpha=0$。此时只能得到一个 Frobenius 型级数解：

```
y0 = sum[gt[i, 0], {i, 0, ∞}]//. Sca2cSa[i]
```

$$a_0\sum_{i=0}^{\infty}\frac{4^{-i}x^{2i}}{\text{Gamma}[1+i]^2} \tag{4.3.49}$$

已知非零系数为

```
coef0[i_] = aev[i, 0]
```

$$\frac{4^{-i}\text{Gamma}\left[\frac{2+\alpha}{2}\right]^2 a_0}{\text{Gamma}\left[\frac{1}{2}(2+2i+\alpha)\right]^2}$$

根据式(4.3.28)求出另一线性无关解：

```
D[ce[i]x^(α+2i), α]/. α → 0//FullSimplify//Expand
```

$$-\frac{4^{-i}x^{2i}\text{HarmonicNumber}[i]a_0}{\text{Gamma}[1+i]^2}+\frac{4^{-i}x^{2i}\text{Log}[x]a_0}{\text{Gamma}[1+i]^2} \tag{4.3.50}$$

```
y1 = sum[#, {i, 0, ∞}]&/@%//. Sca2cSa[i]/. s_[a_H_[i], {i, 0, ∞}] :→ s[aH[i], {i, 1, ∞}]
```

$$\text{Log}[x]a_0\sum_{i=0}^{\infty}\frac{4^{-i}x^{2i}}{\text{Gamma}[1+i]^2}-a_0\sum_{i=1}^{\infty}\frac{4^{-i}x^{2i}\text{HarmonicNumber}[i]}{\text{Gamma}[1+i]^2} \tag{4.3.51}$$

注意到上式中出现了调和数，其定义是

$$\text{HarmonicNumber}[i]=1+\frac{1}{2}+\frac{1}{3}+\cdots+\frac{1}{i}$$

且$\text{HarmonicNumber}[0]=0$。

(2) ν为半奇整数，以$\nu=1/2$为例。此时$\alpha_1=1/2$，$\alpha_2=-1/2$，$\alpha_1-\alpha_2=1$。

```
{ps, qs} = Coefficient[eq[[1]], {y'[x], y[x]}]{x, x^2}//Expand
```

$$\{1,-x^2-\nu^2\}$$

```
psol = Solve[ps == Sum[p_i x^i, {i, 0, 5}] + O[x]^6, {p_0, p_1, p_2, p_3, p_4, p_5}][[1]]
```

$$\{p_0\to 1,p_1\to 0,p_2\to 0,p_3\to 0,p_4\to 0,p_5\to 0\}$$

```
qsol = Solve[qs == Sum[q_i x^i, {i, 0, 5}] + O[x]^6, {q0, q1, q2, q3, q4, q5}][[1]]
```

$$\{q_0 \to -\nu^2, q_1 \to 0, q_2 \to -1, q_3 \to 0, q_4 \to 0, q_5 \to 0\}$$

除了$p_0 = 1$，$q_0 = -\nu^2$和$q_2 = -1$，其余p_i和q_i均为零。

已知$P(-1/2) = 0$和$P(1/2) = 0$，而递推关系式(4.3.21)右端恰好为 0，正好满足。验证如下：

```
Table[{P[α + i]a[i], −Sum[((α + j)p_{i−j} + q_{i−j})a[j], {j, 0, i − 1}]}/. ν → 1/2 /. α → −1/2,
    {i, 0, 5}]/. psol/. qsol
```

$$\{\{0,0\},\{0,0\},\{2a[2],a[0]\},\{6a[3],a[1]\},\{12a[4],a[2]\},\{20a[5],a[3]\}\}$$

因此可以顺利确定两个线性无关的 Frobenius 型级数解。

```
eq2 = eq/. ν → 1/2
```

$$-\left(1+\frac{1}{4x^2}\right)y[x]+\frac{y'[x]}{x}+y''[x]==0$$

首先将$y(x)$的级数展开式代入方程，确定系数并找出通项表达式。

```
tmp3 = Expand[eq2[[1]]/x^α /. y2s[0, α, 10, 12]]/. α → 1/2;
{asol1} = Solve[Coefficient[tmp3, x, Range[12] − 2] == 0, Array[a_#&, 12, 1]];
gt2[i_] = FSF[Table[a_i x^(i+1/2), {i, 0, 12, 2}]/. asol1, i]/. i → i + 1//FullSimplify//PoEx
```

$$\frac{x^{\frac{1}{2}+2i}a_0}{\text{Gamma}[2+2i]}$$

第 1 个解为

```
y2 = Sum[gt2[i], {i, 0, ∞}]
```

$$\frac{\text{Sinh}[x]a_0}{\sqrt{x}} \tag{4.3.52}$$

```
tmp4 = Expand[eq2[[1]]/x^α /. y2s[0, α, 10, 12]]/. α → −1/2;
{asol2} = Solve[Coefficient[tmp4, x, Range[11] − 1] == 0, Array[a[#]&, 11, 2]];
gt3[i_] = FindSequenceFunction[Table[a_i x^(i − 1/2), {i, 0, 12, 2}]/. asol2, i]/. i
        → i + 1//FullSimplify//PowerExpand;
```

$$\frac{x^{-\frac{1}{2}+2i}a_0}{\text{Gamma}[1+2i]}$$

第 2 个解为

```
y3 = Sum[gt3[i], {i, 0, ∞}]//ExpToTrig//Simplify
```

$$\frac{\text{Cosh}[x]a_0}{\sqrt{x}} \tag{4.3.53}$$

可用**BesselI[1/2, x]**和**BesselI[−1/2, x]**验证上述结果。

(3) $\nu = 1$，此时$\alpha_1 = 1$，$\alpha_2 = -1$，$\alpha_1 - \alpha_2 = 2$。

由递推关系式(4.3.21)可知

```
Table[{P[α + i]a[i], −Sum[((α + j)p_{i−j} + q_{i−j})a[j], {j, 0, i − 1}]}/. ν → 1/. α
        → −1, {i, 0, 5}]/. psol/. qsol
```

$$\{\{0,0\},\{-a[1],0\},\{0,a[0]\},\{3a[3],a[1]\},\{8a[4],a[2]\},\{15a[5],a[3]\}\}$$

上式中的第 3 项表明：当$P(1) = 0$时，右端$a(0)$不为零。

已知这种情况下有一个 Frobenius 型级数解：

```
gt4[i_] = gt[i, 1]
```

$$\frac{4^{-i}x^{1+2i}a_0}{\text{Gamma}[1+i]\text{Gamma}[2+i]}$$

下面再求另外一个线性无关解。先求满足非齐次方程(4.3.34)的特解。

```
eq1 = eq/. ν → 1
```

$$-\left(1+\frac{1}{x^2}\right)y[x]+\frac{y'[x]}{x}+y''[x]==0 \tag{4.3.54}$$

```
{α2, α1} = Solve[P[α, 1] == 0, α]
```

$$\{\{\alpha\to-1\},\{\alpha\to1\}\}$$

根据式(4.3.34)，对应的非齐次方程的右端项为

```
rhs = a0 D[P[α, 1], α]x^(α − 2)/. α1
```

$$\frac{2a_0}{x}$$

则该非齐次方程为

```
eq2 = eq1[[1]] == rhs
```

$$-\left(1+\frac{1}{x^2}\right)y[x]+\frac{y'[x]}{x}+y''[x]==\frac{2a_0}{x} \tag{4.3.55}$$

定义以下替换：

```
y2c[x0_:0,α_:0,m_: − 1,n_:∞]: = y
    → (Sum[c[i](# − x0)^(i+α), {i, 0, m}] + Sum[c[i](# − x0)^(i+α), {i, m + 1, n}]&)
```

这样非齐次方程(4.3.55)的左端项展开为

```
(lhs = eq2[[1]]/. y2c[0, −1, 1, 16]/. a → c//Expand)//Short
```

$$-\frac{c[0]}{x}-c[1]-\frac{c[1]}{x^2}-xc[2]+\ll 37 \gg -x^{14}c[15]+224x^{13}c[16]-x^{15}c[16]$$

可得联立方程组，求解可得

```
eqs = LogicalExpand[lhs − rhs + O[x]^12 == 0]/. {c[0] → c0, c[2] → c2};
sol = Solve[eqs, Append[Array[c[#]&, 14], a0]][[1]]//Quiet
```

$$\left\{c[1]\to0,c[3]\to0,c[4]\to\frac{c_2}{8},c[5]\to0,c[6]\to\frac{c_2}{192},c[7]\to0,c[8]\to\frac{c_2}{9216},c[9]\to0,c[10]\to\frac{c_2}{737280},c[11]\to0,c[12]\to\frac{c_2}{88473600},c[13]\to0,c[14]\to\frac{c_2}{14863564800},a_0\to-\frac{c_0}{2}\right\}$$

```
tmp = y[x]/. y2c[0, −1, 1, 14]/. sol/. {c[0] → c0, c[2] → c2}
```

$$\frac{c_0}{x}+xc_2+\frac{x^3c_2}{8}+\frac{x^5c_2}{192}+\frac{x^7c_2}{9216}+\frac{x^9c_2}{737280}+\frac{x^{11}c_2}{88473600}+\frac{x^{13}c_2}{14863564800}$$

```
some = Select[tmp, Exponent[#, x] ≥ 0&];
ci = (FSF[List@@(some), i]//FullSimplify//PowerExpand)/. i → i + 1//ExpandAll
```

$$\frac{4^{-i}x^{1+2i}c_2}{\text{Gamma}[1+i]\text{Gamma}[2+i]}$$

这样便可得到满足方程(4.3.55)的一个特解：

ps = (c0/x + sum[ci, {i, 0, ∞}]/. {c0 → 1, c2 → EulerGamma/2 − Log[2]/2 − 1/4}
//ExpandAll)//. Sab2SaSb/. Sca2cSa[i]

$$\frac{1}{x}-\sum_{i=0}^{\infty}\frac{4^{-1-i}x^{1+2i}}{\text{Gamma}[1+i]\text{Gamma}[2+i]}+\sum_{i=0}^{\infty}\frac{2^{-1-2i}\text{EulerGamma}x^{1+2i}}{\text{Gamma}[1+i]\text{Gamma}[2+i]}-\sum_{i=0}^{\infty}\frac{2^{-1-2i}x^{1+2i}\text{Log}[2]}{\text{Gamma}[1+i]\text{Gamma}[2+i]} \tag{4.3.56}$$

下面再求另一个满足非齐次方程(4.3.55)的解。直接对偶数次项的通项公式求导以后再求和，可得

D[aev ∗ x^(α+2i)/. ν → 1, α]/. α → 1/. sol/. c0 → 1//FullSimplify//Expand

$$-\frac{2^{-2-2i}x^{1+2i}}{\text{Gamma}[1+i]\text{Gamma}[2+i]}+\frac{2^{-2-2i}x^{1+2i}\text{HarmonicNumber}[i]}{\text{Gamma}[1+i]\text{Gamma}[2+i]}+\frac{2^{-2-2i}x^{1+2i}\text{HarmonicNumber}[1+i]}{\text{Gamma}[1+i]\text{Gamma}[2+i]}-\frac{2^{-1-2i}x^{1+2i}\text{Log}[x]}{\text{Gamma}[1+i]\text{Gamma}[2+i]}$$

Y4 = sum[#, {i, 1, ∞}]&/@%//. Sca2cSa[i]//ExpandAll
Y4 = Y4/. Log[x]s_[a_, {i, 1, ∞}] :→ Log[x]s[a, {i, 0, ∞}]

$$-\sum_{i=1}^{\infty}\frac{2^{-2-2i}x^{1+2i}}{\text{Gamma}[1+i]\text{Gamma}[2+i]}-\text{Log}[x]\sum_{i=0}^{\infty}\frac{2^{-1-2i}x^{1+2i}}{\text{Gamma}[1+i]\text{Gamma}[2+i]}+\sum_{i=1}^{\infty}\frac{2^{-2-2i}x^{1+2i}\text{HarmonicNumber}[i]}{\text{Gamma}[1+i]\text{Gamma}[2+i]}+\sum_{i=1}^{\infty}\frac{2^{-2-2i}x^{1+2i}\text{HarmonicNumber}[1+i]}{\text{Gamma}[1+i]\text{Gamma}[2+i]} \tag{4.3.57}$$

将特解(4.3.56)减去解(4.3.57)就是满足齐次方程(4.3.54)的另一个解：

(y4 = ps − Y4//. Sca2cSa[i])//TraditionalForm

$$-\sum_{i=1}^{\infty}\frac{2^{-2i-2}x^{2i+1}H_i}{\Gamma(i+1)\,\Gamma(i+2)}-\sum_{i=1}^{\infty}\frac{2^{-2i-2}x^{2i+1}H_{i+1}}{\Gamma(i+1)\,\Gamma(i+2)}+\sum_{i=1}^{\infty}\frac{2^{-2i-2}x^{2i+1}}{\Gamma(i+1)\,\Gamma(i+2)}+\gamma\sum_{i=0}^{\infty}\frac{2^{-2i-1}x^{2i+1}}{\Gamma(i+1)\,\Gamma(i+2)}-\sum_{i=0}^{\infty}\frac{4^{-i-1}x^{2i+1}}{\Gamma(i+1)\,\Gamma(i+2)}+\log(x)\sum_{i=0}^{\infty}\frac{2^{-2i-1}x^{2i+1}}{\Gamma(i+1)\,\Gamma(i+2)}-\log(2)\sum_{i=0}^{\infty}\frac{2^{-2i-1}x^{2i+1}}{\Gamma(i+1)\,\Gamma(i+2)}+\frac{1}{x} \tag{4.3.58}$$

该解(4.3.58)相当复杂，但可以进一步化简。将其同类项合并，可得

tmp = Collect[y4, $\sum_{i=0}^{\infty}\frac{2^{-1-2i}x^{1+2i}}{\text{Gamma}[1+i]\text{Gamma}[2+i]}$]

将该解分为三个部分，再分别化简：

y4a = Select[tmp, ! FreeQ[#, EulerGamma]&]//Simplify

$$\left(\text{EulerGamma}+\text{Log}\left[\frac{x}{2}\right]\right)\sum_{i=0}^{\infty}\frac{2^{-1-2i}x^{1+2i}}{\text{Gamma}[1+i]\text{Gamma}[2+i]}$$

y4b = Select[tmp, FreeQ[#, EulerGamma|HarmonicNumber]&]//Activate//Simplify

$$\frac{1}{x}-\frac{x}{4}$$

```
y4c = Select[-tmp, ! FreeQ[#, HarmonicNumber]&]/. SaSb2Sab//Simplify/
      /FunctionExpand//FullSimplify
```

$$\sum_{i=1}^{\infty}\frac{4^{-1-i}x^{1+2i}(1+2(1+i)\text{HarmonicNumber}[i])}{\text{Gamma}[2+i]^2}$$

最后可得

```
y4a + y4b - y4c//show[#, 0]&//TraditionalForm
```

$$\frac{1}{x}-\frac{x}{4}+\left(\gamma+\log\left(\frac{x}{2}\right)\right)\sum_{i=0}^{\infty}\frac{2^{-1-2i}x^{1+2i}}{\Gamma(1+i)\,\Gamma(2+i)}-\sum_{i=1}^{\infty}\frac{4^{-1-i}x^{1+2i}(1+2(1+i)H_i)}{\Gamma(2+i)^2} \tag{4.3.59}$$

可见，第 2 个解(4.3.58)得到了明显的简化。

4.4　非正则奇点附近的渐近解

在非正则奇点处，至少有一个解不能用 Frobenius 型级数来表示。对于二阶以上的方程，则可能有一个形式上的 Frobenius 型级数解。下面给出二阶方程具有形式上 Frobenius 型级数解的必要条件。

定理 4.2　对于∞为非正则奇点的二阶常微分方程

$$L[y(x)]=y''(x)+p(x)y'(x)+q(x)y(x)=0 \tag{4.4.1}$$

式中，

$$p(x)=x^{n_1}\left(p_0+\frac{p_1}{x}+\cdots\right),\quad p_0\neq 0 \tag{4.4.2}$$

$$q(x)=x^{n_2}\left(q_0+\frac{q_1}{x}+\cdots\right),\quad q_0\neq 0 \tag{4.4.3}$$

该方程具有 Frobenius 型级数解的必要条件是

$$n_1\geq n_2+1 \tag{4.4.4}$$

证明：将方程(4.4.1)记为

```
eq = y''[x] + p[x]y'[x] + q[x]y[x] == 0;
```

定义方程中各函数的 Frobenius 型级数展开式：

```
f2s[p_, n_,m_:0]: = p → (#^n Sum[p_i #^-i, {i, 0, m}]&)
```

注意到，如果$p_0=0$而$p_1\neq 0$，有

```
p[x]/. f2s[p, n_1, 4]/. p_0 → 0
```

$$x^{n_1}\left(\frac{p_1}{x}+\frac{p_2}{x^2}+\frac{p_3}{x^3}+\frac{p_4}{x^4}\right)$$

```
doPoly[Expand[%], x^(-1+n_1)]
```

$$x^{-1+n_1}\left(p_1+\frac{p_2}{x}+\frac{p_3}{x^2}+\frac{p_4}{x^3}\right)$$

```
%/. x^n1_(p0_ + a_)/; FreeQ[p0, x] :→ {n1, p0}
```

$$\{-1+n_1,p_1\}$$

只要令$-1+n_1$和p_1为新的n_1和p_0即可。因此总可以保证p_0和q_0不等于 0，除非出现$p(x)\equiv 0$或$q(x)\equiv 0$，但它们不能同时为 0，否则∞不可能是非正则奇点。

将方程中各函数用级数形式代入，实际上只要考虑首项（奇性最强的项）是否满足条件：

lhs = eq[[1]]/.{f2s[p, n1], f2s[q, n2], f2s[y, α]}//Simplify

$$x^{-2+\alpha}((-1+\alpha)\alpha+x^{1+n_1}\alpha p_0+x^{2+n_2}q_0)y_0$$

expr = lhs/.x^(-2+α) → 1//Expand

$$-\alpha y_0+\alpha^2y_0+x^{1+n_1}\alpha p_0y_0+x^{2+n_2}q_0y_0$$

只要不是$p(x)\equiv 0$和$q(x)\equiv 0$，总能找到$y_0\neq 0$。

由于∞为非正则奇点，必有$n_1>-1$或$n_2>-2$。下面讨论n_1和n_2需要满足的关系。

(1) $n_1<n_2+1$

expr1 = expr/.n1 → n2 + 1 − δ

$$-\alpha y_0+\alpha^2y_0+x^{2-\delta+n_2}\alpha p_0y_0+x^{2+n_2}q_0y_0$$

式中，$\delta>0$。取x的最高幂次项，并令其系数为 0：

ep = Simplify[Exponent[expr1, x], n2 > −2&&δ > 0]

$$2+n_2$$

Coefficient[Expand[expr1/x^ep], x, 0] == 0

$$q_0y_0==0$$

Solve[%, y0]

$$\{\{y_0\to 0\}\}$$

这与$y_0\neq 0$的假设矛盾。

(2) $n_1=n_2+1$

expr2 = expr/.n1 → n2 + 1;
ep = Simplify[Exponent[expr2, x], n2 > −2];
Coefficient[expr2, x^ep] == 0//Simplify

$$(\alpha p_0+q_0)y_0==0$$

Solve[%, α][[1]]

$$\left\{\alpha\to -\frac{q_0}{p_0}\right\}$$

这种情况下可得到 Frobenius 型级数解。

(3) $n_1>n_2+1$

expr3 = expr/.n1 → n2 + 1 + δ;
ep = Simplify[Exponent[expr3, x], n2 > −2&&δ > 0];
Coefficient[expr3, x^ep] == 0

$$\alpha p_0y_0==0$$

Solve[%, α]

$$\{\{\alpha\to 0\}\}$$

这种情况下可得到 Taylor 级数解（Frobenius 型级数的特例）。

(4) $p\equiv 0,q\neq 0$

```
expr4 = expr/.p_ → 0
```

$$-\alpha y_0 + \alpha^2 y_0 + x^{2+n_2} q_0 y_0$$

```
ep = Simplify[Exponent[expr4, x], n2 > -2];
Coefficient[expr4, x^ep] == 0
```

$$q_0 y_0 == 0$$

```
Solve[%, y0]
```

$$\{\{y_0 \to 0\}\}$$

与假设矛盾。

(5) $p \neq 0, q \equiv 0$

```
expr5 = expr/.q_ → 0
```

$$-\alpha y_0 + \alpha^2 y_0 + x^{1+n_1} \alpha p_0 y_0$$

```
ep = Simplify[Exponent[expr5, x], n1 > -1];
Coefficient[expr5, x^ep] == 0
```

$$\alpha p_0 y_0 == 0$$

```
Solve[%, α]
```

$$\{\{\alpha \to 0\}\}$$

这种情况下可得到 Taylor 级数解。

定理 4.3　对于 0 为非正则奇点的二阶常微分方程

$$L[y(x)] = y''(x) + p(x)y'(x) + q(x)y(x) = 0 \tag{4.4.5}$$

式中，

$$p(x) = x^{n_1}(p_0 + p_1 x + \cdots), \quad p_0 \neq 0 \tag{4.4.6}$$

$$q(x) = x^{n_2}(q_0 + q_1 x + \cdots), \quad q_0 \neq 0 \tag{4.4.7}$$

该方程具有 Frobenius 型级数解的必要条件是

$$n_1 \leq n_2 + 1 \tag{4.4.8}$$

证明： 将方程(4.4.5)记为

```
eq = y"[x] + p[x]y'[x] + q[x]y[x] == 0;
f2s[p_, n_,m_:0]: = p → (#^n Sum[p_i #^i, {i, 0, m}]&)
lhs = eq[[1]]/.{f2s[p, n1, 0], f2s[q, n2, 0], f2s[y, α, 0]}//Simplify;
expr = lhs/.x^(-2+α) → 1//Expand
```

$$-\alpha y_0 + \alpha^2 y_0 + x^{1+n_1} \alpha p_0 y_0 + x^{2+n_2} q_0 y_0$$

(1) $n_2 > n_1 - 1$

```
expr1 = expr/.n2 → n1 - 1 + δ;
ep = Simplify[Exponent[expr1, x, Min], n1 < -1&&δ > 0];
Solve[Coefficient[Expand[expr1/x^ep], x, 0] == 0, α]
```

$$\{\{\alpha \to 0\}\}$$

这种情况下可得到 Taylor 级数解。

(2) $n_2 = n_1 - 1$

```
expr2 = expr/.n2 → n1 - 1//Collect[#, x^(1+n1), Factor]&;
ep = Simplify[Exponent[expr2, x, Min], n1 < -1];
```

```
Solve[Coefficient[Expand[expr2/x^ep], x, 0] == 0, α][[1]]
```

$$\left\{\alpha \to -\frac{q_0}{p_0}\right\}$$

这种情况下可得到 Frobenius 型级数解。

(3) $n_2 < n_1 - 1$

```
expr3 = expr/. n2 → n1 - 1 - δ;
ep = Simplify[Exponent[expr3, x, Min], n1 < -1&&δ > 0];
Solve[Coefficient[Expand[expr3/x^ep ], x, 0] == 0, y0]
```

$$\{\{y_0 \to 0\}\}$$

与假设矛盾。

(4) $p = 0, q \neq 0$

```
expr4 = expr/. p_ → 0;
ep = Simplify[Exponent[expr4, x, Min], n2 < -2];
Solve[Coefficient[Expand[expr4/x^ep], x, 0] == 0]
```

$$\{\{q_0 \to 0\}, \{y_0 \to 0\}\}$$

与假设矛盾。

(5) $p \neq 0, q = 0$

```
expr5 = expr/. q_ → 0;
ep = Simplify[Exponent[expr5, x, Min], n1 < -1];
Solve[Coefficient[Expand[expr5/x^ep], x, 0] == 0]
```

$$\{\{\alpha \to 0\}, \{p_0 \to 0\}, \{y_0 \to 0\}\}$$

式中，$\{\alpha \to 0\}$满足要求，这种情况下可得到 Taylor 级数解。

将上面定理 4.2 和定理 4.3 写成两个自定义函数**theorem1**和**theorem2**，可以方便地判断方程是否有 Frobenius 型级数解。

例 4.4.1 判断以下微分方程的奇点类型、是否具有 Frobenius 型级数解：

$$y''(x) + \frac{(1-x)}{x}y'(x) - \frac{y(x)}{x^2} = 0$$

将以上方程记为

```
eq = y"[x] + (1 - x)/x y'[x] - y[x]/x^2 == 0;
```

判断其奇点类型：

```
singularPointType[eq, y, x]
```

$$\{\{0,\text{regular}\}, \{\infty,\text{irregular}\}\}$$

可知，0 为正则奇点，∞为非正则奇点。

根据定理 4.2 可得

```
α = theorem1[eq, y, x]
```

$$0$$

该方程具有 Frobenius 型级数解，特征指数$\alpha = 0$。

例 4.4.2 判断以下微分方程的奇点类型、是否具有 Frobenius 型级数解：

$$y''(x)+\frac{1}{x}y'(x)+y(x)=0$$

将以上方程记为

```
eq = y"[x] + y'[x]/x + y[x] == 0;
singularPointType[eq, y, x]
```

$$\{\{0,\text{regular}\},\{\infty,\text{irregular}\}\}$$

可知，0为正则奇点，∞为非正则奇点。

```
α = theorem1[eq, y, x]
```

$$\text{Indeterminate}$$

由此可知，该方程无 Frobenius 型级数解。

例 4.4.3　判断以下微分方程的奇点类型、是否具有 Frobenius 型级数解：

$$x^3y''(x)-y(x)=0$$

将以上方程记为

```
eq = x^3 y"[x] - y[x] == 0;
singularPointType[eq, y, x]
```

$$\{\{0,\text{irregular}\},\{\infty,\text{regular}\}\}$$

可知，0 为非正则奇点，∞为正则奇点。

根据定理 4.3 可得

```
α = theorem2[eq, y, x]
```

$$\text{Indeterminate}$$

由此可知，该方程无 Frobenius 型级数解。

例 4.4.4　判断以下微分方程的奇点类型、是否具有 Frobenius 型级数解：

$$x^3y''(x)+x(1-2x)y'(x)-2y(x)=0$$

将以上方程记为

```
eq = x^3 y"[x] + x(1 - 2x)y'[x] - 2y[x] == 0;
singularPointType[eq, y, x]
```

$$\{\{0,\text{irregular}\},\{\infty,\text{regular}\}\}$$

可知，0 为非正则奇点，∞为正则奇点。

```
α = theorem2[eq, y, x]
```

$$2$$

该方程具有 Frobenius 型级数解，其特征指数$\alpha=2$。

下面介绍*主项平衡法*(the method of dominant balance)的主要思想。以二阶变系数齐次线性微分方程为例：

$$y''+p(x)y'+q(x)y=0 \tag{4.4.9}$$

将方程(4.4.9)记为

```
eq = y"[x] + p[x]y'[x] + q[x]y[x] == 0
```

根据观察，可知非正则奇点的主要性质由指数函数刻画。作如下指数变换：

$$y=\mathrm{e}^{S(x)} \tag{4.4.10}$$

这样，方程(4.4.9)变为

```
eqS = eq/. y → (Exp[S[#]]&)/. S[x] → s//Simplify[#, Exp[s] ≠ 0]&
```

$$q[x] + p[x]S'[x] + S'[x]^2 + S''[x] == 0 \tag{4.4.11}$$

以上两个方程相比，变换之后的方程变得更复杂了，出现了非线性项$S'^2(x)$。下面分两种情况进行讨论。

(1) 当无穷远点为非正则奇点，有如下关系：

$$S(x) \sim x^b, \quad x \to \infty \ \ (b > 0) \tag{4.4.12}$$

式(4.4.11)中$S'^2(x)$和$S''(x)$都来自$y''(x)$，计算它们的比值，可得

```
r = S''[x]/S'[x]^2 /. S → (#^b&)
```

$$\frac{(-1+b)x^{-b}}{b}$$

```
Limit[r, x → ∞, Assumptions → b > 0]
```

$$0$$

(2) 当原点为非正则奇点，有如下关系：

$$S(x) \sim x^{-b}, \quad x \to 0 \ \ (b > 0)$$

比较$S''(x)$和$S'^2(x)$，可得

```
r = S''[x]/S'[x]^2 /. S → (#^-b&)//Simplify
```

$$\frac{(1+b)x^b}{b}$$

```
Limit[r, x → 0, Assumptions → b > 0]
```

$$0$$

这表明在上述两种情况下，$S''(x)$与$S'^2(x)$相比都是小量，即$S''(x) = o(S'^2(x))$，$S''(x)$可以忽略不计。

这样，方程(4.4.11)可以简化为

```
eqS/. S''[x] → 0
```

$$q[x] + p[x]S'[x] + S'[x]^2 == 0 \tag{4.4.13}$$

例 4.4.5 求 Hermite 方程

$$y''(x) + (\lambda - \alpha^2 x^2)y(x) = 0$$

在∞处的渐近解，式中λ和α为常数。

将以上方程记为

```
eq = y''[x] + (λ - α^2 x^2)y[x] == 0
```

首先判断∞的奇点类型是否为非正则奇点。

```
singularPointType[eq/. {λ → 1, α → 1}, y, x, ∞]
```

$$\{\{\infty, \text{irregular}\}\}$$

根据定理 4.2，没有 Frobenius 型级数解。

```
theorem1[eq, y, x]
```

$$\text{Indeterminate}$$

这表明∞是非正则奇点。利用主项平衡法，作指数变换(4.4.10)，可得

```
eqv = eq/. y → (Exp[s[#]]v[#]&)/. e^s[x] → 1//Simplify
```

$$2s'[x]v'[x] + v[x](-x^2\alpha^2 + \lambda + s'[x]^2 + s''[x]) + v''[x] == 0$$

```
{p, q} = Coefficient[eqv[[1]], {v'[x], v[x]}]
```

$$\{2s'[x], -x^2\alpha^2 + \lambda + s'[x]^2 + s''[x]\} \tag{4.4.14}$$

确定$v(x)$系数中各项的相对大小：

```
list = Cases[q, _?(!FreeQ[#, x]&)]/. s → (#^k&)
    /. a_x^b_ → x^b
```

$$\{x^2, x^{-2+2k}, x^{-2+k}\} \tag{4.4.15}$$

取出上式中三项的指数为

```
ep = Exponent[list, x]
```

$$\{2, -2+2k, -2+k\}$$

将其分成三个一组：

```
pair = Subsets[ep, {2}]
```

$$\{\{2, -2+2k\}, \{2, -2+k\}, \{-2+2k, -2+k\}\}$$

研究每两项之间的平衡，将其转化为方程，逐一求解：

```
eqs = Equal@@@pair
```

$$\{2 == -2+2k, 2 == -2+k, -2+2k == -2+k\}$$

下面显示配对关系，如{1,2}表示**list**中第 1 项与第 2 项进行比较：

```
two = Subsets[{1, 2, 3}, {2}]
```

$$\{\{1,2\}, \{1,3\}, \{2,3\}\}$$

选择每组的第 1 项作为基准函数进行对比：

```
who = First/@two
```

$$\{1,1,2\}$$

求解方程，可知k有三种可能的取值：

```
{k1, k2, k3} = Map[Solve, eqs]//Flatten
```

$$\{k \to 2, k \to 4, k \to 0\}$$

三种情况下分别比较各项的大小：

(1) 第 1 项与第 2 项平衡，忽略的第 3 项为小量，合理。

```
Limit[list/list[[n1]] /. k1, x → ∞]
```

$$\{1,1,0\}$$

(2) 第 1 项与第 3 项平衡，忽略的第 2 项并非小量，不合理。

```
Limit[list/list[[n2]] /. k2, x → ∞]
```

$$\{1, \infty, 1\}$$

(3) 第 2 项与第 3 项平衡，忽略的第 1 项并非小量，不合理。

```
Limit[list/list[[n3]] /. k3, x → ∞]
```

$$\{\infty, 1,1\}$$

因此是式(4.4.14)里$\boldsymbol{q}$的第 1 项与第 3 项达到平衡（即式(4.4.15)的第 1 项与第 2 项），用方程表示并求解：

```
seq = Part[q, {1, 3}] == 0
```

$$-x^2\alpha^2 + s'[x]^2 == 0$$

```
{s1, s2} = DSolve[seq, s, x]/. C[1] → 0
```

$$\left\{\left\{s \to \text{Function}\left[\{x\}, -\frac{x^2\alpha}{2}+0\right]\right\}, \left\{s \to \text{Function}\left[\{x\}, \frac{x^2\alpha}{2}+0\right]\right\}\right\} \tag{4.4.16}$$

限于篇幅，下面仅讨论式(4.4.16)中第 1 个解所对应的方程。

```
eq2 = eqv/.s1
```

$$(-\alpha+\lambda)v[x] - 2x\alpha v'[x] + v''[x] == 0 \tag{4.4.17}$$

判断方程(4.4.17)中∞的奇点类型，发现∞仍为非正则奇点。

```
singularPointType[eq2/.{λ → 1, α → 3}, v, x, ∞]
```

$$\{\{\infty,\text{irregular}\}\}$$

根据定理 4.2，方程(4.4.17)有 Frobenius 型级数解，说明奇性最强的部分已经平衡了。

```
theorem1[eq2, v, x]
```

$$-\frac{\alpha-\lambda}{2\alpha}$$

利用级数的首项就能确定特征指数。

```
lhs = eq2[[1]]/.v → (#^k a_0&)
```

$$(-1+k)kx^{-2+k}a_0 - 2kx^k\alpha a_0 + x^k(-\alpha+\lambda)a_0$$

```
eqk = Simplify[Coefficient[lhs/x^k, x, 0] == 0, a_0 ≠ 0]
```

$$\alpha + 2k\alpha == \lambda$$

```
ks = Solve[eqk, k][[1]]
```

$$\left\{k \to \frac{-\alpha+\lambda}{2\alpha}\right\} \tag{4.4.18}$$

下面求高阶近似，将v展开为级数，可得联立的方程组并求解：

```
eq2[[1]]/.v → (#^k Sum[a_i #^-i, {i, 0, 10}]&)/.ks//Simplify
(eqs = Thread[Reverse[CoefficientList[Expand[Last[%]], x]] == 0])//Short
```

$$\{8\alpha^3 a_1 == 0, \ll 10 \gg, 483\alpha^2 a_{10} - 44\alpha\lambda a_{10} + \lambda^2 a_{10} == 0\}$$

```
(sols = Solve[Most[eqs], Array[a_#&, 10]][[1]]//Factor)//Short
```

$$\left\{a_1 \to 0, a_2 \to -\frac{\ll 1 \gg}{16 \ll 1 \gg}, \ll 7 \gg, a_{10} \to -\frac{(\alpha-\lambda)(3\alpha-\lambda) \ll 7 \gg (19\alpha-\lambda)a_0}{125829120\alpha^{15}}\right\}$$

奇数项系数的通项公式为

```
lst1 = Table[a_i, {i, 1, 10, 2}]/.sols
a2i1[i_] = FindSequenceFunction[lst1, i]
```

$$0$$

偶数项的系数为

```
(lst2 = Table[a_i, {i, 2, 10, 2}]/.sols)//Short
```

$$\left\{-\frac{(\alpha-\lambda)(3\alpha-\lambda)a_0}{16\alpha^3}, \frac{\ll 1 \gg}{512 \ll 1 \gg}, -\frac{\ll 1 \gg}{\ll 1 \gg}, \frac{\ll 1 \gg}{\ll 1 \gg}, -\frac{(\alpha-\lambda)(3\alpha-\lambda) \ll 8 \gg a_0}{125829120\alpha^{15}}\right\} \tag{4.4.19}$$

可见上式中各项的系数比较复杂，将其分解为符号、分母和分子这三个部分单独处理：

(1) 符号的通项公式

```
sign = Sign[lst2/.{α → 1, λ → 0, a_0 → 1}]
```

$$\{-1,1,-1,1,-1\}$$

SG[i_] = FindSequenceFunction[sign, *i*]

$$(-1)^i$$

(2) 分母的通项公式

dns = Map[Denominator[#]&, lst2]

$$\{16\alpha^3, 512\alpha^6, 24576\alpha^9, 1572864\alpha^{12}, 125829120\alpha^{15}\}$$

DN[i_] = FindSequenceFunction[dns, *i*]//FunctionExpand

$$16^i\alpha^{3i}\text{Gamma}[1+i]$$

(3) 分子的通项公式

(nums = Map[Numerator[#]&, lst2]/. *a*₀ → 1)//Short

$$\{-(\alpha-\lambda)(3\alpha-\lambda), \ll 3 \gg, -(\alpha-\lambda)(3\alpha-\lambda)(5\alpha-\lambda)(7\alpha-\lambda) \ll 3 \gg (15\alpha-\lambda)(17\alpha-\lambda)(19\alpha-\lambda)\}$$

item = List@@Rest@Last@nums

$$\{\alpha-\lambda, 3\alpha-\lambda, 5\alpha-\lambda, 7\alpha-\lambda, 9\alpha-\lambda, 11\alpha-\lambda, 13\alpha-\lambda, 15\alpha-\lambda, 17\alpha-\lambda, 19\alpha-\lambda\}$$

term[j_] = FindSequenceFunction[item, *j*]//Simplify

$$(-1+2j)\alpha-\lambda$$

UP[i_] = Product[term[*j*], {*j*, 1, 2*i*}]

$$4^i\alpha^{2i}\text{Pochhammer}[\alpha-\lambda/(2\alpha), 2i]$$

综合上述结果，可得偶数项的通项公式：

a2i[i_] = a_0x^{-2i}SG[*i*] UP[*i*]/DN[*i*]

$$\frac{\left(-\frac{1}{4}\right)^i x^{-2i}\alpha^{-i}\text{Pochhammer}\left[\frac{\alpha-\lambda}{2\alpha}, 2i\right] a_0}{\text{Gamma}[1+i]} \tag{4.4.20}$$

这样解的完整表达式为

$y[x]$/. *y* → (Exp[*s*[#]]*v*[#]&)/. s1/. *v* → (#^{k}sum[a2i[*i*], {*i*, 0, ∞}]&)/. ks
//FunctionExpand//TraditionalForm

$$e^{-\frac{\alpha x^2}{2}} x^{\frac{\lambda-\alpha}{2\alpha}} \sum_{i=0}^{\infty} \frac{\left(-\frac{1}{4}\right)^i x^{-2i}\alpha^{-i}\,\Gamma\left(2i-\frac{\lambda}{2\alpha}+\frac{1}{2}\right) a_0}{\Gamma(i+1)\,\Gamma\left(\frac{\alpha-\lambda}{2\alpha}\right)}$$

例 4.4.6　求零阶 Bessel 方程

$$y''(x)+\frac{y'(x)}{x}+y(x)=0 \tag{4.4.21}$$

在∞处的渐近解。

将以上方程记为

eq = *y*"[*x*] + *y*′[*x*]/*x* + *y*[*x*] == 0

判断∞的奇点类型以及是否有 Frobenius 型级数解：

singularPointType[eq, *y*, *x*, ∞]

$$\{\{\infty, \text{irregular}\}\}$$

theorem1[eq, *y*, *x*]

Indeterminate

可见，方程(4.4.21)无 Frobenius 型级数解。采用主项平衡法求解，先作指数变换：

```
y2s = y → (Exp[s[#]]&);
eq1 = eq/. y2s//Simplify[#, Exp[s[x]] == 1]&
```

$$1+\frac{s'[x]}{x}+s'[x]^2+s''[x]==0 \tag{4.4.22}$$

```
tmp = List@@eq1[[1]]/. s → (#^α&)//Simplify
```

$$\{1, x^{-2+\alpha}\alpha, x^{-2+2\alpha}\alpha^2, x^{-2+\alpha}(-1+\alpha)\alpha\}$$

```
list = tmp/. a_x^b_ → x^b
```

$$\{1, x^{-2+\alpha}, x^{-2+2\alpha}, x^{-2+\alpha}\}$$

```
Subsets[{1, 2, 3, 4}, {2}]
```

$$\{\{1,2\}, \{1,3\}, \{1,4\}, \{2,3\}, \{2,4\}, \{3,4\}\}$$

```
{n1, n2, n3, n4, n5, n6} = Last/@Subsets[{1, 2, 3, 4}, {2}]
```

$$\{2,3,4,3,4,4\}$$

```
eqs = Equal@@@Subsets[ep, {2}]
```

$$\{0==-2+\alpha, 0==-2+2\alpha, 0==-2+\alpha, -2+\alpha==-2+2\alpha, \text{True}, -2+2\alpha==-2+\alpha\}$$

```
ans = Solve/@eqs
```

$$\{\{\{\alpha\to 2\}\}, \{\{\alpha\to 1\}\}, \{\{\alpha\to 2\}\}, \{\{\alpha\to 0\}\}, \{\{\ \ \}\}, \{\{\alpha\to 0\}\}\}$$

由此可见，α有三种可能的取值。只要考虑这三种情况，分别进行对比，结果如下：

(1) 第 1 项与第 2 项比较

```
Limit[list/list[[n1]] /. ans[[1]], x → ∞]
```

$$\{\{1,1,\infty,1\}\}$$

忽略的两项都不是小量，不合理。

(2) 第 1 项与第 3 项比较

```
Limit[list/list[[n2]] /. ans[[2]], x → ∞]
```

$$\{\{1,0,1,0\}\}$$

忽略的两项都是小量，合理。

(3) 第 2 项与第 3 项比较

```
Limit[list/list[[n4]] /. ans[[4]], x → ∞]
```

$$\{\{\infty,1,1,1\}\}$$

忽略的两项都不是小量，不合理。

这样仅需考虑第 2 种情况，从方程(4.4.21)中取出第 1 项和第 3 项并求出$s(x)$：

```
eq2 = Part[eq1[[1]], {1, 3}] == 0
```

$$1+s'[x]^2==0$$

```
{s1, s2} = DSolve[eq2, s, x]/. C[1] → 0
```

$$\{\{s\to \text{Function}[\{x\}, -\mathrm{i}x+0]\}, \{s\to \text{Function}[\{x\}, \mathrm{i}x+0]\}\} \tag{4.4.23}$$

将式(4.4.23)的第 1 个解**s1**代入方程(4.4.21)可得修正方程：

equ = eq/. $y \to$ (Exp[s[#]]u[#]&)/. s1/. $e^{-ix} \to$ 1//Simplify

$$-\frac{iu[x]}{x}+\left(-2i+\frac{1}{x}\right)u'[x]+u''[x]==0 \tag{4.4.24}$$

判断方程(4.4.24)中∞的奇点类型，并利用定理 4.2 可知该方程有 Frobenius 型级数解。

singularPointType[equ, u, x, ∞]

$$\{\{\infty,\text{irregular}\}\}$$

α = theorem1[equ, u, x]

$$-1/2$$

先求**s1**对应的解，假设方程(4.4.24)的解可写成级数形式：

u2s[i_]: = $u \to$ (#1$^\alpha$Sum[a_n#1^{-n}, {n, 0, i}] + O[x, ∞]$^{i+1}$&)

代入方程(4.4.24)，可得联立方程组并求解：

eqs = equ/. u2s[5]/. $a_0 \to$ 1

$$\left(\frac{1}{4}+2ia_1\right)\left(\frac{1}{x}\right)^{5/2}+\left(\frac{9a_1}{4}+4ia_2\right)\left(\frac{1}{x}\right)^{7/2}+\left(\frac{25a_2}{4}+6ia_3\right)\left(\frac{1}{x}\right)^{9/2}+\left(\frac{49a_3}{4}+8ia_4\right)\left(\frac{1}{x}\right)^{11/2}+\left(\frac{81a_4}{4}+10ia_5\right)\left(\frac{1}{x}\right)^{13/2}+O\left[\frac{1}{x}\right]^7==0$$

sol1 = Solve[eqs, Array[$a_\#$&, 5]][[1]]

$$\left\{a_1\to\frac{i}{8},a_2\to-\frac{9}{128},a_3\to-\frac{75i}{1024},a_4\to\frac{3675}{32768},a_5\to\frac{59535i}{262144}\right\}$$

y[x]/. $y \to$ (Exp[s[#]]u[#]&)/. s1/. u2s[5]/. sol1/. $a_0 \to$ 1

$$e^{-ix}\left(\sqrt{\frac{1}{x}}+\frac{1}{8}i\left(\frac{1}{x}\right)^{3/2}-\frac{9}{128}\left(\frac{1}{x}\right)^{5/2}-\frac{75i\left(\frac{1}{x}\right)^{7/2}}{1024}+\cdots+\frac{59535i\left(\frac{1}{x}\right)^{11/2}}{262144}+O\left[\frac{1}{x}\right]^6\right)$$

类似地，可求**s2**对应的解：

eqv = eq/. $y \to$ (Exp[s[#]]v[#]&)/. s2/. $e^{ix} \to$ 1//Simplify

$$\frac{iv[x]}{x}+\left(2i+\frac{1}{x}\right)v'[x]+v''[x]==0$$

v2s[i_]: = $v \to$ (#1$^\alpha$Sum[b_n#1^{-n}, {n, 0, i}] + O[x, ∞]$^{i+1}$&)

eqs = eqv/. v2s[5]/. $b_0 \to$ 1;

{sol2} = Solve[eqs, Array[$b_\#$&, 5]];

y[x]/. $y \to$ (Exp[s[#]]v[#]&)/. s2/. v2s[5]/. sol2/. $b_0 \to$ 1

$$e^{ix}\left(\sqrt{\frac{1}{x}}-\frac{1}{8}i\left(\frac{1}{x}\right)^{3/2}-\frac{9}{128}\left(\frac{1}{x}\right)^{5/2}+\frac{75i\left(\frac{1}{x}\right)^{7/2}}{1024}+\frac{3675\left(\frac{1}{x}\right)^{9/2}}{32768}-\frac{59535i\left(\frac{1}{x}\right)^{11/2}}{262144}+O\left[\frac{1}{x}\right]^6\right)$$

例 4.4.7　求下列方程

$$x^3y''(x)-y(x)=0 \tag{4.4.25}$$

在原点附近的近似解。

将方程记为

eq = x^3y"[x] − y[x] == 0

首先判断原点的奇点类型以及是否有 Frobenius 型级数形式的解：

```
singularPointType[eq, y, x, 0]
```

$$\{\{0,\text{irregular}\}\}$$

```
theorem2[eq, y, x]
```

$$\text{Indeterminate}$$

由于没有 Frobenius 型级数形式的解，这里采用主项平衡法求解，作指数变换：

```
eq1 = eq/. y → (Exp[s[#]]&)/. Exp[_] → 1//Expand
```

$$-1+x^3 s'[x]^2+x^3 s''[x]==0 \tag{4.4.26}$$

根据经验，略去小量$s''(x)$，但这一假设需要验证。

```
eq2 = eq1/. s"[x] → 0
```

求解方程(4.4.26)，可得

```
{s1, s2} = DSolve[eq2, s, x]/. C[1] → 0//toPure
```

$$\left\{\left\{s\to \text{Function}\left[\{x\},-\frac{2}{\sqrt{x}}\right]\right\},\left\{s\to \text{Function}\left[\{x\},\frac{2}{\sqrt{x}}\right]\right\}\right\} \tag{4.4.27}$$

列出方程(4.4.26)中三项，代入上述解并比较其大小，验证假设是否合理。

```
terms = List@@doEq[eq1, −1]
```

$$\{-1,x^3 s'[x]^2,x^3 s''[x]\}$$

```
List@@eq1[[1]]/. s2/. x → 0
```

$$\{-1,1,0\}$$

发现略去的第 3 项确实是小量，因此假设合理。

下面对$s(x)$进行修正：

```
eq2 = eq1/. s → (s[#] + c[#]&)/. s1//Expand//standardODE
```

$$-\frac{3}{2x^{5/2}}+\frac{2c'[x]}{x^{3/2}}+c'[x]^2+c''[x]==0$$

方程中$c(x)$相对于$s(x)$为小量，用$\epsilon s(x)$表示：

```
terms = List@@eq2[[1]]/. c → (ϵs[#]&)/. s1/. a_?NumberQx^n_ ⧴ x^n
```

$$\left\{\frac{1}{x^{5/2}},\frac{\epsilon}{x^3},\frac{\epsilon^2}{x^3},\frac{\epsilon}{x^{5/2}}\right\}$$

确定分母中x的最高次幂为

```
ep = Max[Abs[Exponent[terms, x]]]
```

$$3$$

```
list = terms x^ep/ϵ
```

$$\left\{\frac{\sqrt{x}}{\epsilon},1,\epsilon,\sqrt{x}\right\}$$

式中，第 3 项和第 4 项均趋于零，而第 1 项要与第 2 项平衡的话，必有$\sqrt{x}\sim\epsilon$，可知

```
{x2ep} = Solve[list[[1]] == 1]
```

$$\{\{x\to\epsilon^2\}\}$$

由此也能确定相对小量的位置，即第 3 项和第 4 项。

```
small = PowerExpand[terms x^ep/ϵ /. x2ep]/. ϵ → 0
```

$$\{1,1,0,0\}$$

确定小量的位置，即 0 出现的位置

```
pos = Position[small, 0]
```

$$\{\{3\},\{4\}\}$$

删除相对小量，可得近似方程

```
ceq = Delete[eq2[[1]], pos] == 0
```

$$-\frac{3}{2x^{5/2}}+\frac{2c'[x]}{x^{3/2}}==0$$

```
csol = DSolve[ceq, c[x], x][[1]]/. C[1] → 0//toPure
```

$$\left\{c\to\text{Function}\left[\{x\},\frac{3\text{Log}[x]}{4}\right]\right\}$$

以上采用的是便于 MMA 编程实现的一种处理办法。将上述判断小量的过程写成一个函数**assess**，便捷且减少篇幅。实际上每一次近似都可以写出一个函数。

```
eq3 = eq2/. c → (c[#] + d[#]&)/. csol//Expand
terms = List@@eq3[[1]]/. d → (ϵc[#]&)/. csol//Expand
pos = assess[terms, x]
deq = Delete[eq3[[1]], pos] == 0
dsol = DSolve[deq, d[x], x][[1]]/. C[1] → 0//toPure
```

$$\left\{d\to\text{Function}\left[\{x\},\frac{3\sqrt{x}}{16}\right]\right\}$$

下面直接给出得到修正后的解的指数部分：

```
eps = s[x] + c[x] + d[x] + e[x] + f[x]/. s1/. csol/. dsol/. esol/. fsol
```

$$-\frac{2}{\sqrt{x}}+\frac{3\sqrt{x}}{16}-\frac{3x}{64}+\frac{21x^{3/2}}{1024}+\frac{3\text{Log}[x]}{4} \tag{4.4.28}$$

方程(4.4.25)的解$y(x)$完整表示如下：

```
y[x] == Exp[eps]/. Exp[a_ + b_]/; Exponent[a, x] < 0 :→ e^a Defer[e^b]
  //TraditionalForm
```

$$y(x)=\mathrm{e}^{-\frac{2}{\sqrt{x}}}x^{3/4}\mathrm{e}^{\frac{21x^{3/2}}{1024}-\frac{3x}{64}+\frac{3\sqrt{x}}{16}}$$

【练习题 4.1】　求解式(4.4.28)中的高阶修正项$e(x)$和$f(x)$。

下面用另外一种方法求解方程(4.4.25)。

首先对$y(x)$作变换，假设已经知道了前两项（奇性最强的项），代入方程(4.4.25)可得

```
eq/. y → (#^(3/4) Exp[2#^(-1/2)] u[#]&)//Simplify//ExpandAll
ueq = standard[%]
```

$$-\frac{3u[x]}{16x^2}-\frac{2u'[x]}{x^{3/2}}+\frac{3u'[x]}{2x}+u''[x]==0 \tag{4.4.29}$$

可见变换以后得到的方程(4.4.29)中$u'(x)$系数出现了分数次幂$x^{-3/2}$，因此需要再作一次

变换，将其化为整数次幂。

```
ueq/.u → (U[Z[#]]&)/.Z[x] → z/.Z → (#^(1/2)&)/.x → z^2//PowerExpand//Expand
Ueq = standard[%]
```

$$-\frac{3U[z]}{4z^2}-\frac{4U'[z]}{z^2}+\frac{2U'[z]}{z}+U''[z]==0 \tag{4.4.30}$$

这样就可以利用定理 4.3，求其 Frobenius 型级数解。

```
singularPointType[Ueq, U, z, 0]
```

$$\{\{0,\text{irregular}\}\}$$

```
theorem2[Ueq, U, z]
```

$$0$$

至此，可以求$U(z)$的 Frobenius 型级数解。为简洁起见，这里不再逐项求解，而直接使用系统的内置函数。

```
ans = AsymptoticDSolveValue[Ueq, U, {z, 0, 6}]
{U1, U2} = Coefficient[ans, {C[1], C[2]}];
```

得到两个线性独立的解，其中**U1**是 Frobenius 型级数，而**U2**不是，因此忽略**U2**。将**U1**用原变量x表示，即

```
poly = U1/.z → √x
```

$$1-\frac{3\sqrt{x}}{16}-\frac{15x}{512}-\frac{105x^{3/2}}{8192}-\frac{4725x^2}{524288}-\frac{72765x^{5/2}}{8388608}-\frac{2837835x^3}{268435456}$$

根据这些项，可以推测出通项的形式：

```
gt[i_] = FindSequenceFunction[List@@poly, i]//FunctionExpand
```

$$-\frac{4^{1-i}x^{-\frac{1}{2}+\frac{i}{2}}\text{Gamma}\left[-\frac{3}{2}+i\right]\text{Gamma}\left[\frac{1}{2}+i\right]}{\pi\text{Gamma}[i]} \tag{4.4.31}$$

因此得到$u(x)$的表达式：

```
u[x_] = sum[gt[i], {i, 0, ∞}]
```

$$\sum_{i=0}^{\infty}-\frac{4^{1-i}x^{-\frac{1}{2}+\frac{i}{2}}\text{Gamma}[-\frac{3}{2}+i]\text{Gamma}[\frac{1}{2}+i]}{\pi\text{Gamma}[i]}$$

而$y(x)$的表达式为

```
(y[x]/.y → (#^(3/4)Exp[2#^(-1/2)]u[#]&))//TraditionalForm
```

$$\mathrm{e}^{\frac{2}{\sqrt{x}}}x^{3/4}\sum_{i=0}^{\infty}-\frac{4^{1-i}x^{\frac{i}{2}-\frac{1}{2}}\Gamma\left(i-\frac{3}{2}\right)\Gamma\left(i+\frac{1}{2}\right)}{\pi\Gamma(i)} \tag{4.4.32}$$

根据通项公式(4.4.31)计算比值：

```
ratio = gt[i + 1]/gt[i] /.x → 1//FullSimplify//Together
```

$$\frac{-3-4i+4i^2}{16i}$$

由此得到收敛半径：

```
rc = Limit[1/Abs[ratio], i → ∞]
```

$$0$$

这表明该级数是处处发散的。

总结本节各例，非正则奇点附近渐近解的特点可简单归纳如下：

(1) 利用指数变换$e^{s(x)}$，刻画本性奇点的特征；

(2) 解中含有x^{σ}因子，可能出现分数次幂的幂级数，因而可能产生代数支点；

(3) 所得形式级数解可能是发散的。

第 5 章　摄动方法引论

摄动理论起源于天体力学中三体问题的研究。根据牛顿力学，如果没有月球和其他行星，地球将沿完美的椭圆轨道围绕太阳旋转。然而，月球使地球的运动受到扰动，因此地球在绕太阳公转时会轻微偏移。19 世纪末期天文学家 Lindstedt(1882)、Bohlin(1889)、Gylden(1893) 等人利用小参数ϵ的幂级数来研究行星的运动，这些级数虽然是发散的，却能正确地估算出行星轨道的偏差，从而引起了人们的关注。1892 年，法国数学家 Poincaré 证明了这些发散级数是一种渐近级数。当参数ϵ充分小时，它的前几项之和可以充分接近原来问题的解，从而为这种“小参数法”或“摄动法”奠定了理论基础。此后，摄动方法被广泛用于解决力学、物理、应用数学等科学和工程领域的各种问题。

5.1　基本概念

对于无法以封闭形式求得精确解的问题，摄动理论是一系列用于寻找近似解的方法，通过在问题中引入一个参数ϵ，使问题在 $\epsilon = 0$ 或当 $\epsilon \to 0$ 时可以求解。

5.1.1　摄动问题的提法

设P_ϵ是一个含有小参数ϵ的问题，通常它是一个微分方程的定解问题。把此摄动问题表述如下：

$$P_\epsilon : \begin{cases} L_\epsilon[u_\epsilon] = f(\boldsymbol{x}, \epsilon), & \boldsymbol{x} = (x_1, x_2, \cdots, x_n) \in \Omega \\ B_{\epsilon,j}[u_\epsilon] = g_j(\boldsymbol{x}, \epsilon), & j = 1,2,\cdots,k, \boldsymbol{x} \in \partial\Omega \end{cases} \tag{5.1.1}$$

式中，L_ϵ为微分算子，ϵ为摄动参数，且$0 < \epsilon \ll 1$；$B_{\epsilon,j}$为定义在边界上的微分算子。

设P_0是P_ϵ在$\epsilon \to 0$时的退化(reduced)问题，则

$$P_0 : \begin{cases} L_0[u_0] = f(\boldsymbol{x}, 0), & \boldsymbol{x} \in \Omega \\ B_{0,j}[u_0] = g_j(\boldsymbol{x}, 0), & j = 1,2,\cdots,l(l \le k), \boldsymbol{x} \in \partial\Omega \end{cases} \tag{5.1.2}$$

式中，微分算子L_ϵ可以表示为

$$L_\epsilon = L_0 + \epsilon L_{1,\epsilon} \tag{5.1.3}$$

若摄动问题P_ϵ的解$u_\epsilon(\boldsymbol{x})$可以用$\epsilon$的一个幂级数表示

$$u_\epsilon(\boldsymbol{x}) = \sum_{n=0}^{\infty} \epsilon^n u_n(\boldsymbol{x}) \tag{5.1.4}$$

并且在区域Ω内一致有效，则称P_ϵ是区域Ω中的*正则摄动问题*(regular perturbation problem)，否则就是*奇异摄动问题*(singular perturbation problem)。求解正则摄动问题的方法就称为*正则摄动法*(regular perturbation method)，因直接采用依赖于坐标或参数的幂级数的渐近展开就能得到Ω内的一致有效渐近解，故又称为直接展开法或普通展开法。对于正则摄动问题，其首

项近似就是其退化问题的解。对于奇异摄动问题，其退化问题的解或者不存在，或者有奇性。

5.1.2　摄动问题求解的步骤

(1) 选取适当的渐近序列$\{\delta_n(\epsilon)\}$，满足如下条件：

$$\lim_{\epsilon\to 0}\delta_n(\epsilon)=0,\quad \lim_{\epsilon\to 0}\frac{\delta_{n+1}(\epsilon)}{\delta_n(\epsilon)}=0 \tag{5.1.5}$$

(2) 将待求函数作渐近展开

$$u_\epsilon(\boldsymbol{x})=u_0(\boldsymbol{x})+\sum_{n=1}^{N}\delta_n(\epsilon)\,u_n(\boldsymbol{x})+R_N(\boldsymbol{x},\epsilon),\quad \epsilon\to 0 \tag{5.1.6}$$

式中，$u_n(\boldsymbol{x})$与ϵ无关，余项

$$R_N(\boldsymbol{x},\epsilon)=O\big(\delta_{N+1}(\epsilon)\big)=o\big(\delta_N(\epsilon)\big),\quad \epsilon\to 0 \tag{5.1.7}$$

对一切N均成立（这里是对N取任意固定值时，在$\epsilon\to 0$的意义下）。

(3) 代入原问题，比较ϵ的同次幂，可得各阶的方程及相应的定解条件：

$$L_0[u_i]=h_i(u_0,u_1,\cdots,u_{i-1};\boldsymbol{x}) \tag{5.1.8}$$

$$B_{0,j}[u_i]=k_j(u_0,u_1,\cdots,u_{i-1};\boldsymbol{x}) \tag{5.1.9}$$

(4) 逐阶求解；

(5) 估计余项或与有关实验、计算结果作比较，判别渐近展开的有效性。

称$\sum_{n=0}^{N}\delta_n(\epsilon)\,u_n(\boldsymbol{x})$为$u_\epsilon(\boldsymbol{x})$的$N$阶渐近近似式。

5.1.3　一致有效渐近解

摄动方法是寻求物理问题对摄动参数ϵ的一致有效渐近解。若所求得渐近解的余项满足：

$$R_N(\boldsymbol{x},\epsilon)=O\big(\delta_{N+1}(\epsilon)\big)=o\big(\delta_N(\epsilon)\big) \tag{5.1.10}$$

$u_\epsilon(\boldsymbol{x})$的渐近解或解的渐近展开式为

$$u_\epsilon(\boldsymbol{x})\sim u_0(\boldsymbol{x})+\sum_{n=1}^{N}\delta_n(\epsilon)\,u_n(\boldsymbol{x}) \tag{5.1.11}$$

对于$\boldsymbol{x}\in\varOmega$一致地成立，则称所得的解为摄动问题的**一致有效**渐近解。

对于一些复杂问题，通常不直接估计余项，而是比较前后两项的量阶：

$$\delta_{n+1}(\epsilon)u_{n+1}(\boldsymbol{x})=o\big(\delta_n(\epsilon)u_n(\boldsymbol{x})\big),\quad \epsilon\to 0,\boldsymbol{x}\in\varOmega \tag{5.1.12}$$

在实际求解问题时常采用一种实用的一致有效渐近判别法：如果$u_n(\boldsymbol{x})\neq 0$，则有

$$\left|\frac{u_{n+1}(\boldsymbol{x})}{u_n(\boldsymbol{x})}\right|<\infty,\quad \boldsymbol{x}\in\varOmega \tag{5.1.13}$$

注意，这里只是比较渐近展开式中相邻两项的系数。

如果可能出现$u_n(\boldsymbol{x})=0$的情形，只要

$$|u_n(\boldsymbol{x})|<\infty,\quad \boldsymbol{x}\in\varOmega \tag{5.1.14}$$

例 5.1.1 考察以下函数的渐近性质（其中ϵ为小参数，下同）：

$$\sqrt{x+\epsilon}$$

将以上函数记为

expr = $\sqrt{x+\epsilon}$;

直接利用**Series**得到该函数的级数展开式：

poly = Normal@Series[$\sqrt{x+\epsilon}$, {ϵ, 0, 5}]:

$$\sqrt{x}+\frac{\epsilon}{2\sqrt{x}}-\frac{\epsilon^2}{8x^{3/2}}+\frac{\epsilon^3}{16x^{5/2}}-\frac{5\epsilon^4}{128x^{7/2}}+\frac{7\epsilon^5}{256x^{9/2}}$$

以上级数的通项公式为

gt[n_] = SeriesCoefficient[expr, {ϵ, 0, n}, Assumptions → $n \geq 0$]ϵ^n

$$x^{\frac{1}{2}-n}\epsilon^n\text{Binomial}\left[\frac{1}{2},n\right]$$

利用式(5.1.12)，考虑四种典型的情况：

AsymptoticLess[gt[$n+1$], gt[n], $x \to 0$]

$$\text{False}$$

以上结果表明，当$x \to 0$时，式(5.1.13)不成立。

AsymptoticLess[gt[$n+1$], gt[n], $x \to \epsilon$]//FullSimplify[#, $n \in \mathbb{Z}_{\geq 0}$]&

$$\text{False}$$

以上结果表明，$x = O(\epsilon)$时不满足渐近级数的要求。

AsymptoticLess[gt[$n+1$], gt[n], $x \to 1$]//FullSimplify[#, $n \in \mathbb{Z}_{\geq 0}$]&

$$\epsilon == 0$$

以上结果表明，当x为给定的有限值时，只要$\epsilon \to 0$就能满足要求。

AsymptoticLess[gt[$n+1$], gt[n], $x \to \infty$]

$$\text{True}$$

以上结果表明，当$x \to \infty$时，式(5.1.12)成立。

由此可知，该级数展开式在$x = 0$处有奇性，且奇性越来越强，即当$x = O(\epsilon)$时，它不是一致有效的。

例 5.1.2 考察以下函数的渐近性质：

$$\frac{1}{1+\epsilon x}$$

将以上函数记为

expr = 1/(1 + ϵx);

该函数的级数展开式为

poly = Series[expr, {ϵ, 0, 5}]//Normal

$$1-x\epsilon+x^2\epsilon^2-x^3\epsilon^3+x^4\epsilon^4-x^5\epsilon^5$$

AsymptoticLess[ϵ^{n+1}, ϵ^n, $\epsilon \to 0$, Assumptions → $n \in \mathbb{Z}_{>0}$]

$$\text{True}$$

易知，当$\epsilon \to 0$时，$\epsilon^n (n \in \mathbb{Z}_{\geq 0})$是渐近序列。

可得系数的通项公式ce(n)以及级数的通项公式gt(n)：

ce[n_] = SeriesCoefficient[expr, {ϵ, 0, n}, Assumptions → $n \geq 0$]

$$(-x)^n$$

gt[n_] = ce[n]ϵ^n

$$(-x)^n \epsilon^n$$

利用式(5.1.13)，针对系数的通项公式，考虑三种典型的情况：

AsymptoticLessEqual[ce[$n+1$], ce[n], $x \to 0$]

True

AsymptoticLessEqual[ce[$n+1$], ce[n], $x \to 1$]

True

AsymptoticLessEqual[ce[$n+1$], ce[n], $x \to \infty$]

False

由此可得，当$x \gg 1$时，渐近展开式不是一致成立的。

利用式(5.1.12)，能得到更准确的结果：

AsymptoticLess[gt[$n+1$], gt[n], $x \to 1/\epsilon$]

False

由此可知，当$x = O(1/\epsilon)$时，该级数展开式不是一致有效的。

例 5.1.3　考察以下函数的渐近性质：

$$\sin(x+\epsilon)$$

将以上函数记为

expr = Sin[$x+\epsilon$];

该函数的级数展开式为

seri = Series[expr, {ϵ, 0, 5}]

$$\mathrm{Sin}[x] + \mathrm{Cos}[x]\epsilon - \frac{1}{2}\mathrm{Sin}[x]\epsilon^2 - \frac{1}{6}\mathrm{Cos}[x]\epsilon^3 + \frac{1}{24}\mathrm{Sin}[x]\epsilon^4 + \frac{1}{120}\mathrm{Cos}[x]\epsilon^5 + O[\epsilon]^6$$

其系数的通项公式为

ce[n_] = SeriesCoefficient[expr, {ϵ, 0, n}, Assumptions → $n \geq 0$]

$$\frac{\mathrm{Sin}\left[\frac{\mathrm{n}\pi}{2}+\mathrm{x}\right]}{n!}$$

如果采用式(5.1.13)，计算系数的比值

ratio = ce[$n+1$]/ce[n] //FullSimplify

$$\frac{\mathrm{Cot}[\frac{n\pi}{2}+x]}{1+n}$$

注意到**ratio**并不总是有限的值，分别对应于$\sin(x)=0$或$\cos(x)=0$两种情形（易见此时也是一致有效渐近级数），因此采用式(5.1.14)，只要系数有界即可。

先考虑$n \geq 1$的系数的取值范围：

FunctionRange[{ce[n], $n \geq 1$}, {n, x}, y, Reals]//Quiet//Rationalize

$$-1 \leq y \leq 1$$

对于$n=0$时，ce(0)的取值范围为

FunctionRange[ce[0], x, y, Reals]

$$-1 \le y \le 1$$

因为该级数中的所有系数都是有界的，即$-1 \le \text{ce}(n) \le 1, n \in \mathbb{Z}_{\ge 0}$，所以该级数是一致有效的。

5.1.4 一个启发性的例子

对于某些问题，虽然本身并没有包含小（大）参数，但可以人为地引入一个人工参数，如 Lyapunov 人工小参数法。

例 5.1.4 求下列代数方程的实根：

$$x^5 + x = 1 \tag{5.1.15}$$

将以上方程记为

```
eq = x^5 + x == 1;
```

该方程为一元五次方程，可以采用牛顿迭代法进行求解。实际上，该方程可以利用 MMA 得到根式解。这里仅给出其实根的数值，保留 6 位有效数字。

```
{nsol} = NSolve[eq, Reals, 6]
```

$$\{\{x \to 0.754878\}\} \tag{5.1.16}$$

虽然该问题并不包含小参数，但可以用多种方式引入参数，如 Karmishin 等人提出的δ展开法，将上式改写为

$$x^{1+\delta} + x = 1$$

这是在x的指数部分引入参数，显然也可以在方程中不同位置引入参数。Bender 教授在其讲座中也多次讲到这个例子，其中考虑了两种情况。下面据此分别进行讨论。

(1) 在x前面增加参数，称之为弱耦合：

```
eq1 = eq/. x + a_ :→ ϵx + a
```

$$x^5 + x\epsilon == 1 \tag{5.1.17}$$

很明显，当$\epsilon = 1$时，就是原方程，而当$\epsilon = 0$时，可得一个简化且容易求解的方程。

利用主项平衡法，考虑其中任意两项平衡的情况，共有三种可能性，对应于三个方程。合理的近似是要求被忽略项相对于保留下来的两项为小量。

```
lhs = doEq[eq1, -1]
```

$$-1 + x^5 + x\epsilon$$

```
eqs = Thread[Plus@@@Subsets[lhs, {2}] == 0]
```

$$\{-1 + x^5 == 0, -1 + x\epsilon == 0, x^5 + x\epsilon == 0\} \tag{5.1.18}$$

每个方程所对应的忽略项为

```
rest = Reverse[Subsets[lhs, {1}]]
```

$$\{x\epsilon, x^5, -1\}$$

各取出方程中的一个保留项，以便与忽略项进行比较

```
keep = RotateRight[rest]
```

$$\{-1, x\epsilon, x^5\}$$

分别对三个方程求解：

```
ans = First/@(Solve[#, x, Reals]&/@eqs//Normal)
```

$$\left\{\{x\to 1\},\left\{x\to \frac{1}{\epsilon}\right\},\{x\to 0\}\right\} \tag{5.1.19}$$

通过计算保留项和忽略项的比值来确定所作近似是否合理。

```
ratio = keep/rest /. a_?NumberQb_ :> b
```

$$\left\{\frac{1}{x\epsilon},\frac{\epsilon}{x^4},x^5\right\} \tag{5.1.20}$$

将已求得各方程的解(5.1.19)代入式(5.1.20)并求极限：

```
res = Inner[ReplaceAll, ratio, ans, List][[1]]
```

$$\left\{\frac{1}{\epsilon},\epsilon^5,0\right\}$$

```
Limit[res, ϵ → 0, Direction → "FromAbove"]
```

$$\{\infty,0,0\}$$

这表明，后两个方程中的保留项与忽略项相比是小量，这是不合理的。因此，只有第 1 个方程给出了正确的结果，由此可以得到首项近似$x=1$。

设x可用如下ϵ的幂级数表示：

```
x2s[M_]: = x → Sum[a_m ϵ^m, {m, 0, M}] + O[ϵ]^(M+1)
```

将六项级数展开式代入，可得联立表达式：

```
eqs = LogicalExpand[eq1/. x2s[5]]//Simplify
```

$$a_0^5==1\&\&a_0+5a_0^4a_1==0\&\&a_1+10a_0^3a_1^2+5a_0^4a_2==0\&\&10a_0^2a_1^3+a_2+20a_0^3a_1a_2 +5a_0^4a_3==0\&\&5a_0a_1^4+30a_0^2a_1^2a_2+a_3+10a_0^3(a_2^2+2a_1a_3)+5a_0^4a_4==0\cdots==0$$

求解方程组可得系数$a_m(m=0,1,\cdots,5)$及前六项展开式：

```
as1 = Solve[eqs, Array[a_#&, 6, 0], Reals]//Flatten
```

$$\left\{a_0\to 1,a_1\to -\frac{1}{5},a_2\to -\frac{1}{25},a_3\to -\frac{1}{125},a_4\to 0,a_5\to \frac{21}{15625}\right\}$$

得到精确到$O(\epsilon^5)$的近似级数解**x1**：

```
x1 = (x/. x2s[5])/. as1//Normal
```

$$1-\frac{\epsilon}{5}-\frac{\epsilon^2}{25}-\frac{\epsilon^3}{125}+\frac{21\epsilon^5}{15625}$$

虽然该级数是收敛的，但很难得到通项公式。将$\epsilon\to 1$代入上式，可得该方程(5.1.17)的实根近似值**xa**，并将它与精确解**xe**进行比较。

```
{xe = x/. nsol, xa = x1/. ϵ → 1.}
```

$$\{0.754878,0.753344\}$$

计算相对误差，可得

```
rd = (xe − xa)/xe //PercentForm
```

$$0.2032\%$$

可以发现，即使ϵ较大，与精确值比较，误差仅为0.2%。

(2) 在最高幂次项x^5前引入参数，称之为强耦合：

```
eq2 = MapAt[ϵ#&, eq, Position[eq, x^5]]
```

$$x+x^5\epsilon==1 \tag{5.1.21}$$

重复前面的过程，对方程(5.1.21)作合理的近似。

```
lhs = doEq[eq2, -1];
eqs = Thread[Plus@@@Subsets[lhs, {2}] == 0]
```

$$\{-1+x==0, -1+x^5\epsilon==0, x+x^5\epsilon==0\}$$

```
rest = Reverse[Subsets[lhs, {1}]]
keep = RotateRight[rest];
eqs = LogicalExpand[eq2/.x2s[6]];
ans = First/@(Solve[#, x]&/@eqs//Normal);
ratio = keep/rest /. a_?NumberQb_ :> b;
res = Inner[ReplaceAll, ratio, ans, List];
Limit[res, ϵ → 0, Direction → "FromAbove"]
```

$$\{\{\infty, 0, 0\}\}$$

这同样说明第 1 个方程是合理的，首项近似也是$x=1$。

下面求解方程(5.1.21)的级数解，为得到通项公式，需要至少 12 项级数解。

```
eqs = LogicalExpand[eq2/.x2s[11]]//Simplify
ans = Solve[eqs, Array[a_{#-1}&, 12, 0]]//Flatten
```

这样得到近似级数解**x2**：

```
x2 = (x/.x2s[11])/.ans//Normal
```

$$1-\epsilon+5\epsilon^2-35\epsilon^3+285\epsilon^4-2530\epsilon^5+23751\epsilon^6-231880\epsilon^7+2330445\epsilon^8$$
$$-23950355\epsilon^9+250543370\epsilon^{10}-2658968130\epsilon^{11}$$

同样计算$\epsilon=1$的近似值：

```
Abs[x2]/.ϵ → 1
```

$$2430255074$$

可见该值远大于**xe**，实际上此时级数是发散的。

下面通过计算通项公式和收敛半径来证实这一结论。取出近似级数解**x2**中ϵ^n的系数**data**并归纳出通项公式：

```
data = CoefficientList[x2, ϵ]
ce[n_] = FindSequenceFunction[data, n]//FunctionExpand
```

$$\frac{5(-1)^{1+n}\text{Gamma}[-5+5n]}{\text{Gamma}[-1+n]\text{Gamma}[-2+4n]} \tag{5.1.22}$$

根据通项公式可以计算出收敛半径

```
rc = Limit[Abs[ce[n]/ce[n+1]], n → ∞]//N
```

$$0.08192 \tag{5.1.23}$$

可见，当$\epsilon=1>\text{rc}$时，级数确实已经发散了。

下面计算不同近似下与精确解比较的相对误差的绝对值。

```
Table[Abs[(x - xe)/xe]/.x2s[n]/.ans//Normal, {n, 0, 6}]/.ϵ → 1//PercentForm
```

$$\{32.472\%, 100.00\%, 562.359\%, 4074.15\%, 33680.3\%, 301473\%, 2844860\%\}$$

发现首项解 1 是一个可以接受的近似。当级数发散时，并非项数越多越好。对于第 2 种情况，最佳截断位置就是第 1 项，即仅保留首项。

例 5.1.5　考虑初值问题：

$$u''(t) + u(t) = 2t - 1 \tag{5.1.24}$$

$$u(1) = 1, u'(1) = 3 \tag{5.1.25}$$

将以上方程和初始条件记为

```
eq == u''[t] + u[t] == 2t - 1;
ic1 = u[1] == 1; ic2 = u'[1] == 3;
```

很容易求得该问题的精确解：

```
DSolveValue[{eq, ic1, ic2}, u[t], t]//Simplify
```

$$-1 + 2t - \mathrm{Sin}[1 - t] \tag{5.1.26}$$

该方程中原本并无小参数。以如下方式引入参数ϵ：

```
eq1 = u''[t] == ϵ(-u[t] + 2t - 1)
```

$$u''[t] == \epsilon(-1 + 2t - u[t]) \tag{5.1.27}$$

直接求方程(5.1.24)的渐近解并化简，可得

```
ua = Simplify/@AsymptoticDSolveValue[{eq1, ic1, ic2}, u[t], t, {ϵ, 0, 6}]
```

$$-2 + 3t - \frac{1}{6}(-1+t)^3\epsilon + \frac{1}{120}(-1+t)^5\epsilon^2 - \frac{(-1+t)^7\epsilon^3}{5040} + \frac{(-1+t)^9\epsilon^4}{362880} - \frac{(-1+t)^{11}\epsilon^5}{39916800} + \frac{(-1+t)^{13}\epsilon^6}{6227020800}$$

可见从第 2 项开始，具有明确的规律。先单独取出首项：

```
u0 = Select[ua, FreeQ[#, ϵ]&]
```

$$-2 + 3t \tag{5.1.28}$$

再取出不同ϵ的幂次的系数，并找到它们的规律：

```
data = CoefficientList[ua, ϵ]//Simplify//Rest
```

$$\left\{-\frac{1}{6}(-1+t)^3, \frac{1}{120}(-1+t)^5, -\frac{(-1+t)^7}{5040}, \frac{(-1+t)^9}{362880}, -\frac{(-1+t)^{11}}{39916800}, \frac{(-1+t)^{13}}{6227020800}\right\}$$

```
ce[n_] = FSF[data, n]//FunctionExpand//FullSimplify[#, 0 ≤ t ≤ 1]&//PowerExpand
```

然后可得自第 2 项开始各项的通项公式：

```
gt[n_] = ce[n]ϵ^n
```

$$\frac{(-1)^n(-1+t)^{1+2n}\epsilon^n}{\mathrm{Gamma}[2+2n]} \tag{5.1.29}$$

将首项，即式(5.1.28)与通项，即式(5.1.29)之和相加，并令$\epsilon = 1$，又再次得到精确解：

```
u0 + Sum[gt[n], {n, 1, ∞}]/. ϵ → 1
```

$$-1 + 2t - \mathrm{Sin}[1 - t]$$

5.1.5　无量纲化

无量纲化是一种在科研中常用的方法，它通过将物理量转换为无量纲形式来简化问题和推广结果。无量纲化有助于识别和突出问题中的主导因素，消除具体单位的影响，从而使得结果更具有普遍性。

例 5.1.6 考虑如下初值问题：炮弹以初速度V从地面垂直向上发射。运动微分方程和初始条件如下：

$$y''(t)=-\frac{gR^2}{\big(R+y(t)\big)^2},\quad t>0 \tag{5.1.30}$$

$$y(0)=0,y'(0)=V \tag{5.1.31}$$

式中，R为地球半径；g为地面处的重力加速度。本例中考虑了重力加速度随高度的变化。

将方程(5.1.30)和初始条件(5.1.31)记为

```
eq = y"[t] == −g R^2/(y[t] + R)^2 ;
ic1 = y[0] == 0; ic2 = y′[0] == V;
```

易见其中并没有显式地出现小参数。引入小参数

$$\epsilon=\frac{V^2}{gR} \tag{5.1.32}$$

由于三个物理量和小参数都是正数，可作如下假设，以便化简：

```
$Assumptions = {R > 0, g > 0, V > 0, ϵ > 0};
```

可采用以下三种方案对该问题进行无量纲化处理。

(1) 选取地球半径R和$\sqrt{R/g}$作为特征长度和特征时间：

$$Y=\frac{y}{R},T=\sqrt{\frac{g}{R}}t \tag{5.1.33}$$

定义以下尺度变换：

```
y2Y1 = y → (RY[T[#]]&);
t2τ = T[t] → τ;
T1 = T → (√(g/R)#&);
```

作尺度变换，可得无量纲方程和初始条件：

```
eq1 = Map[#/g &, eq/. y2Y1/. t2τ/. T1/. V^2 → ϵgR]//Simplify
```

$$\frac{1}{(1+Y[\tau])^2}+\epsilon Y''[\tau]==0 \tag{5.1.34}$$

```
ic11 = ic1/. y2Y1/. t2τ/. T1//Simplify
```

$$Y[0]==0$$

```
ic21 = ic2/. y2Y1/. t2τ/. T1//Simplify
```

$$Y'[0]==1$$

这种情况下，小参数ϵ出现在方程(5.1.34)的最高阶导数$Y''[\tau]$前。

(2) 选取地球半径R和R/V作为特征长度和特征时间：

$$Y=\frac{y}{R},T=\frac{V}{R}t \tag{5.1.35}$$

作尺度变换，可得无量纲方程和初始条件：

```
T2 = T → (V #/R &);
eq2 = Map[#/g &, eq/. y2Y1/. t2τ/. T2/. V^2 → ϵgR]//Simplify
```

$$\frac{1}{(1+Y[\tau])^2}+Y''[\tau]==0$$

```
ic12 = ic1/.y2Y1/.t2τ/.T2//Simplify
```

$$Y[0]==0$$

```
ic22 = ic2/.y2Y1/.t2τ/.T2/.g → V^2/(ϵR) //Simplify//Reverse
```

$$Y'[0]==\sqrt{\epsilon} \tag{5.1.36}$$

这种情况下，小参数ϵ出现在初始条件，即式(5.1.36)中。

(3) 选取炮弹可以达到的最大高度V^2/g和速度减为零的时间V/g作为特征长度和特征时间（忽略了常数）

$$Y=\frac{g}{V^2}y, T=\frac{g}{V}t \tag{5.1.37}$$

作尺度变换，可得无量纲方程和初始条件：

```
y2Y3 = y → (V^2 Y[T[#]]/g &);
T3 = T → (g #/V &);
eq3 = Map[#/g &, eq/.y2Y3/.t2τ/.T3/.V^2 → ϵgR]//Simplify
```

$$\frac{1}{(1+\epsilon Y[\tau])^2}+Y''[\tau]==0 \tag{5.1.38}$$

```
ic13 = ic1/.y2Y3/.t2τ/.T3//Simplify
```

$$Y[0]==0 \tag{5.1.39}$$

```
ic23 = ic2/.y2Y3/.t2τ/.T3//Simplify
```

$$Y'[0]==1 \tag{5.1.40}$$

这种情况下，小参数ϵ出现在方程(5.1.38)中。

上述三个无量纲化方案，哪一个是正确的呢？可以观察一下它们对应的退化方程：

对于第 1 种方案，可得

```
{eq1, ic11, ic21}/.ϵ → 0
```

$$\left\{\frac{1}{(1+Y[\tau])^2}==0, Y[0]==0, Y'[0]==1\right\}$$

当$\epsilon=0$时，最高阶导数项消失，方程将会降阶（此时微分方程变成了代数方程），不能同时满足两个初始条件，因此是错误的。

对于第 2 种方案，可得

```
{eq2, ic12, ic22}/.ϵ → 0
```

$$\left\{\frac{1}{(1+Y[\tau])^2}+Y''[\tau]==0, Y[0]==0, Y'[0]==0\right\}$$

当$\epsilon=0$时，初速度为 0，意味着炮弹将不会发射，始终处于静止状态，这种近似是不合理的，因此是错误的。

对于第 3 种方案，可得

```
{eq3, ic13, ic23}/.ϵ → 0
```

$$\{1+Y''[\tau]==0, Y[0]==0, Y'[0]==1\}$$

当$\epsilon=0$时，方程简化为g为常数的情况，易见这是合理的近似，因此是正确的。这种情况下选取的特征尺度反映了该问题的本质。因此，合理选择特征尺度是正确进行无量纲化的先决条件。

例 5.1.7 考虑定常不可压平板绕流问题，将 Navier-Stokes 方程无量纲化。已知流体运动的控制方程为

$$u_x + u_y = 0 \tag{5.1.41}$$

$$\rho(uu_x + vu_y) = -p_x + \mu(u_{xx} + u_{yy}) \tag{5.1.42}$$

$$\rho(uv_x + vv_y) = -p_y + \mu(v_{xx} + v_{yy}) \tag{5.1.43}$$

平板处和无穷远处的边界条件为

$$u(x,0) = v(x,0) = 0 \tag{5.1.44}$$

$$u(x,y) \to \mathbb{U}, v(x,y) \to 0 \quad (y \to \infty \text{ 或上游}) \tag{5.1.45}$$

式中，u和v分别为x方向和y方向的速度分量；p为压力；ρ为密度；μ为动力粘度；$\mathbb{U}$为上游无穷远处来流的速度。

先写出方程和边界条件：

```
eq1 = ∂_x u[x, y] + ∂_y v[x, y] == 0
eq2 = ρ(u[x, y]∂_x u[x, y] + v[x, y]∂_y u[x, y]) == −∂_x p[x, y] + μ(∂_{x,x} u[x, y] + ∂_{y,y} u[x, y])
eq3 = ρ(u[x, y]∂_x v[x, y] + v[x, y]∂_y v[x, y]) == −∂_y p[x, y] + μ(∂_{x,x} v[x, y] + ∂_{y,y} v[x, y])
```

平板处边界条件为

```
bc1 = u[x, 0] == 0; bc2 = v[x, 0] == 0;
```

无穷远处边界条件为

```
bc3 = u[−∞, y] == 𝕌; bc4 = v[−∞, y] == 0;
```

为了使方程无量纲化，用$\mathbb{L}$作为特征长度，它是从板的前缘到板上某个指定点之间的距离，取无穷远处的速度$\mathbb{U}$为特征速度，取$\rho\mathbb{U}^2$为特征压力。由于特征长度和特征速度都是正数，可作如下假设：

```
$Assumptions = 𝕃 > 0&&𝕌 > 0;
```

引入如下变换，包括函数和自变量的无量纲化：

```
u2U = u → (𝕌U[ξ[#1], η[#2]]&);
v2V = v → (𝕌V[ξ[#1], η[#2]]&);
p2P = p → (ρ𝕌^2 P[ξ[#1], η[#2]]&);
ξx = ξ → (#/𝕃&);
ηy = η → (#/𝕃&);
ξ2X = ξ[x] → X;
η2Y = η[y] → Y;
```

引入以上变换后，对$\partial_x u[x,y]$和$\partial_{y,y} v[x,y]$进行测试：

```
{∂_x u[x, y], ∂_{y,y} v[x, y]}/.{u2U, v2V}/.{ξ2X, η2Y}/.{ξx, ηy}
```

$$\left\{\frac{\mathbb{U}U^{(1,0)}[X,Y]}{\mathbb{L}}, \frac{\mathbb{U}V^{(0,2)}[X,Y]}{\mathbb{L}^2}\right\}$$

下面首先对质量守恒方程(5.1.41)进行无量纲化：

```
Eq1 = eq1/.{u2U, v2V}/.{ξ2X, η2Y}/.{ξx, ηy}//Simplify
```

$$V^{(0,1)}[X,Y] + U^{(1,0)}[X,Y] == 0$$

然后对x方向的动量方程(5.1.42)进行无量纲化，引入无量纲参数——雷诺数R：

```
Eq2 = eq2/.{u2U, v2V, p2P}/.{ξ2X, η2Y}/.{ξx, ηy}//Simplify//Expand
```

$$\mathbb{LU}\rho V[X,Y]U^{(0,1)}[X,Y]+\mathbb{LU}\rho P^{(1,0)}[X,Y]+\mathbb{LU}\rho U[X,Y]U^{(1,0)}[X,Y]= \\ =\mu U^{(0,2)}[X,Y]+\mu U^{(2,0)}[X,Y]$$

由于上式偏长，下面采用简约表示方程（可参考 1.4.1 节）：

Collect[Expand[Thread[Eq2/(𝕃𝕌ρ), Equal]], μ, Factor]/. μ → 𝕃𝕌 ρ/ℝ /. Fxy$/. F$[X, Y]

$$P_{\mathrm{X}}+UU_{\mathrm{X}}+VU_{\mathrm{Y}}==\frac{U_{\mathrm{XX}}+U_{\mathrm{YY}}}{\mathbb{R}}$$

对y方向的动量方程(5.1.43)进行无量纲化：

Eq3 = eq3/. {u2U, v2V, p2P}/. {ξ2X, η2Y}/. {ξx, ηy}//Simplify//Expand

Collect[Expand[Thread[Eq3/(𝕃𝕌ρ), Equal]], μ, Factor]/. μ → 𝕃𝕌 ρ/ℝ /. Fxy$/. F$[X, Y]

$$P_{\mathrm{Y}}+UV_{\mathrm{X}}+VV_{\mathrm{Y}}==\frac{V_{\mathrm{XX}}+V_{\mathrm{YY}}}{\mathbb{R}}$$

最后对边界条件进行无量纲化：

{bc1, bc2, bc3, bc4}//. {u2U, v2V}/. {ξ2X, η2Y}/. {ξx, ηy}//Simplify

$$\{U[X,0]==0,V[X,0]==0,U[-\infty,Y]==1,V[-\infty,Y]==0\}$$

本例中引入的无量纲参数为雷诺数：

$$R=\frac{\mathbb{LU}\rho}{\mu} \tag{5.1.46}$$

说明：雷诺数用Re表示，为避免与 MMA 内部函数实部**Re**冲突，这里用R表示。虽然例 5.1.6 中R为地球半径，但一般并不会发生混淆。

5.2 正则摄动问题

下面根据不同方程类型给出正则摄动问题的一些例子。

5.2.1 代数方程

例 5.2.1 求以下含小参数ϵ的一元三次代数方程的渐近解：

$$x^3-(4+\epsilon)x+2\epsilon=0 \tag{5.2.1}$$

将以上方程记为

eq = $x^3-(4+\epsilon)x+2\epsilon==0$

这是一个正则摄动问题。首先将x用ϵ的幂级数展开：

x2s[n_]: = $x \to (\mathrm{Sum}[a_i\epsilon^i, \{i, 0, n\}] + O[\epsilon]^{n+1})$

对于正则摄动问题，其退化方程(5.2.2)的解就是级数的首项a_0。

eq0 = eq/. $\epsilon \to 0$

$$-4x+x^3==0 \tag{5.2.2}$$

a0 = Solve[eq0, x]/. $x \to a_0$

$$\{\{a_0\to-2\},\{a_0\to0\},\{a_0\to2\}\}$$

首项解有三个，分别对应方程的三个级数解。下面以$a_0=-2$为例：

```
eqs = Simplify[eq/.x2s[5]/.a0[[1]]]
```

$$(4+8a_1)\epsilon+(-a_1-6a_1^2+8a_2)\epsilon^2+(a_1^3-a_2-12a_1a_2+8a_3)\epsilon^3+(3a_1^2a_2-6a_2^2-a_3-12a_1a_3+8a_4)\epsilon^4+(3a_1^2a_3-12a_2a_3+3a_1(a_2^2-4a_4)-a_4+8a_5)\epsilon^5+O[\epsilon]^6==0$$

```
as = Solve[eqs, Array[a_#&, 5]][[1]]
```

$$\left\{a_1\to-\frac{1}{2},a_2\to\frac{1}{8},a_3\to-\frac{1}{16},a_4\to\frac{5}{128},a_5\to-\frac{7}{256}\right\}$$

```
x/.x2s[5]/.a0[[1]]/.as
```

$$-2-\frac{\epsilon}{2}+\frac{\epsilon^2}{8}-\frac{\epsilon^3}{16}+\frac{5\epsilon^4}{128}-\frac{7\epsilon^5}{256}+O[\epsilon]^6$$

其他两种情况可以同样处理。

实际上有更便捷的方法：对于简单的问题，可以一次求出所有解。

```
eqs = eq/.x2s[5]//Simplify;
sol = Solve[eqs, Array[a_#&, 6, 0]];
x/.x2s[5]/.sol
```

$$\left\{-2-\frac{\epsilon}{2}+\frac{\epsilon^2}{8}-\frac{\epsilon^3}{16}+\frac{5\epsilon^4}{128}-\frac{7\epsilon^5}{256}+O[\epsilon]^6,\frac{\epsilon}{2}-\frac{\epsilon^2}{8}+\frac{\epsilon^3}{16}-\frac{5\epsilon^4}{128}+\frac{7\epsilon^5}{256}+O[\epsilon]^6,2+O[\epsilon]^6\right\}\tag{5.2.3}$$

该方程的精确解为

```
sol = Solve[eq, x]//RotateLeft
```

$$\{\{x\to-1-\sqrt{1+\epsilon}\},\{x\to-1+\sqrt{1+\epsilon}\},\{x\to2\}\}$$

将精确解展开为如下级数形式，可验证式(5.2.3)：

```
Series[x/.sol, {ϵ, 0, 5}]
```

$$\left\{-2-\frac{\epsilon}{2}+\frac{\epsilon^2}{8}-\frac{\epsilon^3}{16}+\frac{5\epsilon^4}{128}-\frac{7\epsilon^5}{256}+O[\epsilon]^6,\frac{\epsilon}{2}-\frac{\epsilon^2}{8}+\frac{\epsilon^3}{16}-\frac{5\epsilon^4}{128}+\frac{7\epsilon^5}{256}+O[\epsilon]^6,2\right\}$$

MMA 12 及以后的版本可直接使用如下代码：

```
AsymptoticSolve[eq, x, {ϵ, 0, 5}]//RotateLeft
```

$$\left\{\left\{x\to-2-\frac{\epsilon}{2}+\frac{\epsilon^2}{8}-\frac{\epsilon^3}{16}+\frac{5\epsilon^4}{128}-\frac{7\epsilon^5}{256}\right\},\left\{x\to\frac{\epsilon}{2}-\frac{\epsilon^2}{8}+\frac{\epsilon^3}{16}-\frac{5\epsilon^4}{128}+\frac{7\epsilon^5}{256}\right\},\{x\to2\}\right\}$$

5.2.2 常微分方程

例 5.2.2 常微分方程的初值问题

$$y'(t)+y(t)=\epsilon y^2(t)\tag{5.2.4}$$

$$y(0)=1\tag{5.2.5}$$

将以上方程和初始条件记为

```
eq = y'[t] + y[t] == ϵy[t]^2
ic = y[0] == 1
```

虽然方程(5.2.4)中有一个非线性项$\epsilon y^2(t)$，但很容易求得其精确解：

DSolveValue[{eq, ic}, y[t], t]/. −1/a_ :→ 1/(−a)

$$\frac{1}{\mathrm{e}^t+\epsilon-\mathrm{e}^t\epsilon} \tag{5.2.6}$$

下面利用正则摄动法来求解。首先定义y的级数展开式

y2s[n_]: = y → (Sum[y_i[#]ϵ^i, {i, 0, n}] + O[ϵ]$^{n+1}$&)

代入式(5.2.4)和式(5.2.5)可得各阶方程和相应的初始条件：

eqs = LogicalExpand[eq/. y2s[5]]

$$y_0[t]+y_0{}'[t]==0\&\&-y_0[t]^2+y_1[t]+y_1{}'[t]==0\&\&-2y_0[t]y_1[t]+y_2[t]+y_2{}'[t]==0\&\&-y_1[t]^2-2y_0[t]y_2[t]+y_3[t]+y_3{}'[t]==0\&\&-2y_1[t]y_2[t]-2y_0[t]y_3[t]+y_4[t]+y_4{}'[t]==0\&\&-y_2[t]^2-2y_1[t]y_3[t]-2y_0[t]y_4[t]+y_5[t]+y_5{}'[t]==0$$

ics = LogicalExpand[ic/. y2s[5]]

$$-1+y_0[0]==0\&\&y_1[0]==0\&\&y_2[0]==0\&\&y_3[0]==0\&\&y_4[0]==0\&\&y_5[0]==0$$

求解联立方程组和初始条件，可得前六项解：

{ys} = DSolve[{eqs, ics}, Array[$y_{\#}$[t]&, 6, 0], t]

$$\{\{y_0[t]\to\mathrm{e}^{-t},y_1[t]\to\mathrm{e}^{-2t}(-1+\mathrm{e}^t),y_2[t]\to\mathrm{e}^{-3t}(-1+\mathrm{e}^t)^2,y_3[t]\to\mathrm{e}^{-4t}(-1+\mathrm{e}^t)^3,y_4[t]\to\mathrm{e}^{-5t}(-1+\mathrm{e}^t)^4,y_5[t]\to\mathrm{e}^{-6t}(-1+\mathrm{e}^t)^5\}\}$$

poly = y[t]/. y2s[5]/. ys//Normal

$$\mathrm{e}^{-t}+\mathrm{e}^{-2t}(-1+\mathrm{e}^t)\epsilon+\mathrm{e}^{-3t}(-1+\mathrm{e}^t)^2\epsilon^2+\mathrm{e}^{-4t}(-1+\mathrm{e}^t)^3\epsilon^3+\mathrm{e}^{-5t}(-1+\mathrm{e}^t)^4\epsilon^4+\mathrm{e}^{-6t}(-1+\mathrm{e}^t)^5\epsilon^5$$

先将上一式转化为列表，然后根据这六项来推测通项的形式：

list = List@@poly

$$\{\mathrm{e}^{-t},\mathrm{e}^{-2t}(-1+\mathrm{e}^t)\epsilon,\mathrm{e}^{-3t}(-1+\mathrm{e}^t)^2\epsilon^2,\mathrm{e}^{-4t}(-1+\mathrm{e}^t)^3\epsilon^3,\mathrm{e}^{-5t}(-1+\mathrm{e}^t)^4\epsilon^4,\mathrm{e}^{-6t}(-1+\mathrm{e}^t)^5\epsilon^5\}$$

gt[i_] = FindSequenceFunction[list, i]//FullSimplify//PowerExpand//TrigReduce

$$\frac{(1-\mathrm{e}^{-t})^i\epsilon^{-1+i}}{-1+\mathrm{e}^t}$$

将$y(t)$表示为级数和的形式，即

sum[gt[i], {i, 1, ∞}]

$$\sum_{i=1}^{\infty}\frac{(1-\mathrm{e}^{-t})^i\epsilon^{-1+i}}{-1+\mathrm{e}^t} \tag{5.2.7}$$

该级数收敛时需要满足的条件为

Simplify[SumConvergence[gt[i], i], ϵ > 0&&t ≥ 0]

$$\epsilon<\frac{\mathrm{e}^t}{-1+\mathrm{e}^t} \tag{5.2.8}$$

利用通项公式求和可以再次得到精确解(5.2.6)：

Sum[gt[i], {i, 1, ∞}]/. −1/a_ :→ 1/(−a)

$$\frac{1}{\mathrm{e}^t+\epsilon-\mathrm{e}^t\epsilon}$$

值得说明的是，级数解(5.2.7)收敛的条件是式(5.2.8)，而求和以后得到精确解(5.2.6)则没有这个限制。

本例也可以使用内置函数直接得到级数展开式：

AsymptoticDSolveValue[{eq, ic}, *y*[*t*], *t*, {*ϵ*, 0, 5}]

$$\mathrm{e}^{-t}+\mathrm{e}^{-2t}(-1+\mathrm{e}^{t})\epsilon+\mathrm{e}^{-3t}(-1+\mathrm{e}^{t})^2\epsilon^2+\mathrm{e}^{-4t}(-1+\mathrm{e}^{t})^3\epsilon^3+\mathrm{e}^{-5t}(-1+\mathrm{e}^{t})^4\epsilon^4+\mathrm{e}^{-6t}(-1+\mathrm{e}^{t})^5\epsilon^5$$

例 5.2.3 抛射体问题（即例 5.1.6 中无量纲化后的问题）：

$$y''(t)+\frac{1}{1+\epsilon y(t)^2}=0,\quad y(0)=0,y'(0)=1 \tag{5.2.9}$$

将以上方程和初始条件记为

eq = *y*"[*t*] + 1/(1 + *ϵy*[*t*])² == 0

ic1 = *y*[0] == 0; ic2 = *y*′[0] == 1;

将y展开为级数并代入方程和初始条件，可得联立的方程组

y2s[n_]: = *y* → (Sum[*y*_*i*[#]*ϵ*^*i*, {*i*, 0, *n*}] + *O*[*ϵ*]^(*n*+1)&)

eqs = LogicalExpand[eq/. y2s[4]]//Simplify

$$3y_0[t]^5+6y_0[t]^2y_2[t]+y_0[t](6y_1[t]^2-3y_3[t])+y_4[t]==y_1[t](10y_0[t]^3+3y_2[t])\&\&1+y_0''[t]==0\&\&2y_0[t]==y_1''[t]\&\&3y_0[t]^2+y_2''[t]==2y_1[t]\&\&4y_0[t]^3+2y_2[t]==6y_0[t]y_1[t]+y_3''[t]\&\&5y_0[t]^4+3y_1[t]^2+6y_0[t]y_2[t]+y_4''[t]==2(6y_0[t]^2y_1[t]+y_3[t])$$

ic1s = LogicalExpand[ic1/. y2s[4]]

$$y_0[0]==0\&\&y_1[0]==0\&\&y_2[0]==0\&\&y_3[0]==0\&\&y_4[0]==0$$

ic2s = LogicalExpand[ic2[[1]] − ic2[[2]] + *O*[*ϵ*]⁵ == 0/. y2s[4]]

$$-1+y_0'[0]==0\&\&y_1'[0]==0\&\&y_2'[0]==0\&\&y_3'[0]==0\&\&y_4'[0]==0$$

由**eqs**可知，非线性项变成了线性方程的非齐次项（已知）。

直接联立求解微分方程组，可得

{y5} = DSolve[{Rest[eqs], ic1s, ic2s}, Array[*y*_#[*t*]&, 5, 0], *t*]

***y*[*t*]/. y2s[3]/. ysol**

$$\frac{1}{2}(2t-t^2)+\frac{1}{12}(4t^3-t^4)\epsilon+\frac{1}{360}(-90t^4+66t^5-11t^6)\epsilon^2+\frac{(1008t^5-1428t^6+584t^7-73t^8)\epsilon^3}{5040}+O[\epsilon]^4 \tag{5.2.10}$$

【练习题 5.1】 尝试用**AsymptoticDSolveValue**求解例 5.2.3。

5.2.3 偏微分方程

例 5.2.4 求无粘不可压缩流体绕微小变形圆柱的流动，如图 5.2.1 所示。设柱体截面周线Γ的方程为$r=a(1-\epsilon\sin^2(\theta))$，其中$r$，$\theta$为极坐标。$U$为无穷远处来流流速。流函数$\psi$满足 Laplace 方程，在极坐标下可以写成

$$\Delta\psi=\psi_{rr}+\frac{1}{r}\psi_r+\frac{1}{r^2}\psi_{\theta\theta}=0 \tag{5.2.11}$$

柱体表面上的边界条件为

$$\psi|_{\Gamma}=0, \Gamma: r=a\left(1-\epsilon\sin^2(\theta)\right) \tag{5.2.12}$$

无穷远处的边界条件为

$$\psi=Ur\sin(\theta), \quad \rho\to\infty \tag{5.2.13}$$

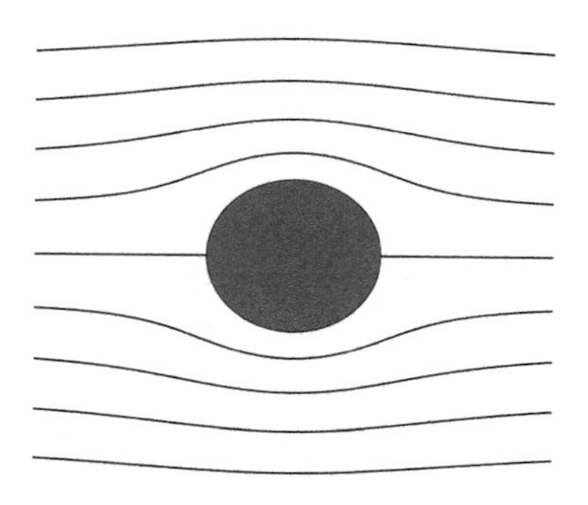

图 5.2.1　微小变形圆柱绕流示意图

将以上方程和边界条件记为

eq = Laplacian[ψ[r, θ], {r, θ}, "Polar"] == 0//Expand

bc1 = ψ[a(1 − ϵSin[θ]^2), θ] == 0; bc2 = ψ[r, θ] == UrSin[θ]

在本问题中，小参数ϵ出现在边界条件，即式(5.2.12)中。采用正则摄动法求解。

先求首项近似。可以预期，首项解应该就是圆柱绕流的解。

bc10 = bc1/. ϵ → 0

$$\psi[a,\theta]==0$$

采用经典的分离变量法，将偏微分方程(5.2.11)变为两个独立的常微分方程：

psi2RS = ψ → (R[#1]S[#2]&)

eq0 = eq/. psi2RS

$$\frac{S[\theta]R'[r]}{r}+S[\theta]R''[r]+\frac{R[r]S''[\theta]}{r^2}==0$$

Map[r^2 #/(S[θ]R[r]) &, eq0]//Expand

$$\frac{rR'[r]}{R[r]}+\frac{r^2R''[r]}{R[r]}+\frac{S''[\theta]}{S[\theta]}==0$$

eqS = Select[%[[1]], FreeQ[#, R]&] == −k

$$\frac{S''[\theta]}{S[\theta]}==-k \tag{5.2.14}$$

eqR = Select[tmp[[1]], FreeQ[#, S]&] == k

$$\frac{rR'[r]}{R[r]}+\frac{r^2R''[r]}{R[r]}==k \tag{5.2.15}$$

圆柱上的边界条件变为

bc10/. ψ → (R[#1]S[#2]&)

R1 = Solve[%, R[a]][[1]]

$$\{R[a]\to 0\}$$

无穷远处的边界条件变为

```
Map[#/S[θ]/r/U&,bc2/.ψ → (R[#1]S[#2]&)]
```

$$\frac{R[r]}{rU}==\frac{\mathrm{Sin}[\theta]}{S[\theta]}$$

```
R2 = %[[1]] == m
```

$$\frac{R[r]}{rU}==m$$

```
S2 = Map[S[θ]#&,%%[[2]] == m]
```

$$\mathrm{Sin}[\theta]==mS[\theta]$$

先求解周向方程。为简单起见，令$c_2=1$，可得

```
theta = DSolve[eqS,S[θ],θ][[1]]/.C[2] → 1
```

$$\left\{S[\theta]\to c_1\mathrm{Cos}\left[\sqrt{k}\theta\right]+\mathrm{Sin}\left[\sqrt{k}\theta\right]\right\}$$

下面确定c_1，k和m的取值：

```
Map[1/m #&,S2/.theta]//Expand
```

$$\mathrm{Sin}[\theta]/m==c_1\mathrm{Cos}[\sqrt{k}\theta]+\mathrm{Sin}[\sqrt{k}\theta]$$

```
%/.a_.Sin[b_] + c_:0Cos[b_] :→ {a,b,c}
```

$$\{1/m,\theta,0\}==\left\{1,\sqrt{k}\theta,c_1\mathrm{Cos}\left[\sqrt{k}\theta\right]\right\}$$

```
sol = Solve[%,{C[1],k,m}][[1]]//Quiet
```

$$\{c_1\to 0,k\to 1,m\to 1\}$$

这样就确定了$S(\theta)$，即

```
SF = theta/.sol//toPure
```

$$\{S\to \mathrm{Function}[\{\theta\},\mathrm{Sin}[\theta]]\}$$

再求解径向方程。先求出通解，再根据边界条件确定待定常数，可得

```
rsol = DSolve[eqR/.sol,R,r][[1]]
```

$$\left\{R\to \mathrm{Function}\left[\{r\},\frac{c_1}{r}+rc_2\right]\right\}$$

```
C2 = Solve[Map[Limit[#,r → ∞]&,R2/.rsol/.sol],C[2]][[1]]
```

$$\{c_2\to U\}$$

```
C1 = Solve[R1/.Rule → Equal/.rsol/.C2,C[1]][[1]]
```

$$\{c_1\to -a^2U\}$$

这样就得到零阶解（退化解），即圆柱绕流的解：

```
rhs = ψ[r,θ]/.psi2RS/.rsol/.SF/.C1/.C2
```

$$\left(-\frac{a^2U}{r}+rU\right)\mathrm{Sin}[\theta] \tag{5.2.16}$$

```
psi0 = DSolve[ψ0[r,θ] == rhs,ψ0,{r,θ}][[1]]
```

$$\left\{\psi_0\to \mathrm{Function}\left[\{r,\theta\},-\frac{(a^2U-r^2U)\mathrm{Sin}[\theta]}{r}\right]\right\} \tag{5.2.17}$$

有经验的研究者可以通过观察边界条件，即式(5.2.13)的形式，直接假设$\psi(r,\theta)=$

$R(r)\sin(\theta)$，这样计算更加简便。

图 5.2.2 给出无粘不可压缩流体绕圆柱的流动，其中实线为流函数，虚线为势函数，两者相互垂直。可见绕微小变形圆柱的流动（见图 5.2.1）与其没有本质的区别。

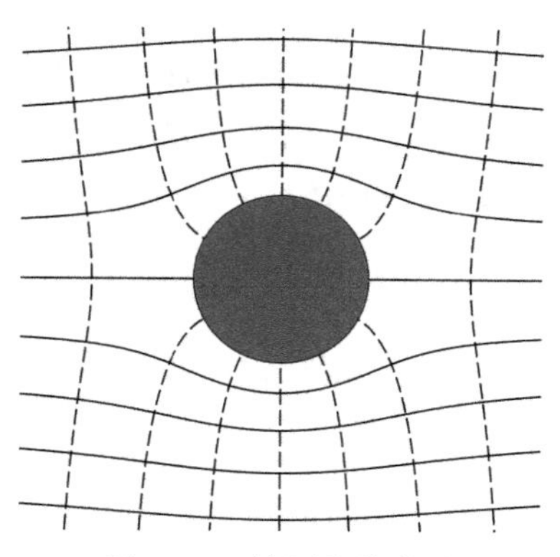

图 5.2.2　绕圆柱的流动

下面求一阶近似，首先得到相应的控制方程和边界条件。定义流函数的级数展开式并代入式(5.2.11)至式(5.2.13)，可得联立的方程组和边界条件方程组：

psi2S[n_]: = $\boldsymbol{\psi}$ → (Sum[$\boldsymbol{\epsilon^i \psi_i}$[#1, #2], {$\boldsymbol{i}$, 0, $\boldsymbol{n}$}]&);

EQ = eq[[1]] − eq[[2]] + $\boldsymbol{O[\epsilon]^{n+1}}$ == 0/. psi2S[$\boldsymbol{n}$]/. $\boldsymbol{n}$ → 2

$$\left(\frac{{\psi_0}^{(0,2)}[r,\theta]}{r^2}+\frac{{\psi_0}^{(1,0)}[r,\theta]}{r}+{\psi_0}^{(2,0)}[r,\theta]\right)+\left(\frac{{\psi_1}^{(0,2)}[r,\theta]}{r^2}+\frac{{\psi_1}^{(1,0)}[r,\theta]}{r}+{\psi_1}^{(2,0)}[r,\theta]\right)\epsilon$$
$$+\left(\frac{{\psi_2}^{(0,2)}[r,\theta]}{r^2}+\frac{{\psi_2}^{(1,0)}[r,\theta]}{r}+{\psi_2}^{(2,0)}[r,\theta]\right)\epsilon^2+O[\epsilon]^3==0$$

BC1 = bc1[[1]] − bc1[[2]] + $\boldsymbol{O[\epsilon]^{n+1}}$ == 0/. psi2S[$\boldsymbol{n}$]/. $\boldsymbol{n}$ → 2

$$\psi_0[a,\theta]+(\psi_1[a,\theta]-a\mathrm{Sin}[\theta]^2{\psi_0}^{(1,0)}[a,\theta])\epsilon+(\psi_2[a,\theta]-a\mathrm{Sin}[\theta]^2{\psi_1}^{(1,0)}[a,\theta]$$
$$+1/2\,a^2\mathrm{Sin}[\theta]^4{\psi_0}^{(2,0)}[a,\theta])\epsilon^2+O[\epsilon]^3==0$$

BC2 = bc2[[1]] − bc2[[2]] + $\boldsymbol{O[\epsilon]^{n+1}}$ == 0/. psi2S[$\boldsymbol{n}$]/. $\boldsymbol{n}$ → 2//Simplify

$$(-rU\mathrm{Sin}[\theta]+\psi_0[r,\theta])+\psi_1[r,\theta]\epsilon+\psi_2[r,\theta]\epsilon^2+O[\epsilon]^3==0$$

{eqs, bc1s, bc2s} = LogicalExpand/@{EQ, BC1, BC2}

其中首项近似解(5.2.17)已经求出。

一阶近似下的方程和边界条件为

{eq1, bc11, bc12} = {eqs[[2]], bc1s[[2]], bc2s[[2]]}/. psi0//TrigReduce//Expand

$$\left\{\frac{{\psi_1}^{(0,2)}[r,\theta]}{r^2}+\frac{{\psi_1}^{(1,0)}[r,\theta]}{r}+{\psi_1}^{(2,0)}[r,\theta]==0,-\frac{3}{2}aU\mathrm{Sin}[\theta]+\frac{1}{2}aU\mathrm{Sin}[3\theta]+\psi_1[a,\theta]=\right.$$
$$\left.=0,\psi_1[r,\theta]==0\right\}$$

根据边界条件，将上述问题分为两个子问题求解。

(1) 子问题 1

$$\frac{{\psi_1}^{(0,2)}[r,\theta]}{r^2}+\frac{{\psi_1}^{(1,0)}[r,\theta]}{r}+{\psi_1}^{(2,0)}[r,\theta]==0,\psi_1[a,\theta]==\frac{3}{2}aU\mathrm{Sin}[\theta]+0,\psi_1[\infty,\theta]==0$$

与首项近似求解类似，这里仍采用分离变量法，如果根据边界条件猜出了解的正确形式，则只要求解径向方程即可，简化了求解过程。

psi11 = ψ_1 → (R_{11}[#1]Sin[#2]&)

得到相应的方程和边界条件：

eq11 = Map[# r/Sin[θ] &, eq1/. psi11//Simplify]//Expand

$$-R_{11}[r]+rR_{11}{}'[r]+r^2R_{11}{}''[r]==0$$

bc11A = bc11/. Sin[3θ] → 0/. psi11/. Sin[θ] → 1

$$-\frac{3aU}{2}+R_{11}[a]==0$$

先求通解并根据边界条件确定两个待定常数，可得子问题 1 的解。

R11 = DSolve[eq11, R_{11}, r][[1]]

$$\left\{R_{11}\to\text{Function}\left[\{r\},\frac{c_1}{r}+rc_2\right]\right\}$$

Map[#/r &, bc12/. ψ_1 → (R_{11}[#1]Sin[#2]&)/. R11/. Sin[θ] → 1//Expand]//Simplify

$$\frac{c_1}{r^2}+c_2==0$$

C2 = Solve[Limit[%[[1]], r → ∞] == %[[2]], C[2]][[1]]

$$\{c_2\to 0\}$$

C1 = Solve[bc11A/. R11/. C2, C[1]][[1]]

$$\left\{c_1\to\frac{3a^2U}{2}\right\}$$

sol11 = ψ_1[r, θ]/. psi11/. R11/. C1/. C2

$$\frac{3a^2U\text{Sin}[\theta]}{2r}$$

(2) 子问题 2

$$\frac{\psi_1{}^{(0,2)}[r,\theta]}{r^2}+\frac{\psi_1{}^{(1,0)}[r,\theta]}{r}+\psi_1{}^{(2,0)}[r,\theta]==0,\psi_1[a,\theta]==-\frac{1}{2}aU\text{Sin}[3\theta],\psi_1[\infty,\theta]==0$$

与子问题 1 类似，同样可以求得

psi12 = ψ_1 → (R_{12}[#1]Sin[3#2]&)
eq12 = Map[# r/Sin[3θ] &, eq1/. psi12//Simplify]//Expand
{R12} = DSolve[eq12, R_{12}, r]
bc11B = bc11/. Sin[θ] → 0/. psi12
bc12/. ψ_1 → (R_{12}[#1]Sin[3#2]&)/. R12/. Sin[3θ] → 1//Expand
{C2} = Solve[Map[Limit[#, r → ∞]&, Map[#/r^3 &, %]], C[2]]
{C1} = Solve[bc11B/. R12/. Sin[3θ] → 1/. C2, C[1]]
sol12 = ψ_1[r, θ]/. psi12/. R12/. C1/. C2

$$-\frac{a^4U\text{Sin}[3\theta]}{2r^3}$$

于是，可得一阶方程的解：

```
psi1 = DSolve[ψ1[r,θ] == sol11 + sol12, ψ1, {r,θ}][[1]]
```

$$\left\{\psi_1 \to \text{Function}\left[\{r,\theta\}, -\frac{U(-3a^2r^2\text{Sin}[\theta]+a^4\text{Sin}[3\theta])}{2r^3}\right]\right\} \tag{5.2.18}$$

综合以上结果，这样就得到一阶近似解:

```
Collect[ψ0[r,θ] + ψ1[r,θ]ϵ/.Join[psi0, psi1], {ϵU, Sin[θ]}, Collect[#, U, FactorTerms]&]
```

$$\left(-\frac{a^2U}{r}+rU\right)\text{Sin}[\theta]+U\epsilon\left(\frac{3a^2\text{Sin}[\theta]}{2r}-\frac{a^4\text{Sin}[3\theta]}{2r^3}\right) \tag{5.2.19}$$

【练习题 5.2】 求例 5.2.4 的二阶近似解。

例 5.2.5 圆薄板在均布载荷下的大挠度问题。

已知轴对称情况下圆薄板大挠度微分方程为

$$\mathbb{D}\frac{1}{r}\frac{\mathrm{d}}{\mathrm{d}r}\left(r\frac{\mathrm{d}}{\mathrm{d}r}\left(\frac{1}{r}\frac{\mathrm{d}}{\mathrm{d}r}\left(r\frac{\mathrm{d}w}{\mathrm{d}r}\right)\right)\right)-\frac{1}{r}\frac{\mathrm{d}}{\mathrm{d}r}\left(r\mathbb{N}\frac{\mathrm{d}w}{\mathrm{d}r}\right)=q_0 \tag{5.2.20}$$

$$r^2\frac{\mathrm{d}^2\mathbb{N}}{\mathrm{d}r^2}+3r\frac{\mathrm{d}\mathbb{N}}{\mathrm{d}r}+\frac{\mathbb{E}h}{2}\left(\frac{\mathrm{d}w}{\mathrm{d}r}\right)^2=0 \tag{5.2.21}$$

圆薄板周边固定时的边界条件为

$$w(r)|_{r=a}=0 \tag{5.2.22}$$

$$\left.\frac{\mathrm{d}w}{\mathrm{d}r}\right|_{r=a}=0 \tag{5.2.23}$$

$$\left.\frac{\mathrm{d}}{\mathrm{d}r}(r\mathbb{N})-\mu\mathbb{N}\right|_{r=a}=0 \tag{5.2.24}$$

式中，$w(r)$是薄板中面在半径r处的法向位移，即挠度；$\mathbb{N}$是径向薄膜应力；a为圆板半径；h为圆板厚度；μ为材料的泊松比；q_0为圆板所受均布载荷；$\mathbb{E}$为材料的弹性模量；$\mathbb{D}$为薄板的弯曲刚度，

$$\mathbb{D}=\frac{\mathbb{E}h^3}{12(1-\mu^2)} \tag{5.2.25}$$

首先将式(5.2.20)至式(5.2.24)无量纲化。原方程和边界条件表示为

```
eq1 = 𝔻/rD[rD[D[rD[w[r],r],r]/r,r],r] − D[rℕ[r]D[w[r],r],r]/r == q0;
eq2 = r^2D[ℕ[r],{r,2}] + 3rD[ℕ[r],r] + 𝔼t D[w[r],r]^2/2 == 0;
bc1 = w[a] == 0;
bc2 = w'[a] == 0;
bc3 = D[rℕ[r],r] − μℕ[r] == 0/.r → a;
```

将方程(5.2.20)右端项移到左端，乘以r后积分一次，可得

```
eq1a = Collect[(eq1[[1]] − eq1[[2]])r, {𝔻, q0}, Integrate[Expand[#], r]&] == c
```

$$-\frac{1}{2}r^2q_0-r\mathbb{N}[r]w'[r]+\mathbb{D}\left(-\frac{w'[r]}{r}+w''[r]+rw^{(3)}[r]\right)==c \tag{5.2.26}$$

式中，c为积分常数。

将上式两端除以r，可得

```
tmp = Thread[eq1a/r, Equal]//Expand//Collect[#, 𝔻]&
```

$$-\frac{rq_0}{2}-\mathbb{N}[r]w'[r]+\mathbb{D}\left(-\frac{w'[r]}{r^2}+\frac{w''[r]}{r}+w^{(3)}[r]\right)==\frac{c}{r} \tag{5.2.27}$$

对于轴对称问题，由于变形的对称性，必有

$$w'[0]=0$$

注意到极坐标系中横向剪切力$Q=-\mathbb{D}(\Delta w)'$，即

```
Q = −𝔻D[Laplacian[w[r], {r, θ}, "Polar"], r]
```

$$-\mathbb{D}(-\frac{w'[r]}{r^2}+\frac{w''[r]}{r}+w^{(3)}[r])$$

可见上式正是方程(5.2.27)左端第 3 项。同样由于轴对称，在圆板的中心($r=0$)处，剪切力应该为零，即

$$Q(0)=0$$

由此可知，式(5.2.26)中积分常数$c=0$。这样便得到

```
eq1b = Thread[(tmp/. c → 0) + r q0/2 , Equal]
```

$$-\mathbb{N}[r]w'[r]+\mathbb{D}\left(-\frac{w'[r]}{r^2}+\frac{w''[r]}{r}+w^{(3)}[r]\right)==\frac{rq_0}{2} \tag{5.2.28}$$

引入如下无量纲量：

$$\eta=1-\frac{r^2}{a^2} \tag{5.2.29}$$

$$W(\eta)=\frac{w(r)}{h} \tag{5.2.30}$$

$$S(\eta)=\frac{\mathbb{N}(r)a^2}{\mathbb{E}h^2} \tag{5.2.31}$$

$$P=\frac{q_0a^2}{\mathbb{E}h^4}(1-\mu^2) \tag{5.2.32}$$

由式(5.2.29)可得

```
r2η = Solve[η == 1 − r^2/a^2 , r]//Simplify[#, a > 0]&//Last
```

$$\{r\to a\sqrt{1-\eta}\} \tag{5.2.33}$$

由式(5.2.30)可得

```
w2W = w → (h W[R[#]]&);
```

由式(5.2.32)可得

```
q0 = Solve[P == q0 a^4 (1 − μ^2)/(𝔼h^4) , q0][[1]]
```

$$\left\{q_0\to-\frac{h^4P\mathbb{E}}{a^4(-1+\mu^2)}\right\} \tag{5.2.34}$$

由式(5.2.31)可得

```
N2S = DSolve[S[R[r]] == ℕ[r] a^2/(𝔼h^3) , ℕ, r][[1]]
```

$$\left\{\mathbb{N}\to\text{Function}\left[\{r\},\frac{h^3\mathbb{E}S[R[r]]}{a^2}\right]\right\} \tag{5.2.35}$$

由式(5.2.25)可得

```
D$ = ToRules[𝔻 == 𝔼 h^3/(12(1 − μ^2))]
```

$$\left\{\mathbb{D}\to\frac{h^3\mathbb{E}}{12(1-\mu^2)}\right\} \tag{5.2.36}$$

无量纲化以后的控制方程和边界条件：

```
(eq1b/. w2W/. N2S/. R[r] → η/. η2r/. r2η/. q0)/. Reverse@@r2η/. D$
  //FullSimplify[#, a > 0&&0 < η < 1&&h > 0&&𝔼 > 0&&0 < μ < 1]&
```

$$3(P+4(-1+\mu^2)S[\eta]W'[\eta])==8W''[\eta]+4(-1+\eta)W^{(3)}[\eta]$$

```
lhs1 = Collect[Expand[(%[[1]] − %[[2]])/4], {W′[η]S[η], W″[η], W⁽³⁾[η]},
    FactorTerms]
eq11 = lhs1 == 0
```

$$\frac{3P}{4}+3(-1+\mu^2)S[\eta]W'[\eta]-2W''[\eta]+(1-\eta)W^{(3)}[\eta]==0 \tag{5.2.37}$$

```
(eq2/. w2W/. N2S/. R[r] → η/. η2r/. r2η/. q0)/. Reverse@@r2η
  //Simplify[#, h > 0&&a > 0&&𝔼 > 0&&0 < η < 1]&
eq21 = Subtract@@% == 0
```

$$4S'[\eta]-W'[\eta]^2+2(-1+\eta)S''[\eta]==0 \tag{5.2.38}$$

方程(5.2.37)和方程(5.2.38)就是轴对称圆薄板受均布载荷作用时的无量纲方程组。

```
bc11 = bc1/. w2W/. η2r//Simplify[#, h > 0]&
```

$$W[0]==0 \tag{5.2.39}$$

```
bc21 = bc2/. w2W/. η2r//Simplify[#, h > 0&&a > 0]&
```

$$W'[0]==0 \tag{5.2.40}$$

```
bc31 = bc3/. N2S/. η2r//Simplify[#, 𝔼 > 0&&h > 0&&a > 0]&
```

$$\mu S[0]+2S'[0]==S[0] \tag{5.2.41}$$

式(5.2.39)至式(5.2.41)就是无量纲化后的边界条件。

定义如下三个级数展开式：

```
P2S[n_]: = P → Sum[p_i ϵ^i, {i, 1, n}] + O[ϵ]^(n+1);
W2S[n_]: = W → (Sum[w_i[#]ϵ^i, {i, 1, n}] + O[ϵ]^(n+1)&);
S2S[n_]: = S → (Sum[s_i[#]ϵ^i, {i, 1, n}] + O[ϵ]^(n+1)&);
```

式中，参数ϵ定义为薄板中心处的挠度$w(0)$与薄板厚度h之比，即

$$\epsilon=\frac{w(0)}{h}=W(1) \tag{5.2.42}$$

将级数展开式代入控制方程和边界条件，即式(5.2.37)至式(5.2.41)，可得联立的方程组：

```
(eq1s = LogicalExpand[eq11/. {P2S[4], W2S[4], S2S[4]}])//Short
```

$$\frac{3p_1}{4}-2{w_1}''[\eta]-(-1+\eta){w_1}^{(3)}[\eta]==0\&\&\ll 2\gg==0\&\&\frac{3p_4}{4}+\ll 7\gg==0$$

```
eq2s = LogicalExpand[(eq21[[1]]/. {W2S[4], S2S[4]}) + O[ϵ]^5 == 0]
```

$$4{s_1}'[\eta]+2(-1+\eta){s_1}''[\eta]==0\&\&4{s_2}'[\eta]-{w_1}'[\eta]^2+2(-1+\eta){s_2}''[\eta]==0$$
$$\&\&4{s_3}'[\eta]-2{w_1}'[\eta]{w_2}'[\eta]+2(-1+\eta){s_3}''[\eta]==0$$
$$\&\&4{s_4}'[\eta]-{w_2}'[\eta]^2-2{w_1}'[\eta]{w_3}'[\eta]+2(-1+\eta){s_4}''[\eta]==0$$

```
bc1s = LogicalExpand[bc11/. W2S[4]]
```

$$w_1[0] == 0\&\&w_2[0] == 0\&\&w_3[0] == 0\&\&w_4[0] == 0$$

bc2s = LogicalExpand[(bc21[[1]]/. W2S[4]) + *O*[ϵ]^5 == 0]

$$w_1{}'[0] == 0\&\&w_2{}'[0] == 0\&\&w_3{}'[0] == 0\&\&w_4{}'[0] == 0$$

bc3s = LogicalExpand[bc31/. S2S[4]]

$$-s_1[0] + \mu s_1[0] + 2s_1{}'[0] == 0\&\& - s_2[0] + \mu s_2[0] + 2s_2{}'[0] == 0$$
$$\&\& - s_3[0] + \mu s_3[0] + 2s_3{}'[0] == 0\&\& - s_4[0] + \mu s_4[0] + 2s_4{}'[0] == 0$$

取出ϵ阶的方程和对应的边界条件：

ord1 = getOrd[1]/@{eq1s, eq2s, bc1s, bc2s, bc3s}

$$\left\{\begin{matrix}\frac{3p_1}{4} - 2w_1{}''[\eta] - (-1+\eta)w_1{}^{(3)}[\eta] == 0, 4s_1{}'[\eta] + 2(-1+\eta)s_1{}''[\eta] == 0, \\ w_1[0] == 0, w_1{}'[0] == 0, -s_1[0] + \mu s_1[0] + 2s_1{}'[0] == 0\end{matrix}\right\}$$

ws1 = DSolve[ord1, {*w*₁, *s*₁}, *η*]//Simplify//Flatten

$$\left\{w_1 \to \text{Function}\left[\{\eta\}, \frac{1}{16}(16\mathrm{i}\pi c_1 - 16\eta c_1 - 16c_1\text{Log}[-1+\eta] - 6\mathrm{i}\pi p_1 + 6\eta p_1 + 3\eta^2 p_1 + 6\text{Log}[-1+\eta]p_1)\right], s_1 \to \text{Function}\left[\{\eta\}, -\frac{(-2+\eta+\eta\mu)c_4}{(-1+\eta)(-1+\mu)}\right]\right\}$$

根据$w_1{}'(1)$的有界性可以确定c_1：

BC4 = *w*₁'[*η*] == *a*/. ws1//Simplify

$$\frac{\eta(-8c_1 + 3\eta p_1)}{8(-1+\eta)} == a$$

式中，a为任意有限常数。

Solve[BC4, *C*[1]][[1]]

c1 = Limit[#, *η* → 1]&/@%[[1]]

$$c_1 \to \frac{3p_1}{8}$$

根据$w_1(1) = 1$可以确定p_1：

BC5 = Limit[*w*₁[*η*]/. ws1/. c1, *η* → 1] == 1

$$\frac{3p_1}{16} == 1$$

p1 = Solve[Limit[*w*₁[*η*]/. ws1/. c1, *η* → 1] == 1, *p*₁][[1]]

$$\left\{p_1 \to \frac{16}{3}\right\} \tag{5.2.43}$$

根据$s_1(1)$有界可以确定c_4：

c4 = Solve[(*s*₁[*η*]/. ws1) == *b*, *C*[4]][[1]]/. *η* → 1

$$\{c_4 \to 0\}$$

式中，b为任意有限常数。

这样就确定了ϵ阶近似方程组的解$w_1(\eta)$和$s_1(\eta)$：

w1 = DSolve[*w*₁[*η*] == (*w*₁[*η*]/. ws1/. c1/. p1), *w*₁, *η*][[1]]

$$\{w_1 \to \text{Function}[\{\eta\}, \eta^2]\} \tag{5.2.44}$$

```
s1 = DSolve[s1[η] == (s1[η]/. ws1/. c4), s1, η][[1]]
```

$$\{s_1 \to \text{Function}[\{\eta\}, 0]\} \tag{5.2.45}$$

这就是小挠度弯曲理论的结果。

取出ϵ^2阶的方程和对应的边界条件，并把解(5.2.44)和式(5.2.45)代入可得

```
ord2 = getOrd[2]/@{eq1s, eq2s, bc1s, bc2s, bc3s}/. w1/. s1
```

$$\left\{\frac{3p_2}{4} - 2w_2''[\eta] - (-1+\eta)w_2^{(3)}[\eta] == 0, -4\eta^2 + 4s_2'[\eta] + 2(-1+\eta)s_2''[\eta] == 0, w_2[0] == 0, w_2'[0] == 0, -s_2[0] + \mu s_2[0] + 2s_2'[0] == 0\right\}$$

```
ws2 = DSolve[ord2, {w2, s2}, η]//Flatten
```

$$\left\{w_2 \to \text{Function}\left[\{\eta\}, \frac{1}{16}(16\text{i}\pi c_1 - 16\eta c_1 - 16c_1\text{Log}[-1+\eta] - 6\text{i}\pi p_2 + 6\eta p_2 + 3\eta^2 p_2 + 6\text{Log}[-1+\eta]p_2)\right], s_2 \to \text{Function}\left[\{\eta\}, \frac{-\eta^4 + \eta^4\mu + 12c_4 - 6\eta c_4 - 6\eta\mu c_4}{6(-1+\eta)(-1+\mu)}\right]\right\}$$

根据$w_2'(1)$的有界性可以确定c_1：

```
BC4 = w2'[η] == b/. ws2//Simplify
```

$$\frac{\eta(-8c_1 + 3\eta p_2)}{8(-1+\eta)} == a$$

```
Solve[BC4, C[1]][[1]]
c1 = Solve[BC4, C[1]][[1]]/. η → 1
```

$$\left\{c_1 \to \frac{3p_2}{8}\right\}$$

根据$w_2(1) = 0$可以确定p_2：

```
BC5 = (w2[η]/. ws2/. c1) == 0
```

$$\frac{3\eta^2 p_2}{16} == 0$$

```
p2 = Solve[BC5, p2][[1]]
```

$$\{p_2 \to 0\}$$

根据$s_2(1)$有界可以确定c_4：

```
c4 = Simplify@Solve[(s2[η]/. ws2) == b, C[4]][[1]]/. η → 1
```

$$\left\{c_4 \to \frac{1}{6}\right\}$$

这样就确定了ϵ^2阶近似方程组的解$w_2(\eta)$和$s_2(\eta)$：

```
w2 = DSolve[w2[η] == (w2[η]/. ws2/. c1/. p2), w2, η][[1]]
```

$$\{w_2 \to \text{Function}[\{\eta\}, 0]\} \tag{5.2.46}$$

```
s2 = DSolve[s2[η] == (s2[η]/. ws2/. c4//Simplify), s2, η][[1]]
```

$$\left\{s_2 \to \text{Function}\left[\{\eta\}, \frac{1}{6}\left(\eta + \eta^2 + \eta^3 - \frac{2}{-1+\mu}\right)\right]\right\} \tag{5.2.47}$$

这样便可得二阶近似解：

P/. P2S[2]/. p1/. p2

$$\frac{16\epsilon}{3}+O[\epsilon]^3 \tag{5.2.48}$$

$W[\eta]$/. W2S[2]/. w1/. w2

$$\eta^2\epsilon+O[\epsilon]^3 \tag{5.2.49}$$

$S[\eta]$/. S2S[2]/. s1/. s2

$$\frac{1}{6}\left(\eta+\eta^2+\eta^3-\frac{2}{-1+\mu}\right)\epsilon^2+O[\epsilon]^3 \tag{5.2.50}$$

该问题是正则摄动法的一个经典问题，详细内容可参考 Chien W Z(1947)的文章。也可以参考黄用宾等(1986)的教程。

【练习题 5.3】 继续计算三阶和四阶近似方程，得到四阶近似解。

5.3 奇异摄动问题

下面根据方程类型给出奇异摄动问题的一些例子。

5.3.1 代数方程

例 5.3.1 求以下代数方程的摄动解：

$$\epsilon x^2+x+1=0 \tag{5.3.1}$$

将以上方程记为

eq = $\epsilon x^2+x+1==0$;

该方程为含参数ϵ的一元二次代数方程，有两个根式解。

sol = Solve[eq, x]

$$\left\{\left\{x\to\frac{-1-\sqrt{1-4\epsilon}}{2\epsilon}\right\},\left\{x\to\frac{-1+\sqrt{1-4\epsilon}}{2\epsilon}\right\}\right\} \tag{5.3.2}$$

将上述解展开为精确到$O(\epsilon^5)$的幂级数，发现第 1 个级数的首项出现了负幂次项。

Series[x/. sol, {ϵ, 0, 7}]//Column

$$-\frac{1}{\epsilon}+1+\epsilon+2\epsilon^2+5\epsilon^3+14\epsilon^4+42\epsilon^5+132\epsilon^6+429\epsilon^7+O[\epsilon]^8 \tag{5.3.3a}$$

$$-1-\epsilon-2\epsilon^2-5\epsilon^3-14\epsilon^4-42\epsilon^5-132\epsilon^6-429\epsilon^7+O[\epsilon]^8 \tag{5.3.3b}$$

当$\epsilon=0$时，退化方程**eq0**降为一次方程，丢失一个解，因此属于奇异摄动问题。

eq0 = eq/. $\epsilon\to 0$

$$1+x==0$$

Solve[eq0, x]

$$\{\{x\to -1\}\}$$

退化方程的解正是第 2 个解的首项，可以预期这是能得到的正则摄动解(5.3.3b)。

(1) 正则摄动法

直接利用正则摄动法求解只能得到其中一个解。首先定义如下函数，将x展开为ϵ的幂级数，注意式(5.3.3a)中可出现ϵ的负幂次项，而式(5.1.4)仅包括非负幂次项。

```
x2S[n_Integer,x_:x,m_:0,a_:a]:= x → Sum[a_i ϵ^(i-m),{i,0,n}] + O[ϵ]^(n+1-m)
sol = Solve[eq/.x2S[7], Array[a_#&, 8, 0]][[1]]
x/.x2S[7]/.sol
```

$$-1-\epsilon-2\epsilon^2-5\epsilon^3-14\epsilon^4-42\epsilon^5-132\epsilon^6-429\epsilon^7+O[\epsilon]^8$$

这样只得到了第 2 个解，即式(5.3.3b)。正则摄动法的失败之处在于不能表示ϵ的负幂次项。

下面用主项平衡法对方程(5.3.1)进行分析。引入尺度变换

$$x=\frac{X}{\epsilon^{\alpha}} \tag{5.3.4}$$

式中，α是一个待定的常数。

```
three = List@@(eq[[1]]/.x → X/ϵ^α)
```

$$\{1, X^2\epsilon^{1-2\alpha}, X\epsilon^{-\alpha}\}$$

```
twos = Subsets[three,{2}]
```

$$\left\{\{1, X^2\epsilon^{1-2\alpha}\}, \{1, X\epsilon^{-\alpha}\}, \{X^2\epsilon^{1-2\alpha}, X\epsilon^{-\alpha}\}\right\}$$

```
ones = Map[Complement[three,#]&, twos]//Flatten
```

$$\{X\epsilon^{-\alpha}, X^2\epsilon^{1-2\alpha}, 1\}$$

```
eqs = Equal@@@Exponent[twos, ϵ]
```

$$\{0==1-2\alpha, 0==-\alpha, 1-2\alpha==-\alpha\}$$

```
alfa = Map[Solve, eqs]//Flatten
```

$$\left\{\alpha\to\frac{1}{2}, \alpha\to 0, \alpha\to 1\right\}$$

保留项之间达到平衡：

```
Thread[f[twos,alfa]]/.f → (#1/.#2&)/.X → 1
```

$$\left\{\{1,1\}, \{1,1\}, \left\{\frac{1}{\epsilon}, \frac{1}{\epsilon}\right\}\right\}$$

对应的剩余项的量级为

```
Thread[f[ones,alfa]]/.f → (#1/.#2&)/.X → 1
```

$$\left\{\left\{\frac{1}{\sqrt{\epsilon}}\right\}, \{\epsilon\}, \{1\}\right\}$$

下面分三种情况进行讨论。

(1) $\alpha=1/2$：忽略项远远大于保留项($1/\sqrt{\epsilon}\gg 1$)，不合理。

(2) $\alpha=0$：当$x=O(1)$时，$\epsilon x^2=O(\epsilon)$，相比之下是小量，可以忽略。即

$$x+1=0$$

这种情况下只能得到第 2 个解。

(3) $\alpha=1$：当$x=O(1/\epsilon)\gg 1$时，1可以忽略，此时$\epsilon x^2\sim x$。即

$$\epsilon x^2+x=0$$

由此得到$x=-1/\epsilon$，此即第 1 个级数解的首项。注意到这里出现了负幂次项，可以假设级数展开式中包含这一项，即将x展开如下：

x/.x2S[8,x,1]

$$\frac{a_0}{\epsilon}+a_1+a_2\epsilon+a_3\epsilon^2+a_4\epsilon^3+a_5\epsilon^4+a_6\epsilon^5+a_7\epsilon^6+a_8\epsilon^7+O[\epsilon]^8$$

这样就可以直接得到两个级数解，但这已经不是常规的正则摄动法了。

另一种做法是，引入尺度变换$x=X/\epsilon$，即$\alpha=1$，可得

eq1 = Simplify[eq/.x → X/ϵ, ϵ > 0]

$$X+X^2+\epsilon==0 \tag{5.3.5}$$

不难发现，原问题已经变成正则摄动问题。可以利用正则摄动法直接求出两个级数解：

sol = Solve[eq1/.x2S[8,X],Table[a_i,{i,0,8}]]

再将结果用原始变量表示

x == X/ϵ/.x2S[8,X]/.sol//Column

$$x==-\frac{1}{\epsilon}+1+\epsilon+2\epsilon^2+5\epsilon^3+14\epsilon^4+42\epsilon^5+132\epsilon^6+429\epsilon^7+O[\epsilon]^8$$
$$x==-1-\epsilon-2\epsilon^2-5\epsilon^3-14\epsilon^4-42\epsilon^5-132\epsilon^6-429\epsilon^7+O[\epsilon]^8$$

(2) 迭代法

将方程(5.3.1)改写成

$$x_{n+1}=-1-\epsilon x_n^2 \tag{5.3.6}$$

再将上式写成纯函数形式，并用**Nest**函数进行迭代，可得

Nest[(−1 − ϵ#1²)&, −1, 6] + O[ϵ]⁵

$$-1-\epsilon-2\epsilon^2-5\epsilon^3-14\epsilon^4+O[\epsilon]^5$$

将方程(5.3.1)改写成

$$x_{n+1}=-\frac{1}{\epsilon}-\frac{1}{\epsilon x_n}$$

同理可得

Nest[(−1/ϵ − 1/(ϵ#1))&, −1/ϵ, 6] + O[ϵ]⁵

$$-\frac{1}{\epsilon}+1+\epsilon+2\epsilon^2+5\epsilon^3+14\epsilon^4+O[\epsilon]^5$$

注意：采用不同的迭代初值，所得的结果可能有所差异。

(3) 反函数级数

ep = Solve[eq, ϵ][[1]]

$$\left\{\epsilon\to\frac{-1-x}{x^2}\right\} \tag{5.3.7}$$

将ϵ的表达式分别在$x=-1$和$x=-1/\epsilon(\to-\infty)$处展开

InverseSeries[(ϵ/.ep) + O[x, −1]⁵, ϵ]

$$-1-\epsilon-2\epsilon^2-5\epsilon^3-14\epsilon^4+O[\epsilon]^5$$

InverseSeries[(ϵ/. ep) + O[x, −∞]^7, ϵ]

$$-1/\epsilon+1+\epsilon+2\epsilon^2+5\epsilon^3+14\epsilon^4+O[\epsilon]^5$$

5.3.2 边界层型奇异摄动问题

例 5.3.2　求解常微分方程的边值问题：

$$\epsilon y''(x)+y'(x)+y(x)=0 \tag{5.3.8}$$

$$y(0)=0, y(1)=1 \tag{5.3.9}$$

式中，小参数ϵ作为最高阶导数项的系数。当$\epsilon=0$时，方程(5.3.8)降阶，一般不能同时满足式(5.3.9)中的两个边界条件，因此是奇异摄动问题。将以上方程和边界条件记为

eq = ϵy"[x] + y'[x] + y[x] == 0;

bc1 = y[0] == 0; bc2 = y[1] == 1;

这是一个常系数二阶微分方程，容易求出精确解：

ye[ϵ_] = DSolveValue[{eq, bc0, bc1}, y[x], x]//Simplify

$$\frac{\mathrm{e}^{-\frac{(-1+x)(1+\sqrt{1-4\epsilon})}{2\epsilon}}\left(-1+\mathrm{e}^{\frac{x\sqrt{1-4\epsilon}}{\epsilon}}\right)}{-1+\mathrm{e}^{\frac{\sqrt{1-4\epsilon}}{\epsilon}}} \tag{5.3.10}$$

如图 5.3.1 所示，当ϵ较小（如$\epsilon=0.01$）时，在$x=0$附近有一个快变区域（灰色区域），其右边界用虚线表示，而在$x=1$附近则是一个缓变区域（浅灰色区域），其左边界用点划线表示。两个区域中间的重叠区域用深灰色表示。

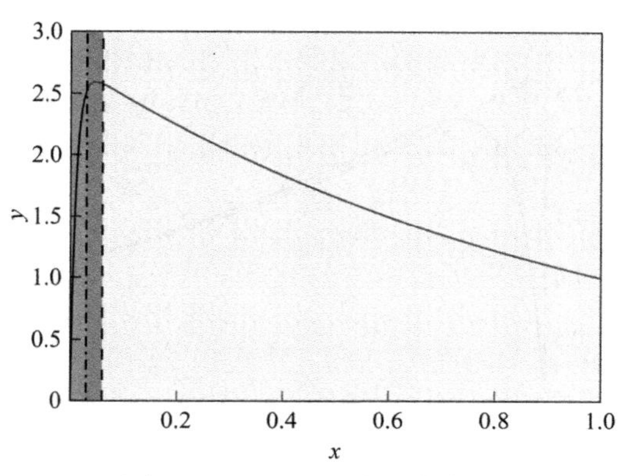

图 5.3.1　$\epsilon=0.01$时的精确解

下面直接给出首项近似解：

ya[ϵ_] = AsymptoticDSolveValue[{eq, bc0, bc1}, y[x], x, {ϵ, 0, 1}]//Expand

$$\mathrm{e}^{1-x}-\mathrm{e}^{1-\frac{x}{\epsilon}} \tag{5.3.11}$$

当$\epsilon=0$，原方程降阶为一阶的退化方程。

eq0 = eq/. ϵ → 0

$$y[x]+y'[x]==0 \tag{5.3.12}$$

退化方程（一阶常微分方程）一般不能同时满足两个边界条件，因此解不存在。

如果仅保留左端边界条件而放弃右端边界条件，可以得到退化方程的解：

y0 = DSolveValue[{eq0, bc1/. *b* → 1}, *y*[*x*], *x*]

$$e^{1-x} \tag{5.3.13}$$

这就是式(5.3.11)的第1项，而第2项在缓变区域随x增大而快速衰减。将退化方程(5.2.12)的解和取不同参数值时的精确解同时画在图5.3.2中，可以发现，随着ϵ减小，靠近$x=0$的函数变化越来越剧烈，而在靠近$x=1$区域函数变化始终较为平缓。值得注意的是，当$\epsilon=0$，出现间断，所以这是一个奇异摄动问题。

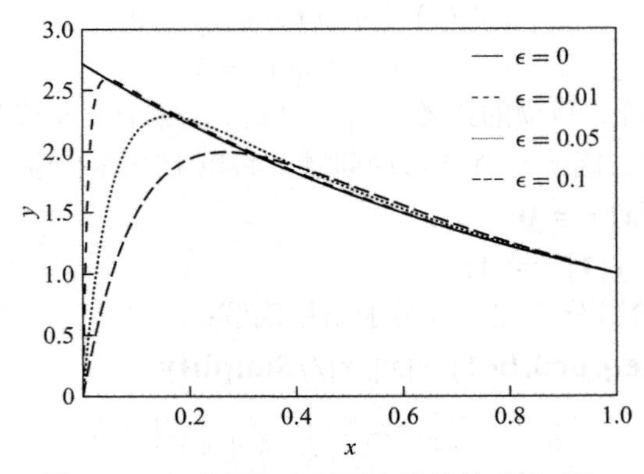

图 5.3.2　退化解与取不同参数的精确解对比

将精确解、渐近解和退化解放在一起对比，如图5.3.3所示。为了显示各条曲线的差别，这里取$\epsilon=0.05$。可以发现，退化解较好地刻画了精确解缓变的部分，而不能反映快变部分的特征。渐近解则在整个求解域上给出精确解很好的近似。

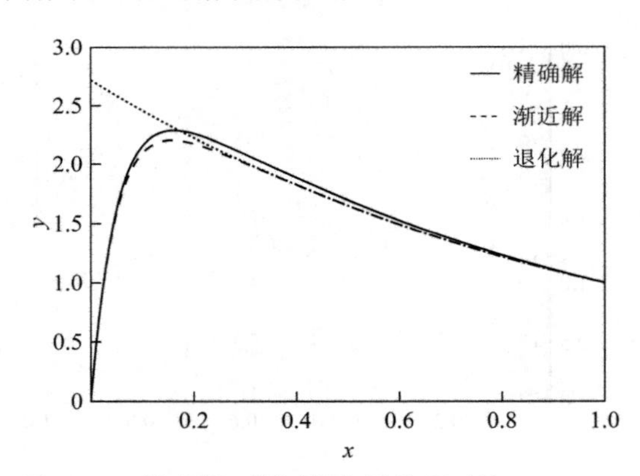

图 5.3.3　精确解、渐近解与退化解对比($\epsilon=0.05$)

下面尝试用正则摄动法求解。将$y(x)$用ϵ的幂级数表示，原方程和边界条件变为

y2s[n_]: = *y* → (Sum[*y*$_i$[#]*ϵ*^{i}, {*i*, 0, *n*}] + *O*[*ϵ*]$^{n+1}$&)

eqs = LogicalExpand[eq/. y2s[3]]

$$y_0[x]+y_0{}'[x]==0\&\&y_1[x]+y_1{}'[x]+y_0{}''[x]==0\&\&y_2[x]+y_2{}'[x]+y_1{}''[x]==0$$
$$\&\&y_3[x]+y_3{}'[x]+y_2{}''[x]==0$$

bc0s = LogicalExpand[bc0/. y2s[3]]

$$y_0[0]==0\&\&y_1[0]==0\&\&y_2[0]==0\&\&y_3[0]==0$$

bc1s = LogicalExpand[bc1/. y2s[3]]

$$-1+y_0[1]==0\&\&y_1[1]==0\&\&y_2[1]==0\&\&y_3[1]==0$$

首项近似为

{eqs[[1]], bc0s[[1]], bc1s[[1]]}

$$\{y_0[x]+y_0{}'[x]==0, y_0[0]==0, -1+y_0[1]==0\}$$

可知一阶微分方程有两个边界条件，这种情况下一般无解。保留$x=1$处的边界条件，可以逐次求解：

y0 = DSolve[{eqs[[1]], bc1s[[1]]}, y_0, x][[1]]

$$\{y_0\to\text{Function}[\{x\},\mathrm{e}^{1-x}]\}$$

y1 = DSolve[{eqs[[2]], bc1s[[2]]}/. y0, y_1, x][[1]]

$$\{y_1\to\text{Function}[\{x\},-\mathrm{e}^{1-x}(-1+x)]\}$$

对于这种比较简单的情况，可以直接联立求解。实际上，这就是所谓的外部解。

{yout} = DSolve[{eqs, bc1s}, Array[$y_{\#}$&, 4, 0], x]

y[x]/. y2s[3]/. yout

$$\mathrm{e}^{1-x}-\mathrm{e}^{1-x}(-1+x)\epsilon+\frac{1}{2}\mathrm{e}^{1-x}(5-6x+x^2)\epsilon^2-\frac{1}{6}\left(\mathrm{e}^{1-x}(-43+57x-15x^2+x^3)\right)\epsilon^3+O[\epsilon]^4$$

下面利用主项平衡法对方程(5.3.8)进行分析：

(1) 若$y'(x)\sim y(x)$，则$y''(x)\sim y'(x)$，因此$\epsilon y''(x)\sim\epsilon y'(x)\ll y'(x)$，$\epsilon y''(x)$可以忽略。

(2) 若$\epsilon y''(x)\sim y'(x)$，则$\epsilon y'(x)\sim y(x)$，即$y(x)\sim\epsilon y'(x)\ll y'(x)$，因此$y(x)$可以忽略。

(3) 若$\epsilon y''(x)\sim y(x)$，设$\epsilon^{\sigma}y'(x)\sim y(x)$，则有$\epsilon^{\sigma}y''(x)\sim y'(x)$，故$\epsilon^{2\sigma}y''(x)\sim\epsilon^{\sigma}y'(x)\sim y(x)$，可知$\sigma=1/2$。因此$\epsilon^{1/2}y'(x)\sim y(x)$，即$y'(x)\sim y(x)/\epsilon^{1/2}\gg y(x)$，所以$y'(x)$不可忽略。这种平衡关系不能成立。

由此可知，整个求解域可以分为两个子区域：

(1) 缓变区域：$y'(x)+y(x)=0$，此时函数变化平缓，当$\epsilon\to 0$时，其导数的量级要远小于函数值本身，对应于右端区域（图 5.3.1 中浅灰色区域）；

(2) 快变区域：$\epsilon y''(x)+y'(x)=0$，此时函数变化迅速，当$\epsilon\to 0$时，其导数的量级要远大于函数值本身，对应于左端狭窄区域，所谓边界层（图 5.3.1 中灰色区域）。

值得注意的是，在两个区域的交界处或者重叠区域（图 5.3.1 中深灰色区域），方程中的三项具有相同的量阶，这使得两个性质不同的解可以光滑过渡。

由上述分析可知，这就是使用正则摄动法求解时采用右端的边界条件的原因。

下面用拼接法可以得到一个粗糙的近似解（未能保证解的光滑拼接）：

eql = eq/. $\epsilon\to 0$;

y1 = DSolve[{eql, bc2}, y, x][[1]]

$$\{y\to\text{Function}[\{x\},\mathrm{e}^{1-x}]\}$$

假设边界层位于$x=\epsilon$处，而实际上边界层的位置是$x=O(\epsilon)$：

eqr = eq/. y[x] → 0;

y0 = DSolve[{eqr, bc1, y[ϵ] == (y[ϵ]/. y1)}, y[x], x][[1]]

$$\left\{y[x]\to\frac{\mathrm{e}^{2-\frac{x}{\epsilon}-\epsilon}\left(-1+\mathrm{e}^{\frac{x}{\epsilon}}\right)}{-1+\mathrm{e}}\right\}$$

$\epsilon = 0.01$;

nsol = NDSolve[{eq, bc1, bc2}, y[x], {x, 0, 1}][[1]]

$$\{y[x] \to \text{InterpolatingFunction}[\{\{0.,1.\}\}, "\text{<>}"][x]\}$$

如图 5.3.4 所示，当$x \to 0$和$x \to 1$时，相应的近似方程与数值解符合得较好。但是在过渡区域，误差较大。采用匹配渐近展开方法，可以得到光滑过渡的组合解。

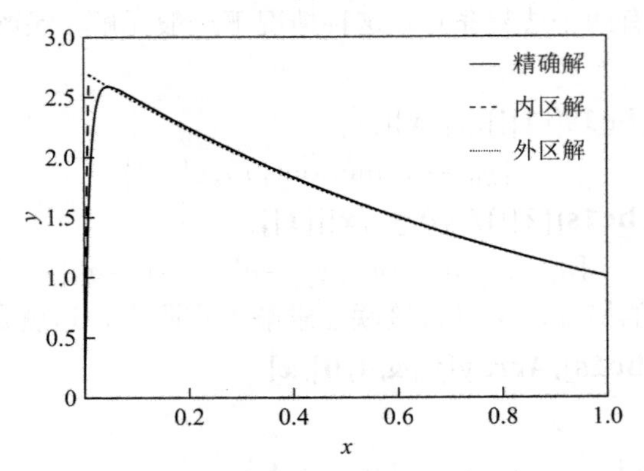

图 5.3.4 精确解、内区解($0 \le x \le \epsilon$)和外区解($\epsilon \le x \le 1$)

类似于例 5.3.1，本例也可以作一个尺度变换，使问题变为正则摄动问题。下面引入尺度变换$\chi = x/\epsilon$，这相当于一个放大镜，将整个函数曲线拉得平缓。

EQ = eq/. y → (Y[X[#]]&)/. X[x] → χ/. X → (#/ϵ &)//Simplify[#, ϵ > 0]&

$$\epsilon Y[\chi] + Y'[\chi] + Y''[\chi] == 0 \tag{5.3.14}$$

BC0 = bc0/. y → (Y[X[#]]&)/. X[x] → χ/. X → (#/ϵ &)

$$Y[0] == 0 \tag{5.3.15}$$

BC1 = bc1/. y → (Y[X[#]]&)/. X[x] → χ/. X → (#/ϵ &)

$$Y\left[\frac{1}{\epsilon}\right] == 1 \tag{5.3.16}$$

Y2S[n_Integer]: = Y → (Sum[a_i[#]ϵ^i, {i, 0, n}] + O[ϵ]$^{n+1}$&)

EQs = Rest[LogicalExpand[EQ/. Y2S[3]]]

$$a_0{}'[\chi] + a_0{}''[\chi] == 0 \&\& a_0[\chi] + a_1{}'[\chi] + a_1{}''[\chi] == 0 \&\& a_1[\chi] + a_2{}'[\chi] + a_2{}''[\chi] == 0 \&\& a_2[\chi] + a_3{}'[\chi] + a_3{}''[\chi] == 0$$

BC0s = LogicalExpand[BC0/. Y2S[3]]

$$a_0[0] == 0 \&\& a_1[0] == 0 \&\& a_2[0] == 0 \&\& a_3[0] == 0$$

BC1s = LogicalExpand[BC1/. {1/ϵ → X}/. Y2S[3]]/. X → 1/ϵ

$$-1 + a_0\left[\frac{1}{\epsilon}\right] == 0 \&\& a_1\left[\frac{1}{\epsilon}\right] == 0 \&\& a_2\left[\frac{1}{\epsilon}\right] == 0 \&\& a_3\left[\frac{1}{\epsilon}\right] == 0$$

(sols = DSolve[{EQs, BC0s, BC1s}, {a_0[χ], a_1[χ], a_2[χ], a_3[χ]}, χ][[1]])//Short

$$\left\{a_0[\chi] \to \frac{e^{\frac{1}{\epsilon}-\chi}(-1+e^{\chi})}{-1+e^{\frac{1}{\epsilon}}}, a_1[\chi] \to -\ll 1 \gg, \ll 1 \gg, a_3[\chi] \to -\frac{e^{\ll 1 \gg}(\ll 1 \gg)}{6 \ll 1 \gg^4 \epsilon^3}\right\} \tag{5.3.17}$$

图 5.3.5 给出一阶到三阶近似解与精确解的比较，并已用原坐标x表示。可以发现，阶数越高，近似解越接近精确解。

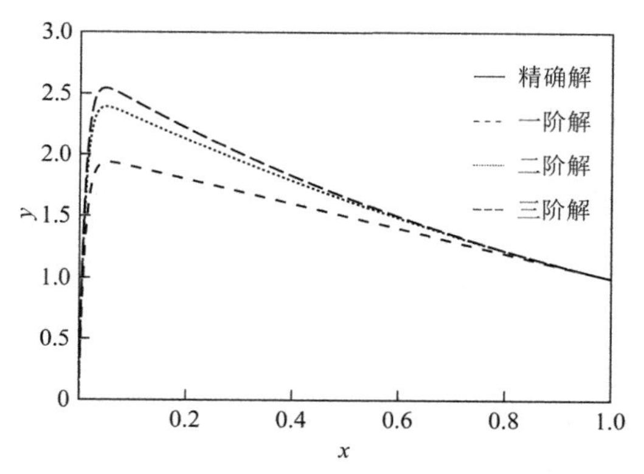

图 5.3.5 精确解与近似解(5.3.17)对比

5.3.3 长期项型奇异摄动问题

例 5.3.3 求解常微分方程的初值问题：

$$y''(t)+(1+\epsilon)y(t)=0 \tag{5.3.18}$$

$$y(0)=0, y'(0)=1 \tag{5.3.19}$$

将方程和初始条件记为

eq = *y*"[*t*] + (1 + *ϵ*)*y*[*t*] == 0;

ic1 = *y*[0] == 0; ic2 = *y*′[0] == 1;

该方程的初值问题可以直接求解，其精确解用**ye**表示，并展开成级数，取前三项：

ye = FullSimplify[DSolveValue[{eq, ic0, ic1}, *y*[*t*], *t*], *ϵ* > 0]

$$\frac{\mathrm{Sin}[t\sqrt{1+\epsilon}]}{\sqrt{1+\epsilon}} \tag{5.3.20}$$

ye + *O*[*ϵ*]³//Normal//usual[#, {2, 1, 3}]&

$$\mathrm{Sin}[t]+\frac{1}{2}\epsilon(t\mathrm{Cos}[t]-\mathrm{Sin}[t])+\frac{1}{8}\epsilon^2(-3t\mathrm{Cos}[t]+3\mathrm{Sin}[t]-t^2\mathrm{Sin}[t]) \tag{5.3.21}$$

下面用正则摄动法求解。

首先定义以下级数：

y2S[n_]: = *y* → (Sum[*ϵ*^*i* *y*_*i*[#1], {*i*, 0, *n*}] + *O*[*ϵ*]^(*n*+1)&)

将其代入方程和初始条件，得到联立的方程组：

eqs = getEqs[eq, 2, y2S]

$$\{y_0[t]+y_0{}''[t]==0, y_0[t]+y_1[t]+y_1{}''[t]==0, y_1[t]+y_2[t]+y_2{}''[t]==0\}$$

ic1s = getEqs[ic1, 2, y2S]

$$\{y_0[0]==0, y_1[0]==0, y_2[0]==02\}$$

ic2s = getEqs[ic2, 2, y2S]

$$\{-1+y_0{}'[0]==0, y_1{}'[0]==0, y_2{}'[0]==0\}$$

求解联立方程，可得

ys = DSolve[{eqs, ic1s, ic2s}, Array[*y*_#[*t*]&, 3, 0], *t*][[1]]//ExpToTrig//TrigReduce

$$\left\{y_0[t]\to \mathrm{Sin}[t], y_1[t]\to \frac{1}{2}(t\mathrm{Cos}[t]-\mathrm{Sin}[t]), y_2[t]\to \frac{1}{8}(-3t\mathrm{Cos}[t]+3\mathrm{Sin}[t]-t^2\mathrm{Sin}[t])\right\}$$

ya2 = Normal[*y*[*t*]/. y2S[2]]/. ys//usual[#, {2, 1, 3}]&

$$\mathrm{Sin}[t]+\frac{1}{2}\epsilon(t\mathrm{Cos}[t]-\mathrm{Sin}[t])+\frac{1}{8}\epsilon^2(-3t\mathrm{Cos}[t]+3\mathrm{Sin}[t]-t^2\mathrm{Sin}[t]) \tag{5.3.22}$$

可以发现，使用正则摄动法所得到的结果，即式(5.3.22)与精确解的展开式(5.3.21)完全一致。似乎问题已经得到解决了。但是这个级数解并非一致有效渐近解，因为级数中出现了$t\mathrm{Cos}[t]$这样的长期项(secular term)，当$t\to\infty$时，这样的项可能趋于无穷大，相对于前一项也并非高阶小量，如第 2 项与首项$\mathrm{Sin}[t]$相比。对于给定的ϵ，所得到的级数是在有限时间内有效的，即$t=o(1/\epsilon)$，这时可保证所得到的级数仍为渐近序列，但是期望得到的是在整个求解域内一致有效的渐近解。

令$\epsilon=0.1$，将二阶近似解与精确解对比，如图 5.3.6 所示。可以发现，当t较小时，两者符合较好，但随着t的增大，近似解越来越大，趋于发散，且有相位上的差异。要刻画好振荡现象，在振幅和相位两方面都要足够准确。

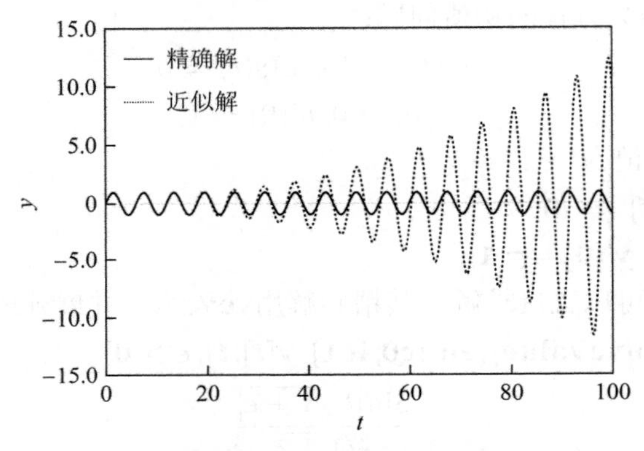

图 5.3.6 精确解与二阶近似解对比($\epsilon=0.1$)

下面从能量角度分析系统的振幅。

lhs = eq[[1]]

$$(1+\epsilon)y[t]+y''[t]$$

用$y'(t)$乘以上式并逐项积分，可得振动的总能量$\mathbb{E}$：

tmp = Map[#*y*′[*t*]&, lhs]

$$(1+\epsilon)y[t]y'[t]+y'[t]y''[t]$$

$\mathbb{E}$ = Collect[Map[Integrate[#, *t*]&, tmp], *y*[*t*]^2, FactorTerms]

$$\frac{1}{2}(1+\epsilon)y[t]^2+\frac{1}{2}y'[t]^2$$

式中，动能和势能分别用$\mathbb{K}$和$\mathbb{U}$表示，即

{$\mathbb{U}$, $\mathbb{K}$} = List@@$\mathbb{E}$

$$\left\{\frac{1}{2}(1+\epsilon)y[t]^2, \frac{1}{2}y'[t]^2\right\}$$

初始时刻系统的总能量为$\mathbb{C}=1/2$。

ℂ = 𝔼/. t → 0/. ToRules[ic1]/. ToRules[ic2]

$$1/2$$

eqK = 𝕌 + 𝕂 == ℂ

$$\frac{1}{2}(1+\epsilon)y[t]^2+\frac{1}{2}y'[t]^2==\frac{1}{2}$$

上式表明该系统的幅值和速度都是有限的。由于没有内部阻尼和外部激励，该系统的能量守恒。

方程(5.3.18)对应的退化方程为

eq0 = eq/. ϵ → 0

$$y[t]+y''[t]==0$$

y0 = DSolveValue[{eq0, ic0, ic1}, y[t], t]

$$\mathrm{Sin}[t] \tag{5.3.23}$$

如图 5.3.7 所示，精确解和退化解在幅值和相位上都有差异，尤其是相位，这是由于两者的频率不同所导致的。

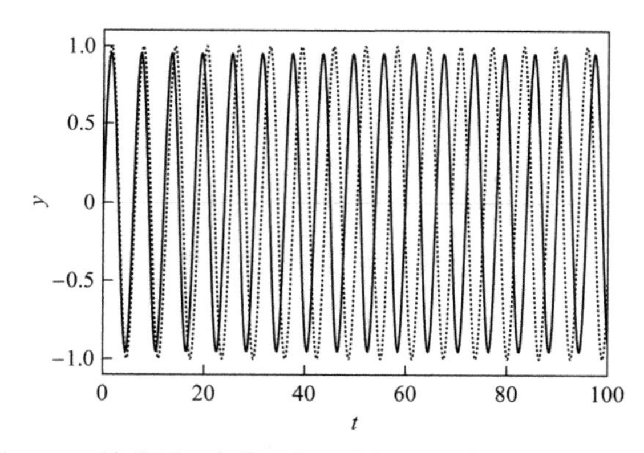

图 5.3.7　精确解（实线）与退化解（点线）对比($\epsilon=0.1$)

退化问题的固有频率为

ω₀ = Sqrt[Coefficient[eq0[[1]]/. ϵ → 0, y[t]]]

$$1$$

原系统的固有频率为

ω = Sqrt[Coefficient[eq[[1]], y[t]]]

$$\sqrt{1+\epsilon} \tag{5.3.24}$$

ω + O[ϵ]^6

$$1+\frac{\epsilon}{2}-\frac{\epsilon^2}{8}+\frac{\epsilon^3}{16}-\frac{5\epsilon^4}{128}+\frac{7\epsilon^5}{256}+O[\epsilon]^6 \tag{5.3.25}$$

除了$\omega_0=1$（快变），还有其他频率成分，如$\epsilon/2$（缓变）。正是由于这些缓变成分，在累计效应($t\to\infty$)下，近似解与精确解产生明显的相位差。

级数展开式(5.3.22)是用频率$\omega_0=1$的三角函数来逼近频率为$\omega=\sqrt{1+\epsilon}$的三角函数，这需要用无穷多项才能保证一直是有效的逼近，而非所希望得到的用有限项来一致有效地逼近精确解。原级数展开式就是对频率进行了错误的展开。精确解(5.3.20)的正确展开式为

$$\mathbf{yu = Normal[ye/.\sqrt{1+\epsilon} \to \Delta + O[\epsilon]^3]/.\Delta \to Normal@Series[\sqrt{1+\epsilon}, \{\epsilon, 0, 2\}]}$$

$$\mathrm{Sin}\left[t\left(1+\frac{\epsilon}{2}-\frac{\epsilon^2}{8}\right)\right]-\frac{1}{2}\epsilon\mathrm{Sin}\left[t\left(1+\frac{\epsilon}{2}-\frac{\epsilon^2}{8}\right)\right]+\frac{3}{8}\epsilon^2\mathrm{Sin}\left[t\left(1+\frac{\epsilon}{2}-\frac{\epsilon^2}{8}\right)\right] \tag{5.3.26}$$

这是将频率部分先“冻结”，然后单独展开频率部分。这样上式中对幅值和频率的逼近精度都是$O[\epsilon]^3$。如图 5.3.8 所示，可见精确解与一致有效渐近解几乎完全重合。

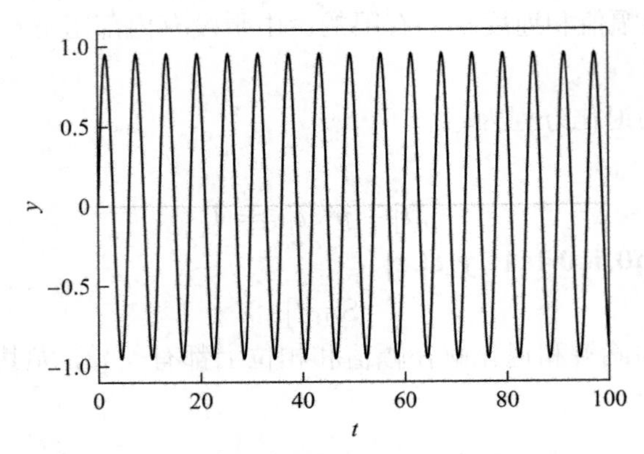

图 5.3.8 精确解（实线）与一致有效渐近解（点线）对比($\epsilon = 0.1$)

下面分析长期项的来源。以一阶近似为例：

$$y_0(t)+y_1(t)+y_1{}''(t) == 0$$

而$y_0(t)=\sin(t)$是首项近似的解：

$$y_0(t)+y_0{}''(t) == 0$$

所以一阶近似实际上是

$$y_1(t)+y_1{}''(t) == -\sin(t)$$

属于强迫振动，且由于右端项与振动的固有频率一致，将会发生共振，幅值将会无限增大，如图 5.3.6 所示。方程的右端项$\sin(t)$称为共振项(resonance term)。

例 5.3.4 Stokes 流

低雷诺数流是指粘性起主要作用的流动，其惯性力相对粘性力甚小，因而可以忽略 Navier-Stokes 方程中非线性的惯性项，这样就得到了线性的运动方程。本例研究半径为a的圆球，处于来流速度为U的定常不可压缩流中，其控制方程为 Stokes 方程，其中忽略了对时间的偏导数和对流项，即

$$\nabla \cdot \boldsymbol{V} = 0 \tag{5.3.27}$$

$$\mu \nabla^2 \boldsymbol{V} = \nabla p \tag{5.3.28}$$

对式(5.3.28)求散度，可得

$$\nabla^2 p = 0$$

另外，注意到式(5.3.28)可以写为

$$\mu \nabla \times (\nabla \times \boldsymbol{V}) = \nabla p \tag{5.3.29}$$

对应圆球绕流，宜采用球坐标(r,θ,φ)。考虑到该流动具有轴对称性，与回转角φ无关，可以归结为子午面上的二维问题。由于$\nabla \cdot \boldsymbol{V} = 0$，可引入 Stokes 流函数$\psi(r,\theta)$。

引入矢势$\boldsymbol{A}$：

$$\mathbf{(\boldsymbol{A} = \{0, 0, \boldsymbol{\psi}[\boldsymbol{r}, \boldsymbol{\theta}]/(\boldsymbol{r}Sin[\boldsymbol{\theta}])\})/.Csc[\boldsymbol{\theta}] \to 1/HoldForm[Sin[\boldsymbol{\theta}]]}$$

$$\left\{0,0,\frac{\psi[r,\theta]}{r\mathrm{Sin}[\theta]}\right\} \tag{5.3.30}$$

压力项为

P = p[r, θ, φ]

为简洁起见，用S表示球坐标：

S = {r, θ, φ}

对矢势**A**求旋度，可得

(V = Curl[A, S, "Spherical"]//Simplify)/. Csc[θ] → 1/HoldForm[Sin[θ]]

$$\left\{\frac{\psi^{(0,1)}[r,\theta]}{r^2\mathrm{Sin}[\theta]},-\frac{\psi^{(1,0)}[r,\theta]}{r\mathrm{Sin}[\theta]},0\right\} \tag{5.3.31}$$

式中，前两项分别为U_r和U_θ，可直接定义为

{U_r[r_, θ_], U_θ[r_, θ_]} = Cases[V, Except[0]]

可以直接验证**V**满足连续性方程：

Div[V, S, "Spherical"] == 0//Simplify

True

对式(5.3.29)两端取旋度：

$$\mu\nabla\times\left(\nabla\times(\nabla\times\boldsymbol{V})\right)=\nabla\times\nabla p \tag{5.3.32}$$

即

$$\mu\nabla\times(\nabla\times\omega)=\nabla\times\nabla p \tag{5.3.33}$$

先对**V**求旋度，可得ω：

ω = Curl[V, S, "Spherical"]//Expand

$$\left\{0,0,\frac{\mathrm{Cot}[\theta]\mathrm{Csc}[\theta]\psi^{(0,1)}[r,\theta]}{r^3}-\frac{\mathrm{Csc}[\theta]\psi^{(0,2)}[r,\theta]}{r^3}-\frac{\mathrm{Csc}[\theta]\psi^{(2,0)}[r,\theta]}{r}\right\} \tag{5.3.34}$$

注意到

ω[[3]] * (−r) * Sin[θ]//Expand

$$-\frac{\mathrm{Cot}[\theta]\psi^{(0,1)}[r,\theta]}{r^2}+\frac{\psi^{(0,2)}[r,\theta]}{r^2}+\psi^{(2,0)}[r,\theta] \tag{5.3.35}$$

由式(5.3.35)可定义球坐标系下的 Stokes 算子**D2**为

D2 = (−Cot[θ]/r² ∂_θ# + ∂_{θ,θ}#/r² + ∂_{r,r}#&)

式(5.3.34)可以写为

$$\omega=\left\{0,0,-\frac{1}{r\sin(\theta)}D2(\psi(r,\theta))\right\}$$

计算式(5.3.33)的左端，可得

lhs = Curl[Curl[ω, S, "Spherical"], S, "Spherical"]//Simplify

$$\left\{0,0,\frac{1}{r^5}\mathrm{Csc}[\theta](3(-2+\mathrm{Cos}[2\theta])\mathrm{Cot}[\theta]\mathrm{Csc}[\theta]^2\psi^{(0,1)}[r,\theta]+(6+\mathrm{Cot}[\theta]^2+2\mathrm{Csc}[\theta]^2)\psi^{(0,2)}[r,\theta]\right.$$
$$\left.-2\mathrm{Cot}[\theta]\psi^{(0,3)}[r,\theta]+\cdots+2r^2\psi^{(2,2)}[r,\theta]+r^4\psi^{(4,0)}[r,\theta])\right\}$$

计算式(5.3.33)的右端，可得

rhs = Curl[Grad[P, S, "Spherical"], S, "Spherical"]//Simplify

$$\{0,0,0\}$$

令以上两式相等，即得

eq = Thread[Part[#, 3]&/@(lhs == rhs)]//Simplify

$$\frac{1}{r^5}\mathrm{Csc}[\theta](3(-2+\mathrm{Cos}[2\theta])\mathrm{Cot}[\theta]\mathrm{Csc}[\theta]^2\psi^{(0,1)}[r,\theta]+(6+\mathrm{Cot}[\theta]^2+2\mathrm{Csc}[\theta]^2)\psi^{(0,2)}[r,\theta]$$
$$-2\mathrm{Cot}[\theta]\psi^{(0,3)}[r,\theta]+\psi^{(0,4)}[r,\theta]+4r\mathrm{Cot}[\theta]\psi^{(1,1)}[r,\theta]-4r\psi^{(1,2)}[r,\theta]$$
$$-2r^2\mathrm{Cot}[\theta]\psi^{(2,1)}[r,\theta]+2r^2\psi^{(2,2)}[r,\theta]+r^4\psi^{(4,0)}[r,\theta])==0$$

上式用 Stokes 算子可以简单地表示成

D2[D2[ψ[r, θ]]]/(rSin[θ]) == 0//Simplify

相应的边界条件如下：

当$r\to\infty$时，流场趋于均匀来流，在球坐标系有两个速度分量$U_\varphi=0$，$U_r\to\mathbb{U}\cos(\theta)$，$U_\theta\to-\mathbb{U}\sin(\theta)$；

当$r=a$时，径向和切向速度均为零，即无滑移和不可渗透边界条件：$U_r=0$，$U_\theta=0$。

下面将边界条件用流函数ψ表示，其中用 8 表示无穷远处：

bc8r = U_r[r, θ] == 𝕌Cos[θ]

$$\frac{\mathrm{Csc}[\theta]\psi^{(0,1)}[r,\theta]}{r^2}==\mathbb{U}\mathrm{Cos}[\theta]$$

bc8θ = U_θ[r, θ] == −𝕌Sin[θ]

$$-\frac{\mathrm{Csc}[\theta]\psi^{(1,0)}[r,\theta]}{r}==-\mathbb{U}\mathrm{Sin}[\theta]$$

psi = DSolve[bc8r, ψ, {r, θ}][[1]]

$$\left\{\psi\to\mathrm{Function}\left[\{r,\theta\},-\frac{1}{2}r^2\mathbb{U}\mathrm{Cos}[\theta]^2+c_1[r]\right]\right\}$$

C1 = DSolve[bc8θ/. psi, C[1][r], r][[1]]/. C[2] → 0

$$\left\{c_1[r]\to\frac{r^2\mathbb{U}}{2}\right\}$$

ψ8 = ψ[r, θ]/. psi/. C1//Simplify

$$\frac{1}{2}r^2\mathbb{U}\mathrm{Sin}[\theta]^2 \tag{5.3.36}$$

在球面上$r=a$：

ψ01 = Solve[U_r[r, θ] == 0, $\psi^{(0,1)}$[r, θ]][[1]]/. r → a

$$\{\psi^{(0,1)}[a,\theta]\to0\}$$

ψ10 = Solve[U_θ[r, θ] == 0, $\psi^{(1,0)}$[r, θ]][[1]]/. r → a

$$\{\psi^{(1,0)}[a,\theta]\to0\}$$

写成方程形式：

bca2 = ψ10[[1]]//toEqual

$$\psi^{(1,0)}[a,\theta]==0 \tag{5.3.37}$$

因此在球面上，流函数具有以下性质：

```
Dt[ψ[r,θ]]/.r → a/.ψ01/.ψ10
```

$$0$$

这表明，在球面上流函数为常数，将常数设为0，即圆球表面是一个零流面，有

```
bca1 = ψ[a,θ] == 0
```

$$\psi[a,\theta]==0 \tag{5.3.38}$$

下面用分离变量法求解方程**eq**。

根据无穷远处的流函数，即式(5.3.36)的形式，设流函数具有如下形式：

```
ψf = ψ → (Sin[#2]^2 f[#1]&)
```

即

```
ψ[r,θ]/.ψf
```

$$f[r]\text{Sin}[\theta]^2$$

将其代入方程**eq**，可得

```
eqf = D2[D2[ψ[r,θ]]] == 0/.ψf//Simplify
```

$$\frac{\text{Sin}[\theta](-8f[r]+r(8f'[r]-4rf''[r]+r^3f^{(4)}[r]))}{r}==0$$

```
f$ = DSolve[eqf,f,r][[1]]
```

$$\left\{f\to\text{Function}\left[\{r\},\frac{c_1}{r}+rc_2+r^2c_3+r^4c_4\right]\right\} \tag{5.3.39}$$

式中，四个待定常数由边界条件，即式(5.3.36)至式(5.3.38)确定。

```
eqbc8 = ψ[r,θ] == ψ8/.ψf/.f$//Expand
```

$$\frac{c_1\text{Sin}[\theta]^2}{r}+rc_2\text{Sin}[\theta]^2+r^2c_3\text{Sin}[\theta]^2+r^4c_4\text{Sin}[\theta]^2==\frac{1}{2}r^2\mathbb{U}\text{Sin}[\theta]^2$$

```
C4 = MapAt[Limit[#,r → ∞]&,Solve[eqbc8,C[4]],{1,1,2}][[1]]
```

$$\{c_4\to 0\}$$

```
C3 = MapAt[Limit[#,r → ∞]&,Solve[eqbc8/.C4,C[3]],{1,1,2}][[1]]
```

$$\{c_3\to\mathbb{U}/2\}$$

```
eqbca1 = bca1/.ψf/.f$/.C3/.C4
```

$$\left(\frac{a^2\mathbb{U}}{2}+\frac{c_1}{a}+ac_2\right)\text{Sin}[\theta]^2==0$$

```
eqbca2 = bca2/.ψf/.f$/.C3/.C4/.r → a
```

$$\left(a\mathbb{U}-\frac{c_1}{a^2}+c_2\right)\text{Sin}[\theta]^2==0$$

```
C1C2 = Solve[{eqbca1,eqbca2},{C[1],C[2]}][[1]]
```

$$\left\{c_1\to\frac{a^3\mathbb{U}}{4},c_2\to-\frac{3a\mathbb{U}}{4}\right\}$$

综合以上结果，可得流函数的表达式：

```
ans = ψ[r,θ]/.ψf/.f$/.C1C2/.C3/.C4//Expand
ans = doPoly[ans,-1]
ψ$ = ψ[r,θ] == ans//ToRules//toPure
```

$$\left\{\psi \to \text{Function}\left[\{r,\theta\},\frac{1}{2}\left(1+\frac{a^3}{2r^3}-\frac{3a}{2r}\right)r^2\mathbb{U}\text{Sin}[\theta]^2\right]\right\} \tag{5.3.40}$$

下面利用方程(5.3.29)求压力p。将流函数，即式(5.3.40)代入方程(5.3.29)，其左端为

lhs = −μCurl[Curl[V, S, "Spherical"], S, "Spherical"]/. ψ$//Simplify

$$\left\{\frac{3a\mathbb{U}\mu\text{Cos}[\theta]}{r^3},\frac{3a\mathbb{U}\mu\text{Sin}[\theta]}{2r^3},0\right\}$$

方程(5.3.29)的右端为

rhs = Grad[P, S, "Spherical"]

$$\left\{p^{(1,0,0)}[r,\theta,\varphi],\frac{p^{(0,1,0)}[r,\theta,\varphi]}{r},\frac{\text{Csc}[\theta]p^{(0,0,1)}[r,\theta,\varphi]}{r}\right\}$$

令以上两式相等即得联立的方程组：

eqps = Thread[lhs == rhs]

$$\left\{\frac{3a\mathbb{U}\mu\text{Cos}[\theta]}{r^3}==p^{(1,0,0)}[r,\theta,\varphi],\frac{3a\mathbb{U}\mu\text{Sin}[\theta]}{2r^3}==\frac{p^{(0,1,0)}[r,\theta,\varphi]}{r},0==\frac{\text{Csc}[\theta]p^{(0,0,1)}[r,\theta,\varphi]}{r}\right\}$$

联立求解方程，可得

p$ = DSolve[eqps[[1]], p, {r, θ, φ}][[1]]/. C[1] → B₁

$$\left\{p\to\text{Function}\left[\{r,\theta,\varphi\},-\frac{3a\mathbb{U}\mu\text{Cos}[\theta]}{2r^2}+B_1[\theta,\varphi]\right]\right\}$$

B1 = DSolve[eqps[[2]]/. p1, B₁, {θ, φ}][[1]]/. C[1] → B₂

$$\{B_1\to\text{Function}[\{\theta,\varphi\},B_2[\varphi]]\}$$

B2 = DSolve[eqps[[3]]/. p1/. B1, B₂, φ][[1]]/. C[1] → ℙ

$$\{B_2\to\text{Function}[\{\varphi\},\mathbb{P}]\}$$

球面压力分布为

p[r_, θ_, φ_] = (p[r, θ, φ]/. p$/. B1/. B2)

$$\mathbb{P}-\frac{3a\mathbb{U}\mu\text{Cos}[\theta]}{2r^2} \tag{5.3.41}$$

式中，$\mathbb{P}$为无穷远处的压力。

下面计算圆球所受的阻力。首先需要知道圆球上的应力分布，根据定义，有

σ_rr = 2μ∂_r U_r[r, θ]/. psi/. r → a

$$0$$

σ_rθ = μ(∂_θ U_r[r, θ]/r + ∂_r U_θ[r, θ] − U_θ[r, θ]/r)/. ψ$/. r → a

$$-\frac{3\mathbb{U}\mu\text{Sin}[\theta]}{2a}$$

在水平方向的分量为

ig = −p[a, θ, φ]Cos[θ] + σ_rr Cos[θ] − σ_rθ Sin[θ]

$$\text{Cos}[\theta]\left(-\mathbb{P}+\frac{3\mathbb{U}\mu\text{Cos}[\theta]}{2a}\right)+\frac{3\mathbb{U}\mu\text{Sin}[\theta]^2}{2a}$$

𝔽 = 2π ∗ Integrate[ig ∗ a²Sin[θ], {θ, 0, π}]

$$6a\pi\mathbb{U}\mu \tag{5.3.42}$$

阻力系数为

```
ℂ = 𝔽/(ρ𝕌²π a²/2) /. μ → a𝕌ρ/R
```

$$\frac{12}{R} \tag{5.3.43}$$

这就是著名的 Stokes 公式。

下面估计对流项和粘性项的相对大小。将流函数表达式代入V，可得

```
𝕍 = V/. ψ$//Expand
```

$$\left\{\mathbb{U}\text{Cos}[\theta]+\frac{a^3\mathbb{U}\text{Cos}[\theta]}{2r^3}-\frac{3a\mathbb{U}\text{Cos}[\theta]}{2r},-\mathbb{U}\text{Sin}[\theta]+\frac{a^3\mathbb{U}\text{Sin}[\theta]}{4r^3}+\frac{3a\mathbb{U}\text{Sin}[\theta]}{4r},0\right\}$$

对流项$\boldsymbol{V}\cdot\nabla\boldsymbol{V}$记为**adv**：

```
adv = Grad[𝕍, S, "Spherical"]. 𝕍//Simplify
```

$$\left\{-\frac{3a(a-r)^2(a+r)\mathbb{U}^2(5a^2+5ar-4r^2+3(a^2+ar-4r^2)\text{Cos}[2\theta])}{32r^7},\right.$$
$$\left.-\frac{3a^2(a-r)^3(a+3r)\mathbb{U}^2\text{Sin}[2\theta]}{32r^7},0\right\}$$

```
adv = (adv + O[r, ∞]^3//Simplify//Normal)/. Cos[_] → 1/. a_?NumberQb_ → b
```

$$\left\{\frac{a\mathbb{U}^2}{r^2},0,0\right\}$$

其量级为

```
𝕆@@Cases[adv, Except[0]]
```

$$\mathbb{O}\left[\frac{a\mathbb{U}^2}{r^2}\right]$$

而粘性项$\nu\Delta\boldsymbol{V}$记为**vis**：

```
vis = (Laplacian[ν𝕍, S, "Spherical"]//Simplify)/. (Cos|Sin)[_] → 1/. a_?NumberQb_ → b
```

$$\left\{\frac{a\mathbb{U}\nu}{r^3},\frac{a\mathbb{U}\nu}{r^3},0\right\}$$

其量级为

```
𝕆@@Cases[Union[vis], Except[0]]
```

$$\mathbb{O}\left[\frac{a\mathbb{U}\nu}{r^3}\right]$$

如果对流项可以忽略，那么

```
ieq = Simplify[Reduce[adv[[1]] < vis[[1]], r], 𝕌 > 0&&r > 0&&a > 0&&ν > 0]
```

$$r\mathbb{U}<\nu$$

即

```
Thread[ieq/ν, Less]/. ν → 𝕌 a/R /. Less → LessLess
```

$$\frac{rR}{a}\ll 1$$

最后，计算对流项和粘性项的比值。由于$a=\mathbb{O}(1)$，则令$a=1$，可得

ratio = adv[[1]]/vis[[1]] /. ν → 𝕌 a/R /. a → 1

$$rR$$

当$r \to \infty$时，有

Limit[ratio, r → ∞, Assumptions → R > 0]

$$\infty$$

上式表明，在无穷远处，对流项与粘性项相比不再是一个相对小量，因此 Stokes 的假设不成立。这就是著名的 Whitehead 佯谬。

第 6 章　变形坐标法

在寻求天体运动微分方程的周期解时，为了消去正则摄动解中出现的长期项，通过调整频率，消除共振，从而避免解的振幅无限增长。1892 年，Poincaré 在其关于天体力学的著作中详细讨论了这种方法，并归功于 1882 年 Lindstedt 的不太为人所知的工作。Lindstedt-Poincaré(LP)方法适用于运动周期被摄动改变的周期性系统，如机械弹簧和质量系统及行星运动等。Lighthill(1949)在研究确定超音速流中弓形激波位置的问题时，将 LP 方法作了重要而合理的推广：不仅将因变量按小参数ϵ的幂展开，而且还将某个自变量按ϵ的幂展开。该方法称为变形坐标法(the method of strained coordinates，又称伸缩坐标法)。郭永怀(1953)将 Lighthill 方法用于研究激波与边界层的相互作用，求出远场超声速流与近场边界层的相互作用，推导出速度场和压力场的完整表达式，从而得到与实验一致的理论分析结果。钱学森的综述文章(1956)中将此方法称为 Poincaré-Lighthill-Kuo(PLK)方法。与 LP 方法相比，PLK 方法能够应用于更广泛的一类问题。该方法在解决流体动力学中出现的偏微分方程方面具有特殊价值，包括翼型绕流和固体及流体中的波传播。

6.1　长期项

一般的非线性振动方程为

$$u''(t)+\delta u'(t)+\alpha u(t)+\beta u(t)^3=r\cos(\omega t) \tag{6.1.1}$$

称$F_l=\alpha u(t)$为线性恢复力，$F_n=\alpha u(t)+\beta u(t)^3$为非线性恢复力，$r\cos(\omega t)$为周期性驱动力。式中，$\delta$为阻尼系数，$\alpha$为刚性系数，$\beta$为非线性恢复力系数（$\beta>0$为硬弹簧，$\beta<0$为软弹簧）。当$\beta>0$时，$F_n>F_l$表示硬非线性恢复力。

例 6.1.1　用正则摄动法求以下 Duffing 方程初值问题的渐近解：

$$u''(t)+u(t)+\epsilon u(t)^3=0 \tag{6.1.2}$$

$$u(0)=a_0,u'(0)=0 \tag{6.1.3}$$

将方程和初始条件记为

```
DuffingEq = u"[t] + u[t] + ϵu[t]^3 == 0;
ic1 = u[0] == a; ic2 = u'[0] == 0;
```

很明显 Duffing 方程(6.1.2)是方程(6.1.1)的特例，其中$u(t)+\epsilon u(t)^3$为非线性恢复力，小参数$\epsilon(>0)$表示非线性强弱的一种度量。由于没有外部驱动力和阻尼项，该方程描述的系统是能量守恒的。

假设$u(t)$可以展开成ϵ的幂级数：

```
u2S[n_]:= u → (Sum[u_i[#]ϵ^i, {i, 0, n}] + O[ϵ]^(n+1)&)
```

求前三项渐近解，令

```
n = 2;
```

将$u(t)$的级数展开式代入式(6.1.2)和式(6.1.3)，可得联立的方程组：

```
eqs = LogicalExpand[DuffingEq/. u2S[n]//Simplify];
ic1s = LogicalExpand[doEq[ic1]/. u2S[n]];
ic2s = LogicalExpand[doEq[ic2, -1] + O[ϵ]^(n+1) == 0/. u2S[n]];
SYS = {eqs, ic1s, ic2s};
```

首先求解零阶方程，即退化问题：

```
sys = getOrd[1]/@SYS
```

$$\{u_0[t] + u_0''[t] == 0, -a + u_0[0] == 0, u_0'[0] == 0\}$$

```
u0 = DSolve[sys, u0, t][[1]]
```

$$\{u_0 \to \text{Function}[\{t\}, a\text{Cos}[t]]\}$$

将退化问题的解u_0代入一阶方程组：

```
sys = getOrd[2]/@SYS/. u0//TrigReduce//Expand
```

$$\left\{\frac{3}{4}a^3\text{Cos}[t] + \frac{1}{4}a^3\text{Cos}[3t] + u_1[t] + u_1''[t] == 0, u_1[0] == 0, u_1'[0] == 0\right\}$$

直接联立求解，可得一阶近似方程的解：

```
u1 = DSolve[sys, u1[t], t][[1]]//TrigReduce//toPure
```

$$\left\{u_1 \to \text{Function}\left[\{t\}, \frac{1}{32}(-a^3\text{Cos}[t] + a^3\text{Cos}[3t] - 12ta^3\text{Sin}[t])\right]\right\}$$

将零阶u_0和一阶方程组的解u_1代入二阶方程组，可得

```
sys = getOrd[3]/@SYS/. u0/. u1//TrigReduce//Expand
```

$$\left\{-\frac{3}{64}a^5\text{Cos}[t] + \frac{3}{128}a^5\text{Cos}[3t] + \frac{3}{128}a^5\text{Cos}[5t] - \frac{9}{32}ta^5\text{Sin}[t] - \frac{9}{32}ta^5\text{Sin}[3t] + u_2[t] + u_2''[t] == 0, u_2[0] == 0, u_2'[0] == 0\right\}$$

直接联立求解，可得二阶近似方程的解：

```
u2 = DSolve[sys, u2[t], t][[1]]//TrigReduce//Expand
```

$$\left\{u_2[t] \to \frac{23a^5\text{Cos}[t]}{1024} - \frac{9}{128}t^2a^5\text{Cos}[t] - \frac{3}{128}a^5\text{Cos}[3t] + \frac{a^5\text{Cos}[5t]}{1024} + \frac{3}{32}ta^5\text{Sin}[t] - \frac{9}{256}ta^5\text{Sin}[3t]\right\}$$

最后得到二阶近似解：

```
res = u[t]/. u2S[2]/. u0/. u1/. u2//Simplify
```

$$a\text{Cos}[t] - \frac{1}{16}\left(a^3\text{Sin}[t](6t + \text{Sin}[2t])\right)\epsilon + \frac{a^5((23 - 72t^2)\text{Cos}[t] - 24\text{Cos}[3t] + \text{Cos}[5t] + 96t\text{Sin}[t] - 36t\text{Sin}[3t])\epsilon^2}{1024} + O[\epsilon]^3$$

使用 MMA 12 可以方便地得到该问题的正则摄动解，即

```
AsymptoticDSolveValue[{DuffingEq, ic1, ic2}, u[t], t, {ϵ, 0, 2}]
  //Collect[#, ϵ, TrigReduce]&
```

$$a\text{Cos}[t]+\frac{1}{32}\epsilon(-a^3\text{Cos}[t]+a^3\text{Cos}[3t]-12ta^3\text{Sin}[t])$$
$$+\frac{\epsilon^2(23a^5\text{Cos}[t]-72t^2a^5\text{Cos}[t]-24a^5\text{Cos}[3t]+a^5\text{Cos}[5t]+96ta^5\text{Sin}[t]-36ta^5\text{Sin}[3t])}{1024}$$

可以发现，上式中共出现了四个长期项，即

```
(st = Cases[Expand[%],a_.t^m_.f_[k_.t]])//show[#,{2,3,4,1}]&
```

$$\left\{-\frac{3}{8}a^3t\epsilon\text{Sin}[t],\frac{3}{32}a^5t\epsilon^2\text{Sin}[t],-\frac{9}{256}a^5t\epsilon^2\text{Sin}[3t],-\frac{9}{128}a^5t^2\epsilon^2\text{Cos}[t]\right\}$$

无论给定的ϵ如何小，当$t\to\infty$时，其振幅都会趋于∞，破坏了解的有界性。

```
Limit[st/.{a → 1, ϵ → 1/100}, t → ∞, Method → "AllowIndeterminateOutput" → False]
```

$$\{\text{Interval}[\{-\infty,\infty\}],\text{Interval}[\{-\infty,\infty\}],\text{Interval}[\{-\infty,\infty\}],\text{Interval}[\{-\infty,\infty\}]\}$$

这是与物理常识相违背的。因为该系统是能量守恒的，所以 Duffing 方程的解（如振幅）是有限的。可见正则摄动法不能得到在无限域内一致有效的渐近解。这是由于 Duffing 方程描述了一个具有弱非线性恢复力的非线性振动系统，其特点是频率和振幅之间的依赖关系。正则摄动法由于不能正确反映这一物理特性而失效。

6.2 Lindstedt-Poincaré 方法

Lindstedt-Poincaré(LP)方法又称为变形参数法，考虑了频率与振幅之间的依赖关系，实质上相当于把自变量t作了一个线性变换

$$\omega(a,\epsilon)=\omega_0+\epsilon\omega_1(a)+\epsilon^2\omega_2(a)+\cdots \tag{6.2.1}$$
$$\tau=\omega t=(1+\epsilon\omega_1(a)+\epsilon^2\omega_2(a)+\cdots)t \tag{6.2.2}$$

在本章所研究的弱非线性振动系统中，假设其对应的简谐振动的固有频率为ω_0。

$$u''+\omega_0^2u=\epsilon f(u,u') \tag{6.2.3}$$

为了不与频率ω的级数展开式冲突，在 MMA 中先将ω_0设为单个符号变量。

```
Needs["Notation`"]
Symbolize[ω0]
```

已知方程和初值如下：

```
eq = u"[t] + ω0^2u[t] == ϵf[u[t], u'[t]]
```

假设其初值为

```
ic1 = u[0] == a; ic2 = u'[0] == b;
```

引入变换：

$$u(t)=U(\tau) \tag{6.2.4}$$
$$\tau=T(t)=\omega t \tag{6.2.5}$$

即在 MMA 中定义以下变换：

```
u2U = u → (U[T[#]]&);
T2τ = T[t] → τ;
Tf = T → (ω#&);
```

则原方程变换为$U(\tau)$的方程：

```
eqU = eq/. u2U/. T2τ/. Tf
```

$$\omega_0^2 U[\tau] + \omega^2 U''[\tau] == \epsilon f[U[\tau], \omega U'[\tau]] \tag{6.2.6}$$

定义如下级数：

```
U2S[n_]:= U → (Sum[U_i[#]ϵ^i, {i, 0, n}] + O[ϵ]^(n+1)&);
w2P[n_]:= ω → ω_0 + Sum[ω_i ϵ^i, {i, 1, n}];
```

将以上两个级数代入方程。以二阶渐近解为例，令

```
n = 2;
```

方程(6.2.6)左端为

```
lhs = eqU[[1]]/. U2S[n]/. w2P[n]
```

$$(\omega_0^2 U_0[\tau] + \omega_0^2 U_0''[\tau]) + (\omega_0^2 U_1[\tau] + 2\omega_0\omega_1 U_0''[\tau] + \omega_0^2 U_1''[\tau])\epsilon + (\omega_0^2 U_2[\tau] + (\omega_1^2 + 2\omega_0\omega_2)U_0''[\tau] + 2\omega_0\omega_1 U_1''[\tau] + \omega_0^2 U_2''[\tau])\epsilon^2 + O[\epsilon]^3$$

方程(6.2.6)右端为

```
rhs = (eqU[[2]]/. U2S[n]/. w2P[n]) + O[ϵ]^(n+1)
```

$$f[U_0[\tau], \omega_0 U_0'[\tau]]\epsilon + ((\omega_1 U_0'[\tau] + \omega_0 U_1'[\tau]) f^{(0,1)}[U_0[\tau], \omega_0 U_0'[\tau]] + U_1[\tau] f^{(1,0)}[U_0[\tau], \omega_0 U_0'[\tau]])\epsilon^2 + O[\epsilon]^3$$

展开后得到一个方程组：

```
eqs = LogicalExpand[lhs − rhs == 0]//toList
```

对两个初始条件同样处理，可得相应的方程组：

```
ic1s = LogicalExpand[ic1/. u → (U[T[#]]&)/. T → (ω#&)/. U2S[n]/. w2P[n]]//toList
ic2s = LogicalExpand[doEq[ic2, −1] + O[ϵ]^(n+1) == 0/. u → (U[T[#]]&)/. T
        → (ω#&)/. U2S[n]/. w2P[n]]//toList
```

这样就得到各阶方程和对应的初始条件。

在求解时，可以对各阶方程组逐次求解。首先给出零阶方程组：

```
(sys0 = getOrd[1]/@{eqs, ic1s, ic2s})//Column
```

$$\begin{cases} \omega_0^2 U_0[\tau] + \omega_0^2 U_0''[\tau] == 0 \\ -a + U_0[0] == 0 \\ -b + \omega_0 U_0'[0] == 0 \end{cases} \tag{6.2.7}$$

求得零阶（退化）方程组的解U_0：

```
U0 = DSolve[sys0, U_0[τ], τ][[1]]//Apart
```

$$\left\{U_0[\tau] \to a\text{Cos}[\tau] + \frac{b\text{Sin}[\tau]}{\omega_0}\right\} \tag{6.2.8}$$

将U_0代入一阶方程组，可得

```
(sys1 = getOrd[2]/@{eqs, ic1s, ic2s})//Column
```

$$\begin{cases} -f[U_0[\tau], \omega_0 U_0'[\tau]] + \omega_0^2 U_1[\tau] + 2\omega_0\omega_1 U_0''[\tau] + \omega_0^2 U_1''[\tau] == 0 \\ U_1[0] == 0 \\ \omega_1 U_0'[0] + \omega_0 U_1'[0] == 0 \end{cases} \tag{6.2.9}$$

式中，$f(U_0(\tau), \omega_0 U_0'(\tau))$要展开成 Fourier 级数以便消去共振项。

解出U_1以后和U_0一起代入二阶方程组，可得

(sys2 = getOrd[3]/@{eqs, ic1s, ic2s})//Column

$$\omega_0^2 U_2[\tau] + (\omega_1^2 + 2\omega_0\omega_2)U_0{}''[\tau] - (\omega_1 U_0{}'[\tau] + \omega_0 U_1{}'[\tau]) f^{(0,1)}[U_0[\tau], \omega_0 U_0{}'[\tau]] + 2\omega_0\omega_1 U_1{}''[\tau] + \omega_0^2 U_2{}''[\tau] - U_1[\tau] f^{(1,0)}[U_0[\tau], \omega_0 U_0{}'[\tau]] == 0 \tag{6.2.10a}$$

$$U_2[0] == 0 \tag{6.2.10b}$$

$$\omega_2 U_0{}'[0] + \omega_1 U_1{}'[0] + \omega_0 U_2{}'[0] == 0 \tag{6.2.10c}$$

通过消去共振项求解方程。如此反复，直到完成各阶方程组的求解。

另外一种方法是先求通解，最后再考虑初始条件。

eq1 = eqs[[1]]//Simplify[#, $\omega_0 > 0$]&

$$U_0[\tau] + U_0{}''[\tau] == 0 \tag{6.2.11}$$

求得方程(6.2.11)式的通解U_0：

{U0} = DSolve[eq1, $U_0[\tau]$, τ]/.{$C[1] \to \mathbb{A}$Cos[β], $C[2] \to -\mathbb{A}$Sin[β]}//Simplify

$$\{\{U_0[\tau] \to \mathbb{A}\mathrm{Cos}[\beta + \tau]\}\} \tag{6.2.12}$$

然后将首项通解代入一阶方程，可得通解U_1：

eq2 = doEq[doEq[eqs[[2]]/ω_0^2], U_1]

$$U_1[\tau] + U_1''[\tau] == \frac{f[U_0[\tau], \omega_0 U_0{}'[\tau]]}{\omega_0^2} - \frac{2\omega_1 U_0''[\tau]}{\omega_0} \tag{6.2.13}$$

将通解U_0和U_1代入二阶方程，可得通解U_2：

eq3 = doEq[doEq[eqs[[3]]/ω_0^2], U_2]//Collect[#, {$f^{(0,1)}[U_0[\tau], \omega_0 U_0{}'[\tau]]$, $U_0{}''[\tau]$}]&

$$U_2[\tau] + U_2{}''[\tau] == \left(-\frac{\omega_1^2}{\omega_0^2} - \frac{2\omega_2}{\omega_0}\right) U_0{}''[\tau] - \frac{2\omega_1 U_1{}''[\tau]}{\omega_0} + \left(\frac{\omega_1 U_0{}'[\tau]}{\omega_0^2} + \frac{U_1{}'[\tau]}{\omega_0}\right) f^{(0,1)}\left[U_0[\tau], \omega_0 U_0{}'[\tau]\right] + \frac{U_1[\tau] f^{(1,0)}\left[U_0[\tau], \omega_0 U_0{}'[\tau]\right]}{\omega_0^2} \tag{6.2.14}$$

逐次求解完毕，然后结合初始条件，确定待定参数。

例 6.2.1　求以下含小参数谐振方程的初值问题的二阶渐近解：

$$u''(t) + (1+\epsilon)u(t) = 0 \tag{6.2.15}$$

$$u(0) = 0, u'(0) = 1 \tag{6.2.16}$$

将方程和初始条件记为

eq = u"[t] + (1 + ϵ)u[t] == 0;

ic1 = u[0] == 0; ic2 = u'[0] − 1 == 0;

先求得精确解，用 **ue**表示。

ue = DSolveValue[{eq, ic1, ic2}, u[t], t]//FullSimplify[#, $\epsilon > 0$]&

$$\frac{\mathrm{Sin}[t\sqrt{1+\epsilon}]}{\sqrt{1+\epsilon}} \tag{6.2.17}$$

系统的固有频率Ω展开为ϵ的幂级数：

Ω = Coefficient[doEq[eq, −1], u[t]]^(1/2)

$$\sqrt{1+\epsilon}$$

Ω + $O[\epsilon]^3$

$$1 + \frac{\epsilon}{2} - \frac{\epsilon^2}{8} + O[\epsilon]^3$$

退化系统的固有频率ω_0为

eq0 = eq/. ϵ → 0

ω_0 = eq/. ϵ → 0/. {y_"[_] + w_.y_[_] == f_ → $\sqrt{w}$}

$$1$$

易见，ω_0是Ω的级数展开式的首项。

定义如下变换：

u2U = *u* → (*U*[*T*[#]]&);

T2τ = *T*[*t*] → *τ*;

Tf = *T* → (*ω*#&);

原方程及初始条件变为

{EQ, IC1, IC2} = {eq, ic1, ic2}/. u2U/. T2τ/. Tf

$$\{(1+\epsilon)U[\tau]+\omega^2U''[\tau]==0, U[0]==0, \omega U'[0]==1\} \tag{6.2.18}$$

将$U(\tau)$和ω展开为ϵ的幂级数：

U2S[n_]: = *U* → (Sum[U_i[#]ϵ^i, {*i*, 0, *n*}] + *O*[ϵ]$^{n+1}$&)

w2P[n_]: = *ω* → (1 + Sum[$\omega_i\epsilon^i$, {*i*, 1, *n*}])

代入原方程和初始条件，可得一系列联立的方程组。这里求二阶解。

***n* = 2;**

EQs = LogicalExpand[EQ/. w2P[*n*]/. U2S[*n*]]

$$U_0[\tau]+U_0{}''[\tau]==0\&\&U_0[\tau]+U_1[\tau]+2\omega_1U_0{}''[\tau]+U_1{}''[\tau]==0$$
$$\&\&U_1[\tau]+U_2[\tau]+(\omega_1^2+2\omega_2)U_0{}''[\tau]+2\omega_1U_1{}''[\tau]+U_2{}''[\tau]==0$$

IC1s = LogicalExpand[IC1/. w2P[*n*]/. U2S[*n*]]

$$U_0[0]==0\&\&U_1[0]==0\&\&U_2[0]==0$$

IC2s = LogicalExpand[doEq[IC2, −1] + *O*[ϵ]$^{n+1}$ == 0/. w2P[*n*]/. U2S[*n*]]

$$-1+U_0{}'[0]==0\&\&\omega_1U_0{}'[0]+U_1{}'[0]==0\&\&\omega_2U_0{}'[0]+\omega_1U_1{}'[0]+U_2{}'[0]==0$$

SYS = {EQs, IC1s, IC2s};

首项解$U_0[\tau]$为

{eq1, ic11, ic21} = getOrd[1]/@SYS

$$\{U_0[\tau]+U_0{}''[\tau]==0, U_0[0]==0, -1+U_0{}'[0]==0\}$$

U0 = DSolve[{eq1, ic11, ic21}, U_0, *τ*][[1]]

$$\{U_0\to \text{Function}[\{\tau\}, \text{Sin}[\tau]]\} \tag{6.2.19}$$

将首项解代入一阶方程，可得

{eq2, ic12, ic22} = getOrd[2]/@*SYS*/. U0

$$\{\text{Sin}[\tau]-2\text{Sin}[\tau]\omega_1+U_1[\tau]+U_1{}''[\tau]==0, U_1[0]==0, \omega_1+U_1{}'[0]==0\}$$

eq2 = doEq[eq2, U_1]

$$U_1[\tau]+U_1{}''[\tau]==-\text{Sin}[\tau]+2\text{Sin}[\tau]\omega_1 \tag{6.2.20}$$

式中，共振项为方程右端包含$\sin(\tau)$或$\cos(\tau)$的项：

rt = Factor[eq2[[2]]]

$$\text{Sin}[\tau](-1+2\omega_1) \tag{6.2.21}$$

令上式中共振项为零，即可在解中消去长期项，并可以确定ω_1：

ω1 = Solve[Coefficient[rt, Sin[τ]] == 0, ω₁][[1]]

$$\left\{\omega_1 \to \frac{1}{2}\right\} \tag{6.2.22}$$

消除共振项后继续求解方程，此时在解中就不会出现长期项了：

U1 = DSolve[{eq2, ic12, ic22}/. ω1, U_1, τ]//Flatten

$$\left\{U_1 \to \text{Function}\left[\{\tau\}, -\frac{\text{Sin}[\tau]}{2}\right]\right\} \tag{6.2.23}$$

将一阶解代入二阶方程，发现在方程的右端又出现了共振项：

{eq3, ic13, ic23} = getOrd[3]/@SYS/. U0/. U1/. ω1

$$\left\{-\text{Sin}[\tau]\left(\frac{1}{4}+2\omega_2\right)+U_2[\tau]+U_2{}''[\tau]==0, U_2[0]==0, -\frac{1}{4}+\omega_2+U_2{}'[0]==0\right\}$$

eq3 = doEq[eq3, U_2]

$$U_2[\tau]+U_2{}''[\tau]==\text{Sin}[\tau]\left(\frac{1}{4}+2\omega_2\right) \tag{6.2.24}$$

同理消去方程(6.2.24)右端的共振项，可以确定ω_2，然后求出二阶方程的解：

ω2 = Solve[Coefficient[eq3[[2]], Sin[τ]] == 0, ω₂][[1]]

$$\left\{\omega_2 \to -\frac{1}{8}\right\} \tag{6.2.25}$$

U2 = DSolve[{eq3, ic13, ic23}/. ω2, U_2, τ][[1]]

$$\left\{U_2 \to \text{Function}\left[\{\tau\}, \frac{3Sin[\tau]}{8}\right]\right\} \tag{6.2.26}$$

最后可得$u(t)$的二阶渐近解：

ua = u[t]/. u2U/. T2τ/. U2S[n]/. U0/. U1/. U2//Normal

$$\text{Sin}[\tau]-\frac{1}{2}\epsilon\text{Sin}[\tau]+\frac{3}{8}\epsilon^2\text{Sin}[\tau] \tag{6.2.27}$$

以及精确到$O(\epsilon)^2$的频率表达式：

wa = ω/. w2P[n]/. ω1/. ω2

$$1+\frac{\epsilon}{2}-\frac{\epsilon^2}{8}$$

将渐近解用原始变量t表示：

ua/. τ → ωt/. ω → wa/. Sin[a_] :→ Sin[show[a]]

$$\text{Sin}\left[\left(1+\frac{\epsilon}{2}-\frac{\epsilon^2}{8}\right)t\right]-\frac{1}{2}\epsilon\text{Sin}\left[\left(1+\frac{\epsilon}{2}-\frac{\epsilon^2}{8}\right)t\right]+\frac{3}{8}\epsilon^2\text{Sin}\left[\left(1+\frac{\epsilon}{2}-\frac{\epsilon^2}{8}\right)t\right] \tag{6.2.28}$$

可见，这是一致有效渐近解，即式(5.3.27)。

例 6.2.2　用 LP 方法求以下 Duffing 方程初值问题的渐近解：

$$u''(t)+u(t)+\epsilon u(t)^3=0$$
$$u(0)=a, u'(0)=0$$

将方程和初始条件记为

DuffingEq = u"[t] + u[t] + ϵu[t]³ == 0;

```
ic1 = u[0] == a; ic2 = u'[0] == 0;
```

采用例 6.2.1 中的变换，则原方程和初始条件变为

```
{EQ, IC1, IC2} = {DuffingEq, ic1, ic2}/. u2U/. T2τ/. Tf//Simplify[#, ω > 0]&
```

$$\{U[\tau] + \epsilon U[\tau]^3 + \omega^2 U''[\tau] == 0, a == U[0], U'[0] == 0\}$$

采用例 6.2.1 中的级数展开，同样求三项渐近解，令

```
n = 2;
```

将级数代入方程和初始条件，可得以下联立方程组：

```
SYS = {EQs, IC1s, IC2s} = LogicalExpand[doEq[#, −1] + O[ϵ]^(n+1) =
      = 0]&/@({EQ, IC1, IC2}/. U2S[n]/. w2P[n])
```

下面采用三种方法来求解。

(1) 先消去方程右端的共振项，再求解。

这就是例 6.2.1 所用的方法。

易知首项解为

```
U0 = DSolve[getOrd[1]/@SYS, U0, τ][[1]]
```

$$\{U_0 \to \text{Function}[\{\tau\}, a\text{Cos}[\tau]]\}$$

将首项解代入一阶方程，可得

```
EQ2 = doEq[EQs[[2]]/. U0, U1]//TrigReduce//Collect[#, Cos[_], Expand]&
```

$$U_1[\tau] + U_1''[\tau] == -\frac{1}{4}a^3\text{Cos}[3\tau] + \text{Cos}[\tau]\left(-\frac{3a^3}{4} + 2a\omega_1\right)$$

注意到上式右端第 2 项是共振项，应消去。据此确定待定系数ω_1并求解方程：

```
ω1 = Solve[Coefficient[#, Cos[τ]]&/@EQ2, ω1][[1]]
```

$$\left\{\omega_1 \to \frac{3a^2}{8}\right\}$$

```
U1 = DSolve[getOrd[2]/@SYS/. U0/. ω1, U1[τ], τ][[1]]//TrigReduce//toPure
```

$$\left\{U_1 \to \text{Function}\left[\{\tau\}, \frac{1}{32}(-a^3\text{Cos}[\tau] + a^3\text{Cos}[3\tau])\right]\right\}$$

将已知结果代入二阶方程，可得

```
EQ3 = doEq[EQs[[3]]/. U0/. U1/. ω1, U2]//TrigReduce//Collect[#, Cos[_], Expand]&
```

$$U_2[\tau] + U_2''[\tau] == \frac{3}{16}a^5\text{Cos}[3\tau] - \frac{3}{128}a^5\text{Cos}[5\tau] + \text{Cos}[\tau]\left(\frac{21a^5}{128} + 2a\omega_2\right)$$

以上方程右端第 3 项为共振项，应消去，可确定ω_2：

```
ω2 = Solve[Coefficient[#, Cos[τ]]&/@EQ3, ω2][[1]]
```

$$\left\{\omega_2 \to -\frac{21a^4}{256}\right\}$$

由此可以确定二阶方程的解为

```
U2 = DSolve[getOrd[3]/@SYS/. U0/. U1/. ω1/. ω2, U2[τ], τ][[1]]//TrigReduce//toPure
```

$$\left\{U_2 \to \text{Function}\left[\{\tau\}, \frac{23a^5\text{Cos}[\tau] - 24a^5\text{Cos}[3\tau] + a^5\text{Cos}[5\tau]}{1024}\right]\right\}$$

这样，就得到二阶近似解：

```
ua = u[t]/. u2U/. T2τ/. U2S[n]/. U0/. U1/. U2//Normal
```

$$a\mathrm{Cos}[\tau]+\frac{1}{32}\epsilon(-a^3\mathrm{Cos}[\tau]+a^3\mathrm{Cos}[3\tau])+\frac{\epsilon^2(23a^5\mathrm{Cos}[\tau]-24a^5\mathrm{Cos}[3\tau]+a^5\mathrm{Cos}[5\tau])}{1024}$$

式中，$\tau=T(t)$，即

```
T[t]/. Tf/. w2P[n]/. ω1/. ω2
```

$$t\left(1+\frac{3a^2\epsilon}{8}-\frac{21a^4\epsilon^2}{256}\right)$$

将二阶近似解用原始变量t表示，并以常规方式显示（仅显示前两项）：

```
ua2 = ua[[{1,2}]]
wa2 = ω/. w2P[1]/. ω1
ua2/. τ → ωt/. ω → wa2/. Cos[a_.tb_] :→ If[a > 1, Cos[show[atb, {1, 3, 2}]], Cos[show[tb]]]
```

$$a\mathrm{Cos}\left[\left(1+\frac{3a^2\epsilon}{8}\right)t\right]+\frac{1}{32}\epsilon\left(-a^3\mathrm{Cos}\left[\left(1+\frac{3a^2\epsilon}{8}\right)t\right]+a^3\mathrm{Cos}\left[3\left(1+\frac{3a^2\epsilon}{8}\right)t\right]\right)\quad(6.2.29)$$

(2) 先逐阶求解，再消去各阶解中的长期项。

首项解都是一样的。这里直接研究一阶方程的解。

```
{eq2, ic12, ic22} = getOrd[2]/@SYS/. U0
U1 = DSolve[{eq2, ic12, ic22}, U1[τ], τ][[1]]//TrigReduce
```

$$\left\{U_1[\tau]\to\frac{1}{32}(-a^3\mathrm{Cos}[\tau]+a^3\mathrm{Cos}[3\tau]-12a^3\tau\mathrm{Sin}[\tau]+32a\tau\mathrm{Sin}[\tau]\omega_1)\right\}\quad(6.2.30)$$

整理一阶方程的解(6.2.30)，可得

```
Collect[U1[τ]/. U1, {τSin[_], Cos[_]}]
```

$$-\frac{1}{32}a^3\mathrm{Cos}[\tau]+\frac{1}{32}a^3\mathrm{Cos}[3\tau]+\frac{1}{32}\tau\mathrm{Sin}[\tau](-12a^3+32a\omega_1)\quad(6.2.31)$$

易见，上式中第 3 项是长期项，令其系数为零，可消除长期项，并确定ω_1：

```
ω1 = Solve[Coefficient[%, τSin[τ]] == 0, ω1][[1]]
```

$$\left\{\omega_1\to\frac{3a^2}{8}\right\}\quad(6.2.32)$$

这样，就得到不包含长期项的解：

```
U1 = U1/. ω1//toPure
```

$$\left\{U_1\to\mathrm{Function}\left[\{\tau\},\frac{1}{32}(-a^3\mathrm{Cos}[\tau]+a^3\mathrm{Cos}[3\tau])\right]\right\}\quad(6.2.33)$$

将已知结果代入二阶方程并求解：

```
{eq3, ic13, ic23} = getOrd[3]/@SYS/. U0/. U1/. ω1//FullSimplify
U2 = DSolve[{eq3, ic13, ic23}, U2[τ], τ][[1]]//TrigReduce
```

$$\left\{U_2[\tau]\to\frac{23a^5\mathrm{Cos}[\tau]-24a^5\mathrm{Cos}[3\tau]+a^5\mathrm{Cos}[5\tau]+84a^5\tau\mathrm{Sin}[\tau]+1024a\tau\mathrm{Sin}[\tau]\omega_2}{1024}\right\}$$

整理二阶方程的解，可得

```
Collect[U2[τ]/. U2, {Cos[_], τSin[_]}, FactorTerms]
```

$$\frac{23a^5\text{Cos}[\tau]}{1024}-\frac{3}{128}a^5\text{Cos}[3\tau]+\frac{a^5\text{Cos}[5\tau]}{1024}+\frac{1}{256}\tau\text{Sin}[\tau](21a^5+256a\omega_2)$$

易见，上式中第 4 项是长期项，令其系数为零，可消除长期项，并确定ω_2：

ω2 = Solve[Coefficient[%, τSin[τ]] == 0, ω₂][[1]]

$$\left\{\omega_2\to-\frac{21a^4}{256}\right\}$$

这样，又再次得到前面的结果。

(3) 重正化方法。先用正则摄动法求出n阶渐近解，然后代入变形坐标，逐个消去其中的长期项。

直接用 MMA 求出前三项渐近解。

sys = {DuffingEq, ic1, ic2};
ur = AsymptoticDSolveValue[sys, u[t], t, {ϵ, 0, 2}]//Collect[#, ϵ, TrigReduce]&;
ur//Short

$$a\text{Cos}[t]+\frac{1}{32}\epsilon(-a^3\text{Cos}[t]+a^3\text{Cos}[3t]-12a^3t\text{Sin}[t])+\frac{\epsilon^2(\ll 1\gg)}{1024}\tag{6.2.34}$$

已知变形坐标τ与时间t有如下关系：

rel = τ == T[t]/. Tf/. w2P[2]

$$\tau==t(1+\epsilon\omega_1+\epsilon^2\omega_2)\tag{6.2.35}$$

可以将t用τ表示，并展开成级数：

t$ = Solve[rel, t][[1]]

$$\left\{t\to\frac{\tau}{1+\epsilon\omega_1+\epsilon^2\omega_2}\right\}$$

tS = (t/. t$) + O[ϵ]³

$$\tau-\tau\omega_1\epsilon+\tau(\omega_1^2-\omega_2)\epsilon^2+O[\epsilon]^3\tag{6.2.36}$$

原渐近解可用变形坐标τ表示：

(Ur = ur/. t → tS)//Short

$$a\text{Cos}[\tau]+(\frac{1}{32}(-a^3\text{Cos}[\tau]+a^3\text{Cos}[3\tau]-12a^3\tau\text{Sin}[\tau])+a\tau\text{Sin}[\tau]\omega_1)\epsilon+(\ll 1\gg)\epsilon^2+O[\epsilon]^3$$

取出上式中第 2 项的系数并整理，可得

ce2 = Ur[[3, 2]]
Collect[ce2, {τ, Cos[_]}, Factor]

$$-\frac{1}{32}a^3\text{Cos}[\tau]+\frac{1}{32}a^3\text{Cos}[3\tau]-\frac{1}{8}a\tau\text{Sin}[\tau](3a^2-8\omega_1)$$

易见，上式中最后一项为长期项。通过消除长期项，确定ω_1：

eqω1 = Coefficient[ce2, τSin[τ]] == 0
ω1 = Solve[eqω1, ω₁][[1]]

$$\left\{\omega_1\to\frac{3a^2}{8}\right\}$$

同理可消除第 3 项中的长期项：

```
ce3 = Ur[[3, 3]]/. ω1//Simplify
Collect[ce3, {τ, Cos[_]}, Factor]
```

$$\frac{1}{512}a^5\mathrm{Sin}[\tau](23\mathrm{Sin}[2\tau]-\mathrm{Sin}[4\tau])+\frac{1}{256}a\tau\mathrm{Sin}[\tau](21a^4+256\omega_2)$$

```
eqω2 = Coefficient[ce3, τSin[τ]] == 0
ω2 = Solve[eqω2, ω₂][[1]]
```

$$\left\{\omega_2\to-\frac{21a^4}{256}\right\}$$

讨论：

(1) 第 1 种方法在求解过程中，先消除可能导致长期项的共振项。这样求解最简单，计算量小。

(2) 第 2 种方法首先对各阶方程组直接求解。然后针对各阶解中出现的长期项，令这些长期项的系数为零来确定待定系数。相对与第 1 种方法，第 2 种方法计算量更大一些。

(3) 第 3 种办法（重正化方法）它前面的求解步骤与正则摄动法一样，最后在正则摄动解的基础上消去长期项。这种方法计算量最大，但求解过程相对简单。这在 **PLK** 方法中更为明显。

例 6.2.3　用 LP 方法求以下 van der Pol 方程的周期解：

$$u''(t)+u(t)=\epsilon\left(1-u^2(t)\right)u'(t) \tag{6.2.37}$$

将以上方程记为

```
VDPEq = u"[t] + u[t] == ϵ(1 − u[t]^2)u′[t]
```

定义如下变换：

```
u2U = u → (U[T[#]]&); T2τ = T[t] → τ; Tf = T → (ω#&);
```

则原方程(6.2.37)变为

```
eq = VDPEq/. u2U/. T2τ/. Tf
```

$$U[\tau]+\omega^2U''[\tau]==\epsilon\omega(1-U[\tau]^2)U'[\tau] \tag{6.2.38}$$

定义如下两个级数展开：

```
U2S[n_]: = U → (Sum[U_i[#]ϵ^i, {i, 0, n}] + O[ϵ]^(n+1)&)
w2P[n_]: = ω → (1 + Sum[ω_i ϵ^i, {i, 1, n}])
```

求三项渐近解，令

```
n = 3;
```

得到以下联立方程组：

```
(eqs = LogicalExpand[eq/. U2S[n]/. w2P[n]])//Short
```

$$\begin{aligned}&U_0[\tau]+U_0{}''[\tau]==0\&\&\ll 1\gg==0\&\&\ll 1\\&\gg\&\&U_3[\tau]+\omega_2(-1+U_0[\tau]^2)U_0{}'[\tau]+2\omega_1U_0[\tau]U_1[\tau]U_0{}'[\tau]+\ll 6\\&\gg+2\omega_1U_2{}''[\tau]+U_3{}''[\tau]==0\end{aligned}$$

假设初始条件具有如下形式：

```
ic1s = Table[U_i[0] == a_i, {i, 0, n}]
```

$$\{U_0[0]==a_0,U_1[0]==a_1,U_2[0]==a_2,U_3[0]==a_3\} \tag{6.2.39}$$

```
ic2s = Table[U_i'[0] == 0, {i, 0, n}]
```

$$\{U_0{}'[0] == 0, U_1{}'[0] == 0, U_2{}'[0] == 0, U_3{}'[0] == 0\}$$

式中，a_0, a_1, a_2, a_3为待定常数。

零阶解为

```
sys = getOrd[1]/@{eqs, ic1s, ic2s}
```

$$\{U_0[\tau] + U_0{}''[\tau] == 0, U_0[0] == a_0, U_0{}'[0] == 0\}$$

```
{U0$} = DSolve[sys, U_0, τ]
```

$$\{\{U_0 \to \text{Function}[\{\tau\}, \text{Cos}[\tau]a_0]\}\}$$

将U_0代入一阶方程，可得

```
eq2 = doEq[eqs[[2]]/. U0$, U_1]//TrigReduce//Collect[#, {Sin[τ], Cos[τ]}, Expand]&
```

$$U_1[\tau] + U_1{}''[\tau] == \frac{1}{4}\text{Sin}[3\tau]a_0^3 + \text{Sin}[\tau]\left(-a_0 + \frac{a_0^3}{4}\right) + 2\text{Cos}[\tau]a_0\omega_1 \tag{6.2.40}$$

消去共振项，即上式右端最后两项。令$\text{Sin}(\tau)$和$\text{Cos}(\tau)$的系数为零，可得

```
{sol1, sol2, sol3} = Solve[Coefficient[eq2[[2]], {Sin[τ], Cos[τ]}] == 0, {a_0, ω_1}]//Quiet
```

$$\{\{a_0 \to 0\}, \{a_0 \to -2, \omega_1 \to 0\}, \{a_0 \to 2, \omega_1 \to 0\}\} \tag{6.2.41}$$

结果表明会出现三种情况，下面逐一研究。

(1) $a_0 = 0$

```
{U0} = DSolve[{eqs[[1]], ic1s[[1]], ic2s[[1]]}, U_0[τ], τ]/. sol1//toPure
```

$$\{\{U_0 \to \text{Function}[\{\tau\}, 0]\}\}$$

```
eq2 = eqs[[2]]/. U0
```

$$U_1[\tau] + U_1{}''[\tau] == 0$$

```
{U1} = DSolve[{eq2, ic1s[[2]], ic2s[[2]]}, U_1[τ], τ]//toPure
```

$$\{\{U_1 \to \text{Function}[\{\tau\}, \text{Cos}[\tau]a_1]\}\}$$

将U_1代入二阶方程：

```
eq3 = doEq[eqs[[3]], U_2]/. U0/. U1
```

$$U_2[\tau] + U_2{}''[\tau] == -\text{Sin}[\tau]a_1 + 2\text{Cos}[\tau]a_1\omega_1$$

消去以上方程右端导致长期项的两项，可得

```
{a1} = Solve[Coefficient[eq3[[2]], {Sin[τ], Cos[τ]}] == 0, {a_1, ω_1}]//Quiet
```

$$\{\{a_1 \to 0\}\}$$

```
U_1[τ]/. U1/. a1
```

$$0$$

重复以上计算，可得$a_2 = 0$，$U_2[\tau] = 0$等，易知$u(t) \equiv 0$，为平凡解。

(2) $a_0 = -2, \omega_1 = 0$

由于$a_0 = -2$与$a_0 = 2$所对应的解给出同一条轨线，只是相位相差π，所以只要研究第 3 种情况即可。

(3) $a_0 = 2, \omega_1 = 0$

```
U0 = DSolve[U_0[τ] == (U_0[τ]/. U0$/. sol3), U_0, τ][[1]]
```

$$\{U_0 \to \text{Function}[\{\tau\}, 2\text{Cos}[\tau]]\}$$

```
sys = {eqs[[2]]/. sol3/. U0, ic1s[[2]], ic2s[[2]]}
```

$$\{-2(-1+4\mathrm{Cos}[\tau]^2)\mathrm{Sin}[\tau]+U_1[\tau]+U_1{}''[\tau]==0,U_1[0]==a_1,U_1{}'[0]==0\}$$

U1$ = DSolve[sys, $U_1[\tau]$, τ][[1]]//TrigReduce//toPure

$$\left\{U_1\to\mathrm{Function}\left[\{\tau\},\frac{1}{4}(3\mathrm{Sin}[\tau]-\mathrm{Sin}[3\tau]+4\mathrm{Cos}[\tau]a_1)\right]\right\}$$

从上式可知一阶方程的解中并无长期项。

eq3 = doEq[eqs[[3]], U_2]/. U0$/. U1$/. sol3//TrigReduce/
/Collect[#, {Sin[τ], Cos[τ]}, Expand]&

$$U_2[\tau]+U_2{}''[\tau]==-\frac{3}{2}\mathrm{Cos}[3\tau]+\frac{5}{4}\mathrm{Cos}[5\tau]+2\mathrm{Sin}[\tau]a_1+3\mathrm{Sin}[3\tau]a_1+\mathrm{Cos}[\tau]\left(\frac{1}{4}+4\omega_2\right)$$

在以上方程的右端发现两个共振项，消除它们确定了两个参数，即a_1和ω_2:

sol4 = Solve[Coefficient[eq3[[2]], {Sin[τ], Cos[τ]}] == 0, {a_1, ω_2}][[1]]

$$\left\{a_1\to 0,\omega_2\to -\frac{1}{16}\right\} \tag{6.2.42}$$

继续求解方程，可得

U2$ = DSolve[{eq3/. sol4, ic1s[[3]], ic2s[[3]]}, $U_2[\tau]$, τ][[1]]//TrigReduce//Expand/
/toPure

$$\left\{U_2\to\mathrm{Function}\left[\{\tau\},-\frac{13\mathrm{Cos}[\tau]}{96}+\frac{3}{16}\mathrm{Cos}[3\tau]-\frac{5}{96}\mathrm{Cos}[5\tau]+\mathrm{Cos}[\tau]a_2\right]\right\}$$

利用前面所得结果继续求解三阶方程，可得

eq4 = doEq[eqs[[4]], U_3]/. U0$/. U1$/. U2$/. sol3/. sol4//TrigReduce/
/Collect[#, {Sin[τ], Cos[τ], Sin[3τ]}, Expand]&

$$U_3[\tau]+U_3{}''[\tau]==\frac{35}{24}\mathrm{Sin}[5\tau]-\frac{7}{12}\mathrm{Sin}[7\tau]$$

$$+\mathrm{Sin}[\tau]\left(-\frac{1}{48}+2a_2\right)+\mathrm{Sin}[3\tau]\left(-\frac{11}{16}+3a_2\right)+4\mathrm{Cos}[\tau]\omega_3$$

由以上方程的右端发现两个共振项，消除它们确定了两个参数，即a_2和ω_3:

sol5 = Solve[Coefficient[eq4[[2]], {Sin[τ], Cos[τ]}] == 0, {a_2, ω_3}][[1]]

$$\left\{a_2\to\frac{1}{96},\omega_3\to 0\right\} \tag{6.2.43}$$

这样，就得到 van der Pol 方程精确到$O(\epsilon^2)$的周期解：

***u*[*t*]/. u2U/. *T*2τ/. U2S[2]/. U0$/. U1$/. U2$/. sol3/. sol4/. sol5**

$$2\mathrm{Cos}[\tau]+\frac{1}{4}(3\mathrm{Sin}[\tau]-\mathrm{Sin}[3\tau])\epsilon+\left(-\frac{\mathrm{Cos}[\tau]}{8}+\frac{3}{16}\mathrm{Cos}[3\tau]-\frac{5}{96}\mathrm{Cos}[5\tau]\right)\epsilon^2+O[\epsilon]^3$$

ω/. w2P[2]/. sol3/. sol4

$$1-\frac{\epsilon^2}{16} \tag{6.2.44}$$

例 6.2.4　用 **LP** 方法求以下 Klein-Gordon 方程的渐近解：

$$u_{tt}-\alpha^2u_{xx}+\gamma^2u-\beta u^3=0 \tag{6.2.45}$$

将方程记为**KGEq**，即

```
KGEq = ∂t,t u[x, t] − α²∂x,x u[x, t] + γ²u[x, t] − βu[x, t]³ == 0
```

假设该方程具有行波解。定义行波变换：$u(x,t)=U(kx-\omega t)$，即

```
u2U = u → (U[X[#1, #2]]&)
X2χ = X[x, t] → χ
Xf = X → (k#1 − ω#2&)
```

首先考虑线性情况下的行波解，即$\beta=0$

```
KGEq0 = KGEq/. β → 0
```

$$\gamma^2 u[x,t]+u^{(0,2)}[x,t]-\alpha^2 u^{(2,0)}[x,t]==0$$

```
eq0 = KGEq0/. u2U/. X2χ/. Xf/. ω → ω0
```

$$\gamma^2 U[\chi]-k^2\alpha^2 U''[\chi]+\omega_0^2 U''[\chi]==0$$

易知，其色散关系为

```
dr = eq0/. U → (Exp[i#]&)//Simplify[#, e- ≠ 0]&//Reverse
```

$$\omega_0^2==k^2\alpha^2+\gamma^2 \tag{6.2.46}$$

```
ω0 = Last@Solve[dr, ω0]
```

$$\{\omega_0\to\sqrt{k^2\alpha^2+\gamma^2}\}$$

```
u0 = DSolveValue[eq0, U[χ], χ]/. k²α² − ω0² → −γ²/. C[2] → −C[1]/. C[1] → −i ϵ/2
u0//PowerExpand//ComplexExpand//Simplify
```

$$\epsilon\text{Sin}[\chi]$$

式中，用ϵ表示振幅。可见频率ω_0与振幅ϵ无关。

在非线性问题中，频率ω一般是振幅ϵ的函数。当振幅ϵ不大时，可以取ϵ为小参数。

```
eq = KGEq/. u2U/. X2χ/. Xf//Simplify
```

$$\gamma^2 U[\chi]+(-k^2\alpha^2+\omega^2)U''[\chi]==\beta U[\chi]^3 \tag{6.2.47}$$

对于小振幅波$u(x,t)=\epsilon\sin(kx-\omega_0 t)$，定义如下级数：

```
U2S[n_]: = U → (Sum[Ui[#]ϵ^i, {i, 1, n}] + O[ϵ]^(n+1)&)
w2P[n_]: = ω → Sum[ωi ϵ^i, {i, 0, n}]
```

代入方程(6.2.47)求三阶渐近解。令

```
n = 3;
```

得到如下方程组：

```
eqs = LogicalExpand[doEq[eq]/. w2P[n]/. U2S[n]/. ToRules[dr]]
```

$$\gamma^2U_1[\chi]+\gamma^2{U_1}''[\chi]==0\&\&\gamma^2U_2[\chi]+2\omega_0\omega_1{U_1}''[\chi]+\gamma^2{U_2}''[\chi]= \\ =0\&\&-\beta U_1[\chi]^3+\gamma^2U_3[\chi]+(\omega_1^2+2\omega_0\omega_2){U_1}''[\chi]+2\omega_0\omega_1{U_2}''[\chi] \\ +\gamma^2{U_3}''[\chi]==0$$

一阶解为

```
U1$ = DSolve[eqs[[1]], U1[χ], χ][[1]]/. {C[1] → 0, C[2] → 1}//Simplify//toPure
```

$$\{U_1\to\text{Function}[\{\chi\},\text{Sin}[\chi]]\}$$

代入U_1后，二阶方程为

```
eq2 = eqs[[2]]/. U1$
```

$$-2\text{Sin}[\chi]\omega_0\omega_1+\gamma^2U_2[\chi]+\gamma^2{U_2}''[\chi]==0$$

为了消除上式中的长期项，必有

```
ω1 = Solve[Coefficient[eq2[[1]], Sin[χ]] == 0, ω₁][[1]]
```

$$\{\omega_1 \to 0\}$$

此处二阶方程与一阶方程相同，因而取$U_2(\chi)=0$。

```
U2$ = TrigReduce[DSolve[eq2/. ω1, U₂[χ], χ]][[1]]/. (Sin|Cos)[χ] → 0//toPure
```

$$\{U_2 \to \text{Function}[\{\chi\},0]\}$$

代入已知结果，三阶方程变为

```
eq3 = eqs[[3]]/. U1$/. U2$/. ω1//TrigReduce//Expand
```

$$-\frac{3}{4}\beta\text{Sin}[\chi]+\frac{1}{4}\beta\text{Sin}[3\chi]-2\text{Sin}[\chi]\omega_0\omega_2+\gamma^2U_3[\chi]+\gamma^2{U_3}''[\chi]==0$$

消除上式中的共振项，可得

```
ω2 = Solve[Coefficient[eq3[[1]], Sin[χ]] == 0, ω₂][[1]]
```

$$\left\{\omega_2 \to -\frac{3\beta}{8\omega_0}\right\}$$

求解三阶方程，可得

```
U3$ = TrigReduce[DSolve[eq3/. ω2, U₃[χ], χ]][[1]]/. (Sin|Cos)[χ]
        → 0//Expand//toPure
```

$$\left\{U_3 \to \text{Function}\left[\{\chi\},\frac{\beta\text{Sin}[3\chi]}{32\gamma^2}\right]\right\}$$

综上所得，可知三阶近似解为

```
U[χ]/. U2S[n]/. U1$/. U2$/. U3$/. χ → HoldForm[kx − ωt]
```

$$\text{Sin}[kx-\omega t]\epsilon+\frac{\beta\text{Sin}[3(kx-\omega t)]\epsilon^3}{32\gamma^2}+O[\epsilon]^4 \tag{6.2.48}$$

非线性色散关系为

```
ω²/. w2P[n − 1]/. ω1/. ω2/. ω0//Expand
```

$$k^2\alpha^2+\gamma^2-\frac{3\beta\epsilon^2}{4}+\frac{9\beta^2\epsilon^4}{64(k^2\alpha^2+\gamma^2)} \tag{6.2.49}$$

例 6.2.5　采用 LP 方法求以下杆纵振动初值问题的渐近解：

$$u_{tt}=u_{xx}-u_x^2u_{xx} \tag{6.2.50}$$

$$u(x,0)=\sqrt{\epsilon}\ \sin(\pi x), u_t(x,0)=0 \tag{6.2.51}$$

将方程和初始条件记为

```
eq = ∂t,t u[x, t] == ∂x,x u[x, t] − (∂x u[x, t])² ∂x,x u[x, t];
ic1 = u[x, 0] == √ϵ Sin[πx]; ic2 = u^(0,1)[x, 0] == 0;
```

作如下变换：

```
u2U = u → (U[#1, T[#2]]&);
T2τ = T[t] → τ;
Tf = T → (#/ω &);
```

变换后的方程为

```
eqU = eq/. u2U/. T2τ/. Tf
eqU = Map[ω² #&, eqU]
```

$$U^{(0,2)}[x,\tau] == \omega^2 U^{(2,0)}[x,\tau] - \omega^2 U^{(1,0)}[x,\tau]^2 U^{(2,0)}[x,\tau] \tag{6.2.52}$$

采用 LP 方法，将振幅U和频率ω展开为如下级数：

U2S[n_]: $= U \to (\text{Sum}[U_i[\#1,\#2]\epsilon^{i-1/2},\{i,1,n\}] + O[\epsilon]^{n+1}\&)$

w2P[n_]: $= \omega \to (1 + \text{Sum}[\omega_i \epsilon^i,\{i,1,n\}])$

将级数表达式代入式(6.2.52)，求二阶近似解，可得联立方程组：

$n = 2$;

(lhs = doEq[eqU, −1]/. U2S[n]/. w2P[n]//Expand)//Short

$$\sqrt{\epsilon}U_1{}^{(0,2)}[x,\tau] + \ll 60 \gg + \epsilon^{17/2}\omega_2^2 U_2{}^{(1,0)}[x,\tau]^2 U_2{}^{(2,0)}[x,\tau]$$

eqs = LogicalExpand[lhs + $O[\epsilon]^n$ == 0]

$$U_1{}^{(0,2)}[x,\tau] - U_1{}^{(2,0)}[x,\tau] == 0\&\&$$
$$U_2{}^{(0,2)}[x,\tau] - 2\omega_1 U_1{}^{(2,0)}[x,\tau] + U_1{}^{(1,0)}[x,\tau]^2 U_1{}^{(2,0)}[x,\tau] - U_2{}^{(2,0)}[x,\tau] == 0$$

对初始条件作变换并展开为级数：

ic1U = ic1/. u2U/. Tf/. U2S[n]

$$U_1[x,0]\sqrt{\epsilon} + U_2[x,0]\epsilon^{3/2} + O[\epsilon]^3 == \sqrt{\epsilon}\text{Sin}[\pi x]$$

ic1s = LogicalExpand[ic1U]//Simplify

$$\text{Sin}[\pi x] == U_1[x,0]\&\&U_2[x,0] == 0$$

ic2U = ic2[[1]] + $O[\epsilon]^n$ == 0/. u2U/. Tf/. U2S[n]/. w2P[n]//Expand

$$\boldsymbol{U_1{}^{(0,1)}[x,0]\sqrt{\epsilon} + (-\omega_1 U_1{}^{(0,1)}[x,0] + U_2{}^{(0,1)}[x,0])\epsilon^{3/2} + O[\epsilon]^{5/2} == 0}$$

ic2s = LogicalExpand[ic2U]//FullSimplify

$$U_1{}^{(0,1)}[x,0] == 0\&\&U_2{}^{(0,1)}[x,0] == 0$$

零阶方程组为

sys = getOrd[1]/@{eqs, ic1s, ic2s}

$$\{U_1{}^{(0,2)}[x,\tau] - U_1{}^{(2,0)}[x,\tau] == 0, \text{Sin}[\pi x] == U_1[x,0], U_1{}^{(0,1)}[x,0] == 0\} \tag{6.2.53}$$

如果用 MMA 直接求解方程组，即式(6.2.53)，并不能得到期望的结果。此时可以先求通解，再结合初始条件确定通解中的待定参数。考虑到这是一个足够简单的方程，MMA 应该可以直接求解。这里尝试作一个替换，如下：

Un2V[n_]: $= \{U_n \to V, \tau \to t\}$;

V2Un[n_]: $= \{V \to U_n, t \to \tau\}$;

其目的是尽量简化表达式，这也确实起作用了。此时 MMA 给出了计算结果。

sys = sys/. Un2V[1]

$$\{V^{(0,2)}[x,t] - V^{(2,0)}[x,t] == 0, \text{Sin}[\pi x] == V[x,0], V^{(0,1)}[x,0] == 0\}$$

U1$ = DSolve[sys, $V[x,t]$, {x,t}]/. V2Un[1][[1]]//Simplify//toPure

$$\{U_1 \to \text{Function}[\{x,\tau\}, \text{Cos}[\pi\tau]\text{Sin}[\pi x]]\} \tag{6.2.54}$$

将解(6.4.54)代入一阶方程组，可得

(sys = getOrd[2]/@{eqs, ic1s, ic2s}/. U1$/. Un2V[2])//Column

$$-\pi^4\text{Cos}[\pi t]^3\text{Cos}[\pi x]^2\text{Sin}[\pi x] + 2\pi^2\text{Cos}[\pi t]\text{Sin}[\pi x]\omega_1 + V^{(0,2)}[x,t] - V^{(2,0)}[x,t] == 0$$
$$V[x,0] == 0$$
$$V^{(0,1)}[x,0] == 0$$

采用同样的策略求解一阶方程组可得一阶解，但是项数较多，不易处理。

```
{U2$} = DSolve[sys, V[x, t], {x, t}]/. V2Un[2]//Simplify//toPure
expr = U2[x, τ]/. U2$//TrigReduce//ExpandAll
```

$$\frac{1}{192}\pi^3\tau\text{Cos}[3\pi x-3\pi\tau]+\frac{3}{64}\pi^3\tau\text{Cos}[\pi x-\pi\tau]-\frac{3}{64}\pi^3\tau\text{Cos}[\pi x+\pi\tau]$$
$$-\frac{1}{192}\pi^3\tau\text{Cos}[3\pi x+3\pi\tau]-\frac{1}{256}\pi^2\text{Sin}[\pi x-3\pi\tau]-\frac{3}{256}\pi^2\text{Sin}[3\pi x-3\pi\tau]$$
$$+\frac{1}{256}\pi^2\text{Sin}[\pi x-\pi\tau]+\frac{3}{256}\pi^2\text{Sin}[3\pi x-\pi\tau]+\frac{1}{256}\pi^2\text{Sin}[\pi x+\pi\tau]$$
$$+\frac{3}{256}\pi^2\text{Sin}[3\pi x+\pi\tau]-\frac{1}{256}\pi^2\text{Sin}[\pi x+3\pi\tau]-\frac{3}{256}\pi^2\text{Sin}[3\pi x+3\pi\tau]$$
$$-\frac{1}{2}\pi\tau\text{Cos}[\pi x-\pi\tau]\omega_1+\frac{1}{2}\pi\tau\text{Cos}[\pi x+\pi\tau]\omega_1$$

为了得到理想的结果表现形式，需对上式作进一步化简。定义如下两个替换：

```
sin = Sin[a_ + b_] → Cos[b]Sin[a] + Cos[a]Sin[b];
cos = Cos[a_ + b_] → Cos[a]Cos[b] − Sin[a]Sin[b];
```

代入上式后，expr具有更简单的形式：

```
expr = expr/. sin/. cos//Expand
```

$$\frac{1}{128}\pi^2\text{Cos}[\pi\tau]\text{Sin}[\pi x]-\frac{1}{128}\pi^2\text{Cos}[3\pi\tau]\text{Sin}[\pi x]+\frac{3}{128}\pi^2\text{Cos}[\pi\tau]\text{Sin}[3\pi x]$$
$$-\frac{3}{128}\pi^2\text{Cos}[3\pi\tau]\text{Sin}[3\pi x]+\frac{3}{32}\pi^3\tau\text{Sin}[\pi x]\text{Sin}[\pi\tau]$$
$$+\frac{1}{96}\pi^3\tau\text{Sin}[3\pi x]\text{Sin}[3\pi\tau]-\pi\tau\text{Sin}[\pi x]\text{Sin}[\pi\tau]\omega_1$$

上式中的长期项为

```
st = Select[expr, MatchQ[#, τa_]&]//Collect[#, Sin[πx], Factor]&
```

$$\frac{1}{96}\pi^3\tau\text{Sin}[3\pi x]\text{Sin}[3\pi\tau]+\frac{1}{32}\pi\tau\text{Sin}[\pi x]\text{Sin}[\pi\tau](3\pi^2-32\omega_1) \tag{6.2.55}$$

值得注意的是，上式有两个长期项，但只有一个待定参数ω_1：

```
ω1 = Solve[Coefficient[expr, Sin[πτ]Sin[πx]τ] == 0, ω1][[1]]
```

$$\left\{\omega_1\to\frac{3\pi^2}{32}\right\} \tag{6.2.56}$$

这样只能消去第 2 个长期项。将ω_1代入式(6.2.55)，可得

```
st/. ω1
```

$$\frac{1}{96}\pi^3\tau\text{Sin}[3\pi x]\text{Sin}[3\pi\tau]$$

这表明长期项并未完全消除，LP 方法不能求解该问题。

前面只变动了坐标t。如果同时变动两个坐标t和x，这样做是否有效呢？

```
u2U = u → (U[X[#1], T[#2]]&);
U2S[n_]: = U → (Sum[Ui[#1, #2]ϵ^(i−1/2), {i, 1, n}] + O[ϵ]^(n+1)&)
```

```
w2P[n_]:= ω → (1 + Sum[ω_i ϵ^i, {i, 1, n}])
s2P[n_]:= s → (1 + Sum[s_i ϵ^i, {i, 1, n}])
T2τ = {X[x] → χ, T[t] → τ};
Tf = T → (#ω&);
Xf = X → (#s&);
```

将以上变换和级数展开式代入方程和初始条件：

```
n = 2;
eqU = eq/. u2U/. T2τ/. Tf/. Xf
```

$$\omega^2 U^{(0,2)}[\chi,\tau] == s^2 U^{(2,0)}[\chi,\tau] - s^4 U^{(1,0)}[\chi,\tau]^2 U^{(2,0)}[\chi,\tau] \tag{6.2.57}$$

```
(lhs = doEq[eqU, -1]/. U2S[n]/. w2P[n]/. s2P[n]//Expand)//Short
(eqs = LogicalExpand[lhs + O[ϵ]^(n+1) == 0])//Short;
```

初始条件**ic1**变为

```
lhs = doEq[ic1, -1]/. u2U/. x → X[x]/s /. T2τ/. Tf/. Xf/. w2P[n]/. s2P[n]/. U2S[n]
(ic1s = Thread[Coefficient[lhs, ϵ, {1/2, 3/2, 5/2}] == 0])//Column
```

$$-\mathrm{Sin}[\pi\chi] + U_1[\chi,0] == 0$$
$$\pi\chi\mathrm{Cos}[\pi\chi]s_1 + U_2[\chi,0] == 0$$
$$\frac{1}{2}\pi^2\chi^2\mathrm{Sin}[\pi\chi]s_1^2 - \pi\chi\mathrm{Cos}[\pi\chi](s_1^2 - s_2) + U_3[\chi,0] == 0$$

初始条件**ic2**变为

```
lhs = doEq[ic2, -1]/. u2U/. x
        → X[x]/s /. T2τ/. Tf/. Xf/. U2S[n]/. w2P[n]/. s2P[n]//Expand
ic2s = LogicalExpand[lhs + O[ϵ]^(n+1) == 0]//FullSimplify//toList
```

$$\{U_1{}^{(0,1)}[\chi,0] == 0, U_2{}^{(0,1)}[\chi,0] == 0, U_3{}^{(0,1)}[\chi,0] == 0\}$$

为了便于 MMA 求解，同样定义以下替换：

```
Un2V[n_]:= {U_n → V, χ → X, τ → t}
V2Un[n_]:= {V → U_n, t → τ, X → χ}
```

求解零阶方程组，可得首项解：

```
sys = getOrd[1]/@{eqs, ic1s, ic2s}/. Un2V[1]
```

$$\{V^{(0,2)}[X,t] - V^{(2,0)}[X,t] == 0, -\mathrm{Sin}[\pi X] + V[X,0] == 0, V^{(0,1)}[X,0] == 0\}$$

```
{U1$} = DSolve[sys, V[X, t], {X, t}]/. V2Un[1]//Simplify//toPure
```

$$\{\{U_1 \to \mathrm{Function}[\{\chi,\tau\}, \mathrm{Cos}[\pi\tau]\mathrm{Sin}[\pi\chi]]\}\} \tag{6.2.58}$$

代入首项解，然后求解一阶近似方程，并分析解中的长期项：

```
sys = getOrd[2]/@{eqs, ic1s, ic2s}/. Un2V[2]/. U1$
```

$$\left\{\begin{array}{l} -\pi^4\mathrm{Cos}[\pi t]^3\mathrm{Cos}[\pi X]^2\mathrm{Sin}[\pi X] + 2\pi^2\mathrm{Cos}[\pi t]\mathrm{Sin}[\pi X]s_1 - 2\pi^2\mathrm{Cos}[\pi t]\mathrm{Sin}[\pi X]\omega_1 \\ +V^{(0,2)}[X,t] - V^{(2,0)}[X,t] == 0, \pi X\mathrm{Cos}[\pi X]s_1 + V[X,0] == 0, V^{(0,1)}[X,0] == 0 \end{array}\right\}$$

```
{U2$} = DSolve[sys, V[X, t], {X, t}]/. V2Un[2]//Simplify//toPure
U_2[x, τ]/. U2$//TrigReduce//ExpandAll
expr = %/. sin/. cos//Expand
```

$$\frac{1}{128}\pi^2\text{Cos}[\pi\tau]\text{Sin}[\pi x]-\frac{1}{128}\pi^2\text{Cos}[3\pi\tau]\text{Sin}[\pi x]+\frac{3}{128}\pi^2\text{Cos}[\pi\tau]\text{Sin}[3\pi x]-\frac{3}{128}\pi^2$$
$$\text{Cos}[3\pi\tau]\text{Sin}[3\pi x]+\frac{3}{32}\pi^3\tau\text{Sin}[\pi x]\text{Sin}[\pi\tau]+\frac{1}{96}\pi^3\tau\text{Sin}[3\pi x]\text{Sin}[3\pi\tau]$$
$$-\pi\tau\text{Sin}[\pi x]\text{Sin}[\pi\tau]\omega_1$$

发现上式中长期项**st**仍有两项，还是只有一个待定参数ω_1：

st = Select[expr, MatchQ[#, τ_]&]//Collect[#, Sin[πx]Sin[πτ], Factor]&

$$\frac{1}{96}\pi^3\tau\text{Sin}[3\pi x]\text{Sin}[3\pi\tau]+\frac{1}{32}\pi\tau\text{Sin}[\pi x]\text{Sin}[\pi\tau](3\pi^2+32\omega_1) \tag{6.2.59}$$

ω1 = Solve[Coefficient[expr, Sin[πτ]Sin[πx]τ] == 0, ω₁][[1]]

$$\left\{\omega_1\to\frac{3\pi^2}{32}\right\} \tag{6.2.60}$$

st/. ω1

$$\frac{1}{96}\pi^3\tau\text{Sin}[3\pi x]\text{Sin}[3\pi\tau]$$

可见仍有一个长期项未能消除，这表明 LP 方法在该问题上失败了。

6.3 Poincaré-Lighthill-Kuo 方法

在 LP 方法中，只是针对坐标作线性变换，因此应用时有很大的局限性，在求解一些问题时并不能消除高阶近似中的强奇性。而在 Lighthill 技巧中，变形坐标函数可以是非线性函数，通过适当选取可使所得近似解一致有效：

$$u=\sum_{n=0}\epsilon^n u_n(\tau,t_2,\cdots,x_N) \tag{6.3.1}$$

$$t_1=\tau+\sum_{m=1}\epsilon^m T_m(\tau,t_2,\cdots,t_N) \tag{6.3.2}$$

式中，T_m为变形坐标函数，一般是τ的非线性函数，在求解过程中由消除高阶项的强奇性要求来确定。

对于 LP 方法而言，则有

$$u=\sum_{n=0}\epsilon^n u_n(\tau) \tag{6.3.3}$$

$$t=\ \tau+\sum_{m=1}\epsilon^m T_m(\tau) \tag{6.3.4}$$

由式(6.3.4)可得

$$t=\frac{\tau}{\omega}=\frac{\tau}{1+\epsilon\omega_1+\epsilon^2\omega_2+\epsilon^3\omega_3+\cdots}=\tau+\sum_{m=1}\epsilon^m\varOmega_m(\tau)$$

上式中的$\varOmega_m(\tau)$是可以计算出来的：

eqΩ = LogicalExpand[τ/(1 + Sum[ϵ^m ω_m, {m, 5}]) + O[ϵ]^4 == τ + Sum[ϵ^m Ω_m, {m, 3}]];

```
Solve[eqΩ,{Ω1,Ω2,Ω3}]//Flatten//Collect[#1,τ]&
```

$$\{\Omega_1 \to -\tau\omega_1, \Omega_2 \to \tau(\omega_1^2-\omega_2), \Omega_3 \to \tau(-\omega_1^3+2\omega_1\omega_2-\omega_3)\} \tag{6.3.5}$$

从中可见Ω_m是τ的线性函数。显然 LP 方法是 PLK 方法的特例。

例 6.3.1 用 PLK 方法求以下常微分方程边值问题的渐近解：

$$(x+\epsilon u(x))u'(x)+u(x)=0 \tag{6.3.6}$$

$$u(1)=1 \tag{6.3.7}$$

$$|u(x)|<\infty, x\to\infty \tag{6.3.8}$$

将方程和边界条件记为

```
eq = (x + ϵu[x])u'[x] + u[x] == 0;
bc = u[1] == 1;
```

将方程(6.3.6)改写为

```
eq/.u'[x] → Dt[u]/Dt[x] /.u[x] → u
```

$$u+\frac{(x+u\epsilon)\mathrm{Dt}[u]}{\mathrm{Dt}[x]}==0$$

整理后与$\mathbb{M}du+\mathbb{N}dx=0$对比

```
Map[#Dt[x]&,%]//Collect[#,{Dt[u],Dt[x]}]&
```

$$(x+u\epsilon)\mathrm{Dt}[u]+u\mathrm{Dt}[x]==0$$

```
{M, N} = Coefficient[%[[1]],{Dt[u],Dt[x]}]
```

$$\{x+u\epsilon, u\}$$

由于满足以下关系：

```
D[M, x] == D[N, u]
```

True

因此，方程(6.3.6)是一个恰当方程，容易求得精确解。

取出方程(6.3.6)左端并积分：

```
ans = Integrate[eq[[1]], x]
```

$$xu[x]+\frac{1}{2}\epsilon u[x]^2$$

利用边界条件，即式(6.3.7)可得

```
equ = ans == (ans/.x → 1)/.ToRules[bc]
```

$$xu[x]+\frac{1}{2}\epsilon u[x]^2==1+\frac{\epsilon}{2} \tag{6.3.9}$$

求解以上方程，即得原方程(6.3.6)的精确解。

```
sol = Solve[equ, u[x]]
```

$$\left\{\left\{u[x]\to\frac{-x-\sqrt{x^2+2\epsilon+\epsilon^2}}{\epsilon}\right\},\left\{u[x]\to\frac{-x+\sqrt{x^2+2\epsilon+\epsilon^2}}{\epsilon}\right\}\right\} \tag{6.3.10}$$

研究$x\to\infty$时，上式中两个解的性质，可得

```
Limit[u[x]/.sol, x → ∞, Assumptions → ϵ > 0]
```

$$\{-\infty, 0\}$$

根据$u(x)$有界的条件，即式(6.3.8)，应保留解(6.3.10)中的第 2 个解：

sol = sol2//Last

$$\left\{u[x]\to\frac{-x+\sqrt{x^2+2\epsilon+\epsilon^2}}{\epsilon}\right\} \tag{6.3.11}$$

对于这个问题，直接用**AsymptoticDSolveValue**求三阶正则摄动解可减少篇幅：

ua3 = AsymptoticDSolveValue[{eq, bc}, *u*[*x*], *x*, {*ϵ*, 0, 3}]

$$\frac{1}{x}+\frac{(-1+x^2)\epsilon}{2x^3}+\frac{(1-x^2)\epsilon^2}{2x^5}+\frac{(-5+6x^2-x^4)\epsilon^3}{8x^7}$$

{*u*₀, *u*₁, *u*₂, *u*₃} = CoefficientList[ua3, *ϵ*]

$$\left\{\frac{1}{x},\frac{-1+x^2}{2x^3},\frac{1-x^2}{2x^5},\frac{-5+6x^2-x^4}{8x^7}\right\} \tag{6.3.12}$$

很明显，u_0在$x=0$处有奇性，且随着阶数的升高，奇性越来越强，因此所得到的摄动解不是一致有效的。

由原方程(6.3.6)可知，当$u'(x)$的系数变为 0 时，方程由一阶微分方程变为代数方程，通常不能满足边界条件，因而出现奇性。

singularEq = Coefficient[eq[[1]], *u*′[*x*]] == 0

$$x+\epsilon u[x]==0$$

其所对应的曲线为

u*ϵ* = DSolveValue[singularEq, *u*[*x*], *x*]

$$-\frac{x}{\epsilon}$$

精确解为

ue = *u*[*x*]/. sol

$$\frac{-x+\sqrt{x^2+2\epsilon+\epsilon^2}}{\epsilon}$$

而首项近似解为

u0 = *u*₀

$$\frac{1}{x}$$

方程(6.3.6)的精确解、首项解和出现奇性的曲线如图 6.3.1 所示。原方程的奇性出现在过原点的斜线（点线）处，而退化方程（首项近似方程）将奇性移至$x=0$处，当$x\to 0$时，首项近似解$u_0(x)\to\infty$，而精确解在$x=0$处为有限值，即

((*u*[*x*]/. sol/. *x* → 0) + *O*[*ϵ*]^1/2//Normal)/. √a_/√b_ :→ √HoldForm[*a*/*b*]

$$\sqrt{\frac{2}{\epsilon}}$$

当$\epsilon(>0)$给定时，它是一个有限值。这表明近似方程未能矫正奇性，反而使解的奇性增加。对比精确解（实线）和近似解（虚线）的曲线，无法通过$x-\xi$之间的线性变换使得近似解处处逼近于精确解。

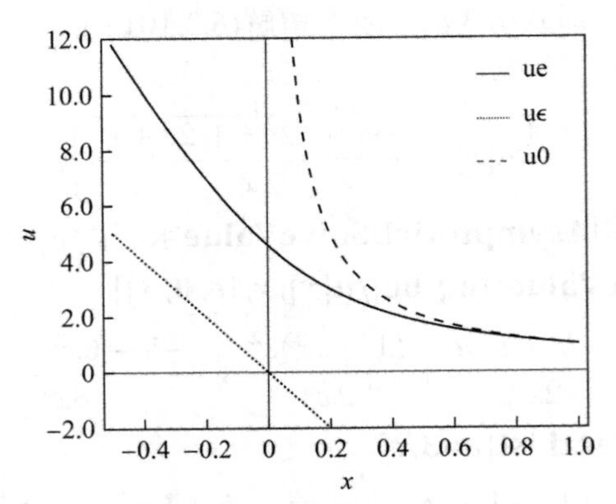

图 6.3.1 精确解ue、首项解u0与出现奇性的曲线uϵ

下面采用 Lighthill 技巧求其渐近解。将因变量u和自变量x都写成ξ的函数，即

$$x = X[\xi], u[x] = U[\xi] \tag{6.3.13}$$

原方程中的一阶导数$u'(x)$可以表示为

ux = Solve[D[*U*[*ξ*] == *u*[*X*[*ξ*]], *ξ*]/. *X*[*ξ*] → *x*, *u*′[*x*]][[1]]

$$\left\{u'[x] \to \frac{U'[\xi]}{X'[\xi]}\right\} \tag{6.3.14}$$

将其代入原方程，并将其他各项均用新变量表示，可得

eqU = eq/. ux/. *u*[*x*] → *U*[*ξ*]/. *x* → *X*[*ξ*]

$$U[\xi] + \frac{(\epsilon U[\xi] + X[\xi])U'[\xi]}{X'[\xi]} == 0 \tag{6.3.15}$$

定义级数展开式：

U2S[n_]: = *U* → (Sum[*ϵ*^*i* *U*_*i*[#], {*i*, 0, *n*}] + *O*[*ϵ*]^(*n*+1)&)

X2S[n_]: = *X* → (# + Sum[*ϵ*^*i* *X*_*i*[#], {*i*, 1, *n*}] + *O*[*ϵ*]^(*n*+1)&)

将方程(6.3.15)两端乘以$X'(\xi)$，消去分母，代入级数展开式，可得联立方程组：

eqU = Map[*X*′[*ξ*]#&, eqU]//Expand

$$\epsilon U[\xi]U'[\xi] + X[\xi]U'[\xi] + U[\xi]X'[\xi] == 0$$

eqs = LogicalExpand[eqU/. {U2S[1], X2S[1]}]

$$U_0[\xi] + \xi U_0{}'[\xi] == 0\&\&U_1[\xi] + U_0[\xi]U_0{}'[\xi] + X_1[\xi]U_0{}'[\xi] + \xi U_1{}'[\xi] + U_0[\xi]X_1{}'[\xi] == 0$$

在$x = 1$处，有$X(\xi) = 1$，由此可以算出ξ：

Xs = LogicalExpand[1 == *X*[*ξ*]/. X2S[1]]

$$-1 + \xi == 0\&\&X_1[\xi] == 0$$

xi = Solve[Xs[[1]], *ξ*][[1]]

$$\{\xi \to 1\}$$

bcX1 = Xs[[2]]/. xi

$$X_1[1] == 0$$

bcU = LogicalExpand[*u*[*x*] == 1/. *u*[*x*] → *U*[*ξ*]/. U2S[1]/. xi]

$$-1 + U_0[1] == 0\&\&U_1[1] == 0$$

说明：作这种变换时，经常令某一边界点不动。即令$x = 1$时$\xi = 1$，由此即得$X_i(1) =$

$0(i \geq 1)$。

零阶方程的解为

ord0 = {eqs[[1]], bcU[[1]]}

$$\{U_0[\xi] + \xi U_0{}'[\xi] == 0, -1 + U_0[1] == 0\}$$

U0 = DSolve[ord0, U_0, ξ][[1]]

$$\left\{U_0 \to \text{Function}\left[\{\xi\}, \frac{1}{\xi}\right]\right\} \tag{6.3.16}$$

将零阶解代入一阶方程和相应的边界条件：

eqU1 = eqs[[2]]/. U0

$$-\frac{1}{\xi^3} + U_1[\xi] - \frac{X_1[\xi]}{\xi^2} + \xi U_1{}'[\xi] + \frac{X_1{}'[\xi]}{\xi} == 0 \tag{6.3.17}$$

bcU1 = bcU[[2]]

$$U_1[1] == 0$$

整理一阶方程，使其左端为未知项，右端为已知项：

{lhs, rhs} = List@@doEq[eqU1, U_1]

$$\left\{U_1[\xi] + \xi U_1{}'[\xi], \frac{1}{\xi^3} + \frac{X_1[\xi]}{\xi^2} - \frac{X_1{}'[\xi]}{\xi}\right\}$$

为使一阶解$U_1[\xi]$的奇性不再增强，选取$X_1(\xi)$使右端项**rhs**为零：

X1 = DSolve[{rhs == 0, bcX1}, X_1, ξ][[1]]

$$\left\{X_1 \to \text{Function}\left[\{\xi\}, \frac{-1+\xi^2}{2\xi}\right]\right\} \tag{6.3.18}$$

将X_1代入一阶方程并求解：

U1 = DSolve[{eqU1/. U0/. X1, bcU1}, U_1, ξ][[1]]

$$\{U_1 \to \text{Function}[\{\xi\}, 0]\} \tag{6.3.19}$$

综上结果，在ϵ阶近似下可得

equ = u == U[ξ]/. U2S[1]/. U0/. U1//Normal

$$u == \frac{1}{\xi} \tag{6.3.20}$$

eqx = x == X[ξ]/. X2S[1]/. X1//Normal

$$x == \xi + \frac{\epsilon(-1+\xi^2)}{2\xi} \tag{6.3.21}$$

消去式(6.3.20)和式(6.3.21)中的ξ，再次得到精确解(6.3.10)。

Solve[Eliminate[{eqx, equ}, s], u]

$$\left\{\left\{u \to \frac{-x - \sqrt{x^2 + 2\epsilon + \epsilon^2}}{\epsilon}\right\}, \left\{u \to \frac{-x + \sqrt{x^2 + 2\epsilon + \epsilon^2}}{\epsilon}\right\}\right\}$$

这说明，对于该问题，一阶近似解就是精确解。

例 6.3.2　用 PLK 方法求解下列波动方程初值问题的渐近解：

$$u_t + u_x = \epsilon u_x^2 \tag{6.3.22}$$

$$u(x,0)=\sin(x) \tag{6.3.23}$$

将以上方程和初始条件记为

eq = $\partial_t u[x,t] + \partial_x u[x,t] == \epsilon(\partial_x u[x,t])^2$;

ic = $u[x,0]$ == Sin[x];

首先尝试用正则摄动法求解。将u展开为渐近幂级数，代入后得到联立的方程组：

u2S[n_]: = $u \to$ (Sum[u_i[#1, #2]ϵ^i, {i, 0, n}] + $O[\epsilon]^{n+1}$&)

eqs = LogicalExpand[eq[[1]] − eq[[2]] + $O[\epsilon]^2$ == 0/. u2S[2]]

$$u_0{}^{(0,1)}[x,t]+u_0{}^{(1,0)}[x,t]==0\&\&u_1{}^{(0,1)}[x,t]-u_0{}^{(1,0)}[x,t]^2+u_1{}^{(1,0)}[x,t]==0$$

ics = LogicalExpand[ic/. u2S[1]]

$$\mathrm{Sin}[x]-u_0[x,0]==0\&\&-u_1[x,0]==0$$

零阶方程的通解为

u0 = DSolve[eqs[[1]], u_0, {x, t}][[1]]

$$\{u_0\to\mathrm{Function}[\{x,t\},c_1[t-x]]\}$$

根据相应的初始条件确定待定函数，可得首项解：

C1 = DSolve[ics[[1]]/. u0/. $x \to -x$, C[1], x][[1]]

$$\{c_1\to\mathrm{Function}[\{x\},-\mathrm{Sin}[x]]\}$$

u0\$ = DSolve[$u_0[x,t]$ == ($u_0[x,t]$/. u0/. C1), u_0, {x, t}][[1]]

$$\{u_0\to\mathrm{Function}[\{x,t\},-\mathrm{Sin}[t-x]]\} \tag{6.3.24}$$

将首项解(6.3.24)代入一阶方程，可得其通解

u1 = DSolve[eqs[[2]]/. u0\$, u_1, {x, t}][[1]]

$$\left\{u_1\to\mathrm{Function}\left[\{x,t\},x\mathrm{Cos}[t-x]^2+c_1[t-x]\right]\right\}$$

同样，根据初始条件确定待定函数，从而得到一阶近似方程的解：

C1 = DSolve[ics[[2]]/. u1/. $x \to -x$, C[1], x][[1]]

$$\{c_1\to\mathrm{Function}[\{x\},x\mathrm{Cos}[x]^2]\}$$

u1\$ = DSolve[$u_1[x,t]$ == ($u_1[x,t]$/. u1/. C1), u_1, {x, t}][[1]]

$$\{u_1\to\mathrm{Function}[\{x,t\},t\mathrm{Cos}[t-x]^2]\} \tag{6.3.25}$$

这样，就得到二阶正则摄动级数解：

$u[x,t]$/. u2S[1]/. u0\$/. u1\$

$$-\mathrm{Sin}[t-x]+t\mathrm{Cos}[t-x]^2\epsilon+O[\epsilon]^2 \tag{6.3.26}$$

可见，上式中的第 2 项是长期项。

下面采用 Lighthill 技巧来求解。保持x不变，对于t作变换，即

$$u(x,t)=u(x,T(x,\tau))=U(x,\tau)$$

在 MMA 中表示为

U2u = $U[x,\tau] == u[x,T[x,\tau]]$

利用这一关系求出方程(6.3.22)中偏导数项变换以后的形式：

eqx = D[U2u, x]/. $T[x,\tau] \to t$

$$U^{(1,0)}[x,\tau]==u^{(0,1)}[x,t]T^{(1,0)}[x,\tau]+u^{(1,0)}[x,t]$$

eqt = D[U2u, τ]/. $T[x,\tau] \to t$

$$U^{(0,1)}[x,\tau]==T^{(0,1)}[x,\tau]u^{(0,1)}[x,t]$$

联立求解**eqx**和**eqt**，可得$u^{(0,1)}[x,t]$和$u^{(1,0)}[x,t]$：

(uxut = Solve[{eqx, eqt}, {u^(0,1)[x, t], u^(1,0)[x, t]}][[1]])//Column

$$u^{(0,1)}[x,t]\to\frac{U^{(0,1)}[x,\tau]}{T^{(0,1)}[x,\tau]} \tag{6.3.27a}$$

$$u^{(1,0)}[x,t]\to-\frac{U^{(0,1)}[x,\tau]T^{(1,0)}[x,\tau]-T^{(0,1)}[x,\tau]U^{(1,0)}[x,\tau]}{T^{(0,1)}[x,\tau]} \tag{6.3.27b}$$

将式(6.3.27a)和式(6.3.27b)代入原方程(6.3.22)可得

lhs = eq[[1]] − eq[[2]]/. uxut//Together

$$\begin{aligned}&\frac{1}{T^{(0,1)}[x,\tau]^2}(T^{(0,1)}[x,\tau]U^{(0,1)}[x,\tau]-T^{(0,1)}[x,\tau]U^{(0,1)}[x,\tau]T^{(1,0)}[x,\tau]\\&\quad-\epsilon U^{(0,1)}[x,\tau]^2T^{(1,0)}[x,\tau]^2+T^{(0,1)}[x,\tau]^2U^{(1,0)}[x,\tau]\\&\quad+2\epsilon T^{(0,1)}[x,\tau]U^{(0,1)}[x,\tau]T^{(1,0)}[x,\tau]U^{(1,0)}[x,\tau]-\epsilon T^{(0,1)}[x,\tau]^2U^{(1,0)}[x,\tau]^2)\end{aligned}$$

定义如下级数展开式并代入方程，可得联立方程组：

U2S[n_]: = U → (Sum[U_i[#1, #2]ϵ^i, {i, 0, n}] + O[ϵ]^(n+1)&)

T2S[n_]: = T → (#2 + Sum[t_i[#1, #2]ϵ^i, {i, 1, n}] + O[ϵ]^(n+1)&)

(eqs = LogicalExpand[lhs[[2]] + O[ϵ]^3 == 0/. U2S[2]/. T2S[2]])//Short

$$\begin{aligned}&{U_0}^{(0,1)}[x,\tau]+{U_0}^{(1,0)}[x,\tau]==0\&\&\ll 1\gg^{\ll 1\gg}[x,\tau]\ll 1\gg+\ll 7\gg==0\&\&\\&{t_2}^{(0,1)}[x,\tau]{U_0}^{(0,1)}[x,\tau]+\ll 13\gg+{U_2}^{(1,0)}[x,\tau]==0\end{aligned}$$

处理初始条件，首先确定$t=0$时所对应的τ：

iceqs = LogicalExpand[0 == T[x, τ]/. T2S[2]]

$$\tau==0\&\&t_1[x,\tau]==0\&\&t_2[x,\tau]==0$$

tau = Solve[iceqs[[1]], τ][[1]]

$$\{\tau\to 0\}$$

ict1 = iceqs[[2]]/. tau

$$t_1[x,0]==0 \tag{6.3.28}$$

ict2 = iceqs[[3]]/. tau

$$t_2[x,0]==0 \tag{6.3.29}$$

注意：本例和例 6.3.1 在这里都采用了简化的处理方式。完整的处理方式可参考例 6.3.3，需要做更多的假设，也能得到同样的结果。

变换后的初始条件为

ics = LogicalExpand[ic/. u → (U[#, τ]&)/. tau/. U2S[2]]

$$\mathrm{Sin}[x]-U_0[x,0]==0\&\&-U_1[x,0]==0\&\&-U_2[x,0]==0$$

首项近似解为

eq1 = eqs[[1]]

$${U_0}^{(0,1)}[x,\tau]+{U_0}^{(1,0)}[x,\tau]==0$$

U0 = DSolve[eqs[[1]], U_0, {x, τ}][[1]]

$$\{U_0\to\mathrm{Function}[\{x,\tau\},c_1[-x+\tau]]\}$$

C1 = DSolve[ics[[1]]/. U0/. x → −x, C[1], x][[1]]

$$\{c_1 \to \text{Function}[\{x\}, -\text{Sin}[x]]\}$$

```
U0$ = DSolve[U0[x,τ] == (U0[x,τ]/.U0/.c1), U0, {x,τ}][[1]]
```

$$\{U_0 \to \text{Function}[\{x,\tau\}, \text{Sin}[x-\tau]]\} \tag{6.3.30}$$

一阶近似方程组的解为

```
eq2 = doEq[eqs[[2]]/.U0$, U1]//Factor
```

$$U_1{}^{(0,1)}[x,\tau] + U_1{}^{(1,0)}[x,\tau] == \text{Cos}[x-\tau](\text{Cos}[x-\tau] - t_1{}^{(0,1)}[x,\tau] - t_1{}^{(1,0)}[x,\tau])$$

消去上式右端的共振项，可得如下关于t_1的方程：

```
eqt1 = Select[eq2[[2]], !FreeQ[#, t1]&] == 0
```

$$\text{Cos}[x-\tau] - t_1{}^{(0,1)}[x,\tau] - t_1{}^{(1,0)}[x,\tau] == 0$$

结合初始条件**ict1**，可确定t_1：

```
t1 = DSolve[{eqt1, ict1}, t1, {x,τ}][[1]]
```

$$\{t_1 \to \text{Function}[\{x,\tau\}, \tau\text{Cos}[x-\tau]]\}$$

将t_1的解代入一阶方程，结合初始条件可确定U_1：

```
U1 = DSolve[eqs[[2]]/.U0$/.t1, U1, {x,τ}][[1]]
```

$$\{U_1 \to \text{Function}[\{x,\tau\}, c_1[-x+\tau]]\}$$

```
C1 = DSolve[ics[[2]]/.U1/.x → -x, C[1], x][[1]]
```

$$\{c_1 \to \text{Function}[\{x\}, 0]\}$$

```
U1$ = DSolve[U1[x,τ] == (U1[x,τ]/.U1/.C1), U1, {x,τ}][[1]]
```

$$\{U_1 \to \text{Function}[\{x,\tau\}, 0]\} \tag{6.3.31}$$

二阶近似方程组的解为

```
eq3 = doEq[eqs[[3]]/.U0$/.U1$//Simplify, U2]
```

$$U_2{}^{(0,1)}[x,\tau] + U_2{}^{(1,0)}[x,\tau] == -\text{Cos}[x-\tau]t_1{}^{(0,1)}[x,\tau]^2 - \text{Cos}[x-\tau]t_2{}^{(0,1)}[x,\tau]$$
$$+2\text{Cos}[x-\tau]^2 t_1{}^{(1,0)}[x,\tau] - \text{Cos}[x-\tau]t_1{}^{(0,1)}[x,\tau](-2\text{Cos}[x-\tau] + t_1{}^{(1,0)}[x,\tau])$$
$$-\text{Cos}[x-\tau]t_2{}^{(1,0)}[x,\tau]$$

消去上式右端的共振项，可得如下关于t_2的方程：

```
eqt2 = Select[eq3[[2]]/.t1//Factor, !FreeQ[#, t2]&] == 0
```

$$-\text{Cos}[x-\tau]^2 + \tau\text{Cos}[x-\tau]\text{Sin}[x-\tau] + t_2{}^{(0,1)}[x,\tau] + t_2{}^{(1,0)}[x,\tau] == 0$$

结合初始条件**ict2**，可确定t_2：

```
t2 = DSolve[{eqt2, ict2}, t2, {x,τ}][[1]]
```

$$\left\{t_2 \to \text{Function}\left[\{x,\tau\}, \frac{1}{2}(2\tau\text{Cos}[x-\tau]^2 - \tau^2\text{Cos}[x-\tau]\text{Sin}[x-\tau])\right]\right\}$$

将t_2的解和已知结果代入二阶方程，结合初始条件可确定U_2：

```
eq3 = eqs[[3]]/.U0$/.U1$/.t1/.t2//Simplify
```

$$U_2{}^{(0,1)}[x,\tau] + U_2{}^{(1,0)}[x,\tau] == 0$$

```
U2 = DSolve[eq3, U2, {x,τ}][[1]]
```

$$\{U_2 \to \text{Function}[\{x,\tau\}, c_1[-x+\tau]]\}$$

```
C1 = DSolve[ics[[3]]/.U2/.-x → x, C[1], x][[1]]
```

$$\{c_1 \to \text{Function}[\{x\}, 0]\}$$

```
U2$ = DSolve[U2[x,τ] == (U2[x,τ]/.U2/.C1), U2, {x,τ}][[1]]
```

$$\{U_2 \to \text{Function}[\{x,\tau\},0]\} \tag{6.3.32}$$

这样，就得到精确到$O(\epsilon)^2$的渐近解：

$U[x,\tau]$/. U2S[2]/. U0$/. U1$/. U2$

$$\text{Sin}[x-\tau]+O[\epsilon]^3 \tag{6.3.33}$$

而精确到$O(\epsilon)^2$的变形坐标函数为

$T[x,\tau]$/. T2S[2]/. t1/. t2

$$\tau+\tau\text{Cos}[x-\tau]\epsilon+\frac{1}{2}(2\tau\text{Cos}[x-\tau]^2-\tau^2\text{Cos}[x-\tau]\text{Sin}[x-\tau])\epsilon^2+O[\epsilon]^3 \tag{6.3.34}$$

【练习题 6.1】　将解(6.3.34)用原变量$(\boldsymbol{x},\boldsymbol{t})$表示。

例 6.3.3　采用 PLK 方法求解杆纵振动的初值问题

$$u_{tt}=u_{xx}-u_x^2u_{xx} \tag{6.3.35}$$

$$u(x,0)=\sqrt{\epsilon}\sin(\pi x),u_t(x,0)=0 \tag{6.3.36}$$

将以上方程和初始条件记为

eq = $\partial_{t,t}u[x,t]==\partial_{x,x}u[x,t]-(\partial_x u[x,t])^2\partial_{x,x}u[x,t]$;

ic1 = $u[x,0]==\sqrt{\epsilon}\text{Sin}[\pi x]$; ic2 = $u^{(0,1)}[x,0]==0$;

这就是例 6.2.5。曾采用 LP 方法来求解，但未能成功消除长期项。本例尝试用 PLK 方法来处理。

设$u(x,t)=U(x,\tau)$，其中$t=T(x,\tau)$，x保持不变。定义如下变换和级数展开式：

U2u = $U[x,\tau]==u[x,T[x,\tau]]$

T2t = $T[x,\tau]\to t$

U2S[n_]: = $U\to$ (Sum[U_i[#1, #2]$\epsilon^{i+1/2}$, {i, 0, n}] + $O[\epsilon]^{n+1}$&)

T2S[n_]: = $T\to$ (#2 + Sum[ω_i[#1, #2]ϵ^i, {i, 1, n}] + $O[\epsilon]^{n+1}$&)

下面给出原方程中各偏导数在新自变量(x,τ)下的形式：

eqdx = D[U2u, x]/. T2t

$$U^{(1,0)}[x,\tau]==u^{(0,1)}[x,t]T^{(1,0)}[x,\tau]+u^{(1,0)}[x,t]$$

eqdt = D[U2u, τ]/. T2t

$$U^{(0,1)}[x,\tau]==T^{(0,1)}[x,\tau]u^{(0,1)}[x,t]$$

uxut = Solve[{eqdx, eqdt}, {$u^{(1,0)}[x,t]$, $u^{(0,1)}[x,t]$}][[1]]//Apart

$$\left\{u^{(1,0)}[x,t]\to-\frac{U^{(0,1)}[x,\tau]T^{(1,0)}[x,\tau]}{T^{(0,1)}[x,\tau]}+U^{(1,0)}[x,\tau],u^{(0,1)}[x,t]\to\frac{U^{(0,1)}[x,\tau]}{T^{(0,1)}[x,\tau]}\right\} \tag{6.3.37}$$

eqdx2 = D[U2u, {x, 2}]/. $T[x,\tau]\to t$/. uxut//Simplify

$$u^{(0,2)}[x,t]T^{(1,0)}[x,\tau]^2+2T^{(1,0)}[x,\tau]u^{(1,1)}[x,t]+\frac{U^{(0,1)}[x,\tau]T^{(2,0)}[x,\tau]}{T^{(0,1)}[x,\tau]}+u^{(2,0)}[x,t]==U^{(2,0)}[x,\tau] \tag{6.3.38}$$

eqdt2 = D[U2u, {τ, 2}]/. $T[x,\tau]\to t$/. uxut

$$U^{(0,2)}[x,\tau]==\frac{U^{(0,1)}[x,\tau]T^{(0,2)}[x,\tau]}{T^{(0,1)}[x,\tau]}+T^{(0,1)}[x,\tau]^2u^{(0,2)}[x,t] \tag{6.3.39}$$

为消去$u^{(1,1)}[x,t]$，还需考虑$u^{(2,0)}[x,t]$和$u^{(0,2)}[x,t]$：

eqdxdt = D[U2u, x, τ]/. $T[x,\tau]\to t$/. uxut

$$U^{(1,1)}[x,\tau]==T^{(0,1)}[x,\tau]u^{(0,2)}[x,t]T^{(1,0)}[x,\tau]+\frac{U^{(0,1)}[x,\tau]T^{(1,1)}[x,\tau]}{T^{(0,1)}[x,\tau]}+T^{(0,1)}[x,\tau]u^{(1,1)}[x,t]$$

ux2ut2 = Solve[Eliminate[{eqdx2, eqdxdt, eqdt2}, $u^{(1,1)}[x,t]$]/. uxut, {$u^{(2,0)}[x,t]$, $u^{(0,2)}[x,t]$}][[1]]//Apart

$$\Big\{u^{(2,0)}[x,t]\to-\frac{1}{T^{(0,1)}[x,\tau]^3}(U^{(0,1)}[x,\tau]T^{(0,2)}[x,\tau]T^{(1,0)}[x,\tau]^2 - T^{(0,1)}[x,\tau]U^{(0,2)}[x,\tau]T^{(1,0)}[x,\tau]^2 - 2T^{(0,1)}[x,\tau]U^{(0,1)}[x,\tau]T^{(1,0)}[x,\tau]T^{(1,1)}[x,\tau] + 2T^{(0,1)}[x,\tau]^2T^{(1,0)}[x,\tau]U^{(1,1)}[x,\tau]+T^{(0,1)}[x,\tau]^2U^{(0,1)}[x,\tau]T^{(2,0)}[x,\tau]) + U^{(2,0)}[x,\tau],\ u^{(0,2)}[x,t]\to-\frac{U^{(0,1)}[x,\tau]T^{(0,2)}[x,\tau]}{T^{(0,1)}[x,\tau]^3}+\frac{U^{(0,2)}[x,\tau]}{T^{(0,1)}[x,\tau]^2}\Big\}$$

将u_x，u_{tt}和u_{xx}的表达式（也可以通过求导法则手工推导）代入原方程，可得联立方程组如下：

lhs = doEq[eq, −1]/. ux2ut2/. uxut//Together;
eqs = LogicalExpand[lhs[[2]] + $O[\epsilon]^2$ == 0/. U2S[2]/. T2S[2]]//Simplify

首项近似方程为

eq1 = doEq[eqs[[1]], U_0]

$$U_0{}^{(0,2)}[x,\tau]-U_0{}^{(2,0)}[x,\tau]==0 \tag{6.3.40}$$

一阶近似方程为

eq2 = doEq[eqs[[2]], U_1]//Collect[#, {$U_0{}^{(0,1)}[x,\tau]$, $U_0{}^{(2,0)}[x,\tau]$}]&

$$U_1{}^{(0,2)}[x,\tau]-U_1{}^{(2,0)}[x,\tau]==-3\omega_1{}^{(0,1)}[x,\tau]U_0{}^{(0,2)}[x,\tau]-2\omega_1{}^{(1,0)}[x,\tau]U_0{}^{(1,1)}[x,\tau] +(5\omega_1{}^{(0,1)}[x,\tau]-U_0{}^{(1,0)}[x,\tau]^2)U_0{}^{(2,0)}[x,\tau]+U_0{}^{(0,1)}[x,\tau](\omega_1{}^{(0,2)}[x,\tau]-\omega_1{}^{(2,0)}[x,\tau]) \tag{6.3.41}$$

注意，此处利用式(6.3.40)可进一步化简式(6.3.41)：

U0x2 = Solve[eq1, $U_0{}^{(2,0)}[x,\tau]$][[1]]

$$\{U_0{}^{(2,0)}[x,\tau]\to U_0{}^{(0,2)}[x,\tau]\} \tag{6.3.42}$$

eq2 = doEq[eq2/. U0x2//Simplify, U_1]

$$U_1{}^{(0,2)}[x,\tau]-U_1{}^{(2,0)}[x,\tau]==2\omega_1{}^{(0,1)}[x,\tau]U_0{}^{(0,2)}[x,\tau]-U_0{}^{(0,2)}[x,\tau]U_0{}^{(1,0)}[x,\tau]^2 -2\omega_1{}^{(1,0)}[x,\tau]U_0{}^{(1,1)}[x,\tau]+U_0{}^{(0,1)}[x,\tau](\omega_1{}^{(0,2)}[x,\tau]-\omega_1{}^{(2,0)}[x,\tau]) \tag{6.3.43}$$

下面考虑变形坐标函数：

eqt = t == $T[x,\tau]$/. T2S[2]

$$t==\tau+\omega_1[x,\tau]\epsilon+\omega_2[x,\tau]\epsilon^2+O[\epsilon]^3 \tag{6.3.44}$$

定义如下将τ表示为t的级数：

S2S[n_]: = S → (#2 + Sum[s_i[#1, #2]ϵ^i, {i, 1, n}] + $O[\epsilon]^{n+1}$&)
eqτ = τ == $S[x,t]$/. S2S[2]//Normal

$$\tau==t+\epsilon s_1[x,t]+\epsilon^2 s_2[x,t] \tag{6.3.45}$$

tau = Solve[eqτ, τ][[1]]

$$\{\tau\to t+\epsilon s_1[x,t]+\epsilon^2 s_2[x,t]\} \tag{6.3.46}$$

将τ的级数展开式(6.3.46)代入式(6.3.44)，可得

s1s2 = Solve[LogicalExpand[eqt/. tau], {$s_1[x,t]$, $s_2[x,t]$}][[1]]

$$\{s_1[x,t]\to-\omega_1[x,t],s_2[x,t]\to-\omega_2[x,t]+\omega_1[x,t]{\omega_1}^{(0,1)}[x,t]\}\tag{6.3.47}$$

则$u(x,t)$可以表示为

lhs = *U*[*x*, *τ*]/. tau/. s1s2/. U2S[1]

$$U_0[x,t]\sqrt{\epsilon}+\left(U_1[x,t]-\omega_1[x,t]{U_0}^{(0,1)}[x,t]\right)\epsilon^{3/2}+O[\epsilon]^2\tag{6.3.48}$$

而$u_t(x,t)$则为

lhst = D[lhs, *t*]

$$\begin{aligned}&{U_0}^{(0,1)}[x,t]\sqrt{\epsilon}+\left({U_1}^{(0,1)}[x,t]-{U_0}^{(0,1)}[x,t]{\omega_1}^{(0,1)}[x,t]-\omega_1[x,t]{U_0}^{(0,2)}[x,t]\right)\epsilon^{3/2}\\&+O[\epsilon]^2\end{aligned}\tag{6.3.49}$$

将式(6.3.48)和式(6.3.49)分别应用于两个初始条件，可得

sol1 = Solve[LogicalExpand[ic1/. *u*[*x*, 0] → (lhs/. *t* → 0)], {*U*₀[*x*, 0], *U*₁[*x*, 0]}][[1]]

$$\{U_0[x,0]\to\mathrm{Sin}[\pi x],U_1[x,0]\to\omega_1[x,0]{U_0}^{(0,1)}[x,0]\}\tag{6.3.50}$$

sol2 = Solve[LogicalExpand[ic2/. *u*^(0,1)[*x*, 0] → (lhst/. *t* → 0)],
{*U*₀^(0,1)[*x*, 0], *U*₁^(0,1)[*x*, 0]}] [[1]]

$$\{{U_0}^{(0,1)}[x,0]\to0,{U_1}^{(0,1)}[x,0]\to\omega_1[x,0]{U_0}^{(0,2)}[x,0]\}\tag{6.3.51}$$

将式(6.3.51)应用于式(6.3.50)，可得变换后的初始条件：

ic1s = sol1/. sol2//toEqual

$$\{U_0[x,0]==\mathrm{Sin}[\pi x],U_1[x,0]==0\}\tag{6.3.52}$$

ic2s = sol2//toEqual

$$\{{U_0}^{(0,1)}[x,0]==0,{U_1}^{(0,1)}[x,0]==\omega_1[x,0]{U_0}^{(0,2)}[x,0]\}\tag{6.3.53}$$

这样，就得到前两项近似的方程组。

首项近似方程组及其解为

sys = {eq1, ic1s[[1]], ic2s[[1]]}

$$\{{U_0}^{(0,2)}[x,\tau]-{U_0}^{(2,0)}[x,\tau]==0,U_0[x,0]==\mathrm{Sin}[\pi x],{U_0}^{(0,1)}[x,0]==0\}\tag{6.3.54}$$

{U0} = DSolve[sys/. *U*₀ → *V*, *V*[*x*, *τ*], {*x*, *τ*}]/. *V* → *U*₀//Simplify//toPure

$$\{\{U_0\to\mathrm{Function}[\{x,\tau\},\mathrm{Cos}[\pi\tau]\mathrm{Sin}[\pi x]]\}\}\tag{6.3.55}$$

一阶近似方程组为

sys = {eq2, ic1s[[2]], ic2s[[2]]}/. U0

$$\begin{aligned}{U_1}^{(0,2)}[x,\tau]-{U_1}^{(2,0)}[x,\tau]&==\pi^4\mathrm{Cos}[\pi x]^2\mathrm{Cos}[\pi\tau]^3\mathrm{Sin}[\pi x]\\-2\pi^2\mathrm{Cos}[\pi\tau]\mathrm{Sin}[\pi x]{\omega_1}^{(0,1)}[x,\tau]&+2\pi^2\mathrm{Cos}[\pi x]\mathrm{Sin}[\pi\tau]{\omega_1}^{(1,0)}[x,\tau]\\-\pi\mathrm{Sin}[\pi x]\mathrm{Sin}[\pi\tau]&\left({\omega_1}^{(0,2)}[x,\tau]-{\omega_1}^{(2,0)}[x,\tau]\right)\end{aligned}\tag{6.3.56a}$$

$$U_1[x,0]==0\tag{6.3.56b}$$

$${U_1}^{(0,1)}[x,0]==-\pi^2\mathrm{Sin}[\pi x]\omega_1[x,0]\tag{6.3.56c}$$

直接求解该方程组是不现实的。可分别处理方程(6.3.56a)的两端，左端为

lhs = eq2[[1]]

$${U_1}^{(0,2)}[x,\tau]-{U_1}^{(2,0)}[x,\tau]\tag{6.3.57}$$

将方程(6.3.56a)右端项分为长期项**ST**和非长期项**NST**。其中长期项为

rhs = TrigReduce[eq2[[2]]/. U0]/. sin/. cos//Expand

ST = Drop[rhs, {2, 3}]

$$\frac{3}{16}\pi^4\text{Cos}[\pi\tau]\text{Sin}[\pi x]+\frac{1}{16}\pi^4\text{Cos}[3\pi\tau]\text{Sin}[3\pi x]-2\pi^2\text{Cos}[\pi\tau]\text{Sin}[\pi x]{\omega_1}^{(0,1)}[x,\tau]$$
$$-\pi\text{Sin}[\pi x]\text{Sin}[\pi\tau]{\omega_1}^{(0,2)}[x,\tau]+2\pi^2\text{Cos}[\pi x]\text{Sin}[\pi\tau]{\omega_1}^{(1,0)}[x,\tau]$$
$$+\pi\text{Sin}[\pi x]\text{Sin}[\pi\tau]{\omega_1}^{(2,0)}[x,\tau] \tag{6.3.58}$$

假设ω_1具有以下形式：

ω1 = ω₁ → (#2(a + bCos[2π#2] + cCos[2π#1] + dCos[2π#2]Cos[2π#1])&)

将其代入式(6.3.58)，并令该式等于 0:

expr = Collect[ST/. ω1//Expand//TrigReduce, {Cos[_], Sin[_]}]

$$(2\pi^3 b\tau-\pi^3 d\tau)\text{Cos}[\pi x-3\pi\tau]+(-2\pi^3 c\tau+\pi^3 d\tau)\text{Cos}[3\pi x-\pi\tau]+(2\pi^3 c\tau-\pi^3 d\tau)$$
$$\text{Cos}[3\pi x+\pi\tau]+(-2\pi^3 b\tau+\pi^3 d\tau)\text{Cos}[\pi x+3\pi\tau]+\left(-\frac{3\pi^2 b}{2}+\frac{3\pi^2 d}{4}\right)\text{Sin}[\pi x-3\pi\tau]$$
$$+\left(\frac{\pi^4}{32}-\frac{3\pi^2 d}{4}\right)\text{Sin}[3\pi x-3\pi\tau]+\left(\frac{3\pi^4}{32}-\pi^2 a+\frac{\pi^2 b}{2}+\frac{\pi^2 c}{2}-\frac{\pi^2 d}{4}\right)\text{Sin}[\pi x-\pi\tau]$$
$$+\left(-\frac{\pi^2 c}{2}+\frac{\pi^2 d}{4}\right)\text{Sin}[3\pi x-\pi\tau]+\left(\frac{3\pi^4}{32}-\pi^2 a+\frac{\pi^2 b}{2}+\frac{\pi^2 c}{2}-\frac{\pi^2 d}{4}\right)\text{Sin}[\pi x+\pi\tau]$$
$$+\left(-\frac{\pi^2 c}{2}+\frac{\pi^2 d}{4}\right)\text{Sin}[3\pi x+\pi\tau]+\left(-\frac{3\pi^2 b}{2}+\frac{3\pi^2 d}{4}\right)\text{Sin}[\pi x+3\pi\tau]$$
$$+\left(\frac{\pi^4}{32}-\frac{3\pi^2 d}{4}\right)\text{Sin}[3\pi x+3\pi\tau] \tag{6.3.59}$$

由此可确定ω_1的具体形式：

abcd = Solve[List@@expr == 0/. (Cos|Sin)[_] → 1 == 0, {a, b, c, d}][[1]]

$$\left\{a\to\frac{5\pi^2}{48},b\to\frac{\pi^2}{48},c\to\frac{\pi^2}{48},d\to\frac{\pi^2}{24}\right\} \tag{6.3.60}$$

ω₁[x, τ]/. ω1/. abcd//Factor

$$\frac{1}{48}\pi^2\tau(5+\text{Cos}[2\pi x]+\text{Cos}[2\pi\tau]+2\text{Cos}[2\pi x]\text{Cos}[2\pi\tau]) \tag{6.3.61}$$

留下的非长期项**NST**为

NST = Take[rhs, {2, 3}]

$$\frac{1}{16}\pi^4\text{Cos}[3\pi\tau]\text{Sin}[\pi x]+\frac{3}{16}\pi^4\text{Cos}[\pi\tau]\text{Sin}[3\pi x] \tag{6.3.62}$$

这样一阶方程得到显著的简化，变为

eq2U1 = lhs == NST//Factor

$${U_1}^{(0,2)}[x,\tau]-{U_1}^{(2,0)}[x,\tau]==\frac{1}{16}\pi^4(\text{Cos}[3\pi\tau]\text{Sin}[\pi x]+3\text{Cos}[\pi\tau]\text{Sin}[3\pi x]) \tag{6.3.63}$$

相应的初始条件为

ic1s2 = ic1s[[2]]

$$U_1[x,0]==0 \tag{6.3.64}$$

ic2s2 = ic2s[[2]]/. ω1

$${U_1}^{(0,1)}[x,0]==0 \tag{6.3.65}$$

联立求解，可得一阶方程的解：

U1$ = DSolve[{eq2U1, ic1s2, ic2s2}/. U_1 → V, V[x, τ], {x, τ}][[1]]/. V → U_1//Simplify//toPure

$$\left\{U_1 \to \text{Function}\left[\{x,\tau\}, \frac{1}{64}\pi^2(\text{Sin}[\pi x]+3\text{Sin}[3\pi x])\text{Sin}[\pi\tau]\text{Sin}[2\pi\tau]\right]\right\} \tag{6.3.66}$$

综合以上结果，所求的一阶渐近解为

U[x, τ]/. U2S[1]/. U0/. U1$/. Sin[a_]Sin[b_] → TrigReduce[Sin[a]Sin[b]]

$$\text{Cos}[\pi\tau]\text{Sin}[\pi x]\sqrt{\epsilon}+\frac{1}{128}\pi^2(\text{Cos}[\pi\tau]-\text{Cos}[3\pi\tau])(\text{Sin}[\pi x]+3\text{Sin}[3\pi x])\epsilon^{3/2}+O[\epsilon]^2 \tag{6.3.67}$$

而精确到$O(\epsilon)$的变形坐标函数为

T[x, τ]/. T2S[1]/. ω1/. abcd//Simplify

$$\tau+\frac{1}{48}\pi^2\tau(5+\text{Cos}[2\pi x]+\text{Cos}[2\pi(x-\tau)]+\text{Cos}[2\pi\tau]+\text{Cos}[2\pi(x+\tau)])\epsilon+O[\epsilon]^2 \tag{6.3.68}$$

6.4 重正化方法

重正化方法是先用正则摄动法求出问题的非一致有效解，然后把坐标变形摄动级数代入，在未扰动量附近作幂级数展开，通过消除奇异性条件来确定各阶变形函数。

例 6.4.1　用重正化方法求以下 Duffing 方程初值问题的渐近解：

$$u''(t)+u(t)+\epsilon u(t)^3=0 \tag{6.4.1}$$

$$u(0)=a, u'(0)=0 \tag{6.4.2}$$

将以上方程和初始条件记为

eq = u''[t] + u[t] + ϵu[t]³ == 0;

ic1 = u[0] == a; ic2 = u'[0] == 0;

采用正则摄动法直接求出三项渐近解：

ua = AsymptoticDSolveValue[{eq, ic1, ic2}, u[t], t, {ϵ, 0, 2}]//TrigReduce;

%//Collect[#, ϵ, Collect[#, {tSin[t], a³}]&]&

$$a\text{Cos}[t]+\epsilon\left(\frac{a^3(-32\text{Cos}[t]+32\text{Cos}[3t])}{1024}-\frac{3}{8}a^3t\text{Sin}[t]\right)$$

$$+\epsilon^2\left(\frac{3}{32}a^5t\text{Sin}[t]+\frac{a^5(23\text{Cos}[t]-72t^2\text{Cos}[t]-24\text{Cos}[3t]+\text{Cos}[5t]-36t\text{Sin}[3t])}{1024}\right) \tag{6.4.3}$$

在例 6.2.2 中曾使用 LP 方法的假设来处理，即

$$t=(1+\epsilon\Omega_1+\epsilon^2\Omega_2+\cdots)\tau$$

本例使用 Lighthill 技巧，引入变形坐标如下：

t2τ = t → τ + ϵf_1[τ] + ϵ²f_2[τ] + O[ϵ]³

将渐近解(6.4.3)整理并代入变形坐标可得

ua4τ = Collect[ua, ϵ, Collect[#, {t^_, a^_}, Factor]&]/. t2τ

$$a\text{Cos}[\tau]+\left(\frac{1}{32}a^3(-\text{Cos}[\tau]+\text{Cos}[3\tau])-\frac{3}{8}a^3\tau\text{Sin}[\tau]-a\text{Sin}[\tau]f_1[\tau]\right)\epsilon$$

$$+\left(-\frac{9}{128}a^5\tau^2\mathrm{Cos}[\tau]+\frac{a^5(23\mathrm{Cos}[\tau]-24\mathrm{Cos}[3\tau]+\mathrm{Cos}[5\tau])}{1024}+\frac{3}{32}a^5\tau\mathrm{Sin}[\tau]-\frac{9}{256}a^5\tau\mathrm{Sin}[3\tau]\right.$$
$$-\frac{3}{8}a^3(\tau\mathrm{Cos}[\tau]f_1[\tau]+\mathrm{Sin}[\tau]f_1[\tau])+\frac{1}{32}a^3(\mathrm{Sin}[\tau]f_1[\tau]-3\mathrm{Sin}[3\tau]f_1[\tau])$$
$$\left.+a\left(-\frac{1}{2}\mathrm{Cos}[\tau]f_1[\tau]^2-\mathrm{Sin}[\tau]f_2[\tau]\right)\right)\epsilon^2+O[\epsilon]^3$$

消除**ua4$\boldsymbol{\tau}$**中$O(\epsilon)$项中的长期项，可确定$f_1[\tau]$:

eqf1 = Coefficient[Coefficient[ua4$\boldsymbol{\tau}$, $\boldsymbol{\epsilon}$], Sin[$\boldsymbol{\tau}$]] == 0

$$-\frac{3a^3\tau}{8}-af_1[\tau]==0$$

f1 = Solve[eqf1, $\boldsymbol{f_1[\tau]}$][[1]]

$$\left\{f_1[\tau]\to-\frac{3a^2\tau}{8}\right\} \tag{6.4.4}$$

消除**ua4$\boldsymbol{\tau}$**中$O(\epsilon^2)$项中的长期项，可确定$f_2[\tau]$:

eqf2 = Coefficient[Coefficient[ua, $\boldsymbol{\epsilon}$, 2], Sin[$\boldsymbol{\tau}$]] == 0/. f1

f2 = Solve[eqf2, $\boldsymbol{f_2[\tau]}$][[1]]

$$\left\{f_2[\tau]\to\frac{57a^4\tau}{256}\right\} \tag{6.4.5}$$

由此可以确定t与变形坐标τ之间的关系:

rel = $\boldsymbol{t}$ == $\boldsymbol{\tau}$ + $\boldsymbol{\epsilon f_1[\tau]}$ + $\boldsymbol{\epsilon^2 f_2[\tau]}$ + $\boldsymbol{O[\epsilon]^3}$/. f1/. f2//Normal

$$t==\tau-\frac{3}{8}a^2\tau\epsilon+\frac{57}{256}a^4\tau\epsilon^2 \tag{6.4.6}$$

将变形坐标τ用t表示，再次得到式(1.3.12):

$\boldsymbol{\tau}$$ = Solve[rel, $\boldsymbol{\tau}$][[1]]

$$\left\{\tau\to\frac{256t}{256-96a^2\epsilon+57a^4\epsilon^2}\right\}$$

($\boldsymbol{\tau/t}$ /. $\boldsymbol{\tau}$$) + $\boldsymbol{O[\epsilon]^3}$//Simplify

$$1+\frac{3a^2\epsilon}{8}-\frac{21a^4\epsilon^2}{256}+O[\epsilon]^3 \tag{6.4.7}$$

例 6.4.2 用重正化方法求解例 6.3.1:

$$(x+\epsilon u(x))u'(x)+u(x)=0,\quad 0\le x\le 1 \tag{6.4.8}$$
$$u(1)=1 \tag{6.4.9}$$

将方程和边界条件记为

eq = ($\boldsymbol{x}$ + $\boldsymbol{\epsilon u[x]}$)$\boldsymbol{u'[x]}$ + $\boldsymbol{u[x]}$ == 0;

bc = $\boldsymbol{u[1]}$ == 1;

直接用正则摄动法求出三阶渐近解:

ua = AsymptoticDSolveValue[{eq, bc}, $\boldsymbol{u[x]}$, $\boldsymbol{x}$, {$\boldsymbol{\epsilon}$, 0, 3}]

$$\frac{1}{x}+\frac{(-1+x^2)\epsilon}{2x^3}+\frac{(1-x^2)\epsilon^2}{2x^5}+\frac{(-5+6x^2-x^4)\epsilon^3}{8x^7} \tag{6.4.10}$$

定义变形坐标并代入渐近解：

```
x2s = x → s + ϵf1[s] + ϵ^2 f2[s] + O[ϵ]^3
ua4s = ua/.x2s//ExpandAll
```

$$\frac{1}{s}+\left(-\frac{1}{2s^3}+\frac{1}{2s}-\frac{f_1[s]}{s^2}\right)\epsilon+\left(\frac{1}{2s^5}-\frac{1}{2s^3}+\frac{3f_1[s]}{2s^4}-\frac{f_1[s]}{2s^2}+\frac{f_1[s]^2}{s^3}-\frac{f_2[s]}{s^2}\right)\epsilon^2+O[\epsilon]^3 \tag{6.4.11}$$

根据高阶项系数的奇性不强于低阶项的原则，确定待定函数

```
{u1, u2, u3} = CoefficientList[ua4s, ϵ]
```

$$\left\{\frac{1}{s},-\frac{1}{2s^3}+\frac{1}{2s}-\frac{f_1[s]}{s^2},\frac{1}{2s^5}-\frac{1}{2s^3}+\frac{3f_1[s]}{2s^4}-\frac{f_1[s]}{2s^2}+\frac{f_1[s]^2}{s^3}-\frac{f_2[s]}{s^2}\right\} \tag{6.4.12}$$

一阶项**u2**中奇性最强的是$-1/(2s^3)$，利用待定函数$f_1(s)$消除它，即

```
eqf1 = Select[u2, Exponent[#, s] < -1&] == 0
f1 = Solve[eqf1, f1[s]][[1]]
```

$$\left\{f_1[s]\to-\frac{1}{2s}\right\} \tag{6.4.13}$$

将$f_1(s)$的解代入二阶项**u3**中，可得

```
eqf2 = (u3/.f1) == 0
```

$$-\frac{1}{4s^3}-\frac{f_2[s]}{s^2}==0$$

```
f2 = Solve[eqf2, f2[s]][[1]]
```

$$\left\{f_2[s]\to-\frac{1}{4s}\right\} \tag{6.4.14}$$

由此可以得到u和x需要满足的方程：

```
U = {u1, u2, u3}/.f1/.f2
X = {1, ϵ, ϵ^2}
equ = u == U.X
```

$$u==\frac{1}{s}+\frac{\epsilon}{2s}$$

```
eqx = x == (x/.x2s)/.f1/.f2//Normal
```

$$x==s-\frac{\epsilon}{2s}-\frac{\epsilon^2}{4s}$$

消去中间变量s，可得

```
Solve[Eliminate[{eqx, equ}, s], u]//Last
```

$$\left\{u\to\frac{-x+\sqrt{x^2+2\epsilon+\epsilon^2}}{\epsilon}\right\} \tag{6.4.15}$$

例 6.4.3　求以下波动方程的初值问题：

$$u_{tt}-u_{xx}=\epsilon u_x u_{xx} \tag{6.4.16}$$

$$u(x,0)=2f(x),u_t(x,0)=0 \tag{6.4.17}$$

原方程和初始条件记为

```
eq = ∂_{t,t}u[x,t] − ∂_{x,x}u[x,t] == ϵ∂_x u[x,t]∂_{x,x}u[x,t]
ic1 = u[x,0] == 2f[x]; ic2 = u^(0,1)[x,0] == 0
```

采用 Lin-Fox 解析特征线法。考虑退化问题，首先引入特征坐标：

$$\chi = X(x,t) = x - t, \tau = T(x,t) = x + t \tag{6.4.18}$$

即作如下变换：

```
u2U = u → (U[X[#1,#2],T[#1,#2]]&);
XT2χτ = {X[x,t] → χ,T[x,t] → τ};
XT = {X → (#1 − #2&),T → (#1 + #2&)};
```

原方程和初始条件变为

```
eqU = eq/.u2U/.XT2χτ/.XT
```

$$-4U^{(1,1)}[\chi,\tau] == \epsilon(U^{(0,1)}[\chi,\tau] + U^{(1,0)}[\chi,\tau])(U^{(0,2)}[\chi,\tau] + 2U^{(1,1)}[\chi,\tau] + U^{(2,0)}[\chi,\tau])$$

```
{x2χ} = Solve[χ == X[x,t]/.XT/.t → 0,x]
```

$$\{\{x \to \chi\}\}$$

```
IC1 = ic1/.u2U/.XT/.x2χ
```

$$U[\chi,\chi] == 2f[\chi]$$

```
IC2 = ic2/.u2U/.XT/.x2χ
```

$$U^{(0,1)}[\chi,\chi] - U^{(1,0)}[\chi,\chi] == 0$$

先采用正则摄动法求解，将ϵ的幂级数解代入方程(6.4.16)和初始条件，即式(6.4.17)，可得联立方程组：

```
U2S[n_]:= U → (Sum[U_m[#1,#2]ϵ^m,{m,0,n}] + O[ϵ]^(n+1)&)
eqs = LogicalExpand[doEq[eqU,−1] + O[ϵ]^2 == 0/.U2S[1]]
```

$$-4{U_0}^{(1,1)}[\chi,\tau] == 0\&\& - 4{U_1}^{(1,1)}[\chi,\tau] - ({U_0}^{(0,1)}[\chi,\tau] + {U_0}^{(1,0)}[\chi,\tau])({U_0}^{(0,2)}[\chi,\tau] + 2{U_0}^{(1,1)}[\chi,\tau] + {U_0}^{(2,0)}[\chi,\tau]) == 0$$

```
IC1s = LogicalExpand[doEq[IC1,−1] + O[ϵ]^2 == 0/.U2S[1]]
```

$$-2f[\chi] + U_0[\chi,\chi] == 0\&\&U_1[\chi,\chi] == 0$$

```
IC2s = LogicalExpand[doEq[IC2,−1] + O[ϵ]^2 == 0/.U2S[1]]
```

$${U_0}^{(0,1)}[\chi,\chi] - {U_0}^{(1,0)}[\chi,\chi] == 0\&\&{U_1}^{(0,1)}[\chi,\chi] - {U_1}^{(1,0)}[\chi,\chi] == 0$$

零阶近似方程组及其通解为

```
eq1 = eqs[[1]]//Simplify
```

$${U_0}^{(1,1)}[\chi,\tau] == 0$$

```
U0 = DSolve[eq1,U_0,{χ,τ}][[1]]
```

$$\{U_0 \to \text{Function}[\{\chi,\tau\}, c_1[\chi] + c_2[\tau]]\}$$

利用相应的初始条件，可得

```
IC11 = IC1s[[1]]/.U0
```

$$-2f[\chi] + c_1[\chi] + c_2[\chi] == 0$$

```
IC21 = Map[Integrate[#,χ]&,IC2s[[1]]]/.U0
```

$$-c_1[\chi] + c_2[\chi] == 0$$

```
C1C2 = DSolve[{IC11,IC21},{C[1],C[2]},χ][[1]]
```

$$\{c_1 \to \text{Function}[\{\chi\}, f[\chi]], c_2 \to \text{Function}[\{\chi\}, f[\chi]]\}$$

U0$ = DSolve[$U_0[\chi,\tau]$ == ($U_0[\chi,\tau]$/. U0/. C1C2), U_0, {χ,τ}][[1]]

$$\{U_0 \to \text{Function}[\{\chi,\tau\}, f[\tau]+f[\chi]]\} \tag{6.4.19}$$

一阶近似方程组及其解为

eq2 = doEq[eqs[[2]], U_1]

$$-4U_1{}^{(1,1)}[\chi,\tau] == (U_0{}^{(0,1)}[\chi,\tau]+U_0{}^{(1,0)}[\chi,\tau])(U_0{}^{(0,2)}[\chi,\tau]+2U_0{}^{(1,1)}[\chi,\tau]+U_0{}^{(2,0)}[\chi,\tau])$$

lhs = doEq[eq2, −1]/. U0$//Expand

$$-f'[\tau]f''[\tau]-f'[\chi]f''[\tau]-f'[\tau]f''[\chi]-f'[\chi]f''[\chi]-4U_1{}^{(1,1)}[\chi,\tau]$$

expr1 = Integrate[lhs, χ] + c2′[τ]

$$\text{c2}'[\tau]-f'[\tau]f'[\chi]-\frac{1}{2}f'[\chi]^2-f[\chi]f''[\tau]-\chi f'[\tau]f''[\tau]-4U_1{}^{(0,1)}[\chi,\tau]$$

expr2 = Map[Integrate[#, τ]&, expr] + c1[χ]

$$\text{c1}[\chi]+\text{c2}[\tau]-4U_1[\chi,\tau]-f[\chi]f'[\tau]-\frac{1}{2}\chi f'[\tau]^2-f[\tau]f'[\chi]-\frac{1}{2}\tau f'[\chi]^2$$

先求出通解，再根据初始条件确定待定函数：

U1 = DSolve[expr2 == 0, U_1, {χ,τ}][[1]]

$$\left\{U_1 \to \text{Function}\left[\{\chi,\tau\}, \frac{1}{8}(2\text{c1}[\chi]+2\text{c2}[\tau]-2f[\chi]f'[\tau]-\chi f'[\tau]^2-2f[\tau]f'[\chi]-\tau f'[\chi]^2)\right]\right\}$$

IC12 = IC1s[[2]]/. U1

$$\frac{1}{8}(2\text{c1}[\chi]+2\text{c2}[\chi]-4f[\chi]f'[\chi]-2\chi f'[\chi]^2) == 0$$

IC22 = Map[Integrate[#, χ]&, IC2s[[2]]]/. U1

$$-\frac{\text{c1}[\chi]}{4}+\frac{\text{c2}[\chi]}{4} == 0$$

C1C2 = DSolve[{IC12, IC22}, {c1[χ], c2}, χ][[1]]

$$\left\{\text{c1}[\chi] \to \frac{1}{2}(2f[\chi]f'[\chi]+\chi f'[\chi]^2), \text{c2} \to \text{Function}\left[\{\chi\}, \frac{1}{2}(2f[\chi]f'[\chi]+\chi f'[\chi]^2)\right]\right\}$$

U1 = DSolve[$U_1[\chi,\tau]$ == ($U_1[\chi,\tau]$/. U1/. C1C2), $U_1[\chi,\tau]$, {χ,τ}][[1]]

$$\left\{U_1[\chi,\tau] \to \frac{1}{8}(2f[\tau]f'[\tau]-2f[\chi]f'[\tau]+\tau f'[\tau]^2-\chi f'[\tau]^2-2f[\tau]f'[\chi]+2f[\chi]f'[\chi] -\tau f'[\chi]^2+\chi f'[\chi]^2)\right\}$$

从以上$U_1[\chi,\tau]$的表达式中较难看出长期项的存在。对其重新整理，可得

$U_1[\chi,\tau]$/. U1/. C1C2//Expand

$$\frac{1}{4}f[\tau]f'[\tau]-\frac{1}{4}f[\chi]f'[\tau]+\frac{1}{8}\tau f'[\tau]^2-\frac{1}{8}\chi f'[\tau]^2-\frac{1}{4}f[\tau]f'[\chi] +\frac{1}{4}f[\chi]f'[\chi]-\frac{1}{8}\tau f'[\chi]^2+\frac{1}{8}\chi f'[\chi]^2 \tag{6.4.20}$$

Collect[%, {$f'[\chi]^2, f'[\tau]^2$}, Factor]/. ($-f[\tau]+f[\chi]$)a_ → ($f[\tau]-f[\chi]$) * (−1a)

```
rhs = Factor/@Collect[%, {(f[τ] - f[χ]), f'[χ]^2, f'[τ]^2}]
```

$$\frac{1}{8}(\tau-\chi)f'[\tau]^2+\frac{1}{4}(f[\tau]-f[\chi])(f'[\tau]-f'[\chi])-\frac{1}{8}(\tau-\chi)f'[\chi]^2 \tag{6.4.21}$$

将$\tau-\chi$用原始变量表示：

```
τ - χ/.{χ → X[x, t], τ → T[x, t]}/.XT
```

$$2t$$

可见，式(6.4.21)中的第 1 项和第 3 项就是长期项。

用式(6.4.21)表示$U_1[\chi,\tau]$：

```
U1$ = {U1[χ, τ] → rhs}//toPure
```

$$\left\{U_1\to \text{Function}\left[\{\chi,\tau\},\frac{1}{8}(\tau-\chi)f'[\tau]^2+\frac{1}{4}(f[\tau]-f[\chi])(f'[\tau]-f'[\chi])-\frac{1}{8}(\tau-\chi)f'[\chi]^2\right]\right\}$$

这样，就得到了用特征坐标表示的非一致有效渐近解：

```
ans = U[χ, τ]/.U2S[1]/.U0$/.U1$//Normal
```

$$f[\tau]+f[\chi]+\epsilon\left(\frac{1}{8}(\tau-\chi)f'[\tau]^2+\frac{1}{4}(f[\tau]-f[\chi])(f'[\tau]-f'[\chi])-\frac{1}{8}(\tau-\chi)f'[\chi]^2\right) \tag{6.4.22}$$

下面采用变形坐标来消除式(6.4.22)中的长期项：

```
χ2r = χ → r + ϵχ1[r, s];
τ2s = τ → s + ϵτ1[r, s];
```

将以上变形坐标代入式(6.4.22)可得

```
expr = ans/.{χ2r, τ2s}
```

$$\begin{aligned}&f[s+\epsilon\tau_1[r,s]]+f[r+\epsilon\chi_1[r,s]]\\&+\epsilon\left(\frac{1}{8}(-r+s+\epsilon\tau_1[r,s]-\epsilon\chi_1[r,s])f'[s+\epsilon\tau_1[r,s]]^2\right.\\&+\frac{1}{4}(f[s+\epsilon\tau_1[r,s]]-f[r+\epsilon\chi_1[r,s]])(f'[s+\epsilon\tau_1[r,s]]-f'[r+\epsilon\chi_1[r,s]])\\&\left.-\frac{1}{8}(-r+s+\epsilon\tau_1[r,s]-\epsilon\chi_1[r,s])f'[r+\epsilon\chi_1[r,s]]^2\right)\end{aligned}$$

忽略其中$O(\epsilon^2)$项并整理，可得

```
expr1 = Normal[expr + O[ϵ]^2]
res = expr1//.a_c_ + b_c_^2 :→ (a + bc)c
```

$$\begin{aligned}f[r]+f[s]+\epsilon\Bigg(&f'[r]\left(\chi_1[r,s]+\frac{1}{8}(r-s)f'[r]\right)+\frac{1}{4}(-f[r]+f[s])(-f'[r]+f'[s])\\&+f'[s]\left(\tau_1[r,s]+\frac{1}{8}(-r+s)f'[s]\right)\Bigg)\end{aligned}$$

消除上式中的长期项，确定变形坐标函数，可得

```
eqfs = Select[Cases[res, ϵa_ → a][[1]], FreeQ[#, f'[r]]&] == 0
```

$$f'[s]\left(\tau_1[r,s]+\frac{1}{8}(-r+s)f'[s]\right)==0$$

```
eqfr = Select[Cases[res, ϵa_ → a][[1]], FreeQ[#, f'[s]]&] == 0
```

$$f'[r]\left(\chi_1[r,s]+\frac{1}{8}(r-s)f'[r]\right)==0$$

```
tau1 = Solve[eqfs, τ1[r, s]][[1]]
```

$$\left\{\tau_1[r,s]\to\frac{1}{8}(r-s)f'[s]\right\}\tag{6.4.23}$$

```
chi1 = Solve[eqfr, χ1[r, s]][[1]]
```

$$\left\{\chi_1[r,s]\to-\frac{1}{8}(r-s)f'[r]\right\}\tag{6.4.24}$$

这样，可得一致有效渐近解：

```
res/. chi1/. tau1//Collect[#, ϵ, Factor]&
```

$$f[r]+f[s]+\frac{1}{4}\epsilon(f[r]-f[s])(f'[r]-f'[s])$$

下面推导特征坐标与r和s的关系：

```
lhs = {χ, τ}; mid = lhs/. Reverse/@XT2χτ/. XT
```

$$\{-t+x,t+x\}$$

```
rhs = lhs/. {χ2r, τ2s}/. Join[chi1, tau1]
```

$$\left\{r-\frac{1}{8}(r-s)\epsilon f'[r],s+\frac{1}{8}(r-s)\epsilon f'[s]\right\}$$

```
Thread[{χ, τ} == mid == rhs]/. a_ + x :→ HoldForm[x + a]
```

$$\left\{\chi==x-t==r-\frac{1}{8}(r-s)\epsilon f'[r],\tau==x+t==s+\frac{1}{8}(r-s)\epsilon f'[s]\right\}\tag{6.4.25}$$

根据上式，可推导原始坐标与r和s的关系：

```
{eql, eqr} = Thread[lhs == rhs]
```

$$\left\{\chi==r-\frac{1}{8}(r-s)\epsilon f'[r],\tau==s+\frac{1}{8}(r-s)\epsilon f'[s]\right\}$$

```
doEq[eql + 1/8 (r − s)ϵf'[r]]//Collect[#, ϵ, Factor]&//Reverse
```

$$r==\chi+\frac{1}{8}(r-s)\epsilon f'[r]$$

```
doEq[eqr − 1/8 (r − s)ϵf'[s]]//Collect[#, ϵ, Factor]&//Reverse
```

$$s==\tau-\frac{1}{8}(r-s)\epsilon f'[s]$$

根据以上两式，线性情形下的特征线$x\pm t=\text{const}$在一阶近似下化为

```
rs = {r, s} == Nest[{χ + 1/8 (#[[1]] − #[[2]])ϵf'[#[[1]]], τ − 1/8 (#[[1]]
        − #[[2]])ϵf'[#[[2]]]}&, {χ, τ}, 1]
```

$$\{r,s\}==\left\{\chi+\frac{1}{8}\epsilon(-\tau+\chi)f'[\chi],\tau-\frac{1}{8}\epsilon(-\tau+\chi)f'[\tau]\right\}$$

```
{rs1, rs2} = Thread[rs]/. {χ → X[x, t], τ → T[x, t]}/. XT
```

$$\left\{r==-t+x-\frac{1}{4}t\epsilon f'[-t+x],s==t+x+\frac{1}{4}t\epsilon f'[t+x]\right\}$$

例 6.4.4　用重正化方法求以下 van der Pol 方程初值问题的渐近解：

$$u''(t)+u(t)=\epsilon(1-u(t)^2)u'(t) \tag{6.4.26}$$

$$u(0)=1, u'(0)=0 \tag{6.4.27}$$

将以上方程和初始条件记为

```
eq = u''[t] + u[t] == ϵu'[t](1 - u[t]^2);
ic1 = u[0] == 1; ic2 = u'[0] == 0;
```

用正则摄动法求出两项渐近解：

```
ua = AsymptoticDSolveValue[{eq, ic1, ic2}, u[t], t, {ϵ, 0, 1}]
```

$$\mathrm{Cos}[t]+\epsilon\left(\frac{3}{8}t\mathrm{Cos}[t]+\frac{1}{32}(-9\mathrm{Sin}[t]-\mathrm{Sin}[3t])\right) \tag{6.4.28}$$

定义变形坐标并代入渐近解(6.4.28)，可得

```
t2s = t → s + ϵf1[s] + O[ϵ]^2
ua4s = ua/. t2s
```

$$\mathrm{Cos}[s]+\left(\frac{3}{8}s\mathrm{Cos}[s]+\frac{1}{32}(-9\mathrm{Sin}[s]-\mathrm{Sin}[3s])-\mathrm{Sin}[s]f_1[s]\right)\epsilon+O[\epsilon]^2$$

式中，长期项为$\frac{3}{8}s\cos(s)$，可用于消除该项的是$-\sin(s)f_1(s)$。注意，这与前面例子的不同。

```
expr = Expand[Coefficient[ua4s, ϵ]]
```

$$\frac{3}{8}s\mathrm{Cos}[s]-\frac{9\mathrm{Sin}[s]}{32}-\frac{1}{32}\mathrm{Sin}[3s]-\mathrm{Sin}[s]f_1[s]$$

```
lhs = expr/. a_?NumberQc_.fn: (Sin|Cos)[b_]/; FreeQ[c, s] :→ 0
```

$$\frac{3}{8}s\mathrm{Cos}[s]-\mathrm{Sin}[s]f_1[s]$$

```
f1 = Solve[lhs == 0, f1[s]][[1]]
```

$$\left\{f_1[s]\to\frac{3}{8}s\mathrm{Cot}[s]\right\} \tag{6.4.29}$$

这样，就得到消去长期项、精确到$O(\epsilon)$的渐近解：

```
u == ua4s/. f1
```

$$u==\mathrm{Cos}[s]+\frac{1}{32}(-9\mathrm{Sin}[s]-\mathrm{Sin}[3s])\epsilon+O[\epsilon]^2 \tag{6.4.30}$$

相应的变形坐标函数为

```
t == (t/. t2s/. f1)
```

$$t==s+\frac{3}{8}s\mathrm{Cot}[s]\epsilon+O[\epsilon]^2 \tag{6.4.31}$$

在式(6.4.31)中出现了$\cot(s)$，其定义域为

```
FunctionDomain[Cot[s], s]
```

$$\frac{s}{\pi}\notin\mathbb{Z}$$

当s取以下的数值时：

$$s = 0, \pi, 2\pi, 3\pi, 4\pi, \cdots$$

cot函数是奇异的（其值趋于无穷大）。

由此可知，当重正化方法应用于 van der Pol 方程这种变振幅的情况是失败的。

第 7 章　平 均 法

本章主要研究非线性振动的渐近解，可以处理 PLK 方法不能解决的幅值随时间变化的问题。van der Pol 对非线性振动中的极限环、张弛振动进行了广泛研究，他在研究电子管的自激振荡问题(1926)时，首先提出了一个一次近似方法，他认为拟线性自治系统的解形式上与线性系统相同，但其振幅和相位不是常数，而是时间的缓变函数。这一思想是平均法的基础。KBM 方法起源于 20 世纪初期，由 Krylov 和 Bogoliubov(1947)的“基辅学派”共同发展。随后 Bogoliubov 与 Mitropolsky(1961)进一步发展了这一方法。KBM 方法基于摄动理论，通过在小参数附近寻找非线性方程的近似解。该方法使用平均法思想来消除长期项，从而得到没有长期项的近似解。KBM 方法适用于各种非线性振荡系统，包括电气电路、机械振荡等，对非线性系统的分析产生了深远影响，尤其是在工程和技术问题中。

7.1　Krylov-Bogoliubov 方法

已知二阶拟线性自治系统的方程为

$$u''(t)+\omega_0^2u(t)=\epsilon f\big(u(t),u'(t)\big) \tag{7.1.1}$$

将上式记为

eq = $\boldsymbol{u''[t]+\omega_0{}^2u[t]==\epsilon f[u[t],u'[t]]}$

对应的退化方程为简谐振动方程，即

eq0 = eq/. $\boldsymbol{\epsilon\to 0}$

$$\omega_0^2u[t]+u''[t]==0 \tag{7.1.2}$$

方程(7.1.2)的通解为

u0 = DSolve[eq0, *u*[*t*], *t*][[1]]/. {*C*[1] → −*a*Sin[*θ*], *C*[2] → *a*Cos[*θ*]}//Simplify

$$\{u[t]\to a\mathrm{Cos}[\theta+t\omega_0]\}$$

将上述结果用等式来表示，即

equ = *u*[*t*] == (*u*[*t*]/. u0)

$$u[t]==a\mathrm{Cos}[\theta+t\omega_0] \tag{7.1.3}$$

对其两端同时求导，可得

equt = D[equ, *t*]

$$u'[t]==-a\mathrm{Sin}[\theta+t\omega_0]\omega_0 \tag{7.1.4}$$

假设振幅a和相位θ不再是常数，而是t的函数。定义如下替换：

f2ft = {*a* → *a*[*t*], *θ* → *θ*[*t*]}

并代入式(7.1.3)，可得

EQu = *u*[*t*] == (*u*[*t*]/. u0)/. f2ft

$$u[t]==a[t]\mathrm{Cos}\big[t\omega_0+\theta[t]\big] \tag{7.1.5}$$

对其两端同时求导并展开，可得

```
eqUt = D[EQu, t]//Expand
```

$$u'[t] == -a[t]\mathrm{Sin}\left[t\omega_0+\theta[t]\right]\omega_0+\mathrm{Cos}\left[t\omega_0+\theta[t]\right]a'[t]-a[t]\mathrm{Sin}\left[t\omega_0+\theta[t]\right]\theta'[t] \quad (7.1.6)$$

这样就增加了两个未知函数$a(t)$和$\theta(t)$，如要定解，还需要增加约束条件。

进一步假定式(7.1.6)的导数具有式(7.1.4)同样的形式，即

```
EQut = equt/. f2ft
```

$$u'[t] == -a[t]\mathrm{Sin}\left[t\omega_0+\theta[t]\right]\omega_0 \quad (7.1.7)$$

将式(7.1.6)与式(7.1.7)相减，可得一个约束条件：

```
cond1 = SubtraSides[eqUt, EQut]//Reverse
```

$$\mathrm{Cos}\left[t\omega_0+\theta[t]\right]a'[t]-a[t]\mathrm{Sin}\left[t\omega_0+\theta[t]\right]\theta'[t] == 0 \quad (7.1.8)$$

将式(7.1.7)再微分一次，可得$u''(t)$的表达式：

```
EQutt = D[EQut, t]//Expand
```

$$u''[t] == -a[t]\mathrm{Cos}\left[t\omega_0+\theta[t]\right]\omega_0^2-\mathrm{Sin}\left[t\omega_0+\theta[t]\right]\omega_0 a'[t]$$
$$-a[t]\mathrm{Cos}\left[t\omega_0+\theta[t]\right]\omega_0\theta'[t] \quad (7.1.9)$$

为简单起见，将$\omega_0 t+\theta(t)$用$b(t)$表示，即

```
θ2b = {θ[t] + tω₀ → b[t]}
```

$$\{t\omega_0+\theta[t]\to b[t]\} \quad (7.1.10)$$

将$u''(t)$和$u'(t)$的表达式代入式(7.1.1)，可得另一个约束条件：

```
cond2 = eq/. Flatten[ToRules /@ {EQu, EQut, EQutt}]/. θ2b
```

$$-\mathrm{Sin}[b[t]]\omega_0 a'[t]-a[t]\mathrm{Cos}[b[t]]\omega_0\theta'[t] == \epsilon f[a[t]\mathrm{Cos}[b[t]],-a[t]\mathrm{Sin}[b[t]]\omega_0] \quad (7.1.11)$$

可见，式(7.1.8)和式(7.1.11)是$a'(t)$和$\theta'(t)$的线性方程组，联立可解得$a'(t)$和$\theta'(t)$：

```
{ab} = Solve[{cond1, cond2}, {a'[t], θ'[t]}]/. θ2b//Simplify
eqat = a'[t] == (a'[t]/. ab)
```

$$a'[t] == -\frac{\epsilon f[a[t]\mathrm{Cos}[b[t]],-a[t]\mathrm{Sin}[b[t]]\omega_0]\mathrm{Sin}[b[t]]}{\omega_0} \quad (7.1.12)$$

```
eqθt = θ'[t] == (θ'[t]/. ab)
```

$$\theta'[t] == -\frac{\epsilon\mathrm{Cos}[b[t]]f[a[t]\mathrm{Cos}[b[t]],-a[t]\mathrm{Sin}[b[t]]\omega_0]}{a[t]\omega_0} \quad (7.1.13)$$

直接求解式(7.1.12)和式(7.1.13)往往比求原方程(7.1.1)更加困难。从式(7.1.12)和式(7.1.13)可以发现，$a'(t)=O(\epsilon)$和$\theta'(t)=O(\epsilon)$，即振幅和相位确实是缓变的，因此它们在一个周期内是近乎不变的，可以用平均值代替。注意到这个事实，对方程的右端在$[0,2\pi]$上求积分平均值，并对表达式进行整理。

下面定义一个 MMA 函数**pretty**，使结果更加美观：

```
pretty = a_S_[b_, c_List] :→ HoldForm[a]S[b, c];
```

对式(7.1.12)和式(7.1.13)两端同时对相位积分，可得

```
EQat  = MapAt[Integrate[#, {b, 0, 2π}]/(2π) &, eqat/. c: (a|b)[t] :→ Head[c], 2]
  /. Ica2cIa[b]/. pretty
```

$$a'[t] == -\frac{\epsilon}{2\pi\omega_0}\int_0^{2\pi} f[a\mathrm{Cos}[b],-a\mathrm{Sin}[b]\omega_0]\mathrm{Sin}[b]\,\mathrm{d}b \quad (7.1.14)$$

EQθt = MapAt[Integrate[#, {b, 0, 2π}]/(2π) &, eqθt/. c: (a|b)[t] :→ Head[c], 2]
/. Ica2cIa[b]/. pretty/. b_f[c__] :→ f[c]HoldForm[b]

$$\theta'[t] == -\frac{\epsilon}{2a\pi\omega_0}\int_0^{2\pi} f[a\text{Cos}[b], -a\text{Sin}[b]\omega_0]\text{Cos}[b]\,\mathrm{d}b \tag{7.1.15}$$

下面举例说明 KB 方法。

例 7.1.1 用 KB 方法求以下 Duffing 方程的首项近似解：

$$u''(t) + \omega_0^2 u(t) + \epsilon u^3(t) == 0$$

将以上方程记为

DuffingEq = u''[t] + ω₀²u[t] + εu[t]³ == 0;
lhs = doEq[DuffingEq, −1]

$$\omega_0^2 u[t] + \epsilon u[t]^3 + u''[t]$$

取出类似于式(7.1.1)的右端项为

rhs = −Select[lhs, ! FreeQ[#, ϵ]&]/. u → (a[#]Cos[b[#]]&)

$$-\epsilon a[t]^3\text{Cos}[b[t]]^3 \tag{7.1.16}$$

如果直接利用式(7.1.12)和式(7.1.13)求解，定义替换：

b2θ = b[t] → θ[t] + tω₀

得到联立的方程组：

eqa = eqat/. f[__] → rhs/ϵ /. b2θ

$$a'[t] == \frac{\epsilon a[t]^3\text{Cos}\left[t\omega_0 + \theta[t]\right]^3\text{Sin}\left[t\omega_0 + \theta[t]\right]}{\omega_0} \tag{7.1.17}$$

eqθ = eqθt/. f[__] → rhs/ϵ /. b2θ

$$\theta'[t] == \frac{\epsilon a[t]^2\text{Cos}\left[t\omega_0 + \theta[t]\right]^4}{\omega_0} \tag{7.1.18}$$

可见，式(7.1.17)和式(7.1.18)是一阶耦合常微分方程组，其解非常复杂（可尝试用**DSolve**求解）。

采用式(7.1.14)和式(7.1.15)求解，可先分别计算其右端项：

ar = Integrate[rhs ∗ Sin[b[t]], {b[t], 0, 2π}] (−1)/(2πω₀)

$$0$$

br = Integrate[rhs ∗ Cos[b[t]], {b[t], 0, 2π}] (−1)/(2a[t]ω₀π)

$$\frac{3\epsilon a[t]^2}{8\omega_0}$$

经过平均以后，右端项变得很简单，可直接联立求其通解：

sol = DSolve[{a'[t] == ar, θ'[t] == br}, {a[t], θ[t]}, t][[1]]/. {C[1] → a₀, C[2] → θ₀}

$$\left\{a[t] \to a_0, \theta[t] \to \theta_0 + \frac{3t\epsilon a_0^2}{8\omega_0}\right\} \tag{7.1.19}$$

考虑初始条件$u(0) = \alpha$和$u'(0) = 0$，可得

equ = u[t] == α/. ToRules[EQu]/. sol/. t → 0

$$\text{Cos}[\theta_0]a_0 == \alpha \tag{7.1.20}$$

equt = u'[t] == 0/. ToRules[EQut]/. sol/. t → 0//Simplify[#, a₀ > 0&&ω₀ > 0]&

$$\mathrm{Sin}[\theta_0] == 0 \tag{7.1.21}$$

据此可以确定待定常数a_0和θ_0。先根据式(7.1.21)求θ_0，然后再计算a_0：

θ0 = FindInstance[equt, θ_0][[1]]

$$\{\theta_0 \to 0\}$$

a0 = Solve[equ/. θ0, a_0][[1]]

$$\{a_0 \to \alpha\}$$

最后得到 Duffing 方程的首项近似解，通过整理可得

u[t]/. ToRules[EQu]/. sol/. a0/. θ0;

%/. ta_ :→ HoldForm[HoldForm[a]t]/. a_ + b_ :→ HoldForm[b + a]

$$\alpha \mathrm{Cos}\left[\omega_0 t + \frac{3\alpha^2\epsilon}{8\omega_0}t\right] \tag{7.1.22}$$

事实上，运用 KB 方法求解相关方程的解时，可以根据式(7.1.14)和式(7.1.15)写一个通用程序**KB**，详见本书附录。该程序可以判断方程的类型。如果满足条件，则进行计算，否则返回原方程。另外，在程序中并未考虑初始条件。

利用**KB**重新求解例 7.1.1 如下：

KB[DuffingEq]

$$\mathrm{Cos}\left[\theta_0 + \frac{3t\epsilon a_0^2}{8\omega_0} + t\omega_0\right] a_0$$

例 7.1.2 用 KB 方法求以下线性阻尼振子的首项近似解：

$$u''(t) + u(t) = -2\epsilon u'(t)$$

将以上方程记为

eq = u[t] + u''[t] == −2ϵu'[t]

KB[eq]

$$\mathrm{e}^{-t\epsilon}\mathrm{Cos}[t+\theta_0]a_0$$

可见其振幅是随时间衰减的，而频率并未改变。相应的数值解为

un = NDSolveValue[{eq/. ϵ → 0.01, u[0] == 1, u'[0] == 0}, u[t], {t, 0, 100}]

幅值随时间变化曲线如图 7.1.1 所示，其中$\epsilon = 0.01$，初始条件为$u(0) = 1$，$u'(0) = 0$。

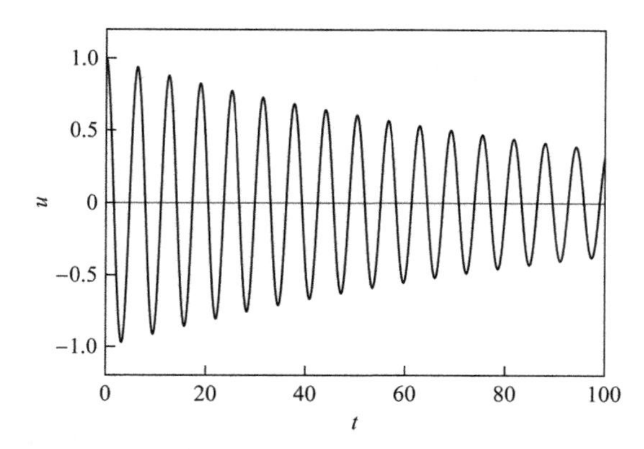

图 7.1.1 线性阻尼振子的幅值随时间变化曲线

例 7.1.3 用 KB 方法求以下带平方非线性的振子的首项近似解：

$$u''(t)+u(t)=\epsilon u^2(t)$$

将以上方程记为

eq = $u[t]+u''[t]==\epsilon u[t]^2$

KB[eq]

$$\text{Cos}[t+\theta_0]a_0$$

可见振幅和频率都未改变。由式(7.1.12)和式(7.1.13)可得$a'(t)=0,\theta'(t)=0$，即一次平均反映不了平方项非线性的影响，因此有必要求高阶近似。

该方程的数值解**un**如图 7.1.2 所示，参数和初始条件如例 7.1.2。

un = NDSolveValue[{eq/. $\epsilon\to$ 0.01, u[0] == 1, u'[0] == 0}, u[t], {t, 0, 100}]

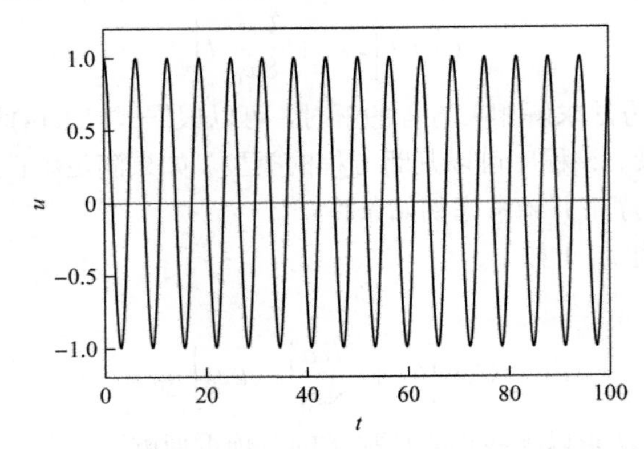

图 7.1.2 带平方非线性的振子的幅值随时间变化曲线

例 7.1.4 用 KB 方法求以下 van der Pol 方程的首项近似解：

$$u''(t)+u(t)=\epsilon\left(1-u^2(t)\right)u'(t)$$

将以上方程记为

VDPEq = $u[t]+u''[t]==\epsilon(1-u[t]^2)u'[t]$

KB[VDPEq]

$$\frac{2\mathrm{e}^{\frac{t\epsilon}{2}}\text{Cos}[t+\theta_0]}{\sqrt{\mathrm{e}^{t\epsilon}+\mathrm{e}^{8a_0}}} \tag{7.1.23}$$

由首项近似解可见振幅是随时间而增大的，但频率并未改变。注意到式(7.1.23)与通常教科书上给出的形式有所差别，但实际上是一样的。

从式(7.1.23)中提取幅值并取极限，可得

amp = Coefficient[%, Cos[$t+\theta_0$]]

$$\frac{2\mathrm{e}^{\frac{t\epsilon}{2}}}{\sqrt{\mathrm{e}^{t\epsilon}+\mathrm{e}^{8a_0}}}$$

Limit[amp, $t\to+\infty$, Assumptions $\to\epsilon>0$]

$$2$$

方程的数值解**un**如图 7.1.3 所示，参数和初始条件如例 7.1.2。可见它的幅值是逐渐增加并趋于 2。

un = NDSolveValue[{VDPEq/. $\epsilon\to$ 0.01, u[0] == 1, u'[0] == 0}, u[t], {t, 0, 500}]

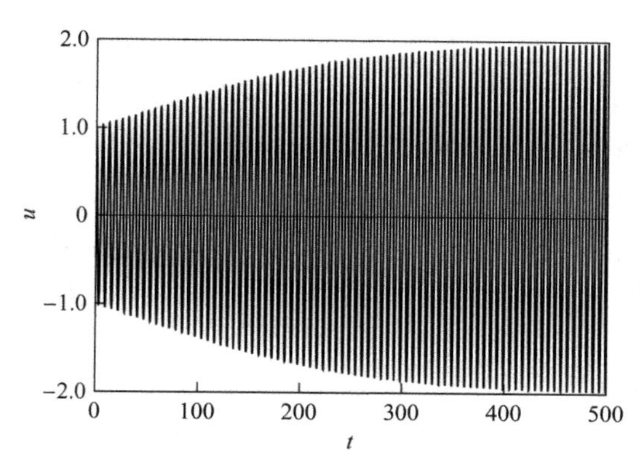

图 7.1.3 van der Pol 振子的幅值随时间变化曲线

7.2 Krylov-Bogoliubov-Mitropolsky 方法

KB 方法只能得到首项近似解。为了寻求高阶近似，Krylov，Bogoliubov 和 Mitropolsky 推广改进了 KB 法，提出了 KBM 方法，又称平均展开法。

同样考虑拟线性自治系统方程(7.1.1)，将$u(t)$展开为如下级数，注意到$u_i(a,b)$是缓变量振幅a和相位b的函数，而不是t的显函数。

```
u2S[n_]:= u → (a[#1]Cos[b[#1]] + Sum[u_i[a[#1], b[#1]]ϵ^i, {i, 1, n}] + O[ϵ]^(n+1)&)
```

将振幅$a(t)$和相位$b(t)$的导数展开为ϵ的幂级数：

```
dadt[n_]:= D[a[t], {t, m_}] → D[Sum[A_i[a[t]]ϵ^i, {i, 1, n}], {t, m − 1}]
dbdt[n_]:= D[b[t], {t, m_}] → D[ω_0 + Sum[B_i[a[t]]ϵ^i, {i, 1, n}], {t, m − 1}]
```

由于方程中不显含t，为简单起见，作如下替换：

```
ft2f = {a[t] → a, b[t] → b};
```

将式(7.1.1)用级数展开，可得联立的方程：

```
eqs = LogicalExpand[eq/. u2S[2]//.{dadt[2], dbdt[2]}/. ft2f//Expand];
```

首项近似为

```
eq1 = doEq[eqs[[1]], u_1]//Factor
```

$$\begin{aligned}\omega_0^2(u_1[a,b]+{u_1}^{(0,2)}[a,b]) == f[a\mathrm{Cos}[b],-a\mathrm{Sin}[b]\omega_0]\\+2\mathrm{Sin}[b]\omega_0A_1[a]+2a\mathrm{Cos}[b]\omega_0B_1[a]\end{aligned} \tag{7.2.1}$$

取出式(7.2.1)右端不包含待定函数$A_1(a)$和$B_1(a)$的部分，并记为**f1**：

```
f1 = Select[eq1[[2]], FreeQ[#, A_1|B_1]&]
```

$$f[a\mathrm{Cos}[b],-a\mathrm{Sin}[b]\omega_0] \tag{7.2.2}$$

一阶近似为

```
eq2 = doEq[eqs[[2]], u_2]//Factor
  //Collect[#, {A_2[a], B_2[a], f^(1,0)[__], f^(0,1)[__], Cos[b], Sin[b]}]&
```

$$\begin{aligned}\omega_0^2(u_2[a,b]+{u_2}^{(0,2)}[a,b]) == 2\mathrm{Sin}[b]\omega_0A_2[a]+2a\mathrm{Cos}[b]\omega_0B_2[a]\\+\mathrm{Cos}[b](aB_1[a]^2-A_1[a]{A_1}'[a])+\mathrm{Sin}[b](2A_1[a]B_1[a]+aA_1[a]{B_1}'[a])\\+f^{(0,1)}[a\mathrm{Cos}[b],-a\mathrm{Sin}[b]\omega_0](\mathrm{Cos}[b]A_1[a]-a\mathrm{Sin}[b]B_1[a]+\omega_0{u_1}^{(0,1)}[a,b])\end{aligned}$$

$$-2\omega_0 B_1[a]u_1{}^{(0,2)}[a,b]+u_1[a,b]f^{(1,0)}[a\text{Cos}[b],-a\text{Sin}[b]\omega_0]-2\omega_0 A_1[a]u_1{}^{(1,1)}[a,b] \tag{7.2.3}$$

取出式(7.2.3)右端不包含待定函数$A_2(a)$和$B_2(a)$的部分，并记为**f2**：

f2 = Select[eq2[[2]], FreeQ[#, A_2|B_2]&]

$$\begin{aligned}&\text{Cos}[b](aB_1[a]^2-A_1[a]A_1{}'[a])+\text{Sin}[b](2A_1[a]B_1[a]+aA_1[a]B_1{}'[a])\\&+f^{(0,1)}[a\text{Cos}[b],-a\text{Sin}[b]\omega_0](\text{Cos}[b]A_1[a]-a\text{Sin}[b]B_1[a]+\omega_0 u_1{}^{(0,1)}[a,b])\\&-2\omega_0 B_1[a]u_1{}^{(0,2)}[a,b]+u_1[a,b]f^{(1,0)}[a\text{Cos}[b],-a\text{Sin}[b]\omega_0]-2\omega_0 A_1[a]u_1{}^{(1,1)}[a,b]\end{aligned} \tag{7.2.4}$$

这样式(7.2.1)和式(7.2.3)变为

equ1 = eq1/. f1 → f_1[a, b]

$$\omega_0^2(u_1[a,b]+u_1{}^{(0,2)}[a,b])==2\text{Sin}[b]\omega_0 A_1[a]+2a\text{Cos}[b]\omega_0 B_1[a]+f_1[a,b] \tag{7.2.5}$$

equ2 = eq2/. f2 → f_2[a, b]

$$\omega_0^2(u_2[a,b]+u_2{}^{(0,2)}[a,b])==2\text{Sin}[b]\omega_0 A_2[a]+2a\text{Cos}[b]\omega_0 B_2[a]+f_2[a,b] \tag{7.2.6}$$

而$f_1(a,b)$和$f_2(a,b)$可能包含各种分量，可用 Fourier 级数表示。

用**FS1**表示$f_1(a,b)$的 Fourier 级数，即

FS1 = g_0[a] + Sum[g_n[a]Cos[nb] + h_n[a]Sin[nb], {n, 1, ∞}]

$$\sum_{n=1}^{\infty}(\text{Cos}[bn]g_n[a]+\text{Sin}[bn]h_n[a])+g_0[a] \tag{7.2.7}$$

式中，分量sin(b)和cos(b)可用于消除共振项。将上式展开一项：

FS11 = FS1/. Sum[a_, {n, 1, ∞}] :→ Sum[a, {n, {1}}] + Sum[a, {n, 2, ∞}]//Quiet

$$\sum_{n=2}^{\infty}(\text{Cos}[bn]g_n[a]+\text{Sin}[bn]h_n[a])+g_0[a]+\text{Cos}[b]g_1[a]+\text{Sin}[b]h_1[a] \tag{7.2.8}$$

将上式代入式(7.2.4)，消除共振项可确定$A_1(a)$和$\text{B}_1(a)$：

**{A1B1} = Solve[Coefficient[equ1[[2]]/. f_1[a, b] → FS1, {Cos[b], Sin[b]}] == 0
, {A_1[a], B_1[a]}]**

$$\left\{\left\{A_1[a]\to-\frac{h_1[a]}{2\omega_0},B_1[a]\to-\frac{g_1[a]}{2a\omega_0}\right\}\right\} \tag{7.2.9}$$

equ1 = equ1/. f_1[a, b] → FS1/. A1B1

$$\omega_0^2(u_1[a,b]+u_1{}^{(0,2)}[a,b])==\sum_{n=2}^{\infty}(\text{Cos}[bn]g_n[a]+\text{Sin}[bn]h_n[a])+g_0[a] \tag{7.2.10}$$

equ1 = doEq[Expand[Thread[equ1/ω_0^2, Equal]], u_1]

$$u_1[a,b]+u_1{}^{(0,2)}[a,b]==\frac{\sum_{n=2}^{\infty}(\text{Cos}[bn]g_n[a]+\text{Sin}[bn]h_n[a])}{\omega_0^2}+\frac{g_0[a]}{\omega_0^2} \tag{7.2.11}$$

由于式(7.2.11)右端有一无限求和项，直接采用 MMA 求解有一定困难。利用线性叠加原理，可以将右端分解，然后逐一求解，再叠加起来。

equ1a = equ1/. a_Sum[_, __] → 0

$$u_1[a,b]+u_1{}^{(0,2)}[a,b]==\frac{g_0[a]}{\omega_0^2} \tag{7.2.12}$$

其特解为

u1 = DSolve[equ1a, u_1[a, b], b][[1]]/. a_h: (Sin|Cos)[b] :→ If[FreeQ[a, t], 0, ah]

$$\left\{u_1[a,b]\to\frac{g_0[a]}{\omega_0^2}\right\} \tag{7.2.13}$$

将式(7.2.11)右端求和中的通项作为右端项进行求解：

```
equ1b = equ1/.{a_Sum[b_, _] → ab, g0[a] → 0}
```

$$u_1[a,b]+u_1{}^{(0,2)}[a,b]==\frac{\mathrm{Cos}[bn]g_n[a]+\mathrm{Sin}[bn]h_n[a]}{\omega_0^2} \tag{7.2.14}$$

其特解为

```
u1$ = Simplify[DSolve[equ1b, u1[a, b], b][[1]]]/.a_h: (Sin|Cos)[b]
          :→ If[FreeQ[a, t], 0, ah]/.a_/b_ :→ Factor[−a]/(−b)
```

$$\left\{u_1[a,b]\to\frac{\mathrm{Cos}[bn]g_n[a]+\mathrm{Sin}[bn]h_n[a]}{(1-n^2)\omega_0^2}\right\} \tag{7.2.15}$$

求和以后就得到首项解：

```
(u1[a, b]/.u1) + sum[(u1[a, b]/.u1$), {n, 2, ∞}]/.S_[a_? (FreeQ[#, n]&)b_, c_List]
          :→ HoldForm[a]S[b, c]//show
```

$$\frac{g_0[a]}{\omega_0^2}+\frac{1}{\omega_0^2}\sum_{n=2}^{\infty}\frac{\mathrm{Cos}[bn]g_n[a]+\mathrm{Sin}[bn]h_n[a]}{1-n^2} \tag{7.2.16}$$

由于式(7.2.8)已经给出了$A_1(a)$和$B_1(a)$，那么式(7.2.4)也完全确定了。用相同的办法可求解$A_2(a)$和$B_2(a)$。

用**FS2**表示$f_2(a,b)$的 Fourier 级数，即

```
FS2 = G0[a] + Sum[Gn[a]Cos[nb] + Hn[a]Sin[nb], {n, 1, ∞}]
```

$$\sum_{n=1}^{\infty}(\mathrm{Cos}[bn]G_n[a]+\mathrm{Sin}[bn]H_n[a])+G_0[a] \tag{7.2.17}$$

式中，分量$\sin(b)$和$\cos(b)$可用于消除共振项。将上式展开一项：

```
FS21 = FS2/.Sum[a_, {n, 1, ∞}] :→ Sum[a, {n, {1}}] + Sum[a, {n, 2, ∞}]//Quiet
FS21//show[#, {2, 3, 4, 1}]&
```

$$G_0[a]+\mathrm{Cos}[b]G_1[a]+\mathrm{Sin}[b]H_1[a]+\sum_{n=2}^{\infty}(\mathrm{Cos}[bn]G_n[a]+\mathrm{Sin}[bn]H_n[a]) \tag{7.2.18}$$

将上式代入式(7.2.6)，消除共振项，可确定$A_2(a)$和$B_2(a)$：

```
A2B2 = Solve[Coefficient[equ2[[2]]/.f2[a, b] → FS21, {Cos[b], Sin[b]}] =
          = 0, {A2[a], B2[a]}][[1]]
```

$$\left\{A_2[a]\to-\frac{H_1[a]}{2\omega_0},B_2[a]\to-\frac{G_1[a]}{2a\omega_0}\right\} \tag{7.2.19}$$

同理可得

$$u_2[a,b]=\frac{G_0[a]}{\omega_0^2}+\frac{1}{\omega_0^2}\sum_{n=2}^{\infty}\frac{\mathrm{Cos}[bn]G_n[a]+\mathrm{Sin}[bn]H_n[a]}{1-n^2} \tag{7.2.20}$$

例 7.2.1　用 KBM 方法求以下 Duffing 方程的二阶近似解：

$$u''(t)+u(t)+\epsilon u(t)^3=0$$

$$u(0)=\alpha,u'(0)=0$$

将方程和初始条件记为

DuffingEq = u''[t] + ω₀²u[t] + ϵu[t]³ == 0

ic1 = u[0] − α == 0; ic2 = u′[0] == 0;

将$u(t)$以及$a(t),b(t)$的导数展开为级数：

u2S[n_]: = u → (a[#]Cos[b[#]] + Sum[u_i[a[#], b[#]]ϵ^i, {i, 1, n}] + O[ϵ]^(n+1)&)

dadt[n_]: = D[a[t], {t, m_}] → D[Sum[A_i[a[t]]ϵ^i, {i, 1, n}], {t, m − 1}]

dbdt[n_]: = D[b[t], {t, m_}] → D[ω₀ + Sum[B_i[a[t]]ϵ^i, {i, 1, n}], {t, m − 1}]

考虑到在方程中不显含t，为简单起见，定义如下替换：

ft2f = {a[t] → a, b[t] → b}

将其代入方程，求二阶近似，可得联立的方程组：

eqs = LogicalExpand[DuffingEq/. u2S[2]//. {dadt[2], dbdt[2]}/. ft2f//Simplify]

$$a^3\mathrm{Cos}[b]^3-2\omega_0(\mathrm{Sin}[b]A_1[a]+a\mathrm{Cos}[b]B_1[a])+\omega_0^2(u_1[a,b]+u_1{}^{(0,2)}[a,b])==0$$
$$\&\&a\mathrm{Cos}[b](-B_1[a]^2+3a\mathrm{Cos}[b]u_1[a,b])+A_1[a](-2\mathrm{Sin}[b]B_1[a]+\mathrm{Cos}[b]A_1{}'[a]$$
$$-a\mathrm{Sin}[b]B_1{}'[a])+\omega_0^2(u_2[a,b]+u_2{}^{(0,2)}[a,b])-2\omega_0(\mathrm{Sin}[b]A_2[a]+a\mathrm{Cos}[b]B_2[a]$$
$$-B_1[a]u_1{}^{(0,2)}[a,b]-A_1[a]u_1{}^{(1,1)}[a,b])==0$$

取出一阶近似方程：

eq1 = doEq[eqs[[1]]//Expand, u₁]

$$\omega_0^2u_1[a,b]+\omega_0^2u_1{}^{(0,2)}[a,b]==-a^3\mathrm{Cos}[b]^3+2\mathrm{Sin}[b]\omega_0A_1[a]+2a\mathrm{Cos}[b]\omega_0B_1[a]$$

将其整理为更直观的形式：

eq1 = TrigReduce[eq1]//Collect[#, {Cos[b], Sin[b], ω₀²}, Expand]&

$$\omega_0^2(u_1[a,b]+u_1{}^{(0,2)}[a,b])==-\frac{1}{4}a^3\mathrm{Cos}[3b]+2\mathrm{Sin}[b]\omega_0A_1[a]$$
$$+\mathrm{Cos}[b]\left(-\frac{3a^3}{4}+2a\omega_0B_1[a]\right)\tag{7.2.21}$$

易见方程(7.2.21)右端有两个共振项。要消除共振项，只需令其系数为零，可得

A1 = DSolve[Coefficient[eq1[[2]], Sin[b]] == 0, A₁, a][[1]]

$$\{A_1\to\mathrm{Function}[\{a\},0]\}$$

B1 = DSolve[Coefficient[eq1[[2]], Cos[b]] == 0, B₁, a][[1]]

$$\left\{B_1\to\mathrm{Function}\left[\{a\},\frac{3a^2}{8\omega_0}\right]\right\}$$

将$A_1(a)$和$B_1(a)$的解代入方程(7.2.21)，一阶方程(7.2.21)简化为

eq1 = eq1/. Join[A1, B1]

$$\omega_0^2(u_1[a,b]+u_1{}^{(0,2)}[a,b])==-\frac{1}{4}a^3\mathrm{Cos}[3b]\tag{7.2.22}$$

求得一个特解（将导致共振产生的齐次方程通解部分略去）：

u1 = TrigReduce[DSolve[eq1, u₁[a, b], b][[1]]]/. (Cos|Sin)[b] → 0//toPure

$$\left\{u_1\to\mathrm{Function}\left[\{a,b\},\frac{a^3\mathrm{Cos}[3b]}{32\omega_0^2}\right]\right\}$$

接下来求二阶近似解。将一阶解和$A_1(a)$、$B_1(a)$的表达式代入二阶近似方程，并进行整理，可得

```
eq2 = doEq[eqs[[2]]/. u1$/. A1/. B1, u2];
eq2 = TrigReduce[eq2]//Collect[#, {Cos[b], Sin[b], Cos[3b], ω0^2}, Expand]&
```

$$\omega_0^2(u_2[a,b]+u_2{}^{(0,2)}[a,b]) == \frac{21a^5\text{Cos}[3b]}{128\omega_0^2}-\frac{3a^5\text{Cos}[5b]}{128\omega_0^2}+2\text{Sin}[b]\omega_0A_2[a]+\text{Cos}[b]\left(\frac{15a^5}{128\omega_0^2}+2a\omega_0B_2[a]\right) \tag{7.2.23}$$

消除上式中的共振项，确定$A_2(a)$和$B_2(a)$：

```
A2 = DSolve[Coefficient[eq2[[2]], Sin[b]] == 0, A2, a][[1]]
```

$$\{A_2 \to \text{Function}[\{a\},0]\}$$

```
B2 = DSolve[Coefficient[eq2[[2]], Cos[b]] == 0, B2, a][[1]]
```

$$\left\{B_2 \to \text{Function}\left[\{a\},-\frac{15a^4}{256\omega_0^3}\right]\right\}$$

将$A_2(a)$和$B_2(a)$的解代入式(7.2.23)，可得简化的二阶方程并求解：

```
eq2 = eq2/. u1/. Join[A2, B2]//TrigReduce
u2 = TrigReduce[DSolve[eq2, u2[a, b], b][[1]]]/. (Cos|Sin)[b] → 0//toPure
```

$$\left\{u_2 \to \text{Function}\left[\{a,b\},\frac{-21a^5\text{Cos}[3b]+a^5\text{Cos}[5b]}{1024\omega_0^4}\right]\right\}$$

考虑初始条件**ic1**，可得联立的方程组：

```
ic0s = Thread[CoefficientList[ic1[[1]]/. u2S[2]/. dadt[2]/. dbdt[2], ϵ] == 0]
```

$$\{-\alpha+a[0]\text{Cos}[b[0]]==0, u_1[a[0],b[0]]==0, u_2[a[0],b[0]]==0\}$$

注意到$a(0)=\alpha$，可得初始相位：

```
{b0} = FindInstance[ic0s[[1]]/. a[0] → α, b[0]]
```

$$\{\{b[0]\to 0\}\}$$

```
ic1s = ic1s/. b0
```

$$\{-\alpha+a[0]==0, u_1[a[0],0]==0, u_2[a[0],0]==0\}$$

振幅$a(t)$的方程为

```
eqat = a'[t] == (a'[t]/. dadt[2]/. A1/. A2)
```

$$a'[t]==0$$

其对应的初始条件为

```
ica = ic1s[[1]]
```

$$-\alpha+a[0]==0$$

联立振幅方程及初始条件，可知，振幅$a(t)$为常数。

```
a$ = DSolve[{eqat, ica}, a, t][[1]]
```

$$\{a\to \text{Function}[\{t\},\alpha]\} \tag{7.2.24}$$

再考虑初始条件**ic2**，可得联立的方程组

```
ic2s = Thread[CoefficientList[ic2[[1]]/. u2S[2]/. dadt[2]/. dbdt[2], ϵ] == 0]
```

$$\{\text{Cos}[b[0]]a'[0]-a[0]\text{Sin}[b[0]]b'[0]==0, b'[0]u_1{}^{(0,1)}[a[0],b[0]]+a'[0]u_1{}^{(1,0)}[a[0],b[0]]==0, b'[0]u_2{}^{(0,1)}[a[0],b[0]]+a'[0]u_2{}^{(1,0)}[a[0],b[0]]==0\}$$

利用已知结果，式(7.2.24)可进一步化简：

ic2s = ic2s/. b0/. a$/. ToRules[ic1s[[1]]]//Simplify[#, b'[0] ≠ 0]&

$$\{\text{True}, u_1{}^{(0,1)}[\alpha,0]==0, u_2{}^{(0,1)}[\alpha,0]==0\}$$

相位$b(t)$的方程为

eqbt = b'[t] == (b'[t]/. dbdt[2]/. B1/. B2)

$$b'[t]==-\frac{15\epsilon^2 a[t]^4}{256\omega_0^3}+\frac{3\epsilon a[t]^2}{8\omega_0}+\omega_0$$

增加相应的初始条件为

{icb} = toEqual[b0]

$$\{b[0]==0\}$$

b$ = DSolve[{eqbt/. a$, icb}, b, t][[1]]]

$$\left\{b\to \text{Function}\left[\{t\},-\frac{t(15\alpha^4\epsilon^2-96\alpha^2\epsilon\omega_0^2-256\omega_0^4)}{256\omega_0^3}\right]\right\}$$

这样就可以得到$u(t)$和$b(t)$的表达式：

u[t]/. u2S[2]/. u1/. u2/. a$/. b[t] → β

$$\alpha\text{Cos}[\beta]+\frac{\alpha^3\text{Cos}[3\beta]\epsilon}{32\omega_0^2}+\frac{(-21\alpha^5\text{Cos}[3\beta]+\alpha^5\text{Cos}[5\beta])\epsilon^2}{1024\omega_0^4}+O[\epsilon]^3 \quad (7.2.25)$$

β == (b[t]/. b$//Collect[#, t, show[Expand[#]]&]&//show)

$$\beta==\left(\omega_0+\frac{3\alpha^2\epsilon}{8\omega_0}-\frac{15\alpha^4\epsilon^2}{256\omega_0^3}\right)t \quad (7.2.26)$$

例 7.2.2 用 KBM 方法求以下 van der Pol 方程的二阶近似解：

$$u''(t)+u(t)=\epsilon(1-u(t)^2)u'(t)$$

将以上方程记为

VDPEq = u''[t] + u[t] == ϵ(1 − u[t]²)u'[t]

将例 7.2.1 的三个级数展开式代入**VDPEq**，把第 3 式中ω_0设为 1，可得联立方程组：

eqs = LogicalExpand[VDPEq/. u2S[2]//. {dadt[2], dbdt[2]}//Simplify]

将一阶近似方程整理为标准形式并化简：

eq1 = doEq[eqs[[1]]//Expand, u₁]

eq1 = TrigReduce[eq1]//Collect[#, {Cos[b], Sin[b]}, Expand]&

$$u_1[a,b]+u_1{}^{(0,2)}[a,b]==\frac{1}{4}a^3\text{Sin}[3b]+\text{Sin}[b]\left(-a+\frac{a^3}{4}+2A_1[a]\right)+2a\text{Cos}[b]B_1[a] \quad (7.2.27)$$

消除式(7.2.27)右端最后两项（共振项）可确定$A_1(a)$和$B_1(a)$：

A1 = DSolve[Coefficient[eq1[[2]], Sin[b]] == 0, A₁, a]//Flatten

$$\left\{A_1\to \text{Function}\left[\{a\},\frac{1}{8}(4a-a^3)\right]\right\} \quad (7.2.28)$$

B1 = DSolve[Coefficient[eq1[[2]], Cos[b]] == 0, B₁, a]//Flatten

$$\{B_1\to \text{Function}[\{a\},0]\} \quad (7.2.29)$$

将式(7.2.28)和式(7.2.29)代入式(7.2.27)，可得无共振项的方程，求解可得

u1 = TrigReduce[DSolve[{eq1/. Join[A1, B1]}, u₁[a, b], b][[1]]]/. (Cos|Sin)[b] → 0//toPure

$$\left\{u_1 \to \text{Function}\left[\{a,b\},-\frac{1}{32}a^3\text{Sin}[3b]\right]\right\} \tag{7.2.30}$$

将一阶方程的结果，即式(7.2.28)、式(7.2.29)和式(7.2.30)代入二阶方程并整理，得

```
eq2 = doEq[eqs[[2]]/. u1/. A1/. B1, u2]
eq2 = TrigReduce[eq2]//Collect[#, {Cos[b], Sin[b], Cos[3b]}, Expand]&
```

$$u_2[a,b]+u_2{}^{(0,2)}[a,b]==\left(\frac{a^3}{16}+\frac{a^5}{128}\right)\text{Cos}[3b]+\frac{5}{128}a^5\text{Cos}[5b]+2\text{Sin}[b]A_2[a]$$
$$+\text{Cos}[b]\left(\frac{a}{4}-\frac{a^3}{4}+\frac{7a^5}{128}+2aB_2[a]\right) \tag{7.2.31}$$

同样通过消除共振项可确定$A_2(a)$和$B_2(a)$：

```
A2 = DSolve[Coefficient[eq2a[[2]], Sin[b]] == 0, A2, a]//Flatten
```

$$\{A_2 \to \text{Function}[\{a\},0]\} \tag{7.2.32}$$

```
B2 = DSolve[Coefficient[eq2a[[2]], Cos[b]] == 0, B2, a]//Flatten
```

$$\left\{B_2 \to \text{Function}\left[\{a\},\frac{1}{256}(-32+32a^2-7a^4)\right]\right\} \tag{7.2.33}$$

将式(7.2.32)和式(7.2.33)代入式(7.2.31)，可得无共振项的方程，求解可得

```
eq2b = eq2/. u1/. Join[A2, B2]//TrigReduce
u2 = TrigReduce[DSolve[eq2, u2[a, b], b]]/. (Cos|Sin)[b] → 0//toPure//Flatten
```

$$\left\{u_2 \to \text{Function}\left[\{a,b\},\frac{-24a^3\text{Cos}[3b]-3a^5\text{Cos}[3b]-5a^5\text{Cos}[5b]}{3072}\right]\right\} \tag{7.2.34}$$

这样就可以得到二阶近似解：

```
u[t]/. u2S[2]/. u1/. u2$//Normal
```

$$a[t]\text{Cos}[b[t]]+\frac{\epsilon^2(-24a[t]^3\text{Cos}[3b[t]]-3a[t]^5\text{Cos}[3b[t]]-5a[t]^5\text{Cos}[5b[t]])}{3072}+\epsilon u_1[a[t],b[t]]$$

最后还要确定幅值$a(t)$和相位$b(t)$的表达式。已知$a(t)$满足如下方程：

```
eqat = a'[t] == (a'[t]/. dadt[2]/. A1/. A2)
```

$$a'[t]==\frac{1}{8}\epsilon(4a[t]-a[t]^3) \tag{7.2.35}$$

令$a(0)=\alpha$，可以求出$a(t)$的解：

```
a$ = DSolve[{eqat, a[0] == α}, a, t]//Quiet//Last
```

$$\left\{a \to \text{Function}\left[\{t\},\frac{2\text{e}^{\frac{t\epsilon}{2}}}{\sqrt{-1+\text{e}^{t\epsilon}+\frac{4}{\alpha^2}}}\right]\right\} \tag{7.2.36}$$

易知，若$\alpha \neq 0$，当$t \to \infty$时，有

```
Limit[a[t]/. a$, t → ∞, Assumptions → α ≠ 0&&ϵ > 0]
```

$$2$$

为把解(7.2.36)表示成通常教科书上的形式，首先计算$a(t)^2$，然后再求平方根：

```
a2 = MapAt[(Collect[#/e^(tϵ), e^(tϵ)]&), a[t]^2/. a$, {{2}, {3, 1}}]/. √a_ :→ HoldForm[√a]
Divide@@(NumeratorDenominator[a2]^(1/2))//ReleaseHold
```

$$\frac{2}{\sqrt{1+\mathrm{e}^{-t\epsilon}\left(-1+\frac{4}{\alpha^2}\right)}} \tag{7.2.37}$$

下面求$b(t)$的表达式。已知$b(t)$满足如下方程：

eqbt = (*b*′[*t*] == (*b*′[*t*]/. dbdt[2]/. B1/. B2)//Collect[#, *ϵ*, Expand]&)/. *ϵ*²a_ :→ (−*ϵ*²)(−*a*)

$$b'[t]==1-\epsilon^2\left(\frac{1}{8}-\frac{a[t]^2}{8}+\frac{7a[t]^4}{256}\right) \tag{7.2.38}$$

令$b(0)=0$，可以求出$b(t)$的解：

b$ = DSolve[{eqbt/. a$, *b*[0] == 0}, *b*[*t*], *t*]//FullSimplify//PowerExpand//Flatten

$$\left\{b[t]\to\frac{1}{64}\left(-8t(-8+\epsilon^2)+\epsilon\left(28-7\alpha^2+\frac{28(-4+\alpha^2)}{4+(-1+\mathrm{e}^{t\epsilon})\alpha^2}-8\mathrm{Log}[2]\right)\right.\right.$$
$$\left.\left.+4\epsilon\mathrm{Log}[4+(-1+\mathrm{e}^{t\epsilon})\alpha^2]\right)\right\}$$

若求稳态解，令式(7.2.35)中$a'(t)=0$，可得

a0 = Solve[eqat/. *a*′[*t*] → 0, *a*[*t*]]//Last

$$\{a[t]\to 2\} \tag{7.2.39}$$

而相位方程则变为

eqbt/. a0

$$b'[t]==1-\epsilon^2/16 \tag{7.2.40}$$

这与 LP 方法所得结果(6.2.44)是一致的。

最后给出一个偏微分方程的例子。

例 7.2.3 用 **KBM** 方法求以下 Klein-Gordon 方程的一阶近似解：

$$u_{tt}-c^2u_{xx}+\lambda^2u=\epsilon f(u,u_t,u_x) \tag{7.2.41}$$

将以上方程记为

KGEq = $\partial_{t,t}$*u*[*x*, *t*] − *c*²$\partial_{x,x}$*u*[*x*, *t*] + *λ*²*u*[*x*, *t*] == *ϵf*[*u*[*x*, *t*], ∂_t*u*[*x*, *t*], ∂_x*u*[*x*, *t*]]

对应的退化方程为

KGEq0 = KGEq/. *ϵ* → 0

$$\lambda^2u[x,t]+u^{(0,2)}[x,t]-c^2u^{(2,0)}[x,t]==0 \tag{7.2.42}$$

假设方程(7.2.42)有行波解，即$u(x,t)=\alpha\cos(k_0x-\omega_0t+\beta)$

equ = KGEq0/. *u* → (*α*Cos[*k*₀#1 − *ω*₀#2 + *β*]&)//Simplify

$$\alpha\mathrm{Cos}[\beta+xk_0-t\omega_0](\lambda^2+c^2k_0^2-\omega_0^2)==0$$

式中，α和β为常数。

若上述方程有非零解，须满足如下色散关系：

dr = equ/. Cos[_] → 1//Simplify[#, *α* > 0]&//Reverse

$$\omega_0^2==\lambda^2+c^2k_0^2 \tag{7.2.43}$$

由于式(7.2.41)是一个偏微分方程，因此需要对 KBM 方法进行推广。根据 Montgomery 和 Tidman(1964)文章中的做法，将$u(x,t)$展开为如下渐近级数：

u2S[n_]: = *u* → (*a*[#1, #2]Cos[*b*[#1, #2]] + Sum[*u*ᵢ[*a*[#1, #2], *b*[#1, #2]]*ϵ*ⁱ, {*i*, 1, *n*}]
+ *O*[*ϵ*]ⁿ⁺¹&)

假设$a(x,t)$为x和t的缓变函数，其偏导数可以展开为如下两个级数：

```
dadt[n_]:= D[a[x,t],{t,m_}] → D[Sum[A_i[a[x,t]]ϵ^i,{i,1,n}],{t,m − 1}]
dadx[n_]:= D[a[x,t],{x,m_}] → D[Sum[B_i[a[x,t]]ϵ^i,{i,1,n}],{x,m − 1}]
```

而相位函数$b(x,t)$满足，其偏导数可以展开为如下两个级数：

```
dbdt[n_]:= D[b[x,t],{t,m_}] → D[−ω_0 + Sum[G_i[a[x,t]]ϵ^i,{i,1,n}],{t,m − 1}]
dbdx[n_]:= D[b[x,t],{x,m_}] → D[k_0 + Sum[H_i[a[x,t]]ϵ^i,{i,1,n}],{x,m − 1}]
```

下面给出$a(x,t)$和$b(x,t)$的一阶偏导数：

```
eqat = ∂_t a[x,t] == (∂_t a[x,t]/.dadt[2])
```

$$a^{(0,1)}[x,t] == \epsilon A_1[a[x,t]] + \epsilon^2 A_2[a[x,t]]$$

```
eqax = ∂_x a[x,t] == (∂_x a[x,t]/.dadx[2])
```

$$a^{(1,0)}[x,t] == \epsilon B_1[a[x,t]] + \epsilon^2 B_2[a[x,t]]$$

```
eqbt = ∂_t b[x,t] == (∂_t b[x,t]/.dbdt[2])
```

$$b^{(0,1)}[x,t] == -\omega_0 + \epsilon G_1[a[x,t]] + \epsilon^2 G_2[a[x,t]]$$

```
eqbx = ∂_x b[x,t] == (∂_x b[x,t]dbdx[2])
```

$$b^{(1,0)}[x,t] == k_0 + \epsilon H_1[a[x,t]] + \epsilon^2 H_2[a[x,t]]$$

将所定义的五个级数展开式代入**KGEq**，可得联立方程

```
eqs = LogicalExpand[KGEq/.u2S[2]//.{dadt[2],dadx[2],dbdt[2],dbdx[2]}/.a_[x,t]
        → a]//TrigReduce
```

首项近似方程为

```
eq0 = eqs[[1]]/.Cos[b] → 1//Simplify[#,a > 0]&//Reverse
```

$$\omega_0^2 == \lambda^2 + c^2 k_0^2$$

正如预料，再次得到色散关系，即式(7.2.43)。

一次近似方程为

```
eq1 = doEq[eqs[[2]]//Expand,u_1]/.ToRules[eq0]//Collect[#,{Cos[b],Sin[b],λ^2}]&
```

$$\lambda^2(u_1[a,b] + u_1{}^{(0,2)}[a,b]) == f[a\text{Cos}[b], a\text{Sin}[b]\omega_0, -a\text{Sin}[b]k_0] \\ +\text{Sin}[b](-2\omega_0 A_1[a] - 2c^2 k_0 B_1[a]) + \text{Cos}[b](-2a\omega_0 G_1[a] - 2ac^2 k_0 H_1[a]) \quad (7.2.44)$$

将$f(a\cos(b), a\sin(b)\omega_0, -a\sin(b)k_0)$用 Fourier 级数**FS**表示，并提出级数的第 1 项：

```
FS = g_0[a] + Sum[g_n[a]Cos[nb] + h_n[a]Sin[nb],{n,1,∞}]
```

$$\sum_{n=1}^{\infty}(\text{Cos}[bn]g_n[a] + \text{Sin}[bn]h_n[a]) + g_0[a]$$

```
FS1 = FS/.Sum[a_,{n,1,∞}] :→ Sum[a,{n,{1}}] + Sum[a,{n,2,∞}]//Quiet
```

$$\sum_{n=2}^{\infty}(\text{Cos}[bn]g_n[a] + \text{Sin}[bn]h_n[a]) + g_0[a] + \text{Cos}[b]g_1[a] + \text{Sin}[b]h_1[a] \quad (7.2.45)$$

将式(7.2.45)代入式(7.2.44)并整理，可得

```
eq1 = eq1/.f[__] → FS1//Collect[#,{Cos[b],Sin[b],λ^2}]&
```

$$\lambda^2(u_1[a,b] + u_1{}^{(0,2)}[a,b]) == \sum_{n=2}^{\infty}(\text{Cos}[bn]g_n[a] + \text{Sin}[bn]h_n[a]) \\ +g_0[a] + \text{Sin}[b](-2\omega_0 A_1[a] - 2c^2 k_0 B_1[a] + h_1[a]) \\ +\text{Cos}[b](g_1[a] - 2a\omega_0 G_1[a] - 2ac^2 k_0 H_1[a]) \quad (7.2.46)$$

可见方程(7.246)最后两项为共振项。消除共振项，可得

eqg1 = Coefficient[eq1[[2]], Cos[*b*]] == 0

$$g_1[a]-2a\omega_0G_1[a]-2ac^2k_0H_1[a]==0$$

g1 = Solve[eqg1, *g*₁[*a*]][[1]]

$$\{g_1[a]\to 2(a\omega_0G_1[a]+ac^2k_0H_1[a])\} \tag{7.2.47}$$

eqh1 = Coefficient[eq1a[[2]], Sin[*b*]] == 0

$$-2\omega_0A_1[a]-2c^2k_0B_1[a]+h_1[a]==0$$

h1 = Solve[eqh1, *h*₁[*a*]][[1]]

$$\{h_1[a]\to 2(\omega_0A_1[a]+c^2k_0B_1[a])\} \tag{7.2.48}$$

将式(7.2.47)和式(7.2.48)代入式(7.2.46)，可得

eq1 = eq1/. g1/. h1//Simplify//Reverse

$$\lambda^2(u_1[a,b]+u_1{}^{(0,2)}[a,b])==\sum_{n=2}^{\infty}(\mathrm{Cos}[bn]g_n[a]+\mathrm{Sin}[bn]h_n[a])+g_0[a]$$

将以上方程改写为标准形式：

eq1 = doEq[Expand[Thread[eq1/*λ*², Equal]], *u*₁]

$$u_1[a,b]+u_1{}^{(0,2)}[a,b]==\frac{\sum_{n=2}^{\infty}(\mathrm{Cos}[bn]g_n[a]+\mathrm{Sin}[bn]h_n[a])}{\lambda^2}+\frac{g_0[a]}{\lambda^2} \tag{7.2.49}$$

下面求方程(7.2.49)的特解。将方程(7.2.49)分解为两个方程：

$$u_1(a,b)+u_1{}^{(0,2)}(a,b)=\frac{g_0(a)}{\lambda^2} \tag{7.2.50}$$

$$u_1(a,b)+u_1{}^{(0,2)}(a,b)=\frac{\sum_{n=2}^{\infty}(g_n(a)\cos(bn)+h_n(a)\sin(bn))}{\lambda^2} \tag{7.2.51}$$

先求解方程(7.2.50)，且仅保留了特解部分：

eq11 = eq1/. a_Sum[_, __] → 0

u1 = DSolve[eq11, *u*₁[*a*, *b*], *b*][[1]]]/. (Sin|Cos)[*b*] → 0

$$\left\{u_1[a,b]\to\frac{g_0[a]}{\lambda^2}\right\} \tag{7.2.52}$$

求解方程(7.2.51)时，先对通项求解，再对得到的特解求和：

eq12 = eq1/. {a_Sum[b_, __] → *ab*, *g*₀[*a*] → 0}

$$u_1[a,b]+u_1{}^{(0,2)}[a,b]==\frac{\mathrm{Cos}[bn]g_n[a]+\mathrm{Sin}[bn]h_n[a]}{\lambda^2}$$

gt = Simplify[DSolve[eq12, *u*₁[*a*, *b*], *b*][[1]]]/. (Sin|Cos)[*b*] → 0/. a_/b_
:→ Factor[−*a*]/(−*b*)

$$\left\{u_1[a,b]\to\frac{\mathrm{Cos}[bn]g_n[a]+\mathrm{Sin}[bn]h_n[a]}{(1-n^2)\lambda^2}\right\}$$

un = MapAt[sum[#, {*n*, 2, ∞}]&, gt, {1, 2}]

$$\left\{u_1[a,b]\to\sum_{n=2}^{\infty}\frac{\mathrm{Cos}[bn]g_n[a]+\mathrm{Sin}[bn]h_n[a]}{(1-n^2)\lambda^2}\right\} \tag{7.2.53}$$

为了研究幅值a的性态，需要将其改写为$a(x,t)$，即

eqh1 = eqh1/. {a → a[x, t]}

$$-2\omega_0 A_1[a[x,t]] - 2c^2 k_0 B_1[a[x,t]] + h_1[a[x,t]] == 0 \tag{7.2.54}$$

eqg1 = eqg1/. {a → a[x, t]}

$$g_1[a[x,t]] - 2a[x,t]\omega_0 G_1[a[x,t]] - 2c^2 a[x,t] k_0 H_1[a[x,t]] == 0 \tag{7.2.55}$$

联立式**eqat**，**eqax**，**eq0**和**eqh1**，消去$A_1(a(x,t))$，$B_1(a(x,t))$和λ并令ϵ^2项为零，可得

Eliminate[{eqat, eqax, eqh1, eq0}/. ϵ² → 0, {A₁[a[x, t]], B₁[a[x, t]], λ}]//Simplify//Expand

$$\epsilon h_1[a[x,t]] == 2\omega_0 a^{(0,1)}[x,t] + 2c^2 k_0 a^{(1,0)}[x,t]$$

eqa = (Thread[%/(2ω₀), Equal]//Apart//Reverse)

$$a^{(0,1)}[x,t] + \frac{c^2 k_0 a^{(1,0)}[x,t]}{\omega_0} == \frac{\epsilon h_1[a[x,t]]}{2\omega_0} \tag{7.2.56}$$

由色散关系，即式(7.2.43)，可将ω_0视为k_0的函数，即$\omega_0 = \omega_0(k_0)$，并对其求导：

omg = Solve[D[dr/. ω₀ → ω₀[k₀], k₀], ω₀′[k₀]][[1]]/. ω₀[k₀] → ω₀

$$\left\{\omega_0{}'[k_0] \to \frac{c^2 k_0}{\omega_0}\right\} \tag{7.2.57}$$

注意到$\omega_0{}'(k_0)$就是群速度。将其代入式(7.2.56)，可得

eqa = eqa/. Reverse@@omg

$$a^{(0,1)}[x,t] + \omega_0{}'[k_0] a^{(1,0)}[x,t] == \frac{\epsilon h_1[a[x,t]]}{2\omega_0} \tag{7.2.58}$$

联立**eqbt**，**eqbx**，**dr**和**eqg1**，消去$A_2(a(x,t))$，$B_2(a(x,t))$和λ并令ϵ^2项为零，可得

Eliminate[{eqbt, eqbx, eqg1, dr}/. ϵ² → 0, {G₁[a[x, t]], H₁[a[x, t]], c}]//Simplify//Expand

$$\epsilon k_0 g_1[a[x,t]] == 2\lambda^2 a[x,t] k_0 + 2a[x,t] k_0 \omega_0 b^{(0,1)}[x,t] - 2\lambda^2 a[x,t] b^{(1,0)}[x,t] + 2a[x,t]\omega_0^2 b^{(1,0)}[x,t]$$

将上式写成标准形式并利用色散关系，可得

(Thread[%/(2ω₀a[x, t]k₀), Equal]//Apart//Reverse)/. ToRules[dr]//Expand

$$\frac{\lambda^2}{\omega_0} + b^{(0,1)}[x,t] + \frac{c^2 k_0 b^{(1,0)}[x,t]}{\omega_0} == \frac{\epsilon g_1[a[x,t]]}{2a[x,t]\omega_0} \tag{7.2.59}$$

引入$\beta(x,t) = b(x,t) - k_0 x + \omega_0 t$，则式(7.2.59)变为更简洁的形式：

eqb = (%/. b → (β[#1, #2] + k₀#1 − ω₀#2&)//Apart)/. ToRules[dr]/. Reverse@@omg

$$\beta^{(0,1)}[x,t] + \omega_0{}'[k_0]\beta^{(1,0)}[x,t] == \frac{\epsilon g_1[a[x,t]]}{2a[x,t]\omega_0} \tag{7.2.60}$$

如果要继续求解方程(7.2.59)和式(7.2.60)，必须考虑具体的问题。下面考虑一个特殊情况，令式(7.2.58)中$h_1(a(x,t)) = 0$，则

eqa0 = eqa/. h₁[_] → 0

$$a^{(0,1)}[x,t] + \omega_0{}'[k_0] a^{(1,0)}[x,t] == 0$$

易得其通解为

{a$} = DSolve[eqa0, a[x, t], {t, x}]/. C[1] → F₁

$$\{\{a[x,t] \to F_1[x - t\omega_0{}'[k_0]]\}\} \tag{7.2.61}$$

将解(7.2.61)代入方程(7.2.60)，可得

eqb0 = eqb/. a$

$$\beta^{(0,1)}[x,t]+\omega_0{}'[k_0]\beta^{(1,0)}[x,t]==\frac{\epsilon g_1[F_1[x-t\omega_0{}'[k_0]]]}{2\omega_0 F_1[x-t\omega_0{}'[k_0]]} \tag{7.2.62}$$

直接求解方程(7.2.62)并非明智的选择。当方程(7.2.62)右端为 0 时的通解容易求得

{B0} = DSolve[eqb0/. g_1[_] → 0, β[x, t], {t, x}]/. C[1] → F_2

$$\{\{\beta[x,t]\to F_2[x-t\omega_0{}'[k_0]]\}\} \tag{7.2.63}$$

以上两式中，F_1和F_2由初始条件或边界条件确定。

此处还需要求一个满足式(7.2.62)的特解。这里直接给出一个特解，其具体形式如下：

ps = ϵ(x + ω_0'[k_0]t) g_1[a[x, t]]/(4a[x, t]ω_0'[k_0]ω_0) /. a$

$$\frac{\epsilon g_1[F_1[x-t\omega_0{}'[k_0]]](x+t\omega_0{}'[k_0])}{4\omega_0 F_1[x-t\omega_0{}'[k_0]]\omega_0{}'[k_0]} \tag{7.2.64}$$

将其改写成纯函数形式并代入方程(7.2.62)验证：

{B2} = DSolve[β[x, t] == ps/. a$, β, {x, t}];

eqb0/. B2//Simplify

True

这表明式(7. 2.64)确实是方程(7.2.62)的特解。

当a和β仅为时间或位置的函数时，方程(7.2.59)和式(7.2.60)是容易求解的。

第 8 章　匹配渐近展开法

匹配渐近展开法的早期历史与流体力学密切相关，特别是空气动力学。该方法的最初发展应归功于 Prandtl(1905)，他研究流体流过固体物体（如机翼）时，认为在某些条件下粘性效应集中在物体表面的一个薄层中，并在方程中省略了他认为是微不足道的项，这种简化使得问题可解，但是与这种简化相关的很多问题几十年来一直未解决。直到 Friedrichs(1941)能够展示如何系统地简化边界层问题时，才摆脱了这个困境。20 世纪 50 年代，加州理工学院的 Kaplun 和 Lagerstrom 以及剑桥大学的 Proudman 和 Pearson 的工作对匹配展开及其在流体力学中的应用有着重要影响。O'Malley(2010)概述了该方法的发展简史。

匹配渐近展开法基于将问题分解为内展开（受小参数ϵ影响的解）和外展开（在远离小参数影响区域的解）。Van Dyke(1964)提出了一个简化的匹配规则，这为解决实际问题提供了一个强有力的工具。匹配渐近展开法在解决具有小参数的复杂问题中发挥了重要作用，尤其是在流体力学和工程领域。随着时间的推移，匹配渐近展开法已经被应用于更广泛的领域，包括控制理论、随机过程和偏微分方程。现代数学家和工程师仍在继续发展和完善这一方法，以解决更复杂的科学和工程问题。

8.1　引言

考虑下列常微分方程的边值问题：

$$\epsilon u''(x) + (1+\epsilon)u'(x) + u(x) = 0 \tag{8.1.1}$$

$$u(0) = 0, u(1) = 1 \tag{8.1.2}$$

将方程和边界条件分别记为

```
eq = εu"[x] + (1 + ε)u'[x] + u[x] == 0;
bc1 = u[0] == 0; bc2 = u[1] == 1;
```

其精确解为

```
ue = DSolveValue[{eq, bc1, bc2}, u[x], x]//Simplify
```

$$\frac{\mathrm{e}^{1+\frac{1}{\epsilon}}\left(\mathrm{e}^{-x} - \mathrm{e}^{-\frac{x}{\epsilon}}\right)}{-\mathrm{e} + \mathrm{e}^{\frac{1}{\epsilon}}} \tag{8.1.3}$$

对精确解**ue**求$\epsilon \to 0$时的极限：

```
Limit[ue, ε → 0, Direction → "FromAbove", Assumptions → x > 0]
```

$$\mathrm{e}^{1-x}$$

当$x = 0$时，对精确解**ue**再次求$\epsilon \to 0$时的极限：

```
Limit[ue/. x → 0, ε → 0, Direction → "FromAbove"]
```

$$0$$

可见，解(8.1.3)具有如下间断行为：

$$\lim_{\epsilon\to 0^+} u(x) = \begin{cases} e^{1-x}, & x > 0 \\ 0, & x = 0 \end{cases} \tag{8.1.4}$$

这表明

$$\lim_{x\to 0}\left(\lim_{\epsilon\to 0^+} u(x)\right) \neq \lim_{\epsilon\to 0^+}\left(\lim_{x\to 0} u(x)\right)$$

这是由于一般情况下退化方程（一阶方程）与两个边界条件无法求解，所以不能期望原方程和退化方程具有同类的正则摄动解。

在精确解(8.1.3)包含两个部分：

```
Cases[Select[ue,!FreeQ[#,x]&],a_.b_ → b]
```

$$\{e^{-x}, e^{-\frac{x}{\epsilon}}\}$$

式中，e^{-x}是在[0,1]之间缓变的函数，而$e^{-\frac{x}{\epsilon}}$是在边界层区域$0 \le x \le O(\epsilon)$的快变函数。

精确解**ue**的外极限**uo**，即边界层外的固定x，令$\epsilon \to 0^+$：

```
uo = Limit[ue, ϵ → 0, Direction → "FromAbove", Assumptions → x > 0]
```

$$e^{1-x}$$

uo满足方程(8.1.1)的形式外极限：

```
eqo = Thread[Limit[eq, ϵ → 0, Direction → "FromAbove"], Equal]
```

$$u[x] + u'[x] == 0$$

该解满足右边界条件$u(1) = 1$，而不满足左边界条件$u(0) = 0$

```
uo/. {{x → 0}, {x → 1}}
```

$$\{e, 1\}$$

将精确解用内变量$\chi = x/\epsilon$表示，并取极限$\epsilon \to 0$，可得内部解：

```
ui = Limit[ue/. x → χϵ, ϵ → 0, Direction → "FromAbove"]//Expand
```

$$e - e^{1-\chi}$$

此时解(8.1.3)是χ的缓变函数。

将式(8.1.1)作变换，用内变量χ表示，可得新的方程：

```
eq/. u → (U[X[#]]&)/. X[x] → χ/. X → (#/ϵ&)
```

$$U[\chi] + (1+\epsilon)U'[\chi]/\epsilon + U''[\chi]/\epsilon == 0$$

对该方程进行整理，并取极限$\epsilon \to 0$，可得方程：

```
Thread[ϵ%, Equal]//Expand
```

$$\epsilon U[\chi] + U'[\chi] + \epsilon U'[\chi] + U''[\chi] == 0$$

```
eqi = Thread[Limit[%, ϵ → 0, Direction → "FromAbove"], Equal]
```

$$U'[\chi] + U''[\chi] == 0$$

可验证**ui**满足上述方程：

```
eqi/. DSolve[U[χ] == ui, U, χ][[1]]//Simplify
```

$$\text{True}$$

该解满足左边界条件$u(0) = 0$，而不满足右边界条件$u(1) = 1$：

```
ui/. χ → x/ϵ /. {{x → 0}, {x → 1}}
```

$$\left\{0, e - e^{1-\frac{1}{\epsilon}}\right\}$$

注意到如下事实：

Limit[uo, $x \to$ 0]

$$\mathrm{e}$$

Limit[ui, $\chi \to \infty$]

$$\mathrm{e}$$

即

$$\lim_{x\to 0} u(x) = \lim_{\chi\to\infty} U(\chi) \tag{8.1.5}$$

由图 8.1.1 可见，当$\epsilon \ll x \le 1$时，$u(x)$变化缓慢。而当$0 \le x \le O(\epsilon)$时，$u(x)$剧烈变化。这个小区域称为边界层(boundary layer)。边界层区域称为内区(inner region)，边界层之外变化缓慢的区域称为外区(outer region)。

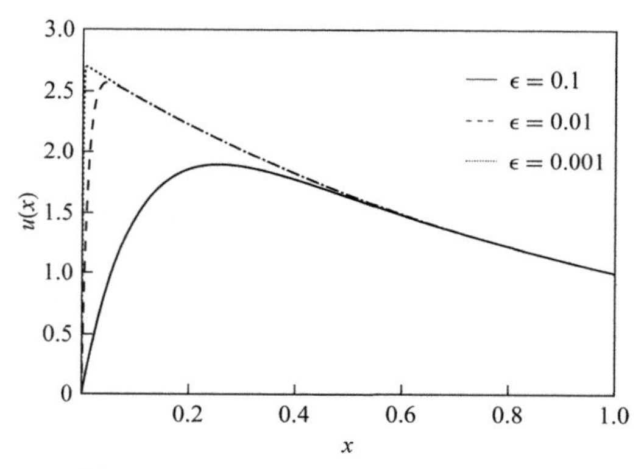

图 8.1.1　不同ϵ时精确解(8.1.3)的形状

匹配条件，即式(8.1.5)提供了内区方程的第 2 个边界条件。

BC1 = bc1/. u → (U[X[#]]&)/. X → (#/ϵ &)

$$U[0] == 0$$

BC2 = U[∞] == e

DSolveValue[{eqi, BC1, BC2}, $U[\chi]$, χ]//Expand

$$\mathrm{e} - \mathrm{e}^{1-\chi}$$

图 8.1.1 清楚地显示左边界处有一个边界层。

可以直接从方程(8.1.1)出发进行如下启发式的结论：可把$u(x)$视为$u(x,t)$，将方程(8.1.1)拓展为依赖于时间的偏微分方程

$$u_t = \epsilon u_{xx} + (1+\epsilon)u_x + u \tag{8.1.6}$$

当$t \to \infty$时，系统达到稳态时，有$u_t = 0$，方程(8.1.6)的平衡态解就是方程(8.1.1)的解。

利用线性叠加原理，可将方程(8.1.6)拆分为三个独立的方程，分别讨论其物理意义：

(1) $u_t = u$: 这使得u在其他项允许的范围内偏离零值增长。

(2) $u_t = (1+\epsilon)u_x$: 该方程是一个输运方程，导致向左的传输。

(3) $u_t = \epsilon u_{xx}$：该方程是一个适定的热传导方程($\epsilon > 0$)，表示一个耗散过程。

这些不同影响的最终结果是：解在边界之间上升，同时被推向左边界。最终的时间平衡态（方程(8.1.1)的解）依赖于弱耗散来阻止解在左端边缘发生不连续。

8.2 匹配原理与组合展开式

在求出外部解和内部解的渐近展开式以后，按照一定的原则把它们逐项匹配起来，从而确定内部解与外部解中的待定系数。在后面的讨论中用到的相关概念如下：

外变量：由问题的主特征尺度或物理参数构成的无量纲独立或非独立变量，本章多用x表示。

内变量：由ϵ的某一函数所伸展的无量纲的独立或非独立变量，只适用于外部展开式非一致有效的边界层区，本章用χ表示。

外极限：在$\epsilon \to 0$时，外变量x固定时的极限，即$\chi \to \infty$。

内极限：在$\epsilon \to 0$时，内变量χ固定时的极限，即$x \to 0$。

外部展开式：在$\epsilon \to 0$时，外变量x固定时的渐近展开式，即外部解(outer solution)。它是在运用外极限过程而得到的一个外部渐近展开式，以u^{o}表示；

内部展开式：当$\epsilon \to 0$时，内变量χ固定时的渐近展开式，即内部解(inner solution)。它是通过选择适当的内变量并运用内极限过程而得到的解，在运用外极限过程而得到的解，以u^{i}表示；

组合展开式：在$\epsilon \to 0$时，外部展开式按外变量渐近展开的级数和内部展开式按内变量展开的级数的组合式，以u^{c}表示。

8.2.1 Prandtl 匹配原则

Prandtl 将边界层内部的粘性解与外部的势流解匹配，使用如下原则：

外部解u^{o}的内极限$(u^{\mathrm{o}})^{\mathrm{i}}$=内部解$u^{\mathrm{i}}$的外极限$(u^{\mathrm{i}})^{\mathrm{o}}$

其符号公式为

$$\lim_{x\to 0} u^{\mathrm{o}} = \lim_{\chi\to\infty} u^{\mathrm{i}} \tag{8.2.1}$$

式中，u^{o}和u^{i}分别表示外部解和内部解。

假设内变量与外变量存在以下关系：

$$\chi = \frac{x}{\epsilon^{\alpha}} \tag{8.2.2}$$

式中，$0 < \epsilon \ll 1$，$\alpha > 0$。

当内变量χ固定时，$x = \chi\epsilon^{\alpha}$，外部解的内极限的含义为

$$\lim_{\substack{\epsilon\to 0\\ \chi\ \text{fixed}}} x = \lim_{\substack{\epsilon\to 0\\ \chi\ \text{fixed}}} \chi\epsilon^{\alpha} = 0$$

当外变量x固定时，$\chi = x/\epsilon^{\alpha}$，内部解的外极限的含义为

$$\lim_{\substack{\epsilon\to 0\\ x\ \text{fixed}}} \chi = \lim_{\substack{\epsilon\to 0\\ x\ \text{fixed}}} \frac{x}{\epsilon^{\alpha}} = \infty$$

式(8.2.1)还可以表示为

$$\lim_{\substack{\epsilon\to 0\\ \chi\ \text{fixed}}} u^{\mathrm{o}}(x) = \lim_{\substack{\epsilon\to 0\\ x\ \text{fixed}}} u^{\mathrm{i}}(\chi) \tag{8.2.3}$$

Prandtl 匹配原则常用于首项匹配。

8.2.2 Van Dyke 匹配原则

Prandtl 匹配原则在求高阶近似时往往失效。Van Dyke 提出了更复杂、更实用的匹配原则：

n项外部解的m项内部展开式=m项内部解的n项外部展开式

其符号公式为

$$(u_n^{\mathrm{o}})_m^i = (u_m^i)_n^{\mathrm{o}} \tag{8.2.4}$$

上式左端指取外部解的前n项，写出内部解(内变量)的形式，再按小参数展开取前m项；上式右端指取内部解的前m项，写出外部解(外变量)的形式，再按小参数展开取前n项。当然，在逐项比较确定待定参数时，需要用同一种变量表示。

可知，当$m = n = 1$时，Van Dyke 原则等价于 Prandtl 原则。

对于更复杂的内、外部展开式，如有些幂次的系数为零或者出现了对数项，这时需要采用 Van Dyke 原则的推广形式：

（$\delta(\epsilon)$阶外部解的$\Delta(\epsilon)$阶内部展开式=$\Delta(\epsilon)$阶内部解的$\delta(\epsilon)$阶外部展开式

由推广的 Van Dyke 原则可知，式(8.2.4)中的项应理解为阶。例如三项外部解是由零阶方程的解（首项解）、一阶方程的解和二阶方程的解这三项组成，对应的是二阶近似解。

8.2.3 Kaplun 中间匹配原则

在内部解和外部解没有明确公共有效区的情况下，Kaplun 引入“重叠区域”和“中间极限”的概念，提出更一般和严格的匹配原则。如果对每个$r = 0,1,2,\cdots$，存在整数p,s和函数$\eta_1(\epsilon),\eta_2(\epsilon)$，$(\epsilon \le \eta_1 \le \eta_2 \le 1)$，使得对于所有满足$\eta_1 < \eta < \eta_2$的$\eta$，有

$$\lim_{\substack{\epsilon\to 0\\ \chi\ \text{fixed}}} \frac{1}{\epsilon^r}\left(\sum_{n=0}^{p} h_n(\eta \mathbb{X})\epsilon^n - \sum_{n=0}^{p} g_n\left(\frac{\eta \mathbb{X}}{\epsilon}\right)\epsilon^n\right) = 0 \tag{8.2.5}$$

式中，$\mathbb{X}$为中间变量，其定义为

$$\mathbb{X} = \frac{x}{\eta(\epsilon)} \tag{8.2.6}$$

则称内外部展开式是可匹配的，它们的重叠有效区是$\eta_1 \le \eta \le \eta_2$，并称内外部展开式匹配到$O(\epsilon^r)$。

更一般情形：若外部展开式和内部展开式的渐近序列分别为$\{\delta_n(\epsilon)\}$和$\{\varDelta_n(\epsilon)\}$，内变量为$x/\nu(\epsilon)$。如果

$$\lim_{\substack{\epsilon\to 0\\ \chi\ \text{fixed}}} \frac{1}{\mu_r(\epsilon)}\left(\sum_{n=0}^{p} h_n(\eta \mathbb{X})\delta_n(\epsilon) - \sum_{n=0}^{s} g_n\left(\frac{\eta \mathbb{X}}{\nu(\epsilon)}\right)\varDelta_n(\epsilon)\right) = 0 \tag{8.2.7}$$

对于$\eta_1 \ll \eta \ll \eta_2$成立$\mu_r(\epsilon) \ll 1$，则称内外部解匹配到$O(\mu_r(\epsilon))$。

Kaplun 原则能避免 Van Dyke 原则在某些情况下出现的错误，但它使用起来比较复杂，在实际中未得到广泛的应用，而多用于理论问题的研究。

8.2.4 组合展开式

通过匹配原则确定了内部解u^{i}和外部解u^{o}，还要将它们合成为一个在整个求解域内一致有效的统一表达，即组合展开式，用u^{c}表示。

获得组合展开式通常有两种方法:

1. 加法组合展开

$$u^{\mathrm{c}}_{m,n} = \begin{cases} u^{\mathrm{i}}_m + u^{\mathrm{o}}_n - (u^{\mathrm{o}}_n)^{\mathrm{i}}_m \\ u^{\mathrm{o}}_n + u^{\mathrm{i}}_m - (u^{\mathrm{i}}_m)^{\mathrm{o}}_n \end{cases} \tag{8.2.8}$$

2. 乘法组合展开

$$u^{\mathrm{c}}_{m,n} = \frac{u^{\mathrm{i}}_m u^{\mathrm{o}}_n}{(u^{\mathrm{i}}_m)^{\mathrm{o}}_n} = \frac{u^{\mathrm{i}}_m u^{\mathrm{o}}_n}{(u^{\mathrm{o}}_n)^{\mathrm{i}}_m} \tag{8.2.9}$$

式中，$(u^{\mathrm{o}}_n)^{\mathrm{i}}_m = \lim\limits_{x\to 0} u^{\mathrm{o}}_n$称为$n$阶外部展开式$u^{\mathrm{o}}_n$的$m$阶内极限，$(u^{\mathrm{i}}_m)^{\mathrm{o}}_n = \lim\limits_{\chi\to\infty} u^{\mathrm{i}}_m$称为$m$阶内部展开式$u^{\mathrm{i}}_m$的$n$阶外极限。

易见存在以下关系：

$$u_{\mathrm{mat}}(x) = (u^{\mathrm{o}}_n)^{\mathrm{i}}_m = (u^{\mathrm{i}}_m)^{\mathrm{o}}_n \tag{8.2.10}$$

式中，$u_{\mathrm{mat}}(x)$在匹配区域近似于$u(x)$。

这两种组合展开式虽然形式上有所差异，但它们的精度是相同的。若$(u^{\mathrm{i}})^{\mathrm{o}}$或$(u^{\mathrm{o}})^{\mathrm{i}}$在区域中有零点，此时宜用加法组合。

8.3 应用实例

例 8.3.1 一阶常微分方程的边值问题：

$$\epsilon u'(x) + u(x) = \frac{\epsilon \mathrm{e}^{-x}}{(x+\epsilon)^2}(x(\epsilon-1)+\epsilon^2) \tag{8.3.1}$$

$$u(0) = 0 \tag{8.3.2}$$

将方程(8.3.1)和边界条件，即式(8.3.2)记为

```
eq = ϵu'[x] + u[x] == ϵe^-x (x(ϵ − 1) + ϵ^2)/(x + ϵ)^2
bc = u[0] == 0
```

方程(8.3.1)右端非齐次项看似复杂，其实有个形式相当简单的精确解：

```
uE = DSolve[{eq, bc}, u[x], x][[1]]//ExpandAll//FullSimplify
```

$$\left\{u[x] \to \mathrm{e}^{-\frac{x}{\epsilon}} - \frac{\mathrm{e}^{-x}\epsilon}{x+\epsilon}\right\} \tag{8.3.3}$$

由图 8.3.1 可见，很明显在$x=0$处有一边界层，其厚度为$\mathrm{O}(\epsilon)$。

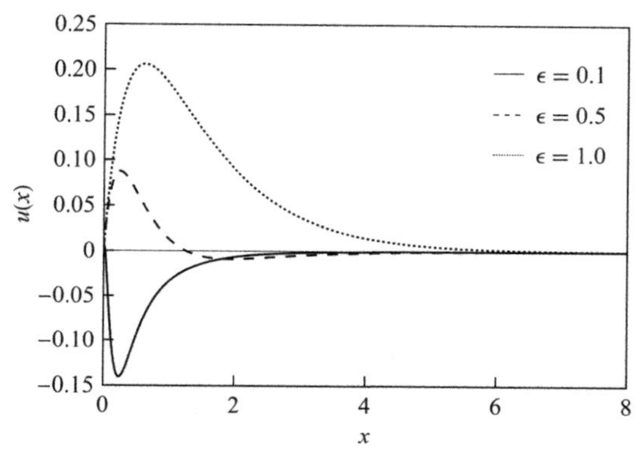

图 8.3.1　取不同ϵ时的精确解(8.3.3)

将方程(8.3.1)右端项的分母乘到左端，可得

equ = Thread[$(x+\epsilon)^2$eq, Equal]

$$(x+\epsilon)^2(u[x]+\epsilon u'[x]) == \mathrm{e}^{-x}\epsilon(x(-1+\epsilon)+\epsilon^2)$$

作如下尺度变换：

$$\chi = x/\epsilon^{\lambda}$$

将上式代入方程(8.3.1)，可得

equ = eq/. $u \to (U[X[\#]]\&)$/. $X[x] \to \chi$/. $X \to (\#/\epsilon^{\lambda}\&)$/. $x \to \epsilon^{\lambda}\chi$

$$U[\chi]+\epsilon^{1-\lambda}U'[\chi] == \frac{\mathrm{e}^{-\epsilon^{\lambda}\chi}\epsilon(\epsilon^2+(-1+\epsilon)\epsilon^{\lambda}\chi)}{(\epsilon+\epsilon^{\lambda}\chi)^2} \tag{8.3.4}$$

以上方程的左端为

lhs = eqU[[1]]

$$U[\chi]+\epsilon^{1-\lambda}U'[\chi]$$

利用主项平衡法，确定λ的取值：

{lambda} = Solve[Exponent[lhs, ϵ, Equal]]

$$\{\{\lambda \to 1\}\}$$

这样方程(8.3.4)变为

eqU = eqU/. lambda//Simplify

eqU = Thread[$(1+\chi)^2$eqU, Equal]

$$(1+\chi)^2(U[\chi]+U'[\chi]) == \mathrm{e}^{-\epsilon\chi}(\epsilon-\chi+\epsilon\chi) \tag{8.3.5}$$

将精确解用外变量x展开：

uexpr = $u[x]$/. uE

$$\mathrm{e}^{-\frac{x}{\epsilon}}-\frac{\mathrm{e}^{-x}\epsilon}{x+\epsilon} \tag{8.3.6}$$

式中，$\mathrm{e}^{-\frac{x}{\epsilon}}$为指数小项(EST)，可以忽略不计。

令$x(>0)$固定，$\epsilon \to 0$时，可得外部展开式：

expro = (Series[uexpr, {ϵ, 0, 3}]//Normal)/. $e^{-x/\epsilon} \to 0$

$$-\frac{\mathrm{e}^{-x}\epsilon}{x}+\frac{\mathrm{e}^{-x}\epsilon^2}{x^2}-\frac{\mathrm{e}^{-x}\epsilon^3}{x^3} \tag{8.3.7}$$

可见，式(8.3.7)在$x=0$附近不是一致有效的。

将精确解用内变量χ展开：

Uexpr = uexpr/. $\boldsymbol{x \to \epsilon\chi}$

$$e^{-\chi}-\frac{e^{-\epsilon\chi}\epsilon}{\epsilon+\epsilon\chi} \tag{8.3.8}$$

令χ固定，$\epsilon \to 0$时，可得内部展开式：

expri = Series[Uexpr, {ϵ, 0, 3}]//Normal

$$e^{-\chi}-\frac{1}{1+\chi}+\frac{\epsilon\chi}{1+\chi}-\frac{\epsilon^2\chi^2}{2(1+\chi)}+\frac{\epsilon^3\chi^3}{6(1+\chi)} \tag{8.3.9}$$

上式对于小χ是准确的，满足$x=\chi=0$处的边界条件，即式(8.3.2)，但是在χ很大时失效。

考虑中间极限过程，选定$\eta(\epsilon)$，使得

$$\lim_{\epsilon\to 0}\eta(\epsilon)=0 \tag{8.3.10}$$

且

$$\epsilon \ll \eta(\epsilon) \ll 1$$

即满足如下关系：

$$\lim_{\epsilon\to 0}\frac{\epsilon}{\eta(\epsilon)}=0$$

而中间变量$\mathbb{X}$定义为

$$\mathbb{X}=x/\eta(\epsilon) \tag{8.3.11}$$

将外部展开式用中间变量$\mathbb{X}$展开，可得

om = expro/. $\boldsymbol{x \to \mathbb{X}\eta}$/. $\boldsymbol{e^{-\mathbb{X}\eta/\epsilon} \to 0}$

$$-\frac{e^{-\mathbb{X}\eta}\epsilon^3}{\mathbb{X}^3\eta^3}+\frac{e^{-\mathbb{X}\eta}\epsilon^2}{\mathbb{X}^2\eta^2}-\frac{e^{-\mathbb{X}\eta}\epsilon}{\mathbb{X}\eta}$$

将其展开成幂级数，并截取有限项：

Normal[Normal[om + $\boldsymbol{O[\epsilon]^4}$] + $\boldsymbol{O[\eta]^3}$]//Expand

%/. ϵ^m_.η^n_./; m + n > 2 → 0/. a_Rationalϵ^n_/; n ≥ 2 :→ 0

$$\epsilon-\frac{\epsilon^3}{\mathbb{X}^3\eta^3}+\frac{\epsilon^2}{\mathbb{X}^2\eta^2}+\frac{\epsilon^3}{\mathbb{X}^2\eta^2}-\frac{\epsilon}{\mathbb{X}\eta}-\frac{\epsilon^2}{\mathbb{X}\eta}-\frac{\mathbb{X}\epsilon\eta}{2} \tag{8.3.12}$$

将内部展开式用中间变量$\mathbb{X}$展开，可得

im = (expri/. $\boldsymbol{\chi \to \mathbb{X}\eta/\epsilon}$)/. $\boldsymbol{e^{-\mathbb{X}\eta/\epsilon} \to 0}$//Simplify//Expand

$$-\frac{\epsilon}{\epsilon+\mathbb{X}\eta}+\frac{\mathbb{X}\epsilon\eta}{\epsilon+\mathbb{X}\eta}-\frac{\mathbb{X}^2\epsilon\eta^2}{2(\epsilon+\mathbb{X}\eta)}+\frac{\mathbb{X}^3\epsilon\eta^3}{6(\epsilon+\mathbb{X}\eta)}$$

将上式展开成幂级数，并截取有限项：

Normal[Normal[im + $\boldsymbol{O[\epsilon]^4}$] + $\boldsymbol{O[\eta]^3}$]//Expand

%/. ϵ^m_.η^n_./; m + n > 2 → 0/. a_Rationalϵ^n_/; n ≥ 2 :→ 0

$$\epsilon-\frac{\epsilon^3}{\mathbb{X}^3\eta^3}+\frac{\epsilon^2}{\mathbb{X}^2\eta^2}+\frac{\epsilon^3}{\mathbb{X}^2\eta^2}-\frac{\epsilon}{\mathbb{X}\eta}-\frac{\epsilon^2}{\mathbb{X}\eta}-\frac{\mathbb{X}\epsilon\eta}{2} \tag{8.3.13}$$

可见式(8.3.12)和式(8.3.13)完全一致。可以合理推断，当分别求出外部解和内部解后，可

通过中间变量来匹配。

先求外部解。定义级数展开式：

```
u2S[n_]:= u → (Sum[u_j[#]ϵ^j, {j, 0, n}] + O[ϵ]^(n+1)&)
(eqs = LogicalExpand[equ/. u2S[4]]//Simplify[#, x > 0]&)//Short
```

$$u_0[x]==0\&\&x(\mathrm{e}^{-x}+2u_0[x]+x(u_1[x]+u_0{}'[x]))==0\&\&\ll 1\gg==\ll 1\gg$$
$$\&\&u_1[x]+u_0{}'[x]+2x(u_2[x]+\ll 1\gg'[x])+x^2(u_3[x]+u_2{}'[x])==\mathrm{e}^{-x}$$
$$\&\&u_2[x]+u_1{}'[x]+2x(u_3[x]+u_2{}'[x])+x^2(u_4[x]+u_3{}'[x])==0$$

在当前所用的 MMA 版本，上述联立方程组尚不能直接联立求解，只能逐一求解：

```
u0 = DSolve[eqs[[1]], u_0, x][[1]]
```

$$\{u_0\to \mathrm{Function}[\{x\},0]\}$$

```
u1 = DSolve[eqs[[2]]/. u0, u_1, x][[1]]
```

$$\left\{u_1\to \mathrm{Function}\left[\{x\},-\frac{\mathrm{e}^{-x}}{x}\right]\right\}$$

```
u2 = DSolve[eqs[[3]]/. u0/. u1, u_2, x][[1]]
u3 = DSolve[eqs[[4]]/. u0/. u1/. u2, u_3, x][[1]]
u4 = DSolve[eqs[[5]]/. u0/. u1/. u2/. u3, u_4, x][[1]]
u[x]/. u2S[4]/. u0/. u1/. u2/. u3/. u4
```

$$-\frac{\mathrm{e}^{-x}\epsilon}{x}+\frac{\mathrm{e}^{-x}\epsilon^2}{x^2}-\frac{\mathrm{e}^{-x}\epsilon^3}{x^3}+\frac{\mathrm{e}^{-x}\epsilon^4}{x^4}+O[\epsilon]^5 \tag{8.3.14}$$

对于内部解，同样定义级数展开式：

```
U2S[n_]:= U → (Sum[U_j[#]ϵ^j, {j, 0, n}] + O[ϵ]^(n+1)&)
(eqUs = LogicalExpand[eqU/. U2S[4]])//Short
```

$$\chi+(1+\chi)^2(U_0[\chi]+U_0{}'[\chi])==0\&\&-1-\chi-\chi^2+(1+\chi)^2(U_1[\chi]+U_1{}'[\chi])==0\&\&$$
$$\ll 1\gg\&\&-\frac{\chi^4}{6}-\frac{1}{2}\chi^2(1+\chi)+(1+\chi)^2(U_3[\chi]+U_3{}'[\chi])==0$$
$$\&\&\frac{\chi^5}{24}+\frac{1}{6}\chi^3(1+\chi)+(1+\chi)^2(U_4[\chi]+U_4{}'[\chi])==0$$

```
bcU = bc/. u → (U[X[#]]&)/. X → (#/ϵ&)
bcUs = LogicalExpand[bcU/. U → (Sum[U_j[#]ϵ^j, {j, 0, 4}] + O[ϵ]^5&)]
```

$$U_0[0]==0\&\&U_1[0]==0\&\&U_2[0]==0\&\&U_3[0]==0\&\&U_4[0]==0$$

```
Us = DSolve[{eqUs, bcUs}, {U_0[χ], U_1[χ], U_2[χ], U_3[χ], U_4[χ]}, χ][[1]]
```

$$\left\{U_0[\chi]\to-\frac{\mathrm{e}^{-\chi}(-1+\mathrm{e}^{\chi}-\chi)}{1+\chi},U_1[\chi]\to\frac{\chi}{1+\chi},U_2[\chi]\to-\frac{\chi^2}{2(1+\chi)},U_3[\chi]\right.$$
$$\left.\to\frac{\chi^3}{6(1+\chi)},U_4[\chi]\to-\frac{\chi^4}{24(1+\chi)}\right\}$$

下面采用中间匹配原则来匹配，并确定$\eta(\epsilon)$的范围。

首先取$r=0$，$p=s=0$。首项匹配可以采用 Prandtl 匹配原则，即

$$u_0(0)=U_0(\infty) \tag{8.3.15}$$

首项外部解为

O0 = $u_0[x]$/. u0

$$0$$

首项内部解为

I0 = $U_0[\chi]$/. Us/. $\chi \to x/\epsilon$/. $x \to \mathbb{X}\eta$//Simplify//Apart

I0 = I0 + $O[\epsilon]^4$//Normal

$$e^{-\frac{\mathbb{X}\eta}{\epsilon}}-\frac{\epsilon^3}{\mathbb{X}^3\eta^3}+\frac{\epsilon^2}{\mathbb{X}^2\eta^2}-\frac{\epsilon}{\mathbb{X}\eta}$$

内部解和外部解之差用中间变量$\mathbb{X}$表示：

diff = I0 − O0

$$e^{-\frac{\mathbb{X}\eta}{\epsilon}}-\frac{\epsilon^3}{\mathbb{X}^3\eta^3}+\frac{\epsilon^2}{\mathbb{X}^2\eta^2}-\frac{\epsilon}{\mathbb{X}\eta}$$

这里要求

$$\lim_{\epsilon\to 0}\left(e^{-\frac{\mathbb{X}\eta}{\epsilon}}-\frac{\epsilon^3}{\mathbb{X}^3\eta^3}+\frac{\epsilon^2}{\mathbb{X}^2\eta^2}-\frac{\epsilon}{\mathbb{X}\eta}\right)=0$$

即其中各项的极限均趋于零。由于$\mathbb{X}=O(1)$，为方便推导起见直接令$\mathbb{X}=1$。例如：

$$\lim_{\epsilon\to 0}\left(\frac{\epsilon^2}{\mathbb{X}^2\eta^2}\right)=0\Rightarrow\lim_{\epsilon\to 0}\left(\frac{\epsilon^2}{\eta^2}\right)=0\Longrightarrow\epsilon^2\ll\eta^2\Rightarrow\epsilon\ll\eta$$

下面的推导过程用小于号(<)或大于号(>)代替远小于号(≪)或远大于号(≫)。下面推导首项匹配时重叠有效区的范围。

易知，**diff**中第 1 项为指数小量，远小于ϵ。

term = Select[diff, ! FreeQ[#, Exp[_]]&]

$$e^{-\frac{\mathbb{X}\eta}{\epsilon}}$$

ieq = term < ϵ/. $\mathbb{X}$ → 1

$$e^{-\frac{\eta}{\epsilon}}<\epsilon$$

ApplySides[Log, ieq]//PowerExpand

$$-\frac{\eta}{\epsilon}<\mathrm{Log}[\epsilon]$$

cond1 = SubtractSides[Simplify[Reduce[%, η], 1 > ϵ > 0], ϵLog[ϵ]]/. −a_Log[b_] :→ aLog[1/b]

$$\eta>\epsilon\mathrm{Log}\left[\frac{1}{\epsilon}\right]$$

list = Cases[diff, a_$\mathbb{X}$^b_ → a]/. a_? NumberQ η^b_. → η^b

$$\left\{\frac{\epsilon^3}{\eta^3},\frac{\epsilon^2}{\eta^2},\frac{\epsilon}{\eta}\right\}$$

Simplify[Reduce[list < 1, η], ϵ > 0&&η > 0]

$$\eta>\epsilon$$

cond2 = η < 1

$$\eta<1$$

rel = cond1&&cond2/. ϵa_ :→ HoldForm[ϵa]

```
FullSimplify[Reduce[rel, η]]
HoldForm[Evaluate[%]]/. Less → LessLess
```

$$\epsilon\text{Log}\left[\frac{1}{\epsilon}\right] \ll \eta \ll 1 \tag{8.3.16}$$

其次，考虑匹配到ϵ阶的条件。取$r=p=s=1$，分别得到外部解和内部解，并用中间变量$\mathbb{X}$表示，可得

```
O1 = u[x]/. u2S[1]/. u0/. u1/. x → 𝕏η//Normal
O1 = O1 + O[η]^3//Normal
```

$$\epsilon-\frac{\epsilon}{\mathbb{X}\eta}-\frac{\mathbb{X}\epsilon\eta}{2}+\frac{1}{6}\mathbb{X}^2\epsilon\eta^2$$

```
I1 = U[χ]/. U2S[1]/. Us/. χ → x/ϵ/. x → 𝕏η//Normal//Simplify//Apart
I1 = (I1/. e^(-𝕏η/ϵ) → 0) + O[ϵ]^3//Normal//Expand
```

$$\epsilon+\frac{\epsilon^2}{\mathbb{X}^2\eta^2}-\frac{\epsilon}{\mathbb{X}\eta}-\frac{\epsilon^2}{\mathbb{X}\eta}$$

ϵ阶外部解和内部解之差为

```
diff = Expand[(O1 − I1)/ϵ]/. ϵ^m_.η^n_./; m + n ≥ 2 → 0/. η^n_./; n ≥ 2 → 0
```

$$-\frac{\epsilon}{\mathbb{X}^2\eta^2}+\frac{\epsilon}{\mathbb{X}\eta}-\frac{\mathbb{X}\eta}{2}$$

上式共有三项，且$\mathbb{X}=O(1)$，可得三项的量级，当$\epsilon\to 0$时，这些项都要趋于零。由此确定匹配到ϵ阶时重叠有效区的范围，可得

```
list = List@@diff/. a_?NumberQη^b_. → η^b/. 𝕏 → 1
```

$$\left\{\frac{\epsilon}{\eta^2},\frac{\epsilon}{\eta},\eta\right\}$$

```
cond = FullSimplify[Reduce[list < 1, η], 0 < ϵ < η]
HoldForm[Evaluate[cond]]/. Less → LessLess
```

$$\sqrt{\epsilon} \ll \eta \ll 1 \tag{8.3.17}$$

与式(8.3.16)相比，式(8.3.17)确定的重叠有效区缩小了一些。只要比较一下两式的下界即可：

```
AsymptoticLess[ϵLog[1/ϵ], √ϵ, ϵ → 0, Direction → "FromAbove"]
```

True

即$\epsilon\text{Log}[1/\epsilon] \ll \sqrt{\epsilon}$。

接下来，考虑匹配到ϵ^2阶的条件。取$r=2$，$p=s=2$，可得三项外部解和内部解：

```
O2 = u[x]/. u2S[2]/. u0/. u1/. u2/. x → 𝕏η
O2 = O2 + O[η]^3//Normal//Expand
```

$$\epsilon+\frac{\epsilon^2}{2}+\frac{\epsilon^2}{\mathbb{X}^2\eta^2}-\frac{\epsilon}{\mathbb{X}\eta}-\frac{\epsilon^2}{\mathbb{X}\eta}-\frac{\mathbb{X}\epsilon\eta}{2}-\frac{1}{6}\mathbb{X}\epsilon^2\eta+\frac{1}{6}\mathbb{X}^2\epsilon\eta^2+\frac{1}{24}\mathbb{X}^2\epsilon^2\eta^2$$

```
I2 = U0[χ] + ϵU1[χ] + ϵ^2U2[χ]/. Us/. χ → x/ϵ/. x → 𝕏η//Simplify//Expand
I2 = Normal[(I2/. e^(-𝕏η/ϵ) → 0) + O[ϵ]^4] + O[η]^3//Normal//Expand
```

$$\epsilon+\frac{\epsilon^2}{2}-\frac{\epsilon^3}{\mathbb{X}^3\eta^3}+\frac{\epsilon^2}{\mathbb{X}^2\eta^2}+\frac{\epsilon^3}{\mathbb{X}^2\eta^2}-\frac{\epsilon}{\mathbb{X}\eta}-\frac{\epsilon^2}{\mathbb{X}\eta}-\frac{\epsilon^3}{2\mathbb{X}\eta}-\frac{\mathbb{X}\epsilon\eta}{2}$$

diff = Expand[(O2 − I2)/ϵ^2]

$$\frac{\epsilon}{\mathbb{X}^3\eta^3}-\frac{\epsilon}{\mathbb{X}^2\eta^2}+\frac{\epsilon}{2\mathbb{X}\eta}-\frac{\mathbb{X}\eta}{6}+\frac{\mathbb{X}^2\eta^2}{24}+\frac{\mathbb{X}^2\eta^2}{6\epsilon}$$

上式共有六项，同样取得它们的量级，当$\epsilon\to 0$时，这些项都要趋于零。由此确定匹配到ϵ^2阶时重叠有效区的范围，可得

list = List@@diff/. a_? NumberQη^b_. → η^b/.𝕏 → 1

$$\left\{\frac{\epsilon}{\eta^3},\frac{\epsilon}{\eta^2},\frac{\epsilon}{\eta},\eta,\eta^2,\frac{\eta^2}{\epsilon}\right\}$$

cond1 = FullSimplify[Reduce[list[[1;;3]] < 1, η], 0 < ϵ < η < 1]

$$\eta>\epsilon^{1/3} \tag{8.3.18}$$

cond2 = FullSimplify[Reduce[list[[4;; − 1]] < 1, η], 0 < ϵ < η < 1]

$$\eta<\sqrt{\epsilon} \tag{8.3.19}$$

但是以上两式不能同时成立，可验证如下：

cond = FullSimplify[Reduce[list < 1, η], 0 < ϵ < η < 1]

False

因此要取更多的项，令$p=s=3$，可得

O3 = u[x]/. u2S[3]/. u0/. u1/. u2/. u3/. x → 𝕏η

O3 = (O3/. x → 𝕏η) + O[η]^5//Normal//Expand

$$\epsilon+\frac{\epsilon^2}{2}+\frac{\epsilon^3}{6}-\frac{\epsilon^3}{\mathbb{X}^3\eta^3}+\frac{\epsilon^2}{\mathbb{X}^2\eta^2}+\frac{\epsilon^3}{\mathbb{X}^2\eta^2}-\frac{\epsilon}{\mathbb{X}\eta}-\frac{\epsilon^2}{\mathbb{X}\eta}-\frac{\epsilon^3}{2\mathbb{X}\eta}-\frac{\mathbb{X}\epsilon\eta}{2}-\frac{1}{6}\mathbb{X}\epsilon^2\eta-\frac{1}{24}\mathbb{X}\epsilon^3\eta+\frac{1}{6}\mathbb{X}^2\epsilon\eta^2$$
$$+\frac{1}{24}\mathbb{X}^2\epsilon^2\eta^2+\frac{1}{120}\mathbb{X}^2\epsilon^3\eta^2-\frac{1}{24}\mathbb{X}^3\epsilon\eta^3-\frac{1}{120}\mathbb{X}^3\epsilon^2\eta^3-\frac{1}{720}\mathbb{X}^3\epsilon^3\eta^3+\frac{1}{120}\mathbb{X}^4\epsilon\eta^4$$
$$+\frac{1}{720}\mathbb{X}^4\epsilon^2\eta^4+\frac{\mathbb{X}^4\epsilon^3\eta^4}{5040}$$

I3 = U[χ]/. U → (Sum[U_j[#]ϵ^j, {j, 0, 3}]&)/. Us/. χ → x/ϵ/. x → 𝕏η//Simplify//Expand

(I3/. $e^{-\frac{\mathbb{X}\eta}{\epsilon}}$ → 0) + O[η]^5 + O[ϵ]^5//Normal//Expand

$$\epsilon+\frac{\epsilon^2}{2}+\frac{\epsilon^3}{6}+\frac{\epsilon^4}{\mathbb{X}^4\eta^4}-\frac{\epsilon^3}{\mathbb{X}^3\eta^3}-\frac{\epsilon^4}{\mathbb{X}^3\eta^3}+\frac{\epsilon^2}{\mathbb{X}^2\eta^2}+\frac{\epsilon^3}{\mathbb{X}^2\eta^2}+\frac{\epsilon^4}{2\mathbb{X}^2\eta^2}-\frac{\epsilon}{\mathbb{X}\eta}-\frac{\epsilon^2}{\mathbb{X}\eta}-\frac{\epsilon^3}{2\mathbb{X}\eta}$$
$$-\frac{\epsilon^4}{6\mathbb{X}\eta}-\frac{\mathbb{X}\epsilon\eta}{2}-\frac{1}{6}\mathbb{X}\epsilon^2\eta+\frac{1}{6}\mathbb{X}^2\epsilon\eta^2$$

diff = Expand[(O3 − I3)/ϵ^2]/. ϵ^m_. η^n_./; $m+n>2$ → 0

同样确定匹配到ϵ^2阶时重叠有效区的范围，可得

list = List@@diff/. a_? NumberQη^b_. → η^b/.𝕏 → 1

$$\left\{\frac{\epsilon^2}{\eta^4},\frac{\epsilon^2}{\eta^3},\frac{\epsilon^2}{\eta^2},\frac{\epsilon^2}{\eta},\epsilon\eta,\eta^2,\eta^3,\frac{\eta^3}{\epsilon},\eta^4\right\}$$

cond = FullSimplify[Reduce[list < 1, η], 0 < ϵ < η < 1]

HoldForm[Evaluate[cond]]/. Less → LessLess

$$\sqrt{\epsilon} \ll \eta \ll \epsilon^{1/3} \tag{8.3.20}$$

对比式(8.3.17)，可见在匹配过程中，重叠有效区的范围又缩小了一些。

【练习题 8.1】 试给出例 8.3.1 的内外部解的组合展开式。

例 8.3.2 二阶常系数线性常微分方程的边值问题：

$$\epsilon u''(x) + u'(x) + u(x) = 0 \tag{8.3.21}$$

$$u(0) = a, u(1) = b \tag{8.3.22}$$

$$a \neq b\mathrm{e} \tag{8.3.23}$$

将以上方程和边界条件记为

eq = ϵu"[x] + u'[x] + u[x] == 0

bc1 = u[0] − a == 0; bc2 = u[1] − b == 0;

asm = a ≠ be

该方程形式很简单，但其精确解的形式相当复杂。

ue = DSolveValue[{eq, bc1, bc2}, u[x], x]//Simplify

$$\frac{-\mathrm{e}^{\frac{x(-1+\sqrt{1-4\epsilon})}{2\epsilon}}a + \mathrm{e}^{-\frac{x-2\sqrt{1-4\epsilon}+x\sqrt{1-4\epsilon}}{2\epsilon}}a - \mathrm{e}^{-\frac{(-1+x)(1+\sqrt{1-4\epsilon})}{2\epsilon}}b + \mathrm{e}^{\frac{1+x(-1+\sqrt{1-4\epsilon})+\sqrt{1-4\epsilon}}{2\epsilon}}b}{-1 + \mathrm{e}^{\frac{\sqrt{1-4\epsilon}}{\epsilon}}}$$

可以通过求解特征方程，可得解的简洁表达式：

eqk = eq/. u → (Exp[k#]&)//Simplify[#, Exp[_] ≠ 0]&

$$1 + k + k^2\epsilon == 0$$

假定特征方程的两个根分别用k_1和k_2表示，可得

{k1, k2} = Solve[eqk, k]

$$\left\{\left\{k \to \frac{-1-\sqrt{1-4\epsilon}}{2\epsilon}\right\}, \left\{k \to \frac{-1+\sqrt{1-4\epsilon}}{2\epsilon}\right\}\right\} \tag{8.3.24}$$

原方程的通解具有如下形式：

u[x_] = AExp[k₁x] + BExp[k₂x]

将其代入边界条件，确定待定常数A和B，并将其代入通解：

AB = Solve[{bc1, bc2}, {A, B}][[1]]

$$\left\{A \to -\frac{\mathrm{e}^{k_2}a - b}{\mathrm{e}^{k_1} - \mathrm{e}^{k_2}}, B \to \frac{\mathrm{e}^{k_1}a - b}{\mathrm{e}^{k_1} - \mathrm{e}^{k_2}}\right\}$$

FullSimplify[u[x]/. AB]/. xa_ :→ HoldForm[ax]

$$\frac{\mathrm{e}^{k_2 x}(-b + a\mathrm{e}^{k_1}) + \mathrm{e}^{k_1 x}(b - a\mathrm{e}^{k_2})}{\mathrm{e}^{k_1} - \mathrm{e}^{k_2}} \tag{8.3.25}$$

将特征值展开成幂级数，可见有不同的特征尺度，分别对应于剧变区域和缓变区域：

(k/. k1) + O[ϵ]⁴

$$-\frac{1}{\epsilon} + 1 + \epsilon + 2\epsilon^2 + 5\epsilon^3 + O[\epsilon]^4$$

(k/. k2) + O[ϵ]⁴

$$-1-\epsilon-2\epsilon^2-5\epsilon^3+O[\epsilon]^4$$

当精确解取极限时，满足$x=1$处的边界条件：

ue0 = Limit[ue, ϵ → 0, Direction → −1, Assumptions → 0 ≤ x ≤ 1&&(a|b) ∈ ℝ]

$$\mathrm{e}^{1-x}b$$

ue0/. {{x → 0}, {x → 1}}

$$\{b\mathrm{e}, b\}$$

根据式(8.3.22)可知，只满足$x=1$处的边界条件。易知解**ue0**满足退化方程。

图 8.3.2 给出了取不同ϵ时精确解的曲线。在左边界附近存在一个边界层，ϵ越小，边界层越薄，变化越剧烈，而靠近右边界，则是一个变化平缓的区域。

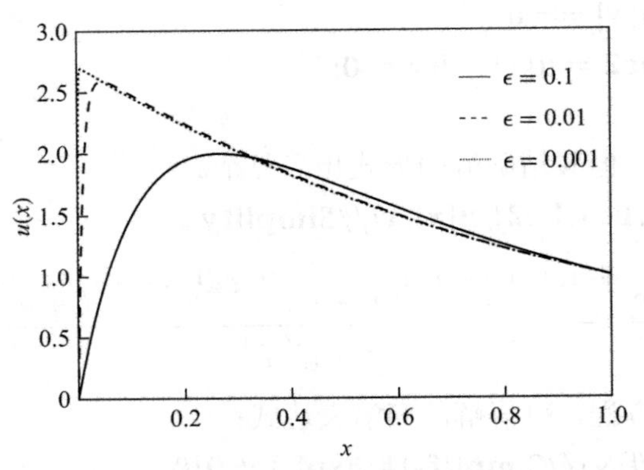

图 8.3.2　精确解在求解域内的变化曲线

利用 MMA 12，可以直接得到渐近解(非正则摄动解)：

ua = AsymptoticDSolveValue[{eq, bc1, bc2}, u[x], x, {ϵ, 0, 1}]

$$\mathrm{e}^{1-x}b+\mathrm{e}^{-\frac{x}{\epsilon}}(a-\mathrm{e}b)$$

退化方程为

eq0 = eq/. ϵ → 0

$$u[x]+u'[x]==0$$

退化方程实际上就是外区的控制方程。因为在外区，$u(x)\sim u'(x)=O(1)$，故$u'(x)\sim u''(x)$，$\epsilon u''(x)\ll u'(x)$，可以忽略。

假设边界层位于右边界处($x=1$)。定义如下尺度变换：

$$\chi=\frac{1-x}{\epsilon^{\lambda}} \tag{8.3.26}$$

将以上变换代入方程(8.3.21)，可得

u2U = u → (U[X[#1]]&)

Xf = X → ((1 − #1)ϵ^−λ&)

eq1 = eq/. u2U/. X[x] → χ/. Xf

$$U[\chi]-\epsilon^{-\lambda}U'[\chi]+\epsilon^{1-2\lambda}U''[\chi]==0$$

list = Exponent[eq1[[1]], ϵ, List]

$$\{0,1-2\lambda,-\lambda\}$$

eqλ = Equal@@Select[list, ! FreeQ[#, λ]&]

$$1-2\lambda==-\lambda$$

```
Solve[eqλ]
```

$$\{\{\lambda\to 1\}\}$$

因此讨论$\lambda>1$，$\lambda<1$和$\lambda=1$三种情况。

(1) $\lambda>1$

找出最小指数（为负，是奇性最强的项）：

```
lambda = Simplify[Min[list], λ > 1]
```

$$1-2\lambda$$

```
lhs = doEq[eq1/ϵ^lambda][[1]]
```

$$\epsilon^{-1+2\lambda}U[\chi]-\epsilon^{-1+\lambda}U'[\chi]+U''[\chi]$$

保留主项并求内部解的通解：

```
eqU = Limit[lhs, ϵ → 0, Direction → "FromAbove", Assumptions → λ > 1] == 0
```

$$U''[\chi]==0$$

```
{U1} = DSolve[eqU, U, χ]/. {C[1] → A1, C[2] → B1}
i1 = U[χ]/. U1
```

$$A_1+\chi B_1$$

求出外部解（在下面两种情况也要用到）：

```
{uo} = DSolve[{eq0, bc1}, u, x]
```

$$\{u\to \mathrm{Function}[\{x\},\mathrm{e}^{-x}a]\}$$

```
o1 = Limit[u[x]/. uo, x → 1]
```

$$\frac{a}{\mathrm{e}}$$

```
eqPr = o1 == i1
```

$$\frac{a}{\mathrm{e}}==A_1+\chi B_1$$

虽然上式中有两个待定系数，当$\chi\to\infty$时，该式成立则必有$B_1=0$(其余项均为有限值)：

```
B1 = MapAt[Limit[#, χ → ∞]&, Solve[eqPr, B1], {1, 1, 2}][[1]]
```

$$\{B_1\to 0\}$$

```
A1 = Solve[eqP/. B1, A1][[1]]
```

$$\left\{A_1\to\frac{a}{\mathrm{e}}\right\}$$

将确定的内部解$U(\chi)$代入右边界条件，可得

```
ans = bc2/. u2U/. U1/. A1/. B1//Simplify
```

$$a==\mathrm{e}b$$

这违背了基本的假设，即式(8.3.23)。

```
Simplify[ans&&asm]
```

$$\mathrm{False}$$

(2) $0<\lambda<1$

```
lambda = Simplify[Min[list], 0 < λ < 1]
```

$$-\lambda$$

```
lhs = doEq[eq1/ϵ^lambda][[1]]
```

$$\epsilon^{\lambda}U[\chi]-U'[\chi]+\epsilon^{1-\lambda}U''[\chi]$$

```
eqU = Limit[lhs, ϵ → 0, Direction → "FromAbove", Assumptions → 0 < λ < 1] == 0
```

$$-U'[\chi]==0$$

```
{U2} = DSolve[eqU, U, χ]/. C[1] → A2
```

$$\{\{U\to \text{Function}[\{\chi\},A_2]\}\}$$

```
i1 = Map[Limit[#1, χ → ∞]&, U[χ]/. U2]
```

$$A_2$$

```
o1 = Limit[u[x]/. uo, x → 1]
```

$$a/\mathrm{e}$$

```
A2 = Solve[i1 == o1, A2][[1]]
```

$$\left\{A_2\to \frac{a}{\mathrm{e}}\right\}$$

```
ans = bc2/. u2U/. U2/. A2//Simplify
```

$$a==\mathrm{e}b$$

```
Simplify[ans&&asm]
```

False

(3) $\lambda=1$

```
lambda = Simplify[Min[list], λ == 1]
```

$$-1$$

```
lhs = doEq[eq1/ϵ^lambda][[1]]
```

$$\epsilon U[\chi]-\epsilon^{1-\lambda}U'[\chi]+\epsilon^{2-2\lambda}U''[\chi]$$

```
eqU = Limit[lhs, ϵ → 0, Direction → "FromAbove", Assumptions → λ == 1] == 0
```

$$-U'[\chi]+U''[\chi]==0$$

```
U3 = DSolve[eqU, U, χ][[1]]/. {C[1] → A3, C[2] → B3}
```

$$\{U\to \text{Function}[\{\chi\},\mathrm{e}^{\chi}A_3+B_3]\}$$

```
i1 = U[χ]/. U3
```

$$\mathrm{e}^{\chi}A_3+B_3$$

```
o1 = Limit[u[x]/. uo, x → 1]
```

$$a/\mathrm{e}$$

```
eqPr = i1 == o1
A3 = MapAt[Limit[#, χ → ∞]&, Solve[eqPr, A3], {1, 1, 2}][[1]]
```

$$\{A_3\to 0\}$$

```
B3 = Solve[eqPr/. A3, B3][[1]]
```

$$\left\{B_3\to \frac{a}{\mathrm{e}}\right\}$$

```
ans = bc2/. u2U/. U3/. A3/. B3//Simplify
```

$$a==\mathrm{e}b$$

Simplify[ans&&asm]

False

以上分析表明，这三种情况下都会出现矛盾，因此边界层不可能在$x=1$处。

假设边界层位于左边界处($x=0$)。定义如下尺度变换：

$$\chi=\frac{x}{\epsilon^{\lambda}} \tag{8.3.27}$$

将以上变换代入方程(8.3.21)，可得

Xf = $X \to (\#\epsilon^{-\lambda}\&)$

eq2 = eq/. u2U/. $X[x] \to \chi$/. Xf

$$U[\chi]+\epsilon^{-\lambda}U'[\chi]+\epsilon^{1-2\lambda}U''[\chi]==0$$

list = Exponent[eq2[[1]], ϵ, List]

$$\{0,1-2\lambda,-\lambda\}$$

同样分$\lambda>1$，$\lambda<1$和$\lambda=1$三种情况进行讨论。

(1) $\lambda>1$

lambda = Simplify[Min[list], $\lambda > 1$]

$$1-2\lambda$$

lhs = doEq[eq1/ϵ^lambda][[1]]

$$\epsilon^{-1+2\lambda}U[\chi]-\epsilon^{-1+\lambda}U'[\chi]+U''[\chi]$$

eqU = Limit[lhs, $\epsilon \to 0$, Direction → "FromAbove", Assumptions → $\lambda > 1$] == 0

$$U''[\chi]==0$$

U1 = DSolve[eqU, U, χ][[1]]/. {$C[1] \to A_1$, $C[2] \to B_1$}

$$\{U\to \text{Function}[\{\chi\},A_1+\chi B_1]\}$$

uo = DSolve[{eq0, bc2}, u, x][[1]]

$$\{u\to \text{Function}[\{x\},\mathrm{e}^{1-x}b]\}$$

i1 = $U[\chi]$/. U1

$$A_1+\chi B_1$$

o1 = Limit[$u[x]$/. uo, $x \to 0$]

$$\mathrm{e}b$$

eqPr = i1 == o1

B1 = MapAt[Limit[#, $\chi \to \infty$]&, Solve[eqPr, B_1], {1, 1, 2}][[1]]

$$\{B_1\to 0\}$$

A1 = Solve[eqPr/. B1, A_1][[1]]

$$\{A_1\to \mathrm{e}b\}$$

ans = bc1/. u2U/. U1/. A1/. B1//Simplify

$$a==\mathrm{e}b$$

Simplify[ans&&asm]

False

(2) $\lambda<1$

lambda = Simplify[Min[list], 0 < λ < 1]

$$-\lambda$$

lhs = doEq[eq2/ϵ^lambda][[1]]

$$\epsilon^{\lambda}U[\chi]+U'[\chi]+\epsilon^{1-\lambda}U''[\chi]$$

eqU = Limit[lhs, ϵ → 0, Direction → "FromAbove", Assumptions → 0 < λ < 1] == 0

$$U'[\chi]==0$$

U2 = DSolve[eqU, U, χ][[1]]/. C[1] → A2

$$\{U\to \text{Function}[\{\chi\},A_2]\}$$

i1 = Map[Limit[#1, χ → ∞]&, U[χ]/. U2]

$$A_2$$

o1 = Limit[u[x]/. uo, x → 0]

$$\text{e}b$$

A2 = Solve[i1 == o1, A2][[1]]

$$\{A_2\to \text{e}b\}$$

ans = bc1/. u2U/. U2/. A2//Simplify

$$a==\text{e}b$$

Simplify[ans&&asm]

$$\text{False}$$

(3) $\lambda=1$

lambda = Simplify[Min[list], λ == 1]

$$-1$$

lhs = doEq[eq2/ϵ^lambda][[1]]

$$\epsilon U[\chi]+\epsilon^{1-\lambda}U'[\chi]+\epsilon^{2-2\lambda}U''[\chi]$$

eqU = Limit[lhs, ϵ → 0, Direction → "FromAbove", Assumptions → λ == 1] == 0

$$U'[\chi]+U''[\chi]==0$$

U3 = DSolve[eqU, U, χ][[1]]/. {C[1] → −A3, C[2] → B3}

$$\{U\to \text{Function}[\{\chi\},-\text{e}^{-\chi}(-A_3)+B_3]\}$$

i1 = U[χ]/. U3

$$\text{e}^{-\chi}A_3+B_3$$

由于$\chi\to\infty$，$\text{e}^{-\chi}\to 0$，上式中第 1 项消失，但A_3不必为零。

i1 = Limit[i1, χ → ∞]

$$B_3$$

o1 = Limit[u[x]/. uo, x → 0]

$$\text{e}b$$

eqPr = i1 == o1

$$B_3==\text{e}b$$

B3 = Solve[eqPr, B3][[1]]

$$\{B_3\to \text{e}b\}$$

利用左边界条件确定A_3：

eqbc1 = bc1/. u2U/. Xf/. U3/. B3//Simplify

$$a == \mathrm{e}b + A_3$$

```
A3 = Solve[eqbc1, A3][[1]]
```

$$\{A_3 \to a - \mathrm{e}b\} \tag{8.3.28}$$

由此得到内部解：

```
ans = U[χ]/.U3/.B3/.A3
```

$$\mathrm{e}b + \mathrm{e}^{-\chi}(a - \mathrm{e}b) \tag{8.3.29}$$

通过以上分析可知，边界层在左边界处($x = 0$)，且$\lambda = 1$时内、外部解才可以匹配。

下面采用匹配渐近展开法求一致有效渐近解。分别求出外部解和内部解的级数展开式，根据匹配原则确定待定系数。

(1) 外部解：

```
u2S[n_]:= u → (Sum[ϵ^i u_i[#], {i, 0, n}] + O[ϵ]^(n+1)&)
eqs = LogicalExpand[eq/.u2S[n]]
```

$$u_0[x] + {u_0}'[x] == 0\&\&u_1[x] + {u_1}'[x] + {u_0}''[x] == 0\&\&u_2[x] + {u_2}'[x] + {u_1}''[x] == 0$$
$$\&\&u_3[x] + {u_3}'[x] + {u_2}''[x] == 0\&\&u_4[x] + {u_4}'[x] + {u_3}''[x] == 0$$

```
bc2s = LogicalExpand[bc2/.u2S[n]]
```

$$-b + u_0[1] == 0\&\&u_1[1] == 0\&\&u_2[1] == 0\&\&u_3[1] == 0\&\&u_4[1] == 0$$

```
{us} = DSolve[{eqs, bc2s}, Array[u_#&, 5, 0], x]
uo = u[x]/.u2S[n]/.us//Simplify
```

$$\mathrm{e}^{1-x}b - \mathrm{e}^{1-x}(-1+x)b\epsilon + \frac{1}{2}\mathrm{e}^{1-x}(5-6x+x^2)b\epsilon^2 - \frac{1}{6}(\mathrm{e}^{1-x}(-43+57x-15x^2+x^3)b)\epsilon^3$$
$$+\frac{1}{24}\mathrm{e}^{1-x}(529-748x+246x^2-28x^3+x^4)b\epsilon^4 + O[\epsilon]^5 \tag{8.3.30}$$

(2) 内部解：

```
u2U = u → (U[X[#]]&);
X2χ = X[x] → χ;
XF = X → (#/ϵ&);
x2X = x → χϵ;
X2x = χ → x/ϵ;
U2S[n_]:= U → (Sum[ϵ^i U_i[#], {i, 0, n}] + O[ϵ]^(n+1)&)
eqU = Thread[ϵeq/.u2U/.X2χ/.XF, Equal]//Expand
```

$$\epsilon U[\chi] + U'[\chi] + U''[\chi] == 0$$

```
bc1U = bc1/.u2U/.XF
```

$$-a + U[0] == 0$$

```
eqUs = LogicalExpand[eqU/.U2S[n]]//Rest
```

$${U_0}'[\chi] + {U_0}''[\chi] == 0\&\&U_0[\chi] + {U_1}'[\chi] + {U_1}''[\chi] == 0\&\&U_1[\chi] + {U_2}'[\chi] + {U_2}''[\chi] == 0$$
$$\&\&U_2[\chi] + {U_3}'[\chi] + {U_3}''[\chi] == 0\&\&U_3[\chi] + {U_4}'[\chi] + {U_4}''[\chi] == 0$$

```
bc1Us = LogicalExpand[bc1/.u2U/.XF/.U2S[n]]
```

$$-a + U_0[0] == 0\&\&U_1[0] == 0\&\&U_2[0] == 0\&\&U_3[0] == 0\&\&U_4[0] == 0$$

```
{Us} = DSolve[{eqUs, bc1Us}, Array[U_#[χ]&, n + 1, 0], χ]/.C[n_] :→ A_(n/2)//Simplify
```

```
Column[{U0[χ], U1[χ]}/. Us//Expand//Collect[#, e^-χ]&]
```

$$\begin{aligned}&a+A_1-\mathrm{e}^{-\chi}A_1\\&a-a\chi+2A_1-\chi A_1+\mathrm{e}^{-\chi}(-a-2A_1-\chi A_1-A_2)+A_2\end{aligned} \tag{8.3.31}$$

下面采用三种匹配原则进行匹配。

1) Prandtl 匹配原则：

首项匹配，即$u_0(0)=U_0(\infty)$，可得

```
o1i1 = Limit[u0[x]/. us, x → 0]
```

$$\mathrm{e}b$$

```
i1o1 = Limit[U0[χ]/. Us, χ → ∞]
```

$$a+A_1$$

```
eqPr = o1i1 == i1o1
```

$$\mathrm{e}b==a+A_1$$

```
A1 = Solve[eqPr, A1][[1]]
```

$$\{A_1\to -a+\mathrm{e}b\} \tag{8.3.32}$$

```
i1o1 = i1/. A1
```

$$\mathrm{e}b$$

```
(u0[x]/. us) + (U0[χ]/. Us) − i1o1/. X2x/. A1//FullSimplify
```

$$\mathrm{e}^{1-x}b+\mathrm{e}^{-\frac{x}{\epsilon}}(a-\mathrm{e}b)$$

两项匹配，即两项外部解的两项内部展开式等于两项内部解的两项外部展开式，可得

```
o2i2 = Limit[u0[x] + ϵu1[x]/. us, x → 0]
```

$$\mathrm{e}b+\mathrm{e}b\epsilon$$

```
i2o2 = Expand[U0[χ] + ϵU1[χ]/. Us]/. e^-χ → 0
```

$$a+a\epsilon-a\epsilon\chi+A_1+2\epsilon A_1-\epsilon\chi A_1+\epsilon A_2$$

```
diff = o2i2 − i2o2
```

$$-a+\mathrm{e}b-a\epsilon+\mathrm{e}b\epsilon+a\epsilon\chi-A_1-2\epsilon A_1+\epsilon\chi A_1-\epsilon A_2$$

```
A1A2 = Solve[diff + O[ϵ]^2 == 0, {A1, A2}][[1]]
```

$$\{A_1\to -a+\mathrm{e}b, A_2\to a-\mathrm{e}b+\mathrm{e}b\chi\}$$

可见A_1可以确定，但当$\chi\to\infty$时，A_2不再是一个有限值，矛盾！

```
Limit[A2/. A1A2, χ → ∞]
```

$$b\infty$$

因此匹配失败。

事实上，Prandtl 匹配原则通常只用于首项匹配，高阶匹配时常常导致矛盾。

2) Van Dyke 匹配原则：

取三项外部解：

```
o3 = u[x]/. u2S[2]/. us//Normal
```

$$\mathrm{e}^{1-x}b-\mathrm{e}^{1-x}(-1+x)b\epsilon+\frac{1}{2}\mathrm{e}^{1-x}(5-6x+x^2)b\epsilon^2$$

用内变量χ表示：

```
o3i = o3/. x2X//Collect[#, e^(1-ϵχ)]&
```

$$\mathrm{e}^{1-\epsilon\chi}\left(b-b\epsilon(-1+\epsilon\chi)+\frac{1}{2}b\epsilon^2(5-6\epsilon\chi+\epsilon^2\chi^2)\right)$$

取三项截断：

```
o3i3 = Normal[o3i + O[ϵ]^3]//Collect[#, eb, Collect[#, ϵ]&]&
```

$$\mathrm{e}b\left(1+\epsilon(1-\chi)+\epsilon^2\left(\frac{5}{2}-2\chi+\frac{\chi^2}{2}\right)\right)$$

将其用外变量x表示：

```
o3i3o = o3i3/. X2x//Collect[#, eb, Collect[#, ϵ]&]&
```

$$\mathrm{e}b\left(1-x+\frac{x^2}{2}+(1-2x)\epsilon+\frac{5\epsilon^2}{2}\right)$$

取三项内部解：

```
i3 = U[χ]/. U2S[2]/. Us//Normal//Collect[#, ϵ, Collect[Expand[#], χ]&]&
```

$$a+A_1-\mathrm{e}^{-\chi}A_1+\epsilon(a-\mathrm{e}^{-\chi}a+2A_1-2\mathrm{e}^{-\chi}A_1+\chi(-a-A_1-\mathrm{e}^{-\chi}A_1)+A_2-\mathrm{e}^{-\chi}A_2)$$
$$+\epsilon^2\left(3a-3\mathrm{e}^{-\chi}a+6A_1-6\mathrm{e}^{-\chi}A_1+\chi^2\left(\frac{a}{2}+\frac{A_1}{2}-\frac{1}{2}\mathrm{e}^{-\chi}A_1\right)+2A_2\right.$$
$$\left.-2\mathrm{e}^{-\chi}A_2+\chi(-2a-\mathrm{e}^{-\chi}a-3A_1-3\mathrm{e}^{-\chi}A_1-A_2-\mathrm{e}^{-\chi}A_2)+A_3-\mathrm{e}^{-\chi}A_3\right)$$

将其用外变量x表示：

```
i3o = i3/. e^-χ → 0/. X2x
```

$$a+A_1+\epsilon\left(a+\frac{x(-a-A_1)}{\epsilon}+2A_1+A_2\right)$$
$$+\epsilon^2\left(3a+\frac{x^2\left(\frac{a}{2}+\frac{A_1}{2}\right)}{\epsilon^2}+6A_1+\frac{x(-2a-3A_1-A_2)}{\epsilon}+2A_2+A_3\right)$$

取三项截断：

```
i3o3 = Normal[i3o + O[ϵ]^3]
```

$$a+A_1-x(a+A_1)+\frac{1}{2}x^2(a+A_1)+\epsilon(a+2A_1+A_2-x(2a+3A_1+A_2))$$
$$+\epsilon^2(3a+6A_1+2A_2+A_3)$$

根据三项外部解的三项内部展开式等于三项内部解的三项外部展开式，可以确定三个待定常数：

```
A1A2A3 = Solve[o3i3o - i3o3 + O[ϵ]^3 == 0, {A1, A2, A3}][[1]]
```

$$\left\{A_1\to -a+\mathrm{e}b, A_2\to a-\mathrm{e}b, A_3\to\frac{1}{2}(2a-3\mathrm{e}b)\right\} \tag{8.3.33}$$

得到组合展开式：

```
res = o3 + (i3 - i3o3/. A1A2A3)/. χ → x/ϵ //Expand
Collect[res, {e^(-x/ϵ), be^(1-x)}, Collect[#, ϵ, Simplify]&]
```

$$\mathrm{e}^{1-x}b\left(1+(1-x)\epsilon+\frac{1}{2}(5-6x+x^2)\epsilon^2\right)$$

$$+e^{-\frac{x}{\epsilon}}\left(\frac{1}{2}(2+2x+x^2)(a-eb)+\left(-eb+x(a-2eb)\right)\epsilon-\frac{5}{2}eb\epsilon^2\right) \tag{8.3.34}$$

3) Kaplun 匹配原则

选取首项匹配到$O(\epsilon^0)$:

o1 = ($u_0[x]$/. us/. $x \to \mathbb{X}\eta$) + $O[\eta]$

$$eb+O[\eta]^1$$

i1 = $U_0[\chi]$/. Us/. $\chi \to \mathbb{X}\eta/\epsilon$ /. $e^{-\frac{\mathbb{X}\eta}{\epsilon}} \to 0$

$$a+A_1$$

diff = o1 − i1

$$(-a+eb-A_1)+O[\eta]^1$$

A1 = Solve[diff == 0, A_1][[1]]

$$\{A_1 \to -a+eb\} \tag{8.3.35}$$

diff/. A1

$$O[\eta]^1 \tag{8.3.36}$$

上式中当$\epsilon \to 0$时，根据式(8.3.10)，必有$\eta \to 0$。重叠有效区为$\epsilon\ln(1/\epsilon) \ll \eta \ll 1$。

选取前两项匹配到$O(\epsilon^1)$:

o2 = Expand[Normal[Normal[($u[x]$/. u2S[1]/. us/. x → $\mathbb{X}\eta$)] + $O[\eta]^3$]]/. ϵ^m_.η^n_./; $m + n \geq 2 \to 0$

$$eb+eb\epsilon-eb\mathbb{X}\eta+\frac{1}{2}eb\mathbb{X}^2\eta^2$$

i2 = ExpandAll[$U[\chi]$/. U2S[1]/. Us/. $\chi \to \mathbb{X}\eta/\epsilon$]/. $e^{-\mathbb{X}\eta/\epsilon} \to 0$/. A1

$$(eb-a\mathbb{X}\eta-(-a+eb)\mathbb{X}\eta)+(a+2(-a+eb)+A_2)\epsilon+O[\epsilon]^2$$

diff = (o2 − i2)/ϵ //Simplify//Normal

$$a-eb+\frac{eb\mathbb{X}^2\eta^2}{2\epsilon}-A_2$$

A2 = Solve[diff == 0/. $\eta \to 0$, A_2][[1]]

$$\{A_2 \to a-eb\} \tag{8.3.37}$$

ans = Simplify[Reduce[Cases[diff, c_ϵ^a_.η^b_. → ϵ^$a\eta$^b] < 1, η], 0 < ϵ < η < 1]

$$\eta<\sqrt{\epsilon} \tag{8.3.38}$$

此时重叠有效区为$\epsilon\ln(1/\epsilon) \ll \eta \ll \sqrt{\epsilon}$。

选取前三项匹配到$O(\epsilon^2)$:

o3 = Expand[Normal[Normal[($u[x]$/. u2S[2]/. us/. x → $\mathbb{X}\eta$)] + $O[\eta]^4$]]/. ϵ^m_.η^n_./; $m + n \geq 3 \to 0$

$$eb+eb\epsilon+\frac{5}{2}eb\epsilon^2-eb\mathbb{X}\eta-2eb\mathbb{X}\epsilon\eta+\frac{1}{2}eb\mathbb{X}^2\eta^2-\frac{1}{6}eb\mathbb{X}^3\eta^3$$

i3 = ExpandAll[$U[\chi]$/. U2S[2]/. Us/. $\chi \to \mathbb{X}\eta/\epsilon$]/. $e^{-\mathbb{X}\eta/\epsilon} \to 0$/. A1/. A2

$$\left(eb-a\mathbb{X}\eta-(-a+eb)\mathbb{X}\eta+\frac{1}{2}(a\mathbb{X}^2\eta^2+(-a+eb)\mathbb{X}^2\eta^2)\right)$$

$$+(2a-\mathrm{e}b+2(-a+\mathrm{e}b)-2a\mathbb{X}\eta-(a-\mathrm{e}b)\mathbb{X}\eta-3(-a+\mathrm{e}b)\mathbb{X}\eta)\epsilon$$
$$+(3a+2(a-\mathrm{e}b)+6(-a+\mathrm{e}b)+A_3)\epsilon^2+O[\epsilon]^3$$

```
diff = (o3 − i3)/ϵ^2 //Simplify//Normal
```

$$a-\frac{3\mathrm{e}b}{2}-\frac{\mathrm{e}b\mathbb{X}^3\eta^3}{6\epsilon^2}-A_3$$

```
A3 = Solve[diff == 0/.η → 0, A₃][[1]]
```

$$\left\{A_3\to\frac{1}{2}(2a-3\mathrm{e}b)\right\}\tag{8.3.39}$$

```
ans = FullSimplify[Reduce[Cases[diff, c_ϵ^a_.η^b_. → ϵ^a η^b] < 1, η], 0 < ϵ < η < 1]
```

$$\eta<\epsilon^{2/3}\tag{8.3.40}$$

此时重叠有效区为$\epsilon\ln(1/\epsilon)\ll\eta\ll\epsilon^{2/3}$。

最后给出另一种处理方法：先给出多项的外部解和内部解，然后逐阶匹配，确定待定常数。这种办法类似于重正化方法。

将外部解和内部解用中间变量表示，并将两者相减：

```
uo = u[x]/.u2S[4]/.us//Normal
```

$$\mathrm{e}^{1-x}b-\mathrm{e}^{1-x}(-1+x)b\epsilon+\frac{1}{2}\mathrm{e}^{1-x}(5-6x+x^2)b\epsilon^2-\frac{1}{6}\mathrm{e}^{1-x}(-43+57x-15x^2+x^3)b\epsilon^3$$
$$+\frac{1}{24}\mathrm{e}^{1-x}(529-748x+246x^2-28x^3+x^4)b\epsilon^4$$

```
uoe = Normal[Series[uo, {x, 0, 4}]]/.x → ϵ^α 𝕏//Expand
Ui = U[χ]/.U2S[4]/.Us//Normal
Uie = Expand[Ui]/.e^(−χ) → 0/.χ → ϵ^(α−1) 𝕏
(diff = uoe − Uie)//Short
```

$$-a+\mathrm{e}b-a\epsilon+\mathrm{e}b\epsilon-3a\epsilon^2+\frac{5}{2}\mathrm{e}b\epsilon^2-10a\epsilon^3+\ll 94\gg+\mathbb{X}\epsilon^{2+\alpha}A_3+3\mathbb{X}\epsilon^{3+\alpha}A_3$$
$$-\frac{1}{2}\mathbb{X}^2\epsilon^{2+2\alpha}A_3-\epsilon^3A_4-2\epsilon^4A_4+X\epsilon^{3+\alpha}A_4-\epsilon^4A_5$$

先求$O(1)$阶项，确定A_1：

```
eqA1 = diff == 0/.{ϵ → 0, 𝕏 → 0}//Simplify[#, α > 0]&
```

$$a+A_1==\mathrm{e}b$$

```
A1 = Solve[eqA1, A₁][[1]]
```

$$\{A_1\to -a+\mathrm{e}b\}$$

再求$O(\epsilon)$阶项，确定A_2：

```
eqA2 = Expand[diff/ϵ == 0/.A1]/.{ϵ → 0, 𝕏 → 0}//Simplify[#, α > 0]&
```

$$a==\mathrm{e}b+A_2$$

```
A2 = Solve[eqA2, A₂][[1]]
```

$$\{A_2\to a-\mathrm{e}b\}$$

再求$O(\epsilon^2)$阶项，确定A_3：

```
eqA3 = Expand[diff/ϵ^2 == 0/.A1/.A2]/.{ϵ → 0, 𝕏 → 0}//Simplify[#, α > 0]&
```

$$a == \frac{3eb}{2} + A_3$$

A3 = Solve[eqA3, A_3][[1]]

$$\left\{A_3 \to \frac{1}{2}(2a - 3eb)\right\}$$

这样就再次得到前面的结果，即式(8.3.33)。

例 8.3.3 对以下二阶线性常微分方程边值问题的一般性讨论：

$$\epsilon u''(x) + p(x)u'(x) + q(x)u(x) = 0 \tag{8.3.41}$$

$$u(0) = a, u(1) = b \tag{8.3.42}$$

式中，$p(x)$和$q(x)$为任意连续函数，且当$0 \le x \le 1$时，$p(x) \neq 0$。

将以上方程和边界条件记为

eq = ϵu"[x] + p[x]u'[x] + q[x]u[x] == 0

bc1 = u[0] − a == 0; bc2 = u[1] − b == 0;

假设$p(x) > 0$，并在$x = 0$处有唯一的边界层。

退化方程及其解（即外部解）为

eq0 = eq/. ϵ → 0

$$q[x]u[x] + p[x]u'[x] == 0$$

uo = DSolveValue[{eq0, bc2}, u[x], x]/. K[1] → s

$$b\mathrm{e}^{\int_1^x -\frac{q[s]}{p[s]}\mathrm{d}s}$$

外部解的内极限为

uo0 = uo/. x → 0/. Int_[a_, {s, 1, 0}] :→ Int[−a, {s, 0, 1}]

$$b\mathrm{e}^{\int_0^1 \frac{q[s]}{p[s]}\mathrm{d}s} \tag{8.3.43}$$

作如下代换：

u2U = u → (U[X[#1]]&);

X2χ = X[x] → χ;

XF = X → (#ϵ^−λ&);

x2X = Solve[χ == (X[x]/. XF), x][[1]]

$$\{x \to \epsilon^{\lambda}\chi\}$$

原方程(8.3.41)及边界条件**bc1**变为

eq1 = eq/. u2U/. X2χ/. XF/. x2X

$$q[\epsilon^{\lambda}\chi]U[\chi] + \epsilon^{-\lambda}p[\epsilon^{\lambda}\chi]U'[\chi] + \epsilon^{1-2\lambda}U''[\chi] == 0 \tag{8.3.44}$$

bc1U = bc1/. u2U/. XF

$$-a + U[0] == 0$$

取出方程的右端各项中ϵ的幂次，讨论各项之间的平衡：

lhs = eq1[[1]]

list = Exponent[lhs, ϵ, List]

$$\{0, 1 - 2\lambda, -\lambda\}$$

由上式中最后两项平衡，易知$\lambda = 1$。下面分$\lambda > 1$，$\lambda < 1$和$\lambda = 1$三种情况讨论。

(1) $\lambda > 1$

```
en = Simplify[Min[list], λ > 1]
```

$$1 - 2\lambda$$

```
lhs1 = doPoly[lhs, ϵ^en][[2]]
```

$$\epsilon^{-1+2\lambda} q[\epsilon^\lambda \chi] U[\chi] + \epsilon^{-1+\lambda} p[\epsilon^\lambda \chi] U'[\chi] + U''[\chi]$$

此时方程(8.3.44)简化为

```
equ = Simplify[lhs1/. ϵ → 0, λ > 1] == 0
```

$$U''[\chi] == 0$$

```
U1 = DSolve[eqU, U[χ], χ][[1]]/. {C[1] → A1, C[2] → B1}//toPure
```

$$\{U \to \text{Function}[\{\chi\}, A_1 + \chi B_1]\}$$

```
ui = U[χ]/. U1
```

$$A_1 + \chi B_1 \tag{8.3.45}$$

此时内部解是一个线性增长解的形式。

```
B1 = Solve[ui == uo0, B1][[1]]
```

$$\left\{B_1 \to \frac{e^{\int_0^1 \frac{q[s]}{p[s]} ds} b - A_1}{\chi}\right\}$$

```
B1 = B1 == Limit[B1/. B1, χ → ∞]//ToRules
```

$$\{B_1 \to 0\}$$

由于$B_1 = 0$，解(8.3.45)变为常数解。

```
A1 = Solve[ui == uo0/. B1, A1][[1]]
```

$$\left\{A_1 \to e^{\int_0^1 \frac{q[s]}{p[s]} ds} b\right\}$$

```
ans = bc1/. u2U/. U1/. A1/. B1//Simplify
```

$$a == e^{\int_0^1 \frac{q[s]}{p[s]} ds} b$$

上式在一般情况下不成立。

(2) $\lambda < 1$

```
en = Simplify[Min[list], 1 > λ > 0]
```

$$-\lambda$$

```
lhs2 = doPoly[lhs, ϵ^en][[2]]//ExpandAll
```

$$\epsilon^\lambda q[\epsilon^\lambda \chi] U[\chi] + p[\epsilon^\lambda \chi] U'[\chi] + \epsilon^{1-\lambda} U''[\chi]$$

```
eqU = Simplify[lhs2/. ϵ → 0, 1 > λ > 0] == 0
```

$$p[0] U'[\chi] == 0$$

```
U2 = DSolve[eqU, U, χ][[1]]/. C[1] → A2
```

$$\{U \to \text{Function}[\{\chi\}, A_2]\}$$

```
ui = U[χ]/. U2
```

$$A_2 \tag{8.3.46}$$

此时内部解是一个常数解的形式。

A2 = Solve[ui == uo0, A_2][[1]]

$$\left\{A_2 \to b\mathrm{e}^{\int_0^1 \frac{q[s]}{p[s]}\mathrm{d}s}\right\}$$

ans = bc1/. u2U/. U2/. A2//Simplify

$$a == b\mathrm{e}^{\int_0^1 \frac{q[s]}{p[s]}\mathrm{d}s}$$

上式在一般情况下也不成立。

(3) $\lambda = 1$

en = Simplify[Min[list], λ == 1]

$$-1$$

lhs3 = doPoly[lhs, ϵ^{en}][[2]]/. $\lambda \to 1$

$$\epsilon q[\epsilon\chi]U[\chi] + p[\epsilon\chi]U'[\chi] + U''[\chi]$$

eqU = (lhs3/. $\epsilon \to 0$) == 0

$$p[0]U'[\chi] + U''[\chi] == 0$$

U3 = DSolve[eqU, $U[\chi]$, χ][[1]]/. {$K[1] \to t$, $K[2] \to s$}/. {$C[2] \to A_3$, $C[1]$ $\to B_3 p[0]$}//toPure

$$\{U \to \mathrm{Function}[\{\chi\}, A_3 - \mathrm{e}^{-\chi p[0]}B_3]\}$$

ui = $U[\chi]$/. U3

$$A_3 - \mathrm{e}^{-\chi p[0]}B_3$$

此时内部解具有指数衰减解的形式，可与外部解匹配。

ui = Limit[ui, $\chi \to \infty$, Assumptions $\to p[0] > 0$]

$$A_3$$

A3 = Solve[ui == uo0, A_3][[1]]

$$\left\{A_3 \to \mathrm{e}^{\int_0^1 \frac{q[s]}{p[s]}\mathrm{d}s}b\right\} \tag{8.3.47}$$

B3 = Solve[bc1/. u2U/. Xf/. U3/. A3, B_3][[1]]

$$\left\{B_3 \to -a + \mathrm{e}^{\int_0^1 \frac{q[s]}{p[s]}\mathrm{d}s}b\right\} \tag{8.3.48}$$

讨论：

1) 当$p(0) \leq 0$时，则内部解为常数或指数增长，无法与外部解匹配。

2) 当$p(x) > 0$时，边界层在左边界处，在右边界处不可能有边界层（三种情况均无法匹配）；当$p(x) < 0$时，边界层在右边界处。

3) 当$p(x) = 0$时，称为转向点。可参考 Nayfeh(1984, 2000)的专著。

4) $p(x_0) \neq 0$的内点$x_0(0 < x_0 < 1)$不可能有边界层。详细讨论可参考 Bender 等(1978, 1992)的专著。

下面求$p(x) > 0$时的一致有效渐近解，此时边界层在$x = 0$处。

先考虑外区($\epsilon \ll x \leq 1$)，确定外部解。

基于主项平衡的思想，外区是一个缓变区域，$\epsilon u''(x)$可以忽略，同时应采用右边界条件。

在这种情况下，可以完全确定外部解的形式。

eqO = eq/.ϵ → 0

{uout} = DSolve[{eqO, bc2}, u[x], x]/. K[1] → s/. int_[−a_, {s, b_, c_}] :→ int[a, {s, c, b}]

uo = u[x]/. uout

$$e^{\int_x^1 \frac{q[s]}{p[s]} ds} b \tag{8.3.49}$$

再考虑内区($x = O(\epsilon)$)，确定内部解的形式。

同样基于主项平衡的思想，$q(x)$可以忽略。由于边界层是一个薄层，可用$p(0)$的值代替$p(x)$在边界层内的值。

eqI = eq/. {p[x] → p[0], q[x] → 0}

$$p[0]u'[x] + \epsilon u''[x] == 0$$

uinn = DSolve[eqI, u[x], x][[1]]/. C[1] → p[0] C[1]/ϵ //Simplify

$$\left\{u[x] \to -e^{-\frac{xp[0]}{\epsilon}} c_1 + c_2\right\}$$

边界层方程满足左边界条件：

c2 = Solve[u[x] == a/. uinn/. x → 0, C[2]][[1]]

$$\{c_2 \to a + c_1\}$$

ui = u[x]/. uinn/. c2//Collect[#, C[1]]&

$$a + \left(1 - e^{-\frac{xp[0]}{\epsilon}}\right) c_1$$

根据 Prandtl 匹配原则：内部解的外极限等于外部解的内极限，可得

uio = Limit[ui, ϵ → 0, Direction → "FromAbove", Assumptions → x > 0&&p[0] > 0]

$$a + c_1$$

uoi = uo/. x → 0

$$e^{\int_0^1 \frac{q[s]}{p[s]} ds} b$$

c1 = Solve[uoi == uio, C[1]][[1]]

$$\left\{c_1 \to -a + e^{\int_0^1 \frac{q[s]}{p[s]} ds} b\right\}$$

这样就确定了内部解：

ui = Collect[u[x]/. uinn/. c2/. c1, $be^{\int_0^1 \frac{q[s]}{p[s]} ds}$, Simplify]

$$e^{-\frac{xp[0]}{\epsilon}} a + e^{\int_0^1 \frac{q[s]}{p[s]} ds} \left(1 - e^{-\frac{xp[0]}{\epsilon}}\right) b \tag{8.3.50}$$

在求解域内一致有效的组合展开式为

Collect[ui + uo − uoi, $e^{-\frac{xp[0]}{\epsilon}}$]//TraditionalForm

$$e^{-\frac{p(0)x}{\epsilon}} \left(a - b\exp\left(\int_0^1 \frac{q(s)}{p(s)} ds\right)\right) + b\exp\left(\int_x^1 \frac{q(s)}{p(s)} ds\right) \tag{8.3.51}$$

对于本例而言，当$p(x)$在$0 \le x \le 1$时有$p(x) > 0$，边界层总位于$x = 0$处，当$p(x) < 0$时，边界层总位于$x = 1$处。

例 8.3.4 考虑变系数的二阶常微分方程边值问题：

$$\epsilon u''(x) + (2x+1)u'(x) + 2u(x) = 0 \tag{8.3.52}$$

$$u(0) = a, u(1) = b \tag{8.3.53}$$

将以上方程和边界条件记为

```
eq = ϵu"[x] + (2x + 1)u'[x] + 2u[x] == 0;
bc1 = u[0] == a; bc2 = u[1] == b;
```

该方程的精确解具有复杂的形式，不容易直接看出它的性质。

```
DSolveValue[{eq, bc1, bc2}, u[x], x]//FullSimplify
```

$$\frac{e^{-\frac{x(1+x)}{\epsilon}}\left(e^{2/\epsilon}b\mathrm{Erfi}\left[\frac{1}{2\sqrt{\epsilon}}\right] - a\mathrm{Erfi}\left[\frac{3}{2\sqrt{\epsilon}}\right] + (a - e^{2/\epsilon}b)\mathrm{Erfi}\left[\frac{1+2x}{2\sqrt{\epsilon}}\right]\right)}{\mathrm{Erfi}\left[\frac{1}{2\sqrt{\epsilon}}\right] - \mathrm{Erfi}\left[\frac{3}{2\sqrt{\epsilon}}\right]}$$

根据例 8.3.3，$u'(x)$的系数$2x+1$在求解域内恒大于零，因此边界层在左边界$x = 0$处。

先用正则摄动法求外部解，并利用右边界条件。

```
uo = AsymptoticDSolveValue[{eq, bc2}, u[x], x, {ϵ, 0, 4}]
({o0, o1, o2, o3} = Coefficient[uo, ϵ, {0, 1, 2, 3}])//Column
```

$$\begin{cases} \dfrac{3b}{1+2x} \\ -\dfrac{8b(-2+x+x^2)}{3(1+2x)^3} \\ -\dfrac{16b(-58+13x+21x^2+16x^3+8x^4)}{27(1+2x)^5} \\ -\dfrac{32b(-2666+309x+501x^2+544x^3+672x^4+480x^5+160x^6)}{243(1+2x)^7} \end{cases} \tag{8.3.54}$$

接着求内部解，引入尺度变换$\chi = x/\epsilon$，并展开为级数，可得

```
U2S[n_]: = U → (Sum[U_i[#]ϵ^i, {i, 0, n}] + O[ϵ]^(n+1)&)
u2U = u → (U[X[#]]&);
X2χ = X[x] → χ;
XF = X → (#/ϵ&);
x2X = x → ϵχ;
X2x = χ → x/ϵ;
eqU = eq/. u2U/. X2χ/. XF/. x2X;
eqU = Thread[eqU * ϵ, Equal]//Expand
```

$$2\epsilon U[\chi] + U'[\chi] + 2\epsilon\chi U'[\chi] + U''[\chi] == 0 \tag{8.3.55}$$

```
eqUs = Rest[LogicalExpand[eqU/. U2S[4]]]
```

$$U_0{}'[\chi] + U_0{}''[\chi] == 0 \&\& 2U_0[\chi] + 2\chi U_0{}'[\chi] + U_1{}'[\chi] + U_1{}''[\chi] == 0$$
$$\&\& 2U_1[\chi] + 2\chi U_1{}'[\chi] + U_2{}'[\chi] + U_2{}''[\chi] == 0 \&\& 2U_2[\chi] + 2\chi U_2{}'[\chi]$$
$$+ U_3{}'[\chi] + U_3{}''[\chi] == 0 \&\& 2U_3[\chi] + 2\chi U_3{}'[\chi] + U_4{}'[\chi] + U_4{}''[\chi] == 0$$

bc1s = LogicalExpand[bc1/. u2U/. XF/. U2S[4]]

$$-a+U_0[0]==0\&\&U_1[0]==0\&\&U_2[0]==0\&\&U_3[0]==0\&\&U_4[0]==0$$

{Us} = DSolve[{eqUs, bc1s}, Array[*U*_#&, 5, 0], *χ*];

Column[Array[*U*_#[*χ*]&, 3, 0]/. Us]

$$\begin{cases} \mathrm{e}^{-\chi}(\mathrm{e}^{\chi}a-c_1+\mathrm{e}^{\chi}c_1) \\ -\mathrm{e}^{-\chi}(2\mathrm{e}^{\chi}a\chi+2\mathrm{e}^{\chi}\chi c_1-\chi^2c_1+c_3-\mathrm{e}^{\chi}c_3) \\ \frac{1}{2}\mathrm{e}^{-\chi}(-16\mathrm{e}^{\chi}a\chi+8\mathrm{e}^{\chi}a\chi^2-16\mathrm{e}^{\chi}\chi c_1+8\mathrm{e}^{\chi}\chi^2c_1-\chi^4c_1-4\mathrm{e}^{\chi}\chi c_3+2\chi^2c_3-2c_5+2\mathrm{e}^{\chi}c_5) \end{cases}$$

下面采用 Kaplun 中间匹配原则确定内部解的待定常数。

首先将外部解用中间变量$\mathbb{X}$表示：

(uoe = Normal[Series[uo, {*x*, 0, 4}]]/. *x* → *ϵ*^*α*𝕏//Expand)//Short

$$3b+\frac{16b\epsilon}{3}+\frac{928b\epsilon^2}{27}+\ll 30\gg+\frac{291719680}{243}b\mathbb{X}^4\epsilon^{3+4\alpha}+\frac{86701102336b\mathbb{X}^4\epsilon^{4+4\alpha}}{2187}$$

然后将内部解用中间变量$\mathbb{X}$表示：

Ui = *U*[*χ*]/. U2S[4]/. Us/. *C*[n_] → *A*_(n+1)/2;

(Uie = Expand[Normal[Ui]]/. *e*^−*χ* → 0/. *χ* → *ϵ*^(*α*−1)𝕏)//Short

$$a-2a\mathbb{X}\epsilon^{\alpha}+4a\mathbb{X}^2\epsilon^{2\alpha}-8a\mathbb{X}^3\epsilon^{3\alpha}+\ll 39\gg+\epsilon^2A_3-2\mathbb{X}\epsilon^{2+\alpha}A_3-8\mathbb{X}\epsilon^{3+\alpha}A_3$$
$$+4\mathbb{X}^2\epsilon^{2+2\alpha}A_3+\epsilon^3A_4-2\mathbb{X}\epsilon^{3+\alpha}A_4+\epsilon^4A_5$$

计算内、外部解之差，用于匹配：

(diff = uoe − Uie)//Short

$$-a+3b+\frac{16b\epsilon}{3}+\frac{928b\epsilon^2}{27}+\frac{85312b\epsilon^3}{243}+\frac{10837120b\epsilon^4}{2187}+\ll 72\gg+2\mathbb{X}\epsilon^{2+\alpha}A_3$$
$$+8\mathbb{X}\epsilon^{3+\alpha}A_3-4\mathbb{X}^2\epsilon^{2+2\alpha}A_3-\epsilon^3A_4+2\mathbb{X}\epsilon^{3+\alpha}A_4-\epsilon^4A_5 \tag{8.3.56}$$

匹配到$O(1)$，确定A_1：

eqA1 = diff == 0/. {*ϵ* → 0, 𝕏 → 0}/. {0^a_ → 0}

$$-a+3b-A_1==0$$

A1 = Solve[eqA1, *A*_1][[1]]

$$\{A_1\to -a+3b\} \tag{8.3.57}$$

匹配到$O(\epsilon)$，确定A_2：

eqA2 = Expand[diff/*ϵ* == 0/. A1]/. {*ϵ* → 0, 𝕏 → 0}/. {0^a_ → 0}

$$16b/3-A_2==0$$

A2 = Solve[eqA2, *A*_2][[1]]

$$\left\{A_2\to\frac{16b}{3}\right\} \tag{8.3.58}$$

匹配到$O(\epsilon^2)$，确定A_3：

eqA3 = Expand[diff/*ϵ*^2 == 0/. A1/. A2]/. {*ϵ* → 0, 𝕏 → 0}/. {0^a_ → 0}

$$\frac{928b}{27}-A_3==0$$

A3 = Solve[eqA3, *A*_3][[1]]

$$\left\{A_3 \to \frac{928b}{27}\right\} \tag{8.3.59}$$

匹配到$O(\epsilon^3)$，确定A_4：

eqA4 = Expand[diff/ϵ^3 == 0/. A1/. A2/. A3]/. {ϵ → 0, 𝕏 → 0}/. {0^a_ → 0}

$$\frac{85312b}{243} - A_4 == 0$$

A4 = Solve[eqA4, A_4][[1]]

$$\left\{A_4 \to \frac{85312b}{243}\right\} \tag{8.3.60}$$

匹配到$O(\epsilon^4)$，确定A_5：

eqA5 = Expand[diff/ϵ^4 == 0/. A1/. A2/. A3/. A4]/. {ϵ → 0, 𝕏 → 0}/. {0^a_ → 0}

$$\frac{10837120b}{2187} - A_5 == 0$$

A5 = Solve[eqA5, A_5][[1]]

$$\left\{A_5 \to \frac{10837120b}{2187}\right\} \tag{8.3.61}$$

这样内部解前五项的展开式通过匹配完全确定，将它用原变量x表示：

Uix = Ui/. A1/. A2/. A3/. A4/. A5/. $\chi \to x/\epsilon$ //ExpandAll//Normal;

外部解前五项也用原变量x表示：

uox = uoe/. 𝕏 → x/ϵ^α //Expand;

式中，内、外部解重合的项为（包含$e^{-x/\epsilon}$的边界层项，在重叠区快速衰减，可以忽略）：

match = Uix/. $e^{-x/\epsilon}$ → 0

$$3b - 6xb + 12x^2b - 24x^3b + 48x^4b + \frac{16b\epsilon}{3} - \frac{104xb\epsilon}{3} + \frac{424}{3}x^2b\epsilon - \frac{1424}{3}x^3b\epsilon + \frac{928b\epsilon^2}{27}$$
$$-\frac{9488}{27}xb\epsilon^2 + \frac{57424}{27}x^2b\epsilon^2 + \frac{85312b\epsilon^3}{243} - \frac{1204256}{243}xb\epsilon^3 + \frac{10837120b\epsilon^4}{2187}$$

这样就可以得到组合展开式(为简洁起见，省略了其中一些项)：

unisol = Collect[uo + Uix − match, $e^{-x/\epsilon}$, Collect[#, ϵ, Simplify]&]

$$\frac{3b}{1+2x} - \frac{8(-2+x+x^2)b\epsilon}{3(1+2x)^3} - \frac{16(-58+13x+21x^2+16x^3+8x^4)b\epsilon^2}{27(1+2x)^5} + \cdots$$
$$+\mathrm{e}^{-\frac{x}{\epsilon}}\left(a - \frac{1}{27}(81-144x^2+464x^4)b + \frac{x^8(a-3b)}{24\epsilon^4} - \frac{x^6(a-3b)}{6\epsilon^3} + \cdots\right) \tag{8.3.62}$$

例 8.3.5 考虑有分数次幂系数的二阶常微分方程边值问题：

$$\epsilon u''(x) + \sqrt{x}u'(x) - u(x) = 0 \tag{8.3.63}$$

$$u(0) = 0, u(1) = \mathrm{e}^2 \tag{8.3.64}$$

将以上方程和边界条件记为

eq = ϵu"[x] + $\sqrt{x}u'$[x] − u[x] == 0;

bc1 = u[0] == 0; bc2 = u[1] == e^2;

注意，方程(8.3.63)中$u'(x)$的系数是x的分数次幂。除了在$x = 0$处，$\sqrt{x}$在(0,1]内均有$\sqrt{x} >$

0。可以预期边界层在$x=0$处，外部解满足$x=1$处的边界条件。

该方程不能直接得到解析解。可通过求数值解获知解的性态，其中$\epsilon=0.001$。

un = NDSolveValue[{eq, bc1, bc2}/. ϵ → 0. 001, *u*, {*x*, 0, 1}];

由图 8.3.3 可知，在左边界处有一边界层。根据方程前两项，可知边界层在$x=0$；根据方程后两项，可知外部解是随x增加的。

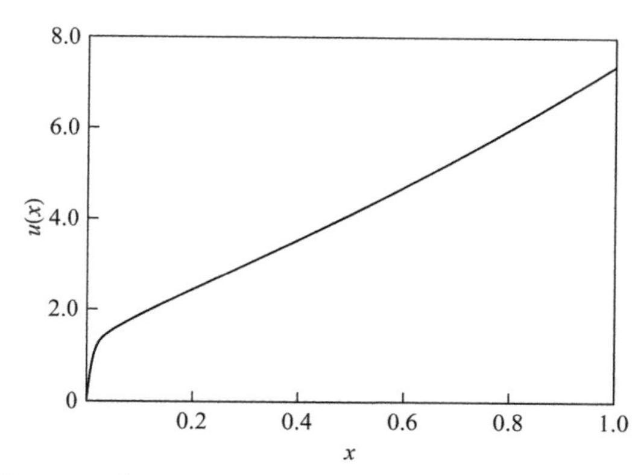

图 8.3.3　数值解**un**在求解域内的变化曲线($\epsilon=0.001$)

先求外部解。假定外部解有如下形式的幂级数展开式：

u2S[n_]: = *u* → (Sum[u_m[#]ϵ^m, {*m*, 0, *n*}] + *O*[ϵ]$^{n+1}$&)

得到外部解和右端边界条件的联立方程组：

eqs = LogicalExpand[eq/. u2S[2]]

$$-u_0[x]+\sqrt{x}u_0{}'[x]==0\&\&-u_1[x]+\sqrt{x}u_1{}'[x]+u_0{}''[x]==0\&\&-u_2[x]+\sqrt{x}u_2{}'[x]+u_1{}''[x]==0$$

bc2s = LogicalExpand[bc2/. u2S[2]]

$$u_0[0]==0\&\&u_1[0]==0\&\&u_2[0]==0$$

该方程组暂不能用 MMA 直接联立求解，需逐阶求解。

u0 = DSolve[{eqs[[1]], bc2s[[1]]}, u_0, *x*][[1]]

$$\{u_0\to\text{Function}[\{x\},\mathrm{e}^{2\sqrt{x}}]\}\tag{8.3.65}$$

u1 = DSolve[{eqs[[2]], bc2s[[2]]}/. u0, u_1, *x*][[1]]

$$\left\{u_1\to\text{Function}\left[\{x\},-\frac{\mathrm{e}^{2\sqrt{x}}(1-4\sqrt{x}+3x)}{2x}\right]\right\}\tag{8.3.66}$$

u2 = DSolve[{eqs[[3]], bc2s[[3]]}/. u0/. u1, u_2, *x*][[1]]

$$\left\{u_2\to\text{Function}\left[\{x\},\frac{\mathrm{e}^{2\sqrt{x}}(-48+165\sqrt{x}-280x+330x^{3/2}-360x^2+193x^{5/2})}{120x^{5/2}}\right]\right\}\tag{8.3.67}$$

再求内部解。先定义尺度变换：

u2U = *u* → (*U*[*X*[#]]&);

X2χ = *X*[*x*] → *χ*;

XF = *X* → (#/ϵ^λ &);

x2X = Solve[*χ* == *X*[*x*]/. XF, *x*][[1]]

$$\{x\to\epsilon^\lambda\chi\}$$

X2x = Solve[χ == X[x]/.XF, χ][[1]]

$$\{\chi \to x\epsilon^{-\lambda}\}$$

EQ = eq/.u2U/.X2χ/.XF/.x2X//PowerExpand

$$-U[\chi] + \epsilon^{-\lambda/2}\sqrt{\chi}U'[\chi] + \epsilon^{1-2\lambda}U''[\chi] == 0$$

由主项平衡法可得

eqλ = Exponent[EQ[[1]], ϵ, Equal]//Rest

$$1 - 2\lambda == -\frac{\lambda}{2}$$

lambda = Solve[eqλ][[1]]

$$\left\{\lambda \to \frac{2}{3}\right\} \tag{8.3.68}$$

确定λ以后，内区方程变为

EQ = EQ/.lambda//Simplify[#, ϵ > 0]&//Reverse

eqI = doEq[EQ]

$$-\epsilon^{1/3}U[\chi] + \sqrt{\chi}U'[\chi] + U''[\chi] == 0 \tag{8.3.69}$$

注意到上式中出现了$\epsilon^{1/3}$，因此定义级数（内部解用分数幂渐近序列）：

U2S[n_]: = *U* → (Sum[*U_m*[#]*ϵ*^{*m*/3}, {*m*, 0, *n*}] + *O*[*ϵ*]^{(*n*+1)/3}&)

代入上式和左边界条件，可得递推方程：

EQs = Select[LogicalExpand[eqi/.lambda/.U2S[6]], ! FreeQ[#, Derivative]&];

注：此处需去除最后一个无效方程(不完整)。其他方程显示如下：

List@@EQs[[;;4]]//Column

$$\begin{cases} \sqrt{\chi}U_0{}'[\chi] + U_0{}''[\chi] == 0 \\ -U_0[\chi] + \sqrt{\chi}U_1{}'[\chi] + U_1{}''[\chi] == 0 \\ -U_1[\chi] + \sqrt{\chi}U_2{}'[\chi] + U_2{}''[\chi] == 0 \\ -U_2[\chi] + \sqrt{\chi}U_3{}'[\chi] + U_3{}''[\chi] == 0 \end{cases} \tag{8.3.70}$$

BC1s = LogicalExpand[bc1/.u2U/.XF/.U2S[6]]

$$U_0[0] == 0\&\&U_1[0] == 0\&\&U_2[0] == 0\&\&U_3[0] == 0\&\&U_4[0] == 0$$
$$\&\&U_5[0] == 0\&\&U_6[0] == 0$$

由**EQs**可知，除首项近似方程，其他高阶方程具有同样的形式。第n阶方程的形式为

eqIn = EQs[[2]]/.*U*_{i_} → *U*_{*i*+*n*−1}

$$-U_{-1+n}[\chi] + \sqrt{\chi}U_n{}'[\chi] + U_n{}''[\chi] == 0 \tag{8.3.71}$$

其通解形式为

DSolveValue[eqIn, *U_n*[*χ*], *χ*]/.{*K*[1] → *s*, *K*[2] → *t*}/.Iab2IaIb[t]

/.int_[b_Exp[a_], c__]/; FreeQ[*b*, *t*] :→ *b*int[Exp[*a*], *c*]/.{*C*[1] → *B_n*, *C*[2] → 0}

$$B_n\int_1^\chi \mathrm{e}^{-\frac{2t^{3/2}}{3}}\mathrm{d}t + \int_1^\chi \mathrm{e}^{-\frac{2t^{3/2}}{3}}\int_i^t \mathrm{e}^{\frac{2s^{3/2}}{3}}U_{n-1}[s]\,\mathrm{d}s\,\mathrm{d}t \tag{8.3.72}$$

这种形式的内部解难以与外部解匹配，设法利用内部解在$\chi \to \infty$时的渐近形式。

首项内部解为

```
U0 = DSolve[{EQs[[1]], BC1s[[1]]}, U_0[χ], χ][[1]]/. C[1] → k_0//Factor
  //PowerExpand//Cancel//toPure
```

$$\left\{U_0 \to \text{Function}\left[\{\chi\}, \left(\frac{2}{3}\right)^{1/3}\left(\text{Gamma}\left[\frac{2}{3}\right] - \text{Gamma}\left[\frac{2}{3}, \frac{2\chi^{3/2}}{3}\right]\right) k_0\right]\right\} \tag{8.3.73}$$

式中，有一个待定系数k_0。这个解实际上是一个积分，不便于与外部解匹配。因此需要将该积分用渐近级数表示，可以用第三章的知识解决。这里直接利用 MMA 的内置函数。

下面首先利用 Prandtl 匹配原则，即$u_0(0) = U_0(\infty)$。

```
lhs = Limit[u_0[x]/. u0, x → 0]
```

$$1$$

```
rhs = Limit[U_0[χ]/. U0, χ → ∞]
```

$$\left(\frac{2}{3}\right)^{1/3} \text{Gamma}\left[\frac{2}{3}\right] k_0$$

这样就确定了k_0。

```
k0 = Solve[lhs == rhs, k_0][[1]]
```

$$\left\{k_0 \to \left(\frac{3}{2}\right)^{1/3} \Big/ \text{Gamma}\left[\frac{2}{3}\right]\right\} \tag{8.3.74}$$

其数值为

```
k_0/. k0//N
```

$$0.8453578593296155$$

为了更清楚地看清积分的性质，将它展开为渐近级数：

```
seri = Series[U_0[χ]/. U0, {χ, ∞, 4}]//Normal//Expand
expr = Collect[seri, {Gamma[2/3], k_0 e^(-2χ^(3/2)/3)}, FunctionExpand[#/. k0]&]
```

$$1 + \mathrm{e}^{-\frac{2\chi^{3/2}}{3}}\left(-\frac{1}{\chi^{7/2}} + \frac{1}{2\chi^2} - \frac{1}{\sqrt{\chi}}\right) k_0$$

由此可知，级数的结构为$1 + \text{EST}$（指数小项），即首项取 1 是很好的近似。

```
U0 = toPure[{U_0[χ] → Limit[expr, χ → ∞]}]
```

$$\{U_0 \to \text{Function}[\{\chi\}, 1]\} \tag{8.3.75}$$

下面继续求高阶近似。将U_n表示为以下级数：

```
Un2S[s_, n1_, n2_:2]:= Subscript[U, n_] → (Sum[Subscript[If[i == n, k, s], i]
  #^(n1 - i/2), {i, 0, n2 + n}]&)
```

其中的未知数用**UN**表示：

```
UN[s_, num_, n1_:1]:= Table[If[i ≠ n1, Subscript[s, i], Nothing], {i, 0, num}]
```

举例如下：

```
{U_1[x]/. Un2S[1, c, 1/2], UN[c, 3]}
```

$$\left\{\sqrt{x}c_0 + \frac{c_2}{\sqrt{x}} + \frac{c_3}{x} + k_1, \{c_0, c_2, c_3\}\right\}$$

将首项内部解代入一阶内部解的渐近形式：

```
eqU1 = EQs[[2]]/. U0/. Un2S[1, c, 1/2]//Expand
```

$$-1+\frac{c_0}{2}-\frac{c_0}{4\chi^{3/2}}+\frac{3c_2}{4\chi^{5/2}}-\frac{c_2}{2\chi}+\frac{2c_3}{\chi^3}-\frac{c_3}{\chi^{3/2}}==0 \tag{8.3.76}$$

取出上式右端出现的χ的幂次：

list = Exponent[eqU1[[1]], χ, List]

$$\left\{-3,-\frac{5}{2},-\frac{3}{2},-1,0\right\}$$

可以确定三个待定系数：

cs = Solve[Coefficient[eqU1[[1]], χ, Take[list, −3]] == 0, UN[c, 3]][[1]]

$$\left\{c_0\to 2, c_2\to 0, c_3\to -\frac{1}{2}\right\}$$

U1 = toPure[{$U_1[\chi]$ → ($U_1[\chi]$/. Un2S[c, 1/2]/. cs)}]

$$\left\{U_1\to \text{Function}\left[\{\chi\},-\frac{1}{2\chi}+2\sqrt{\chi}+k_1\right]\right\} \tag{8.3.77}$$

二阶近似方程为

eqU2 = EQs[[3]]/. U1/. Un2S[d, 1]//Expand

$$\frac{1}{2\chi}-2\sqrt{\chi}+\sqrt{\chi}d_0+\frac{d_1}{2}-\frac{d_1}{4\chi^{3/2}}+\frac{3d_3}{4\chi^{5/2}}-\frac{d_3}{2\chi}+\frac{2d_4}{\chi^3}-\frac{d_4}{\chi^{3/2}}-k_1==0 \tag{8.3.78}$$

list = Exponent[eqU2[[1]], χ, List]

$$\left\{-3,-\frac{5}{2},-\frac{3}{2},-1,0,\frac{1}{2}\right\}$$

ds = Solve[Coefficient[eqU2[[1]], χ, Take[list, −4]] == 0, UN[d, 4, 2]][[1]]

$$\left\{d_0\to 2, d_1\to 2k_1, d_3\to 1, d_4\to -\frac{k_1}{2}\right\}$$

二阶内部解为

U2 = toPure[{$U_2[\chi]$ → ($U_2[\chi]$/. Un2S[d, 1]/. ds)}]

$$\left\{U_2\to \text{Function}\left[\{\chi\},\frac{1}{\sqrt{\chi}}+2\chi-\frac{k_1}{2\chi}+2\sqrt{\chi}k_1+k_2\right]\right\} \tag{8.3.79}$$

三阶近似方程为

eqU3 = EQs[[4]]/. U2/. Un2S[e, 3/2]//Expand

$$-\frac{1}{\sqrt{\chi}}-2\chi+\frac{3e_0}{4\sqrt{\chi}}+\frac{3\chi e_0}{2}+\sqrt{\chi}e_1+\frac{e_2}{2}-\frac{e_2}{4\chi^{3/2}}+\frac{3e_4}{4\chi^{5/2}}-\frac{e_4}{2\chi}+\frac{2e_5}{\chi^3}$$
$$-\frac{e_5}{\chi^{3/2}}+\frac{k_1}{2\chi}-2\sqrt{\chi}k_1-k_2==0 \tag{8.3.80}$$

list = Exponent[eqU3[[1]], χ, List]

$$\left\{-3,-\frac{5}{2},-\frac{3}{2},-1,-\frac{1}{2},0,\frac{1}{2},1\right\}$$

eqe = Coefficient[eqU3[[1]], χ, Take[list, −6]] == 0

$$\left\{-\frac{e_2}{4}-e_5,-\frac{e_4}{2}+\frac{k_1}{2},-1+\frac{3e_0}{4},\frac{e_2}{2}-k_2,e_1-2k_1,-2+\frac{3e_0}{2}\right\}==0$$

es = Solve[eqe, UN[e, 5, 3]][[1]]

$$\left\{e_0 \to \frac{4}{3}, e_1 \to 2k_1, e_2 \to 2k_2, e_4 \to k_1, e_5 \to -\frac{k_2}{2}\right\}$$

三阶内部解为

U3 = toPure[{U_3[χ] → (U_3[χ]/. Un2S[e, 3/2]/. es)}]

$$\left\{U_3 \to \text{Function}\left[\{\chi\}, \frac{4\chi^{3/2}}{3} + \frac{k_1}{\sqrt{\chi}} + 2\chi k_1 - \frac{k_2}{2\chi} + 2\sqrt{\chi}k_2 + k_3\right]\right\} \tag{8.3.81}$$

已知二项外部解为

uO = u[x]/. u2S[1]/. u0/. u1//Normal//Collect[#, e^(2√x)]&

$$\mathrm{e}^{2\sqrt{x}}\left(1 - \frac{3\epsilon}{2} - \frac{\epsilon}{2x} + \frac{2\epsilon}{\sqrt{x}}\right) \tag{8.3.82}$$

采用推广的 Van Dyke 匹配原则进行匹配。

将ϵ阶的外部解先写成内变量，再取ϵ阶的内部展开式：

uO1 = (uO/. x2X/. lambda//Expand//PowerExpand) + O[ϵ]^(4/3)

$$1 + \left(-\frac{1}{2\chi} + 2\sqrt{\chi}\right)\epsilon^{1/3} + \left(\frac{1}{\sqrt{\chi}} + 2\chi\right)\epsilon^{2/3} + \left(\frac{3}{2} + \frac{4\chi^{3/2}}{3}\right)\epsilon + O[\epsilon]^{4/3}$$

内部解已表示为渐近形式，即

UI1 = U[χ]/. U2S[3]/. U0/. U1/. U2/. U3

$$1 + \left(-\frac{1}{2\chi} + 2\sqrt{\chi} + k_1\right)\epsilon^{1/3} + \left(\frac{1}{\sqrt{\chi}} + 2\chi - \frac{k_1}{2\chi} + 2\sqrt{\chi}k_1 + k_2\right)\epsilon^{2/3}$$
$$+ \left(\frac{4\chi^{3/2}}{3} + \frac{k_1}{\sqrt{\chi}} + 2\chi k_1 - \frac{k_2}{2\chi} + 2\sqrt{\chi}k_2 + k_3\right)\epsilon + O[\epsilon]^{4/3}$$

将外部解与内部解相减，确定匹配常数：

k123 = Solve[uO1 − UI1 == 0, {k_1, k_2, k_3}][[1]]

$$\{k_1 \to 0, k_2 \to 0, k_3 \to 3/2\} \tag{8.3.83}$$

已知内部解的渐近形式后，可由积分的渐近形式确定内部解中的积分常数B_n。

由前面的匹配过程，似乎已经匹配到ϵ阶。下面采用中间匹配原则进行检验。

两项外部解的中间变量形式为

o1 = (u_0[x]/. u0/. x → η𝕏) + O[η]^3//Normal

$$1 + 2\sqrt{\mathbb{X}}\sqrt{\eta} + 2\mathbb{X}\eta + \frac{4}{3}\mathbb{X}^{3/2}\eta^{3/2} + \frac{2\mathbb{X}^2\eta^2}{3} + \frac{4}{15}\mathbb{X}^{5/2}\eta^{5/2}$$

o2 = (ϵu_1[x]/. u1/. x → η𝕏) + O[η]^(1/2)//Normal

$$\frac{3\epsilon}{2} - \frac{\epsilon}{2\mathbb{X}\eta} + \frac{\epsilon}{\sqrt{\mathbb{X}}\sqrt{\eta}}$$

lhs = o1 + o2

$$1 + \frac{3\epsilon}{2} - \frac{\epsilon}{2\mathbb{X}\eta} + \frac{\epsilon}{\sqrt{\mathbb{X}}\sqrt{\eta}} + 2\sqrt{\mathbb{X}}\sqrt{\eta} + 2\mathbb{X}\eta + \frac{4}{3}\mathbb{X}^{3/2}\eta^{3/2} + \frac{2\mathbb{X}^2\eta^2}{3} + \frac{4}{15}\mathbb{X}^{5/2}\eta^{5/2}$$

四项内部解的中间变量形式为

i1 = (U_0[χ]/. U0)

1

i2 = ($\epsilon^{1/3}U_1[\chi]$/. U1/. X2x/. lambda/. $x \to \eta\mathbb{X}$/. k123)//Expand//PowerExpand

$$-\frac{\epsilon}{2\mathbb{X}\eta}+2\sqrt{\mathbb{X}}\sqrt{\eta}$$

i3 = ($\epsilon^{2/3}U_2[\chi]$/. U2/. X2x/. lambda/. $x \to \eta\mathbb{X}$/. k123)//Expand//PowerExpand

$$\frac{\epsilon}{\sqrt{\mathbb{X}}\sqrt{\eta}}+2\mathbb{X}\eta$$

i4 = ($\epsilon U_3[\chi]$/. U3/. X2x/. lambda/. $x \to \eta\mathbb{X}$/. k123)//Expand//PowerExpand

$$\frac{3\epsilon}{2}+\frac{4}{3}\mathbb{X}^{3/2}\eta^{3/2}$$

rhs = i1 + i2 + i3 + i4

外部解与内部解之差为

diff = (lhs − rhs)/ϵ //Expand

$$\frac{2\mathbb{X}^2\eta^2}{3\epsilon}+\frac{4\mathbb{X}^{5/2}\eta^{5/2}}{15\epsilon}$$

由于$\mathbb{X}=O(1)$，上式中每一项都应趋于零：

list = Cases[diff, a_Rationalb_$\mathbb{X}$^n_. → b]

$$\left\{\frac{\eta^2}{\epsilon},\frac{\eta^{5/2}}{\epsilon}\right\}$$

cond1 = FullSimplify[Reduce[list < 1, η], 0 < ϵ < η < 1]

$$\eta<\sqrt{\epsilon} \tag{8.3.84}$$

以上的条件是来自外部解。已经给出的内部解全部抵消了，这里还应考虑内部解的余项。根据已知解的部分，可以推断出余项的量级。如**i2**已知前两项的量级按大小排序应为$\epsilon^0\eta^{1/2}$和$\epsilon^1\eta^{-1}$，推测余项的量级应该是$\epsilon^2\eta^{-5/2}$，即相应的指数呈等差数列。同理**i3**和**i4**的余项的量级分别为$\epsilon^2\eta^{-2}$和$\epsilon^2\eta^{-3/2}$。事实上，这三项是可以明确算出来的。

eqU1a = EQs[[2]]/. U0/. Un2S[c, 1/2 , 5]//Expand

$$-1+\frac{c_0}{2}-\frac{c_0}{4\chi^{3/2}}+\frac{3c_2}{4\chi^{5/2}}-\frac{c_2}{2\chi}+\frac{2c_3}{\chi^3}-\frac{c_3}{\chi^{3/2}}+\frac{15c_4}{4\chi^{7/2}}-\frac{3c_4}{2\chi^2}+\frac{6c_5}{\chi^4}$$
$$-\frac{2c_5}{\chi^{5/2}}+\frac{35c_6}{4\chi^{9/2}}-\frac{5c_6}{2\chi^3}==0$$

list = Exponent[eqU1a[[1]], χ, List]

$$\left\{-\frac{9}{2},-4,-\frac{7}{2},-3,-\frac{5}{2},-2,-\frac{3}{2},-1,0\right\}$$

csa = Solve[Coefficient[eqU1a[[1]], χ, Take[list, −6]] == 0, UN[c, 6, 1]][[1]]

$$\left\{c_0\to 2,c_2\to 0,c_3\to -\frac{1}{2},c_4\to 0,c_5\to 0,c_6\to -\frac{2}{5}\right\}$$

U1a = toPure[{$U_1[\chi]$ → ($U_1[\chi]$/. Un2S[c, 1/2 , 5]/. csa)}]

$$\left\{U_1\to \text{Function}\left[\{\chi\},-\frac{2}{5\chi^{5/2}}-\frac{1}{2\chi}+2\sqrt{\chi}+k_1\right]\right\} \tag{8.3.85}$$

```
i2a = ϵ^(1/3)U1[χ]/.U1a/.X2x/.lambda/.x → η𝕏/.k123//PowerExpand//Expand
```

$$-\frac{2\epsilon^2}{5\mathbb{X}^{5/2}\eta^{5/2}}-\frac{\epsilon}{2\mathbb{X}\eta}+2\sqrt{\mathbb{X}}\sqrt{\eta}$$

```
eqU2a = EQs[[3]]/.U1a/.Un2S[d,1,4]//Expand
```

$$\frac{2}{5\chi^{5/2}}+\frac{1}{2\chi}-2\sqrt{\chi}+\sqrt{\chi}d_0+\frac{d_1}{2}-\frac{d_1}{4\chi^{3/2}}+\frac{3d_3}{4\chi^{5/2}}-\frac{d_3}{2\chi}+\frac{2d_4}{\chi^3}-\frac{d_4}{\chi^{3/2}}$$
$$+\frac{15d_5}{4\chi^{7/2}}-\frac{3d_5}{2\chi^2}+\frac{6d_6}{\chi^4}-\frac{2d_6}{\chi^{5/2}}-k_1==0$$

```
list = Exponent[eqU2a[[1]],χ,List]
```

$$\{-4,-7/2,-3,-5/2,-2,-3/2,-1,0,1/2\}$$

```
dsa = Solve[Coefficient[eqU2a[[1]],χ,Take[list,-6]] == 0,UN[d,6,2]][[1]]
```

$$\left\{d_0\to 2,d_1\to 2k_1,d_3\to 1,d_4\to -\frac{k_1}{2},d_5\to 0,d_6\to\frac{23}{40}\right\}$$

```
U2a = toPure[{U2[χ] → (U2[χ]/.Un2S[d,1,4]/.dsa)}]
```

$$\left\{U_2\to \text{Function}\left[\{\chi\},\frac{23}{40\chi^2}+\frac{1}{\sqrt{\chi}}+2\chi-\frac{k_1}{2\chi}+2\sqrt{\chi}k_1+k_2\right]\right\}\tag{8.3.86}$$

```
i3a = ϵ^(2/3)U2[χ]/.U2a/.X2x/.lambda/.x → η𝕏/.k123//PowerExpand//Expand
```

$$\frac{23\epsilon^2}{40\mathbb{X}^2\eta^2}+\frac{\epsilon}{\sqrt{\mathbb{X}}\sqrt{\eta}}+2\mathbb{X}\eta$$

```
eqU3a = EQs[[4]]/.U2a/.Un2S[e,3/2,3]//Expand
```

$$-\frac{23}{40\chi^2}-\frac{1}{\sqrt{\chi}}-2\chi+\frac{3e_0}{4\sqrt{\chi}}+\frac{3\chi e_0}{2}+\sqrt{\chi}e_1+\frac{e_2}{2}-\frac{e_2}{4\chi^{3/2}}+\frac{3e_4}{4\chi^{5/2}}-\frac{e_4}{2\chi}+\frac{2e_5}{\chi^3}$$
$$-\frac{e_5}{\chi^{3/2}}+\frac{15e_6}{4\chi^{7/2}}-\frac{3e_6}{2\chi^2}+\frac{k_1}{2\chi}-2\sqrt{\chi}k_1-k_2==0$$

```
list = Exponent[eqU3a[[1]],χ,List]
```

$$\left\{-\frac{7}{2},-3,-\frac{5}{2},-2,-\frac{3}{2},-1,-\frac{1}{2},0,\frac{1}{2},1\right\}$$

```
eqe = Coefficient[eqU3a[[1]],χ,Take[list,-7]] == 0
```

$$\left\{-\frac{23}{40}-\frac{3e_6}{2},-\frac{e_2}{4}-e_5,-\frac{e_4}{2}+\frac{k_1}{2},-1+\frac{3e_0}{4},\frac{e_2}{2}-k_2,e_1-2k_1,-2+\frac{3e_0}{2}\right\}==0$$

```
esa = Solve[eqe,UN[e,6,3]][[1]]
```

$$\left\{e_0\to\frac{4}{3},e_1\to 2k_1,e_2\to 2k_2,e_4\to k_1,e_5\to -\frac{k_2}{2},e_6\to -\frac{23}{60}\right\}$$

```
U3a = toPure[{U3[x] → (U3[x]/.Un2S[e,3/2,3]/.esa)}]
```

$$\left\{U_3\to \text{Function}\left[\{x\},-\frac{23}{60x^{3/2}}+\frac{4x^{3/2}}{3}+\frac{k_1}{\sqrt{x}}+2xk_1-\frac{k_2}{2x}+2\sqrt{x}k_2+k_3\right]\right\}\tag{8.3.87}$$

```
i4a = ϵU3[χ]/.U3a/.X2x/.lambda/.x → η𝕏/.k123//PowerExpand//Expand
```

$$\frac{3\epsilon}{2}-\frac{23\epsilon^2}{60\mathbb{X}^{3/2}\eta^{3/2}}+\frac{4}{3}\mathbb{X}^{3/2}\eta^{3/2}$$

这样就再次得出前面推测的结果，其量级为

list = {i2a, i3a, i4a}/. ϵ^2η^m-a_ + b_ → ϵ^2η^m

$$\left\{\frac{\epsilon^2}{\eta^{5/2}}, \frac{\epsilon^2}{\eta^2}, \frac{\epsilon^2}{\eta^{3/2}}\right\}$$

由此可得内部解需满足的条件：

cond2 = FullSimplify[Reduce[list/ϵ < 1, η], 0 < ϵ < η < 1]

$$\eta > \epsilon^{2/5} \tag{8.3.88}$$

Simplify[cond1&&cond2, 0 < ϵ < η < 1]

False

这表明内、外部解满足的条件不能同时成立。矛盾。

如果匹配到$O(\epsilon^{2/3})$，则可以成立(存在满足条件的η)。

list1 = List@@diff < ϵ^{2/3}/.𝕏 → 1/. a_Rationalb_ → b//Thread

$$\{\eta^2 < \epsilon^{2/3}, \eta^{5/2} < \epsilon^{2/3}\}$$

condo = FullSimplify[Reduce[list1, η], 0 < ϵ < η < 1]

$$\eta < \epsilon^{1/3}$$

condi = FullSimplify[Reduce[list < ϵ^{2/3}, η], 0 < ϵ < η < 1]

$$\eta > \epsilon^{8/15}$$

both = FullSimplify[Reduce[condo&&condi, η], 0 < ϵ < 1]

HoldForm[#]&@both/. Less → LessLess

$$\epsilon^{8/15} \ll \eta \ll \epsilon^{1/3} \tag{8.3.89}$$

验证是否存在满足上述条件的η和ϵ：

cond = Exists[{η, ϵ}, Element[η|ϵ, Reals], condo&&condi&&0 < ϵ < η < 1]

$$\exists_{\{\eta,\epsilon\},(\eta|\epsilon)\in\mathbb{R}}(\eta < \epsilon^{1/3}\&\&\eta > \epsilon^{8/15}\&\&0 < \epsilon < \eta < 1)$$

Resolve[cond]

True

继续求高阶项并进行匹配。四阶近似方程及其解为

eqU4 = EQs[[5]]/. U3/. k123

$$-\frac{3}{2} - \frac{4\chi^{3/2}}{3} + \sqrt{\chi}U_4{}'[\chi] + U_4{}''[\chi] == 0$$

lhs = Collect[eqU4[[1]]/. Un2S[f, 2], χ]

$$-\frac{3}{2} + 2f_0 + \chi^{3/2}(-\frac{4}{3} + 2f_0) + \frac{3f_1}{4\sqrt{\chi}} + \frac{3\chi f_1}{2} + \sqrt{\chi}f_2 + \frac{f_3}{2} + \frac{3f_5}{4\chi^{5/2}} - \frac{f_5}{2\chi} + \frac{-f_3/4 - f_6}{\chi^{3/2}} + \frac{2f_6}{\chi^3}$$

list = Exponent[lhs, χ, List]

$$\left\{-3, -\frac{5}{2}, -\frac{3}{2}, -1, -\frac{1}{2}, 0, \frac{1}{2}, 1, \frac{3}{2}\right\}$$

eqf = Coefficient[lhs, χ, Take[list, −7]] == 0

$$\left\{-\frac{f_3}{4} - f_6, -\frac{f_5}{2}, \frac{3f_1}{4}, -\frac{3}{2} + 2f_0 + \frac{f_3}{2}, f_2, \frac{3f_1}{2}, -\frac{4}{3} + 2f_0\right\} == 0$$

fs = Solve[eqf, UN[f, 7, 4]][[1]]

$$\left\{f_0 \to \frac{2}{3}, f_1 \to 0, f_2 \to 0, f_3 \to \frac{1}{3}, f_5 \to 0, f_6 \to -\frac{1}{12}\right\}$$

U4 = toPure[{$U_4[\chi]$ → ($U_4[\chi]$/. Un2S[f, 2]/. fs)}]

$$\left\{U_4 \to \text{Function}\left[\{\chi\}, -\frac{1}{12\chi} + \frac{\sqrt{\chi}}{3} + \frac{2\chi^2}{3} + k_4\right]\right\} \tag{8.3.90}$$

五阶近似方程及其解为

eqU5 = EQs[[6]]/. U4

$$\frac{1}{12\chi} - \frac{\sqrt{\chi}}{3} - \frac{2\chi^2}{3} - k_4 + \sqrt{\chi}U_5'[\chi] + U_5''[\chi] == 0$$

lhs = Collect[eqU5[[1]]/. Un2S[g, 5/2], χ]

$$\chi^2\left(-\frac{2}{3} + \frac{5g_0}{2}\right) + 2g_1 + 2\chi^{3/2}g_1 + \frac{3g_2}{4\sqrt{\chi}} + \frac{3\chi g_2}{2} + \sqrt{\chi}\left(-\frac{1}{3} + \frac{15g_0}{4} + g_3\right) + \frac{g_4}{2} + \frac{\frac{1}{12} - \frac{g_6}{2}}{\chi} + \frac{3g_6}{4\chi^{5/2}} + \frac{-\frac{g_4}{4} - g_7}{\chi^{3/2}} + \frac{2g_7}{\chi^3} - k_4$$

list = Exponent[lhs, χ, List]

$$\left\{-3, -\frac{5}{2}, -\frac{3}{2}, -1, -\frac{1}{2}, 0, \frac{1}{2}, 1, \frac{3}{2}, 2\right\}$$

eqg = Coefficient[lhs, χ, Take[list, −8]] == 0

$$\left\{-\frac{g_4}{4} - g_7, \frac{1}{12} - \frac{g_6}{2}, \frac{3g_2}{4}, 2g_1 + \frac{g_4}{2} - k_4, -\frac{1}{3} + \frac{15g_0}{4} + g_3, \frac{3g_2}{2}, 2g_1, -\frac{2}{3} + \frac{5g_0}{2}\right\} == 0$$

gs = Solve[eqg, UN[g, 8, 5]][[1]]

$$\left\{g_0 \to \frac{4}{15}, g_1 \to 0, g_2 \to 0, g_3 \to -\frac{2}{3}, g_4 \to 2k_4, g_6 \to \frac{1}{6}, g_7 \to -\frac{k_4}{2}\right\}$$

U5 = toPure[{$U_5[\chi]$ → ($U_5[\chi]$/. Un2S[g, 5/2]/. gs)}]

$$\left\{U_5 \to \text{Function}\left[\{\chi\}, \frac{1}{6\sqrt{\chi}} - \frac{2\chi}{3} + \frac{4\chi^{5/2}}{15} - \frac{k_4}{2\chi} + 2\sqrt{\chi}k_4 + k_5\right]\right\} \tag{8.3.91}$$

利用以上结果进行匹配，过程如下：

o1 = ($u_0[x]$/. u0/. $x \to \eta\mathbb{X}$) + $O[\eta]^3$//Normal

$$1 + 2\sqrt{\mathbb{X}}\sqrt{\eta} + 2\mathbb{X}\eta + \frac{4}{3}\mathbb{X}^{3/2}\eta^{3/2} + \frac{2\mathbb{X}^2\eta^2}{3} + \frac{4}{15}\mathbb{X}^{5/2}\eta^{5/2}$$

o2 = ($\epsilon u_1[x]$/. u1/. $x \to \eta\mathbb{X}$) + $O[\eta]^{3/2}$//Normal

$$\frac{3\epsilon}{2} - \frac{\epsilon}{2\mathbb{X}\eta} + \frac{\epsilon}{\sqrt{\mathbb{X}}\sqrt{\eta}} + \frac{1}{3}\sqrt{\mathbb{X}}\epsilon\sqrt{\eta} - \frac{2\mathbb{X}\epsilon\eta}{3}$$

i5 = ($\epsilon^{4/3}U_4[\chi]$/. U4/. $\chi \to X[x]$/. XF/. lambda/. x
→ $\eta\mathbb{X}$/. k123)//Expand//PowerExpand

$$-\frac{\epsilon^2}{12\mathbb{X}\eta} + \frac{1}{3}\sqrt{\mathbb{X}}\epsilon\sqrt{\eta} + \frac{2\mathbb{X}^2\eta^2}{3} + \epsilon^{4/3}k_4$$

i6 = ($\epsilon^{5/3}U_5[\chi]$/. U5/. $\chi \to X[x]$/. XF/. lambda/. x
→ $\eta\mathbb{X}$/. k123)//Expand//PowerExpand

$$\frac{\epsilon^2}{6\sqrt{\mathbb{X}}\sqrt{\eta}}-\frac{2\mathbb{X}\epsilon\eta}{3}+\frac{4}{15}\mathbb{X}^{5/2}\eta^{5/2}-\frac{\epsilon^{7/3}k_4}{2\mathbb{X}\eta}+2\sqrt{\mathbb{X}}\epsilon^{4/3}\sqrt{\eta}k_4+\epsilon^{5/3}k_5$$

lhs = o1 + o2

$$1+\frac{3\epsilon}{2}-\frac{\epsilon}{2\mathbb{X}\eta}+\frac{\epsilon}{\sqrt{\mathbb{X}}\sqrt{\eta}}+2\sqrt{\mathbb{X}}\sqrt{\eta}+\frac{1}{3}\sqrt{\mathbb{X}}\epsilon\sqrt{\eta}+2\mathbb{X}\eta-\frac{2\mathbb{X}\epsilon\eta}{3}$$
$$+\frac{4}{3}\mathbb{X}^{3/2}\eta^{3/2}+\frac{2\mathbb{X}^2\eta^2}{3}+\frac{4}{15}\mathbb{X}^{5/2}\eta^{5/2}$$

rhs = i1 + i2 + i3 + i4 + i5 + i6

$$1+\frac{3\epsilon}{2}-\frac{\epsilon}{2\mathbb{X}\eta}-\frac{\epsilon^2}{12\mathbb{X}\eta}+\frac{\epsilon}{\sqrt{\mathbb{X}}\sqrt{\eta}}+\frac{\epsilon^2}{6\sqrt{\mathbb{X}}\sqrt{\eta}}+2\sqrt{\mathbb{X}}\sqrt{\eta}+\frac{1}{3}\sqrt{\mathbb{X}}\epsilon\sqrt{\eta}+2\mathbb{X}\eta-\frac{2\mathbb{X}\epsilon\eta}{3}+\frac{4}{3}\mathbb{X}^{3/2}\eta^{3/2}$$
$$+\frac{2\mathbb{X}^2\eta^2}{3}+\frac{4}{15}\mathbb{X}^{5/2}\eta^{5/2}+\epsilon^{4/3}k_4-\frac{\epsilon^{7/3}k_4}{2\mathbb{X}\eta}+2\sqrt{\mathbb{X}}\epsilon^{4/3}\sqrt{\eta}k_4+\epsilon^{5/3}k_5$$

{k45} = Solve[Select[rhs − lhs, FreeQ[#, (ϵ^m_.η^n_./; m + n > 2)]&] + O[ϵ]^2 ==
= 0, {k4, k5}]

$$\{\{k_4\to 0,k_5\to 0\}\} \tag{8.3.92}$$

expr = (rhs − lhs + O[ϵ]^2//Normal//Expand)/. k45

$$0$$

【练习题 8.2】 确定式(8.3.72)中的积分常数B_n，并写出准确到$O(\epsilon)$的组合展开式。

例 8.3.6 考虑奇异边界问题

$$(x+\epsilon u(x))u'(x)+(1+\epsilon)u(x)=0 \tag{8.3.93}$$
$$u(1)=1 \tag{8.3.94}$$

将以上方程和边界条件记为

eq = (x + ϵu[x])u′[x] + (1 + ϵ)u[x] == 0

bc = u[1] == 1

本例看似与例 6.3.1 差不多，只是$u(x)$前的系数不是 1 而是$1+\epsilon$。虽然只有微小的差别，该方程不再是恰当方程，因而没有显式解。当$\epsilon=0$时，退化方程仍为同阶的常微分方程。下面给出当$\epsilon=0.01$时的数值解。

un = NDSolveValue[{eq, bc}/. ϵ → 0.01, u, {x, −.5, 1}]

可以预期本例数值解un应与例 6.3.1 的精确解ue类似，如图 8.3.4 所示，其中uϵ和u0与例 6.3.1 相同。注意到$u(0)$仍为有限值，即

un[0]

$$14.40159194950534$$

同样可用 MMA 直接求渐近解：

ua = AsymptoticDSolveValue[{eq, bc}, u[x], x, {ϵ, 0, 2}]//Collect[#, ϵ, Apart]&

$$\frac{1}{x}+\epsilon\left(\frac{-1+x^2}{2x^3}-\frac{\mathrm{Log}[x]}{x}\right)+\epsilon^2\left(\frac{2-3x^2+x^4}{4x^5}-\frac{(-2+x^2)\mathrm{Log}[x]}{2x^3}+\frac{\mathrm{Log}[x]^2}{2x}\right) \tag{8.3.95}$$

注意上式中出现了对数项。这确实有点出乎意料。

再比较一下式(8.3.95)中各项的量级，可得

approx[#, x]&/@CoefficientList[ua, ϵ]

$$\left\{\mathbb{O}\left[\frac{1}{x}\right],\mathbb{O}\left[\frac{1}{x^3}\right],\mathbb{O}\left[\frac{1}{x^5}\right]\right\}$$

这表明，当$x\to 0$时，高阶项奇性越来越强，因此该渐近解不是一致有效的。

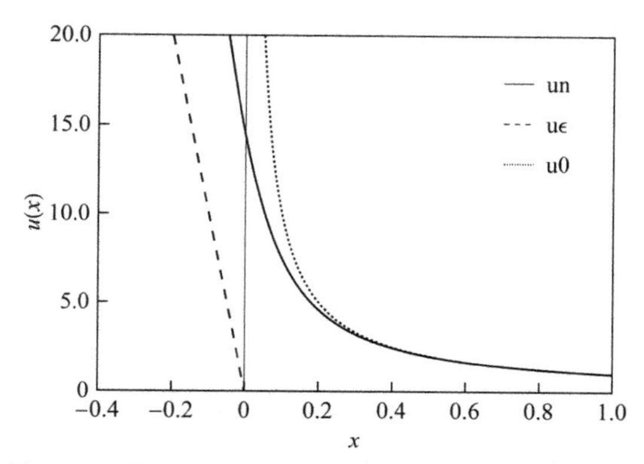

图 8.3.4　数值解un、首项解u0和出现奇性的曲线uϵ

可用正则摄动法求出外部解：

u2S[n_]: = $\boldsymbol{u}\to$ (Sum[$\boldsymbol{u_i}$[#]$\boldsymbol{\epsilon^i}$, {$\boldsymbol{i}$, 0, $\boldsymbol{n}$}] + $\boldsymbol{O}[\boldsymbol{\epsilon}]^{\boldsymbol{n+1}}$&)

eqs = LogicalExpand[eq/. u2S[2]]

$$u_0[x]+xu_0{}'[x]==0\&\&u_0[x]+u_1[x]+u_0[x]u_0{}'[x]+xu_1{}'[x]==0$$
$$\&\&u_1[x]+u_2[x]+u_1[x]u_0{}'[x]+u_0[x]u_1{}'[x]+xu_2{}'[x]==0$$

bcs = LogicalExpand[bc/. u2S[2]]

$$-1+u_0[1]==0\&\&u_1[1]==0\&\&u_2[1]==0$$

us = DSolve[{eqs, bcs}, {$\boldsymbol{u_0[x]}$, $\boldsymbol{u_1[x]}$, $\boldsymbol{u_2[x]}$}, $\boldsymbol{x}$][[1]]//Apart

$$\left\{u_0[x]\to\frac{1}{x},u_1[x]\to\frac{-1+x^2}{2x^3}-\frac{\mathrm{Log}[x]}{x},u_2[x]\to\frac{2-3x^2+x^4}{4x^5}-\frac{(-2+x^2)\mathrm{Log}[x]}{2x^3}+\frac{\mathrm{Log}[x]^2}{2x}\right\}$$

通过比值判别法，也可以得到同样的结论。

ratio = $\boldsymbol{u_1[x]/u_0[x]}$ /. us//Expand//Apart

Limit[ratio, $\boldsymbol{x}\to$ 0, Direction → "FromAbove"]

$$-\infty$$

考虑到外部解的形式，可对自变量作如下变换：

$$\chi=x/\sqrt{\epsilon}\tag{8.3.96}$$

可以发现，在变换，即式(8.3.96)的作用下，外部解的奇性不再逐项增强了。

Expand@(List@@ua)

%/. $\boldsymbol{x\to\chi\sqrt{\epsilon}}$/. $\boldsymbol{\chi}\to$ 1

$$\left\{\frac{1}{\sqrt{\epsilon}},-\frac{1}{2\sqrt{\epsilon}}+\frac{\sqrt{\epsilon}}{2}-\sqrt{\epsilon}\mathrm{Log}[\sqrt{\epsilon}],\frac{1}{2\sqrt{\epsilon}}-\frac{3\sqrt{\epsilon}}{4}+\frac{\epsilon^{3/2}}{4}+\sqrt{\epsilon}\mathrm{Log}[\sqrt{\epsilon}]-\cdots\right\}\tag{8.3.97}$$

Limit[%$\boldsymbol{\sqrt{\epsilon}}$//Expand, $\boldsymbol{\epsilon}\to$ 0]

$$\left\{1,-\frac{1}{2},\frac{1}{2}\right\}$$

从式(8.3.97)的第 1 项可知

$$u \sim 1/\sqrt{\epsilon} \tag{8.3.98}$$

对应变量作如下变换：

$$U = \sqrt{\epsilon}u \tag{8.3.99}$$

式中，$U = O(1)$。

将上述变换，即式(8.3.96)和式(8.3.99)应用于方程(8.3.93)，可得

```
u2U = u → (U[X[#]]/√ϵ &);
X2χ = X[x] → χ;
Xf = X → (#/√ϵ &);
x2χ = x → χ√ϵ;
eqU = eq/.u2U/.X2χ/.Xf/.x2χ//Simplify[#, ϵ > 0]&
```

$$\chi U'[\chi] + U[\chi](1+\epsilon+U'[\chi]) == 0$$

将$U(\chi)$用如下渐近序列展开，注意到其中不但出现了ϵ的分数次幂，还有对数项。

```
U2S = U → (U0[#] + √ϵU1[#] + ϵLog[ϵ]U2[#] + ϵU3[#] + ϵ^(3/2)U4[#]&);
lhs = eqU[[1]]/.U2S//Expand
```

$O(1)$阶方程的解为

```
eq0 = Coefficient[lhs, ϵ, 0] == 0//Collect[#, U0'[χ]]&
U0 = DSolve[eq0, U0[χ], χ]/.Exp[a_] → a//toPure//Last
```

$$\{U_0 \to \text{Function}[\{\chi\}, -\chi + \sqrt{\chi^2+2c_1}]\} \tag{8.3.100}$$

分别列出$\epsilon^{\frac{1}{2}}$、$\epsilon\ln(\epsilon)$、ϵ和$\epsilon^{\frac{3}{2}}$所对应的方程为

```
eq1 = Coefficient[lhs, ϵ, 1/2] == 0//Collect[#, {U1'[χ], U1[χ]}]&
eq2 = Coefficient[lhs, ϵLog[ϵ]] == 0//Collect[#, {U2'[χ], U2[χ]}]&
eq3 = Coefficient[lhs, ϵ, 1] =
        = 0//Collect[#, {U3'[χ], U3[χ], Log[ϵ]}, Collect[#, {U2'[χ], U2[χ]}]&]&
eq3 = eq3/.ToRules[eq2]
eq4 = Coefficient[lhs, ϵ, 3/2] =
        = 0//Collect[#, {U4'[χ], U4[χ], Log[ϵ]}, Collect[#, {U3'[χ], U3[χ]}]&]&
```

联立求解，可得

```
Us = DSolve[{eq1, eq2, eq3, eq4}/.U0, {U1[χ], U2[χ], U3[χ], U4[χ]}, χ][[1]]/.Exp[a_]
        → a//Apart
```

$$\left\{U_1[\chi] \to \frac{c_2}{\sqrt{\chi^2+2c_1}}, U_2[\chi] \to \frac{c_3}{\sqrt{\chi^2+2c_1}}, U_3[\chi] \to -\frac{\chi}{2} - \frac{c_1}{\sqrt{\chi^2+2c_1}} + \cdots\right\}$$

采用推广的 Van Dyke 匹配原则，在本例中即

ϵ阶外部解的$\epsilon^{\frac{1}{2}}$阶内部展开式=$\epsilon^{\frac{1}{2}}$阶内部解的ϵ阶外部展开式

ϵ阶外部解为

```
o2 = u[x]/.u2S[1]/.us
```

$$\frac{1}{x} + \left(\frac{-1+x^2}{2x^3} - \frac{\text{Log}[x]}{x}\right)\epsilon + O[\epsilon]^2 \tag{8.3.101}$$

写成$\epsilon^{\frac{1}{2}}$阶内部展开式：

```
o2i = o2/.x → χ√ϵ//PoEx//Normal//Expand//Collect[#, {√ϵLog[ϵ], 1/√ϵ}, Apart]&
```

```
(o2i1 = o2i + O[ϵ]//Normal//Expand//Collect[#,{√ϵLog[ϵ], 1/√ϵ}]&)/. ϵ^n_
    :→ ϵ^HoldForm[n]
```

$$\epsilon^{-\frac{1}{2}}\left(-\frac{1}{2\chi^3}+\frac{1}{\chi}\right)-\frac{\epsilon^{\frac{1}{2}}\text{Log}[\epsilon]}{2\chi}+\epsilon^{\frac{1}{2}}\left(\frac{1}{2\chi}-\frac{\text{Log}[\chi]}{\chi}\right)$$

再用外变量表示：

```
o2i1o = o2i1/. χ → x/√ϵ //PowerExpand//Expand
    //Collect[#, ϵ, Collect[#, Log[x], Together]&]&
```

$$\frac{1}{x}+\epsilon\left(\frac{-1+x^2}{2x^3}-\frac{\text{Log}[x]}{x}\right) \tag{8.3.102}$$

内部解展开后截断，然后保留至$O(\epsilon)$阶项：

```
i1 = u[x]/. u2U/. X2χ/. U2S/. U0/. Most[Us]//Expand
```

$$-\frac{\chi}{\sqrt{\epsilon}}-\frac{\sqrt{\epsilon}\chi}{2}-\frac{\sqrt{\epsilon}c_1}{\sqrt{\chi^2+2c_1}}+\frac{\sqrt{\chi^2+2c_1}}{\sqrt{\epsilon}}+\frac{1}{2}\sqrt{\epsilon}\sqrt{\chi^2+2c_1}+\frac{c_2}{\sqrt{\chi^2+2c_1}}-\frac{\sqrt{\epsilon}{c_2}^2}{2(\chi^2+2c_1)^{3/2}}$$
$$+\frac{\sqrt{\epsilon}c_4}{\sqrt{\chi^2+2c_1}}+\frac{\sqrt{\epsilon}c_3\text{Log}[\epsilon]}{\sqrt{\chi^2+2c_1}}-\frac{\sqrt{\epsilon}c_1\text{Log}[\chi+\sqrt{\chi^2+2c_1}]}{\sqrt{\chi^2+2c_1}}$$

```
i1o = (i1/. χ → x/√ϵ) + O[ϵ]^(3/2)//Normal//PowerExpand//Expand
    //Collect[#, {ϵLog[ϵ], ϵ}, Collect[#, {Log[x], 1/x}]&]&
```

$$\frac{c_1}{x}+\frac{\sqrt{\epsilon}c_2}{x}+\epsilon\left(-\frac{{c_1}^2}{2x^3}+\frac{-\frac{c_1}{2}+c_4-c_1\text{Log}[2]}{x}-\frac{c_1\text{Log}[x]}{x}\right)+\frac{\epsilon\left(\frac{c_1}{2}+c_3\right)\text{Log}[\epsilon]}{x} \tag{8.3.103}$$

根据内部解展开式与外部解展开式之差，逐阶确定待定常数为

```
diff = i1o − o2i1o//Expand
C1 = Solve[Coefficient[diff, ϵ, 0] == 0, C[1]][[1]]
```

$$\{c_1\to 1\}$$

```
C2 = Solve[Coefficient[diff/. C1, ϵ, 1/2] == 0, C[2]][[1]]
```

$$\{c_2\to 0\}$$

```
C3 = Solve[Coefficient[diff/. C1/. C2, ϵLog[ϵ]] == 0, C[3]][[1]]
```

$$\{c_3\to -1/2\}$$

```
C4 = Solve[diff == 0/. C1/. C2/. C3, C[4]][[1]]
```

$$\{c_4\to 1+\text{Log}[2]\}$$

可确定内部解的展开式为

```
Ui = U[χ]/. U → (U0[#] + √ϵU1[#] + ϵLog[ϵ]U2[#] + ϵU3[#]&)/. U0/. Us/. C1/. C2/. C3/. C4
   /. χ → x/√ϵ //Together//PowerExpand;
```

为了获得解的最简表示形式，还要作相应的化简，注意到$u=U/\sqrt{\epsilon}$，可得内部解：

```
ui = Expand[Map[PowerExpand[Factor[#]]&, Ui, −1]/√ϵ /. x^2 + 2ϵ → x2];
Select[ui, FreeQ[#, ϵa_]&]/. x2 → x^2 + 2ϵ//FullSimplify//Apart
part1 = Collect[%/. x^2 + 2ϵ → x2, ϵ, Factor[Together[#/. x2 → x^2 + 2ϵ]]&]
```

$$\frac{-x+\sqrt{x^2+2\epsilon}}{\epsilon}-\frac{x(-x+\sqrt{x^2+2\epsilon})}{2\sqrt{x^2+2\epsilon}}$$

```
part2 = Select[expr, ! FreeQ[#, ϵa_]&]/. x2 → x^2 + 2ϵ//Factor
```

$$\epsilon(1 + \mathrm{Log}[2] - \mathrm{Log}[x + \sqrt{x^2 + 2\epsilon}])/\sqrt{x^2 + 2\epsilon}$$

$\boldsymbol{u^i = \mathbf{part1} + \mathbf{part2}}$

最后，确定组合解：

$$u^{\mathrm{c}} = u^{\mathrm{i}} + u^{\mathrm{o}} - (u^{\mathrm{o}})^{\mathrm{i}}$$

由于$u^{\mathrm{o}} = (u^{\mathrm{o}})^{\mathrm{i}}$，即**o2 = o2i1o**，因此

$$u^{\mathrm{c}} = u^{\mathrm{i}} = \frac{-x + \sqrt{x^2 + 2\epsilon}}{\epsilon} - \frac{x(-x + \sqrt{x^2 + 2\epsilon})}{2\sqrt{x^2 + 2\epsilon}} + \frac{\epsilon(1 + \mathrm{Log}[2] - \mathrm{Log}[x + \sqrt{x^2 + 2\epsilon}])}{\sqrt{x^2 + 2\epsilon}}$$

【思考题 8.1】 为什么组合展开式中只包含内部解？

例 8.3.7 椭圆型方程的 Dirichlet 边值问题

$$\epsilon(u_{xx} + u_{yy}) = u_y,\quad (x, y) \in \Omega \tag{8.3.104}$$

$$u = \begin{cases} f^+(x), & \Gamma^+ : y = y^+(x) \\ f^-(x), & \Gamma^- : y = y^-(x) \end{cases} \tag{8.3.105}$$

式中，解域Ω及其边界Γ^+和Γ^-如图 8.3.5 所示。

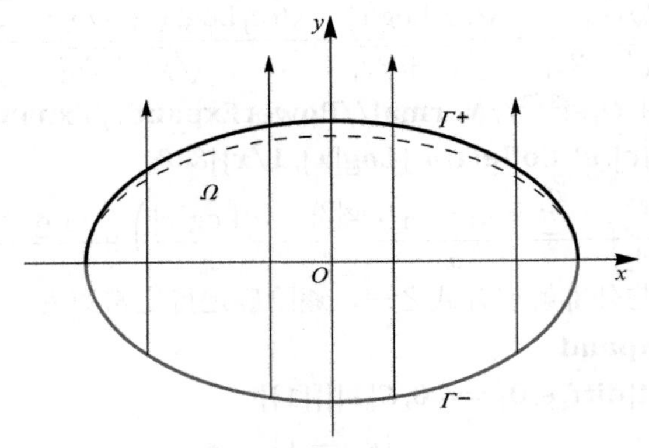

图 8.3.5 解域及边界示意图

将以上方程记为

$\boldsymbol{\mathbf{eq} = \epsilon(\partial_{x,x}u[x,y] + \partial_{y,y}u[x,y]) == \partial_y u[x,y]}$

上边界条件记为

bc1 = *u*[*x*, SuperPlus[*y*][*x*]] == SuperPlus[*f*][*x*]

$$u[x, y^+[x]] == f^+[x]$$

下边界条件记为

bc2 = *u*[*x*, SuperMinus[*y*][*x*]] == SuperMinus[*f*][*x*]

$$u[x, y^-[x]] == f^-[x]$$

忽略ϵu_{xx}，原方程变为

$\boldsymbol{\mathbf{eqy} = \mathbf{doEq}[\mathbf{eq}/.u^{(2,0)}[x,y] \to 0]}$

$$-u^{(0,1)}[x, y] + \epsilon u^{(0,2)}[x, y] == 0 \tag{8.3.106}$$

式中，仅有对y的偏导数，因此可将其当作x为参数的常微分方程。最高阶导数$u^{(0,2)}(x, y)$乘以小参数ϵ，$u^{(0,1)}(x, y)$的系数为$-1(< 0)$，根据例 8.3.3 的结果，边界层在y方向，在上边界附近。

退化方程为

$\boldsymbol{\mathbf{eq0} = \mathbf{eq}/.\epsilon \to 0//\mathbf{Simplify}}$

$$u^{(0,1)}[x,y]==0$$

它的特征线称为子特征线，且

$$x=\text{const}$$

如图 8.3.5 所示的矢量，并设为与y轴同向。

求解退化方程，并考虑下侧边界条件，即得到外部解的首项：

```
u0 = DSolve[eq0, u, {x, y}][[1]]
```

$$\{u\to\text{Function}[\{x,y\},c_1[x]]\}$$

```
C1 = DSolve[bc2/. u0, C[1], x][[1]]
```

$$\{c_1\to\text{Function}[\{x\},f^-[x]]\}$$

```
u[x, y]/. u0/. C1
```

$$f^-[x] \tag{8.3.107}$$

下面求内部解。作如下尺度变换：

$$\eta=\frac{y-y^+(x)}{\epsilon} \tag{8.3.108}$$

并将$U(x,\eta)$展开为ϵ的幂级数，可得联立的方程组：

```
u2U = u → (U[x, Y[#1, #2]]&);
Y2η = Y[x, y] → η;
Yf = Y → ((#2 − SuperPlus[y][#1])/ϵ &);
U2S = U → (U0[#1, #2] + ϵU1[#1, #2]&);
eqU = eq/. u2U/. Y2η/. Yf//Simplify[#, ϵ > 0]&
```

$$(1+\epsilon(y^+)''[x])U^{(0,1)}[x,\eta]==(1+(y^+)'[x]^2)U^{(0,2)}[x,\eta]$$

```
EQs = LogicalExpand[eqU[[1]] − eqU[[2]] + O[ϵ]^2 == 0/. U2S]/. {1 + a_ → 𝕂}
```

$$U_0{}^{(0,1)}[x,\eta]-\mathbb{K}U_0{}^{(0,2)}[x,\eta]==0\&\&(y^+)''[x]U_0{}^{(0,1)}[x,\eta]+U_1{}^{(0,1)}[x,\eta]$$
$$-\mathbb{K}U_1{}^{(0,2)}[x,\eta]==0$$

```
BC1s = LogicalExpand[bc1/. u → (U[x, Y[#1, #2]]&)/. Y[x, y] → η
        /. Y → ((#2 − SuperPlus[y][#1])/ϵ &)/. U2S]//Reverse
```

$$-U_0[x,0]+f^+[x]==0\&\&-U_1[x,0]==0$$

首项内部解为

```
U0 = DSolve[{EQs[[1]], BC1s[[1]]}, U0[x, η], {x, η}][[1]]/. C[1] → F
```

$$\{U_0[x,\eta]\to-\mathbb{K}F[x]+\mathrm{e}^{\eta/\mathbb{K}}\mathbb{K}F[x]+f^+[x]\} \tag{8.3.109}$$

式中，$F(x)$为待定的“匹配函数”。

运用 Prandtl 匹配原则，即

$$u(x,f^+)=U_0(x,-\infty) \tag{8.3.110}$$

可以确定待定函数$F(x)$：

```
lhs = Limit[U0[x, η]/. U0, η → −∞, Assumptions → 𝕂 > 0]
```

$$-\mathbb{K}F[x]+f^+[x]$$

```
F$ = Solve[lhs == f⁻[x], F[x]][[1]]
```

$$\left\{F[x]\to\frac{-f^-[x]+f^+[x]}{\mathbb{K}}\right\} \tag{8.3.111}$$

首项组合展开式解为

$$u(x,y)+U_0(x,\eta)-f^-(x)=U_0(x,\eta) \tag{8.3.112}$$

```
res = U0[x,η]/.U0/.F$/.η → Y[x,y]/.Y → ((#2 − SuperPlus[y][#1])/ϵ&)
res/.−a_ + b_ :→ HoldForm[b − a]/.a_ + b_ :→ HoldForm[b + a]/.Exp[a_]b_
        :→ HoldForm[be^a]//TraditionalForm
```

$$f^-(x)+\left(f^+(x)-f^-(x)\right)\mathrm{e}^{\frac{y-y^+(x)}{\mathbb{K}\epsilon}} \tag{8.3.113}$$

下面在一个单位圆盘区域上求数值解，并画出三维图形，如图 8.3.6 所示。

```
un = NDSolveValue[{eq/.ϵ → 0.1, DirichletCondition[u[x,y] == 1, y
        > 0], DirichletCondition[u[x,y] == 0, y < 0]}, u, {x,y} ∈ Disk[]]
```

式中，$f^+(x,y)=1$，$f^-(x,y)=0$，$\epsilon=0.1$。

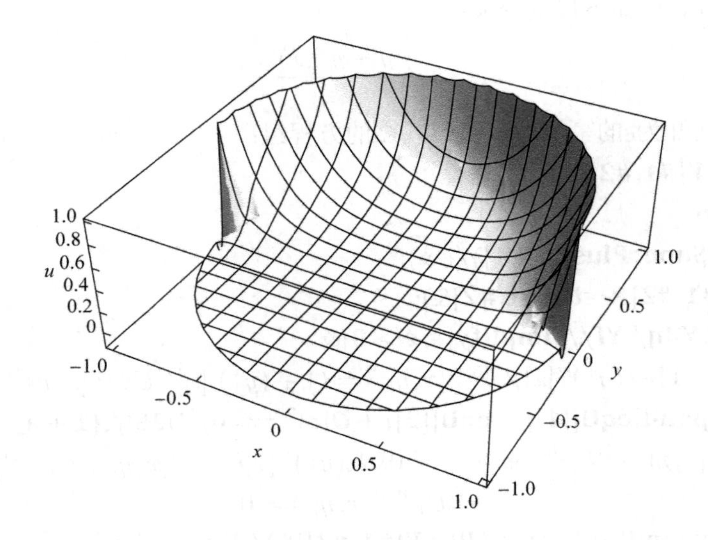

图 8.3.6　单位圆盘上的数值解

由图 8.3.6 可见，边界层确实出现在上边界处。

例 8.3.8　双曲型方程的混合问题：

$$\epsilon(u_{xx}-u_{tt})=u_t+au_x \tag{8.3.114}$$

$$u(0,t)=H(t) \tag{8.3.115}$$

$$u(x,0)=u_t(x,0)=0 \tag{8.3.116}$$

将以上方程和初始、边界条件记为

```
eq = ϵ(∂x,x u[x,t] − ∂t,t u[x,t]) == ∂t u[x,t] + a∂x u[x,t]
bc1 = u[0,t] == H[t]
ic1 = u[x,0] == 0; ic2 = u^(0,1)[x,0] == 0;
```

从解的稳定性考虑，设$|a|<1$。

下面分两种情况讨论。

(1) $-1<a<0$

先求外部解。退化方程为

eq0 = eq/.$\epsilon \to 0$//Simplify

$$u^{(0,1)}[x,t] + au^{(1,0)}[x,t] == 0 \tag{8.3.117}$$

DSolve[eq0, *u*[*x*, *t*], {*t*, *x*}][[1]]

$$\{u[x,t] \to c_1[-at+x]\} \tag{8.3.118}$$

可知，子特征线为向左传播的平行直线（点线），斜率为$-|a|$，如图 8.3.7 所示。

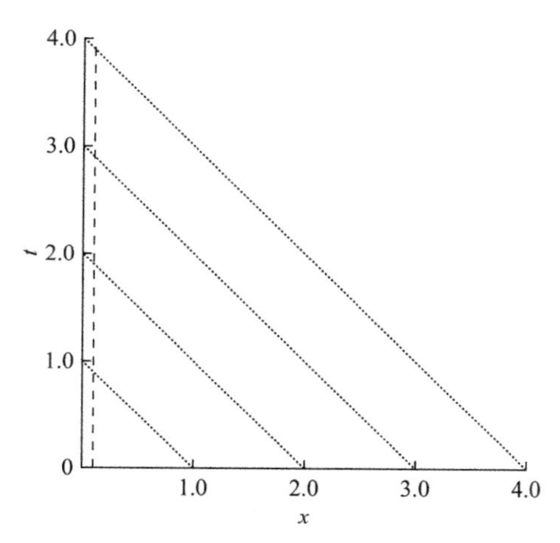

图 8.3.7　边界层和子特征线示意图

考虑初始条件，即式(8.3.116)，易知外部解为零，一般不符合$x=0$处的边界条件，从而出现边界层（如图 8.3.7 上虚线）。直接求解方程可得

uo = DSolve[{eq0, ic1, ic2}, *u*[*x*, *t*], {*x*, *t*}][[1]]

$$\{u[x,t] \to 0\} \tag{8.3.119}$$

引进内变量：

$$\chi = \frac{x}{\epsilon} \tag{8.3.120}$$

内区方程变为

eqi = eq/.*u* → (*U*[*X*[#], *t*]&)/.*X*[*x*] → *χ*/.*X* → (#/*ϵ*&)//Simplify[#, *ϵ* > 0]&

$$aU^{(1,0)}[\chi,t] == U^{(2,0)}[\chi,t] \tag{8.3.121}$$

将$U(\chi,t)$展开为ϵ的幂级数，并代入方程(8.3.115)和边界条件(8.3.116)，可得

U2S[n_]: = *U* → (Sum[U_i[#1, #2]ϵ^i, {*i*, 0, *n*}] + *O*[*ϵ*]$^{n+1}$&)

eqU1s = LogicalExpand[eqi[[1]] − eqi[[2]] + *O*[*ϵ*]^2 == 0/. U2S[2]]

$$aU_0{}^{(1,0)}[\chi,t] - U_0{}^{(2,0)}[\chi,t] == 0\&\&aU_1{}^{(1,0)}[\chi,t] - U_1{}^{(2,0)}[\chi,t] == 0$$

bc1Us = LogicalExpand[bc1/.*u* → (*U*[*X*[#], *t*]&)/.*X*[*x*] → *χ*/.*X* → (#/*ϵ*&)/. U2S[1]]

$$-H[t] + U_0[0,t] == 0\&\&U_1[0,t] == 0$$

利用 Prandtl 匹配原则，即

$$U_0(\infty,t) = u(0,t) = 0$$

cond = U_0[∞, *t*] == 0

$$U_0[\infty,t] == 0$$

U0 = DSolve[{eqU1s[[1]], bc1Us[[1]]}, U_0, {*χ*, *t*}][[1]]//Expand

$$\left\{U_0 \to \text{Function}\left[\{\chi,t\},\frac{aH[t]-c_1[t]+\mathrm{e}^{a\chi}c_1[t]}{a}\right]\right\}$$

{C1} = Solve[Simplify[cond/. U0, *a* < 0], *C*[1][*t*], *t*]//Quiet//toPure

$$\{\{c_1 \to \text{Function}[\{t\},aH[t]]\}\}$$

U*₀[*χ*, *t*]/. U0/. C1/. *χ* → *x*/*ϵ

$$\mathrm{e}^{\frac{ax}{\epsilon}}H[t] \tag{8.3.122}$$

式(8.3.122)的图形如图 8.3.8 所示，其中$H(t)=1$，$a=-0.1$，$\epsilon=0.01$。易见，边界层出现在$x=0$处。

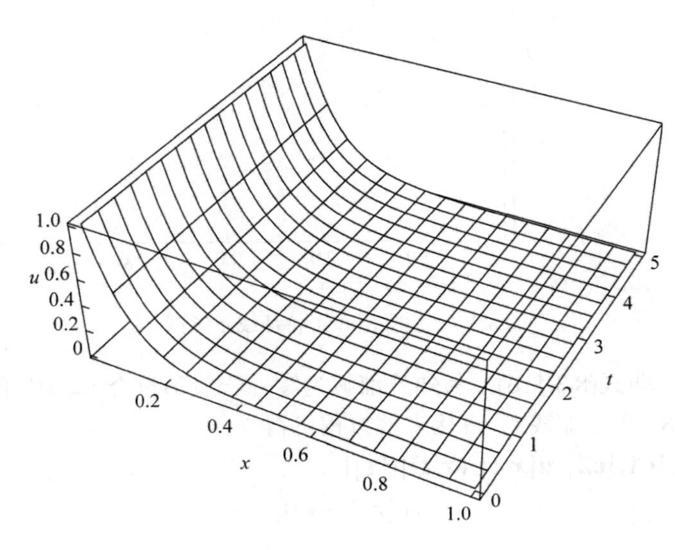

图 8.3.8 时空演化图

(2) $0<a<1$

这种情况下，伸向解域的子特征线一部分从x轴出发（实线），另一部分从t轴出发（点线），如图 8.3.9 所示。根据特征线的性质，可见在$x=at$（虚线）上发生间断，出现内边界层。

先求外部解，将u展开为ϵ的幂级数可得

u2S[n_]: = *u* → (Sum[u_i[#1, #2]ϵ^i, {*i*, 0, *n*}] + *O*[*ϵ*]$^{n+1}$&)

eqs = LogicalExpand[eq[[1]] − eq[[2]] + *O*[*ϵ*]³ == 0/. u2S[2]]

$$-u_0{}^{(0,1)}[x,t]-au_0{}^{(1,0)}[x,t]==0$$
$$\&\&-u_1{}^{(0,1)}[x,t]-u_0{}^{(0,2)}[x,t]-au_1{}^{(1,0)}[x,t]+u_0{}^{(2,0)}[x,t]==0$$
$$\&\&-u_2{}^{(0,1)}[x,t]-u_1{}^{(0,2)}[x,t]-au_2{}^{(1,0)}[x,t]+u_1{}^{(2,0)}[x,t]==0$$

bc1s = LogicalExpand[bc1/. u2S[2]]

$$-H[t]+u_0[0,t]==0\&\&u_1[0,t]==0\&\&u_2[0,t]==0$$

ic1s = LogicalExpand[ic1/. u2S[2]]

$$u_0[x,0]==0\&\&u_1[x,0]==0\&\&u_2[x,0]==0$$

ic2s = LogicalExpand[ic2[[1]] + *O*[*ϵ*]³ == 0/. u2S[2]]

$$u_0{}^{(0,1)}[x,0]==0\&\&u_1{}^{(0,1)}[x,0]==0\&\&u_2{}^{(0,1)}[x,0]==0$$

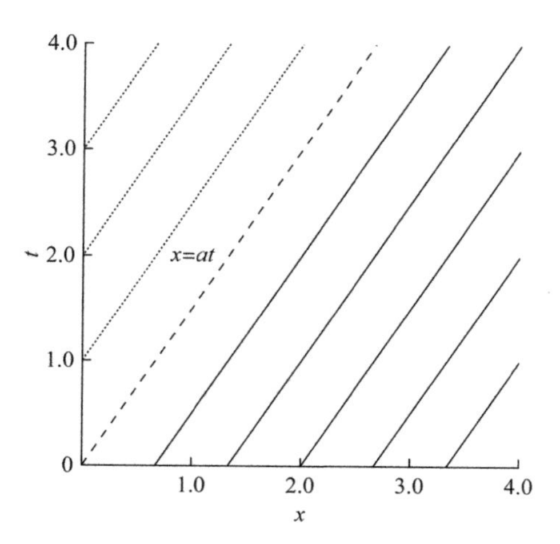

图 8.3.9　边界层和子特征线示意图

先求外部解，将u展开为ϵ的幂级数可得

u2S[n_]: = $\boldsymbol{u} \to$ (Sum[$\boldsymbol{u_i}$[#1, #2]$\boldsymbol{\epsilon^i}$, {$\boldsymbol{i}$, 0, $\boldsymbol{n}$}] + $\boldsymbol{O}$[$\boldsymbol{\epsilon}$]$^{n+1}$&)

eqs = LogicalExpand[eq[[1]] − eq[[2]] + $\boldsymbol{O}$[$\boldsymbol{\epsilon}$]^3 == 0/. u2S[2]]

$$-u_0{}^{(0,1)}[x,t]-au_0{}^{(1,0)}[x,t]==0$$
$$\&\&-u_1{}^{(0,1)}[x,t]-u_0{}^{(0,2)}[x,t]-au_1{}^{(1,0)}[x,t]+u_0{}^{(2,0)}[x,t]==0$$
$$\&\&-u_2{}^{(0,1)}[x,t]-u_1{}^{(0,2)}[x,t]-au_2{}^{(1,0)}[x,t]+u_1{}^{(2,0)}[x,t]==0$$

bc1s = LogicalExpand[bc1/. u2S[2]]

$$-H[t]+u_0[0,t]==0\&\&u_1[0,t]==0\&\&u_2[0,t]==0$$

ic1s = LogicalExpand[ic1/. u2S[2]]

$$u_0[x,0]==0\&\&u_1[x,0]==0\&\&u_2[x,0]==0$$

ic2s = LogicalExpand[ic2[[1]] + $\boldsymbol{O}$[$\boldsymbol{\epsilon}$]^3 == 0/. u2S[2]]

$$u_0{}^{(0,1)}[x,0]==0\&\&u_1{}^{(0,1)}[x,0]==0\&\&u_2{}^{(0,1)}[x,0]==0$$

从t轴出发的首项外部解u_0满足退化方程

eq0 = eqs[[1]]

$$-u_0{}^{(0,1)}[x,t]-au_0{}^{(1,0)}[x,t]==0$$

u0 = DSolve[eq0, $\boldsymbol{u_0}$[$\boldsymbol{x}$, $\boldsymbol{t}$], {$\boldsymbol{x}$, $\boldsymbol{t}$}][[1]]//ExpandAll//toPure

$$\left\{u_0\to \text{Function}\left[\{x,t\},c_1\left[t-\frac{x}{a}\right]\right]\right\}$$

C1 = DSolve[bc1s[[1]]/. u0, $\boldsymbol{C}$[1], $\boldsymbol{t}$][[1]]

$$\{c_1\to \text{Function}[\{t\},H[t]]\}$$

$\boldsymbol{u_0}$[$\boldsymbol{x}$, $\boldsymbol{t}$]/. u0/. C1

$$H[t-x/a]$$

从x轴出发的外部解：

u01 = DSolve[eq0, $\boldsymbol{u_0}$[$\boldsymbol{x}$, $\boldsymbol{t}$], {$\boldsymbol{x}$, $\boldsymbol{t}$}][[1]]//ExpandAll//toPure

$$\left\{u_0\to \text{Function}\left[\{x,t\},c_1\left[t-\frac{x}{a}\right]\right]\right\}$$

C11 = DSolve[ic1s[[1]]/.u01/.$x \to -aX$, C[1], X][[1]]

$$\{c_1 \to \text{Function}[\{X\}, 0]\}$$

u_0[x, t]/.u01/.C11

$$0$$

即

$$u^{(0)}(x,t) = \begin{cases} H\left(t - \dfrac{x}{a}\right), & t > \dfrac{x}{a} \\ 0, & t < \dfrac{x}{a} \end{cases} \tag{8.3.123}$$

外部解在子特征线$x - at = 0$处发生间断，必然出现内边界层，如图 8.3.9 所示。

引入特征坐标：

$$\eta = t - \frac{x}{a}$$

原方程变为

eqU2 = eq/.$u \to$ (U[X[#1, #2], #2]&)/.X[x, t] $\to \eta$/.$X \to$ (#2 − #1/a &)//Expand

eqU = Refine[MultiplySides[eqU2, a^2], $a \neq 0$]//Expand//Collect[#, $\epsilon U^{(2,0)}$[η, t]]&

$$-a^2\epsilon U^{(0,2)}[\eta,t] - 2a^2\epsilon U^{(1,1)}[\eta,t] + (1-a^2)\epsilon U^{(2,0)}[\eta,t] == a^2 U^{(0,1)}[\eta,t] \tag{8.3.124}$$

为使方程右端项与左端第 3 项同阶，取内变量为

$$\chi = \frac{\eta}{\sqrt{\epsilon}} \tag{8.3.125}$$

将变换，即式(8.3.125)代入式(8.3.124)，得

eqV = doEq[eqU]/.$U \to$ (V[X[#1], #2]&)/.X[η] $\to \chi$/.$X \to$ (#$\epsilon^{-1/2}$&)

$$-a^2V^{(0,1)}[\chi,t] - a^2\epsilon V^{(0,2)}[\chi,t] - 2a^2\sqrt{\epsilon}V^{(1,1)}[\chi,t] + (1-a^2)V^{(2,0)}[\chi,t] == 0 \tag{8.3.126}$$

定义如下级数：

V2S[n_]: = $V \to$ (Sum[V_i[#1, #2]ϵ^i, {i, 0, n}] + $O[\epsilon]^{n+1}$&)

lhs = eqV[[1]]/.V2S[0]//Expand

$$-a^2{V_0}^{(0,1)}[\chi,t] - a^2\epsilon {V_0}^{(0,2)}[\chi,t] - 2a^2\sqrt{\epsilon}{V_0}^{(1,1)}[\chi,t] + {V_0}^{(2,0)}[\chi,t] - a^2{V_0}^{(2,0)}[\chi,t]$$

Coefficient[lhs, ϵ, 0] == 0//Simplify

$$a^2{V_0}^{(0,1)}[\chi,t] + (-1+a^2){V_0}^{(2,0)}[\chi,t] == 0$$

eqV0 = Refine[DivideSides[%, a^2], $a \neq 0$]//Simplify

$${V_0}^{(0,1)}[\chi,t] + \frac{(-1+a^2){V_0}^{(2,0)}[\chi,t]}{a^2} == 0 \tag{8.3.127}$$

上式就是首项内部解满足的方程。将其进一步简化，可得

ce = (b == −Coefficient[eqV0[[1]], ${V_0}^{(2,0)}$[χ, t]])//Expand//Together

$$b == (1-a^2)/a^2$$

eqV02 = eqV0/.a_${V_0}^{(2,0)}$[χ, t] $\to -b{V_0}^{(2,0)}$[χ, t]

$${V_0}^{(0,1)}[\chi,t] - b{V_0}^{(2,0)}[\chi,t] == 0$$

由 Prandtl 匹配原则，可知

$$V^0 = \begin{cases} H(0_+), & \chi \to +\infty \\ 0, & \chi \to -\infty \end{cases}$$

将间断初始条件$V_0(\chi,0)$用**Heaviside**函数表示，解的首项内部解为

V0 = DSolve[{eqV02, V_0[χ, 0] == H[SubPlus[0]]HeavisideTheta[χ]}/. V_0 → W, W[χ, t], {χ, t}][[1]]/. W → V_0

$$\left\{V_0[\chi,t]\to\frac{1}{2}\left(1+\mathrm{Erf}\left[\frac{\chi}{2\sqrt{bt}}\right]\right)H[0_+]\right\}$$

V_0[χ, t]/. V0/. ToRules[ce]//PowerExpand

$$\frac{1}{2}\left(1+\mathrm{Erf}\left[\frac{a\chi}{2\sqrt{1-a^2}\sqrt{t}}\right]\right)H[0_+] \tag{8.3.128}$$

在角点处有

Limit[V_0[χ, t]/. V0/. χ → 0, t → 0]

$$\frac{H[0_+]}{2}$$

在图 8.3.10 画出解(8.3.128)，其中$H(0_+)=1$，$a=0.5$，$\epsilon=0.01$。可见确实出现了内边界层，而解(8.3.128)把$x-at=0$两侧的间断抹平了。两侧均有厚度为$O(\sqrt{\epsilon})$的边界层，且均呈抛物线形。

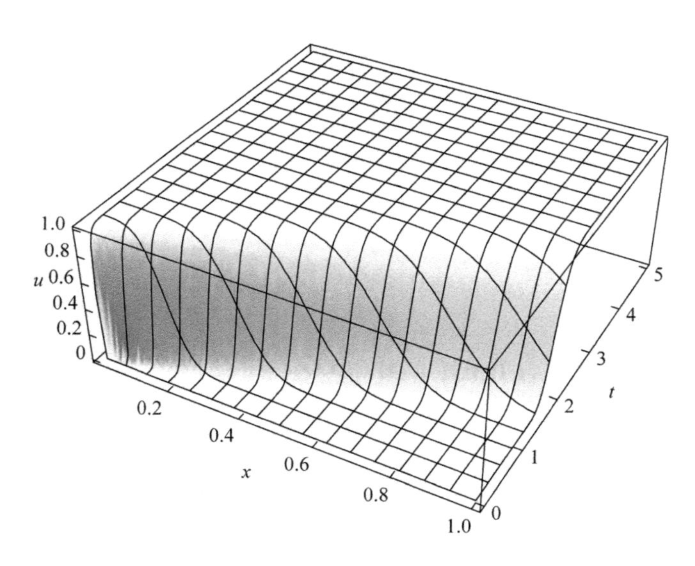

图 8.3.10　时空演化图

8.4　合成展开法

尽管边界层内部解有某种剧变，但问题应该有总体解（统一表达式）。匹配法中的组合展开式给人启示：边界层问题的解可以分解成内外两种展开式；内外部展开一起考虑时，忽略内部解（内展开）对外部解的影响，但必须计及外部解对内部解的影响。边界层型奇异摄动问题的组合展开解可以写成如下形式：

$$u=\mathbb{u}(x,\epsilon)+\mathbb{U}(\chi,\epsilon) \tag{8.4.1}$$

式中，$\mathbb{u}(x,\epsilon)$为外部解u^{o}，$\mathbb{U}(\chi,\epsilon)$为边界层型的函数，$\chi$为内变量。

为了避免繁复的匹配过程，钱伟长(1948)在研究圆薄板大挠度问题时，首先提出了合成展开法。Latta(1951)提出了类似的想法，但其内部解中一特定的函数，如$\mathrm{e}^{-x/\epsilon}$作为因子。

合成展开法 I (钱伟长)

$$u=\mathbb{u}(x,\epsilon)+\mathbb{U}(\chi,\epsilon)=\sum\delta_n(\epsilon)u_n(x)+\sum\delta_n(\epsilon)U_n(\chi) \tag{8.4.2}$$

外部展开式

$$u^{\mathrm{o}}(x,\epsilon)=\mathbb{u}(x,\epsilon)=\sum\delta_n(\epsilon)u_n(x) \tag{8.4.3}$$

内部展开式

$$\begin{aligned}u^{\mathrm{i}}(x,\epsilon)=\mathbb{u}(\epsilon\chi,\epsilon)+\ \mathbb{U}(\chi,\epsilon)&=(u_0(0)+U_0(\chi))+(u_1(0)+U_1(\chi)+\chi u_0{}'(0))\epsilon\\&+\left(u_2(0)+U_2(\chi)+\chi u_1{}'(0)+1/2\,\chi^2u_0{}''(0)\right)\epsilon^2+\cdots\end{aligned} \tag{8.4.4}$$

合成展开法 II (Latta)

$$u=\mathbb{u}(x,\epsilon)+\exp\left(-\frac{x}{\epsilon}\right)\mathbb{U}(x,\epsilon)=\sum\delta_n(\epsilon)u_n(x)+\exp\left(-\frac{x}{\epsilon}\right)\sum\delta_n(\epsilon)U_n(x) \tag{8.4.5}$$

例 8.4.1 用合成展开法求解常系数二阶线性常微分方程的边值问题：

$$\epsilon u''(x)+u'(x)+u(x)=0 \tag{8.4.6}$$

$$u(0)=a,u(1)=b \tag{8.4.7}$$

将以上方程和边界条件记为

```
eq = εu"[x] + u'[x] + u[x] == 0;
bc1 = u[0] == a; bc2 = u[1] == b;
```

本例采用两种合成展开法求解，并作比较。对于两种方法，得到的外部解都是一样的。

先求外部解：

```
u2S[n_]:= u → (Sum[ε^j u_j[#], {j, 0, n}] + O[ε]^(n+1)&)
n = 3;
eqs = LogicalExpand[eq/. u2S[n]]
```

$$\begin{aligned}&u_0[x]+u_0{}'[x]==0\&\&u_1[x]+u_1{}'[x]+u_0{}''[x]==0\&\&u_2[x]+u_2{}'[x]+u_1{}''[x]=\\&=0\&\&u_3[x]+u_3{}'[x]+u_2{}''[x]==0\end{aligned}$$

```
bc2s = LogicalExpand[bc2/. u2S[n]]
```

$$-b+u_0[1]==0\&\&u_1[1]==0\&\&u_2[1]==0\&\&u_3[1]==0$$

```
{us} = DSolve[{eqs, bc2s}, {u_0, u_1, u_2, u_3}, x]
{u_0[x], u_1[x], u_2[x], u_3[x]}/. us
```

$$\left\{\mathrm{e}^{1-x}b,-\mathrm{e}^{1-x}(-1+x)b,\frac{1}{2}\mathrm{e}^{1-x}(5-6x+x^2)b,-\frac{1}{6}\mathrm{e}^{1-x}(-43+57x-15x^2+x^3)b\right\} \tag{8.4.8}$$

再求内部解：

(1) 合成展开法 I

```
U2S[n_]:= U → (Sum[ε^j (u_j[ε#] + U_j[#]), {j, 0, n}] + O[ε]^(n+1)&)
EQ = eq/. u → (U[X[#]]&)/. X[x] → χ/. X → (#/ε&)//Simplify[#, ε > 0]&
```

$$\epsilon U[\chi] + U'[\chi] + U''[\chi] == 0$$

EQs = LogicalExpand[EQ/. U2S[n]]/. us//Most

$$U_0{}'[\chi] + U_0{}''[\chi] == 0\&\&U_0[\chi] + U_1{}'[\chi] + U_1{}''[\chi] == 0\&\&U_1[\chi] + U_2{}'[\chi] + U_2{}''[\chi] == 0 \\ \&\&U_2[\chi] + U_3{}'[\chi] + U_3{}''[\chi] == 0$$

BC1 = bc1/. u → (U[X[#]]&)/. X → (#/ϵ&)

$$U[0] == a$$

BC1s = LogicalExpand[BC1/. U2S[n]]/. us

$$-a + \mathrm{e}b + U_0[0] == 0\&\&\mathrm{e}b + U_1[0] == 0\&\&\frac{5\mathrm{e}b}{2} + U_2[0] == 0\&\&\frac{43\mathrm{e}b}{6} + U_3[0] == 0$$

注意这里得到的方程仍然是二阶的，但只有一个边界条件，需要补充一个无穷远处边界条件。可以预期内部解在无穷远处应为零，即

BC8s = LogicalExpand[Sum[U_j[∞]ϵ^j, {j, 0, n}] + O[ϵ]^(n+1) == 0]

$$U_0[\infty] == 0\&\&U_1[\infty] == 0\&\&U_2[\infty] == 0\&\&U_3[\infty] == 0$$

逐阶求解如下：

U0 = DSolve[{EQs[[1]], BC1s[[1]], BC8s[[1]]}, U_0, χ][[1]]

$$\{U_0 \to \mathrm{Function}[\{\chi\}, \mathrm{e}^{-\chi}(a - \mathrm{e}b)]\}$$

U1 = DSolve[{EQs[[2]], BC1s[[2]], BC8s[[2]]}/. U0, U_1, χ][[1]]

$$\{U_1 \to \mathrm{Function}[\{\chi\}, -\mathrm{e}^{-\chi}(\mathrm{e}b - a\chi + \mathrm{e}b\chi)]\}$$

U2 = DSolve[{EQs[[3]], BC1s[[3]], BC8s[[3]]}/. U0/. U1, U_2, χ][[1]]

$$\left\{U_2 \to \mathrm{Function}\left[\{\chi\}, \frac{1}{2}\mathrm{e}^{-\chi}(-5\mathrm{e}b + 2a\chi - 4\mathrm{e}b\chi + a\chi^2 - \mathrm{e}b\chi^2)\right]\right\}$$

U3 = DSolve[{EQs[[4]], BC1s[[4]], BC8s[[4]]}/. U0/. U1/. U2, U_3[χ], χ][[1]]

$$\left\{U_3[\chi] \to \frac{1}{6}\mathrm{e}^{-\chi}(-43b\mathrm{e} + 12a\chi - 33b\mathrm{e}\chi + 6a\chi^2 - 9b\mathrm{e}\chi^2 + a\chi^3 - b\mathrm{e}\chi^3)\right\}$$

合成解为

res1 = Sum[ϵ^j (u_j[x] + U_j[χ]), {j, 0, 3}]/. us/. U0/. U1/. U2/. U3/. χ → x/ϵ //Expand;
Collect[res, {e^(1−x), e^(−x/ϵ)}, Collect[#, ϵ, Factor]&]

$$\mathrm{e}^{-\frac{x}{\epsilon}}\left(\frac{1}{6}(6 + 6x + 3x^2 + x^3)(a - \mathrm{e}b) + \frac{1}{2}(2xa + 2x^2a - 2\mathrm{e}b - 4\mathrm{e}xb - 3\mathrm{e}x^2b)\epsilon \right. \\ \left. + \frac{1}{2}(4xa - 5\mathrm{e}b - 11\mathrm{e}xb)\epsilon^2 - \frac{43}{6}\mathrm{e}b\epsilon^3\right) \\ +\mathrm{e}^{1-x}\left(b - (-1 + x)b\epsilon + \frac{1}{2}(-5 + x)(-1 + x)b\epsilon^2 - \frac{1}{6}(-1 + x)(43 - 14x + x^2)b\epsilon^3\right) \quad (8.4.9)$$

(2) 合成展开法 II

U2S[n_]: = u → (Sum[ϵ^j u_j[#], {j, 0, n}] + Exp[−#/ϵ]Sum[ϵ^j U_j[#], {j, 0, n}] + O[ϵ]^(n+1)&)

EQ = eq/. U2S[n]/. us//Simplify[#, e^(−x/ϵ) ≠ 0]&//Normal

$$U_0[x] + \epsilon(U_1[x] + \epsilon U_2[x] + \epsilon^2 U_3[x] + U_0{}''[x] + \epsilon U_1{}''[x] + \epsilon^2 U_2{}''[x] + \epsilon^3 U_3{}''[x]) = \\ = U_0{}'[x] + \epsilon(U_1{}'[x] + \epsilon(U_2{}'[x] + \epsilon U_3{}'[x]))$$

EQs = LogicalExpand[EQ[[1]] − EQ[[2]] + O[ϵ]^(n+1) == 0]

$$U_0[x]-U_0{}'[x]==0\&\&U_1[x]-U_1{}'[x]+U_0{}''[x]==0\&\&U_2[x]-U_2{}'[x]+U_1{}''[x]==0\&\&U_3[x]-U_3{}'[x]+U_2{}''[x]==0$$

由于所得方程为一阶常微分方程，只需左边界条件，不必添加其他边界条件。

BC1 = bc1/. U2S[n]/. us

$$(\mathrm{e}b+U_0[0])+(\mathrm{e}b+U_1[0])\epsilon+\left(\frac{5\mathrm{e}b}{2}+U_2[0]\right)\epsilon^2+\left(\frac{43\mathrm{e}b}{6}+U_3[0]\right)\epsilon^3+O[\epsilon]^4==a$$

BC1s = LogicalExpand[BC1]

$$-a+\mathrm{e}b+U_0[0]==0\&\&\mathrm{e}b+U_1[0]==0\&\&\frac{5\mathrm{e}b}{2}+U_2[0]==0\&\&\frac{43\mathrm{e}b}{6}+U_3[0]==0$$

(Us = DSolve[{EQs, BC1s}, {U0[x], U1[x], U2[x], U3[x]}, x][[1]])//Column

$$\begin{cases}U_0[x]\to \mathrm{e}^x(a-b\mathrm{e})\\ U_1[x]\to \mathrm{e}^x(-b\mathrm{e}+ax-b\mathrm{e}x)\\ U_2[x]\to \frac{1}{2}\mathrm{e}^x(-5b\mathrm{e}+4ax-6b\mathrm{e}x+ax^2-b\mathrm{e}x^2)\\ U_3[x]\to \frac{1}{6}\mathrm{e}^x(-43b\mathrm{e}+30ax-57b\mathrm{e}x+12ax^2-15b\mathrm{e}x^2+ax^3-b\mathrm{e}x^3)\end{cases}$$

合成解为

res2 = u[x]/. U2S[n]/. us/. Us//Normal//Expand

Collect[res2, {e^(x−x/ϵ), be^(1−x)}, Collect[#, ϵ, Simplify]&]

$$b\mathrm{e}^{1-x}\left(1+(1-x)\epsilon+\frac{1}{2}(5-6x+x^2)\epsilon^2+\frac{1}{6}(43-57x+15x^2-x^3)\epsilon^3\right)+\mathrm{e}^{x-\frac{x}{\epsilon}}\Big(a-b\mathrm{e}+(ax-b\mathrm{e}(1+x))\epsilon+\frac{1}{2}(ax(4+x)-b\mathrm{e}(5+6x+x^2))\epsilon^2+\frac{1}{6}(ax(30+12x+x^2)-b\mathrm{e}(43+57x+15x^2+x^3))\epsilon^3\Big) \tag{8.4.10}$$

比较两种合成展开法所得到的渐近解，即式(8.4.9)和式(8.4.10)，发现它们在形式确实有所差异。计算这两个解的差值，可得

diff = res1 − res2//Factor

$$\frac{1}{6}\mathrm{e}^{-\frac{x}{\epsilon}}(6a-6b\mathrm{e}-6a\mathrm{e}^x+6b\mathrm{e}^{1+x}+6ax-6b\mathrm{e}x+3ax^2-3b\mathrm{e}x^2+ax^3-b\mathrm{e}x^3-6b\mathrm{e}\epsilon+6b\mathrm{e}^{1+x}\epsilon+\cdots+15b\mathrm{e}^{1+x}x^2\epsilon^3-a\mathrm{e}^x x^3\epsilon^3+b\mathrm{e}^{1+x}x^3\epsilon^3)$$

Limit[diff, ϵ → 0, Direction−> "FromAbove", Assumptions → x > 0&&a ∈ ℝ&&b ∈ ℝ]

$$0$$

实际上，两个解差一个指数小量$O(\mathrm{e}^{-\frac{x}{\epsilon}})$。

例 8.4.2 用合成展开法 I 求解变系数二阶线性常微分方程的边值问题：

$$\epsilon u''(x)+(2x+1)u'(x)+2u(x)=0 \tag{8.4.11}$$

$$u(0)=a,u(1)=b \tag{8.4.12}$$

将以上方程和边界条件记为

eq = ϵu"[x] + (2x + 1)u'[x] + 2u[x] == 0

bc1 = u[0] == a; bc2 = u[1] == b

外部解：

$\mathbf{u2S[n\_]:= u \to (Sum[\epsilon^{j} u_j[\#],\{j,0,n\}] + O[\epsilon]^{n+1}\&)}$

$\mathbf{n = 2}$

$\mathbf{eqs = LogicalExpand[eq/.\,u2S[n]]}$

$$2u_0[x] + (1+2x)u_0{}'[x] == 0\&\&2u_1[x] + (1+2x)u_1{}'[x] + u_0{}''[x] == 0$$
$$\&\&2u_2[x] + (1+2x)u_2{}'[x] + u_1{}''[x] == 0$$

$\mathbf{bc2s = LogicalExpand[bc2/.\,u2S[n]]}$

$$-b + u_0[1] == 0\&\&u_1[1] == 0\&\&u_2[1] == 0$$

$\mathbf{u0 = DSolve[\{eqs[[1]], bc2s[[1]]\}, u_0, x][[1]]}$

$$\left\{u_0 \to \text{Function}\left[\{x\}, \frac{3b}{1+2x}\right]\right\}$$

$\mathbf{u1 = DSolve[\{eqs[[2]], bc2s[[2]]\}/.\,u0, u_1, x][[1]]}$

$$\left\{u_1 \to \text{Function}\left[\{x\}, -\frac{8(-2+x+x^2)b}{3(1+2x)^3}\right]\right\}$$

$\mathbf{u2 = DSolve[\{eqs[[3]], bc2s[[3]]\}/.\,u0/.\,u1, u_2, x]\ \ [[1]]}$

$$\left\{u_2 \to \text{Function}\left[\{x\}, -\frac{16(-58+13x+21x^2+16x^3+8x^4)b}{27(1+2x)^5}\right]\right\}$$

内部解：

$\mathbf{U2S[n\_]:= U \to (Sum[\epsilon^{j}(u_j[\epsilon\#] + U_j[\#]),\{j,0,n\}] + O[\epsilon]^{n+1}\&)}$

$\mathbf{EQ = eq/.\,u \to (U[X[\#]]\&)/.\,X[x] \to \chi/.\,X \to (\#/\epsilon\&)/.\,x \to \epsilon\chi//Simplify[\#, \epsilon > 0]\&}$

$$2\epsilon U[\chi] + (1+2\epsilon\chi)U'[\chi] + U''[\chi] == 0$$

$\mathbf{EQs = Rest[LogicalExpand[EQ/.\,U2S[n]/.\,u0/.\,u1/.\,u2//Simplify]]}$

$$U_0{}'[\chi] + U_0{}''[\chi] == 0\&\&2U_0[\chi] + 2\chi U_0{}'[\chi] + U_1{}'[\chi] + U_1{}''[\chi] == 0$$
$$\&\&2U_1[\chi] + 2\chi U_1{}'[\chi] + U_2{}'[\chi] + U_2{}''[\chi] == 0$$

$\mathbf{BC1s = LogicalExpand[bc1/.\,u \to (U[X[\#]]\&)/.\,X \to (\#/\epsilon\&)/.\,U2S[n]/.\,u0/.\,u1/.\,u2]}$

$$-a + 3b + U_0[0] == 0\&\&\frac{16b}{3} + U_1[0] == 0\&\&\frac{928b}{27} + U_2[0] == 0$$
$$\&\&\frac{85312b}{243} + U_3[0] == 0\&\&\frac{10837120b}{2187} + U_4[0] == 0$$

$\mathbf{BC8s = LogicalExpand[Sum[U_j[\infty]\epsilon^{j},\{j,0,n\}] + O[\epsilon]^{n+1} == 0]}$

$$U_0[\infty] == 0\&\&U_1[\infty] == 0\&\&U_2[\infty] == 0\&\&U_3[\infty] == 0\&\&U_4[\infty] == 0$$

$\mathbf{U0 = DSolve[\{EQs[[1]], BC1s[[1]], BC8s[[1]]\}, U_0, \chi][[1]]}$

$$\{U_0 \to \text{Function}[\{\chi\}, \mathrm{e}^{-\chi}(a-3b)]\}$$

$\mathbf{U1 = DSolve[\{EQs[[2]], BC1s[[2]], BC8s[[2]]\}/.\,U0, U_1, \chi][[1]]}$

$$\left\{U_1 \to \text{Function}\left[\{\chi\}, \frac{1}{3}\mathrm{e}^{-\chi}(-16b - 3a\chi^2 + 9b\chi^2)\right]\right\}$$

$\mathbf{U2 = DSolve[\{EQs[[3]], BC1s[[3]], BC8s[[3]]\}/.\,U0/.\,U1, U_2, \chi][[1]]}$

$$\left\{U_2 \to \text{Function}\left[\{\chi\}, -\frac{1}{54}\mathrm{e}^{-\chi}(1856b - 288b\chi^2 - 27a\chi^4 + 81b\chi^4)\right]\right\}$$

三项合成解为

res = Sum[ϵ^j(u_j[x] + U_j[χ]), {j, 0, 2}]/. u0/. u1/. u2/. U0/. U1/. U2/. $\chi \to x/\epsilon$ //Expand

Collect[res, {$e^{-x/\epsilon}$, ϵ}, Collect[#, ϵ, Factor]&]

$$\frac{3b}{1+2x}-\frac{8(-1+x)(2+x)b\epsilon}{3(1+2x)^3}-\frac{16(-1+x)(2+x)(29+8x+8x^2)b\epsilon^2}{27(1+2x)^5}$$
$$+\mathrm{e}^{-\frac{x}{\epsilon}}\left(\frac{1}{3}(3a-9b+16x^2b)+\frac{x^4(a-3b)}{2\epsilon^2}-\frac{x^2(a-3b)}{\epsilon}-\frac{16b\epsilon}{3}-\frac{928b\epsilon^2}{27}\right)$$

从以上求解过程可知，合成展开法省去了繁杂的匹配过程，这是它的突出优点，但在进行合成展开时，需要对问题的内部变量及物理特征有充分的了解。

用合成展开法得到的合成解只需用各级的合成函数满足边界条件。由于直接求合成解，不需要使用匹配原理，合成展开法更简单直接。此外，合成解有统一的表达式，数学形式较为优美，但实际应用时仍要分别作内、外部展开。

第 9 章　多重尺度法

奇异摄动问题的一个典型特点是多重尺度性，即某些因素在某些区域或时段内变化平缓，而在另一些区域或时段内变化剧烈。例如对于弱阻尼振动，一个尺度可能是控制基本振荡，而另一个尺度可能是振幅演变的尺度（如振幅调制）；对于边界层问题，在某个区域解变化剧烈，在其他区域则变化平缓。在使用匹配渐近展开法时，渐近解是在不同区域构建的，然后将这些区域拼凑在一起，形成复合展开。多重尺度法与匹配渐近展开法的不同之处在于，它基本上是从更一般形式的复合展开开始的。在此过程中，可在每个区域（或层)）引入坐标，这些新变量被视为相互独立的。这样做的后果是原来的常微分方程被转化为偏微分方程。这似乎使简单问题复杂化了。令人欣慰的是，其背后的数学问题并不会更难解决。

多重尺度法的历史比边界层理论更难追溯。这是因为该方法的基本思想非常通用，许多看似无关的近似方法都是它的特例。该方法最早可溯源至 19 世纪上半叶。更明确的起源可认为是 1932 年的 Krylov 和 Bogolyubov 的工作（见第 7 章），其中显然考虑了两种不同的时间尺度。多重尺度法主要有两种形式：导数展开法(Sturrock, 1957)和两变量展开法(Cole and Kevorkian, 1961)。半个多世纪以来，该方法得到了广泛的应用。

9.1　多重尺度特征

首先考察弱阻尼线性振动方程。

例 9.1.1　线性阻尼振子：

$$u''(t)+2\epsilon u'(t)+(1+\epsilon^2)u(t)=0 \tag{9.1.1}$$

$$u(0)=0,u'(0)=1 \tag{9.1.2}$$

将以上方程和初始条件记为

```
eq = u"[t] + 2εu'[t] + (1 + ε^2)u[t] == 0;
ic1 = u[0] == 0; ic2 = u'[0] == 1;
```

方程(9.1.1)的精确解为

```
ue = DSolveValue[{eq, ic1, ic2}, u[t], t]
```

$$\mathrm{e}^{-t\epsilon}\mathrm{Sin}[t] \tag{9.1.3}$$

```
FunctionPeriod[ue, t]
```

$$0$$

上式表明，精确解，即式(9.1.3)不是周期函数。

从解(9.1.3)中提取振幅和频率：

```
{amp, omg} = ue/.a_.Sin[b_.t] → {a, b}
```

$$\{\mathrm{e}^{-t\epsilon},1\} \tag{9.1.4}$$

如图 9.1.1 所示，图中实线为精确解，虚线给出振幅的渐近预测值，其中$\epsilon=0.01$。由图明显可见解具有两个不同的时间尺度：振幅$e^{-t\epsilon}$按$O(1/\epsilon)$指数衰减，而频率$\omega = O(1)$。

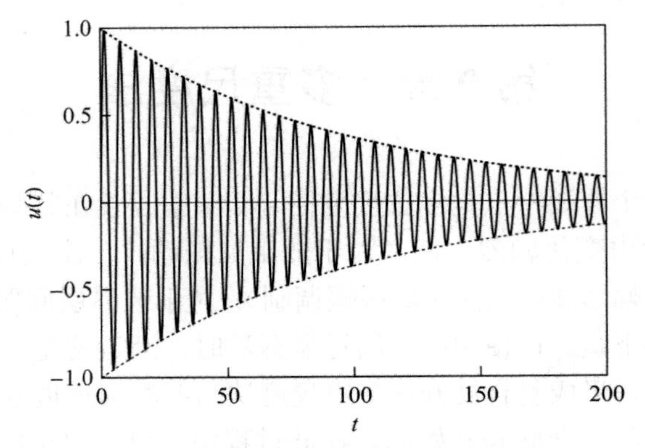

图 9.1.1　线性阻尼振子振幅衰减曲线

如果采用正则摄动法求解，或者将精确解(9.1.3)直接展开为ϵ的幂级数，可得

ua = AsymptoticDSolveValue[{eq, ic1, ic2}, *u*[*t*], *t*, {*ϵ*, 0, 5}]//TrigReduce//Expand

$$\mathrm{Sin}[t] - t\epsilon\mathrm{Sin}[t] + \frac{1}{2}t^2\epsilon^2\mathrm{Sin}[t] - \frac{1}{6}t^3\epsilon^3\mathrm{Sin}[t] + \frac{1}{24}t^4\epsilon^4\mathrm{Sin}[t] - \frac{1}{120}t^5\epsilon^5\mathrm{Sin}[t] \tag{9.1.5}$$

在上式中，除了第 1 项，其余项都是长期项。这并不奇怪，因为精确解(9.1.3)就不是周期函数。这也是 PLK 方法失效的原因。在$t = O(1)$这一时间尺度下，缓变的振幅几乎没有什么变化。显然，当$\epsilon t = o(1)$时，式(9.1.5)才能取有限项。对于固定的ϵ，当$t \to \infty$时，有限项近似式就不能很好地逼近精确解。

如果作替换$\tau = t\epsilon$，则可得

UE = ue/. *t* → *τ*/*ϵ*

$$e^{-\tau}\mathrm{Sin}\left[\frac{\tau}{\epsilon}\right]$$

在这个尺度上，指数函数的行为没有问题，但正弦函数的参数τ/ϵ随着$\epsilon \to 0$而趋于无穷大。这意味着对于τ的小变化，函数现在变化得非常快。如果考虑固定τ，$\epsilon \to 0$时的**UE**行为，可以发现这个极限并不存在。

Limit[UE, *ϵ* → 0, Assumptions → *τ* > 0]

Indeterminate

即对于该函数没有外展开。这与边界层问题不同。

这样可从单一的时间尺度（无论是t还是τ）出发，都无法得到一致有效的解。通常称t是振动的快时(fast time)，$\tau = t\epsilon$是振幅衰减的慢时(slow time)。因此，对于任意固定的t，当$\epsilon \to 0$时，决定一个有效的渐近展开式，乘积$t\epsilon$应作为一个变量$\tau = O(1)$来考虑。此时，$t = O(1/\epsilon)$，这是一个缓变的时间尺度，对应于图 9.1.1 中的虚线，表明振幅相对于频率($O(1)$)是缓变的。这时将解表示为变量t和τ的函数，即

$$u(t) = U(t, \tau) = e^{-\tau}\mathrm{Sin}[t] \tag{9.1.6}$$

例 9.1.2　边界层问题：

$$\epsilon u''(x) + (1+\epsilon)u'(x) + u(x) = 0 \tag{9.1.7}$$

$$u(0) = 0, u(1) = 1 \tag{9.1.8}$$

将以上方程和边界条件记为

```
eq = ϵu"[x] + (1 + ϵ)u'[x] + u[x] == 0;
bc1 = u[0] == 0; bc2 = u[1] == 1;
```

方程(9.1.7)的精确解为

```
ue = DSolveValue[{eq, bc1, bc2}, u[x], x]//Simplify
```

$$\frac{e^{1+\frac{1}{\epsilon}}\left(e^{-x}-e^{-\frac{x}{\epsilon}}\right)}{-e+e^{\frac{1}{\epsilon}}} \tag{9.1.9}$$

为了获得解的最简形式，先取其倒数进行化简，然后再取倒数：

```
eu = 1/ue /. a_b_c_ :→ Expand[ab]c
1/eu /. E^n_ → E^HoldForm[n]
```

$$\frac{e^{-x}-e^{-\frac{x}{\epsilon}}}{e^{-1}-e^{-\frac{1}{\epsilon}}} \tag{9.1.10}$$

则外部解为

```
uOut = Limit[ue, ϵ → 0, Direction → "FromAbove", Assumptions → x > 0]
```

$$e^{1-x}$$

而其内部解为

```
uInn = Limit[ue/. x → ϵX, ϵ → 0, Direction → "FromAbove", Assumptions → X > 0]
  /. X → x/ϵ //Collect[#, e]&
```

$$e\left(1-e^{-\frac{x}{\epsilon}}\right)$$

直接求首项近似渐近解，再次得到精确解(9.1.9)：

```
AsymptoticDSolveValue[{eq, bc1, bc2}, u[x], x, {ϵ, 0, 2}]//Simplify
```

$$\frac{e^{1+\frac{1}{\epsilon}}\left(e^{-x}-e^{-\frac{x}{\epsilon}}\right)}{-e+e^{\frac{1}{\epsilon}}}$$

注意，上式给出的是一致有效的渐近解。这与式(9.1.5)的形式明显不同。

图 9.1.2 给出了精确解、外部解和内部解的图形，其中$\epsilon = 0.02$。易见边界层在左边界处，其厚度为$O(\epsilon)$。在边界层外，内部解的变化快速衰减，接近于常数。边界层外区域的尺度为$O(1)$。外部解在边界层外与精确解符合得很好。

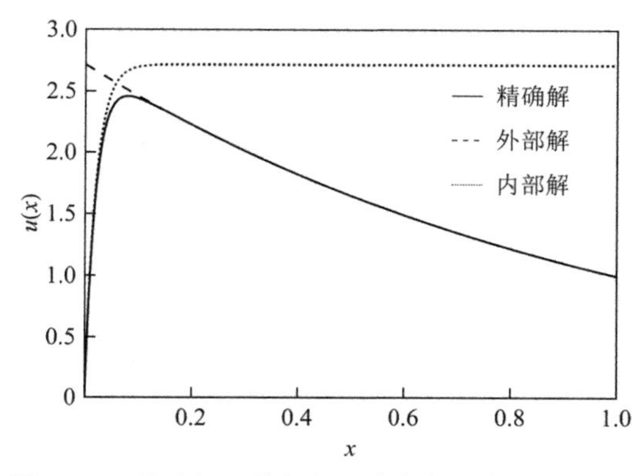

图 9.1.2　精确解、外部解和内部解比较($\epsilon = 0.02$)

当内部解的外极限不存在时，即不能区分为外部解和内部解两部分，多重尺度会在整个求解域内出现，此时不能用匹配渐近展开法求解，需用多重尺度法。

需要说明的是，采用多重尺度法求解例 9.1.1 和例 9.1.2，首项近似就可以得到精确解。

【练习题 9.1】 采用多重尺度法求解例 9.1.1 和例 9.1.2。

9.2 多重尺度法

在研究奇异摄动问题时，利用问题内禀的多重尺度性，引进多个尺度的自变量来代替原自变量，求得问题的渐近解，这种方法称为多重尺度法。按照选择自变量尺度的不同形式，可将多重尺度法分为导数展开法(derivative expansion method)、两变量展开法(two-variable expansion method)和非线性尺度法(nonlinear scales method)三种方法。

与匹配渐近展开方法不同，多重尺度法可以直接得到统一的展开式。

多重尺度法特别适用于弱非线性自治系统，其方程具有如下形式：

$$u''(t)+u(t)+\epsilon f\big(u(t),u'(t)\big)=0 \tag{9.2.1}$$

其未扰解具有常数频率。对此类系统，即使首项近似就能给出相当好的结果。

下面以这类二阶常微分方程为例，来说明上述三种方法。

1. 导数展开法

$u(t)$不仅是t的函数，还应当是ϵt，$\epsilon^2 t$，…，$\epsilon^m t$的函数。为使展开式直到$t=O(\epsilon^{-m})$时有效（m为正整数），必须选择不同的时间尺度$T_0,T_1,\cdots,T_m$，其中

$$T_j=\epsilon^j t,\ \ j=0,1,2,\cdots,m \tag{9.2.2}$$

$$u(t)=U(T_0,T_1,T_2,\cdots,T_m) \tag{9.2.3}$$

式中，T_0为快尺度变量，T_1为慢尺度变量，T_2为更慢尺度变量，依此类推。

以$m=2$为例来说明：

T3 = Table[$\boldsymbol{T_i}$[$\boldsymbol{t}$],{$\boldsymbol{i}$, 0, 2}]

$$\{T_0[t],T_1[t],T_2[t]\}$$

用τ_0,τ_1,τ_2表示三个不同的时间尺度，即

t3 = Table[$\boldsymbol{\tau_i}$,{$\boldsymbol{i}$, 0, 2}]

T2τ = Thread[Rule[T3, t3]]

$$\{T_0[t]\to\tau_0,T_1[t]\to\tau_1,T_2[t]\to\tau_2\}$$

Tnf = $\boldsymbol{T}_{\text{n\_}}$:→ ($\boldsymbol{\epsilon^n}$#&);

T3/. Tnf

$$\{t,t\epsilon,t\epsilon^2\}$$

定义替换和级数展开式：

***U*[t_]: = *u*[*t*]/. *u* → (*U*[$\boldsymbol{T_0}$[#], $\boldsymbol{T_1}$[#], $\boldsymbol{T_2}$[#]]&)**

U2S[n_]: = *U* → (Sum[$\boldsymbol{U_j}$[#1, #2, #3]$\boldsymbol{\epsilon^j}$, {*j*, 0, *n*}] + *O*[$\boldsymbol{\epsilon}$]$^{\boldsymbol{n+1}}$&)

举例如下：

***U*[*t*]/. T2τ/. U2S[2]**

$$U_0[\tau_0,\tau_1,\tau_2]+U_1[\tau_0,\tau_1,\tau_2]\epsilon+U_2[\tau_0,\tau_1,\tau_2]\epsilon^2+O[\epsilon]^3$$

(*U*′[*t*]/. T2τ/. Tnf/. U2S[2]) + *O*[$\boldsymbol{\epsilon}$]$^{\boldsymbol{3}}$

$$U_0{}^{(1,0,0)}[\tau_0,\tau_1,\tau_2]+(U_0{}^{(0,1,0)}[\tau_0,\tau_1,\tau_2]+U_1{}^{(1,0,0)}[\tau_0,\tau_1,\tau_2])\epsilon+(U_0{}^{(0,0,1)}[\tau_0,\tau_1,\tau_2]+U_1{}^{(0,1,0)}[\tau_0,\tau_1,\tau_2]+U_2{}^{(1,0,0)}[\tau_0,\tau_1,\tau_2])\epsilon^2+O[\epsilon]^3$$

(*U*''[*t*]/. T2τ/. Tnf/. U2S[2]) + *O*[*ϵ*]^3

$$U_0{}^{(2,0,0)}[\tau_0,\tau_1,\tau_2]+(2U_0{}^{(1,1,0)}[\tau_0,\tau_1,\tau_2]+U_1{}^{(2,0,0)}[\tau_0,\tau_1,\tau_2])\epsilon+(U_0{}^{(0,2,0)}[\tau_0,\tau_1,\tau_2]+2U_0{}^{(1,0,1)}[\tau_0,\tau_1,\tau_2]+2U_1{}^{(1,1,0)}[\tau_0,\tau_1,\tau_2]+U_2{}^{(2,0,0)}[\tau_0,\tau_1,\tau_2])\epsilon^2+O[\epsilon]^3$$

如果原方程是常微分方程，经过变换以后变为m元偏微分方程。如果原方程为n元偏微分方程，变换后变为$n+m$元偏微分方程。乍看之下原方程变得更复杂了，但在求解时并不更加困难，参考消除长期项的原则，要求在求解过程中高阶项的奇性要弱于低阶项。考虑到渐近级数的性质，只需要系数之比有界即可，即

$$\frac{U_i}{U_{i-1}}<\infty,\quad \forall T_0,T_1,\cdots,T_m \tag{9.2.4}$$

以保证解的一致有效性。根据这个原则，可以逐阶定解。

2. 两变量展开法

将$u(t)$写成慢时变量和快时变量的函数$U(\xi,\eta)$，即

$$u(t)=U(\xi,\eta) \tag{9.2.5}$$

式中，慢时变量ξ不变，即

$$\xi=\epsilon t \tag{9.2.6}$$

而快时变量η为

$$\eta=\omega(\epsilon)t,\omega(\epsilon)=1+\omega_2\epsilon^2+\cdots+\omega_m\epsilon^m \tag{9.2.7}$$

式中，$\omega(\epsilon)t$为修正的快时尺度。注意$\omega(\epsilon)$中并没有ω_1项，这是因为$\omega_1\epsilon$会被慢时变量吸收。这样处理使得U只是两个独立变量的函数，且具有变形坐标法的优点。

在 MMA 中定义如下替换、自变量的形式以及级数展开式：

```
u2U = u → (U[F[#], G[#]]&);
FG2ξη = {F[t] → ξ, G[t] → η};
Ff = F → (ϵ#&);
G2S[n_] = G → ((1 + Sum[ω_i ϵ^i, {i, 2, n}])#&);
U[t_]: = u[t]/. u2U
U2S[n_]: = U → (Sum[U_j[#1, #2]ϵ^j, {j, 0, n}] + O[ϵ]^(n+1)&)
```

举例如下：

U[t]/. FG2ξη/. Ff/. U2S[2]

$$U_0[\xi,\eta]+U_1[\xi,\eta]\epsilon+U_2[\xi,\eta]\epsilon^2+O[\epsilon]^3$$

(*U*′[*t*]/. FG2ξη/. Ff/. G2S[3]/. U2S[2]) + *O*[*ϵ*]^3

$$U_0{}^{(0,1)}[\xi,\eta]+(U_1{}^{(0,1)}[\xi,\eta]+U_0{}^{(1,0)}[\xi,\eta])\epsilon+(\omega_2U_0{}^{(0,1)}[\xi,\eta]+U_2{}^{(0,1)}[\xi,\eta]+U_1{}^{(1,0)}[\xi,\eta])\epsilon^2+O[\epsilon]^3$$

(*U*''[*t*]/. FG2ξη/. Ff/. G2S[3]/. U2S[2]) + *O*[*ϵ*]^3

$$U_0{}^{(0,2)}[\xi,\eta]+(U_1{}^{(0,2)}[\xi,\eta]+2U_0{}^{(1,1)}[\xi,\eta])\epsilon+(2\omega_2U_0{}^{(0,2)}[\xi,\eta]+U_2{}^{(0,2)}[\xi,\eta]+2U_1{}^{(1,1)}[\xi,\eta]+U_0{}^{(2,0)}[\xi,\eta])\epsilon^2+O[\epsilon]^3$$

3. 非线性尺度法

(1) 导数展开法

1) 用一般的渐近序列$\delta_n(\epsilon)$代替ϵ^n，即

$$T_n=\delta_n(\epsilon)t \tag{9.2.8}$$

以$n=2$为例，用 MMA 实现如下：

```
Tnf = T_n_ :→ (δ_n[ϵ]#&)
U[t_]:= u[t]/. u → (U[T_0[#], T_1[#], T_2[#]]&)
U2P[n_]:= U → (Sum[U_j[#1, #2, #3]δ_j[ϵ], {j, 0, n}]&)
```

则一阶导数表示为

```
U'[t]/. T2τ/. U2P[2]/. Tnf//Expand//Simplify
```

$$\delta_2[\epsilon]^2U_2{}^{(0,0,1)}[\tau_0,\tau_1,\tau_2]+\delta_1[\epsilon]^2U_1{}^{(0,1,0)}[\tau_0,\tau_1,\tau_2]+\delta_1[\epsilon]\delta_2[\epsilon](U_1{}^{(0,0,1)}[\tau_0,\tau_1,\tau_2]+U_2{}^{(0,1,0)}[\tau_0,\tau_1,\tau_2])+\delta_0[\epsilon]^2U_0{}^{(1,0,0)}[\tau_0,\tau_1,\tau_2]+\delta_0[\epsilon](\delta_1[\epsilon](U_0{}^{(0,1,0)}[\tau_0,\tau_1,\tau_2]+U_1{}^{(1,0,0)}[\tau_0,\tau_1,\tau_2])+\delta_2[\epsilon](U_0{}^{(0,0,1)}[\tau_0,\tau_1,\tau_2]+U_2{}^{(1,0,0)}[\tau_0,\tau_1,\tau_2]))$$

2) 用非线性尺度$g_n(\mu_n(\epsilon)t)$代替线性尺度t，其中$\mu_n(\epsilon)$是引进的新的渐近序列，即

$$T_n=\delta_n(\epsilon)g_n(\mu_n(\epsilon)t) \tag{9.2.9}$$

以$n=2$为例，用 MMA 实现如下：

```
Tnf1 = T_n_ :→ (δ_n[ϵ]g_n[μ_n[ϵ]#]&)
```

则一阶导数表示为

```
U'[t]/. T2τ/. Tnf1
```

$$\delta_2[\epsilon]\mu_2[\epsilon]g_2{}'[t\mu_2[\epsilon]]U^{(0,0,1)}[\tau_0,\tau_1,\tau_2]+\delta_1[\epsilon]\mu_1[\epsilon]g_1{}'[t\mu_1[\epsilon]]U^{(0,1,0)}[\tau_0,\tau_1,\tau_2]+\delta_0[\epsilon]\mu_0[\epsilon]g_0{}'[t\mu_0[\epsilon]]U^{(1,0,0)}[\tau_0,\tau_1,\tau_2]$$

上式可写成一般形式：

$$u'(t)=\sum_j^m\delta_j(\epsilon)\mu_j(\epsilon)g_j'(\mu_j(\epsilon)t)U_{\tau_j}(\tau_1,\tau_2,\cdots,\tau_m)$$

(2) 两变量展开法

$$\xi=\mu(\epsilon)t,\eta=\sum_{n=0}^m\delta_n(\epsilon)g_n(\mu_n(\epsilon)t) \tag{9.2.10}$$

用 MMA 实现如下：

```
Ff = F → (μ[ϵ]#&);
G2S[n_] = G → (Sum[δ_i[ϵ]g_i[μ_i[ϵ]#], {i, 0, n}]&);
U[t_]:= u[t]/. u2U
```

一阶导数表示为

```
U'[t]/. FG2ξη/. Ff/. G2S[n]
```

$$\left(\sum_{i=0}^n\delta_i[\epsilon]\mu_i[\epsilon]g_i{}'[t\mu_i[\epsilon]]\right)U^{(0,1)}[\xi,\eta]+\mu[\epsilon]U^{(1,0)}[\xi,\eta]$$

二阶导数表示为

```
U''[t]/. FG2ξη/. Ff/. G2S[n]//Expand
```

$$\left(\sum_{i=0}^n\delta_i[\epsilon]\mu_i[\epsilon]^2g_i{}''[t\mu_i[\epsilon]]\right)U^{(0,1)}[\xi,\eta]+\left(\sum_{i=0}^n\delta_i[\epsilon]\mu_i[\epsilon]g_i{}'[t\mu_i[\epsilon]]\right)^2U^{(0,2)}[\xi,\eta]+2\left(\sum_{i=0}^n\delta_i[\epsilon]\mu_i[\epsilon]g_i{}'[t\mu_i[\epsilon]]\right)\mu[\epsilon]U^{(1,1)}[\xi,\eta]+\mu[\epsilon]^2U^{(2,0)}[\xi,\eta]$$

9.3 应用实例

例 9.3.1　用多重尺度法求解线性阻尼振动问题：

$$u''(t)+2\epsilon u'(t)+u(t)=0 \tag{9.3.1}$$

$$u(0)=0, u'(0)=1 \tag{9.3.2}$$

将以上方程和初始条件记为

```
eq = u"[t] + 2ϵu'[t] + u[t] == 0;
ic1 = u[0] == 0; ic2 = u'[0] == 1;
```

其精确解为

```
ue = Assuming[0 < ϵ < 1, Refine[FullSimplify[DSolveValue[{eq, ic1, ic2}, u[t], t]]]]
```

$$\frac{\mathrm{e}^{-t\epsilon}\mathrm{Sin}\left[t\sqrt{1-\epsilon^2}\right]}{\sqrt{1-\epsilon^2}} \tag{9.3.3}$$

相应的正则摄动解为

```
ua = AsymptoticDSolveValue[{eq, ic1, ic2}, u[t], t, {ϵ, 0, 2}]//TrigReduce//Expand
show[ua, {2, 3, 4, 1, 5}]
```

$$\mathrm{Sin}[t]-t\epsilon\mathrm{Sin}[t]+\frac{1}{2}\epsilon^2\mathrm{Sin}[t]-\frac{1}{2}t\epsilon^2\mathrm{Cos}[t]+\frac{1}{2}t^2\epsilon^2\mathrm{Sin}[t] \tag{9.3.4}$$

将精确解(9.3.3)展开可得

```
Map[Normal[Series[#, {ϵ, 0, 3}]]&, ue]
```

$$\left(1+\frac{\epsilon^2}{2}\right)\left(1-t\epsilon+\frac{t^2\epsilon^2}{2}-\frac{t^3\epsilon^3}{6}\right)\left(-\frac{1}{2}t\epsilon^2\mathrm{Cos}[t]+\mathrm{Sin}[t]\right) \tag{9.3.5}$$

将式(9.3.5)展开就能得到式(9.3.4)，但从式(9.3.5)更容易看到：当$\epsilon t=o(1)$时，式(9.3.4)是有效的渐近解；当$\epsilon t=O(1)$或$\epsilon t\gg 1$时，由于长期项不再是小量，式(9.3.4)不再有效。这表明此处正则摄动法失效。

对照例 9.1.1，可知有两种不同的时间尺度：(1) $t\sim O(1)$，快时间尺度；(2) $t\sim O(1/\epsilon)$，慢时间尺度。这里需要同时考虑两种时间尺度，因此采用多重尺度法。本例将采用三种不同形式的多重尺度法来求解。

(1) 导数展开法

首先定义如下替换和级数展开式：

```
u2U = u → (U[T0[#], T1[#], T2[#]]&);
T2t = {T0[t] → τ0, T1[t] → τ1, T2[t] → τ2};
Tf = {T0 → (#&), T1 → (ϵ#&), T2 → (ϵ^2#&)};
U2S[n_]: = U → (Sum[Ui[#1, #2, #3]ϵ^i, {i, 0, n}]&)
```

根据导数展开的个数，n最多为 3。

```
n = 3;
```

将替换和级数展开式代入式(9.3.1)和式(9.3.2)，可得联立的方程组：

```
eqU = eq[[1]] + O[ϵ]^n == 0/. u2U/. T2t/. U2S[n]/. Tf
```

```
eqs = LogicalExpand[equ]
Column[List@@eqs]
```

$$U_0[\tau_0,\tau_1,\tau_2]+{U_0}^{(2,0,0)}[\tau_0,\tau_1,\tau_2]==0$$
$$U_1[\tau_0,\tau_1,\tau_2]+2{U_0}^{(1,0,0)}[\tau_0,\tau_1,\tau_2]+2{U_0}^{(1,1,0)}[\tau_0,\tau_1,\tau_2]+{U_1}^{(2,0,0)}[\tau_0,\tau_1,\tau_2]==0$$
$$U_2[\tau_0,\tau_1,\tau_2]+{U_0}^{(0,2,0)}[\tau_0,\tau_1,\tau_2]+2{U_1}^{(1,0,0)}[\tau_0,\tau_1,\tau_2]+2{U_0}^{(1,0,1)}[\tau_0,\tau_1,\tau_2]$$
$$+2({U_0}^{(0,1,0)}[\tau_0,\tau_1,\tau_2]+{U_1}^{(1,1,0)}[\tau_0,\tau_1,\tau_2])+{U_2}^{(2,0,0)}[\tau_0,\tau_1,\tau_2]==0$$

```
ic1s = LogicalExpand[ic1[[1]] + O[ϵ]^n == 0/.u2U/.Tf/.U2S[n]]
```

$$U_0[0,0,0]==0\&\&U_1[0,0,0]==0\&\&U_2[0,0,0]==0$$

```
ic2s = LogicalExpand[ic2[[1]] + O[ϵ]^n == 1/.u2U/.Tf/.U2S[n]]
```

$$-1+{U_0}^{(1,0,0)}[0,0,0]==0\&\&{U_0}^{(0,1,0)}[0,0,0]+{U_1}^{(1,0,0)}[0,0,0]==0$$
$$\&\&{U_0}^{(0,0,1)}[0,0,0]+{U_1}^{(0,1,0)}[0,0,0]+{U_2}^{(1,0,0)}[0,0,0]==0$$

首先求首项(零阶)近似，并将齐次方程的通解表示为指数形式：

```
U0 = DSolve[eqs[[1]], U0[τ0, τ1, τ2], {τ0, τ1, τ2}][[1]]/.{C[1] → A, C[2] → 𝔸, Cos[τ0]
      → Exp[iτ0], Sin[τ0] → Exp[−iτ0]}//toPure
```

$$\left\{U_0\to \text{Function}\left[\{\tau_0,\tau_1,\tau_2\},\mathrm{e}^{\mathrm{i}\tau_0}A[\tau_1,\tau_2]+\mathrm{e}^{-\mathrm{i}\tau_0}\mathbb{A}[\tau_1,\tau_2]\right]\right\} \tag{9.3.6}$$

考虑对应的初始条件，可以得到$A(0,0)$和$\mathbb{A}(0,0)$的值：

```
ic10 = ic1s[[1]]/.U0
```

$$A[0,0]+\mathbb{A}[0,0]==0$$

```
ic20 = ic2s[[1]]/.U0
```

$$-1+\mathrm{i}A[0,0]-\mathrm{i}\mathbb{A}[0,0]==0$$

```
ic1A = Eliminate[{icA0, icB0}, 𝔸[0, 0]]//Reduce
```

$$A[0,0]==-\mathrm{i}/2 \tag{9.3.7}$$

```
ic2𝔸 = Eliminate[{icA0, icB0}, A[0, 0]]//Reduce
```

$$\mathbb{A}[0,0]==\mathrm{i}/2 \tag{9.3.8}$$

但目前A和$\mathbb{A}$仍是待定函数。

继续求一阶近似方程：

```
eq2 = doEq[eqs[[2]]/.U0, U1]//Collect[#, {e^(iτ0), e^(−iτ0)}, Factor]&
```

$$U_1[\tau_0,\tau_1,\tau_2]+{U_1}^{(2,0,0)}[\tau_0,\tau_1,\tau_2]==-2\mathrm{i}\mathrm{e}^{\mathrm{i}\tau_0}(A[\tau_1,\tau_2]+A^{(1,0)}[\tau_1,\tau_2])$$
$$+2\mathrm{i}\mathrm{e}^{-i\tau_0}(\mathbb{A}[\tau_1,\tau_2]+\mathbb{A}^{(1,0)}[\tau_1,\tau_2]) \tag{9.3.9}$$

注意到上式右端两项都会导致长期项的产生，因此必须为零。

```
{eqA0, eqB0} = Thread[Coefficient[eq2[[2]], {e^(iτ0), e^(−iτ0)}] == 0]//Simplify
```

$$\{A[\tau_1,\tau_2]+A^{(1,0)}[\tau_1,\tau_2]==0,\mathbb{A}[\tau_1,\tau_2]+\mathbb{A}^{(1,0)}[\tau_1,\tau_2]==0\} \tag{9.3.10}$$

这样便可得$A(\tau_1,\tau_2)$和$\mathbb{A}(\tau_1,\tau_2)$满足的方程(9.3.10)，结合式(9.3.7)和式(9.3.8)得到

```
A$ = DSolve[eqA0, A, {τ1, τ2}][[1]]/.C[1] → B
```

$$\{A\to \text{Function}[\{\tau_1,\tau_2\},\mathrm{e}^{-\tau_1}B[\tau_2]]\} \tag{9.3.11}$$

```
icB = ic1A/.A$//Reduce
```

$$B[0]==-\mathrm{i}/2 \tag{9.3.12}$$

```
𝔸$ = DSolve[eqB0, 𝔸, {τ1, τ2}][[1]]/.C[1] → 𝔹
```

$$\{\mathbb{A} \to \text{Function}[\{\tau_1, \tau_2\}, e^{-\tau_1}\mathbb{B}[\tau_2]]\} \tag{9.3.13}$$

icB = ic2A/. A$//Reduce

$$\mathbb{B}[0] == i/2 \tag{9.3.14}$$

消除共振项后，方程(9.3.9)简化为

eq2 = eq2/. A$/. A$//Simplify

$$U_1[\tau_0, \tau_1, \tau_2] + U_1{}^{(2,0,0)}[\tau_0, \tau_1, \tau_2] == 0 \tag{9.3.15}$$

ic11 = ic1s[[2]]

$$U_1[0,0,0] == 0 \tag{9.3.16}$$

ic21 = ic2s[[2]]/. U0/. A$/. A$/. ToRules[icB]/. ToRules[icB]

$$U_1{}^{(1,0,0)}[0,0,0] == 0 \tag{9.3.17}$$

将式(9.3.15)至式(9.3.17)视为一个常微分方程组，解得

{U1} = DSolve[{eq2, ic11, ic21}/. U_1 → (V[#]&), $V[\tau_0], \tau_0$]/. V → ($U_1[\#, \tau_1, \tau_2]$&)//toPure

$$\{\{U_1 \to \text{Function}[\{\tau_0, \tau_1, \tau_2\}, 0]\}\} \tag{9.3.18}$$

这样可知一阶近似方程的解$U_1(\tau_0, \tau_1, \tau_2) = 0$，而首项近似变为

$U_0[\tau_0, \tau_1, \tau_2]$/. U0/. A$/. A$

$$e^{i\tau_0 - \tau_1}B[\tau_2] + e^{-i\tau_0 - \tau_1}\mathbb{B}[\tau_2] \tag{9.3.19}$$

式中，还有两个待定函数$B(\tau_2)$和$\mathbb{B}(\tau_2)$，需要在求解高阶近似方程的过程中确定。

将零阶和一阶方程的解代入二阶方程可得

eq3 = doEq[eqs[[3]]/. U0/. U1, U_2]//Collect[#, e-, Factor]&

$$\begin{aligned}&U_2[\tau_0, \tau_1, \tau_2] + U_2{}^{(2,0,0)}[\tau_0, \tau_1, \tau_2] == \\&-ie^{i\tau_0}(2A^{(0,1)}[\tau_1, \tau_2] - 2iA^{(1,0)}[\tau_1, \tau_2] - iA^{(2,0)}[\tau_1, \tau_2]) \\&+ie^{-i\tau_0}(2\mathbb{A}^{(0,1)}[\tau_1, \tau_2] + 2i\mathbb{A}^{(1,0)}[\tau_1, \tau_2] + i\mathbb{A}^{(2,0)}[\tau_1, \tau_2])\end{aligned} \tag{9.3.20}$$

易见式(9.3.20)右端两项都是共振项，需要消除。将式(9.3.11)和式(9.3.13)分别代入，可得

eqB = Coefficient[eq3[[2]], $-ie^{i\tau_0}$] == 0/. A$

$$ie^{-\tau_1}B[\tau_2] + 2e^{-\tau_1}B'[\tau_2] == 0$$

B$ = DSolve[{eqB, icB}, B, τ_2][[1]]

$$\left\{B \to \text{Function}\left[\{\tau_2\}, -\frac{1}{2}ie^{-\frac{i\tau_2}{2}}\right]\right\}$$

eqB = Coefficient[eq3[[2]], $ie^{-i\tau_0}$] == 0/. A$

$$-ie^{-\tau_1}\mathbb{B}[\tau_2] + 2e^{-\tau_1}\mathbb{B}'[\tau_2] == 0$$

B$ = DSolve[{eqB, icB}, B, τ_2][[1]]

$$\left\{\mathbb{B} \to \text{Function}\left[\{\tau_2\}, \frac{1}{2}ie^{\frac{i\tau_2}{2}}\right]\right\}$$

这样就确定了函数$B(\tau_2)$和$\mathbb{B}(\tau_2)$，可得渐近解，并将其用三角函数表示：

res = $U_0[\tau_0, \tau_1, \tau_2]$/. U0/. A$/. A$/. B$/. B$

$$-\frac{1}{2}ie^{i\tau_0 - \tau_1 - \frac{i\tau_2}{2}} + \frac{1}{2}ie^{-i\tau_0 - \tau_1 + \frac{i\tau_2}{2}}$$

Collect[res, $e^{-\tau_1}$, FullSimplify]/. {$\tau_0 \to t, \tau_1 \to \epsilon t, \tau_2 \to \epsilon^2 t$}/. Sin[a_] :→ Sin[Collect[a, t]]

$$e^{-t\epsilon}\text{Sin}[t(1 - \epsilon^2/2)] \tag{9.3.21}$$

(2) 两变量展开法

首先定义如下替换和级数展开式：

u2U = *u* → (*U*[*F*[#], *G*[#]]&);

FG = {*F*[*t*] → *ξ*, *G*[*t*] → *η*};

Ff = *F* → (*ϵ*#&);

G2S[n_]: = *G* → ((1 + Sum[*ϵ*^*i*^*ω*~*i*~, {*i*, 2, *n*}])#&)

U2S[n_]: = *U* → (Sum[*U*~*i*~[#1, #2]*ϵ*^*i*^, {*i*, 0, *n*}]&)

将它们代入式(9.3.1)和式(9.3.2)，可得联立的方程组：

eqU = eq[[1]] + *O*[*ϵ*]^3^ == 0/. u2U/. FG/. {Ff, G2S[5]}/. U2S[3]

eqs = LogicalExpand[eqU]

Column[List@@eqs]

$$\begin{cases} U_0[\xi,\eta]+U_0{}^{(0,2)}[\xi,\eta]==0 \\ U_1[\xi,\eta]+U_1{}^{(0,2)}[\xi,\eta]+2(U_0{}^{(0,1)}[\xi,\eta]+U_0{}^{(1,1)}[\xi,\eta])==0 \\ U_2[\xi,\eta]+2\omega_2U_0{}^{(0,2)}[\xi,\eta]+U_2{}^{(0,2)}[\xi,\eta]+2U_0{}^{(1,0)}[\xi,\eta]+2\left(U_1{}^{(0,1)}[\xi,\eta]+U_1{}^{(1,1)}[\xi,\eta]\right) \\ \qquad +U_0{}^{(2,0)}[\xi,\eta]==0 \end{cases}$$

ic1s = LogicalExpand[ic1[[1]] + *O*[*ϵ*]^3^ == 0/. u2U/. U2S[3]/. {Ff, G2S[5]}]

$$U_0[0{,}0]==0\&\&U_1[0{,}0]==0\&\&U_2[0{,}0]==0$$

ic2s = LogicalExpand[ic2[[1]] − ic2[[2]] + *O*[*ϵ*]^3^ == 0/. u2U/. U2S[3]/. {Ff, G2S[5]}]

$$-1+U_0{}^{(0,1)}[0{,}0]==0\&\&U_1{}^{(0,1)}[0{,}0]+U_0{}^{(1,0)}[0{,}0]==0$$
$$\&\&\omega_2U_0{}^{(0,1)}[0{,}0]+U_2{}^{(0,1)}[0{,}0]+U_1{}^{(1,0)}[0{,}0]==0$$

首先给出零阶方程的通解U_0：

U0 = DSolve[eqs[[1]], *U*~0~, {*ξ*, *η*}][[1]]

$$\{U_0\to \mathrm{Function}[\{\xi,\eta\},\mathrm{Cos}[\eta]c_1[\xi]+\mathrm{Sin}[\eta]c_2[\xi]]\} \tag{9.3.22}$$

将U_0代入相应的初始条件，可得$c_1(0)$和$c_2(0)$的初值：

{ic11, ic21} = {ic1s[[1]], ic2s[[1]]}/. U0

$$\{c_1[0]==0,-1+c_2[0]==0\} \tag{9.3.23}$$

将U_0代入一阶方程，得

eq1 = doEq[eqs[[2]]/. U0//TrigReduce//FullSimplify, *U*~1~]

$$U_1[\xi,\eta]+U_1{}^{(0,2)}[\xi,\eta]==2\mathrm{Sin}[\eta](c_1[\xi]+c_1{}'[\xi])-2\mathrm{Cos}[\eta](c_2[\xi]+c_2{}'[\xi])$$

消除上式中的共振项可得$c_1(\xi)$和$c_2(\xi)$满足的方法，结合式(9.3.23)可以求解：

{eqC2, eqC1} = Thread[Coefficient[eq1[[2]], {Cos[*η*], Sin[*η*]}] == 0]//Simplify

$$\{c_2[\xi]+c_2{}'[\xi]==0,c_1[\xi]+c_1{}'[\xi]==0\}$$

C1 = DSolve[{eqC1, ic11}, *C*[1], *ξ*][[1]]

$$\{c_1\to \mathrm{Function}[\{\xi\},0]\}$$

C2 = DSolve[{eqC2, ic21}, *C*[2], *ξ*][[1]]

$$\{c_2\to \mathrm{Function}[\{\xi\},\mathrm{e}^{-\xi}]\}$$

这样零阶方程的解U_0就确定了：

U0 = DSolve[*U*~0~[*ξ*, *η*] == (*U*~0~[*ξ*, *η*]/. U0/. C1/. C2), *U*~0~, {*ξ*, *η*}][[1]]

$$\{U_0\to \mathrm{Function}[\{\xi,\eta\},\mathrm{e}^{-\xi}\mathrm{Sin}[\eta]]\} \tag{9.3.24}$$

消去共振项的一阶方程，并将U_0代入对应的初始条件，构成联立方程组：

```
eq1 = eq1/.C1/.C2
```

$$U_1[\xi,\eta]+{U_1}^{(0,2)}[\xi,\eta]==0$$

```
sys = {eq1,ic1s[[2]],ic2s[[2]]}/.U0
```

$$\{U_1[\xi,\eta]+{U_1}^{(0,2)}[\xi,\eta]==0,U_1[0,0]==0,{U_1}^{(0,1)}[0,0]==0\}$$

同样将其作为常微分方程组求解，可得一阶方程的解为零。

```
U1 = DSolve[sys/.U1 → (V[#2]&),V[η],η][[1]]/.V → (U1[ξ,#]&)//toPure
```

$$\{U_1\to \text{Function}[\{\xi,\eta\},0]\} \tag{9.3.25}$$

将零阶和一阶方程的解代入二阶方程，可得

```
eq2 = doEq[eqs[[3]]/.U0/.U1//Simplify,U2]
```

$$U_2[\xi,\eta]+{U_2}^{(0,2)}[\xi,\eta]==\mathrm{e}^{-\xi}\text{Sin}[\eta](1+2\omega_2) \tag{9.3.26}$$

易知方程(9.3.26)右端为共振项，令$\sin(\eta)$的系数为 0，可以确定ω_2：

```
ω2 = Solve[Coefficient[eq2[[2]],Sin[η]] == 0,ω2][[1]]
```

$$\left\{\omega_2\to -\frac{1}{2}\right\}$$

将得到的渐近解用原变量表示，便再次得到式(9.3.21)：

```
u[t]/.u2U/.FG/.U2S[1]/.U0/.U1/.(Reverse/@FG)/.Ff/.G2S[2]/.ω2
```

$$\mathrm{e}^{-t\epsilon}\text{Sin}\left[t\left(1-\frac{\epsilon^2}{2}\right)\right]$$

(3) 非线性尺度法

引入新变量：

$$\tau=\epsilon t \tag{9.3.27}$$

定义如下替换：

```
u2U = u → (U[T[#]]&);
T2τ = T[t] → τ;
Tf = T → (ϵ#&);
```

将它们代入方程(9.3.1)和初始条件，即式(9.3.2)，原方程变为

```
eqU = eq/.u2U/.T2τ/.Tf//Simplify
```

$$U[\tau]+\epsilon^2(2U'[\tau]+U''[\tau])==0 \tag{9.3.28}$$

原初始条件变为

```
ic1U = ic1/.u2U/.Tf
```

$$U[0]==0 \tag{9.3.29}$$

```
ic2U = ic2/.u2U/.Tf
```

$$\epsilon U'[0]==1 \tag{9.3.30}$$

定义如下替换：

```
U2U = U → (U[F[#],G[#]]&);
FG = {F[τ] → ξ,G[τ] → η};
Ff = F → (#&);
Gf = G → (g-1[#]/ϵ + g0[#] + g1[#]ϵ&);
```

式中，g_{-1}，g_0和g_1在求解过程中确定。它们满足以下条件：

```
gs = List@@LogicalExpand[G[0] + O[ϵ]^2 == 0/. Gf]
```

$$\{g_{-1}[0]==0, g_0[0]==0, g_1[0]==0\} \tag{9.3.31}$$

定义级数展开式：

```
U2S[n_]:= U → (Sum[U_i[#1, #2]ϵ^i, {i, 0, n}] + O[ϵ]^(n+1)&)
```

将定义的替换和级数展开式代入式(9.3.28)至式(9.3.30)，可得联立方程组：

```
eqU = eqU/. U2U/. FG/. Ff/. Gf//Expand
eqs = LogicalExpand[eqU/. U2S[2]]/. τ → ξ
Column[List@@eqs]
```

$$\begin{cases} U_0[\xi,\eta]+g_{-1}{}'[\xi]^2U_0{}^{(0,2)}[\xi,\eta]==0 \\ U_1[\xi,\eta]+2g_{-1}{}'[\xi]U_0{}^{(0,1)}[\xi,\eta]+g_{-1}{}''[\xi]U_0{}^{(0,1)}[\xi,\eta]+2g_{-1}{}'[\xi]g_0{}'[\xi]U_0{}^{(0,2)}[\xi,\eta] \\ \qquad +g_{-1}{}'[\xi]^2U_1{}^{(0,2)}[\xi,\eta]+2g_{-1}{}'[\xi]U_0{}^{(1,1)}[\xi,\eta]==0 \\ U_2[\xi,\eta]+2g_0{}'[\xi]U_0{}^{(0,1)}[\xi,\eta]+g_0{}''[\xi]U_0{}^{(0,1)}[\xi,\eta]+2g_{-1}{}'[\xi]U_1{}^{(0,1)}[\xi,\eta]+g_{-1}{}''[\xi]U_1{}^{(0,1)}[\xi,\eta] \\ \qquad +g_0{}'[\xi]^2U_0{}^{(0,2)}[\xi,\eta]+2g_{-1}{}'[\xi]g_1{}'[\xi]U_0{}^{(0,2)}[\xi,\eta]+2g_{-1}{}'[\xi]g_0{}'[\xi]U_1{}^{(0,2)}[\xi,\eta] \\ \qquad +g_{-1}{}'[\xi]^2U_2{}^{(0,2)}[\xi,\eta]+2U_0{}^{(1,0)}[\xi,\eta]+2g_0{}'[\xi]U_0{}^{(1,1)}[\xi,\eta] \\ \qquad +2g_{-1}{}'[\xi]U_1{}^{(1,1)}[\xi,\eta]+U_0{}^{(2,0)}[\xi,\eta]==0 \end{cases}$$

```
ic1Us = List@@LogicalExpand[ic1U/. U2U/. Ff/. Gf/. Flatten[ToRules/@gs]/. U2S[2]]
```

$$\{U_0[0,0]==0, U_1[0,0]==0, U_2[0,0]==0\}$$

```
ic2Us = List@@LogicalExpand[ic2U[[1]] - ic2U[[2]] + O[ϵ]^2 == 0/. U2U/. Ff/. Gf
        /. Flatten[ToRules/@gs]/. U2S[2]]
```

$$\{-1+g_{-1}{}'[0]U_0{}^{(0,1)}[0,0]==0, g_0{}'[0]U_0{}^{(0,1)}[0,0]+g_{-1}{}'[0]U_1{}^{(0,1)}[0,0]+U_0{}^{(1,0)}[0,0]==0\}$$

首先计算零阶方程的通解U_0，其中有三个待定函数：A_0，B_0和g_{-1}。

```
U0 = DSolve[eqs[[1]], U_0[ξ,η], {ξ,η}][[1]]/. {C[1] → A_0, C[2] → B_0}//toPure
```

$$\left\{U_0\to \text{Function}\left[\{\xi,\eta\}, \text{Sin}\left[\frac{\eta}{g_{-1}{}'[\xi]}\right]A_0[\xi]+\text{Cos}\left[\frac{\eta}{g_{-1}{}'[\xi]}\right]B_0[\xi]\right]\right\} \tag{9.3.32}$$

将U_0代入一阶方程，直接处理方程右端项：

```
eq2 = doEq[eqs[[2]], U_1]/. U0//Expand//Collect[#, {Cos[_], Sin[_]},
    Collect[#, {η, A_0[ξ], B_0[ξ]}]&]&
eqBA = Coefficient[eq2[[2]], Sin[η/g_-1'[ξ]]] == 0//Collect[#, {A_0[ξ], B_0[ξ]}]&
```

$$2B_0{}'[\xi]+A_0[\xi]\left(\frac{2g_0{}'[\xi]}{g_{-1}{}'[\xi]}-\frac{2\eta g_{-1}{}''[\xi]}{g_{-1}{}'[\xi]^2}\right)+B_0[\xi]\left(2-\frac{g_{-1}{}''[\xi]}{g_{-1}{}'[\xi]}\right)==0 \tag{9.3.33}$$

```
eqAB = Coefficient[eq2[[2]], Cos[η/g_-1'[ξ]]] == 0//Collect[#, {A_0[ξ], B_0[ξ]}]&
```

$$-2A_0{}'[\xi]+B_0[\xi]\left(\frac{2g_0{}'[\xi]}{g_{-1}{}'[\xi]}-\frac{2\eta g_{-1}{}''[\xi]}{g_{-1}{}'[\xi]^2}\right)+A_0[\xi]\left(-2+\frac{g_{-1}{}''[\xi]}{g_{-1}{}'[\xi]}\right)==0 \tag{9.3.34}$$

因为$A_0(\xi)$和$B_0(\xi)$是独立的，其系数应为 0，由此可以确定g_0和g_{-1}：

```
req = Coefficient[eqBA[[1]], A_0[ξ]] == 0
```

$$\frac{2g_0{}'[\xi]}{g_{-1}{}'[\xi]}-\frac{2\eta g_{-1}{}''[\xi]}{g_{-1}{}'[\xi]^2}==0$$

```
cond = Last[SolveAlways[req, η]]//toEqual
```

$$\{g_0'[\xi]==0, g_{-1}''[\xi]==0\}$$

g0 = DSolve[{cond[[1]], gs[[2]]}, g_0[ξ], ξ][[1]]//toPure

$$\{g_0 \to \text{Function}[\{\xi\}, 0]\} \tag{9.3.35}$$

g1 = DSolve[{cond[[2]], gs[[1]]}, g_{-1}[ξ], ξ][[1]]/. C[2] → 1//toPure

$$\{g_{-1} \to \text{Function}[\{\xi\}, \xi]\} \tag{9.3.36}$$

这样，方程(9.3.33)和方程(9.3.34)进一步得到简化，结合相应的初始条件，就可以确定A_0和B_0：

eqA0 = eqAB/. g1/. g0//Simplify

$$A_0[\xi] + A_0'[\xi] == 0$$

icA0 = ic2Us[[1]]/. U0

$$-1 + A_0[0] == 0$$

A0 = DSolve[{eqA0, icA0}, A_0, ξ][[1]]

$$\{A_0 \to \text{Function}[\{\xi\}, \mathrm{e}^{-\xi}]\}$$

eqB0 = eqBA/. g1/. g0//Simplify

$$B_0[\xi] + B_0'[\xi] == 0$$

icB0 = ic1Us[[1]]/. U0

$$B_0[0] == 0$$

B0 = DSolve[{eqB0, icB0}, B_0, ξ][[1]]

$$\{B_0 \to \text{Function}[\{\xi\}, 0]\}$$

综合以上结果，可以确定U_0：

U0$ = U_0[ξ, η] == (U_0[ξ, η]/. U0/. g1/. A0/. B0)//ToRules//toPure

$$\left\{U_0 \to \text{Function}\left[\{\xi, \eta\}, \mathrm{e}^{-\xi}\text{Sin}[\eta]\right]\right\} \tag{9.3.37}$$

一阶方程也简化为

eq2 = eq2/. A0/. B0/. g1/. g0

$$U_1[\xi, \eta] + U_1^{(0,2)}[\xi, \eta] == 0 \tag{9.3.38}$$

求出方程(9.3.38)的通解并代入相应的初始条件，可以得到两个约束条件：

U1 = DSolve[eq2, U_1, {ξ, η}][[1]]/. {C[1] → A_1, C[2] → B_1}

$$\{U_1 \to \text{Function}[\{\xi, \eta\}, \text{Cos}[\eta]A_1[\xi] + \text{Sin}[\eta]B_1[\xi]]\}$$

icA1 = ic1s[[2]]/. U1

$$A_1[0] == 0$$

icB1 = ic2s[[2]]/. U1/. U0/. B0

$$B_1[0] == 0$$

将零阶和一阶方程的结果代入二阶方程并整理，可得

eq3 = eqs[[3]]/. g0/. g1

eq3 = doEq[eq3, U_2]/. U1/. U0$

//Collect[#, {Cos[η], Sin[η]}, Collect[#, $e^{-\xi}$, FactorTerms]&]&

$$\begin{aligned} U_2[\xi, \eta] + U_2^{(0,2)}[\xi, \eta] == &-2\text{Cos}[\eta](B_1[\xi] + B_1'[\xi]) \\ &+\text{Sin}[\eta](2(A_1[\xi] + A_1'[\xi]) + \mathrm{e}^{-\xi}(1 + 2g_1'[\xi])) \end{aligned} \tag{9.3.39}$$

为消除共振项，可得以下两个方程：

eqB1 = Coefficient[eq3[[2]], Cos[η]] == 0//Simplify

$$B_1[\xi] + B_1{}'[\xi] == 0$$

eqA1 = Coefficient[eq3[[2]], Sin[η]] == 0

$$2(A_1[\xi] + A_1{}'[\xi]) + \mathrm{e}^{-\xi}(1 + 2g_1{}'[\xi]) == 0$$

第 2 个方程可以拆分成两个方程，这样就能确定g_1和A_1：

eqg1 = Coefficient[eqA1[[1]], $e^{-\xi}$] == 0

$$1 + 2g_1{}'[\xi] == 0$$

g1 = DSolve[{eqg1, gs[[3]]}, g_1, ξ][[1]]

$$\left\{g_1 \to \text{Function}\left[\{\xi\}, -\frac{\xi}{2}\right]\right\}$$

A1 = DSolve[{eqA1, icA1}/. g1, A_1, ξ][[1]]

$$\{A_1 \to \text{Function}[\{\xi\}, 0]\}$$

然后再求出B_1：

B1 = DSolve[{eqB1, icB1}, B_1, ξ][[1]]

$$\{B_1 \to \text{Function}[\{\xi\}, 0]\}$$

综合以上结果，同样可得$U_1 = 0$，即

U1$ = $U_1[\xi, \eta]$ == ($U_1[\xi, \eta]$/. U1/. A1/. B1)//ToRules//toPure

$$\{U_1 \to \text{Function}[\{\xi, \eta\}, 0]\} \tag{9.3.40}$$

最后，同样可以得到式(9.3.21)：

$u[t]$/. u2U/. T2τ/. U2U/. FG/. U2S[1]/. U0$/. U1$/. {$\xi \to \epsilon t, \eta \to G[\tau]$}/. Gf/. g1/. g0/. g1/. τ → ϵt

$$\mathrm{e}^{-t\epsilon}\text{Sin}\left[t - \frac{t\epsilon^2}{2}\right] + O[\epsilon]^2$$

例 9.3.2 用导数展开法求以下 Duffing 方程的初值问题：

$$u''(t) + u(t) + \epsilon u(t)^3 = 0 \tag{9.3.41}$$

$$u(0) = a, u'(0) = 0 \tag{9.3.42}$$

将以上方程和初始条件记为

DuffingEq = u"[t] + u[t] + $\epsilon u[t]^3$ == 0

ic1 = u[0] == a; ic2 = u'[0] == 0

采用导数展开法求解。

先将两类带下标的变量转化为单个符号变量：

Needs["Notation`"]

Symbolize[τ_]; Symbolize[$\bar{a}$_]

定义如下级数展开式和替换：

u2S[n_]: = u → (Sum[$U_i[T_0[\#1], T_1[\#1], T_2[\#1]]\epsilon^i$, {$i$, 0, n}]&)

T2τ = {$T_0[t] \to \tau_0, T_1[t] \to \tau_1, T_2[t] \to \tau_2$};

Tf = {T_0 → (#1&), T_1 → (ϵ#1&), T_2 → (ϵ^2#1&)};

τ2t = {$\tau_0 \to t, \tau_1 \to \epsilon t, \tau_2 \to \epsilon^2 t$};

只能到$n-1$阶（从零阶近似开始，共n个方程）：

```
n = Length[T2τ] − 1;
```

将上述级数展开式和变换代入方程和初始条件，可得联立方程组：

```
eqs = LogicalExpand[(DuffingEq[[1]] + O[ϵ]^4/. u2S[5]/. T2τ/. Tf) == 0]
ic1s = LogicalExpand[ic1[[1]] − ic1[[2]] + O[ϵ]^(n+1) == 0/. u2S[n]/. Tf]
```

$$-a+U_0[0,0,0]==0\&\&U_1[0,0,0]==0\&\&U_2[0,0,0]==0$$

```
ic2s = LogicalExpand[ic2[[1]] − ic2[[2]] + O[ϵ]^(n+1) == 0/. u2S[n]/. Tf]
```

$$U_0{}^{(1,0,0)}[0,0,0]==0\&\&U_0{}^{(0,1,0)}[0,0,0]+U_1{}^{(1,0,0)}[0,0,0]==0$$
$$\&\&U_0{}^{(0,0,1)}[0,0,0]+U_1{}^{(0,1,0)}[0,0,0]+U_2{}^{(1,0,0)}[0,0,0]==0$$

首项近似为

```
eq0 = eqs[[1]]
```

$$U_0[\tau_0,\tau_1,\tau_2]+U_0{}^{(2,0,0)}[\tau_0,\tau_1,\tau_2]==0 \tag{9.3.43}$$

```
U0 = DSolve[eq0, U0[τ0, τ1, τ2], {τ0, τ1, τ2}][[1]]//TrigToExp//Collect[#, {e^(iτ0), e^(−iτ0)}]&
```

$$\left\{U_0[\tau_0,\tau_1,\tau_2]\to \mathrm{e}^{\mathrm{i}\tau_0}\left(\frac{1}{2}c_1[\tau_1,\tau_2]-\frac{1}{2}\mathrm{i}c_2[\tau_1,\tau_2]\right)+\mathrm{e}^{-\mathrm{i}\tau_0}\left(\frac{1}{2}c_1[\tau_1,\tau_2]+\frac{1}{2}\mathrm{i}c_2[\tau_1,\tau_2]\right)\right\} \tag{9.3.44}$$

将解(9.3.44)分成两个部分**term1**和**term2**，可以验证它们互为共轭：

```
{term1, term2} = (U0[τ0, τ1, τ2]/. U0)/. a_ + b_ → {a, b}
```

$$\left\{\frac{1}{2}\mathrm{e}^{\mathrm{i}\tau_0}(c_1[\tau_1,\tau_2]-\mathrm{i}c_2[\tau_1,\tau_2]),\frac{1}{2}\mathrm{e}^{-\mathrm{i}\tau_0}(c_1[\tau_1,\tau_2]+\mathrm{i}c_2[\tau_1,\tau_2])\right\}$$

```
Conjugate[term2] == term1//ComplexExpand
```

True

根据式(9.3.44)，可知通解具有如下指数形式，并验证它确实满足方程：

```
U0 = U0 → (A[#2, #3]Exp[i#1] + Ā[#2, #3]Exp[−i#1]&)
eq0/. U0
```

True

式中，$\bar{A}$为A的共轭。

代入对应的初始条件，可得

```
ic1s1 = ic1s[[1]]/. U0
```

$$-a+A[0,0]+\bar{A}[0,0]==0$$

```
ic2s1 = ic2s[[1]]/. U0
```

$$\mathrm{i}A[0,0]-\mathrm{i}\bar{A}[0,0]==0$$

联立求解以上两个方程，可得

```
A00 = Solve[{ic1s1, ic2s1}, {A[0, 0], Ā[0, 0]}][[1]]
```

$$\left\{A[0,0]\to\frac{a}{2},\bar{A}[0,0]\to\frac{a}{2}\right\}$$

将首项近似解**U0**代入一阶近似方程并整理，可得

```
eq1 = doEq[eqs[[2]]/. U0//ExpandAll, U1]//Collect[#, Exp[_]]&
```

$$U_1[\tau_0,\tau_1,\tau_2]+U_1{}^{(2,0,0)}[\tau_0,\tau_1,\tau_2]==-\mathrm{e}^{3\mathrm{i}\tau_0}A[\tau_1,\tau_2]^3-\mathrm{e}^{-3\mathrm{i}\tau_0}\bar{A}[\tau_1,\tau_2]^3$$
$$+\mathrm{e}^{\mathrm{i}\tau_0}\left(-3A[\tau_1,\tau_2]^2\bar{A}[\tau_1,\tau_2]-2\mathrm{i}A^{(1,0)}[\tau_1,\tau_2]\right)$$

$$+\mathrm{e}^{-\mathrm{i}\tau_0}\left(-3A[\tau_1,\tau_2]\bar{A}[\tau_1,\tau_2]^2+2\mathrm{i}\bar{A}^{(1,0)}[\tau_1,\tau_2]\right) \tag{9.3.45}$$

为消去长期项，需使上式右端的共振项$\mathrm{e}^{\mathrm{i}\tau_0}$和$\mathrm{e}^{-\mathrm{i}\tau_0}$的系数为零：

{eqA1, eqA2} = Coefficient[eq1[[2]], #] == 0&/@{$e^{i\tau_0}$, $e^{-i\tau_0}$}

$$\{-3A[\tau_1,\tau_2]^2\bar{A}[\tau_1,\tau_2]-2\mathrm{i}A^{(1,0)}[\tau_1,\tau_2]==0,-3A[\tau_1,\tau_2]\bar{A}[\tau_1,\tau_2]^2+2\mathrm{i}\bar{A}^{(1,0)}[\tau_1,\tau_2]==0\}$$

利用上面两式得到如下一些关系式（在后面的推导中要用到）：

A110 = Solve[eqA1, $A^{(1,0)}[\tau_1,\tau_2]$][[1]]

$$\left\{A^{(1,0)}[\tau_1,\tau_2]\to\frac{3}{2}\mathrm{i}A[\tau_1,\tau_2]^2\bar{A}[\tau_1,\tau_2]\right\}$$

A210 = Solve[eqA2, $\bar{A}^{(1,0)}[\tau_1,\tau_2]$][[1]]

$$\left\{\bar{A}^{(1,0)}[\tau_1,\tau_2]\to-\frac{3}{2}\mathrm{i}A[\tau_1,\tau_2]\bar{A}[\tau_1,\tau_2]^2\right\}$$

A120 = Solve[D[eqA1, τ_1]/. A110/. A210, $A^{(2,0)}[\tau_1,\tau_2]$][[1]]

$$\left\{A^{(2,0)}[\tau_1,\tau_2]\to-\frac{9}{4}A[\tau_1,\tau_2]^3\bar{A}[\tau_1,\tau_2]^2\right\}$$

A220 = Solve[D[eqA2, τ_1]/. A110/. A210, $\bar{A}^{(2,0)}[\tau_1,\tau_2]$][[1]]

$$\left\{\bar{A}^{(2,0)}[\tau_1,\tau_2]\to-\frac{9}{4}A[\tau_1,\tau_2]^2\bar{A}[\tau_1,\tau_2]^3\right\}$$

令$\boldsymbol{A}$和$\bar{\boldsymbol{A}}$具有以下形式，它们互为共轭：

A1 = A → (a[#1, #2] Exp[ib[#1]]/2 &)

A2 = $\bar{A}$ → (a[#1, #2] Exp[−ib[#1]]/2 &)

将其代入**eqA1**，可得

eqab = eqA1/. A2/. A1//Simplify[#, Exp[_] == 1]&

$$3a[\tau_1,\tau_2]^3+8\mathrm{i}a^{(1,0)}[\tau_1,\tau_2]==8a[\tau_1,\tau_2]b^{(1,0)}[\tau_1,\tau_2] \tag{9.3.46}$$

式(9.3.46)的实部为

eqb = Re[eqab]//ComplexExpand

$$3a[\tau_1,\tau_2]^3==8a[\tau_1,\tau_2]b^{(1,0)}[\tau_1,\tau_2]$$

式(9.3.46)的虚部为

eqa = Im[eqab]//ComplexExpand//Simplify

$$a^{(1,0)}[\tau_1,\tau_2]==0$$

相应的初始条件变为

ica0 = ic1s[[1]]/. U0/. A2/. A1

$$-a+\frac{1}{2}\mathrm{e}^{-\mathrm{i}b[0,0]}a[0,0]+\frac{1}{2}\mathrm{e}^{\mathrm{i}b[0,0]}a[0,0]==0$$

icb0 = ic2s[[1]]/. U0/. A2/. A1

$$-\frac{1}{2}\mathrm{i}\mathrm{e}^{-\mathrm{i}b[0,0]}a[0,0]+\frac{1}{2}\mathrm{i}\mathrm{e}^{\mathrm{i}b[0,0]}a[0,0]==0$$

联立求解以上两个方程，舍弃不合理的解，可得

{a00, b00} = Solve[{ica0, icb0}, {a[0, 0], b[0, 0]}]/. C[1] → 0//Last

$$\{a[0,0]\to a,b[0,0]\to 0\}$$

将其变换为等式：

{eqa00, eqb00} = {a00, b00}//toEqual

$$\{a[0,0]==a, b[0,0]==0\}$$

分别求解实部和虚部的方程，可得对应的初始条件：

{a$} = DSolve[eqa, *a*, {*τ*₁, *τ*₂}]/. *C*[1] → *a*

$$\{\{a\to \text{Function}[\{\tau_1,\tau_2\},a[\tau_2]]\}\}$$

ica01 = eqa00/. a$

$$a[0]==a$$

{b$} = DSolve[eqb/. a$, *b*, {*τ*₁, *τ*₂}]/. *C*[1] → *b*

$$\{\{b\to \text{Function}[\{\tau_1,\tau_2\},\frac{3}{8}\tau_1 a[\tau_2]^2+b[\tau_2]]\}\}$$

icb01 = eqb00/. b$

$$b[0]==0$$

消去方程(9.3.45)中共振项以后的方程为

eqU1 = eq1/. {$e^{i\tau_0}$ → 0, $e^{-i\tau_0}$ → 0}

$$U_1[\tau_0,\tau_1,\tau_2]+U_1{}^{(2,0,0)}[\tau_0,\tau_1,\tau_2]==-\mathrm{e}^{3\mathrm{i}\tau_0}A[\tau_1,\tau_2]^3-\mathrm{e}^{-3\mathrm{i}\tau_0}\bar{A}[\tau_1,\tau_2]^3$$

其解为

U1 = DSolve[eqU1, *U*₁[*τ*₀, *τ*₁, *τ*₂], {*τ*₀, *τ*₁, *τ*₂}][[1]]//TrigToExp//ExpandAll//toPure

$$\left\{U_1\to \text{Function}\left[\{\tau_0,\tau_1,\tau_2\},\frac{1}{8}\mathrm{e}^{3\mathrm{i}\tau_0}A[\tau_1,\tau_2]^3+\frac{1}{8}\mathrm{e}^{-3\mathrm{i}\tau_0}\bar{A}[\tau_1,\tau_2]^3+\frac{1}{2}\mathrm{e}^{-\mathrm{i}\tau_0}c_1[\tau_1,\tau_2]\right.\right.$$
$$\left.\left.+\frac{1}{2}\mathrm{e}^{\mathrm{i}\tau_0}c_1[\tau_1,\tau_2]+\frac{1}{2}\mathrm{i}\mathrm{e}^{-\mathrm{i}\tau_0}c_2[\tau_1,\tau_2]-\frac{1}{2}\mathrm{i}\mathrm{e}^{\mathrm{i}\tau_0}c_2[\tau_1,\tau_2]\right]\right\}$$

定义以下替换：

C1to[B_]: = *c*₁[*τ*₁, *τ*₂] − i*c*₂[*τ*₁, *τ*₂] → 2*B*[*τ*₁, *τ*₂]

C2to[B_]: = *c*₁[*τ*₁, *τ*₂] + i*c*₂[*τ*₁, *τ*₂] → 2*B*[*τ*₁, *τ*₂]

这样可以重新把$U_1(\tau_0,\tau_1,\tau_2)$表示为

U1$ = *U*₁[*τ*₀, *τ*₁, *τ*₂] == Collect[*U*₁[*τ*₀, *τ*₁, *τ*₂]/. U1, Exp[_], Factor]/. C1to[*B*]
/. C2to[*B̄*]//ToRules//toPure

$$\left\{U_1\to \text{Function}\left[\{\tau_0,\tau_1,\tau_2\},\frac{1}{8}\mathrm{e}^{3\mathrm{i}\tau_0}A[\tau_1,\tau_2]^3+\frac{1}{8}\mathrm{e}^{-3\mathrm{i}\tau_0}\bar{A}[\tau_1,\tau_2]^3+\mathrm{e}^{\mathrm{i}\tau_0}B[\tau_1,\tau_2]\right.\right.$$
$$\left.\left.+\mathrm{e}^{-\mathrm{i}\tau_0}\bar{B}[\tau_1,\tau_2]\right]\right\}$$

ic1s2 = ic1s[[2]]/. U1$/. A00

$$\frac{a^3}{32}+B[0,0]+\bar{B}[0,0]==0$$

求出$a^{(1,0)}(0,0)$的值并代入第 2 个初始条件：

a10 = eqa/. {*τ*₁ → 0, *τ*₂ → 0}//ToRules

$$\{a^{(1,0)}[0,0]\to 0\}$$

ic2s2 = ic2s[[2]]/. U1$/. U0/. A00/. A1/. A2/. a00/. b00/. a10

$$\mathrm{i}B[0,0]-\mathrm{i}\bar{B}[0,0]==0$$

然后可以计算出$B(0,0)$和$\overline{B}(0,0)$：

B00 = Solve[{ic1s2, ic2s2}, {*B*[0, 0], $\bar{B}$[0, 0]}][[1]]//Expand

$$\left\{B[0,0]\to-\frac{a^3}{64},\bar{B}[0,0]\to-\frac{a^3}{64}\right\}$$

二阶近似方程为

eq2 = eqs[[3]]/. U0/. U1$//Expand

eq2 = doEq[eq2, U_2]/. A110/. A120/. A210/. A220//Collect[#, Exp[_]]&

$$U_2[\tau_0,\tau_1,\tau_2]+U_2{}^{(2,0,0)}[\tau_0,\tau_1,\tau_2]==-\frac{3}{8}\mathrm{e}^{5\mathrm{i}\tau_0}A[\tau_1,\tau_2]^5-\frac{3}{8}\mathrm{e}^{-5\mathrm{i}\tau_0}\bar{A}[\tau_1,\tau_2]^5$$

$$+\cdots+\mathrm{e}^{\mathrm{i}\tau_0}(\frac{15}{8}A[\tau_1,\tau_2]^3\bar{A}[\tau_1,\tau_2]^2-6A[\tau_1,\tau_2]\bar{A}[\tau_1,\tau_2]B[\tau_1,\tau_2]-3A[\tau_1,\tau_2]^2\overline{B}[\tau_1,\tau_2]$$

$$-2\mathrm{i}A^{(0,1)}[\tau_1,\tau_2]-2\mathrm{i}B^{(1,0)}[\tau_1,\tau_2])]+\cdots+2\mathrm{i}\overline{B}^{(1,0)}[\tau_1,\tau_2])$$

上式中的共振项系数满足的方程为

req1 = Coefficient[eq2[[2]], $e^{\mathrm{i}\tau_0}$] == 0

$$\frac{15}{8}A[\tau_1,\tau_2]^3\bar{A}[\tau_1,\tau_2]^2-6A[\tau_1,\tau_2]\bar{A}[\tau_1,\tau_2]B[\tau_1,\tau_2]-3A[\tau_1,\tau_2]^2\bar{B}[\tau_1,\tau_2]$$
$$-2\mathrm{i}A^{(0,1)}[\tau_1,\tau_2]-2\mathrm{i}B^{(1,0)}[\tau_1,\tau_2]==0 \tag{9.3.47}$$

req2 = Coefficient[eq2[[2]], $e^{-\mathrm{i}\tau_0}$] == 0

$$\frac{15}{8}A[\tau_1,\tau_2]^2\bar{A}[\tau_1,\tau_2]^3-3\bar{A}[\tau_1,\tau_2]^2B[\tau_1,\tau_2]-6A[\tau_1,\tau_2]\bar{A}[\tau_1,\tau_2]\bar{B}[\tau_1,\tau_2]$$
$$+2\mathrm{i}\bar{A}^{(0,1)}[\tau_1,\tau_2]+2\mathrm{i}\bar{B}^{(1,0)}[\tau_1,\tau_2]==0 \tag{9.3.48}$$

以上两式相当复杂，根据两式的前两项，可以假设B具有$A^2\bar{A}$的形式，其系数由初始条件确定：

ceB = *B*[0, 0]/*A*[0, 0]^3 /. A00/. B00

$$-1/8$$

这样得到共轭的两式：

B1 = *B* → (ceB ∗ *A*[#1, #2]$^2\bar{A}$[#1, #2]&);

B2 = $\bar{B}$ → (ceB ∗ $\bar{A}$[#1, #2]^2*A*[#1, #2]&);

cond1 = req1/. B1/. B2/. A110/. A210//Simplify

$$21A[\tau_1,\tau_2]^3\bar{A}[\tau_1,\tau_2]^2-16\mathrm{i}A^{(0,1)}[\tau_1,\tau_2]==0$$

A10100 = Solve[cond1/. {τ_1 → 0, τ_2 → 0}/. A00, $A^{(0,1)}$[0, 0]][[1]]

$$\left\{A^{(0,1)}[0,0]\to-\frac{21\mathrm{i}a^5}{512}\right\}$$

cond2 = req2/. B1/. B2/. A110/. A210//Simplify

$$21A[\tau_1,\tau_2]^2\bar{A}[\tau_1,\tau_2]^3+16\mathrm{i}\bar{A}^{(0,1)}[\tau_1,\tau_2]==0$$

A20100 = Solve[cond2/. {τ_1 → 0, τ_2 → 0}/. A00, $\bar{A}^{(0,1)}$[0, 0]][[1]]

$$\left\{\bar{A}^{(0,1)}[0,0]\to\frac{21\mathrm{i}a^5}{512}\right\}$$

cond3 = cond1/. A1/. A2//Simplify[#, $e^{ib[\tau_1,\tau_2]}$ ≠ 0]&

$$21a[\tau_1,\tau_2]^5-256\mathrm{i}a^{(0,1)}[\tau_1,\tau_2]+256a[\tau_1,\tau_2]b^{(0,1)}[\tau_1,\tau_2]==0$$

eqb01 = Re[cond3]//ComplexExpand

$$21a[\tau_1,\tau_2]^5+256a[\tau_1,\tau_2]b^{(0,1)}[\tau_1,\tau_2]==0$$

eqa01 = Im[cond3]//ComplexExpand

$$-256a^{(0,1)}[\tau_1,\tau_2]==0$$

a$1 = DSolve[{eqa01/. a$, ica01}, *a*, {τ_2}][[1]]

$$\{a\to\mathrm{Function}[\{\tau_2\},a]\}$$

b$1 = DSolve[{eqb01/. a$/. b$/. a$1, icb01}, *b*, τ_2][[1]]

$$\left\{b\to\mathrm{Function}\left[\{\tau_2\},-\frac{21}{256}a^4\tau_2\right]\right\}$$

二阶近似方程中去除共振项以后，可得

eqU2 = eq2/. {$e^{i\tau_0}$ → 0, $e^{-i\tau_0}$ → 0}

$$\begin{aligned}U_2[\tau_0,\tau_1,\tau_2]+{U_2}^{(2,0,0)}[\tau_0,\tau_1,\tau_2]==&-\frac{3}{8}\mathrm{e}^{5\mathrm{i}\tau_0}A[\tau_1,\tau_2]^5-\frac{3}{8}\mathrm{e}^{-5\mathrm{i}\tau_0}\bar{A}[\tau_1,\tau_2]^5\\&+\mathrm{e}^{3\mathrm{i}\tau_0}\left(\frac{21}{8}A[\tau_1,\tau_2]^4\bar{A}[\tau_1,\tau_2]-3A[\tau_1,\tau_2]^2B[\tau_1,\tau_2]\right)\\&+\mathrm{e}^{-3\mathrm{i}\tau_0}\left(\frac{21}{8}A[\tau_1,\tau_2]\bar{A}[\tau_1,\tau_2]^4-3\bar{A}[\tau_1,\tau_2]^2\bar{B}[\tau_1,\tau_2]\right)\end{aligned}\tag{9.3.49}$$

{U2} = DSolve[eqU2, $U_2[\tau_0,\tau_1,\tau_2]$, {$\tau_0,\tau_1,\tau_2$}]//TrigToExp

U2$ = $U_2[\tau_0,\tau_1,\tau_2]$ == Collect[$U_2[\tau_0,\tau_1,\tau_2]$/. U2, Exp[_], Factor]/. B1/. B2/. C1to[*H*]
/. C2to[$\bar{H}$]//ToRules//toPure

$$\begin{aligned}\Big\{U_2\to\mathrm{Function}\Big[\{\tau_0,\tau_1,\tau_2\},&\frac{1}{64}\mathrm{e}^{5\mathrm{i}\tau_0}A[\tau_1,\tau_2]^5-\frac{3}{8}\mathrm{e}^{3\mathrm{i}\tau_0}A[\tau_1,\tau_2]^4\bar{A}[\tau_1,\tau_2]\\&-\frac{3}{8}\mathrm{e}^{-3\mathrm{i}\tau_0}A[\tau_1,\tau_2]\bar{A}[\tau_1,\tau_2]^4+\frac{1}{64}\mathrm{e}^{-5\mathrm{i}\tau_0}\bar{A}[\tau_1,\tau_2]^5+\mathrm{e}^{\mathrm{i}\tau_0}H[\tau_1,\tau_2]\\&+\mathrm{e}^{-\mathrm{i}\tau_0}\bar{H}[\tau_1,\tau_2]\Big]\Big\}\end{aligned}$$

A11000 = (A110/. {τ_1 → 0, τ_2 → 0})

$$\left\{A^{(1,0)}[0,0]\to\frac{3}{2}\mathrm{i}A[0,0]^2\bar{A}[0,0]\right\}$$

A21000 = (A210/. {τ_1 → 0, τ_2 → 0})

$$\left\{\bar{A}^{(1,0)}[0,0]\to-\frac{3}{2}\mathrm{i}A[0,0]\bar{A}[0,0]^2\right\}$$

ic13 = ic1s[[3]]/. U2$/. A11000/. A21000/. A00

$$-\frac{23a^5}{1024}+H[0,0]+\bar{H}[0,0]==0$$

ic23 = ic2s[[3]]/. U2$/. U0/. U1$/. B1/. B2/. A11000/. A21000/. A10100/. A20100/. A00

$$\mathrm{i}H[0,0]-\mathrm{i}\bar{H}[0,0]==0$$

H00 = Solve[{ic13, ic23}, {H[0, 0], $\bar{H}$[0, 0]}][[1]]

$$\left\{H[0,0]\to\frac{23a^5}{2048},\bar{H}[0,0]\to\frac{23a^5}{2048}\right\}$$

从U_2的形式，可以推测H具有$A(\tau_1,\tau_2)^4\bar{A}(\tau_1,\tau_2)$的形式，$\bar{H}$具有$\bar{A}(\tau_1,\tau_2)^4A(\tau_1,\tau_2)$的形式，其系数由初始条件确定。

ceH = H[0, 0]/A[0, 0]^5 /. H00/. A00

$$23/64$$

H1 = $H[\tau_1,\tau_2]$ == ceH * $A[\tau_1,\tau_2]^3\bar{A}[\tau_1,\tau_2]^2$//ToRules//toPure

$$\left\{H\to\text{Function}\left[\{\tau_1,\tau_2\},\frac{23}{64}A[\tau_1,\tau_2]^3\bar{A}[\tau_1,\tau_2]^2\right]\right\}$$

H2 = $\bar{H}[\tau_1,\tau_2]$ == ceH * $\bar{A}[\tau_1,\tau_2]^3A[\tau_1,\tau_2]^2$//ToRules//toPure

$$\left\{\bar{H}\to\text{Function}\left[\{\tau_1,\tau_2\},\frac{23}{64}A[\tau_1,\tau_2]^2\bar{A}[\tau_1,\tau_2]^3\right]\right\}$$

这样可得各阶近似方程的解：

**$U_0[\tau_0,\tau_1,\tau_2]$ = ($U_0[\tau_0,\tau_1,\tau_2]$/. U0/. A1/. A2/. a$/. b$/. a$1/. b$1//ExpToTrig/
/TrigReduce)**

$$a\text{Cos}\left[\tau_0+\frac{3a^2\tau_1}{8}-\frac{21a^4\tau_2}{256}\right]$$

**$U_1[\tau_0,\tau_1,\tau_2]$ = ($U_1[\tau_0,\tau_1,\tau_2]$/. U1$/. B1/. B2/. A1/. A2/. a$/. b$/. a$1/. b$1//ExpToTrig/
/TrigReduce)//Apart**

$$\frac{1}{32}\left(\alpha^3\text{Cos}\left[3\tau_0+\frac{9\alpha^2\tau_1}{8}-\frac{63\alpha^4\tau_2}{256}\right]-\alpha^3\text{Cos}\left[\tau_0+\frac{3\alpha^2\tau_1}{8}-\frac{21\alpha^4\tau_2}{256}\right]\right)$$

**$U_2[\tau_0,\tau_1,\tau_2]$ = (Re[$U_2[\tau_0,\tau_1,\tau_2]$]/. U2$/. H1/. H2/. A1/. A2/. a$/. b$/. a$1/. b$1/
/ComplexExpand//ExpToTrig//TrigReduce)**

$$\frac{\alpha^5\left(\text{Cos}\left[5\tau_0+\frac{15\alpha^2\tau_1}{8}-\frac{105\alpha^4\tau_2}{256}\right]-24\text{Cos}\left[3\tau_0+\frac{9\alpha^2\tau_1}{8}-\frac{63\alpha^4\tau_2}{256}\right]\right)}{1024}$$

$$+\frac{23\alpha^5\text{Cos}\left[\tau_0+\frac{3\alpha^2\tau_1}{8}-\frac{21\alpha^4\tau_2}{256}\right]}{1024}$$

为将最终结果用原始变量表示，把频率部分提取出来，用ωt表示：

rhs = $U_0[\tau_0,\tau_1,\tau_2]$/. a_Cos[b_] → b

$$\tau_0+\frac{3a^2\tau_1}{8}-\frac{21a^4\tau_2}{256}$$

lhs = ωt

τ0 = Solve[lhs == rhs, τ_0][[1]]

$$\left\{\tau_0\to\frac{1}{256}(-96a^2\tau_1+21a^4\tau_2+256t\omega)\right\}$$

这样，$u(t)$和ω的三项渐近解分别为

```
res = u[t]/. u2S[n]/. T2τ/. τ0//ExpandAll//Collect[#, ϵ, Factor]&
```

$$a\mathrm{Cos}[t\omega]-\frac{1}{32}a^3\epsilon(\mathrm{Cos}[t\omega]-\mathrm{Cos}[3t\omega])+\frac{a^5\epsilon^2(23\mathrm{Cos}[t\omega]-24\mathrm{Cos}[3t\omega]+\mathrm{Cos}[5t\omega])}{1024} \tag{9.3.50}$$

```
omg = Solve[lhs == rhs/. τ2t, ω][[1]]//Expand
```

$$\left\{\omega\to 1+\frac{3a^2\epsilon}{8}-\frac{21a^4\epsilon^2}{256}\right\} \tag{9.3.51}$$

例 9.3.3　用两变量展开法求解以下 van der Pol 方程：

$$u''(t)+u(t)=\epsilon(1-u(t)^2)u'(t) \tag{9.3.52}$$

将以上方程记为

```
eq = u"[t] + u[t] == ϵ(1 - u[t]^2)u'[t]
```

定义以下级数展开和函数变换：

```
u2S[n_] = u → (Sum[U_i[T0[#1], T1[#1]]ϵ^i, {i, 0, n}]&);
T2t = {T0[t] → ξ, T1[t] → η};
Tf = {T0 → (ϵ#1&), T1 → ((1 + ϵ^2 ω_2 + ϵ^3 ω_3 + ϵ^4 ω_4)#1&)};
```

将级数代入方程，并利用尺度变换函数**Tf**，联立方程组：

```
n = 3;
lhs = eq[[1]] - eq[[2]]/. u2S[4]/. T2t/. Tf;
eqs = LogicalExpand[lhs + O[ϵ]^(n+1) == 0]
```

首项近似方程及其通解为

```
eq0 = eqs[[1]]
```

$$U_0[\xi,\eta]+{U_0}^{(0,2)}[\xi,\eta]==0$$

```
U0 = DSolve[eq0, U_0, {ξ, η}][[1]]/. {C[1] → A_0, C[2] → B_0}
```

$$\{U_0\to\mathrm{Function}\left[\{\xi,\eta\},\mathrm{Cos}[\eta]A_0[\xi]+\mathrm{Sin}[\eta]B_0[\xi]\right]\} \tag{9.3.53}$$

式中，$A_0(\xi)$和$B_0(\xi)$为待定函数，需要利用一阶近似方程中消去长期项的条件来确定。

将首项解代入一阶近似方程并求解：

```
eqU1 = doEq[eqs[[2]], U_1]/. U0//TrigReduce//Collect[#, {Cos[_], Sin[_]}, Expand]&
```

$$\begin{aligned}&U_1[\xi,\eta]+{U_1}^{(0,2)}[\xi,\eta]==\\&\mathrm{Sin}[3\eta]\left(\frac{1}{4}A_0[\xi]^3-\frac{3}{4}A_0[\xi]B_0[\xi]^2\right)+\mathrm{Cos}[3\eta]\left(-\frac{3}{4}A_0[\xi]^2B_0[\xi]+\frac{1}{4}B_0[\xi]^3\right)\\&+\mathrm{Sin}[\eta]\left(-A_0[\xi]+\frac{1}{4}A_0[\xi]^3+\frac{1}{4}A_0[\xi]B_0[\xi]^2+2{A_0}'[\xi]\right)\\&+\mathrm{Cos}[\eta]\left(B_0[\xi]-\frac{1}{4}A_0[\xi]^2B_0[\xi]-\frac{1}{4}B_0[\xi]^3-2{B_0}'[\xi]\right)\end{aligned} \tag{9.3.54}$$

为消除长期项，提取共振项的系数，并令其为零：

```
({cos1, sin1} = Thread[Coefficient[lhs, {Cos[η], Sin[η]}] == 0]//Expand)//Column
```

$$B_0[\xi]-\frac{1}{4}A_0[\xi]^2B_0[\xi]-\frac{1}{4}B_0[\xi]^3-2{B_0}'[\xi]==0 \tag{9.3.55a}$$

$$-A_0[\xi]+\frac{1}{4}A_0[\xi]^3+\frac{1}{4}A_0[\xi]B_0[\xi]^2+2{A_0}'[\xi]==0 \tag{9.3.55b}$$

将式(9.3.55a)乘以$A_0(\xi)$减去式(9.3.55b)乘以$B_0(\xi)$，消去交叉项，可得

tmp = SubtractSides[doEq[sin1A_0[ξ]], doEq[cos1B_0[ξ]]]

$$A_0[\xi]^2 - \frac{1}{4}A_0[\xi]^4 + B_0[\xi]^2 - \frac{1}{2}A_0[\xi]^2B_0[\xi]^2 - \frac{1}{4}B_0[\xi]^4 - 2A_0[\xi]A_0{}'[\xi] - 2B_0[\xi]B_0{}'[\xi] == 0$$

假设$U_0(\xi,\eta)$可以表示为$a(\xi)\cos(\eta+b)$的形式，其中$a(\xi)$为零阶解的振幅，即

rel = a[ξ]Cos[η + b] == U_0[ξ, η]/. U0//TrigExpand

$$a[\xi]\mathrm{Cos}[b]\mathrm{Cos}[\eta] - a[\xi]\mathrm{Sin}[b]\mathrm{Sin}[\eta] == \mathrm{Cos}[\eta]A_0[\xi] + \mathrm{Sin}[\eta]B_0[\xi]$$

eqaAB = Eliminate[Coefficient[doEq[rel, −1], {Cos[η], Sin[η]}] =
= 0, b]//Quiet//Simplify

$$a[\xi]^2 == A_0[\xi]^2 + B_0[\xi]^2$$

A0 = DSolve[eqaAB, A_0, ξ]//Last

$$\{A_0 \to \mathrm{Function}[\{\xi\}, \sqrt{a[\xi]^2 - B_0[\xi]^2}]\}$$

原方程变为振幅$a(\xi)$的方程：

eqa = tmp/. A0//ExpandAll

$$a[\xi]^2 - a[\xi]^4/4 - 2a[\xi]a'[\xi] == 0$$

假设初始时刻有$a(0)=a$，可以得到通解：

a$ = DSolve[eqa&&a[0] == a, a[ξ], ξ]//Quiet//Last

$$\left\{a[\xi] \to 2\mathrm{e}^{\xi/2}\Big/\sqrt{-1+\mathrm{e}^{\xi}+\frac{4}{a^2}}\right\}$$

假设A_0和B_0具有以下形式：

A0B0 = {A_0 → (a[#]Cos[ϕ[#]]&), B_0 → (−a[#]Sin[ϕ[#]]&)}

$$\{A_0 \to (a[\#1]\mathrm{Cos}[\phi[\#1]]\&), B_0 \to (-a[\#1]\mathrm{Sin}[\phi[\#1]]\&)\}$$

cos2 = cos1/. A0B0//FullSimplify

$$\mathrm{Sin}[\phi[\xi]](-4a[\xi] + a[\xi]^3 + 8a'[\xi]) + 8a[\xi]\mathrm{Cos}[\phi[\xi]]\phi'[\xi] == 0$$

sin2 = sin1/. A0B0//FullSimplify

$$\mathrm{Cos}[\phi[\xi]](-4a[\xi] + a[\xi]^3 + 8a'[\xi]) == 8a[\xi]\mathrm{Sin}[\phi[\xi]]\phi'[\xi]$$

联立上述两个方程，并消去$a'(\xi)$，可得

Eqphi = Eliminate[{cos2, sin2}, a'[ξ]]//Simplify[#, a[ξ] ≠ 0]&

$$\phi'[\xi] == 0$$

phi$ = DSolve[Eqphi, ϕ[ξ], ξ][[1]]/. C[1] → ϕ_0

$$\{\phi[\xi] \to \phi_0\}$$

这样就确定了零阶解。

U0$ = DSolve[U_0[ξ, η] == (U_0[ξ, η]/. U0/. A0B0/. phi$//Simplify), U_0, {ξ, η}][[1]]

$$\{U_0 \to \mathrm{Function}[\{\xi,\eta\}, a[\xi]\mathrm{Cos}[\eta+\phi_0]]\}$$

在消除了右端的共振项以后，一阶近似方程(9.3.54)可写为

eqU1 = lhs == 0/. {Cos[η] → 0, Sin[η] → 0}/. A0B0/. phi$//TrigReduce//Expand

$$-\frac{1}{4}a[\xi]^3\mathrm{Sin}[3\eta+3\phi_0] + U_1[\xi,\eta] + U_1{}^{(0,2)}[\xi,\eta] == 0$$

上述方程的通解为

U1 = DSolve[eqU1, U_1[ξ, η], {ξ, η}][[1]]//TrigReduce//Expand

$$\left\{U_1[\xi,\eta]\to-\frac{1}{32}a[\xi]^3\mathrm{Sin}[3\eta+3\phi_0]+\mathrm{Cos}[\eta]c_1[\xi]+\mathrm{Sin}[\eta]c_2[\xi]\right\}$$

选取合适的$c_1(\xi)$和$c_2(\xi)$，使得最后两项具有$\cos(\eta+\phi_0)$或$\sin(\eta+\phi_0)$的形式，便于后续求解：

terms = Select[U_1[ξ, η]/. U1, FreeQ[#, a[ξ]]&]

$$\mathrm{Cos}[\eta]c_1[\xi]+\mathrm{Sin}[\eta]c_2[\xi]$$

diff = A_1[ξ]Cos[η + ϕ_0] + B_1[ξ]Sin[η + ϕ_0] − terms//TrigExpand

$$-\mathrm{Cos}[\eta]c_1[\xi]-\mathrm{Sin}[\eta]c_2[\xi]+\mathrm{Cos}[\eta]\mathrm{Cos}[\phi_0]A_1[\xi]-\mathrm{Sin}[\eta]\mathrm{Sin}[\phi_0]A_1[\xi]+\mathrm{Cos}[\phi_0]\mathrm{Sin}[\eta]B_1[\xi]+\mathrm{Cos}[\eta]\mathrm{Sin}[\phi_0]B_1[\xi]$$

令$\cos(\eta)$和$\sin(\eta)$的系数为零就可以确定$c_1(\xi)$和$c_2(\xi)$：

C1 = DSolve[Coefficient[diff, Cos[η]] == 0, C[1], ξ][[1]]

$$\{c_1\to\mathrm{Function}[\{\xi\},\mathrm{Cos}[\phi_0]A_1[\xi]+\mathrm{Sin}[\phi_0]B_1[\xi]]\}$$

C2 = DSolve[Coefficient[diff, Sin[η]] == 0, C[2], ξ][[1]]

$$\{c_2\to\mathrm{Function}[\{\xi\},-\mathrm{Sin}[\phi_0]A_1[\xi]+\mathrm{Cos}[\phi_0]B_1[\xi]]\}$$

这样就可以得到一阶方程的解：

U1$ = DSolve[U_1[ξ, η] =
= (U_1[ξ, η]/. U1/. C1/. C2//TrigReduce//ExpandAll), U_1, {ξ, η}][[1]]

$$\left\{U_1\to\mathrm{Function}\left[\{\xi,\eta\},\frac{1}{32}(-a[\xi]^3\mathrm{Sin}[3\eta+3\phi_0]+32\mathrm{Cos}[\eta+\phi_0]A_1[\xi]+32\mathrm{Sin}[\eta+\phi_0]B_1[\xi])\right]\right\}$$

二阶近似方程为

eqU2 = eqs[[3]]/. U0$/. U1$//TrigReduce//Expand

lhs = Collect[eqU2[[1]], {Cos[_], Sin[_]}, Collect[#, {A_1[ξ], B_1[ξ], a′[ξ]}]&]

$$-\frac{5}{128}a[\xi]^5\mathrm{Cos}[5\eta+5\phi_0]-\frac{3}{4}a[\xi]^2\mathrm{Sin}[3\eta+3\phi_0]A_1[\xi]+U_2[\xi,\eta]+\mathrm{Cos}[3\eta+3\phi_0](\frac{3a[\xi]^3}{32}-\frac{3a[\xi]^5}{64}+\frac{3}{4}a[\xi]^2B_1[\xi]-\frac{5}{16}a[\xi]^2a'[\xi])+\mathrm{Sin}[\eta+\phi_0]((1-\frac{3a[\xi]^2}{4})A_1[\xi]-2A_1{}'[\xi])+\mathrm{Cos}[\eta+\phi_0](-\frac{1}{128}a[\xi]^5-2a[\xi]\omega_2+(-1+\frac{a[\xi]^2}{4})B_1[\xi]+(-1+\frac{3a[\xi]^2}{4})a'[\xi]+2B_1{}'[\xi]+a''[\xi])+U_2{}^{(0,2)}[\xi,\eta]$$

消除上式中的共振项，即$\cos(\eta+\phi_0)$和$\sin(\eta+\phi_0)$的系数必须为零：

{eqB1, eqA1} = Thread[Coefficient[lhs, {Cos[η + ϕ_0], Sin[η + ϕ_0]}] == 0]

$$\left\{-\frac{1}{128}a[\xi]^5-2a[\xi]\omega_2+\left(-1+\frac{a[\xi]^2}{4}\right)B_1[\xi]+\left(-1+\frac{3a[\xi]^2}{4}\right)a'[\xi]+2B_1{}'[\xi]+a''[\xi]==0,\left(1-\frac{3a[\xi]^2}{4}\right)A_1[\xi]-2A_1{}'[\xi]==0\right\}$$

为了进一步简化上述两式，反复利用**eqa1**，可得

```
eqa1 = Simplify[eqa, a[ξ] ≠ 0]
```

$$a[\xi]^3 + 8a'[\xi] == 4a[\xi]$$

```
a1ξ = Solve[eqa1, a'[ξ]][[1]]
```

$$\left\{a'[\xi] \to \frac{1}{8}(4a[\xi] - a[\xi]^3)\right\} \tag{9.3.56}$$

```
a3 = ToRules[doEq[eqa1 - 8a'[ξ]]]
```

$$\{a[\xi]^3 \to 4a[\xi] - 8a'[\xi]\} \tag{9.3.57}$$

```
a5 = ToRules[doEq[a[ξ]^2 doEq[eqa1 - 8a'[ξ]]]]
```

$$\{a[\xi]^5 \to 4a[\xi]^3 - 8a[\xi]^2 a'[\xi]\} \tag{9.3.58}$$

```
a2ξ = Solve[D[eqa1, ξ]/. a1ξ, a''[ξ]][[1]]
```

$$\left\{a''[\xi] \to \frac{1}{64}(16a[\xi] - 16a[\xi]^3 + 3a[\xi]^5)\right\} \tag{9.3.59}$$

```
Thread[-4 Thread[eqa + 2a[ξ]a'[ξ] - a[ξ]^2, Equal]/a[ξ]^2, Equal]
a2 = ToRules[Expand[%]]
```

$$\left\{a[\xi]^2 \to 4 - \frac{8a'[\xi]}{a[\xi]}\right\} \tag{9.3.60}$$

利用上述各式，可以首先得到$A_1(\xi)$的解：

```
eqA2 = eqA1/. a2//Simplify//Collect[#, A1[ξ]]&
```

$$A_1[\xi](1 - \frac{3a'[\xi]}{a[\xi]}) + A_1{}'[\xi] == 0$$

```
A1 = DSolve[eqA2, A1[ξ], ξ][[1]]/. C[1] → a1
```

$$\{A_1[\xi] \to \mathrm{e}^{-\xi} a[\xi]^3 a_1\}$$

$B_1(\xi)$的方程**eqB1**较为复杂，需要利用式(9.3.56)至式(9.3.60)进行化简，整理后可得

```
Expand[eqB1/. a2ξ/. a5/. a3/. a2]/. a'[ξ]^2 → a'[ξ](a'[ξ]/. a1ξ)//Expand
eqB1 = Collect[%, {B1[ξ], a'[ξ], a[ξ]}]
```

$$a[\xi]\left(-\frac{1}{8} - 2\omega_2\right) + \left(-\frac{1}{4} + \frac{7a[\xi]^2}{16}\right)a'[\xi] - \frac{2B_1[\xi]a'[\xi]}{a[\xi]} + 2B_1{}'[\xi] == 0$$

求解后可得$B_1(\xi)$的表达式：

```
B1 = DSolve[eqB1, B1[ξ], ξ][[1]]/. C[1] → b1
```

$$\left\{B_1[\xi] \to a[\xi]b_1 + a[\xi]\left(\frac{\xi}{16} - \frac{7a[\xi]^2}{64} + \frac{1}{8}\mathrm{Log}[a[\xi]] + \xi\omega_2\right)\right\}$$

```
Collect[B1[ξ]/. B1, {ξ, Log[a[ξ]], a[ξ]}]
```

$$-\frac{7}{64}a[\xi]^3 + \frac{1}{8}a[\xi]\mathrm{Log}[a[\xi]] + a[\xi]b_1 + \xi a[\xi]\left(\frac{1}{16} + \omega_2\right)$$

观察上式，当$t \to \infty$，可知$\xi \to \infty$，此时有$a \to 2$。若$\omega_2 \neq 1/16$，则$B_1 \to \infty$。因此

```
ω2 = Solve[Coefficient[%, ξa[ξ]] == 0, ω2][[1]]
```

$$\left\{\omega_2 \to -\frac{1}{16}\right\}$$

综上，将所得结果代入$u(t)$的级数表达式并整理，可得

res = $u[t]$/. u2S[1]/. T2t/. U0$/. U1$/. A1/. B1/. $\eta \to (1+\epsilon^2\omega_2)t$/. ω2

Collect[res, {Cos[_], ϵ}, Collect[#, Sin[_], Expand]&]/. $a[\xi] \to a$//TraditionalForm

$$\epsilon\left(\left(-\frac{7a^3}{64}+ab_1+\frac{1}{8}a\log(a)\right)\sin\left(t\left(1-\frac{\epsilon^2}{16}\right)+\phi_0\right)-\frac{1}{32}a^3\sin\left(3t\left(1-\frac{\epsilon^2}{16}\right)+3\phi_0\right)\right)$$

$$+(a_1a^3\mathrm{e}^{-\xi}\epsilon+a)\cos\left(t\left(1-\frac{\epsilon^2}{16}\right)+\phi_0\right) \tag{9.3.61}$$

例 9.3.4　用两变量展开法求解常系数二阶常微分方程的边值问题：

$$\epsilon u''(x)+u'(x)+u(x)=0 \tag{9.3.62}$$

$$u(0)=a, u(1)=b \tag{9.3.63}$$

将以上方程和边界条件记为

eq = ϵu"[x] + u'[x] + u[x] == 0;

bc1 = u[0] − a == 0; bc2 = u[1] − b == 0;

定义如下变换：

u2U = u → (U[F[#], G[#]]&);

FG = {F[x] → ξ, G[x] → η};

Ff = F → (#&);`

Gf = G → (#/ϵ&);

将以上变换代入方程(9.3.62)可得

eq/. u2U/. FG/. Ff/. Gf//Expand

eqU = Thread[% ∗ ϵ, Equal]//Expand

$$\epsilon U[\xi,\eta]+U^{(0,1)}[\xi,\eta]+U^{(0,2)}[\xi,\eta]+\epsilon U^{(1,0)}[\xi,\eta]+2\epsilon U^{(1,1)}[\xi,\eta]+\epsilon^2U^{(2,0)}[\xi,\eta]==0$$

定义以下级数展开式：

U2S[n_]: = U → (Sum[U_i[#1, #2]ϵ^i, {i, 0, n}] + O[ϵ]$^{n+1}$&)

n = 3;

eqUs = LogicalExpand[eqU/. U2S[n]]

Column[List@@eqUs]

$$U_0{}^{(0,1)}[\xi,\eta]+U_0{}^{(0,2)}[\xi,\eta]==0 \tag{9.3.64a}$$

$$U_0[\xi,\eta]+U_1{}^{(0,1)}[\xi,\eta]+U_1{}^{(0,2)}[\xi,\eta]+U_0{}^{(1,0)}[\xi,\eta]+2U_0{}^{(1,1)}[\xi,\eta]==0 \tag{9.3.64b}$$

$$U_1[\xi,\eta]+U_2{}^{(0,1)}[\xi,\eta]+U_2{}^{(0,2)}[\xi,\eta]+U_1{}^{(1,0)}[\xi,\eta]+2U_1{}^{(1,1)}[\xi,\eta]+U_0{}^{(2,0)}[\xi,\eta]==0 \tag{9.3.64c}$$

$$U_2[\xi,\eta]+U_3{}^{(0,1)}[\xi,\eta]+U_3{}^{(0,2)}[\xi,\eta]+U_2{}^{(1,0)}[\xi,\eta]+2U_2{}^{(1,1)}[\xi,\eta]+U_1{}^{(2,0)}[\xi,\eta]==0 \tag{9.3.64d}$$

$$U_3[\xi,\eta]+U_3{}^{(1,0)}[\xi,\eta]+2U_3{}^{(1,1)}[\xi,\eta]+U_2{}^{(2,0)}[\xi,\eta]==0 \tag{9.3.64e}$$

注意，方程(9.3.64e)不完整，应舍去。

首项近似方程(9.3.64a)的通解为

U0 = DSolve[eqUs[[1]], U_0, {ξ, η}][[1]]/. {C[1] → A_0, C[2] → B_0}

$$\{U_0\to\text{Function}\left[\{\xi,\eta\},-\mathrm{e}^{-\eta}A_0[\xi]+B_0[\xi]\right]\}$$

一阶近似方程(9.3.64b)的通解为

U1 = DSolve[eqUs[[2]]/. U0, U_1, {ξ, η}][[1]]

$$\{U_1 \to \text{Function}[\{\xi,\eta\}, c_2[\xi] + \mathrm{e}^{-\eta}(-c_1[\xi] - A_0[\xi] + A_0{}'[\xi] + \eta(-A_0[\xi] + A_0{}'[\xi])) + \eta(-B_0[\xi] - B_0{}'[\xi])]\}$$

归纳整理$U_1(\xi,\eta)$的表达式，可得

expr = U_1[ξ, η]/. U1//Expand//Collect[#, {$e^{-\eta}\eta$, $e^{-\eta}$, η}]&

$$c_2[\xi] + \mathrm{e}^{-\eta}\eta(-A_0[\xi] + A_0{}'[\xi]) + \mathrm{e}^{-\eta}(-c_1[\xi] - A_0[\xi] + A_0{}'[\xi]) + \eta(-B_0[\xi] - B_0{}'[\xi])$$

当$\xi \to \infty$时，它使$\epsilon U_1 \gg U_0$，因此上式中$\mathrm{e}^{-\eta}\eta$和η的系数必须为零，即

eqA0 = Coefficient[expr, $e^{-\eta}\eta$, 1] == 0

$$-A_0[\xi] + A_0{}'[\xi] == 0$$

eqB0 = Coefficient[expr, η, 1] == 0/. $e^{-\eta}$ → 0

$$-B_0[\xi] - B_0{}'[\xi] == 0$$

A0 = DSolve[eqA0, A_0, ξ][[1]]/. C[1] → a_0

$$\{A_0 \to \text{Function}[\{\xi\}, \mathrm{e}^{\xi}a_0]\}$$

B0 = DSolve[eqB0, B_0, ξ][[1]]/. C[1] → b_0

$$\{B_0 \to \text{Function}[\{\xi\}, \mathrm{e}^{-\xi}b_0]\}$$

将级数展开式代入变换后的边界条件，可得如下联立方程：

bc1s = LogicalExpand[bc1/. u → (U[F[#], G[#]]&)/. F → (#&)/. G → (#/ϵ&)/. U2S[n]]

$$-a + U_0[0,0] == 0\&\&U_1[0,0] == 0\&\&U_2[0,0] == 0\&\&U_3[0,0] == 0$$

bc2/. u → (U[F[#], G[#]]&)/. F → (#&)/. G → (#/ϵ&)/. U2S[n]//Normal

bc2s = Thread[Coefficient[%[[1]], ϵ, {0, 1, 2, 3}] == 0]

$$\left\{-b + U_0\left[1,\frac{1}{\epsilon}\right] == 0, U_1\left[1,\frac{1}{\epsilon}\right] == 0, U_2\left[1,\frac{1}{\epsilon}\right] == 0, U_3\left[1,\frac{1}{\epsilon}\right] == 0\right\}$$

首项近似方程对应的边界条件为

bc11 = bc1s[[1]]/. U0/. A0/. B0

$$-a - a_0 + b_0 == 0$$

bc21 = bc2s[[1]]/. U0/. A0/. B0

$$-b - \mathrm{e}^{1-\frac{1}{\epsilon}}a_0 + \frac{b_0}{\mathrm{e}} == 0$$

联立求解以上两个方程可确定常数a_0和b_0：

a0b0 = Solve[{bc11, bc21}, {a_0, b_0}][[1]]//Simplify

$$\left\{a_0 \to \frac{\mathrm{e}^{\frac{1}{\epsilon}}(-a + \mathrm{e}b)}{-\mathrm{e}^2 + \mathrm{e}^{\frac{1}{\epsilon}}}, b_0 \to \frac{\mathrm{e}\left(\mathrm{e}a - \mathrm{e}^{\frac{1}{\epsilon}}b\right)}{\mathrm{e}^2 - \mathrm{e}^{\frac{1}{\epsilon}}}\right\}$$

可得首项近似解：

ans = U_0[ξ, η]/. U0/. A0/. B0/. a0b0//Simplify//Apart

$$-\frac{\mathrm{e}^{\frac{1}{\epsilon}-\eta+\xi}(-a + \mathrm{e}b)}{-\mathrm{e}^2 + \mathrm{e}^{\frac{1}{\epsilon}}} + \frac{\mathrm{e}^{1-\xi}\left(\mathrm{e}a - \mathrm{e}^{\frac{1}{\epsilon}}b\right)}{\mathrm{e}^2 - \mathrm{e}^{\frac{1}{\epsilon}}}$$

tmp = Limit[ans, $\epsilon \to 0$, Direction → "FromAbove"]//FullSimplify

$$e^{1-\xi}b + e^{-\eta+\xi}(a - eb)$$

U0 = $U_0[\xi,\eta]$ == tmp//ToRules//toPure

$$\{U_0 \to \text{Function}[\{\xi,\eta\}, e^{1-\xi}b + e^{-\eta+\xi}(a - eb)]\} \tag{9.3.65}$$

一阶近似方程的解为

val = $U_1[\xi,\eta]$/.U1/.A0/.B0/.{$C[1] \to A_1, C[2] \to B_1$}

$$-e^{-\eta}A_1[\xi] + B_1[\xi]$$

U1 = $U_1[\xi,\eta]$ == val//ToRules//toPure

$$\{U_1 \to \text{Function}[\{\xi,\eta\}, -e^{-\eta}A_1[\xi] + B_1[\xi]]\}$$

二阶近似方程为

eq2 = doEq[eqUs[[3]]/.U0/.U1, U_2]//Collect[#, $e^{-\eta}$]&

$$U_2{}^{(0,1)}[\xi,\eta] + U_2{}^{(0,2)}[\xi,\eta] == -e^{1-\xi}b - B_1[\xi] - B_1{}'[\xi]$$
$$+e^{-\eta}(-e^{\xi}a + e^{1+\xi}b + A_1[\xi] - A_1{}'[\xi])$$

消去以上方程中导致$\eta e^{-\eta}$和η的项，可得

eqA1 = Coefficient[eq2[[2]], $e^{-\eta}$, 1] == 0

$$-e^{\xi}a + e^{1+\xi}b + A_1[\xi] - A_1{}'[\xi] == 0$$

eqB1 = Coefficient[eq2[[2]], $e^{-\eta}$, 0] == 0//Expand

$$-e^{1-\xi}b - B_1[\xi] - B_1{}'[\xi] == 0$$

这样便可求出A_1和B_1的表达式：

A1 = DSolve[eqA1, A_1, ξ][[1]]/.$C[1] \to a_1$

$$\{A_1 \to \text{Function}[\{\xi\}, e^{\xi}(-a + eb)\xi + e^{\xi}a_1]\}$$

B1 = DSolve[eqB1, B_1, ξ][[1]]/.$C[1] \to b_1$

$$\{B_1 \to \text{Function}[\{\xi\}, -e^{1-\xi}b\xi + e^{-\xi}b_1]\}$$

利用相应的边界条件可以确定以上两式中的待定常数a_1和b_1：

val = $U_1[\xi,\eta]$/.U1/.A1/.B1

$$-e^{1-\xi}b\xi - e^{-\eta}(e^{\xi}(-a + eb)\xi + e^{\xi}a_1) + e^{-\xi}b_1$$

U1 = $U_1[\xi,\eta]$ == val//ToRules//toPure

$$\{U_1 \to \text{Function}[\{\xi,\eta\}, -e^{1-\xi}b\xi - e^{-\eta}(e^{\xi}(-a + eb)\xi + e^{\xi}a_1) + e^{-\xi}b_1]\}$$

bc12 = bc1s[[2]]/.U1

$$-a_1 + b_1 == 0$$

bc22 = bc2s[[2]]/.U1

$$-b - e^{-1/\epsilon}(e(-a + eb) + ea_1) + \frac{b_1}{e} == 0$$

a1b1 = Solve[{bc12, bc22}, {a_1, b_1}][[1]]

$$\left\{a_1 \to -\frac{e\left(-ea + e^2b + e^{\frac{1}{\epsilon}}b\right)}{e^2 - e^{\frac{1}{\epsilon}}}, b_1 \to -\frac{e\left(-ea + e^2b + e^{\frac{1}{\epsilon}}b\right)}{e^2 - e^{\frac{1}{\epsilon}}}\right\}$$

这样便可确定了$U_1(\xi,\eta)$的形式：

$U_1[\xi,\eta]$/.U1/.a1b1

$$-\frac{\mathrm{e}^{1-\xi}\left(-\mathrm{e}a+\mathrm{e}^2b+\mathrm{e}^{\frac{1}{\epsilon}}b\right)}{\mathrm{e}^2-\mathrm{e}^{\frac{1}{\epsilon}}}-\mathrm{e}^{1-\xi}b\xi-\mathrm{e}^{-\eta}\left(-\frac{\mathrm{e}^{1+\xi}\left(-\mathrm{e}a+\mathrm{e}^2b+\mathrm{e}^{\frac{1}{\epsilon}}b\right)}{\mathrm{e}^2-\mathrm{e}^{\frac{1}{\epsilon}}}+\mathrm{e}^{\xi}(-a+\mathrm{e}b)\xi\right)$$

ans = Limit[%, $\epsilon \to$ 0, Direction → "FromAbove"]

$$-\mathrm{e}^{1-\xi}b(-1+\xi)+\mathrm{e}^{-\eta+\xi}a\xi-\mathrm{e}^{1-\eta+\xi}b(1+\xi)$$

U1 = $U_1[\xi,\eta]$ == ans//ToRules//toPure

$$\{U_1\to \mathrm{Function}[\{\xi,\eta\},-\mathrm{e}^{1-\xi}b(-1+\xi)+\mathrm{e}^{-\eta+\xi}a\xi-\mathrm{e}^{1-\eta+\xi}b(1+\xi)]\} \tag{9.3.66}$$

综上所得结果，一阶渐近解为

res = $U_0[\xi,\eta]+\epsilon U_1[\xi,\eta]$/. U0/. U1//Expand//Collect[#, {$e^{1-\xi}$, $e^{-\eta+\xi}$}]&

Collect[res/. {$\xi\to x,\eta\to x/\epsilon$}, {$e^{1-x}$, $e^{x-x/\epsilon}$}, Collect[#, {$\alpha-e\beta,\epsilon$}, FullSimplify]&]

$$\mathrm{e}^{1-x}(b+(b-xb)\epsilon)+\mathrm{e}^{x-\frac{x}{\epsilon}}(a-\mathrm{e}b+(xa-\mathrm{e}(1+x)b)\epsilon) \tag{9.3.67}$$

例 9.3.5 用两变量展开法求解二阶变系数常微分方程的边值问题：

$$\epsilon u''(x)+(2x+1)u'(x)+2u(x)=0 \tag{9.3.68}$$

$$u(0)=a, u(1)=b \tag{9.3.69}$$

将以上方程和边界条件记为

```
eq = εu"[x] + (2x + 1)u'[x] + 2u[x] == 0
bc1 = u[0] − a == 0; bc2 = u[1] − b == 0;
```

定义如下级数和变换并代入方程(9.3.68)和边界条件，即式(9.3.69)：

```
u2S[n_]: = u → (Sum[u_i[F[#], G[#]]ε^i, {i, 0, n}]&)
FG = {F[x] → ξ, G[x] → η};
Ff = F → (#&);
Gf = G → (g[#]/ε&);
g2S[n_]: = g → (Sum[g_i[#]ε^i, {i, 0, n}]&)
```

令$n = 2$;

得到联立方程组：

eqs = LogicalExpand[eq[[1]] + $O[\epsilon]^{n+1}$ == 0/. u2S[n]/. FG/. Ff/. Gf/. $x\to\xi$/. g2S[n]]

式中，首项近似方程为

eq1 = eqs[[1]]//Simplify[#, $g_0{}'[\xi]\neq 0$]&

$$(1+2\xi){u_0}^{(0,1)}[\xi,\eta]+{g_0}'[\xi]{u_0}^{(0,2)}[\xi,\eta]==0$$

eq1 = doEq[eq1/$g_0{}'[\xi]$]//Apart

$$\frac{(1+2\xi){u_0}^{(0,1)}[\xi,\eta]}{{g_0}'[\xi]}+{u_0}^{(0,2)}[\xi,\eta]==0 \tag{9.3.70}$$

gama = Solve[$\gamma[\xi]$ == Coefficient[eq1[[1]], ${u_0}^{(0,1)}[\xi,\eta]$], $\gamma[\xi]$][[1]]

$$\{\gamma[\xi]\to(1+2\xi)/{g_0}'[\xi]\}$$

equ0 = eq1/. Reverse/@gama

$$\gamma[\xi]{u_0}^{(0,1)}[\xi,\eta]+{u_0}^{(0,2)}[\xi,\eta]==0$$

u0 = DSolve[equ0, $u_0[\xi,\eta]$, {ξ,η}][[1]]

$$\left\{u_0[\xi,\eta]\to-\frac{\mathrm{e}^{-\eta\gamma[\xi]}c_1[\xi]}{\gamma[\xi]}+c_2[\xi]\right\}$$

C2A = Thread[Coefficient[expr, $e^{-\eta\gamma[\xi]}$, {0, 1}] → {A_0[ξ], B_0[ξ]}]

$$\left\{c_2[\xi]\to A_0[\xi], -\frac{c_1[\xi]}{\gamma[\xi]}\to B_0[\xi]\right\}$$

{u0$} = u0/. C2A//toPure`

$$\{u_0\to \text{Function}[\{\xi,\eta\}, A_0[\xi]+\mathrm{e}^{-\eta\gamma[\xi]}B_0[\xi]]\} \tag{9.3.71}$$

将首项近似方程的通解(9.3.71)代入一阶近似方程，可得

eq2 = doEq[eqs[[2]]/. u0$, u_1]

$$\begin{aligned}(1+2\xi)g_0{}'[\xi]u_1{}^{(0,1)}[\xi,\eta]+g_0{}'[\xi]^2u_1{}^{(0,2)}[\xi,\eta] &== -2(A_0[\xi]+\mathrm{e}^{-\eta\gamma[\xi]}B_0[\xi])\\ &-(1+2\xi)(-\mathrm{e}^{-\eta\gamma[\xi]}\eta B_0[\xi]\gamma'[\xi]+A_0{}'[\xi]+\mathrm{e}^{-\eta\gamma[\xi]}B_0{}'[\xi])\\ &-2(-\mathrm{e}^{-\eta\gamma[\xi]}B_0[\xi]\gamma'[\xi]+\mathrm{e}^{-\eta\gamma[\xi]}\eta\gamma[\xi]B_0[\xi]\gamma'[\xi]-\mathrm{e}^{-\eta\gamma[\xi]}\gamma[\xi]B_0{}'[\xi])g_0{}'[\xi]\\ &+\mathrm{e}^{-\eta\gamma[\xi]}(1+2\xi)\gamma[\xi]B_0[\xi]g_1{}'[\xi]-2\mathrm{e}^{-\eta\gamma[\xi]}\gamma[\xi]^2B_0[\xi]g_0{}'[\xi]g_1{}'[\xi]\\ &+\mathrm{e}^{-\eta\gamma[\xi]}\gamma[\xi]B_0[\xi]g_0{}''[\xi]\end{aligned} \tag{9.3.72}$$

可以先求解，然后再消去奇性高的项。这里首先分析方程右端哪些项会产生奇性强的项，将这些项在求解之前消除。

定义如下替换：

tog0 = (1 + 2ξ) → γ[ξ]g_0'[ξ];

则方程(9.3.72)的左端为

lhs = Simplify[eq2[[1]]]/. tog0//Factor

$$g_0{}'[\xi]^2(\gamma[\xi]u_1{}^{(0,1)}[\xi,\eta]+u_1{}^{(0,2)}[\xi,\eta])$$

而方程(9.3.72)的右端可分解为三个部分：

rhs = Collect[eq2[[2]], {$e^{-\eta\gamma[\xi]}\eta$, $e^{-\eta\gamma[\xi]}$}]

rhs1 = Select[rhs, FreeQ[#, $e^{-\eta\gamma[\xi]}$]&]

$$-2A_0[\xi]-A_0{}'[\xi]-2\xi A_0{}'[\xi]$$

rhs3 = Select[rhs, ! FreeQ[#, $e^{-\eta\gamma[\xi]}\eta$]&]

$$\mathrm{e}^{-\eta\gamma[\xi]}\eta(B_0[\xi]\gamma'[\xi]+2\xi B_0[\xi]\gamma'[\xi]-2\gamma[\xi]B_0[\xi]\gamma'[\xi]g_0{}'[\xi])$$

rhs2 = rhs − rhs1 − rhs3

$$\begin{aligned}\mathrm{e}^{-\eta\gamma[\xi]}(&-2B_0[\xi]-B_0{}'[\xi]-2\xi B_0{}'[\xi]+2B_0[\xi]\gamma'[\xi]g_0{}'[\xi]+2\gamma[\xi]B_0{}'[\xi]g_0{}'[\xi]+\gamma[\xi]B_0[\xi]g_1{}'[\xi]\\&+2\xi\gamma[\xi]B_0[\xi]g_1{}'[\xi]-2\gamma[\xi]^2B_0[\xi]g_0{}'[\xi]g_1{}'[\xi]+\gamma[\xi]B_0[\xi]g_0{}''[\xi])\end{aligned}$$

此处**rhs1**仅为ξ的函数，**rhs3**是所有包含$\mathrm{e}^{-\eta\gamma[\xi]}\eta$的项，**rhs2**是其他所有包括$\mathrm{e}^{-\eta\gamma[\xi]}$的项。这些项都会导致“长期项”，因而必须消去。消去后的方程(9.3.72)的右端为零。

A0 = DSolve[rhs1 == 0/. gama, A_0, ξ][[1]]/. C[1] → a_0

$$\left\{A_0\to \text{Function}\left[\{\xi\},\frac{a_0}{1+2\xi}\right]\right\}$$

gmf = DSolve[Simplify[rhs3 == 0]/. tog0, γ, ξ]/. C[1] → 1//Last

$$\{\gamma\to \text{Function}[\{\xi\},1]\}$$

这里，忽略γ的零解，并将常数设为 1：

eqg0 = (γ[ξ]/. gama) == (γ[ξ]/. gmf)

$$\frac{1+2\xi}{g_0{}'[\xi]}==1$$

```
g0 = DSolve[eqg0, g0[ξ], ξ][[1]]/. C[1] → 0//toPure
```

$$\{g_0 \to \text{Function}[\{\xi\}, \xi + \xi^2]\}$$

```
eqB0 = rhs2 == 0/. A0/. gama/. g0/. gmf//Simplify
```

$$e^{-\eta}(1+2\xi)(B_0{}'[\xi] - B_0[\xi]g_1{}'[\xi]) == 0$$

```
B0 = DSolve[eqB0, B0, ξ][[1]]/. C[1] → b0
```

$$\{B_0 \to \text{Function}[\{\xi\}, e^{g_1[\xi]}b_0]\}$$

```
u1 = DSolve[lhs == 0, u1[ξ, η], {ξ, η}][[1]]/. {C[2] → A1, c1[ξ] → −B1[ξ]γ[ξ]}//toPure
```

$$\{u_1 \to \text{Function}[\{\xi,\eta\}, A_1[\xi] + e^{-\eta\gamma[\xi]}B_1[\xi]]\} \tag{9.3.73}$$

二阶近似方程为

```
eq3 = eqs[[3]]/. u0$/. u1/. g0/. gmf//Simplify//Expand
eq3 = doEq[eq3, u2]
```

方程的左端为未知量:

```
lhs = eq3[[1]]//Simplify
```

$$(1+2\xi)^2(u_2{}^{(0,1)}[\xi,\eta] + u_2{}^{(0,2)}[\xi,\eta])$$

方程的右端为

```
g1 = g1 → (0&);
rhs = Simplify[eq3[[2]]]/. tog0/. g0/. tog0/. gmf/. g0/. g1//Expand
Collect[rhs, e^-η, Simplify]/. tog0/. gmf/. g0//Simplify
expr = %/. B0/. g1
```

$$-2A_1[\xi] - (1+2\xi)A_1{}'[\xi] + e^{-\eta}((1+2\xi)B_1{}'[\xi] - (1+2\xi)b_0g_2{}'[\xi]) - A_0{}''[\xi]$$

上式可以分解为仅包含A_1或B_1的两部分，并令其为零，分别求解，可得

```
eqA1 = Coefficient[expr, e^-η, 0] == 0//Simplify
```

$$2A_1[\xi] + (1+2\xi)A_1{}'[\xi] + A_0{}''[\xi] == 0$$

```
A1 = DSolve[eqA1/. A0, A1, ξ][[1]]/. C[1] → a1
```

$$\left\{A_1 \to \text{Function}\left[\{\xi\}, \frac{a_1}{1+2\xi} + \frac{2a_0}{(1+2\xi)^3}\right]\right\}$$

```
eqB1 = Simplify[Coefficient[expr, e^-η] == 0]
```

$$(1+2\xi)(B_1{}'[\xi] - b_0g_2{}'[\xi]) == 0$$

```
eqB1 = Simplify[eqB1, 0 ≤ ξ ≤ 1]
```

$$B_1{}'[\xi] == b_0g_2{}'[\xi]$$

```
eqB1g2 = SolveAlways[eqB1, b0][[1]]//toEqual
```

$$\{B_1{}'[\xi] == 0, g_2{}'[\xi] == 0\}$$

```
B1g2 = DSolve[Append[eqB1g2, g2[0] == 0], {B1, g2}, ξ][[1]]/. C[1] → b1
```

$$\{B_1 \to \text{Function}[\{\xi\}, b_1], g_2 \to \text{Function}[\{\xi\}, 0]\}$$

这样，可得$u(x)$的表达式:

```
uf = u[x]/. u2S[1]/. Ff/. Gf/. g2S[1]/. u0$/. u1/. A0/. B0/. A1/. B1g2/. g1/. gmf/. g0
u$ = u[x] == uf//ToRules//toPure
```

$$\left\{u \to \text{Function}\left[\{x\}, \frac{a_0}{1+2x} + e^{-\frac{x+x^2}{\epsilon}}b_0 + \epsilon\left(\frac{2a_0}{(1+2x)^3} + \frac{a_1}{1+2x} + e^{-\frac{x+x^2}{\epsilon}}b_1\right)\right]\right\} \tag{9.3.74}$$

上式中还有四个待定常数，要由边界条件来确定：

bc1s = LogicalExpand[bc1[[1]] + O[ϵ]^2 == 0/. u$]

$$-a + a_0 + b_0 == 0\&\&2a_0 + a_1 + b_1 == 0$$

bc2s = LogicalExpand[(bc2[[1]]/. u$/. Exp[_] → 0) + O[ϵ]^2 == 0]

$$-b + \frac{a_0}{3} == 0\&\&\frac{2a_0}{27} + \frac{a_1}{3} == 0$$

a0b0a1b1 = Solve[bc1s&&bc2s, {a_0, b_0, a_1, b_1}][[1]]

$$\left\{a_0 \to 3b, b_0 \to a - 3b, a_1 \to -\frac{2b}{3}, b_1 \to -\frac{16b}{3}\right\}$$

综上所得结果，准确到$O(\epsilon)$的渐近解为

uf/. a0b0a1b1

$$e^{-\frac{x+x^2}{\epsilon}}(a - 3b) + \frac{3b}{1+2x} + \left(-\frac{16}{3}e^{-\frac{x+x^2}{\epsilon}}b + \frac{6b}{(1+2x)^3} - \frac{2b}{3(1+2x)}\right)\epsilon \tag{9.3.75}$$

最后，再给出两个偏微分方程的例子。

例 9.3.6　弱阻尼弹性弦运动方程的初值问题：

$$u_{xx} = u_{tt} + \epsilon u_t, \quad -\infty < x < \infty, t > 0 \tag{9.3.76}$$

$$u(x,0) = F(x), u_t(x,0) = 0 \tag{9.3.77}$$

假设$F(x)$光滑且有界。

将以上方程和初始条件记为

eq = ∂_{x,x}u[x, t] == ∂_{t,t}u[x, t] + ϵ∂_t u[x, t];

ic1 = u[x, 0] == F[x];　ic2 = u^(0,1)[x, 0] == 0;

如果直接使用正则摄动法，将$u(x,t)$展开为ϵ的幂级数：

u2S[n_]: = u → (Sum[u_j[#1, #2]ϵ^j, {j, 0, n}] + O[ϵ]^(n+1)&)

得到准确到$O(\epsilon)$的原方程和初始条件的方程组：

{equ0, equ1} = Thread[Coefficient[doEq[eq/. u2S[1], −1], ϵ, {0, 1}] == 0]

$$\{-u_0{}^{(0,2)}[x,t] + u_0{}^{(2,0)}[x,t] == 0, -u_0{}^{(0,1)}[x,t] - u_1{}^{(0,2)}[x,t] + u_1{}^{(2,0)}[x,t] == 0\}$$

{ic11, ic12} = List@@LogicalExpand[ic1/. u2S[1]]

$$\{-F[x] + u_0[x,0] == 0, u_1[x,0] == 0\}$$

{ic21, ic22} = Thread[Coefficient[doEq[ic2/. u2S[1], −1], ϵ, {0, 1}] == 0]

$$\{u_0{}^{(0,1)}[x,0] == 0, u_1{}^{(0,1)}[x,0] == 0\}$$

求首项近似时，需要作一个替换，MMA 才可以给出结果：

u0 = DSolveValue[{equ0, ic11, ic21}/. u_0 → v, v[x, t], {x, t}]

$$\frac{1}{2}(F[-t+x] + F[t+x])$$

为了更清楚地看出解的性质，这里采用特征变换，即

$$\xi = x - t, \eta = x + t$$

定义如下替换，在(x,t)和(ξ,η)之间转换：

xt2ξη = {x − t → ξ, x + t → η}

ξη2xt = Reverse/@xt2ξη

$$\{\xi \to -t+x, \eta \to t+x\}$$

定义如下变换：

```
u12w = u1 → (w[g[#1,#2],h[#1,#2]]&);
u02v = u0 → (v[g[#1,#2],h[#1,#2]]&);
gh2ξη = {g[x,t] → ξ,h[x,t] → η};
gF = g → (#1 − #2&);
hF = h → (#1 + #2&);
```

则一阶近似方程变为

```
eqw = equ1/.u12w/.u02v/.gh2ξη/.gF/.hF
```

$$-v^{(0,1)}[\xi,\eta]+v^{(1,0)}[\xi,\eta]+4w^{(1,1)}[\xi,\eta]==0$$

将u_0用特征变量表示：

```
vF = v[ξ,η] → (u0/.xt2ξη)//toPure
```

$$v \to \text{Function}[\{\xi,\eta\},1/2\,(F[\eta]+F[\xi])] \tag{9.3.78}$$

将其代入方程**eqw**，写成标准形式后提取出方程两端各项：

```
eqw = eqw/.vF//Simplify
{rhs,lhs} = List@@doEq[standard[eqw],w]
```

$$\left\{w^{(1,1)}[\xi,\eta],\frac{F'[\eta]}{8}-\frac{F'[\xi]}{8}\right\} \tag{9.3.79}$$

将式(9.3.79)第 1 部分**rhs**积分两次，可得

```
rhs = Integrate[rhs,χ,τ]/.w → u1
```

$$u_1[\chi,\tau]$$

将式(9.3.79)第 2 部分**lhs**积分两次，可得

```
lhs = Integrate[lhs,χ,τ,GeneratedParameters → C]/.C[n_] :→ (fn[#]&)//Expand
```

$$\frac{1}{8}\chi F[\tau]-\frac{1}{8}\tau F[\chi]+f_1[\tau]+f_2[\chi] \tag{9.3.80}$$

式中，$f_1(\tau)$和$f_2(\chi)$为任意函数。由于$-\infty<x<\infty$，式(9.3.80)的前两项为长期项。这也表明了多重尺度的存在。

下面采用多重尺度法来求解该问题。与第 7 章中所研究的问题不同，本例在空间和时间上都出现了长期项。可有多种方式来引入尺度，这里采用如下方式：

$$\xi=x-t,\eta=x+t,\chi=\epsilon x,\tau=\epsilon t \tag{9.3.81}$$

即引入如下变换：

```
u2U = u → (U[g[#1,#2],h[#1,#2],X[#1],T[#2]]&);
four = {g[x,t] → ξ,h[x,t] → η,X[x] → χ,T[t] → τ};
ghXT = {g → (#1 − #2&),h → (#1 + #2&),X → (ϵ#&),T → (ϵ#&)};
```

将原方程**eq**移项，左端为二阶导数项，并作变换：

```
eq1 = SubtractSides[eq,∂t,tu[x,t]]
EQ = eq1/.u2U/.four/.ghXT
```

$$-\epsilon U^{(0,1,0,1)}[\xi,\eta,\chi,\tau]+\epsilon U^{(0,1,1,0)}[\xi,\eta,\chi,\tau]+\cdots+4U^{(1,1,0,0)}[\xi,\eta,\chi,\tau]=$$
$$=\epsilon(\epsilon U^{(0,0,0,1)}[\xi,\eta,\chi,\tau]+U^{(0,1,0,0)}[\xi,\eta,\chi,\tau]-U^{(1,0,0,0)}[\xi,\eta,\chi,\tau])$$

IC1 = ic1/. u2U/. four/. ghXT/. $x \to \xi$

$$U[\xi,\xi,\chi,0] == F[\xi]$$

IC2 = ic2/. u2U/. four/. ghXT/. $x \to \xi$

$$\epsilon U^{(0,0,0,1)}[\xi,\xi,\chi,0] + U^{(0,1,0,0)}[\xi,\xi,\chi,0] - U^{(1,0,0,0)}[\xi,\xi,\chi,0] == 0$$

式中，用到$t = 0$时，$\xi = x$。

将$U(\xi,\eta,\chi,\tau)$展开为级数，即

U2S[n_]: = $U \to$ (Sum[U_j[#1, #2, #3, #4]ϵ^j, {j, 0, n}] + $O[\epsilon]^{n+1}$&)

将级数代入方程和初始条件，可得联立的方程组：

{EQ1, EQ2} = Thread[Coefficient[doEq[EQ/. U2S[1], −1], ϵ, {0, 1}] == 0]//Simplify

$$\{U_0{}^{(1,1,0,0)}[\xi,\eta,\chi,\tau] == 0, 2U_0{}^{(0,1,1,0)}[\xi,\eta,\chi,\tau] + U_0{}^{(1,0,0,0)}[\xi,\eta,\chi,\tau] + 2(U_0{}^{(1,0,0,1)}[\xi,\eta,\chi,\tau] + U_0{}^{(1,0,1,0)}[\xi,\eta,\chi,\tau] + 2U_1{}^{(1,1,0,0)}[\xi,\eta,\chi,\tau]) == U_0{}^{(0,1,0,0)}[\xi,\eta,\chi,\tau] + 2U_0{}^{(0,1,0,1)}[\xi,\eta,\chi,\tau]\}$$

{IC11, IC12} = List@@LogicalExpand[IC1/. U2S[1]]

$$\{-F[\xi] + U_0[\xi,\xi,\chi,0] == 0, U_1[\xi,\xi,\chi,0] == 0\}$$

{IC21, IC22} = Thread[Coefficient[doEq[IC2/. U2S[1], −1], ϵ, {0, 1}] == 0]//Simplify

$$\{U_0{}^{(0,1,0,0)}[\xi,\xi,\chi,0] == U_0{}^{(1,0,0,0)}[\xi,\xi,\chi,0], U_0{}^{(0,0,0,1)}[\xi,\xi,\chi,0] + U_1{}^{(0,1,0,0)}[\xi,\xi,\chi,0] == U_1{}^{(1,0,0,0)}[\xi,\xi,\chi,0]\}$$

首项近似方程的通解为

U0 = DSolve[EQ1, $U_0[\xi,\eta,\chi,\tau]$, {ξ,η,χ,τ}][[1]]/. C[n_] :→ (g_n[#2]&)/. $g_{n\_}[\tau]$ → (G_n[#, τ]&)//toPure

$$\{U_0 \to \text{Function}[\{\xi,\eta,\chi,\tau\}, G_1[\xi,\tau] + G_2[\eta,\tau]]\} \tag{9.3.82}$$

式中，已经考虑初始条件不依赖于χ，进行了简化。

将其代入相应的初始条件，可得

eq1 = IC11/. U0

$$-F[\xi] + G_1[\xi,0] + G_2[\xi,0] == 0 \tag{9.3.83}$$

eq2 = IC21/. U0

$$G_2{}^{(1,0)}[\xi,0] == G_1{}^{(1,0)}[\xi,0] \tag{9.3.84}$$

将方程(9.3.84)两端积分一次，可得

eq2 = Integrate[#, ξ]&/@(IC21/. U0)

$$G_2[\xi,0] == G_1[\xi,0]$$

这样就得到下面要用到的初始条件：

{icG1, icG2} = DSolve[{eq1, eq2}, {$G_1[\xi,0]$, $G_2[\xi,0]$}, ξ][[1]]//toEqual

$$\{G_1[\xi,0] == F[\xi]/2, G_2[\xi,0] == F[\xi]/2\} \tag{9.3.85}$$

将首项解(9.3.82)代入一阶方程，可得

eqU1 = doEq[standard[EQ2//Expand], U_1]/. U0

$$U_1{}^{(1,1,0,0)}[\xi,\eta,\chi,\tau] == -\frac{1}{4}G_1{}^{(1,0)}[\xi,\tau] + \frac{1}{4}G_2{}^{(1,0)}[\eta,\tau] - \frac{1}{2}G_1{}^{(1,1)}[\xi,\tau] + \frac{1}{2}G_2{}^{(1,1)}[\eta,\tau]$$

对以上方程两端积分两次，可得一阶近似解U_1的表达式：

{lhs, rhs} = List@@eqU1

lhs = Integrate[lhs, ξ, η]

$$U_1[\xi,\eta,\chi,\tau]$$

rhs = Integrate[rhs, *ξ*, *η*, GeneratedParameters → *C*]/. *C*[n_] :→ (*H_n*[#]&)//Expand

$$-\frac{1}{4}\eta G_1[\xi,\tau]+\frac{1}{4}\xi G_2[\eta,\tau]+H_1[\eta]+H_2[\xi]-\frac{1}{2}\eta G_1{}^{(0,1)}[\xi,\tau]+\frac{1}{2}\xi G_2{}^{(0,1)}[\eta,\tau]$$

合并同类项，易知第 3 项和第 4 项均为长期项。

Collect[rhs, {*ξ*, *η*}, FactorTerms]

$$H_1[\eta]+H_2[\xi]+\frac{1}{4}\eta\left(-G_1[\xi,\tau]-2G_1{}^{(0,1)}[\xi,\tau]\right)+\frac{1}{4}\xi\left(G_2[\eta,\tau]+2G_2{}^{(0,1)}[\eta,\tau]\right)$$

消除长期项，ξ和η的系数必须为零，即

{eqG2, eqG1} = Thread[Coefficient[rhs, {*ξ*, *η*}] == 0]//Simplify

$$\{G_2[\eta,\tau]+2G_2{}^{(0,1)}[\eta,\tau]==0, G_1[\xi,\tau]+2G_1{}^{(0,1)}[\xi,\tau]==0\}$$

G1 = DSolve[{eqG1, icG1}, *G*₁, {*ξ*, *τ*}][[1]]

$$\left\{G_1\to \text{Function}\left[\{\xi,\tau\},\frac{1}{2}\mathrm{e}^{-\tau/2}F[\xi]\right]\right\} \tag{9.3.86}$$

G2 = DSolve[{eqG2, icG2}/. *ξ* → *η*, *G*₂, {*η*, *τ*}][[1]]

$$\left\{G_2\to \text{Function}\left[\{\eta,\tau\},\frac{1}{2}\mathrm{e}^{-\tau/2}F[\eta]\right]\right\} \tag{9.3.87}$$

这样就得到了首项近似解：

res = *U*₀[*ξ*, *η*, *χ*, *τ*]/. U0/. G1/. G2//Simplify

$$\frac{1}{2}\mathrm{e}^{-\tau/2}(F[\eta]+F[\xi])$$

将上述解用原始变量表示：

res/. ξη2xt/. *τ* → *ϵt*/. a_ + *x* :→ HoldForm[*x* + *a*]//show[#, {1, 3, 2}]&

$$\frac{1}{2}(F[x-t]+F[x+t])\mathrm{e}^{-\frac{t\epsilon}{2}} \tag{9.3.88}$$

例 9.3.7 弱阻尼弹性弦运动方程的混合问题：

$$u_{xx}=u_{tt}+\epsilon u_t, 0<x<1, t>0 \tag{9.3.89}$$

$$u(0,t)=0, u(1,t)=0 \tag{9.3.90}$$

$$u(x,0)=g(x), u_t(x,0)=0 \tag{9.3.91}$$

将以上方程和初边值条件记为

eq = $\partial_{x,x}$*u*[*x*, *t*] == $\partial_{t,t}$*u*[*x*, *t*] + *ϵ*∂_t*u*[*x*, *t*];

bc1 = *u*[0, *t*] == 0; bc2 = *u*[1, *t*] == 0;

ic1 = *u*[*x*, 0] == *F*[*x*]; ic2 = $u^{(0,1)}$[*x*, 0] == 0;

定义如下变换：

u2U = *u* → (*U*[#1, #2, *T*[#2]]&);

T2τ = *T*[*t*] → *τ*;

TF = *T* → (*ϵ*#&);

则原方程和初始、边界条件变为

EQ = eq/. u2U/. T2τ/. TF//Expand

$$U^{(2,0,0)}[x,t,\tau]==\epsilon^2U^{(0,0,1)}[x,t,\tau]+\epsilon^2U^{(0,0,2)}[x,t,\tau]+\epsilon U^{(0,1,0)}[x,t,\tau]+2\epsilon U^{(0,1,1)}[x,t,\tau]+U^{(0,2,0)}[x,t,\tau] \tag{9.3.92}$$

BC1 = bc1/. u2U/. TF

$$U[0,t,t\epsilon]==0 \tag{9.3.93}$$

BC2 = bc2/. u2U/. TF

$$U[1,t,t\epsilon]==0 \tag{9.3.94}$$

IC1 = ic1/. u2U/. TF

$$U[x,0,0]==g[x] \tag{9.3.95}$$

IC2 = ic2/. u2U/. TF

$$\epsilon U^{(0,0,1)}[x,0,0]+U^{(0,1,0)}[x,0,0]==0 \tag{9.3.96}$$

采用导数展开法，将$U(x,t,\tau)$展开为级数，即

U2S[n_]: = U → (Sum[$\epsilon^i U_i$[#1, #2, #3], {i, 0, n}] + $O[\epsilon]^{n+1}$&)

变换以后的方程以及初始、边界条件构成的方程组为

lhs = doEq[EQ/. U2S[1]//Expand, −1]

{EQ1, EQ2} = Thread[Coefficient[lhs, ϵ, {0, 1}] == 0]

$$\{-U_0{}^{(0,2,0)}[x,t,\tau]+U_0{}^{(2,0,0)}[x,t,\tau]==0,\ -U_0{}^{(0,1,0)}[x,t,\tau]-2U_0{}^{(0,1,1)}[x,t,\tau]-U_1{}^{(0,2,0)}[x,t,\tau]+U_1{}^{(2,0,0)}[x,t,\tau]==0\}$$

{BC11, BC12} = List@@LogicalExpand[BC1/. U2S[1]//Expand]

$$\{U_0[0,t,0]==0,U_1[0,t,0]+tU_0{}^{(0,0,1)}[0,t,0]==0\}$$

{BC21, BC22} = List@@LogicalExpand[BC2/. U2S[1]//Expand]

$$\{U_0[1,t,0]==0,U_1[1,t,0]+tU_0{}^{(0,0,1)}[1,t,0]==0\}$$

{IC11, IC12} = List@@LogicalExpand[IC1/. U2S[1]//Expand]

$$\{-g[x]+U_0[x,0,0]==0,U_1[x,0,0]==0\}$$

lhs = doEq[IC2/. U2S[1]//Expand, −1]

{IC21, IC22} = Thread[Coefficient[lhs, ϵ, {0, 1}] == 0]

$$\{U_0{}^{(0,1,0)}[x,0,0]==0,U_0{}^{(0,0,1)}[x,0,0]+U_1{}^{(0,1,0)}[x,0,0]==0\}$$

用分离变量法求首项近似解。定义如下变换：

U02XT = U_0 → (X[#1]T[#2, #3]&)

将该变换代入首项近似方程，并令常数为$-k_n^2$：

EQ1/. U02XT

Thread[%/($T[t,\tau]X[x]$), Equal]//Expand//Simplify

{eqT, eqX} = Thread[List@@% == $-k_n^2$]

$$\left\{\frac{T^{(2,0)}[t,\tau]}{T[t,\tau]}==-k_n^2,\frac{X''[x]}{X[x]}==-k_n^2\right\} \tag{9.3.97}$$

相应的边界条件为

BCX1 = BC11/. U02XT/. T[t, 0] → 1

$$X[0]==0 \tag{9.3.98}$$

BCX2 = BC21/. U02XT/. T[t, 0] → 1

$$X[1]==0 \tag{9.3.99}$$

式(9.3.97)中第 2 个方程的通解为

X$ = DSolve[eqX, *X*, *x*][[1]]

$$\{X \to \text{Function}[\{x\}, c_2\text{Cos}[xk_n] + c_1\text{Sin}[xk_n]]\}$$

代入边界条件，即式(9.3.98)，可确定c_2：

C2 = Solve[BCX1/. X$, *C*[2]][[1]]

$$\{c_2 \to 0\}$$

代入边界条件，即式(9.3.99)，则有

eqkn = BCX2/. X$/. C2

$$c_1\text{Sin}[k_n] == 0$$

为了得到非平凡解，$c_1 \neq 0$，不妨令$c_1 = 1$。求k_n的取值：

kn = Solve[eqkn, *k*$_n$]/. *C*[2] → *j*//Normal

$$\{\{k_n \to 2j\pi\}, \{k_n \to \pi + 2j\pi\}\}$$

式中，j为非负整数。以上结果表明k_n可取偶数，也可取奇数。实际上只要k_n为非负整数即可。将上述结果合并，得到$k_n = n\pi$。过程如下：

lst = Table[*k*$_n$/. kn, {*j*, 0, 5}]//Flatten

$$\{0, \pi, 2\pi, 3\pi, 4\pi, 5\pi, 6\pi, 7\pi, 8\pi, 9\pi, 10\pi, 11\pi\}$$

kn = FindSequenceFunction[lst, *n*]/. *n* → *n* + 1

$$n\pi$$

式(9.3.97)第 1 个方程的通解为

Tn = DSolve[eqT, *T*[*t*, *τ*], {*t*, *τ*}][[1]]/. {*C*[1] → *a*$_n$, *C*[2] → *b*$_n$}

$$\{T[t, \tau] \to \text{Sin}[tk_n]a_n[\tau] + \text{Cos}[tk_n]b_n[\tau]\}$$

这样可得首项近似解为

U0 = *U*$_0$[*x*, *t*, *τ*] == (*U*$_0$[*x*, *t*, *τ*]/. U02XT/. X$/. C2/. *C*[1] → 1/. Tn)//ToRules//toPure

$$\{U_0 \to \text{Function}[\{x, t, \tau\}, \text{Sin}[xk_n](\text{Sin}[tk_n]a_n[\tau] + \text{Cos}[tk_n]b_n[\tau])]\} \tag{9.3.100}$$

式中，$a_n(\tau)$和$b_n(\tau)$将在一阶近似方程求解过程中确定。

一阶近似方程为

EQU1 = doEq[EQ2/. U0//Simplify, *U*$_1$]

$$U_1{}^{(0,2,0)}[x, t, \tau] - U_1{}^{(2,0,0)}[x, t, \tau] ==$$
$$-\text{Sin}[xk_n]k_n(\text{Cos}[tk_n]a_n[\tau] - \text{Sin}[tk_n]b_n[\tau] + 2\text{Cos}[tk_n]a_n{}'[\tau] - 2\text{Sin}[tk_n]b_n{}'[\tau]) \tag{9.3.101}$$

观察以上方程的右端，可以发现导致长期项的两个共振项：

Collect[EQU1[[2]]/. −Sin[*xk*$_n$]*k*$_n$ → 1, {Cos[_], Sin[_]}]

$$\text{Cos}[tk_n](a_n[\tau] + 2a_n{}'[\tau]) + \text{Sin}[tk_n](-b_n[\tau] - 2b_n{}'[\tau])$$

参考首项近似解，即式(9.3.100)，假设一阶近似解也具有类似的形式，即

U12Vn = *U*$_1$ → (*V*$_n$[#2, #3]Sin[*k*$_n$#1]&)

$$U_1 \to (V_n[\#2, \#3]\text{Sin}[k_n\#1]\&)$$

一阶方程变为

EQU1/. U12Vn/. Sin[*xk*$_n$] → 1

doEq[%, *V*$_n$]//Collect[#, {Cos[_], Sin[_]}]&

$$k_n^2V_n[t, \tau] + V_n{}^{(2,0)}[t, \tau] == -\text{Cos}[tk_n]k_n(a_n[\tau] + 2a_n{}'[\tau]) - \text{Sin}[tk_n]k_n(-b_n[\tau] - 2b_n{}'[\tau])$$

取出以上方程的右端，得到可用于消除共振项的两个方程：

```
{rhs, lhs} = List@@%
{eqan, eqbn} = Thread[Coefficient[lhs, k_n{Cos[tk_n], Sin[tk_n]}] == 0]//Simplify
```

$$\{a_n[\tau] + 2a_n{}'[\tau] == 0, b_n[\tau] + 2b_n{}'[\tau] == 0\}$$

计算$a_n(\tau)$和$b_n(\tau)$应满足的初始条件，可得

```
ican = IC21/. U0/. Sin[xk_n]k_n → 1
```

$$a_n[0] == 0$$

```
icbn = IC11/. U0
```

$$-g[x] + \mathrm{Sin}[xk_n]b_n[0] == 0$$

由上式可知，$b_n(0)$是x的函数，但这是不合理的。可作如下处理：

```
Map[# * Sin[xk_n]&, icbn//Simplify]
Thread[Integrate[%, {x, 0, 1}], Equal]
icbn = Simplify[%/. {2k_n → 2kn}, n ∈ Integers]
```

$$2\int_0^1 g[x]\mathrm{Sin}[xk_n]\,dx == b_n[0] \tag{9.3.102}$$

经过积分以后，$b_n(0)$是一个常数。

$a_n(\tau)$的解为

```
an = DSolve[{eqan, ican}, a_n[τ], τ][[1]]
```

$$\{a_n[\tau] \to 0\}$$

$b_n(\tau)$的解为

```
bn = DSolve[{eqbn, icbn}, b_n[τ], τ][[1]]
```

$$\left\{b_n[\tau] \to 2\mathrm{e}^{-\tau/2}\int_0^1 g[x]\mathrm{Sin}[xk_n]\,dx\right\}$$

这样，首项近似解的第n个分量为

```
U0n = U_0[x, t, τ]/. U02XT/. X$/. C2/. C[1] → 1/. Tn/. an/. bn
```

$$2\mathrm{e}^{-\tau/2}\mathrm{Cos}[tk_n]\left(\int_0^1 g[x]\mathrm{Sin}[xk_n]\,dx\right)\mathrm{Sin}[xk_n]$$

最后，可得到完整的首项解：

```
res = sum[U0n, {n, 1, ∞}]/. Sca2cSa[n]
```

$$2\mathrm{e}^{-\tau/2}\sum_{n=1}^{\infty}\mathrm{Cos}[tk_n]\left(\int_0^1 g[x]\mathrm{Sin}[xk_n]\,dx\right)\mathrm{Sin}[xk_n] \tag{9.3.103}$$

更多偏微分方程的例子可以参考 Holmes(2013)的教材。

第 10 章　渐近方法在流体力学中的应用

奇异摄动理论在众多领域有着广泛的应用。本章主要介绍该方法在流体力学中应用。前两个都是经典实例：低雷诺数圆球绕流问题和高雷诺数半无穷平板绕流问题。最后一个较新的例子是交通流中的离散跟车模型。

10.1　低雷诺数圆球绕流问题

在例 5.3.4 中曾得到了低雷诺数下圆球绕流的解，适用于大粘性、小速度的情况，但是由于 Stokes 方程(5.3.28)中忽略了惯性项，会导致 Whitehead 佯谬。下面考虑对 Stokes 流的修正：如果雷诺数不是非常低，就需要考虑惯性项$(\boldsymbol{V}\cdot\nabla)\boldsymbol{V}$的影响。

研究半径为a的圆球，处于来流速度为$\mathbb{U}$的定常不可压缩流中，忽略了对时间的偏导数，其无量纲形式的控制方程为

$$\nabla\cdot\boldsymbol{V}=0 \tag{10.1.1}$$

$$(\boldsymbol{V}\cdot\nabla)\boldsymbol{V}=-\nabla p+\frac{1}{R}\nabla^2\boldsymbol{V} \tag{10.1.2}$$

式中，$\boldsymbol{V}$为速度矢量；p为压力；R为雷诺数，在本例中是一个小参数。

针对圆球绕流问题，宜采用球坐标系(r,θ,φ)，即

```
S = {r, θ, φ};
```

由于速度场是无散场，可引入矢势$\boldsymbol{A}$：

```
A = {0, 0, ψ[r, θ]/(rSin[θ])}
```

式中，$\psi(r,\theta)$为 Stokes 流函数。

相应的压力项为

```
P = p[r, θ, φ];
```

用流函数$\psi(r,\theta)$表示速度，可得

```
V = Curl[A, S, "Spherical"]//Simplify
```

$$\left\{\frac{\mathrm{Csc}[\theta]\psi^{(0,1)}[r,\theta]}{r^2},-\frac{\mathrm{Csc}[\theta]\psi^{(1,0)}[r,\theta]}{r},0\right\} \tag{10.1.3}$$

容易验证，用流函数表示的速度$\boldsymbol{V}$自然满足连续性条件，即式(10.1.1)。

为简化表达，引入 Stokes 算子**D2**：

```
D2 = (−Cot[θ]/r² ∂θ# + ∂θ,θ#/r² + ∂r,r#&)
```

对式(10.1.2)取旋度，其左端$(\boldsymbol{V}\cdot\nabla)\boldsymbol{V}$取旋度为

```
Grad[V, S, "Spherical"].V//Simplify
lhs = Curl[%, S, "Spherical"][[3]]//Simplify//Expand
```

对其右端$-\nabla p+\nabla^2\boldsymbol{V}/R$取旋度为

```
-Grad[P, S, "Spherical"] + Laplacian[V, S, "Spherical"]/R //Simplify
rhs = Curl[%, S, "Spherical"][[3]]//Simplify//Expand
```

将两端都乘以$-r$Sin[θ]并整理，方程的左端为

```
lhs = doPoly[Expand[-rSin[θ]lhs], Csc[θ]/r^2]
```

$$\frac{1}{r^2}\mathrm{Csc}[\theta]\left(\frac{4\mathrm{Cot}[\theta]\psi^{(0,1)}[r,\theta]^2}{r^3}-\frac{4\psi^{(0,1)}[r,\theta]\psi^{(0,2)}[r,\theta]}{r^3}-\frac{2\mathrm{Csc}[\theta]^2\psi^{(0,1)}[r,\theta]\psi^{(1,0)}[r,\theta]}{r^2}\right.$$
$$-\frac{\mathrm{Cos}[2\theta]\mathrm{Csc}[\theta]^2\psi^{(0,1)}[r,\theta]\psi^{(1,0)}[r,\theta]}{r^2}+\cdots+\frac{\psi^{(0,1)}[r,\theta]\psi^{(1,2)}[r,\theta]}{r^2}-\frac{2\psi^{(0,1)}[r,\theta]\psi^{(2,0)}[r,\theta]}{r}$$
$$\left.+2\mathrm{Cot}[\theta]\psi^{(1,0)}[r,\theta]\psi^{(2,0)}[r,\theta]-\psi^{(1,0)}[r,\theta]\psi^{(2,1)}[r,\theta]+\psi^{(0,1)}[r,\theta]\psi^{(3,0)}[r,\theta]\right)$$

方程的右端为

```
rhs = Collect[Expand[-rSin[θ]rhs], R]
```

$$\frac{1}{R}\left(-\frac{9\mathrm{Cot}[\theta]\mathrm{Csc}[\theta]^2\psi^{(0,1)}[r,\theta]}{2r^4}+\frac{3\mathrm{Cos}[3\theta]\mathrm{Csc}[\theta]^3\psi^{(0,1)}[r,\theta]}{2r^4}+\frac{11\mathrm{Csc}[\theta]^2\psi^{(0,2)}[r,\theta]}{2r^4}-\cdots\right.$$
$$\left.+\frac{4\mathrm{Cot}[\theta]\psi^{(1,1)}[r,\theta]}{r^3}-\frac{4\psi^{(1,2)}[r,\theta]}{r^3}-\frac{2\mathrm{Cot}[\theta]\psi^{(2,1)}[r,\theta]}{r^2}+\frac{2\psi^{(2,2)}[r,\theta]}{r^2}+\psi^{(4,0)}[r,\theta]\right)$$

可见方程的两端包含了很多项，看起来相当复杂。实际上，可以通过引入算子来简化方程的形式。为此再引入算子**D3**：

```
D3 = (∂θ#1∂r#2 - ∂r#1∂θ#2 + 2∂r#1Cot[θ]#2 - 2∂θ#1/r #2&)
```

这时**lhs = rhs**的复杂表达式可以简化为

```
eqi = D2[D2[ψ[r,θ]]] == R/(r^2Sin[θ]) D3[ψ[r,θ], D2[ψ[r,θ]]]//Simplify//Expand
```

与 Stokes 流的例子 5.3.4 一样，用流函数改写边界条件：

```
{Ur[r_, θ_], Uθ[r_, θ_]} = Cases[V, Except[0]]
```

无穷远处的边界条件为

```
bc8r = Ur[r, θ] == Cos[θ]
bc8θ = Uθ[r, θ] == -Sin[θ]
{phi8} = DSolve[bc8r, ψ, {r, θ}]
{C1} = DSolve[bc8θ/. phi8, C[1][r], r]/. C[2] → 0
phi8 = ψ[r, θ] == (ψ[r, θ]/. phi8/. C1//Simplify)//ToRules
```

$$\left\{\psi[r,\theta]\to\frac{1}{2}r^2\mathrm{Sin}[\theta]^2\right\} \tag{10.1.4}$$

球面处的边界条件为

```
{ψ01} = Solve[Ur[r, θ] == 0, ψ^(0,1)[r, θ]]/. r → 1
{ψ10} = Solve[Uθ[r, θ] == 0, ψ^(1,0)[r, θ]]/. r → 1
Dt[ψ[r, θ]]/. r → 1/. ψ01
```

$$0$$

这表明球面上流函数为常数，通常取为零，即

```
bc1 = ψ[1, θ] == 0
```

$$\psi[1,\theta]==0 \tag{10.1.5}$$

球面上径向速度为 0，即

bc2 = ψ10[[1]]//toEqual

$$\psi^{(1,0)}[1,\theta]==0 \tag{10.1.6}$$

无穷远处的流函数形式为

bc3 = phi8[[1]]//toEqual

$$\psi[r,\theta]==\frac{1}{2}r^2\mathrm{Sin}[\theta]^2 \tag{10.1.7}$$

下面先尝试用正则摄动法求解。将ψ展开为小参数R的幂级数：

ψ2S[n_]: = ψ → (Sum[$R^i\psi_i$[#1, #2], {i, 0, n}]&)

求首项近似解$\psi_0(r,\theta)$。令

n = 1;

将级数展开式代入方程和边界条件，可得联立方程组：

eqs = LogicalExpand[eqi[[1]] − eqi[[2]] + $O[R]^{n+1}$ == 0/. ψ2S[n]]

bc1s = LogicalExpand[bc1[[1]] − bc1[[2]] + $O[R]^{n+1}$ == 0/. ψ2S[n]]

$$\psi_0[1,\theta]==0\&\&\psi_1[1,\theta]==0$$

bc2s = LogicalExpand[bc2[[1]] − bc2[[2]] + $O[R]^{n+1}$ == 0/. ψ2S[n]]

$$\psi_0{}^{(1,0)}[1,\theta]==0\&\&\psi_1{}^{(1,0)}[1,\theta]==0$$

bc3s = LogicalExpand[bc3[[1]] − bc3[[2]] + $O[R]^{n+1}$ == 0/. ψ2S[n]]

$$-\frac{1}{2}r^2\mathrm{Sin}[\theta]^2+\psi_0[r,\theta]==0\&\&\psi_1[r,\theta]==0$$

首项近似方程为

eq1 = eqs[[1]]//Expand

$$-\frac{6\mathrm{Cot}[\theta]\mathrm{Csc}[\theta]^2\psi_0{}^{(0,1)}[r,\theta]}{r^4}+\frac{3\mathrm{Cos}[2\theta]\mathrm{Cot}[\theta]\mathrm{Csc}[\theta]^2\psi_0{}^{(0,1)}[r,\theta]}{r^4}+\frac{6\psi_0{}^{(0,2)}[r,\theta]}{r^4}+\cdots$$
$$-\frac{4\psi_0{}^{(1,2)}[r,\theta]}{r^3}-\frac{2\mathrm{Cot}[\theta]\psi_0{}^{(2,1)}[r,\theta]}{r^2}+\frac{2\psi_0{}^{(2,2)}[r,\theta]}{r^2}+\psi_0{}^{(4,0)}[r,\theta]==0$$

借鉴无穷远处流函数，即式(10.1.4)的形式，假设$\psi_0(r,\theta)$具有同样形式，并代入方程：

ψ0f = ψ_0 → (f[#1]Sin[#2]^2&)

eqψ0 = eq1/. ψ0f//Simplify

$$\frac{\mathrm{Sin}[\theta](-8f[r]+r(8f'[r]-4rf''[r]+r^3f^{(4)}[r]))}{r}==0$$

f$ = DSolve[eqψ0, f, r][[1]]

$$\left\{f\to\mathrm{Function}\left[\{r\},\frac{c_1}{r}+rc_2+r^2c_3+r^4c_4\right]\right\}$$

根据相应的边界条件确定解中的待定常数：

bc30 = bc3s[[1]]/. ψ0f/. f$

$$-\frac{1}{2}r^2\mathrm{Sin}[\theta]^2+\left(\frac{c_1}{r}+rc_2+r^2c_3+r^4c_4\right)\mathrm{Sin}[\theta]^2==0$$

C4 = MapAt[Limit[#, $r\to\infty$]&, Solve[bc30, C[4]], {1, 1, 2}][[1]]

$$\{c_4\to 0\}$$

C3 = MapAt[Limit[#, r → ∞]&, Solve[bc30/. C4, C[3]], {1, 1, 2}][[1]]

$$\left\{c_3 \to \frac{1}{2}\right\}$$

C1C2 = Solve[{bc1s[[1]], bc2s[[1]]}/. ψ0f/. f$/. C3/. C4, {C[1], C[2]}][[1]]

$$\left\{c_1 \to \frac{1}{4}, c_2 \to -\frac{3}{4}\right\}$$

ψ0 = ψ₀[r, θ] == (ψ₀[r, θ]/. ψ0f/. f$/. C3/. C4/. C1C2)//ToRules//toPure

$$\left\{\psi_0 \to \text{Function}\left[\{r, \theta\}, \left(\frac{1}{4r} - \frac{3r}{4} + \frac{r^2}{2}\right) \text{Sin}[\theta]^2\right]\right\} \tag{10.1.8}$$

不出意料，上式就是 Stokes 解(5.3.40)。

对于静止的观察者，其流动状态如图 10.1.1 所示，它和球在无粘性流体中运动所引起的无旋流动状态有很大的区别，但流线相对于$x = 0$的平面也是前后对称的，可对比图 5.2.1。

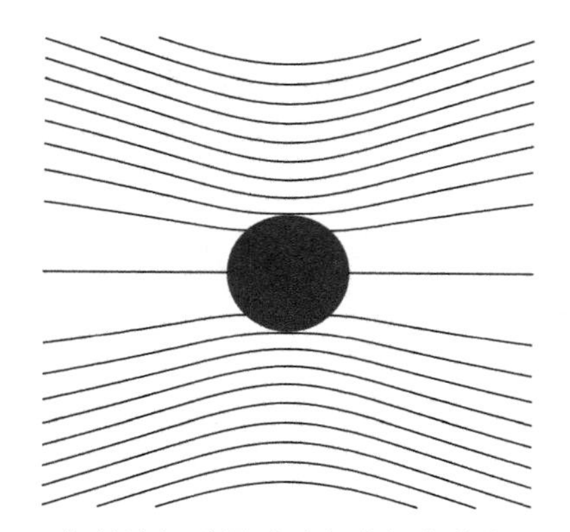

图 10.1.1　匀低速运动圆球引起流场的流线：Stokes 解

下面求一阶近似方程的解$\psi_1(r, \theta)$：

eq2 = doEq[Expand[eqs[[2]]], ψ₁]/. ψ0//Expand

eqψ1 = Simplify/@eq2

$$\frac{1}{r^4}\left(\frac{3}{2}(-3\text{Cos}[\theta] + \text{Cos}[3\theta])\text{Csc}[\theta]^3 \psi_1{}^{(0,1)}[r, \theta] + (6 + \text{Cot}[\theta]^2 + 2\text{Csc}[\theta]^2)\psi_1{}^{(0,2)}[r, \theta] + \cdots\right.$$

$$\left. + 2r^2\psi_1{}^{(2,2)}[r, \theta] + r^4\psi_1{}^{(4,0)}[r, \theta]\right) == -\frac{9(-1 + r)^2(1 + 2r)\text{Cos}[\theta]\text{Sin}[\theta]^2}{4r^5}$$

考虑到上式右端非齐次项的形式，假设其解具有如下形式：

ψ1f = ψ₁ → (g[#1]Sin[#2]²Cos[#2]&)

将其代入方程**eqψ1**，可得

eqψ1 = eqψ1/. ψ1f//Simplify

$$\frac{\text{Cos}[\theta]\text{Sin}[\theta](9 - 27r^2 + 18r^3 + 96r^2 g'[r] - 48r^3 g''[r] + 4r^5 g^{(4)}[r])}{r} == 0$$

g$ = DSolve[eqψ1, g, r][[1]]

$$\left\{g \to \text{Function}\left[\{r\}, \frac{3}{32r} + \frac{9r}{32} - \frac{3r^2}{16} - \frac{c_1}{2r^2} + \frac{r^3 c_2}{3} + \frac{r^5 c_3}{5} + c_4\right]\right\}$$

利用边界条件确定待定常数：

bc31 = bc3s[[2]]/. ψ1f/. g$/. Cos[θ]Sin[θ]^2 → 1

$$\frac{3}{32r}+\frac{9r}{32}-\frac{3r^2}{16}-\frac{c_1}{2r^2}+\frac{r^3c_2}{3}+\frac{r^5c_3}{5}+c_4==0$$

C3 = MapAt[Limit[#, r → ∞]&, Solve[bc31, C[3]], {1, 1, 2}][[1]]

$$\{c_3\to 0\}$$

C2 = MapAt[Limit[#, r → ∞]&, Solve[bc31/. C3, C[2]], {1, 1, 2}][[1]]

$$\{c_2\to 0\}$$

C1C4 = Solve[{bc1s[[2]], bc2s[[2]]}/. ψ₁ → (g[#1]Sin[#2]^2Cos[#2]&)/. g$/. C2/. C3, {C[1], C[4]}][[1]]

$$\left\{c_1\to\frac{3}{16},c_4\to-\frac{3}{32}\right\}$$

这样，可得一阶近似方程的解：

ψ1 = ψ₁[r, θ] == (ψ₁[r, θ]/. ψ1f/. g$/. C1C4/. C2/. C3)//ToRules//toPure

$$\left\{\psi_1\to\text{Function}\left[\{r,\theta\},\left(-\frac{3}{32}-\frac{3}{32r^2}+\frac{3}{32r}+\frac{9r}{32}-\frac{3r^2}{16}\right)\text{Cos}[\theta]\text{Sin}[\theta]^2\right]\right\} \tag{10.1.9}$$

显然，当$r\to\infty$时，$\psi_1=O(r^2)$，而**bc3s**中$\psi_1(r,\theta)=0$，不满足无穷远处的条件，因此一阶近似解不合理。这表明 Stokes 解适用于内区。下面将求出适用于外区的解，称之为 Oseen 解，然后采用匹配的方法，确定一阶近似解。

由于奇性在无穷远处，Oseen(1910)引入了一个缩小变换$\rho=Rr$：

ψ2φ = ψ → (φ[Q[#1], #2]&)

r2ρ = r → ρ/R;

ρ2r = ρ → Rr;

代入变换，可得外区的方程：

eqo = eqi/. ψ2φ/. Q[r] → ρ/. Q → (R#&)/. r2ρ

eqo = Expand[Thread[eqo/R^4, Equal]]

$$-\frac{6\text{Cot}[\theta]\text{Csc}[\theta]^2\varphi^{(0,1)}[\rho,\theta]}{\rho^4}+\frac{3\text{Cos}[2\theta]\text{Cot}[\theta]\text{Csc}[\theta]^2\varphi^{(0,1)}[\rho,\theta]}{\rho^4}-\frac{4R^2\text{Cot}[\theta]\text{Csc}[\theta]\varphi^{(0,1)}[\rho,\theta]^2}{\rho^5}$$
$$+\cdots+\frac{2\varphi^{(2,2)}[\rho,\theta]}{\rho^2}-\frac{R^2\text{Csc}[\theta]\varphi^{(0,1)}[\rho,\theta]\varphi^{(3,0)}[\rho,\theta]}{\rho^2}+\varphi^{(4,0)}[\rho,\theta]==0 \tag{10.1.10}$$

同样可定义算子𝔻2和𝔻3，只需将**D2**和**D3**中的r替换为ρ

𝔻2 = D2/. r → ρ

𝔻3 = D3/. r → ρ

这样，方程(10.1.10)可以写成简洁的形式：

eqo = 𝔻2[𝔻2[φ[ρ, θ]]] − R^2/(ρ^2Sin[θ]) 𝔻3[φ[ρ, θ], 𝔻2[φ[ρ, θ]]] == 0//Expand

已知首项内部解**i1**为

i1 = ψ₀[r, θ]/. ψ0

$$\left(\frac{1}{4r}-\frac{3r}{4}+\frac{r^2}{2}\right)\text{Sin}[\theta]^2$$

将其用外变量表示：

i1o = i1/. $r \to \rho/R$

$$\left(\frac{R}{4\rho}-\frac{3\rho}{4R}+\frac{\rho^2}{2R^2}\right)\mathrm{Sin}[\theta]^2$$

一项内部解的一项外部展开式为

i1o1 = Series[i1o, {R, 0, −2}]//Normal

$$\frac{\rho^2\mathrm{Sin}[\theta]^2}{2R^2}$$

一项内部解的两项外部展开式为

i1o2 = Series[i1o, {R, 0, −1}]//Normal

$$-\frac{3\rho\mathrm{Sin}[\theta]^2}{4R}+\frac{\rho^2\mathrm{Sin}[\theta]^2}{2R^2}$$

分析首项内部解的形式

ψ0v = $\psi_0[r,\theta]$/. ψ0/. r2ρ

$$\left(\frac{R}{4\rho}-\frac{3\rho}{4R}+\frac{\rho^2}{2R^2}\right)\mathrm{Sin}[\theta]^2$$

Exponent[ψ0v, R, List]

$$\{-2,-1,1\}$$

式中，出现了R^{-2}，R^{-1}和R^1，但R^0（即常数项）的系数为零。可以预期与之匹配的外部解也具有这种形式。

定义如下级数：

φ2S[j_]:= $\varphi \to$ (Sum[φ_i[#1, #2]R^{i-2}, {i, 0, j}]&)

将其代入方程(10.1.10)，可得方程组：

lhs = eqo[[1]] − eqo[[2]]/. φ2S[2]//Expand;

eqos = LogicalExpand[lhs + $O[R]^{n+1}$ == 0];

无穷远处的边界条件变为

BC3 = bc3/. ψ2φ/. $Q[r] \to \rho$/. r2ρ

$$\varphi[\rho,\theta]==\frac{\rho^2\mathrm{Sin}[\theta]^2}{2R^2}$$

lhs = BC3[[1]] − BC3[[2]]/. φ2S[2]

$$-\frac{\rho^2\mathrm{Sin}[\theta]^2}{2R^2}+\frac{\varphi_0[\rho,\theta]}{R^2}+\frac{\varphi_1[\rho,\theta]}{R}+\varphi_2[\rho,\theta]$$

BC3s = LogicalExpand[lhs + $O[R]^{n+1}$ == 0]

$$-\frac{1}{2}\rho^2\mathrm{Sin}[\theta]^2+\varphi_0[\rho,\theta]==0\&\&\varphi_1[\rho,\theta]==0\&\&\varphi_2[\rho,\theta]==0$$

首项近似方程为

eqo1 = eqos[[2]]//Expand

$$-\frac{6\mathrm{Cot}[\theta]\mathrm{Csc}[\theta]^2\varphi_0{}^{(0,1)}[\rho,\theta]}{\rho^4}+\frac{3\mathrm{Cos}[2\theta]\mathrm{Cot}[\theta]\mathrm{Csc}[\theta]^2\varphi_0{}^{(0,1)}[\rho,\theta]}{\rho^4}-\frac{4\mathrm{Cot}[\theta]\mathrm{Csc}[\theta]\varphi_0{}^{(0,1)}[\rho,\theta]^2}{\rho^5}$$

$$+\frac{6{\varphi_0}^{(0,2)}[\rho,\theta]}{\rho^4}+\cdots-\frac{\mathrm{Csc}[\theta]{\varphi_0}^{(0,1)}[\rho,\theta]{\varphi_0}^{(3,0)}[\rho,\theta]}{\rho^2}+{\varphi_0}^{(4,0)}[\rho,\theta]==0 \qquad (10.1.11)$$

定义如下算子𝔻4：

𝔻4 = (𝔻2[#] − Cos[*θ*]∂*ρ*# + Sin[*θ*]/*ρ* ∂*θ*#&)

则方程(10.1.11)可表示为

𝔻4[𝔻2[*φ*₀[*ρ*, *θ*]]] == 0

根据**i1o1**和边界条件可以推知，首项近似的解就是**i1o1**。下面直接通过计算得到该结果。

根据边界条件**BC3s**中第 1 式，假设解具有如下形式：

φ0f = *φ*₀ → (*F*[#1]Sin[#2]²&)

代入方程**eqo1**，可得

eqφ0 = eqo1/. φ0f//FullSimplify

$$\frac{F[\rho]\mathrm{Sin}[2\theta](-8F[\rho]+2\rho(F'[\rho]+\rho F''[\rho])-\rho^3F^{(3)}[\rho])}{\rho}$$
$$+\mathrm{Sin}[\theta](-8F[\rho]+\rho(8F'[\rho]-4\rho F''[\rho]+\rho^3F^{(4)}[\rho]))==0$$

将以上方程分解为两个独立的方程：

eqφ01 = Coefficient[eqφ0[[1]], Sin[*θ*]] == 0

$$-8F[\rho]+\rho(8F'[\rho]-4\rho F''[\rho]+\rho^3F^{(4)}[\rho])==0 \qquad (10.1.12)$$

eqφ02 = Coefficient[eqφ0[[1]], Sin[2*θ*]] == 0

$$\frac{F[\rho](-8F[\rho]+2\rho(F'[\rho]+\rho F''[\rho])-\rho^3F^{(3)}[\rho])}{\rho}==0 \qquad (10.1.13)$$

求解方程(10.1.12)并根据边界条件确定四个待定常数：

F$ = DSolve[eqφ01, *F*, *ρ*][[1]]

$$\left\{F\to\mathrm{Function}\left[\{\rho\},\frac{c_1}{\rho}+\rho c_2+\rho^2c_3+\rho^4c_4\right]\right\} \qquad (10.1.14)$$

cs = SolveAlways[BC3s[[1]]/. φ0f/. F$/. Sin[*θ*]² → 1, *ρ*][[1]]

$$\{c_1\to 0,c_2\to 0,c_3\to 1/2\,,c_4\to 0\}$$

易知方程(10.1.12)的解同时也满足方程(10.1.13)：

eqφ02/. F$/. cs

True

这样就确定了首项外部解（均匀流解）：

φ0 = *φ*₀[*ρ*, *θ*] == (*φ*₀[*ρ*, *θ*]/. φ0f/. F$/. cs)//ToRules//toPure

$$\left\{\varphi_0\to\mathrm{Function}\left[\{\rho,\theta\},\frac{1}{2}\rho^2\mathrm{Sin}[\theta]^2\right]\right\} \qquad (10.1.15)$$

下面继续考虑一阶近似方程：

eqo2 = eqos[[3]]/. φ0//Simplify//Expand

$$-\frac{9\mathrm{Cot}[\theta]\mathrm{Csc}[\theta]^2{\varphi_1}^{(0,1)}[\rho,\theta]}{2\rho^4}+\frac{\mathrm{Csc}[\theta]^3{\varphi_1}^{(0,1)}[\rho,\theta]}{4\rho^3}-\frac{\mathrm{Cos}[2\theta]\mathrm{Csc}[\theta]^3{\varphi_1}^{(0,1)}[\rho,\theta]}{2\rho^3}$$
$$+\frac{3\mathrm{Cos}[3\theta]\mathrm{Csc}[\theta]^3{\varphi_1}^{(0,1)}[\rho,\theta]}{2\rho^4}+\frac{\mathrm{Cos}[4\theta]\mathrm{Csc}[\theta]^3{\varphi_1}^{(0,1)}[\rho,\theta]}{4\rho^3}+\frac{6{\varphi_1}^{(0,2)}[\rho,\theta]}{\rho^4}+\cdots$$

$$+\frac{2\varphi_1{}^{(2,2)}[\rho,\theta]}{\rho^2}-\mathrm{Cos}[\theta]\varphi_1{}^{(3,0)}[\rho,\theta]+\varphi_1{}^{(4,0)}[\rho,\theta]==0$$

上述方程可以简洁地表示为

eqo2 = 𝔻4[𝔻2[$\boldsymbol{\varphi_1}$[$\boldsymbol{\rho,\theta}$]]] == 0

假设存在以下关系：

asm = 𝔻2[$\boldsymbol{\varphi_1}$[$\boldsymbol{\rho,\theta}$]] == $\boldsymbol{\Phi_1}$[$\boldsymbol{\rho,\theta}$]Exp[$\boldsymbol{\rho}$ Cos[$\boldsymbol{\theta}$]/2]

$$-\frac{\mathrm{Cot}[\theta]\varphi_1{}^{(0,1)}[\rho,\theta]}{\rho^2}+\frac{\varphi_1{}^{(0,2)}[\rho,\theta]}{\rho^2}+\varphi_1{}^{(2,0)}[\rho,\theta]==\mathrm{e}^{\frac{1}{2}\rho\mathrm{Cos}[\theta]}\Phi_1[\rho,\theta] \tag{10.1.16}$$

将其代入**eqo2**，可得

lhs = 𝔻4[$\boldsymbol{\Phi_1}$[$\boldsymbol{\rho,\theta}$]Exp[$\boldsymbol{\rho}$ Cos[$\boldsymbol{\theta}$]/2]]//Simplify//Expand

$$-\frac{1}{4}\mathrm{e}^{\frac{1}{2}\rho\mathrm{Cos}[\theta]}\Phi_1[\rho,\theta]-\frac{\mathrm{e}^{\frac{1}{2}\rho\mathrm{Cos}[\theta]}\mathrm{Cot}[\theta]\Phi_1{}^{(0,1)}[\rho,\theta]}{\rho^2}+\frac{\mathrm{e}^{\frac{1}{2}\rho\mathrm{Cos}[\theta]}\Phi_1{}^{(0,2)}[\rho,\theta]}{\rho^2}+\mathrm{e}^{\frac{1}{2}\rho\mathrm{Cos}[\theta]}\Phi_1{}^{(2,0)}[\rho,\theta]$$

eqΦ1 = lhs == 0/. Exp[_] → 1

$$-\frac{1}{4}\Phi_1[\rho,\theta]-\frac{\mathrm{Cot}[\theta]\Phi_1{}^{(0,1)}[\rho,\theta]}{\rho^2}+\frac{\Phi_1{}^{(0,2)}[\rho,\theta]}{\rho^2}+\Phi_1{}^{(2,0)}[\rho,\theta]==0 \tag{10.1.17}$$

上式的简洁形式为

𝔻2[$\boldsymbol{\Phi_1}$[$\boldsymbol{\rho,\theta}$]] − 1/4 $\boldsymbol{\Phi_1}$[$\boldsymbol{\rho,\theta}$] == 0

由于**i1o1**中有因子$\sin(\theta)^2$，因此假设Φ_1具有如下形式：

Φ1f = $\boldsymbol{\Phi_1}$ → ($\boldsymbol{f}$[#1]Sin[#2]^2&)

将**Φ1f**代入方程(10.1.17)，可得

eqf = eqΦ1/. Φ1f//Simplify

$$\frac{(8+\rho^2)f[\rho]\mathrm{Sin}[\theta]}{\rho}==4\rho\mathrm{Sin}[\theta]f''[\rho]$$

求出以上方程的通解，通过处理得到更加简化的形式：

f$ = DSolve[eqf/. Sin[$\boldsymbol{\theta}$] → 1, $\boldsymbol{f}$[$\boldsymbol{\rho}$], $\boldsymbol{\rho}$][[1]]

fρ = $\boldsymbol{f}$[$\boldsymbol{\rho}$]/. f$//FullSimplify[#, $\boldsymbol{\rho}$ > 0]&//TrigToExp//Apart

$$-\frac{(1+\mathrm{i})\mathrm{e}^{\rho/2}(-2+\rho)(c_1-\mathrm{i}c_2)}{\sqrt{2\pi}\rho}-\frac{(1+\mathrm{i})\mathrm{e}^{-\rho/2}(2+\rho)(c_1+\mathrm{i}c_2)}{\sqrt{2\pi}\rho}$$

m **= 1;**

fρ = fρ/. Longest[a_]b_/; FreeQ[$\boldsymbol{a,\rho}$] :→ $\boldsymbol{B_{m++}b}$

$$\frac{\mathrm{e}^{\rho/2}(-2+\rho)B_1}{\rho}+\frac{\mathrm{e}^{-\rho/2}(2+\rho)B_2}{\rho}$$

f$ = $\boldsymbol{f}$[$\boldsymbol{\rho}$] == fρ//ToRules//toPure

$$\left\{f\to\mathrm{Function}\left[\{\rho\},\frac{\mathrm{e}^{\rho/2}(-2+\rho)B_1}{\rho}+\frac{\mathrm{e}^{-\rho/2}(2+\rho)B_2}{\rho}\right]\right\}$$

考虑边界条件，确定一个常数B_1：

bcΦ1 = $\boldsymbol{\Phi_1}$[$\boldsymbol{\rho,\theta}$] == 0/. Φ1f/. f$

$$\mathrm{Sin}[\theta]^2\left(\frac{\mathrm{e}^{\rho/2}(-2+\rho)B_1}{\rho}+\frac{\mathrm{e}^{-\rho/2}(2+\rho)B_2}{\rho}\right)==0$$

```
B1 = MapAt[Limit[#, ρ → ∞]&, Solve[bcΦ1, B₁], {1, 1, 2}][[1]]
```

$$\{B_1 \to 0\}$$

将以上结果代入式(10.1.16)并继续求解，可得

```
eqφ1 = 𝔻2[φ₁[ρ, θ]] == Φ₁[ρ, θ]Exp[ρ Cos[θ]/2]/. Φ1f/. f$/. B1//Apart
```

$$-\frac{\text{Cot}[\theta]\varphi_1{}^{(0,1)}[\rho,\theta]-\varphi_1{}^{(0,2)}[\rho,\theta]}{\rho^2}+\varphi_1{}^{(2,0)}[\rho,\theta]==\frac{\mathrm{e}^{-\frac{\rho}{2}+\frac{1}{2}\rho\text{Cos}[\theta]}(2+\rho)\text{Sin}[\theta]^2B_2}{\rho} \quad (10.1.18)$$

这里，直接给出方程(10.1.8)的特解：

```
φ1 = φ₁ → (−2B₂(1 + Cos[#2])(1 − Exp[−#1 (1 − Cos[#2])/2])&)
```

式中，第 1 项是原点处的势源，它的加入是为了抵消第 2 项中的汇，从而确保通过包围物体的任何表面的通量为零。任何其他具有这一特性、使无穷远处速度为零和有一定对称性的齐次方程的解在原点处都有更高阶的奇性，因此无法匹配。

将**φ1**代入方程(10.1.18)验证，发现它确实满足方程。

```
eqφ1/. φ1//Simplify
```

$$\text{True}$$

这样就得到两项外部解：

```
O2 = φ[ρ, θ]/. φ2S[1]/. φ0/. φ1
```

$$\frac{\rho^2\text{Sin}[\theta]^2}{2R^2}-\frac{2\left(1-\mathrm{e}^{-\frac{1}{2}\rho(1-\text{Cos}[\theta])}\right)(1+\text{Cos}[\theta])B_2}{R} \quad (10.1.19)$$

将两项外部解用内变量展开：

```
O2/. ρ → Rr//Expand
```

$$\frac{1}{2}r^2\text{Sin}[\theta]^2-\frac{2B_2}{R}+\frac{2\mathrm{e}^{-\frac{1}{2}rR(1-\text{Cos}[\theta])}B_2}{R}-\frac{2\text{Cos}[\theta]B_2}{R}+\frac{2\mathrm{e}^{-\frac{1}{2}rR(1-\text{Cos}[\theta])}\text{Cos}[\theta]B_2}{R}$$

```
Expand[Expand[Normal[% + O[R]²]]/. Cos[θ]^i_/;i≥2 → Cos[θ]^(i − 2) (1 − Sin[θ]²)]
```

$$\frac{1}{2}r^2\text{Sin}[\theta]^2-r\text{Sin}[\theta]^2B_2+\frac{1}{4}r^2R\text{Sin}[\theta]^2B_2-\frac{1}{4}r^2R\text{Cos}[\theta]\text{Sin}[\theta]^2B_2$$

```
O2i = Collect[%, {r²RSin[θ]², r}, Factor]
```

$$\frac{1}{2}r^2\text{Sin}[\theta]^2-r\text{Sin}[\theta]^2B_2-\frac{1}{4}r^2R(-1+\text{Cos}[\theta])\text{Sin}[\theta]^2B_2$$

与一项内部解

```
I1 = ψ₀[r, θ]/. ψ0//Expand
```

$$\frac{\text{Sin}[\theta]^2}{4r}-\frac{3}{4}r\text{Sin}[\theta]^2+\frac{1}{2}r^2\text{Sin}[\theta]^2$$

比较以上两式中$rsin(\theta)^2$的系数，可以确定B_2：

```
B2 = Solve[Coefficient[#1, rSin[θ]²]&/@(expr1 == expr2), B₂][[1]]
```

$$\{B_2 \to 3/4\}$$

这样，两项外部解的形式就完全确定了：

```
O2 = O2/. B2
```

$$-\frac{3\left(1-\mathrm{e}^{-\frac{1}{2}\rho(1-\text{Cos}[\theta])}\right)(1+\text{Cos}[\theta])}{2R}+\frac{\rho^2\text{Sin}[\theta]^2}{2R^2} \quad (10.1.20)$$

此外，对应的齐次方程为

eqφ10 = 𝔻2[$\boldsymbol{\varphi_1}$[$\boldsymbol{\rho}$, $\boldsymbol{\theta}$]] == 0

它具有如下形式的通解：

φ1h = $\boldsymbol{\varphi_1}$ → ($\boldsymbol{h}$[#1]Sin[#2]^2&)

h$ = DSolve[eqφ10/. φ1h, $\boldsymbol{h}$[$\boldsymbol{\rho}$], $\boldsymbol{\rho}$][[1]]

$$\{h[\rho] \to c_1/\rho + \rho^2 c_2\}$$

利用边界条件可以确定常数：

BC32 = BC3s[[2]]/. $\boldsymbol{\varphi_1}$ → ($\boldsymbol{h}$[#1]Sin[#2]^2&)/. h$/. Sin[$\boldsymbol{\theta}$]^2 → 1

$$\frac{c_1}{\rho} + \rho^2 c_2 == 0$$

C1C2 = SolveAlways[BC32, $\boldsymbol{\rho}$][[1]]

$$\{c_1 \to 0, c_2 \to 0\}$$

这样，可得

$\boldsymbol{\varphi_1}$[$\boldsymbol{\rho}$, $\boldsymbol{\theta}$]/. φ1h/. h$/. C1C2

$$0$$

这是满足边界条件且奇性最小的解。

根据首项内部解和两项外部解，可得组合展开式：

I1 = $\boldsymbol{\psi_0}$[$\boldsymbol{r}$, $\boldsymbol{\theta}$]/. ψ0

$$\left(\frac{1}{4r} - \frac{3r}{4} + \frac{r^2}{2}\right) \mathrm{Sin}[\theta]^2$$

C12 = I1 + O2 − i1o2/. ρ2r//Collect[#, {(1 + Cos[$\boldsymbol{\theta}$])/$\boldsymbol{R}$, 1/$\boldsymbol{r}$}, FactorTerms]&

$$\frac{3\left(-1 + \mathrm{e}^{-\frac{1}{2} r R(1-\mathrm{Cos}[\theta])}\right)(1 + \mathrm{Cos}[\theta])}{2R} + \frac{\mathrm{Sin}[\theta]^2}{4r} + \frac{1}{2} r^2 \mathrm{Sin}[\theta]^2 \tag{10.1.21}$$

上式就是 Oseen 解。

如图 10.1.2 所示，与图 10.1.1 由 Stokes 近似得到的流线相比，可以看出在球附近有显著的差别。式(10.1.21)对应的流线图相对于$x = 0$的平面就不是前后对称的，这表明有一尾流存在。图中的虚线表示绕流大致范围的抛物面。当$R \to 0$时，图 10.1.2 的流线趋于图 10.1.1 的流线。

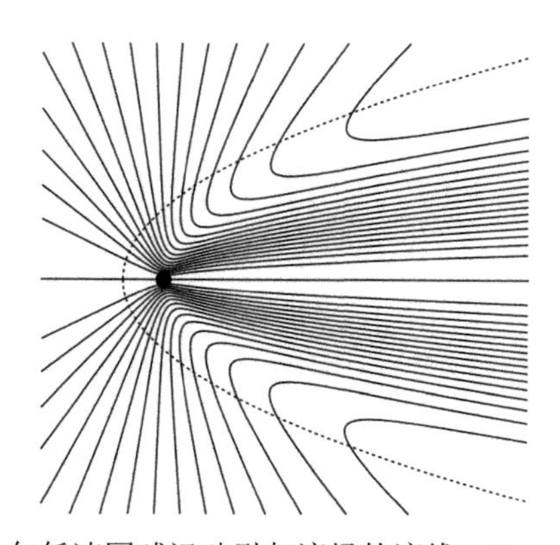

图 10.1.2 匀低速圆球运动引起流场的流线：Oseen 解($R = 1$)

例 5.3.4 用正则摄动法得到的一阶近似内部解在无穷远处是不合理的。现在利用外部解确定一阶近似内部解。

eqΨ1 = eq2/. ψ_1 → Ψ_1//Simplify//Expand

$$-\frac{9\text{Cot}[\theta]\text{Csc}[\theta]^2\Psi_1{}^{(0,1)}[r,\theta]}{2r^4}+\frac{3\text{Cos}[3\theta]\text{Csc}[\theta]^3\Psi_1{}^{(0,1)}[r,\theta]}{2r^4}+\frac{6\Psi_1{}^{(0,2)}[r,\theta]}{r^4}$$
$$+\frac{\text{Cot}[\theta]^2\Psi_1{}^{(0,2)}[r,\theta]}{r^4}+\frac{2\text{Csc}[\theta]^2\Psi_1{}^{(0,2)}[r,\theta]}{r^4}-\frac{2\text{Cot}[\theta]\Psi_1{}^{(0,3)}[r,\theta]}{r^4}+\frac{\Psi_1{}^{(0,4)}[r,\theta]}{r^4}$$
$$+\cdots+\Psi_1{}^{(4,0)}[r,\theta]==-\frac{9\text{Cos}[\theta]\text{Sin}[\theta]^2}{4r^5}+\frac{27\text{Cos}[\theta]\text{Sin}[\theta]^2}{4r^3}-\frac{9\text{Cos}[\theta]\text{Sin}[\theta]^2}{2r^2}$$

上式可用算子表示为

D2[D2[Ψ_1[r,θ]]] == −9/4 (1/r^5 − 3/r^3 + 2/r^2)Cos[θ]Sin[θ]^2

该方程的解由齐次方程**D2[D2[Ψ_1[r,θ]]] == 0**的通解$\psi_0(r,\theta)$和方程的特解$\psi_1(r,\theta)$构成，而通解和特解均已知

sol = ($F_2\psi_0$[r,θ] + ψ_1[r,θ]/. ψ0/. ψ1)

式中，F_2为通过匹配确定的常数。

Ψ1 = Ψ_1[r,θ] == sol//ToRules//toPure

$$\left\{\Psi_1\to\text{Function}[\{r,\theta\},\left(-\frac{3}{32}-\frac{3}{32r^2}+\frac{3}{32r}+\frac{9r}{32}-\frac{3r^2}{16}\right)\text{Cos}[\theta]\text{Sin}[\theta]^2\right.$$
$$\left.+\left(\frac{1}{4r}-\frac{3r}{4}+\frac{r^2}{2}\right)\text{Sin}[\theta]^2F_2]\right\} \tag{10.1.22}$$

可验证$\Psi_1(r,\theta)$确实满足方程**eqΨ1**。

将两项内部解**i2**用外变量表示：

i2o = ψ_0[r,θ] + $R\Psi_1$[r,θ]/. ψ0/. Ψ1/. r → ρ/R

$$\left(\frac{R}{4\rho}-\frac{3\rho}{4R}+\frac{\rho^2}{2R^2}\right)\text{Sin}[\theta]^2$$
$$+R\left(\left(-\frac{3}{32}-\frac{3R^2}{32\rho^2}+\frac{3R}{32\rho}+\frac{9\rho}{32R}-\frac{3\rho^2}{16R^2}\right)\text{Cos}[\theta]\text{Sin}[\theta]^2+\left(\frac{R}{4\rho}-\frac{3\rho}{4R}+\frac{\rho^2}{2R^2}\right)\text{Sin}[\theta]^2F_2\right)$$

两项内部解的两项外部展开式为

i2o2 = Collect[Normal[Series[i2o, {R, 0, −1}]], {1/R^2, Sin[θ]^2}]

$$\frac{\rho^2\text{Sin}[\theta]^2}{2R^2}+\frac{\text{Sin}[\theta]^2\left(-\frac{3\rho}{4}-\frac{3}{16}\rho^2\text{Cos}[\theta]+\frac{\rho^2F_2}{2}\right)}{R} \tag{10.1.23}$$

两项外部解**o2**的两项内部展开式为

o2i2 = Collect[o2i2/. r → ρ/R, {1/R^2, Sin[θ]^2}, Expand]

$$\frac{\rho^2\text{Sin}[\theta]^2}{2R^2}+\frac{\left(-\frac{3\rho}{4}+\frac{3\rho^2}{16}-\frac{3}{16}\rho^2\text{Cos}[\theta]\right)\text{Sin}[\theta]^2}{R} \tag{10.1.24}$$

式(10.1.23)和式(10.1.24)应该相等，由此可以确定F_2：

```
F2 = Solve[i2o2 − o2i2 == 0//Simplify, F₂][[1]]
```

$$\left\{F_2 \to \frac{3}{8}\right\}$$

这样，可得两项内部解：

```
sol = ψ₀[r, θ] + RΨ₁[r, θ]/. ψ0/. Ψ1/. F2
i2 = Collect[sol, {(1/(4r) − 3r/4 + r^2/2)Sin[θ]^2, Cos[θ]Sin[θ]^2}]
ψ$ = ψ[r, θ] == i2//ToRules//toPure
```

$$\left\{\psi \to \text{Function}\left[\{r,\theta\}, \left(\frac{1}{4r}-\frac{3r}{4}+\frac{r^2}{2}\right)\left(1+\frac{3R}{8}\right)\text{Sin}[\theta]^2 + \left(-\frac{3}{32}-\frac{3}{32r^2}+\frac{3}{32r}+\frac{9r}{32}-\frac{3r^2}{16}\right)R\text{Cos}[\theta]\text{Sin}[\theta]^2\right]\right\}$$

由此可得准确到$\text{O}(R)$的组合解：

```
CO = Collect[Expand[o2i2/. ρ2r], {Cos[θ]Sin[θ]^2, Sin[θ]^2}]
I2 = Collect[ψ[r, θ]/. ψ$, {RCos[θ]Sin[θ]^2, Sin[θ]^2}, Expand]
O2 = O2/. ρ2r
res = Collect[I2 + O2 − CO, {RCos[θ]Sin[θ]^2, Sin[θ]^2}]
```

$$-\frac{3\left(1-\text{e}^{-\frac{1}{2}rR(1-\text{Cos}[\theta])}\right)(1+\text{Cos}[\theta])}{2R}+\left(\frac{1}{4r}+\frac{r^2}{2}+\frac{3R}{32r}-\frac{9rR}{32}\right)\text{Sin}[\theta]^2 + \left(-\frac{3}{32}-\frac{3}{32r^2}+\frac{3}{32r}+\frac{9r}{32}\right)R\text{Cos}[\theta]\text{Sin}[\theta]^2 \tag{10.1.25}$$

根据式(10.1.25)，可得相应的流函数等值线图 10.1.3，可见流线图相对于$x=0$的平面也不是前后对称的。图 10.1.3 给出的流动状况似乎介于图 10.1.1 和图 10.1.2 之间。

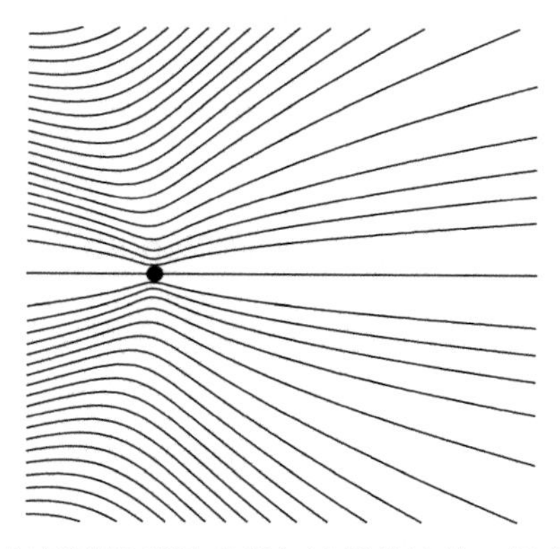

图 10.1.3　匀低速圆球运动引起流场的流线：组合解($R=1$)

下面计算圆球所受的阻力。首先计算球面压力分布：

```
lhs = −μCurl[Curl[V, S, "Spherical"], S, "Spherical"]/. ψ$//Simplify
rhs = Grad[P, S, "Spherical"]
(eqps = Thread[lhs == rhs])//Column
```

$$\frac{3\mu\left(4r^2(8+3R)\text{Cos}[\theta]+(-2+3r-9r^2+4r^3)R(1+3\text{Cos}[2\theta])\right)}{32r^5} == p^{(1,0,0)}[r,\theta,\varphi]$$

$$-\frac{3\mu(-r^2(8+3R)+3(2-2r+3r^2)R\mathrm{Cos}[\theta])\mathrm{Sin}[\theta]}{16r^5}==\frac{p^{(0,1,0)}[r,\theta,\varphi]}{r}$$

$$0==\mathrm{Csc}[\theta]p^{(0,0,1)}[r,\theta,\varphi]/r$$

为计算简单起见，这里忽略了对流项。

DSolve[eqps[[1]], *p*, {*r*, *θ*, *φ*}][[1]]/. *C*[1] → *B*₁

$$\left\{p[r,\theta,\varphi]\to-\frac{3\mu\left(4r^2(8+3R)\mathrm{Cos}[\theta]+(-1+2r-9r^2+8r^3)R(1+3\mathrm{Cos}[2\theta])\right)}{64r^4}+B_1[\theta,\varphi]\right\}$$

p$ = toPure[%]

B1 = DSolve[eqps[[2]]/. p$, *B*₁, {*θ*, *φ*}][[1]]/. *C*[1] → *B*₂

$$\left\{B_1\to\mathrm{Function}\left[\{\theta,\varphi\},\frac{9R\mu\mathrm{Cos}[2\theta]}{64r^4}-\frac{27R\mu\mathrm{Cos}[2\theta]}{32r^2}+\frac{9R\mu\mathrm{Cos}[2\theta]}{8r}+B_2[\varphi]\right]\right\}$$

B2 = DSolve[eqps[[3]]/. p$/. B1, *B*₂, *φ*][[1]]/. *C*[1] → ℙ

$$\{B_2\to\mathrm{Function}[\{\varphi\},\mathbb{P}]\}$$

球面压力分布为

***p*[r_, θ_, φ_] = (*p*[*r*, *θ*, *φ*]/. p$/. B1/. B2)**

$$\mathbb{P}+\frac{9R\mu\mathrm{Cos}[2\theta]}{64r^4}-\frac{27R\mu\mathrm{Cos}[2\theta]}{32r^2}+\frac{9R\mu\mathrm{Cos}[2\theta]}{8r}$$
$$-\frac{3\mu(4r^2(8+3R)\mathrm{Cos}[\theta]+(-1+2r-9r^2+8r^3)R(1+3\mathrm{Cos}[2\theta]))}{64r^4}$$

根据定义，圆球上的应力分布为

σ_{rr} = 2*μ∂ᵣUᵣ*[*r*, *θ*]/. ψ$/. *r* → 1

$$0$$

$\sigma_{r\theta}$ = *μ*(*∂_θUᵣ*[*r*, *θ*]/*r* + *∂ᵣU_θ*[*r*, *θ*] − *U_θ*[*r*, *θ*]/*r*)/. ψ$/. *r* → 1//Expand

$$-\frac{3}{2}\mu\mathrm{Sin}[\theta]-\frac{9}{16}R\mu\mathrm{Sin}[\theta]+\frac{3}{4}R\mu\mathrm{Cos}[\theta]\mathrm{Sin}[\theta]$$

在水平方向的分量为

ig = −*p*[1, *θ*, *φ*]Cos[*θ*] + σ_{rr}Cos[*θ*] − $\sigma_{r\theta}$Sin[*θ*]//Expand

$$-\mathbb{P}\mathrm{Cos}[\theta]+\frac{3}{2}\mu\mathrm{Cos}[\theta]^2+\frac{9}{16}R\mu\mathrm{Cos}[\theta]^2-\frac{27}{64}R\mu\mathrm{Cos}[\theta]\mathrm{Cos}[2\theta]+\frac{3}{2}\mu\mathrm{Sin}[\theta]^2$$
$$+\frac{9}{16}R\mu\mathrm{Sin}[\theta]^2-\frac{3}{4}R\mu\mathrm{Cos}[\theta]\mathrm{Sin}[\theta]^2$$

𝔽 = 2*π*Integrate[ig ∗ *a*²Sin[*θ*], {*θ*, 0, *π*}]/. *a* → 1

$$3/4\,\pi(8+3R)\mu$$

阻力系数为

ℂ = 𝔽/(*ρ*𝕌²*π a*²/2) /. *μ* → *a*𝕌 *ρ*/*R* /. 𝕌 → 1/. *a* → 1//Expand

doPoly[ℂ, 12/*R*]/. a_b_c_ :→ HoldForm[HoldForm[*ac*]*b*]

$$\frac{12}{R}\left(1+\frac{3R}{8}\right)\tag{10.1.26}$$

关于低雷诺数圆球绕流的详细讨论可参考谢定裕(1983)的专著。

10.2　高雷诺数平板层流边界层问题

本节介绍最简单的不可压缩粘性流体绕半无穷平板的二维定常层流边界层流动，如图 10.2.1 所示，均匀来流沿半无穷平板的零攻角绕流。Prandtl(1905)在分析高雷诺数绕流物体时提出了边界层的概念：物面附近有一薄层，沿着法线方向的切向速度梯度很大，其中粘性起重要作用，而在层外切向速度梯度很小，粘性作用可忽略不计，仍可作为势流处理。

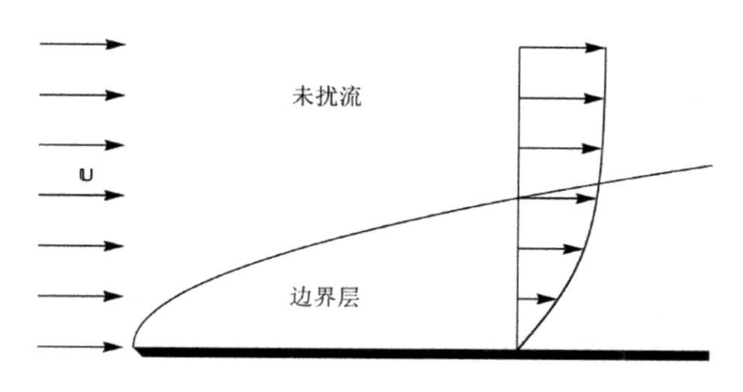

图 10.2.1　零攻角平板层流边界层示意图

首先对相关物理量作一些假设：无穷远来流速度$\mathbb{U}$，特征长度$\mathbb{L}$，密度ρ，运动粘度ν和动力粘度μ均大于零。

$Assumptions = {$\mathbb{U}$ > 0&&$\mathbb{L}$ > 0&&ρ > 0&&ν > 0&&μ > 0}

二维直角坐标系$\mathbb{X} = \{x, y\}$中速度矢量$\mathbb{V}$和压力$\mathbb{P}$为

$\mathbb{V}$ = {u[x, y], v[x, y]}

$\mathbb{P}$ = p[x, y]

$\mathbb{X}$ = {x, y}

二维平面不可压流体定常运动的基本方程为

eqm = Div[$\mathbb{V}$, $\mathbb{X}$] == 0

$$v^{(0,1)}[x,y]+u^{(1,0)}[x,y]==0 \tag{10.2.1}$$

({equ, eqv} = Thread[Grad[$\mathbb{V}$, $\mathbb{X}$].$\mathbb{V}$ == −Grad[$\mathbb{P}$, $\mathbb{X}$]/ρ + νLaplacian[$\mathbb{V}$, $\mathbb{X}$]])//Column

$$v[x,y]u^{(0,1)}[x,y]+u[x,y]u^{(1,0)}[x,y]==-\frac{p^{(1,0)}[x,y]}{\rho}+\nu\left(u^{(0,2)}[x,y]+u^{(2,0)}[x,y]\right) \tag{10.2.2a}$$

$$v[x,y]v^{(0,1)}[x,y]+u[x,y]v^{(1,0)}[x,y]==-\frac{p^{(0,1)}[x,y]}{\rho}+\nu\left(v^{(0,2)}[x,y]+v^{(2,0)}[x,y]\right) \tag{10.2.2b}$$

相应的边界条件如下：

(1) 在刚性平板上$(x>0, y=0)$有两个边界条件：

不可渗透条件，即

bc0 = v[x, y] == 0

无滑移条件，即

bc1 = u[x, y] == 0

(2) 在无穷远处，速度趋近于均匀来流的速度𝕌：

```
bc3 = u[x, y] == 𝕌
```

定义如下变换，将式(10.2.1)和式(10.2.2)无量纲化：

```
u2U = {u → (𝕌U[F[#1], G[#2]]&), v → (𝕌V[F[#1], G[#2]]&), p → (ρ𝕌^2P[F[#1], G[#2]]&)};
F2X = {F[x] → X, G[y] → Y};
Ff = {F → (#/𝕃&), G → (#/𝕃&)};
```

方程(10.2.1)变为

```
eqm/. u2U/. F2X/. Ff//Simplify
```

$$V^{(0,1)}[X,Y]+U^{(1,0)}[X,Y]==0 \tag{10.2.3}$$

方程(10.2.2)变为

```
eqU = equ/. u2U/. F2X/. Ff//Simplify
(Expand[Thread[eqU/(𝕃𝕌), Equal]]/. ν → 𝕃𝕌/R //Collect[#, R]&)/. {Fxy$, F$[X, Y]}
```

$$P_{\mathrm{X}}+UU_{\mathrm{X}}+VU_{\mathrm{Y}}==\frac{U_{\mathrm{XX}}+U_{\mathrm{YY}}}{R} \tag{10.2.4}$$

这里利用了自定义替换Fxy$和F$[X, Y]将以上方程以简约的形式表示。

```
eqV = eqv/. u2U/. F2X/. Ff//Simplify
(Expand[Thread[eqV/(𝕃𝕌), Equal]]/. ν → 𝕃𝕌/R //Collect[#, R]&)/. {Fxy$, F$[X, Y]}
```

$$P_{\mathrm{Y}}+UV_{\mathrm{X}}+VV_{\mathrm{Y}}==\frac{V_{\mathrm{XX}}+V_{\mathrm{YY}}}{R} \tag{10.2.5}$$

式中，雷诺数R的定义为

$$R=\frac{\mathbb{U}\mathbb{L}}{\nu}=\frac{\rho\mathbb{U}\mathbb{L}}{\mu}$$

根据边界层内流动的物理特征，可知$u=O(1)$，$x=O(1)$，而$y=O(\epsilon)$，其中ϵ为边界层的特征厚度，$\epsilon\ll 1$。v的特征速度用𝕧表示。假定$p=O(1)$。定义如下变换：

```
u2U = {u → (U[#1, η[#2]]&), v → (𝕧V[#1, η[#2]]&), p → (P[#1, η[#2]]&)};
x2X = {x → X, η[y] → Y};
ηf = η → (#/ϵ&);
eqm1 = eqm/. u2U/. x2X/. ηf
```

$$\frac{\mathbb{v}V^{(0,1)}[X,Y]}{\epsilon}+U^{(1,0)}[X,Y]==0$$

```
v$ = Solve[Equal@@Coefficient[eqm1[[1]], {V^(0,1)[X, Y], U^(1,0)[X, Y]}], 𝕧][[1]]
```

$$\{\mathbb{v}\to\epsilon\}$$

即$\mathbb{v}=O(\epsilon)$。

```
(equ1 = equ/. u2U/. x2X/. ηf/. v$//Expand)/. {Fxy$, F$[X, Y]}
```

$$UU_{\mathrm{X}}+VU_{\mathrm{Y}}==-\frac{P_{\mathrm{X}}}{\rho}+\nu U_{\mathrm{XX}}+\frac{\nu U_{\mathrm{YY}}}{\epsilon^2}$$

易知，$\nu U^{(0,2)}(X,Y)/\epsilon^2\gg\nu U^{(2,0)}(X,Y)$。为与上式左端诸项平衡，$\nu/\epsilon^2=O(1)$：

```
nu$ = Solve[Coefficient[equ1[[2]], U^(0,2)[X, Y]] =
        = Coefficient[equ1[[1]], U[X, Y]U^(1,0)[X, Y]], ν][[1]]
```

$$\{\nu \to \epsilon^2\}$$

即$\nu = O(\epsilon^2)$。

(equ2 = equ1/. v$/. nu$//Expand)/. {Fxy$, F$[*X*, *Y*]}

$$UU_{\mathrm{X}} + VU_{\mathrm{Y}} == -\frac{P_{\mathrm{X}}}{\rho} + \epsilon^2 U_{\mathrm{XX}} + U_{\mathrm{YY}}$$

易见上式右端最后一项可以忽略。

equ2 = equ2/. ϵ → 0

$$V[X,Y]U^{(0,1)}[X,Y] + U[X,Y]U^{(1,0)}[X,Y] == U^{(0,2)}[X,Y] - \frac{P^{(1,0)}[X,Y]}{\rho} \tag{10.2.6}$$

对y方向的速度方程进行分析，发现除了压力项外均为小量，可以忽略。

(eqv1 = eqv/. u2U/. x2X/. ηf/. v$/. nu$//Expand)/. {Fxy$, F$[*X*, *Y*]}

$$\epsilon UV_{\mathrm{X}} + \epsilon VV_{\mathrm{Y}} == -\frac{P_{\mathrm{Y}}}{\epsilon\rho} + \epsilon^3 V_{\mathrm{XX}} + \epsilon V_{\mathrm{YY}}$$

eqP = Expand[Thread[eqv1ϵ, Equal]]/. ϵ → 0

$$0 == -\frac{P^{(0,1)}[X,Y]}{\rho} \tag{10.2.7}$$

P$ = DSolve[eqP, *P*, {*X*, *Y*}][[1]]/. *C*[1] → ℙ

$$\{P \to \mathrm{Function}[\{X,Y\}, \mathbb{P}[X]]\}$$

由此可知，压力仅为X的函数。最后x方向的速度方程变为下式，即边界层方程：

equ2/. P$

$$V[X,Y]U^{(0,1)}[X,Y] + U[X,Y]U^{(1,0)}[X,Y] == -\frac{\mathbb{P}'[X]}{\rho} + U^{(0,2)}[X,Y] \tag{10.2.8}$$

通过以上的量纲分析，可忽略一些次要项，使方程得到简化。

下面仍采用有量纲的运动方程（已略去次要项），即

equ = *v*[*x*, *y*]*u*$^{(0,1)}$[*x*, *y*] + *u*[*x*, *y*]*u*$^{(1,0)}$[*x*, *y*] == − *p*′[*x*]/*ρ* + *νu*$^{(0,2)}$[*x*, *y*]

由于边界层外的流体无旋，伯努利(Bernoulli)方程成立，即

BernoulliEQ = *p*[*x*] + *ρ U*[*x*]^2/2 == ℂ

从上式求出$p'(x)$并代入**equ**，可得压力驱动下的边界层方程：

p1 = Solve[D[BernoulliEQ, *x*], *p*′[*x*]][[1]]

$$\{p'[x] \to -\rho U[x]U'[x]\}$$

eqBL = equ/. p1

$$v[x,y]u^{(0,1)}[x,y] + u[x,y]u^{(1,0)}[x,y] == U[x]U'[x] + \nu u^{(0,2)}[x,y]$$

对应均匀来流，$U(x) = \mathbb{U} = \mathrm{const}$，$U'(x) = 0$，则方程变为

PrandtlEQ = eqBL/. *U* → (𝕌&)

$$v[x,y]u^{(0,1)}[x,y] + u[x,y]u^{(1,0)}[x,y] == \nu u^{(0,2)}[x,y]$$

下面引入流函数：

u2ψ = {*u* → (∂$_y$*ψ*[#1, #2]&), *v* → (−∂$_x$*ψ*[#1, #2]&)}

$$\{u \to (\partial_y \psi[\#1,\#2]\&), v \to (-\partial_x \psi[\#1,\#2]\&)\} \tag{10.2.9}$$

eq = PrandtlEQ/. u2ψ

$$-\psi^{(0,2)}[x,y]\psi^{(1,0)}[x,y]+\psi^{(0,1)}[x,y]\psi^{(1,1)}[x,y]==\nu\psi^{(0,3)}[x,y] \quad (10.2.10)$$

上式就是著名的 Prandtl 边界层方程。

将边界条件用流函数表示：

bc0 = v[x, y] == 0/. u2ψ/. y → 0//Simplify

$$\psi^{(1,0)}[x,0]==0 \quad (10.2.11)$$

bc1 = u[x, y] == 0/. u2ψ/. y → 0

$$\psi^{(0,1)}[x,0]==0 \quad (10.2.12)$$

因此

Dt[ψ[x, y]]/. y → 0/. ToRules[bc0]

$$0$$

由此可知，在平板上流函数为常数（取为 0），即

bc2 = ψ[x, 0] == 0

$$\psi[x,0]==0 \quad (10.2.13)$$

即平板上的流线为零流线。

bc3 = u[x, y] == 𝕌/. u2ψ/. y → ∞

$$\psi^{(0,1)}[x,\infty]==\mathbb{U} \quad (10.2.14)$$

即距平板无穷远处的水平速度为未扰来流速度。

下面求 Prandtl 方程的相似解。引入以下相似变换：

ψ2f = ψ → ((2ν𝕌#1)^(1/2) f[Y[#1, #2]]&);
Yf = Y → ((𝕌/(2ν#1))^(1/2) #2&);

定义以下替换：

Y2η = Y[x, y] → η;
y2η = Solve[η == Y[x, y]/. Yf, y][[1]]//PowerExpand

$$\left\{y\to\frac{\sqrt{2}\sqrt{x}\eta\sqrt{\nu}}{\sqrt{\mathbb{U}}}\right\}$$

将其代入 Prandtl 方程，即式(10.2.10)，可得

BlasiusEQ = eq/. ψ2f/. Y2η/. Yf//Simplify//PowerExpand

$$f[\eta]f''[\eta]+f^{(3)}[\eta]==0 \quad (10.2.15)$$

这就是著名的 Blasius 方程。

相应的边界条件为

bc1f = bc1/. ψ2f/. Yf//Simplify

$$f'[0]==0 \quad (10.2.16)$$

bc2f = bc2/. ψ2f/. Yf//Simplify

$$f[0]==0 \quad (10.2.17)$$

bc3f = bc3/. ψ2f/. Yf//Simplify

$$f'[\infty]==1 \quad (10.2.18)$$

Blasius 方程(10.2.15)的形式虽然看起来简单，但却不能求得精确解。

下面研究 Blasius 方程的解的解析性质，分两种情况讨论：

(1) 平板附近($\eta\to 0$)

定义如下 Taylor 级数并代入 Blasius 方程(10.2.15)，可得联立方程组：

```
f2S[n_]:= f → (α/2 #^2 + Sum[(−1)^i A_i #^(3i+2),{i, 1, n}] + O[#]^(3n+3)&)
n = 8;
eqs = LogicalExpand[BlasiusEQ/. f2S[n]]
```

$$\frac{\alpha^2}{2}-60A_1==0\&\&-11\alpha A_1+336A_2==0\&\&20A_1^2+29\alpha A_2-990A_3==0$$
$$\&\&-76A_1A_2-56\alpha A_3+2184A_4==0\&\&56A_2^2+130A_1A_3+92\alpha A_4-4080A_5==0$$
$$\&\&-166A_2A_3-202A_1A_4-137\alpha A_5+6840A_6==0$$
$$\&\&110A_3^2+238A_2A_4+292A_1A_5+191\alpha A_6-10626A_7==0$$
$$\&\&-292A_3A_4-328A_2A_5-400A_1A_6-254\alpha A_7+15600A_8==0$$

该级数自动满足前两个边界条件。

```
alfa = Solve[f"[η] == (f"[η]/. f2S[n])/. η → 0, α][[1]]
```

$$\{\alpha\to f''[0]\}$$

即α可用$f''[0]$表示，这是一个需要通过数值计算来确定的常数。

```
As = Solve[eqs, Table[A_i, {i, 1, n}]][[1]]
```

$$\left\{A_1\to\frac{\alpha^2}{120},A_2\to\frac{11\alpha^3}{40320},A_3\to\frac{5\alpha^4}{532224},\cdots,A_8\to\frac{17241364408921\alpha^9}{44810162347400626176000000}\right\}\quad(10.2.19)$$

平板附近解的首项近似为

```
f0 = f[η] == Normal[f[η]/. f2S[0]]//ToRules//toPure
```

$$\left\{f\to\text{Function}\left[\{\eta\},\frac{\alpha\eta^2}{2}\right]\right\}$$

已知该级数是收敛的，具有有限的收敛半径。由于前面未能推导出通项公式，就借助数值方法计算该级数的收敛半径。在图 10.2.2 中，共计算了 200 项。可以看到收敛半径r_c趋于一个常数，约等于 5.69037。

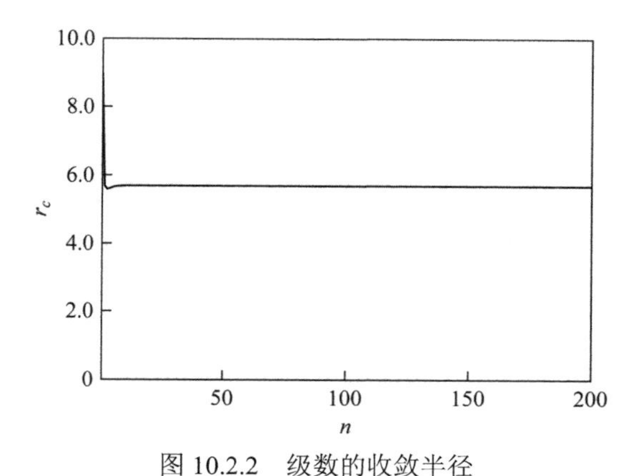

图 10.2.2　级数的收敛半径

(2) 在无穷远处($\eta\to\infty$)

由于$f'(\infty)=1$，因此作以下变换：

```
f2g = f → (# − β + g[#]&)
eqg = BlasiusEQ/. f2g//Expand
```

$$-\beta g''[\eta]+\eta g''[\eta]+g[\eta]g''[\eta]+g^{(3)}[\eta]==0$$

由于$\eta-\beta\gg g(\eta)$，故可略去$g(\eta)g''(\eta)$，方程得到进一步简化：

eqg1 = eqg/. g[η]g''[η] → 0//Simplify

$$(\beta-\eta)g''[\eta]==g^{(3)}[\eta] \tag{10.2.20}$$

对应的边界条件为

bc3g = bc3f/. f2g//Simplify

$$g'[\infty]==0$$

直接求解方程(10.2.20)，可得

g$ = DSolve[{eqg1, bc3g}, g[η], η][[1]]//FullSimplify

$$\left\{g[\eta]\to\frac{1}{2}\mathrm{e}^{\frac{1}{2}(-\beta^2-\eta^2)}\left(2\mathrm{e}^{\frac{1}{2}\beta(\beta+2\eta)}c_1\right.\right.$$

$$\left.\left.+\mathrm{e}^{\frac{1}{2}(\beta^2+\eta^2)}\left(2c_2+\mathrm{e}^{\frac{\beta^2}{2}}\sqrt{2\pi}c_1\left(-\eta+(-\beta+\eta)\mathrm{Erf}\left[\frac{-\beta+\eta}{\sqrt{2}}\right]\right)\right)\right)\right\}$$

可见直接求解的结果较为复杂，难以看出其性质。可对方程(10.2.20)再作一次变换：

g2G = g → (G[Y[#]]&);

Y2ξ = Y[η] → ξ;

Yf = Y → (# − β&);

η2ξ = η → ξ + β;

ξ2η = ξ → η − β;

得到如下方程和无穷远处的边界条件：

eqG = eqg1/. g2G/. Y2ξ/. Yf/. η2ξ//Simplify

$$\xi G''[\xi]+G^{(3)}[\xi]==0$$

bc3G = bc3g/. g2G/. Yf

$$G'[\infty]==0$$

联立求解**eqG**和**bc3G**，可得

G$ = DSolve[{eqG, bc3G}, G[ξ], ξ][[1]]//Simplify

$$\left\{G[\xi]\to\mathrm{e}^{-\frac{\xi^2}{2}}c_1-\sqrt{\frac{\pi}{2}}\xi c_1+c_2+\sqrt{\frac{\pi}{2}}\xi c_1 Erf\left[\frac{\xi}{\sqrt{2}}\right]\right\}$$

注意到当$\xi\to\infty$时，$G(\xi)$为一常数，即

Limit[G[ξ]/. G$, ξ → ∞]

$$c_2$$

由于$g(\eta)=G(\xi)=o(1)$，因此可取

$$c_2=0$$

ans = Series[G[ξ]/. G$, {ξ, ∞, 2}]/. C[2] → 0/. C[1] → A//Normal//Simplify

$$\frac{A\mathrm{e}^{-\frac{\xi^2}{2}}}{\xi^2}$$

G$ = *G*[*ξ*] == ans//ToRules

res = *f*[*η*]/. f2g/. g2G/. Y2ξ/. G$/. ξ2η

$$-\beta+\eta+\frac{Ae^{-\frac{1}{2}(-\beta+\eta)^2}}{(-\beta+\eta)^2} \tag{10.2.21}$$

忽略上式中第 3 项（即指数小量），可得无穷远处解的首项近似：

f8 = *f*[*η*] == res/. Exp[_] → 0//ToRules//toPure

$$\{f\to\text{Function}[\{\eta\},-\beta+\eta]\}$$

式中，β为一个待定参数。

下面研究 Blasius 方程的数值解。

在数值求解时，对于无穷远处的边界条件，即式(10.2.18)，η只要取足够大的值即可，如$\eta=15$。因此**bc3f**可用以下条件代替：

bc4f = *f*′[15] == 1;

这是两点边值问题，用 MMA 的**NDSolveValue**可以直接求解。

𝕗 = **NDSolveValue**[{**BlasiusEQ, bc1f, bc2f, bc4f**}, ***f***, {***η*, 0, 15**}]

根据数值解，可以确定α和β：

α = 𝕗"[**0**]

$$0.46959999373205946$$

***β* = 15** − 𝕗[**15**]

$$1.216780693230337$$

两个速度分量u和v用流函数ψ表示：

∂*ᵧψ*[*x*, *y*]/. ψ2f/. Y2η/. Yf//PowerExpand

$$\mathbb{U}f'[\eta] \tag{10.2.22}$$

−∂ₓ*ψ*[*x*, *y*]/. ψ2f/. Y2η/. Yf/. y2η//PowerExpand//Simplify

$$\frac{\sqrt{\frac{\mathbb{U}\nu}{x}}(-f[\eta]+\eta f'[\eta])}{\sqrt{2}} \tag{10.2.23}$$

无量纲水平速度廓线和垂直速度廓线如图 10.2.3 和图 10.2.4 所示。

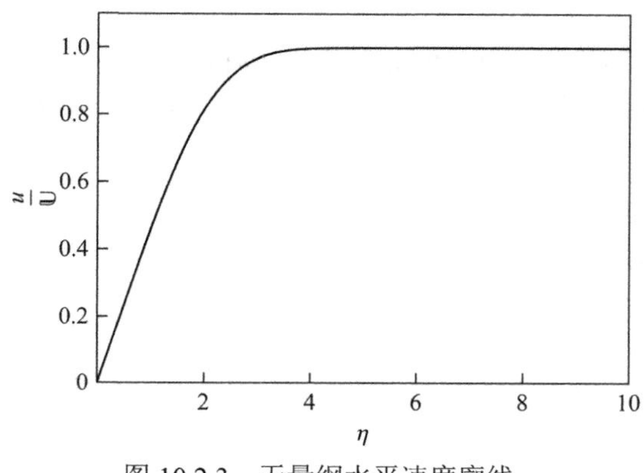

图 10.2.3　无量纲水平速度廓线

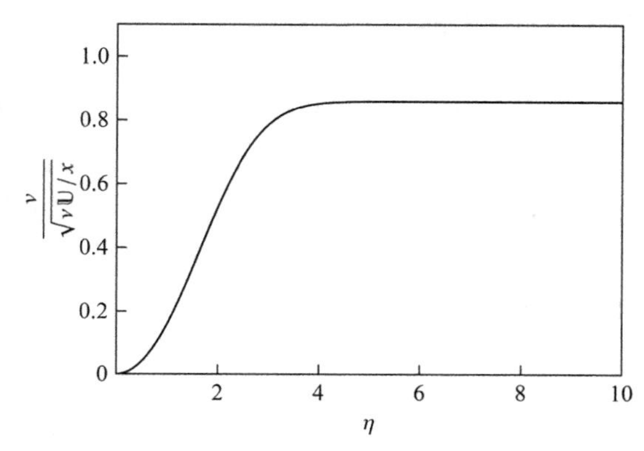

图 10.2.4　无量纲垂直速度廓线

求两点边值问题通常采用打靶法，将边值问题转化为初值问题，需要逐步调整初值，使之满足边界条件。在本例中，还有一种值得注意的巧妙处理办法，只要计算一次就够了。

先作如下变换：

```
f2F = f → (α^{1/3}F[G[#1]]&);
G2ξ = G[η] → ξ;
Gf = G → (α^{1/3}#1&);
```

Blasius 方程及其边界条件变为

```
BEQ = BlasiusEQ/.f2F/.G2ξ/.Gf//Simplify[#,α > 0]&
```

$$F[\xi]F''[\xi]+F^{(3)}[\xi]==0 \tag{10.2.24}$$

```
bc1F = bc1f/.f2F/.Gf//Simplify[#,α > 0]&
```

$$F[0]==0 \tag{10.2.25}$$

```
bc2F = bc2f/.f2F/.Gf//Simplify[#,α > 0]&
```

$$F'[0]==0 \tag{10.2.26}$$

```
bc3F = bc3f/.f2F/.Gf//Simplify[#,α > 0]&
```

$$\alpha^{2/3}F'[\infty]==1 \tag{10.2.27}$$

注意，此时$F''(0)$变成已知的了。

```
{bc4F} = Solve[f''[0] == α/.f2F/.Gf, F''[0]][[1]]//toEqual
```

$$\{F''[0]==1\} \tag{10.2.28}$$

这样边值问题就变成了一个初值问题，只要积分一次：

```
{𝔽} = NDSolve[{BEQ, bc1F, bc2F, bc4F}, F, {ξ, 0, 15}]
alfa = Solve[bc3f/.f2F/.Gf//Simplify[#,α > 0]&, α][[1]]
```

$$\left\{\alpha\to\left(\frac{1}{F'[\infty]}\right)^{3/2}\right\} \tag{10.2.29}$$

```
α/.alfa/.∞ → 15/.𝔽
```

$$0.46959999782666045$$

下面对边界层内外流解进行匹配。

考虑无量纲方程(10.2.3)至式(10.2.5)，其中U和V用小写表示，同样引入流函数，即式(10.2.9)，可得

```
eqm = ∂_x u[x,y] + ∂_y v[x,y] == 0
equ = u[x,y]∂_x u[x,y] + v[x,y]∂_y u[x,y] + ∂_x P[x,y] − (∂_{x,x} u[x,y] + ∂_{y,y} u[x,y])/R == 0
eqv = u[x,y]∂_x v[x,y] + v[x,y]∂_y v[x,y] + ∂_y P[x,y] − (∂_{x,x} v[x,y] + ∂_{y,y} v[x,y])/R == 0
```

描述边界层外的流体运动的外区方程为

```
eqO = Curl[{equ[[1]], eqv[[1]]}, 𝕏] == 0/.u2ψ
   //Collect[#, {R, ψ^(1,0)[x,y], ψ^(0,1)[x,y]}, FullSimplify]&
eqO/.{Fxy$, F$[x,y]}
```

$$(-\psi_{\rm xxx}-\psi_{\rm xyy})\psi_{\rm y}+\psi_{\rm x}(\psi_{\rm xxy}+\psi_{\rm yyy})+\frac{\psi_{\rm xxxx}+2\psi_{\rm xxyy}+\psi_{\rm yyyy}}{R}==0 \tag{10.2.30}$$

引入尺度变换$\eta=y/H(R)$，其中y为外变量，η为内变量。内区方程为

```
eqI = eqO/.ψ → (φ[#1,Y[#2]]&)/.Y[y] → η/.Y → (#/H[R]&)//Expand
eqI/.{Fxy$, F$[x,η], F$[R]}
```

$$\frac{\varphi_{xxxx}}{R}+\frac{\varphi_{x}\varphi_{xx\eta}}{H}+\frac{2\varphi_{xx\eta\eta}}{H^{2}R}-\frac{\varphi_{xxx}\varphi_{\eta}}{H}-\frac{\varphi_{x\eta\eta}\varphi_{\eta}}{H^{3}}+\frac{\varphi_{x}\varphi_{\eta\eta\eta}}{H^{3}}+\frac{\varphi_{\eta\eta\eta\eta}}{H^{4}R}==0 \tag{10.2.31}$$

式中，$H(R)$要在匹配过程中确定。

内区（平板处）的边界条件为

```
bc1 = u[x, y] == 0/. u2ψ/. y → 0/. ψ → (φ[#1, Y[#2]]&)/. Y[y] → η/. Y
        → (#/H[R] &)//Simplify[#, H[R] ≠ 0]&
```

$$\varphi^{(0,1)}[x,0]==0 \tag{10.2.32}$$

```
bc2 = ψ[x, y] == 0/. y → 0/. ψ → (φ[#1, Y[#2]]&)/. Y[y] → η/. Y → (#/H[R] &)
```

$$\varphi[x,0]==0 \tag{10.2.33}$$

外区（无穷远处）的边界条件为

```
{ψ$} = DSolve[u[x, y] == 1/. u2ψ, ψ, {x, y}]
```

$$\{\{\psi\to \text{Function}[\{x,y\},y+c_1[x]]\}\}$$

```
{C1} = DSolve[v[x, y] == 0/. u2ψ/. ψ$, C[1], x]
```

$$\{\{c_1\to \text{Function}[\{x\},c_2]\}\}$$

```
bc3 = ψ[x, y] == (ψ[x, y]/. ψ$/. C1/. C[2] → 0)
```

$$\psi[x,y]==y \tag{10.2.34}$$

将外部解ψ和内部解φ分别展开为级数形式：

```
ψ2S[n_]: = ψ → (Sum[δi[R]ψi[#1, #2], {i, 1, n}]&)
φ2S[n_]: = φ → (Sum[Δi[R]φi[#1, #2], {i, 1, n}]&)
```

式中，$\delta_i(R)$，$\Delta_i(R)$，$\psi_i(x,y)$，$\varphi_i(x,\eta)$都是在匹配过程中确定的函数。

先研究一项外部解，将其代入边界条件：

```
eqbc3 = bc3/. ψ2S[1]
```

$$\delta_1[R]\psi_1[x,y]==y$$

```
expr = Thread[eqbc3/δ1[R], Equal]
```

$$\psi_1[x,y]==\frac{y}{\delta_1[R]}$$

```
ans = (Limit[#, R → ∞]&/@expr)/. Limit[a_b_, c_]/; FreeQ[a, R] :→ Limit[b, c]a//Quiet
```

$$\psi_1[x,y]==y\lim_{R\to\infty}\frac{1}{\delta_1[R]} \tag{10.2.35}$$

分三种情况进行讨论：

```
ans/. δ1[R] → R
```

$$\psi_1[x,y]==0$$

(1) 如果$1/\delta_1(R)=o(1)$，即$\delta_1(R)\to\infty$，则$\psi_1(x,y)\to 0$，即$\psi_1(x,y)=0$，此为平凡解，舍去；

```
ans/. δ1[R] → 1/R //Simplify[#, y > 0]&
```

$$\psi_1[x,y]==\infty$$

(2) 如果$\delta_1(R)=o(1)$，即$\delta_1(R)\to 0$，则$\psi_1(x,y)\to\infty$，在物理上无意义，舍去；

```
ans/. δ1[R] → 1
```

$$\psi_1[x,y]==y$$

(3) 如果$\delta_1(R)=O(1)$，则$\psi_1(x,y)\sim\lambda y$，其中λ为常数。不失一般性，设$\delta_1(R)=1$

{δ1} = DSolve[$\boldsymbol{\delta_1[R]}$ == 1, $\boldsymbol{\delta_1}$, $\boldsymbol{R}$]

$$\{\{\delta_1\to\text{Function}[\{R\},1]\}\} \tag{10.2.36}$$

将δ_1代入方程(10.2.30)，可得

(lhs = eqO[[1]] − eqO[[2]]/. ψ2S[1]/. δ1//Expand)/. Fxy$

$$\frac{\psi_{1_{\rm xxxx}}}{R}+\psi_{1_{\rm x}}\psi_{1_{\rm xxy}}+\frac{2\psi_{1_{\rm xxyy}}}{R}-\psi_{1_{\rm xxx}}\psi_{1_{\rm y}}-\psi_{1_{\rm xyy}}\psi_{1_{\rm y}}+\psi_{1_{\rm x}}\psi_{1_{\rm yyy}}+\frac{\psi_{1_{\rm yyyy}}}{R}$$

(eqO1 = Coefficient[lhs, *R*, 0] == 0)/. Fxy$

$$\psi_{1_{\rm x}}\psi_{1_{\rm xxy}}-\psi_{1_{\rm xxx}}\psi_{1_{\rm y}}-\psi_{1_{\rm xyy}}\psi_{1_{\rm y}}+\psi_{1_{\rm x}}\psi_{1_{\rm yyy}}==0 \tag{10.2.37}$$

bc31 = Select[bc3[[1]] − bc3[[2]]/. ψ2S[2]/. δ1, FreeQ[#, *R*]&] =
= 0//Simplify//Reverse

$$\psi_1[x,y]==y$$

定义两个算子：

D3 = ($\boldsymbol{\partial_y}$#1$\boldsymbol{\partial_x}$#2 − $\boldsymbol{\partial_x}$#1$\boldsymbol{\partial_y}$#2&)

D2 = ($\boldsymbol{\partial_{x,x}}$# + $\boldsymbol{\partial_{y,y}}$#&)

(D3[$\boldsymbol{\psi_1[x,y]}$, −D2[$\boldsymbol{\psi_1[x,y]}$]] == 0//Expand)/. Fxy$

$$\psi_{1_{\rm x}}\psi_{1_{\rm xxy}}-\psi_{1_{\rm xxx}}\psi_{1_{\rm y}}-\psi_{1_{\rm xyy}}\psi_{1_{\rm y}}+\psi_{1_{\rm x}}\psi_{1_{\rm yyy}}==0$$

上式表明，涡量沿流线ψ_1的变化率为0，即沿流线涡量守恒。

注意，涡量$\omega=\nabla\times\mathbb{V}$，即

$\boldsymbol{\omega}$ = Curl[{$\boldsymbol{u[x,y]}$, $\boldsymbol{v[x,y]}$}, 𝕏]/. v2ψ

$$-\psi^{(0,2)}[x,y]-\psi^{(2,0)}[x,y]$$

而

D2[$\boldsymbol{\psi[x,y]}$]

$$\psi^{(0,2)}[x,y]+\psi^{(2,0)}[x,y]$$

此外，还应注意**D2**即平面直角坐标系的 Laplace 算子。

Laplacian[$\boldsymbol{\psi[x,y]}$, 𝕏]

$$\psi^{(0,2)}[x,y]+\psi^{(2,0)}[x,y]$$

因此有

Laplacian[$\boldsymbol{\psi[x,y]}$, 𝕏] == −$\boldsymbol{\omega}$//HoldForm

$$\nabla^2_{\mathbb{X}}\psi[x,y]==-\omega$$

由于上游来流无旋，$\omega=0$，即

eqψ1 = Laplacian[$\boldsymbol{\psi_1[x,y]}$, 𝕏] == 0

考虑到**bc31**，令ψ_1具有如下形式：

psi = $\boldsymbol{\psi_1}$ → (*a*#2&)

易知以上解满足方程。

{a$} = Solve[bc31/. psi, *a*]

$$\{\{a\to 1\}\}$$

```
ψ1 = ψ1[x,y] == (ψ1[x,y]/.psi/.a$)//ToRules//toPure
```

$$\{\psi_1 \to \text{Function}[\{x,y\},y]\} \tag{10.2.38}$$

下面研究内部解：

```
expr = u[x,y]/.u2ψ/.ψ → (φ[#1,Y[#2]]&)/.Y[y] → η/.Y → (#/H[R]&)/.φ2S[1]
```

$$\frac{\Delta_1[R]{\varphi_1}^{(0,1)}[x,\eta]}{H[R]}$$

```
Δ1 = DSolve[Select[expr,!FreeQ[#,R]&] == 1,Δ1,R][[1]]
```

$$\{\Delta_1 \to \text{Function}[\{R\},H[R]]\} \tag{10.2.39}$$

```
(eqI1 = eqI/.φ2S[1]/.Δ1)/.{Fxy$,F$[R]}
```

$$\frac{H\varphi_{1_{\mathrm{xxxx}}}}{R}+H\varphi_{1_{\mathrm{x}}}\varphi_{1_{\mathrm{xx\eta}}}+\frac{2\varphi_{1_{\mathrm{xx\eta\eta}}}}{HR}-H\varphi_{1_{\mathrm{xxx}}}\varphi_{1_{\eta}}-\frac{\varphi_{1_{\mathrm{x\eta\eta}}}\varphi_{1_{\eta}}}{H}$$
$$+\frac{\varphi_{1_{\mathrm{x}}}\varphi_{1_{\eta\eta\eta}}}{H}+\frac{\varphi_{1_{\eta\eta\eta\eta}}}{H^3R}==0$$

```
(eqφ1 = Expand[Thread[eqI1H[R],Equal]])/.{Fxy$,F$[R]}
```

$$\frac{H^2\varphi_{1_{\mathrm{xxxx}}}}{R}+H^2\varphi_{1_{\mathrm{x}}}\varphi_{1_{\mathrm{xx\eta}}}+\frac{2\varphi_{1_{\mathrm{xx\eta\eta}}}}{R}-H^2\varphi_{1_{\mathrm{xxx}}}\varphi_{1_{\eta}}-\varphi_{1_{\mathrm{x\eta\eta}}}\varphi_{1_{\eta}}$$
$$+\varphi_{1_{\mathrm{x}}}\varphi_{1_{\eta\eta\eta}}+\frac{\varphi_{1_{\eta\eta\eta\eta}}}{H^2R}==0$$

略去上式中的小量，可得

```
eqφ1 = eqφ1/.H[R]^2a_ → 0/.a_/R :→ If[FreeQ[a,H[R]],0,a/R]//Simplify
```

$$\frac{{\varphi_1}^{(0,4)}[x,\eta]}{RH[R]^2}+{\varphi_1}^{(0,3)}[x,\eta]{\varphi_1}^{(1,0)}[x,\eta]=={\varphi_1}^{(0,1)}[x,\eta]{\varphi_1}^{(1,2)}[x,\eta]$$

将以上方程整理成以下形式：

```
eqφ1 = doEq[eqφ1,R]
```

$$\frac{{\varphi_1}^{(0,4)}[x,\eta]}{RH[R]^2}==-{\varphi_1}^{(0,3)}[x,\eta]{\varphi_1}^{(1,0)}[x,\eta]+{\varphi_1}^{(0,1)}[x,\eta]{\varphi_1}^{(1,2)}[x,\eta] \tag{10.2.40}$$

```
expr = Limit[#,R → ∞]&/@eqφ1/.Limit[a_b_,c_]/;FreeQ[a,R] → aLimit[b,c]//Quiet
```

$$\left(\lim_{R\to\infty}\frac{1}{RH[R]^2}\right){\varphi_1}^{(0,4)}[x,\eta]==-{\varphi_1}^{(0,3)}[x,\eta]{\varphi_1}^{(1,0)}[x,\eta]+{\varphi_1}^{(0,1)}[x,\eta]{\varphi_1}^{(1,2)}[x,\eta]$$

下面讨论${\varphi_1}^{(0,4)}(x,\eta)$的系数在$R\to\infty$的性质。

```
coef = Coefficient[eqφ1[[1]],φ1^(0,4)[x,η]]
Limit[coef,R → ∞]
```

$$\lim_{R\to\infty}\frac{1}{RH[R]^2} \tag{10.2.41}$$

同样分三种情况讨论：

```
eqφ1/.coef → 0
```

$$0==-{\varphi_1}^{(0,3)}[x,\eta]{\varphi_1}^{(1,0)}[x,\eta]+{\varphi_1}^{(0,1)}[x,\eta]{\varphi_1}^{(1,2)}[x,\eta]$$

此时，上式变成无粘流动方程，与外流相同。方程降阶，无法满足所有边界条件。

```
eqφ1/.coef → ∞
```

$$\infty\varphi_1{}^{(0,4)}[x,\eta] == -\varphi_1{}^{(0,3)}[x,\eta]\varphi_1{}^{(1,0)}[x,\eta] + \varphi_1{}^{(0,1)}[x,\eta]\varphi_1{}^{(1,2)}[x,\eta]$$

为了与右端项平衡，必有$\varphi_1{}^{(0,4)}[x,\eta] == 0$：

DSolve[{$\boldsymbol{\varphi_1{}^{(0,4)}[x,\eta]}$ == 0, $\boldsymbol{\varphi_1{}^{(0,1)}[x,0]}$ == 0, $\boldsymbol{\varphi_1[x,0]}$ == 0}, $\boldsymbol{\varphi_1[x,\eta]}$, {$\boldsymbol{x,\eta}$}][[1]]

$$\{\varphi_1[x,\eta] \to \eta^2 c_3[x] + \eta^3 c_4[x]\}$$

这样的解无法与外流匹配。

eqφ1/. coef → 1

$$\varphi_1{}^{(0,4)}[x,\eta] == -\varphi_1{}^{(0,3)}[x,\eta]\varphi_1{}^{(1,0)}[x,\eta] + \varphi_1{}^{(0,1)}[x,\eta]\varphi_1{}^{(1,2)}[x,\eta]$$

这样的解可以与外流匹配。由此可以确定$H(R)$：

HR = Solve[coef == 1, *H*[*R*]]//Last

$$\left\{H[R] \to \frac{1}{\sqrt{R}}\right\} \tag{10.2.42}$$

将上式代入方程(10.2.40)，可得

eqφ1 = eqφ1/. HR

$$\varphi_1{}^{(0,4)}[x,\eta] == -\varphi_1{}^{(0,3)}[x,\eta]\varphi_1{}^{(1,0)}[x,\eta] + \varphi_1{}^{(0,1)}[x,\eta]\varphi_1{}^{(1,2)}[x,\eta]$$

下面根据匹配条件确定内部解。

一项外部解**o1**用内变量表示，可得

o1i = $\boldsymbol{\partial_y \psi_1[x,y]}$/. *y* → *ηH*[*R*]/. HR

$$\psi_1{}^{(0,1)}\left[x,\frac{\eta}{\sqrt{R}}\right]$$

一项外部解的一项内部展开式：

o1i1 = Normal[Series[o1i, {*R*, ∞, 0}]]/. ψ1

$$1$$

一项外部解的两项内部展开式：

o1i2 = o1i + *O*[*R*, ∞]//Normal

$$\psi_1{}^{(0,1)}[x,0] + \frac{\eta\psi_1{}^{(0,2)}[x,0]}{\sqrt{R}}$$

一项内部解用外变量表示，可得

i1o = $\boldsymbol{\partial_\eta \varphi_1[x,\eta]}$/. *η* → *y*/*H*[*R*] /. HR

$$\varphi_1{}^{(0,1)}[x,\sqrt{R}y]$$

一项内部解的一项外部展开式：

i1o1 = Limit[#, *R* → ∞, Assumptions → *y* > 0]&/@i1o

$$\varphi_1{}^{(0,1)}[x,\infty]$$

根据 Prandtl 匹配原则，可得

bc31 = o1i1 == i1o1//Simplify

$$\varphi_1{}^{(0,1)}[x,\infty] == 1 \tag{10.2.43}$$

结合其他两个边界条件：

bc11 = bc1/. φ2S[1]/. Δ1/. HR//Simplify[#, *R* > 0]&

$$\varphi_1{}^{(0,1)}[x,0] == 0 \tag{10.2.44}$$

bc21 = bc2/. φ2S[1]/. Δ1/. HR//Simplify[#, *R* > 0]&

$$\varphi_1[x,0]==0 \tag{10.2.45}$$

引入以下相似变换：

```
φ12f = φ1 → (√(2#1) f[Γ[#1, #2]]&);
Γ2ξ = Γ[x, η] → ξ;
Γf = Γ → (#2/√(2#1)&);
```

由此可得

```
eqφ1/.φ12f/.Γ2ξ/.Γf//Simplify[#, x > 0]&
eqf = Integrate[#, ξ]&/@%
```

$$f[\xi]f''[\xi]+f^{(3)}[\xi]==0$$

```
bc11/.φ12f/.Γf
```

$$f'[0]==0$$

```
bc21/.φ12f/.Γf//Simplify[#, x > 0]&
```

$$f[0]==0$$

```
bc31/.φ12f/.Γf//Simplify[#, x > 0]&
```

$$f'[\infty]==1$$

可见这就是 Blasius 方程及其对应的边界条件。下面将直接引用前面求出的结果。

一项内部解的两项外展开：

```
i1o2 = Δ1[R]φ1[x, η]/.Δ1/.φ12f/.Γf/.η → y/H[R]/.HR/.f8//Expand
```

$$y-\frac{\sqrt{2}\sqrt{x}\beta}{\sqrt{R}}$$

将其用内变量表示：

```
i1o2i = i1o2/.y → ηH[R]/.HR
```

$$-\frac{\sqrt{2}\sqrt{x}\beta}{\sqrt{R}}+\frac{\eta}{\sqrt{R}} \tag{10.2.46}$$

由上式可确定边界层曲线：

```
i1o2 == 0/.√a_√b_ :→ √HoldForm[ab]//Simplify
```

$$y==\frac{\beta\sqrt{2x}}{\sqrt{R}}$$

这表明，由于粘性的作用，零流线向外推移，好像平板加厚了。

二阶外部解为

```
ψ[x, y]/.ψ2S[2]/.δ1/.ψ1
```

$$y+\delta_2[R]\psi_2[x,y]$$

```
%/.y → ηH[R]/.HR
```

$$\frac{\eta}{\sqrt{R}}+\delta_2[R]\psi_2\left[x,\frac{\eta}{\sqrt{R}}\right]$$

```
Normal[Series[%, {R, ∞, 1}]]//Expand
```

$$\frac{\eta}{\sqrt{R}}+\delta_2[R]\psi_2[x,0]+\frac{\eta\delta_2[R]{\psi_2}^{(0,1)}[x,0]}{\sqrt{R}}+\frac{\eta^2\delta_2[R]{\psi_2}^{(0,2)}[x,0]}{2R}$$

取两项外部解，可得

O2 = %[[1;;2]]

$$\eta/\sqrt{R}+\delta_2[R]\psi_2[x,0] \tag{10.2.47}$$

diff = i1o2i − O2//Simplify

$$-\sqrt{2}\sqrt{x}\beta/\sqrt{R}-\delta_2[R]\psi_2[x,0]$$

term1 = Coefficient[diff, *R*, −1/2]

$$-\sqrt{2}\sqrt{x}\beta$$

term2 = Coefficient[diff, *δ*₂[*R*]]

$$-\psi_2[x,0]$$

ψ2y0 = Solve[term1 + term2 == 0, *ψ*₂[*x*, 0]][[1]]

$$\{\psi_2[x,0]\to-\sqrt{2}\sqrt{x}\beta\} \tag{10.2.48}$$

δ2 = DSolve[diff == 0/. ψ2y0, *δ*₂, *R*][[1]]

$$\left\{\delta_2\to\text{Function}\left[\{R\},\frac{1}{\sqrt{R}}\right]\right\}$$

垂直方向的速度分量为

−D[*ψ*₂[*x*, 0]/. ψ2y0, *x*]

$$\frac{\beta}{\sqrt{2}\sqrt{x}}$$

这相当于沿平板有强度为$\beta/\sqrt{2x}$的分布流源。

(eqO[[1]]/. ψ2S[2]/. ψ1/. δ1/. δ2//Expand)/. Fxy$

$$-\frac{\psi_{2_{\text{xxx}}}}{\sqrt{R}}+\frac{\psi_{2_{\text{xxxx}}}}{R^{3/2}}+\frac{\psi_{2_{\text{x}}}\psi_{2_{\text{xxy}}}}{R}+\frac{2\psi_{2_{\text{xxyy}}}}{R^{3/2}}-\frac{\psi_{2_{\text{xyy}}}}{\sqrt{R}}-\frac{\psi_{2_{\text{xxx}}}\psi_{2_{\text{y}}}}{R}$$
$$-\frac{\psi_{2_{\text{xyy}}}\psi_{2_{\text{y}}}}{R}+\frac{\psi_{2_{\text{x}}}\psi_{2_{\text{yyy}}}}{R}+\frac{\psi_{2_{\text{yyyy}}}}{R^{3/2}}$$

eqψ2 = Coefficient[%, *R*, −1/2] == 0

$$-\psi_2{}^{(1,2)}[x,y]-\psi_2{}^{(3,0)}[x,y]==0$$

上式即

$$\frac{\partial}{\partial x}\Delta\psi_2=0$$

上式积分一次，可得

eqψ2 = Integrate[#, *x*]&/@eqψ2

$$-\psi_2{}^{(0,2)}[x,y]-\psi_2{}^{(2,0)}[x,y]==0$$

利用涡量的定义，可得

$$\Delta\psi_2=-\omega_2(y)=-\omega_2(\psi_1)$$

由于上游来流无旋，$\omega_2(\psi_1)=0$，因此

$$\Delta\psi_2=0 \tag{10.2.49}$$

相应的边界条件为

$$\psi_2(x,0)=0,x<0;\ \ \psi_2(x,0)=-\beta\sqrt{2x},x>0 \tag{10.2.50}$$

$$\psi_2(x,y)=o(y),(y\to\infty\ \text{或上游}) \tag{10.2.51}$$

根据边界条件中的$\sqrt{2x}$，推测解的一般形式为$\mathrm{Re}(\sqrt{2(x+\mathrm{i}y)})$：

ans = ComplexExpand[Re[$\sqrt{2(x+iy)}$], TargetFunctions → {Re, Im}]

$$\sqrt{2}(x^2+y^2)^{1/4}\mathrm{Cos}\left[\frac{1}{2}\mathrm{ArcTan}[x,y]\right]$$

ans = Refine[ans, $x>0$&&$y>0$]//FunctionExpand//FullSimplify[#, $x>0$&&$y>0$]&

$$(x^2+y^2)^{1/4}\sqrt{1+x/\sqrt{x^2+y^2}}$$

ψ2 = $\psi_2[x,y]$ == −βSqrt[Expand[ans²]]//ToRules//toPure

$$\left\{\psi_2\to\mathrm{Function}\left[\{x,y\},-\sqrt{x+\sqrt{x^2+y^2}}\beta\right]\right\} \tag{10.2.52}$$

可将以上解代入方程和边界条件，即式(10.2.49)至式(10.2.51)来验证。

两项外部解为

o2 = ψ[x, y]/. ψ2S[2]/. δ1/. ψ1/. δ2/. ψ2

$$y-\frac{\sqrt{x+\sqrt{x^2+y^2}}\beta}{\sqrt{R}}$$

用内变量表示：

o2i = o2/. y → ηH[R]/. HR

$$\frac{\eta}{\sqrt{R}}-\frac{\beta\sqrt{x+\sqrt{x^2+\eta^2/R}}}{\sqrt{R}}$$

seri = Series[o2i, {R, ∞, 1}]//PowerExpand

$$(-\sqrt{2}\sqrt{x}\beta+\eta)\sqrt{\frac{1}{R}}+O\left[\frac{1}{R}\right]^{3/2}$$

o2i2 = Expand[Normal[seri]]

$$-\frac{\sqrt{2}\sqrt{x}\beta}{\sqrt{R}}+\frac{\eta}{\sqrt{R}}$$

将两项内部解用外变量展开，取两项：

i2o2 = φ[x, η]/. φ2S[2]/. Δ1/. φ12f/. f2/. Γf/. η → y/H[R] /. HR//Apart

$$y-\frac{\sqrt{2}\sqrt{x}\beta}{\sqrt{R}}+\Delta_2[R]\varphi_2[x,\sqrt{R}y]$$

将两项内部解的两项外部展开式减去两项外部解的两项内部展开式，并用外变量表示：

diff = i2o2 − o2i2/. η → y/H[R] /. HR

$$\Delta_2[R]\varphi_2[x,\sqrt{R}y]$$

由此确定$\Delta_2(R)$的形式以及$\varphi_2(x,\infty)$的值：

tmp = MapAt[Limit[#, R → ∞, Assumptions → y > 0]&, diff, {2, 2}] == 0

$$\Delta_2[R]\varphi_2[x,\infty]==0$$

Exponent[i2o2, R, List]

$$\{-1/2,0\}$$

Δ2 = DSolve[$\Delta_2[R]$ == 1/R, Δ_2, R][[1]]

$$\{\Delta_2 \to \text{Function}[\{R\}, 1/R]\} \tag{10.2.53}$$

bc32 = Simplify[tmp/. Δ2, *R* > 0]

$$\varphi_2[x, \infty] == 0 \tag{10.2.54}$$

将以上结果代入方程(10.2.31)，可得

(lhs = eqI[[1]]/. φ2S[2]/. Δ1/. HR/. Δ2//Expand)/. Fxy$

$$\frac{\varphi_{1_{\text{xxxx}}}}{R^{3/2}} + \frac{\varphi_{1_\text{x}}\varphi_{1_{\text{xx}\eta}}}{\sqrt{R}} + \frac{2\varphi_{1_{\text{xx}\eta\eta}}}{\sqrt{R}} - \frac{\varphi_{1_{\text{xxx}}}\varphi_{1_\eta}}{\sqrt{R}} - \sqrt{R}\varphi_{1_{\text{x}\eta\eta}}\varphi_{1_\eta} + \sqrt{R}\varphi_{1_\text{x}}\varphi_{1_{\eta\eta\eta}}$$
$$+\sqrt{R}\varphi_{1_{\eta\eta\eta\eta}} + \frac{\varphi_{1_{\text{xx}\eta}}\varphi_{2_\text{x}}}{R} + \varphi_{1_{\eta\eta\eta}}\varphi_{2_\text{x}} - \frac{\varphi_{1_\eta}\varphi_{2_{\text{xxx}}}}{R} + \frac{\varphi_{2_{\text{xxxx}}}}{R^2} + \frac{\varphi_{1_\text{x}}\varphi_{2_{\text{xx}\eta}}}{R}$$
$$+\frac{\varphi_{2_\text{x}}\varphi_{2_{\text{xx}\eta}}}{R^{3/2}} + \frac{2\varphi_{2_{\text{xx}\eta\eta}}}{R} - \varphi_{1_\eta}\varphi_{2_{\text{x}\eta\eta}} - \frac{\varphi_{1_{\text{xxx}}}\varphi_{2_\eta}}{R} - \varphi_{1_{\text{x}\eta\eta}}\varphi_{2_\eta}$$
$$-\frac{\varphi_{2_{\text{xxx}}}\varphi_{2_\eta}}{R^{3/2}} - \frac{\varphi_{2_{\text{x}\eta\eta}}\varphi_{2_\eta}}{\sqrt{R}} + \varphi_{1_\text{x}}\varphi_{2_{\eta\eta\eta}} + \frac{\varphi_{2_\text{x}}\varphi_{2_{\eta\eta\eta}}}{\sqrt{R}} + \varphi_{2_{\eta\eta\eta\eta}}$$

取出上式中的主项，积分一次后再微分，可得

terms = Coefficient[lhs, *R*, 0]

expr = Integrate[terms, *η*]

Inactive[D][expr, *η*] == 0

$$\partial_\eta({\varphi_2}^{(0,3)}[x,\eta] + {\varphi_2}^{(0,2)}[x,\eta]{\varphi_1}^{(1,0)}[x,\eta] + {\varphi_1}^{(0,2)}[x,\eta]{\varphi_2}^{(1,0)}[x,\eta]$$
$$-{\varphi_2}^{(0,1)}[x,\eta]{\varphi_1}^{(1,1)}[x,\eta] - {\varphi_1}^{(0,1)}[x,\eta]{\varphi_2}^{(1,1)}[x,\eta]) == 0 \tag{10.2.55}$$

式中，$\varphi_1(x,\eta)$可以利用前面求解 Blusius 方程的已知结果，即

rhs = *φ*₁[*x*, *η*]/. φ12f/. f2/. Γf//Expand

$$-\sqrt{2}\sqrt{x}\beta + \eta$$

φ1 = *φ*₁[*x*, *η*] == rhs//ToRules//toPure

$$\{\varphi_1 \to \text{Function}[\{x,\eta\}, -\sqrt{2}\sqrt{x}\beta + \eta]\}$$

将平板处的边界条件展开，得到一阶近似方程对应的边界条件：

LogicalExpand[(bc1[[1]]/. φ2S[2]/. Δ1/. Δ2/. HR) + *O*[*R*] == 0][[2]]

$$ {\varphi_2}^{(0,1)}[x,0] == 0 \tag{10.2.56}$$

LogicalExpand[(bc2[[1]]/. φ2S[2]/. Δ1/. Δ2/. HR) + *O*[*R*] == 0][[2]]

$$\varphi_2[x,0] == 0 \tag{10.2.57}$$

齐次方程(10.2.55)结合齐次边界条件，即式(10.2.54)、式(10.2.56)和式(10.2.57)，易知它有一个零解，这是具有最小奇性的解：

φ2 = *φ*₂[*x*, *η*] == 0//ToRules//toPure

$$\{\varphi_2 \to \text{Function}[\{x,\eta\}, 0]\} \tag{10.2.58}$$

在二阶近似下，半无限平板的大雷诺数流动解为

外部解：

***ψ*[*x*, *y*]/. ψ2S[2]/. δ1/. ψ1/. δ2/. ψ2**

$$y - \frac{\sqrt{x+\sqrt{x^2+y^2}}\beta}{\sqrt{R}}, \quad y \gg 1 \tag{10.2.59}$$

内部解：

φ[x,η]/.φ2S[2]/.Δ1/.φ1/.Δ2/.φ2/.η → y/H[R]/.HR//Expand

$$y-\frac{\sqrt{2}\sqrt{x}\beta}{\sqrt{R}},\quad y\ll 1 \tag{10.2.60}$$

根据式(10.2.59)和式(10.2.60)绘制了边界层内外的流线，如图 10.2.5 所示，其中点划线为边界层廓线，对应于零流线。为了更清晰地画出边界层内的流线，图 10.2.5 中仅取$R=10$。R越大，相同水平位置处的边界层越薄。

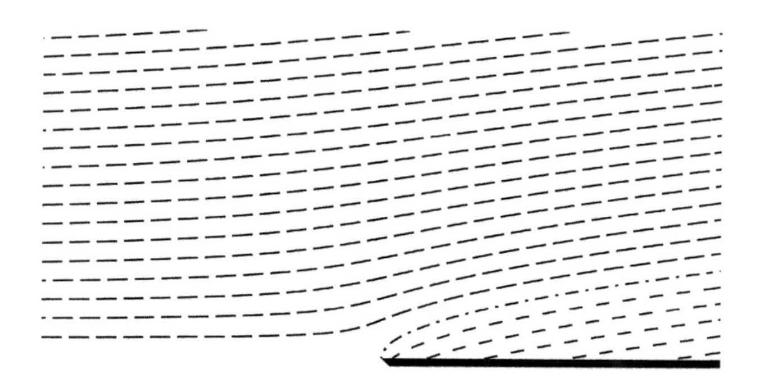

图 10.2.5　零攻角时均匀来流绕流半无穷平板的流线图

关于边界层问题的详细讨论可参考谢定裕(1983)的专著。

10.3　考虑次近邻相互作用的离散跟车模型

本节介绍 Nagatani(1999)发表在 *Physical Review E* 的一篇论文。作者考虑了次近邻车辆的相互作用，推广了交通流的跟车模型。通过数值和分析方法研究了推广的跟车模型的交通行为，表明次近邻交互可以稳定交通流。自由流动和拥堵阶段之间的拥堵相变发生在比原始跟车模型的阈值更高的密度。使用线性稳定性和非线性摄动方法分析了拥堵相变，并通过修正 Korteweg-de Vries 方程描述了交通拥堵。理论预测的共存曲线与模拟结果非常吻合。

首先将以下带下标的变量设为单个符号变量。

```
Needs["Notation`"]
Symbolize[V_max]; Symbolize[h_c]; Symbolize[τ_c]; Symbolize[c_]
```

已知经典的 Newell 模型具有以下形式：

NewellEQ = $x_j'[t+\tau]-V[h_j[t]]==0$

$$-V[h_j[t]]+x_j{}'[t+\tau]==0 \tag{10.3.1}$$

式中，$x_j(t)$为车辆j在时刻t的位置；$h_j(t)=x_{j+1}(t)-x_j(t)$为车间距；τ为延迟时间；$V[h_j[t]]$为期望速度。

利用 Taylor 展开就得到 Bando 模型：

(NewellEQ[[1]] + $O[\tau]^2$//Normal)

$$-V[h_j[t]]+x_j{}'[t]+\tau x_j{}''[t]$$

lhs = (%/τ)/. τ → 1/a //Expand//Collect[#, a]&

$$a(-V[h_j[t]] + x_j{}'[t]) + x_j{}''[t]$$

BandoEQ = doEq[lhs == 0, $x_j{}''[t]$]//Factor

$$x_j{}''[t] == a(V[h_j[t]] - x_j{}'[t]) \tag{10.3.2}$$

式中，a为敏感度，$a = 1/\tau$。

而 Newell 模型对应的差分方程模型为

NewellEQ/. a_'[t + τ] → DifferenceDelta[a[t + τ], {t, 1, τ}]/τ

$$-V\left[h_j[t]\right] + \frac{-x_j[t+\tau] + x_j[t+2\tau]}{\tau} == 0$$

eq1 = doEq[doEq[% * τ], $x_j[t + 2\tau]$]

$$x_j[t+2\tau] == \tau V[h_j[t]] + x_j[t+\tau] \tag{10.3.3}$$

这是一个差分方程，本例中将该模型称为离散跟车模型。

如果考虑次近邻的影响，则上述方程变为

eq2 = eq1/. V[a_] :→ V[a] + γ(V[(a/. j → j + 1)] − V[a])

$$x_j[t+2\tau] == \tau(V[h_j[t]] + \gamma(-V[h_j[t]] + V[h_{1+j}[t]])) + x_j[t+\tau] \tag{10.3.4}$$

式中，γ为次近邻相互作用强度。本例中称方程(10.3.4)描述的模型为考虑次近邻相互作用的离散跟车模型。

lhs = doEq[eq2, −1]

$$-\tau(V[h_j[t]] + \gamma(-V[h_j[t]] + V[h_{1+j}[t]])) - x_j[t+\tau] + x_j[t+2\tau]$$

将上述方程改写为间距h的方程：

eqh = ((lhs/. j → j + 1) − lhs/. x_{j_+1}[t_] → $x_j[t] + h_j[t]$) == 0

$$\tau(V[h_j[t]] + \gamma(-V[h_j[t]] + V[h_{1+j}[t]])) - \tau(V[h_{1+j}[t]] + \gamma(-V[h_{1+j}[t]] + V[h_{2+j}[t]])) \\ -h_j[t+\tau] + h_j[t+2\tau] == 0 \tag{10.3.5}$$

采用以下形式的优化速度函数：

$$V(h_j) = V_{\max}/2\left(\tanh(h_j - h_c) + \tanh(h_c)\right) \tag{10.3.6}$$

式中，h_c为安全间距。

定义优化速度函数如下，并画出其图像，如图 10.3.1 所示，其中$h_c = 4$。

𝕍[h_]: = $V_{\max}$/2 (Tanh[h − h_c] + Tanh[h_c])

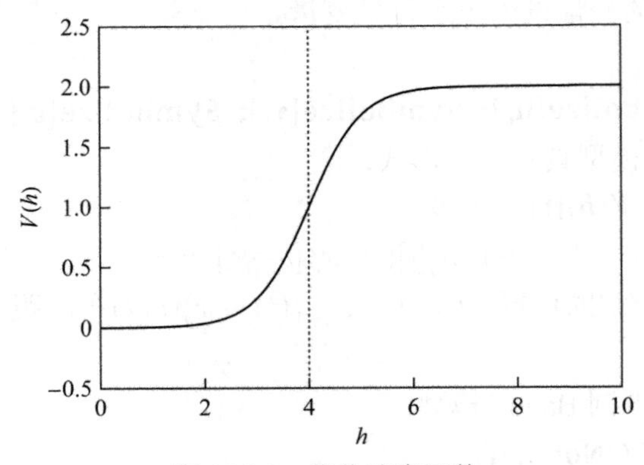

图 10.3.1 优化速度函数

下面给出优化速度函数在h_c处的值和相应的导数：

```
{𝕍[h_c], 𝕍'[h_c], 𝕍"[h_c], 𝕍^(3)[h_c], 𝕍^(4)[h_c]}
```

$$\{1/2\,V_{\max}\mathrm{Tanh}[h_c], V_{\max}/2\,, 0, -V_{\max}, 0\} \tag{10.3.7}$$

注意到h_c是一个拐点，偶数阶导数为零。这是一个很重要的性质。

1. 线性稳定性分析

已知方程(10.3.4)的均匀稳态解为

$$x_{j,0}(t) = hj + V(h)t$$

式中，$h = L/N$；L是车道长度；N是车辆数。

$$x_j = x_{j,0}(t) + y_j(t)$$

式中，$y_j(t)$是偏离均匀解$x_{j,0}(t)$的小量。

```
lhs = lhs/. x_j_[t_] → hj + V[h]t + y_j[t]//Simplify
```

$$\tau V[h] + (-1+\gamma)\tau V[h_j[t]] - \gamma\tau V[h_{1+j}[t]] - y_j[t+\tau] + y_j[t+2\tau]$$

式中，$h_j(t) = x_{i+1}(t) - x_j(t) = h + y_{i+1}(t) - y_j(t) = h + \Delta y_j(t)$。

```
((lhs/. j → j + 1) − lhs/. y_j_+1[t_] → y_j[t] + ϵη_j[t]) == 0
```

$$-(-1+\gamma)\tau V[h_j[t]] + (-1+\gamma)\tau V[h_{1+j}[t]] + \gamma\tau V[h_{1+j}[t]] - \gamma\tau V[h_{2+j}[t]] - \epsilon\eta_j[t+\tau] + \epsilon\eta_j[t + 2\tau] == 0$$

式中，$\Delta y_j(t) = \epsilon\eta_j(t)$。

```
eq3 = (((%[[1]] − %[[2]]//. h_j_[t] → h + ϵη_j[t]) + O[ϵ]^2//Normal)[[2]]//Expand) == 0
```

$$-\eta_j[t+\tau] + \eta_j[t+2\tau] + \tau\eta_j[t]V'[h] - \gamma\tau\eta_j[t]V'[h] - \tau\eta_{1+j}[t]V'[h] + 2\gamma\tau\eta_{1+j}[t]V'[h] - \gamma\tau\eta_{2+j}[t]V'[h] == 0 \tag{10.3.8}$$

令$\eta_j(t) = Y\exp(\mathrm{i}kj + zt)$，可得

```
η2Y = η_j_[t_] → YExp[ikj + zt]
eq4 = doEq[(eq3/. η2Y//Simplify[#, e^(ijk+tz) Y ≠ 0]&)]
```

$$\mathrm{e}^{z\tau}(-1+\mathrm{e}^{z\tau}) - (-1+\mathrm{e}^{\mathrm{i}k})(1+(-1+\mathrm{e}^{\mathrm{i}k})\gamma)\tau V'[h] == 0 \tag{10.3.9}$$

在$\mathrm{i}k \approx 0$处逐阶推导z的长波展开。将z展开为$\mathrm{i}k$的幂级数，代入方程(10.3.9)：

```
z2S[n_] := z → Sum[z_i (ik)^i, {i, 1, n}] + O[k]^(n+1)
eqs = LogicalExpand[eq4/. z2S[3]]//Simplify
```

$$\tau z_1 == \tau V'[h]\&\&\tau(3\tau z_1^2 + 2z_2 - (1+2\gamma)V'[h]) == 0\&\&\tau(7\tau^2 z_1^3 + 18\tau z_1 z_2 + 6z_3 - (1+6\gamma)V'[h]) == 0$$

一阶项z_1为

```
z1 = Solve[eqs[[1]], z_1][[1]]
```

$$\{z_1 \to V'[h]\} \tag{10.3.10}$$

二阶项z_2为

```
z2 = Solve[eqs[[2]]/. z1, z_2][[1]]//Collect[#, τ, Factor]&
```

$$\left\{z_2 \to \frac{1}{2}(1+2\gamma)V'[h] - \frac{3}{2}\tau V'[h]^2\right\} \tag{10.3.11}$$

如果z_2为负值，则均匀稳态流在长波模式下变得不稳定；而当z_2为正值时，则均匀流是稳定的。中性稳定条件是$z_2 = 0$，由此可得临界延迟时间τ_c和敏感度a_c：

```
τ$ = Solve[z_2 == 0/. z2, τ][[1]]//Simplify
```

$$\left\{\tau \to \frac{1+2\gamma}{3V'[h]}\right\} \tag{10.3.12}$$

ac = 1/τ /. τ$

$$\frac{3V'[h]}{1+2\gamma} \tag{10.3.13}$$

对于长波下的小扰动，均匀流是不稳定的，如果

$$\tau > \tau_c = \frac{1+2\gamma}{3V'[h]} \tag{10.3.14}$$

由式(10.3.7)可知，优化速度函数的导数$V'(h)$在$h = h_c$达到最大值$V_{\max}/2$。由图 10.3.2 可知，中性稳定线下方为不稳定区域，而中性稳定线之外为稳定区域。如果$\tau < \tau_c$，无论密度多高，均匀流总是稳定的。随着γ增加，中性稳定线下降，不稳定区域缩小，即随着次近邻车辆相互作用强度的增加，交通流变得更稳定。

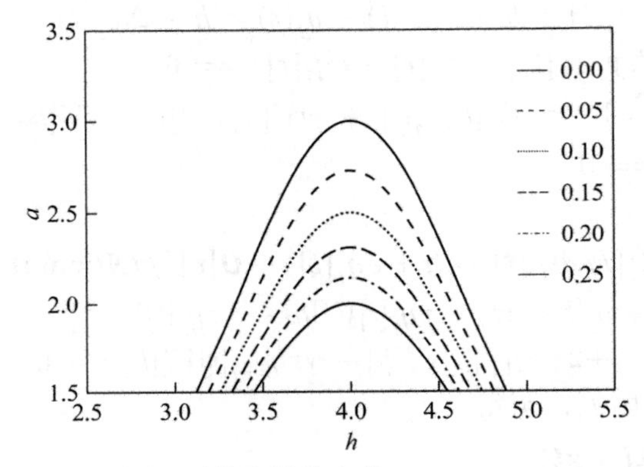

图 10.3.2 不同γ时的中性稳定线，$V_{\max} = 2.0$，$h_c = 4.0$

图 10.3.3 给出(h, a)空间中的相图。在每个相图中，实线、虚线和点线表示共存曲线，从上到下分别对应$\gamma = 0.0$,0.1,0.2共三种情况。点划线表示中性稳定线。

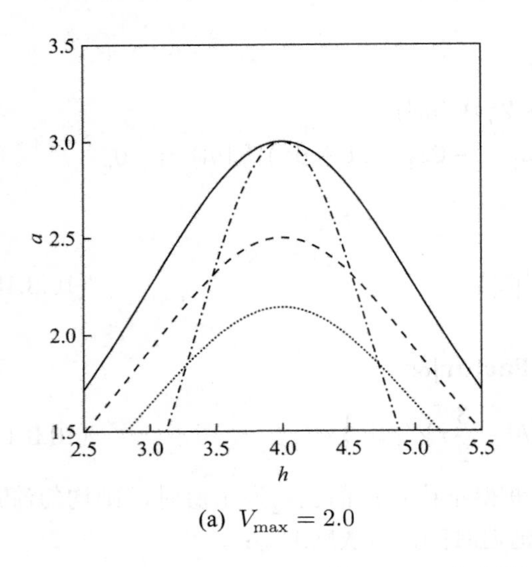

(a) $V_{\max} = 2.0$

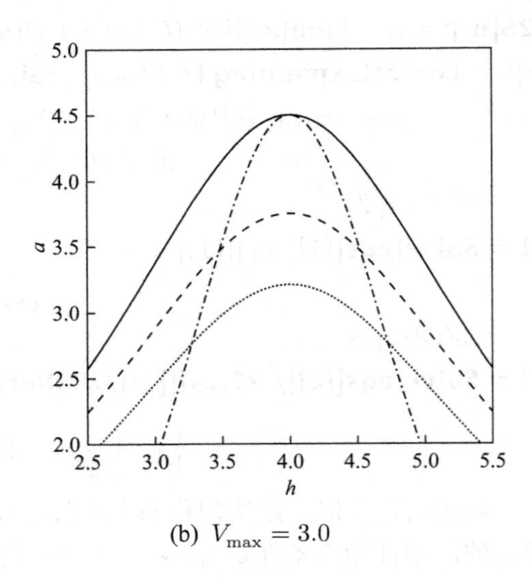

(b) $V_{\max} = 3.0$

图 10.3.3 车头距h和敏感度a空间中的相图

由图 10.3.3 可见，共存曲线随着a的增加而降低。这意味着，与没有次近邻相互作用的情况相比，交通拥堵的转变发生在更小的头车间距（更高的密度）上。每个曲线的顶点对应于临界点。因此，通过在原始的跟车模型中引入次近邻相互作用，直到车辆密度达到比没有次近邻相互作用更高的密度之前，交通拥堵的相变不会发生。因此，次近邻相互作用稳定了交通流。随着次近邻相互作用的增强，稳定效应得到了加强。

2. 非线性分析

下面考虑粗粒尺度下交通流的长波模式，研究临界点附近的缓变行为。对于$0<\epsilon\ll 1$，定义慢变量$X=\chi(j,t)$和$T=\Gamma(t)$：

hf = $\boldsymbol{h}_{\mathbf{j\_}}$[t_] → $\boldsymbol{h_c}$ + $\boldsymbol{\epsilon R}$[$\boldsymbol{\chi}$[$\boldsymbol{j,t}$], $\boldsymbol{\Gamma}$[$\boldsymbol{t}$]]

采用 Gardner-Morikawa 变换，即

$$\chi=\epsilon(j+bt),\quad \Gamma=\epsilon^3 t \tag{10.3.15}$$

式中，b为待定常数。

相应地定义如下变换：

XT = {$\boldsymbol{\chi}$ → ($\boldsymbol{\epsilon}$(#1 + $\boldsymbol{b}$#2)&), $\boldsymbol{\Gamma}$ → ($\boldsymbol{\epsilon}^3$#1&)}

将方程(10.3.5)改写为

eqH = eqh/. $\boldsymbol{h}_{\mathbf{j\_}}$ → ($\boldsymbol{H}$[$\boldsymbol{j}$,#]&)/. $\boldsymbol{j}$ + a_ → $\boldsymbol{j}$ + $\boldsymbol{a\delta}$

$$\begin{aligned}&-H[j,t+\tau]+H[j,t+2\tau]+\tau(V[H[j,t]]+\gamma(-V[H[j,t]]+V[H[j+\delta,t]]))\\&-\tau(V[H[j+\delta,t]]+\gamma(-V[H[j+\delta,t]]+V[H[j+2\delta,t]]))==0\end{aligned} \tag{10.3.16}$$

在安全间距处h_c展开：

eqR = eqH/. $\boldsymbol{H}$ → ($\boldsymbol{h_c}$ + $\boldsymbol{\epsilon R}$[$\boldsymbol{\chi}$[#1, #2], $\boldsymbol{\Gamma}$[#2]]&)

$$\begin{aligned}&-\epsilon R[\chi[j,t+\tau],\Gamma[t+\tau]]+\epsilon R[\chi[j,t+2\tau],\Gamma[t+2\tau]]+\tau(V[h_c+\epsilon R[\chi[j,t],\Gamma[t]]]\\&+\gamma(-V[h_c+\epsilon R[\chi[j,t],\Gamma[t]]]+V[h_c+\epsilon R[\chi[j+\delta,t],\Gamma[t]]]))\\&-\tau(V[h_c+\epsilon R[\chi[j+\delta,t],\Gamma[t]]]+\gamma(-V[h_c+\epsilon R[\chi[j+\delta,t],\Gamma[t]]]\\&+V[h_c+\epsilon R[\chi[j+2\delta,t],\Gamma[t]]]))==0\end{aligned}$$

由于$V''(h_c)=0, V^{(4)}(h_c)=0$，方程**eqR**可以进一步简化。取方程左端作 Taylor 展开：

Normal[(Normal[eqR[[1]] + $\boldsymbol{O}$[$\boldsymbol{\tau}$]^5 + $\boldsymbol{O}$[$\boldsymbol{\delta}$]^5]/. {$\boldsymbol{\chi}$[$\boldsymbol{j,t}$] → $\boldsymbol{X}$, $\boldsymbol{\Gamma}$[$\boldsymbol{t}$] → $\boldsymbol{T}$}/. XT) + $\boldsymbol{O}$[$\boldsymbol{\epsilon}$]^6]/. $\boldsymbol{\delta}$ → 1/. $\boldsymbol{V''}$[$\boldsymbol{h_c}$] → 0/. $\boldsymbol{V^{(4)}}$[$\boldsymbol{h_c}$] → 0

lhs = Collect[Expand[%/$\boldsymbol{\tau}$], {$\boldsymbol{\epsilon^2 R^{(1,0)}}$[$\boldsymbol{X,T}$], $\boldsymbol{\epsilon^3 R^{(2,0)}}$[$\boldsymbol{X,T}$], $\boldsymbol{\epsilon^4}$, $\boldsymbol{\epsilon^5}$}, Collect[#, {$\boldsymbol{R^{(3,0)}}$[$\boldsymbol{X,T}$], $\boldsymbol{R^{(4,0)}}$[$\boldsymbol{X,T}$], $\boldsymbol{R^{(1,1)}}$[$\boldsymbol{X,T}$], $\boldsymbol{V'}$[$\boldsymbol{h_c}$]}, Apart]&]/. a_$\boldsymbol{V'}$[$\boldsymbol{h_c}$] :→ −((−$\boldsymbol{a}$)$\boldsymbol{V'}$[$\boldsymbol{h_c}$])

为使公式不显得过于冗长，采用简约形式表示**lhs**：

lhs/. Fxy$/. F$[X, T]/. Vn

$$\begin{aligned}&(b-V')\epsilon^2 R_{\mathrm{X}}+\epsilon^3\left(-V'\left(\frac{1}{2}+\gamma\right)+\frac{3b^2\tau}{2}\right)R_{\mathrm{XX}}\\&\quad+\epsilon^4\left(R_{\mathrm{T}}-\frac{1}{2}R^2V'''R_{\mathrm{X}}+\left(-V'\left(\frac{1}{6}+\gamma\right)+\frac{7b^3\tau^2}{6}\right)R_{\mathrm{XXX}}\right)\\&\quad+\epsilon^5\left(-\frac{1}{2}RV'''(1+2\gamma)R_{\mathrm{X}}^2+3b\tau R_{\mathrm{XT}}-\frac{1}{4}R^2V'''(1+2\gamma)R_{\mathrm{XX}}\right.\\&\quad\left.+\left(-V'\left(\frac{1}{24}+\frac{7\gamma}{12}\right)+\frac{5b^4\tau^3}{8}\right)R_{\mathrm{XXXX}}\right)\end{aligned}$$

式中，V'是$V'[h_c]$，V'''是$V^{(3)}[h_c]$，R_{XT}是$R^{(1,1)}[X,T]$，R_{XXX}是$R^{(3,0)}[X,T]$，依此类推。其自定义替换中**Vn**定义如下：

```
Vn = V^(n_)[h_c] :> Power[V, StringJoin[Table["'", n]]];
```

令$b=V'$，上式中ϵ^2项可以消去。在临界点τ_c附近展开：

$$\frac{\tau}{\tau_c}=1+\epsilon^2 \tag{10.3.17}$$

即定义如下关系：

```
rel = τ/τ_c == 1 + ϵ^2
{τ2τc} = Solve[rel, τ]
```

$$\{\{\tau\to(1+\epsilon^2)\tau_c\}\}$$

```
tc = {τ_c → (τ/.t$)}/.h → h_c
```

$$\left\{\tau_c\to\frac{1+2\gamma}{3V'[h_c]}\right\}$$

```
lhs = lhs/.b → V'[h_c]/.τ2τc/.tc
eqRs = LogicalExpand[lhs + O[ϵ]^6 == 0]
List@@eqRs/.Fxy$/.F$[X,T]/.Vn//Column
```

$$R_{\mathrm{T}}-\frac{1}{2}R^2V'''R_{\mathrm{X}}+\frac{1}{27}(-V'-13V'\gamma+14V'\gamma^2)R_{\mathrm{XXX}}==0 \tag{10.3.18a}$$

$$-\frac{1}{2}RV'''(1+2\gamma)R_{\mathrm{X}}^2+(1+2\gamma)R_{\mathrm{XT}}+\frac{1}{2}V'(1+2\gamma)R_{\mathrm{XX}}-\frac{1}{4}R^2V'''(1+2\gamma)R_{\mathrm{XX}} \\ +\left(-V'\left(\frac{1}{24}+\frac{7\gamma}{12}\right)+\frac{5}{216}V'(1+2\gamma)^3\right)R_{\mathrm{XXXX}}==0 \tag{10.3.18b}$$

为了消去式(10.3.18b)中的$R^{(1,1)}(X,T)$，将式(10.3.18a)对X求导，可得

```
R11 = Solve[D[eqRs[[1]], X], R^(1,1)[X,T]][[1]]//Expand
```

$$\left\{R^{(1,1)}[X,T]\to R[X,T]V^{(3)}[h_c]R^{(1,0)}[X,T]^2+\frac{1}{2}R[X,T]^2V^{(3)}[h_c]R^{(2,0)}[X,T]\right. \\ \left.+\frac{1}{27}V'[h_c]R^{(4,0)}[X,T]+\frac{13}{27}\gamma V'[h_c]R^{(4,0)}[X,T]-\frac{14}{27}\gamma^2V'[h_c]R^{(4,0)}[X,T]\right\}$$

将$R^{(1,1)}(X,T)$代入**lhs**并整理，可得

```
(lhs/.R11) + O[ϵ]^6//ExpandAll//Normal
LHS = Collect[%, {ϵ^4, ϵ^5}, Collect[#, {R^(0,1)[X,T], V^(3)[h_c], R^(4,0)[X,T]V'[h_c],
        V'[h_c]R^(3,0)[X,T], V'[h_c]R^(2,0)[X,T]}, FactorTerms]&]/.ϵ^n_ :> ϵ^(n - 4)
LHS/.Fxy$/.F$[X,T]/.Vn
```

$$R_T-\frac{1}{2}R^2V'''R_X+\frac{1}{27}V'(-1-13\gamma+14\gamma^2)R_{XXX} \\ +\epsilon\left(\frac{1}{2}V'(1+2\gamma)R_{XX}+\frac{1}{4}V'''(2RR_X^2+4R\gamma R_X^2+R^2R_{XX}+2R^2\gamma R_{XX})\right. \\ \left.+\frac{1}{54}V'(1+6\gamma+39\gamma^2-46\gamma^3)R_{XXXX}\right)$$

```
ce = −Coefficient[LHS, V′[h_c] R^(3,0)[X, T]]//FactorTerms
```

$$\frac{1}{27}(1+13\gamma-14\gamma^2)$$

```
Reduce[ce ≥ 0&&γ ≥ 0, γ]
```

$$0\leq\gamma\leq 1$$

定义替换规则如下：

```
R2ℝ = R → ((2/9 (−1 + γ)(1 + 14γ)V′[h_c]/V^(3)[h_c])^(1/2) ℝ[#1, Λ[#2]]&)
Tf = Λ → (ce ∗ V′[h_c]#&)
eqR1 = Simplify[LHS == 0/. R2ℝ/. Λ[T]
        → 𝕋/. Tf, V′[h_c] Sqrt[(−1 − 13γ + 14γ^2)V′[h_c]/V^(3)[h_c]] ≠ 0]
eqR1/. Fxy$
```

$$27\epsilon\mathbb{R}_{XX}+54\gamma\epsilon\mathbb{R}_{XX}+28\gamma^2\mathbb{R}_{XXX}+\epsilon\mathbb{R}_{XXXX}+6\gamma\epsilon\mathbb{R}_{XXXX}+39\gamma^2\epsilon\mathbb{R}_{XXXX}+(2+26\gamma-28\gamma^2)\mathbb{R}_{\mathbb{T}}+6(-1-15\gamma-12\gamma^2+28\gamma^3)\epsilon\mathbb{R}_X^2\mathbb{R}[X,\mathbb{T}]+3(-1-13\gamma+14\gamma^2)(-2\mathbb{R}_X+(1+2\gamma)\epsilon\mathbb{R}_{XX})\mathbb{R}[X,\mathbb{T}]^2==(2+26\gamma)\mathbb{R}_{XXX}+46\gamma^3\epsilon\mathbb{R}_{XXXX}$$

```
eqR2 = doEq[doEq[eqR1, ℝ^(0,1)[X, 𝕋]]/(2 + 26γ − 28γ^2)]
Collect[eqR2, ϵ, Collect[#, {ℝ[X, 𝕋], ℝ^(4,0)[X, 𝕋]}, Factor]&]
eqR3 = MapAt[Collect[#, {ℝ^(2,0)[X, 𝕋]/(1 + 14γ), ℝ^(4,0)[X, 𝕋], (1 + 2γ)}]&, %, {2, 3, 2}]
eqR3/. Fxy$
```

$$\mathbb{R}_{\mathbb{T}}==\mathbb{R}_{XXX}-3\mathbb{R}_X\mathbb{R}[X,\mathbb{T}]^2+\epsilon\left(\frac{27(1+2\gamma)\mathbb{R}_{XX}}{2(-1+\gamma)(1+14\gamma)}-\frac{(1+7\gamma+46\gamma^2)\mathbb{R}_{XXXX}}{2(1+14\gamma)}+(1+2\gamma)\left(3\mathbb{R}_X^2\mathbb{R}[X,\mathbb{T}]+\frac{3}{2}\mathbb{R}_{XX}\mathbb{R}[X,\mathbb{T}]^2\right)\right)$$

忽略上式中的ϵ阶项，就得到 mKdV 方程：

```
mKdV = eqR3/. ϵ → 0
```

$$\mathbb{R}^{(0,1)}[X,\mathbb{T}]==-3\mathbb{R}[X,\mathbb{T}]^2\mathbb{R}^{(1,0)}[X,\mathbb{T}]+\mathbb{R}^{(3,0)}[X,\mathbb{T}]\qquad(10.3.19)$$

其纽结解为

```
R$ = DSolve[mKdV, ℝ[X, 𝕋], {X, 𝕋}][[2]]/. {C[1] → Sqrt[c/2], C[3] → 0}//Simplify//toPure
```

$$\left\{\mathbb{R}\to\text{Function}\left[\{X,\mathbb{T}\},\sqrt{c}\text{Tanh}\left[\frac{\sqrt{c}(X-c\mathbb{T})}{\sqrt{2}}\right]\right]\right\}\qquad(10.3.20)$$

式中，传播速度c的取值由**eqR3**中$O(\epsilon)$项确定。

```
terms = Coefficient[eqR3[[2]], ϵ]
```

$$\frac{27(1+2\gamma)\mathbb{R}^{(2,0)}[X,\mathbb{T}]}{2(-1+\gamma)(1+14\gamma)}+(1+2\gamma)\left(3\mathbb{R}[X,\mathbb{T}]\mathbb{R}^{(1,0)}[X,\mathbb{T}]^2+\frac{3}{2}\mathbb{R}[X,\mathbb{T}]^2\mathbb{R}^{(2,0)}[X,\mathbb{T}]\right)$$

$$-\frac{(1+7\gamma+46\gamma^2)\mathbb{R}^{(4,0)}[X,\mathbb{T}]}{2(1+14\gamma)}$$

定义替换实现对各项逐个积分：

```
int1 = a_Times :→ Integrate[a, X];
expr = terms/. int1/. int1//Collect[#, ℝ[X, 𝕋]^3, Factor]&
```

$$\frac{27(1+2\gamma)\mathbb{R}[X,\mathbb{T}]}{2(-1+\gamma)(1+14\gamma)}+\frac{1}{2}(1+2\gamma)\mathbb{R}[X,\mathbb{T}]^3-\frac{(1+7\gamma+46\gamma^2)\mathbb{R}^{(2,0)}[X,\mathbb{T}]}{2(1+14\gamma)}$$

取得各项的数字系数：

```
nums = Cases[expr, a_b_/; FreeQ[a, ℝ] → a]
```

$$\left\{\frac{27}{2},\frac{1}{2},-\frac{1}{2}\right\}$$

```
alls = Cases[expr, a_b_/; ! FreeQ[a, ℝ] → b]
```

$$\left\{\frac{27(1+2\gamma)}{2(-1+\gamma)(1+14\gamma)},\frac{1}{2}(1+2\gamma),-\frac{1+7\gamma+46\gamma^2}{2(1+14\gamma)}\right\}$$

定义以下一对替换，用以简化方程：

```
cs = Thread[{c1, c3, c2} → alls/nums]
```

$$\left\{c_1\to\frac{1+2\gamma}{(-1+\gamma)(1+14\gamma)},c_3\to 1+2\gamma,c_2\to\frac{1+7\gamma+46\gamma^2}{1+14\gamma}\right\}$$

```
sc = Reverse/@cs
```

$$\left\{\frac{1+2\gamma}{(-1+\gamma)(1+14\gamma)}\to c_1,1+2\gamma\to c_3,\frac{1+7\gamma+46\gamma^2}{1+14\gamma}\to c_2\right\}$$

则原方程变成以下形式：

```
eqR3/. sc
```

$$\mathbb{R}^{(0,1)}[X,\mathbb{T}]==-3\mathbb{R}[X,\mathbb{T}]^2\mathbb{R}^{(1,0)}[X,\mathbb{T}]+\mathbb{R}^{(3,0)}[X,\mathbb{T}]$$
$$+\epsilon\left(\frac{27}{2}c_1\mathbb{R}^{(2,0)}[X,\mathbb{T}]+c_3\left(3\mathbb{R}[X,\mathbb{T}]\mathbb{R}^{(1,0)}[X,\mathbb{T}]^2+\frac{3}{2}\mathbb{R}[X,\mathbb{T}]^2\mathbb{R}^{(2,0)}[X,\mathbb{T}]\right)-\frac{1}{2}c_2\mathbb{R}^{(4,0)}[X,\mathbb{T}]\right)$$

假设$\mathbb{R}[X,\mathbb{T}]=\mathbb{R}_0[X,\mathbb{T}]+\epsilon\mathbb{R}_1[X,\mathbb{T}]$，考虑$O(\epsilon)$修正。为了确定式(10.3.20)中传播速度$c$的取值，需要满足如下可解性条件：

$$(\mathbb{R},M[\mathbb{R}])\equiv\int_{-\infty}^{\infty}\mathbb{R}[X,\mathbb{T}]M[\mathbb{R}[X,\mathbb{T}]]\,\mathrm{d}X \tag{10.3.21}$$

式中，$M(\mathbb{R})$即下式：

```
MR = expr/. a_Times :→ If[FreeQ[a, ℝ[X, 𝕋]^3], D[a, {X, 2}], (b
        = Select[a, FreeQ[#, ℝ]&]; term = a/b ; bInactive[D][term, {X, 2}])]/. sc
```

$$\frac{1}{2}c_3\partial_{\{X,2\}}\mathbb{R}[X,\mathbb{T}]^3+\frac{27}{2}c_1\mathbb{R}^{(2,0)}[X,\mathbb{T}]-\frac{1}{2}c_2\mathbb{R}^{(4,0)}[X,\mathbb{T}]$$

积分中的被积函数$\mathbb{R}(X,\mathbb{T})M(\mathbb{R}(X,\mathbb{T}))$可以写成

```
ig = ℝ[X, 𝕋]MR/. R$/. 𝕋 → 0//Activate//FullSimplify
```

$$\frac{1}{4}c^2(-27c_1-10cc_2+9cc_3+(-27c_1+2cc_2-3cc_3)\mathrm{Cosh}[\sqrt{2}\sqrt{c}X])$$

$$\times \mathrm{Sech}\left[\frac{\sqrt{c}X}{\sqrt{2}}\right]^4 \mathrm{Tanh}\left[\frac{\sqrt{c}X}{\sqrt{2}}\right]^2$$

ans = Integrate[ig, {X, −∞, ∞}, Assumptions → √c > 0]//Normal

$$-\frac{1}{15}\sqrt{2}c^{3/2}(135c_1 + 2cc_2 + 3cc_3)$$

令上式为零可以得到c：

c$ = Solve[Simplify[ans == 0, c > 0], c][[1]]

$$\left\{c \to -\frac{135c_1}{2c_2 + 3c_3}\right\} \tag{10.3.22}$$

将c_1，c_2和c_3代入上式可确定c的表达式：

cv = c/. c$/. cs/. {a_/(c_) :→ ExpandAll[(−a)/(−c)]}//Simplify

$$\frac{135(1+2\gamma)}{5+57\gamma+114\gamma^2-176\gamma^3}$$

综上所得结果，可得 mKdV 方程的解：

res = R[X, T]/. R2ℝ/. R$/. Tf//Factor

res/. √m_√n_ :→ HoldForm[√mn]/. √m_/√n_ :→ HoldForm[√(m/n)]

$$\frac{1}{3}\sqrt{2c}\mathrm{Tanh}\left[\sqrt{\frac{c}{2}}\left(X-\frac{1}{27}cT(1+13\gamma-14\gamma^2)V'[h_c]\right)\right]\sqrt{\frac{(-1-13\gamma+14\gamma^2)V'[h_c]}{V^{(3)}[h_c]}} \tag{10.3.23}$$

式中，密度波的幅值为

amp = ϵSelect[res, FreeQ[#, Tanh]&]/. V → 𝕍/. h → h_c//Simplify

$$\frac{1}{3}\sqrt{c}\sqrt{1+13\gamma-14\gamma^2}\epsilon$$

而ϵ的表达式为

ep = Solve[rel, ϵ][[2]]

$$\left\{\epsilon \to \frac{\sqrt{\tau-\tau_c}}{\sqrt{\tau_c}}\right\}$$

为了得到更简洁的表达式，先求平方后再开方，可得

amp2 = amp²/. ep/. {τ → 1/a, τ_c → 1/a_c}//Collect[#, c (1 + 13γ − 14γ²)/9, Expand]&

Sqrt[amp2]/. {−1 + a_ :→ HoldForm[a − 1]}//HoldForm[#]&

$$\frac{1}{3}\sqrt{c(1+13\gamma-14\gamma^2)\left(\frac{a_c}{a}-1\right)} \tag{10.3.24}$$

3. 数值模拟

图 10.3.4 展示了在模拟 10 000 单位时间步后得到的共存相的稳态模式。这些模式显示了不同次近邻相互作用强度γ值下的车头距随时间的变化。数值模拟时，初始条件设置如下：对于$j \neq 50,51$，$h_j(0) = h_0 = 4.0$；对于$j = 50$，$h_j(0) = h_0 - 0.1$；对于$j = 51$，$h_j(0) = h_0 + 0.1$。这里车辆数量$N = 100$，安全距离$h_c = 4.0$。图 10.3.4(a)、(b)和(c)分别展示了$\gamma = 0.0,0.1,0.2$时车头距随时间的演变，其中$V_{\max} = 2.0$和灵敏度$a = 2.0$。交通拥堵以纽结—反纽结密度波的形式向后传播。图 10.3.4(a)对应于没有次近邻相互作用的情况($\gamma = 0.0$)。随着γ的增加，次

近邻相互作用减弱了密度波的强度。

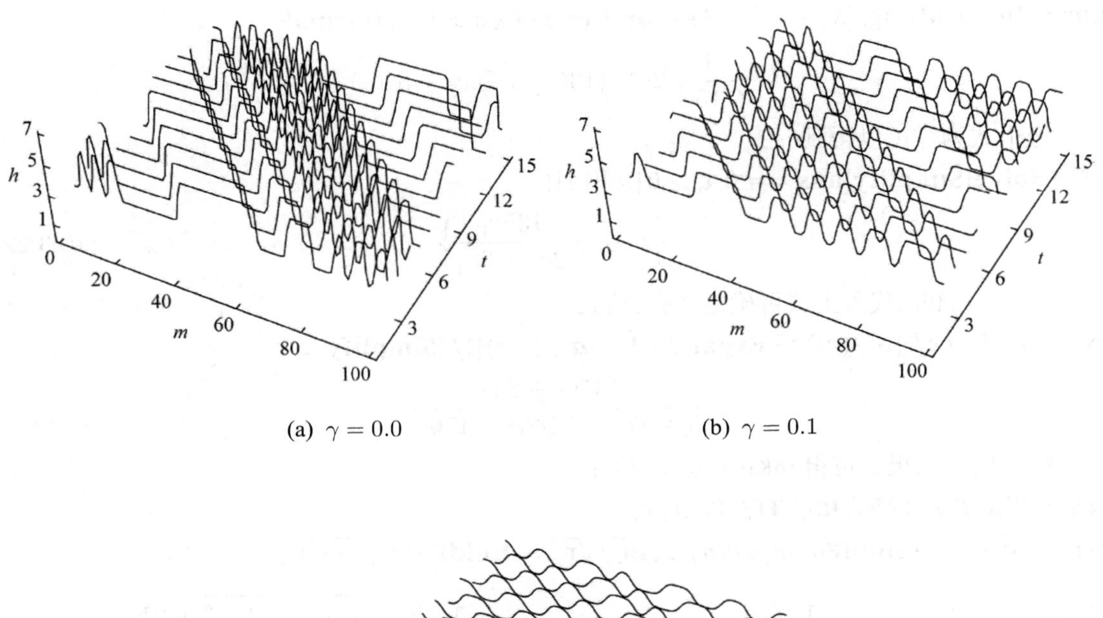

(a) $\gamma = 0.0$　　(b) $\gamma = 0.1$

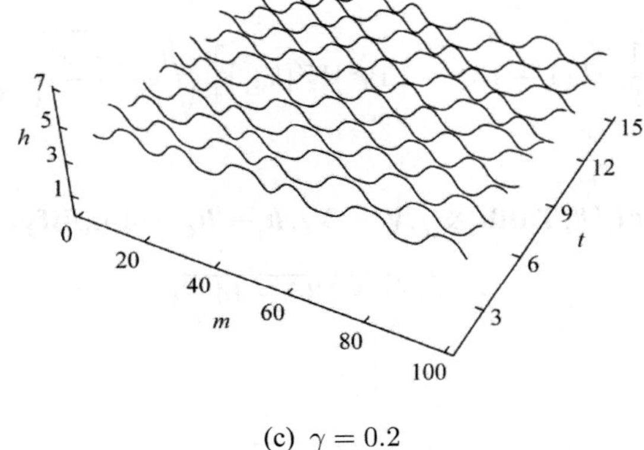

(c) $\gamma = 0.2$

图 10.3.4　共存相的稳态模式

图 10.3.5 展示了在模拟达到 20 000 单位时间步时得到的稳态下的车头距分布，这些分布对应于不同的次近邻相互作用强度γ，并且最大速度$V_{\max}$固定为 2.0。图 10.3.5(a)、(b)和(c)分别展示了γ分别为 0.0、0.2 和 0.3 时的头车间距分布。对于$\gamma = 0.0$的情况，图 10.3.5(a)出现了纽结—反纽结密度波，这对应于没有次近邻相互作用的原始跟车模型。当γ增加到 0.2 时，如图 10.3.5(b)所示，仍然可以观察到密度波，但其强度有所减弱。然而，当γ进一步增加到 0.3 时，如图 10.3.5(c)所示，纽结密度波消失了，表明在这种情况下，交通流在空间上变得均匀，没有出现交通拥堵。这些结果表明，通过增加次近邻相互作用的强度，可以减少交通流中的密度波动，从而有助于稳定交通流并防止交通拥堵的发生。当γ的值足够大时，交通流可以在更高的密度下保持稳定，而不会发生拥堵相变。

值得说明的是，图 10.3.5(c)的结果与文献中一致，但是在图 10.3.5(a)和(b)中并没有出现文献中所示的单一峰值的密度波，即使模拟了 20 000 个单位时间步。

详细的讨论可参考 Nagatani(1999)的文章。

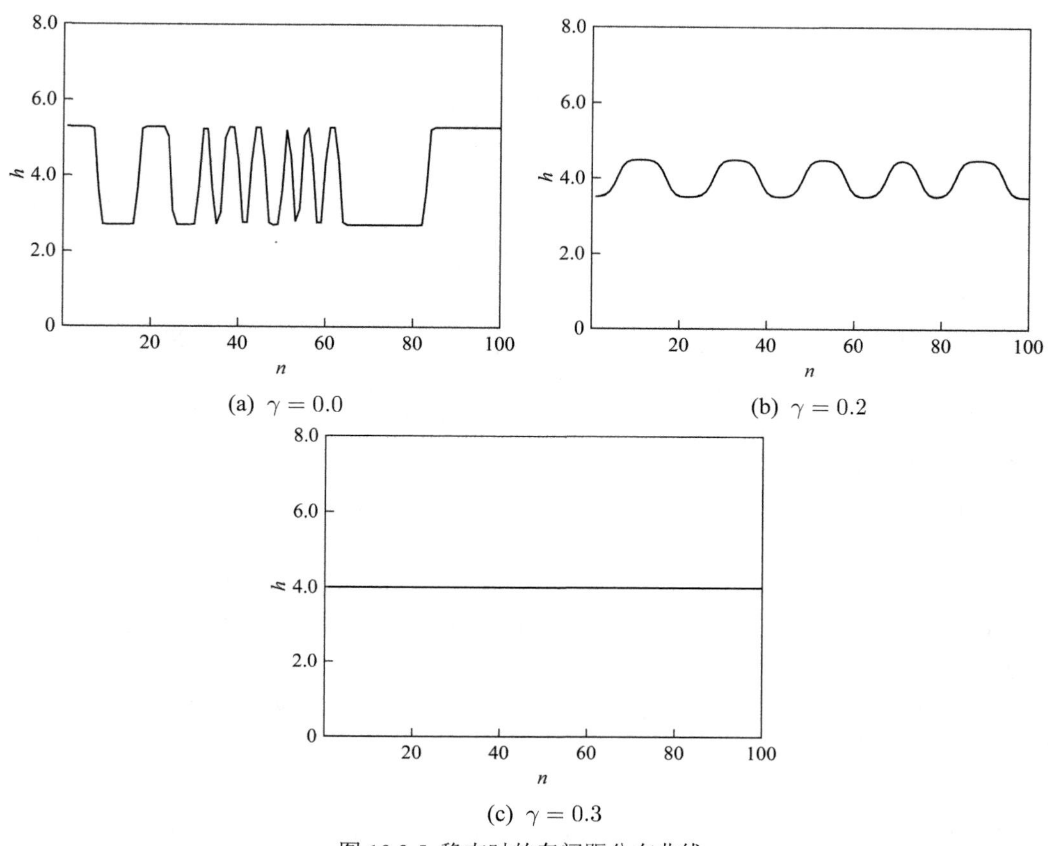

(a) $\gamma = 0.0$

(b) $\gamma = 0.2$

(c) $\gamma = 0.3$

图 10.3.5 稳态时的车间距分布曲线

参考文献

[1] 奥马列. 奇异摄动引论[M]. 江福汝，尚汉冀，高汝熹，译. 北京: 科学出版社，1983.

[2] 本德，奥斯扎戈. 高等应用数学方法[M]. 李家春，庄峰青，王柏懿，译. 北京: 科学出版社，1992.

[3] 陈树辉. 强非线性振动系统的定量分析方法[M]. 北京: 科学出版社，2018.

[4] 范戴克. 摄动方法及其在流体力学中的应用[M]. 李家春，译. 北京: 科学出版社，1987.

[5] 谷超豪，李大潜，陈恕行，等. 数学物理方程[M]. 3 版，北京: 高等教育出版社，2012.

[6] 谷一郎. 粘性流体理论[M]. 刘亦珩，译. 上海: 上海科学技术出版社，1963.

[7] 郭敦仁. 数学物理方法[M]. 2 版. 北京: 高等教育出版社，1991.

[8] 黄用宾，冯懿治，裘子秀. 摄动法简明教程[M]. 上海: 上海交通大学出版社，1986.

[9] 江福汝，高汝熹. 奇异摄动引论[Z]. 上海: 复旦大学数学系，1982.

[10] 黑斯廷斯，米斯裘，莫里森. Wolfram Mathematica 实用编程指南[M]. Wolfram 传媒汉化小组，译. 北京: 科学出版社, 2018.

[11] 李家春，周显初. 数学物理中的渐近方法[M]. 北京: 科学出版社，2002.

[12] 李家春，戴世强. 物理和工程中的渐近方法[Z]. 上海: 上海市应用数学和力学研究所，1995.

[13] 廖世俊. 超越摄动：同伦分析方法导论[M]. 陈晨，徐航，译. 北京: 科学出版社，2006.

[14] 林家翘，西格尔. 自然科学中确定性问题的应用数学[M]. 赵国英，朱保如，周忠民，译. 北京: 科学出版社，1986.

[15] 林宗池，周明儒. 应用数学中的摄动方法[M]. 南京: 江苏教育出版社, 1995.

[16] 刘式适，刘式达. 物理学中的非线性方程[M]. 2 版. 北京: 北京大学出版社，2012.

[17] 刘应中，张乐文. 摄动理论在船舶流体力学中的应用[M]. 上海: 上海交通大学出版社，1991.

[18] 梅强中. 水波动力学[M]. 北京: 科学出版社, 1984.

[19] 奈弗. 摄动方法[M]. 王辅俊，徐钧涛，谢寿鑫，译. 上海: 上海科学技术出版社，1984.

[20] 奈弗. 摄动方法导引[M]. 宋家骕，译. 上海: 上海翻译出版公司，1990.

[21] 奈弗. 摄动方法习题集[M]. 宋家骕，戴世强，译. 上海: 上海翻译出版公司，1990.

[22] 钱伟长. 奇异摄动理论及其在力学中的应用[M]. 北京: 科学出版社，1981.

[23] 陶明德，吴正. 高等工程数学[M]. 上海: 上海科学技术文献出版社，1993.

[24] 沃尔弗拉姆. 科技群星闪耀时[M]. 应俊耀，蔚怡，译. 北京: 人民邮电出版社，2024.

[25] 《现代工程数学手册》编委会. 现代工程数学手册：II [M]. 武汉: 华中工学院出版社，1986.

[26] 谢定裕. 渐近方法: 在流体力学中的应用[M]. 北京: 友谊出版公司，1983.

[27] 严宗毅. 低雷诺数流理论[M]. 北京: 北京大学出版社，2002.

[28] 易家训. 流体力学[M]. 章克本，张涤明，陈启强，等译. 北京: 高等教育出版社，1982.

[29] 张勇，陈爱国，陈伟，等. Mathematica 程序设计导论[M]. 北京：清华大学出版社， 2023.
[30] 张韵华，王新茂. Mathematica 7 实用教程[M]. 合肥：中国科学技术大学出版社，2011.
[31] 章梓雄，董曾南. 粘性流体力学[M]. 2 版. 北京：清华大学出版社，2021.
[32] ABELL M L, BRASELTON J P. Mathematica by example [M]. 6th ed. London: Academic Press, 2022.
[33] ABELL M L, BRASELTON J P. Differential equations with Mathematica [M]. 5th ed. London: Academic Press, 2023.
[34] AGARWAL R P, O'REGAN D. Ordinary and partial differential equations [M]. New York: Springer-Verlag, 2009.
[35] ANDERSON J D. Ludwig Prandtl's boundary layer [J]. Physics Today, 2005, 58(12): 42-48.
[36] BENDER C M, ORSZAG S A. Advanced mathematical methods for scientists and engineers [M]. New York: McGraw-Hill, 1978.
[37] BOGOLIUBOV N N, MITROPOLSKY Y A. Asymptotic methods in the theory of nonlinear oscillations [M]. New York: Gordon and Breach, 1961.
[38] BOYD J P. The Blasius function: computations before computers, the value of tricks, undergraduate projects, and open research problems [J]. SIAM Review, 2008, 50(4): 791-804.
[39] BUSH A W. Perturbation methods for engineers and scientists [M]. Boca Raton, FL: CRC Press, 1992.
[40] CHESTER W, BREACH D R. On the flow past a sphere at low Reynolds numbers [J]. Journal of Fluid Mechanics, 1969, 37(4): 751-760.
[41] CHIEN W Z. Large deflation of a circular clamped plate under uniform pressure [J]. Chinese Journal of Physics, 1947, 4: 102-113.
[42] COMSTOCK C. The Poincaré-Lighthill perturbation technique and its generalizations [J]. SIAM Review, 1972, 14(3): 433-446.
[43] DAI S Q. Poincaré-Lighthill-Kuo method and symbolic computation [J]. Applied Mathematics and Mechanics, 2001, 22: 261-269.
[44] FRIEDRICHS K O. The mathematical structure of the boundary layer problem [M]//Fluid Mechanics. Brown University, Providence, RI, 1941: 171-174.
[45] GOLDSTEIN S. The steady flow of viscous fluid past a fixed spherical obstacle at small Reynolds numbers [J]. Proceedings of the Royal Society A, 1929, 123: 225-235.
[46] HAGER W H. Blasius: a life in research and education [J]. Experiments in Fluids, 2003, 34: 566-571.
[47] HINCH E J. Perturbation methods [M]. Cambridge: Cambridge University Press, 1991.
[48] HOLMES M H. Introduction to perturbation methods [M]. 2nd ed. New York: Springer, 2013.
[49] JAZAR R N. Perturbation methods in science and engineering [M]. Switzerland: Springer Nature, 2021.
[50] KAPLUN S, LAGERSTROM P. Asymptotic expansions of Navier-Stokes solutions for small Reynolds numbers [J]. Indiana University Mathematics Journal, 1957, 6(4): 585-593.
[51] KARMISHIN A V, ZHUKOV A T, KOLOSOV V G. Methods of dynamics calculation and

testing for thin-walled structures [M]. Moscow: Mashinostroyenie, 1990. (in Russian).

[52] KEVORKIAN J. Partial differential equations: analytical solution techniques [M]. 2nd ed. New York: Springer-Verlag, 2000.

[53] KEVORKIAN J, COLE J D. Multiple scale and singular perturbation methods [M]. New York: Springer-Verlag, 1996.

[54] KRYLOV N, BOGOLIUBOV N N. Introduction to nonlinear mechanics [M]. Princeton, NJ: Princeton University Press, 1947.

[55] KUO Y H. On the flow of an incompressible viscous fluid past a flat plate at moderate Reynolds numbers [J]. Journal of Mathematics and Physics, 1953, 32(1): 83-51.

[56] LIGHTHILL M J. A technique for rendering approximate solutions to physical problems uniformly valid [J]. Philosophical Magazine, 1949, 40: 1179-1201.

[57] LINDSTEDT A. Uber die integration einer für störungsthorie wichtigen differtialgleichung [J]. Astronomische Nachrichten, 1882, 103: 211-220.

[58] LYAPUNOV A M. General problem on stability of motion [M]. London: Taylor & Francis, 1892.

[59] MARINCA V, HERISANU N. Nonlinear dynamical systems in engineering [M]. Berlin: Springer-Verlag, 2011.

[60] MONTGOMERY D, TIDMAN D A. Secular and nonsecular behavior for the cold plasma equations [J]. Physics of Fluids (1958-1988), 1964, 7(2): 242-249.

[61] NAGATANI T. Stabilization and enhancement of traffic flow by the next-nearest-neighbor interaction [J]. Physical Review E, 1999, 60(6): p. 6395.

[62] NAYFEH A H. Perturbation methods [M]. New York: John Wiley & Sons, 2000.

[63] NAYFEH A H. Introduction to perturbation techniques [M]. New York: Wiley, 1981.

[64] NAYFEH A H. CHIN C M. Perturbation method with Mathematica [M]. Dynamics Press, Inc., 1999.

[65] OLIVEIRA A R E. History of Krylov-Bogoliubov-Mitropolsky methods of nonlinear oscillations [J]. Advances in Historical Studies, 2017, 6: 40-55.

[66] O'MALLEY R E. Singular perturbation methods for ordinary differential equations [M]. New York: Springer-Verlag, 1991.

[67] O'MALLEY R E. Singular perturbation theory: a viscous flow out of Göttingen [J]. Annual Review of Fluid Mechanics, 2010, 42(1): 1-17.

[68] O'MALLEY R E. Historical developments in singular perturbations [M]. Switzerland: Springer International Publishing, 2014.

[69] OSEEN C W. Über die Stokes'sche Formel und über eine verwandte Aufgabe in der Hydrodynamik. Ark Math Astronom Fys, 1910, 6, No. 29.

[70] PAULSEN W. Asymptotic analysis and perturbation theory [M]. Boca Raton, FL: CRC Press, 2014.

[71] POINCARÉ H. Les Méthodes Nouvelles de la Méchanique Céleste. New York: Dover, 1957.

[72] PRANDTL L.Über Flüssigkeitsbewegung bei sehr kleiner Reibung [M]//Verhandlungen des Dritten Internationalen Mathematiker-Kongresses, Heidelberg 1904, Leipzig, B. G. Teubner ,

1905: 484-491.

[73] PROUDMAN I, PEARSON J R A. Expansions at small Reynolds numbers for the flow past a sphere and a circular cylinder [J]. Journal of Fluid Mechanics, 1957, 2(3): 237-262.

[74] TSIEN H S. The Poincaré-Lighthill-Kuo method [J]. Advances in Applied Mechanics, 1956, 4: 281-349.

[75] VAN DER POL B. On oscillation hysteresis in a simple triode generator [J]. Philosophical Magazine, 1926, 43(6): 700-719.

[76] VAN DYKE M. Extension of Goldstein's series for the Oseen drag of a sphere [J]. Journal of Fluid Mechanics, 1970, 44(2): 365-372.

[77] VAN DYKE M. Perturbation methods in fluid mechanics [M]. Palo Alto, CA: Parabolic Press, 1975.

[78] WELLIN P. Programming with Mathematica [M]. Cambridge: Cambridge University Press, 2013.

[79] WHITEHEAD A N. Second approximations to viscous fluid motion [J]. Quarterly Journal of Pure and Applied Mathematics, 1889, 23(1): 143–152.

[80] WOLFRAM S. Adventures of a computational explorer [M]. Champaign, Illinois: Wolfram Media, Inc. 2019.

附　录

A.1　全书的通用函数

1. 改变表达式的显示顺序

(1) 倒序显示：

```
show[expr_] := With[
  {act = Head[expr]},
  If[MemberQ[{Plus, Times}, act],
  Inactive[act]@@(List@@expr)[[Reverse[Range[Length[expr]]]]]//HoldForm[#]&/
             /Activate, expr]]
```

(2) 轮换显示：

```
show[expr_, n_Integer] := With[
  {act = Head[expr]},
  If[MemberQ[{Plus, Times}, act],
  Inactive[act]@@(List@@expr)[[RotateRight[Range[Length[expr]], n]]]//HoldForm[#]&/
             /Activate, expr]]
```

(3) 以给定次序显示：

```
show[expr_, ord_] :=  With[
  {act = Head[expr]},
  If[MemberQ[{Plus, Times}, act],
  Inactive[act]@@(List@@expr)[[ord]]//HoldForm[#]&//Activate, expr]]
```

2. 表达式的简约表示：不显示函数的自变量

(1) 将自定义函数$U(x)$、$U(x,y)$或$U(x,y,z)$缩略表示为U，内置函数保持不变：

```
F$[]: = U_[x_] :→ If[! MemberQ[Attributes[U], Protected], HoldForm[U], U[x]]
F$[x_]: = U_[x] :→ If[! MemberQ[Attributes[U], Protected], HoldForm[U], U[x]]
F$[x_, y_]: = U_[x, y] :→ If[! MemberQ[Attributes[U], Protected], HoldForm[U], U[x, y]]
F$[x_, y_, z_]: = U_[x, y, z] :→ If[! MemberQ[Attributes[U], Protected], HoldForm[U], U[x, y, z]]
```

(2) 将导数$\mathrm{d}^2U/\mathrm{d}x^2$表示为$U''$等。

```
Fn$ = U_^(n_)[x_] :→ HoldForm[Evaluate[Power[U, StringJoin[Table["′", n]]]]]
```

(3) 将偏导数$\partial^3U(x,y)/\partial x^2\partial y$表示为$U_{xxy}$等

```
Fx$ = F_^(m_)[x_] :→ Subscript[F, Table[ToString[x], m − 1] <> Table[ToString[x],1]];
Fxy$ = F_^(m_,n_)[x_, y_] :→ Subscript[F, Table[ToString[x], m] <> Table[ToString[y], n]];
Fxyz$ = F_^(m_,n_,p_)[x_, y_, z_] :→ Subscript[F, Table[ToString[x], m] <> Table[ToString[y], n] <
          > Table[ToString[z], p]];
```

式中，Fx$也可用于单变量函数的导数。Fxy$和Fxyz$分别针对两变量和三变量函数。

(4) 复合函数的替换，

G$[U_]: = U[x__] :→ If[! MemberQ[Attributes[U], Protected], HoldForm[U], U[x]]

式中，U为函数的头部。

以正弦 Gordon 方程为例：

SGEQ = $\partial_{t,t}\varphi[x,t] - \partial_{x,x}\varphi[x,t]$ == Sin[$\varphi[x,t]$]

SGEQ/. Fxy$/. F$[]/. G$[$\varphi$]

$$\varphi_{tt} - \varphi_{xx} == \mathrm{Sin}[\varphi]$$

3. 下标缩并表示

(1) 将$a_{i,j}$显式为a_{ij}：

aij: = a_i_j_/; 0 < i ≤ 9&&0 < j ≤ 9 :→ Subscript[a, ToString[i] <> ToString[j]]

(2) 将$a_{i,j,k}$显式为a_{ijk}：

aijk: = a_i_j_k_/; 0 < i ≤ 9&&0 < j ≤ 9&&0 < k ≤ 9 :→ Subscript[a, ToString[i]
<> ToString[j] <> ToString[j]]

4. 常见表示形式

将多项之和表示为常见形式：

```
caP[expr_Plus, x_] := Module[
  {data = List@@expr, sg, terms},
  sg = Sign[data]/. Sign[_] :→ 1;
  terms = data * sg;
  terms = terms/.c_.a_x^m_./; NumberQ[c] :→ If[m =
              = 1, HoldForm[cax], HoldForm[cax^m]];
  terms. sg]
```

5. 表达式缩并

```
two2one = (Sort[Expand[#]]/. {a_. + b_,a_. + c_}/; b + c == 0 :→
  If[a = ! = 0, PlusMinus[a, c], PlusMinus[c]]&);
```

以上自定义函数的示例参见 1.4.1 节。

6. 对方程的操作

(1) 将方程变成齐次形式(num = 0)，或将所有项放在左端(num = −1)，将所有项放在右端(num = 1)

```
doEq[eq_Equal,num_Integer:0] := Which[
  num == 0, eq[[1]] − eq[[2]] == 0,
  num == −1, eq[[1]] − eq[[2]],
  num == 1, eq[[2]] − eq[[1]],
  True, eq]
```

(2) 将包含某一变量的所有项放在方程的左端，其他项放在方程的右端

```
doEq[eq_Equal, term_? (Head[#] = ! = Integer&)] := Module[
  {tmp = eq[[1]] − eq[[2]], lhs, rhs},
  lhs = Select[tmp, ! FreeQ[#, term]&];
```

```
  rhs = lhs − tmp;
  lhs == rhs]
```

(3) 对方程进行一些操作（如四则运算）并展开

```
doEq[op_[eq_Equal]]: = Expand[Thread[op[eq], Equal]]
doEq[op_[a_, eq_Equal]]: = Expand[Thread[op[a, eq], Equal]]
doEq[op_[eq_Equal, a_]]: = Expand[Thread[op[eq, a], Equal]]
```

(4) 方程形式标准化

```
standard[eq_Equal, term_] := Module[
  {lhs, cc},
  lhs = eq[[1]] − eq[[2]];
  cc = Coefficient[lhs, term];
  If[Not[cc === 0], Expand[Apart[lhs/cc]] == 0, lhs == 0]]
standard[eq_Equal] := Module[
  {lhs, term, cc},
  lhs = eq[[1]] − eq[[2]];
  term = Last[Variables[lhs]];
  cc = Coefficient[lhs, term];
  If[Not[cc === 0], Expand[Apart[lhs/cc]] == 0, lhs == 0]]
```

7. 方程组操作

(1) 得到联立的方程组：getEqs

```
getEqs[eq_Equal, ord_Integer,u2s_:u2S,ep_:ϵ] :=
  LogicalExpand[Normal[eq[[1]] − eq[[2]]/. u2s[ord]] + O[ep]^(ord + 1) == 0//Simplify]
```

(2) 取某一阶的方程或方程组：getOrd

```
getOrd[n_]: = (Part[#, n]&)
```

8. 对多项式的操作

```
doPoly[poly_,num_Integer:1]: =
  poly[[num]] ∗ Expand[poly/poly[[num]]]/; Abs[num] ≤ Length[poly]
doPoly[poly_, term_? (! NumberQ[#]&)]: = term ∗ Expand[poly/term]
doPolyList[poly_,num_Integer:1]: =
  {poly[[num]], Expand[poly/poly[[num]]]}/; Abs[num] ≤ Length[poly]
```

说明：操作对象并不局限于多项式，公因式也不必是真实的公因式（一般为首项）。

以上自定义函数的示例参见 1.4.2 节。

9. 处理求和

(1) 将求和中与求和索引无关的项拿到求和符号以外

```
Sca2cSa[jj_:j]: = SS_[Longest[aa_]bb_, cc_List]/; FreeQ[aa, jj] :→ aa ∗ SS[bb, cc]
```

(2) 将求和符号以外与索引无关的项拿到求和符号以内

```
cSa2Sca[jj_:j]: = aa_SS_[bb_, cc_List] :→ If[Length[aa] > 1, in = Select[aa, FreeQ[#, jj]&];
  out = aa/in ; out ∗ SS[in ∗ bb, cc], If[FreeQ[aa, jj], SS[aa ∗ bb, cc], aa ∗ SS[bb, cc]]]
```

(3) 将一个求和（被加项有多个项相加）拆分为两个求和

```
Sab2SaSb: = SS_[aa_ + bb_, cc_List] :→ SS[aa, cc] + SS[bb, cc]
```

(4) 将两个同类求和合并成一个求和

```
SaSb2Sab: = SS_[aa_, cc_List] + SS_[bb_, cc_List] :→ SS[aa + bb, cc]
```

10. 处理定积分

(1) 将定积分中与积分变量无关的项拿到积分以外

```
Ica2cIa[xx_:x]: = II_[Longest[aa_]bb_, cc_List]/; FreeQ[aa, xx] :→ aa * II[bb, cc]
```

(2) 将定积分以外与积分变量无关的项拿到积分以内

```
cIa2Ica[xx_:x]: = aa_II_[bb_, cc_List] :→ If[Length[aa] > 1, in = Select[aa, FreeQ[#,xx]&];
  out = aa/in ; out * II[in * bb, cc], If[FreeQ[aa,xx], II[aa * bb, cc], aa * II[bb, cc]]]
```

(3) 将一个定积分（被积函数有多个项相加）拆分为两个定积分

```
Iab2IaIb: = II_[aa_ + bb_, cc_List] :→ II[aa, cc] + II[bb, cc]
```

(4) 将两个同类的定积分求和合并成一个定积分

```
IaIb2Iab: = II_[aa_, cc_List] + II_[bb_, cc_List] :→ II[aa + bb, cc]
```

由于定积分与求和的函数具有类似的形式f[a, {b, c, d}]，所以它们的替换实际上是一样的。为了避免混淆，还是采用了不同的函数名。

11. 处理不定积分

(1) 将不定积分中与积分变量无关的项拿到积分以外

```
ica2cia[xx_:x]: =
  II_[Longest[aa_]bb_, xx]/; (! FreeQ[II, Integrate]&&FreeQ[aa, xx]) :→ aa * II[bb, xx]
```

(2) 将不定积分以外与积分变量无关的项拿到积分以内

```
cia2ica[xx_:x]: = aa_II_[bb_, xx] :→ If[Length[aa] > 1, in = Select[aa, FreeQ[#,xx]&];
  out = aa/in ; out * II[in * bb, cc], If[FreeQ[aa,xx], II[aa * bb, cc], aa * II[bb, cc]]]
```

(3) 将一个不定积分（被积函数有多个项相加）拆分为两个不定积分

```
iab2iaib[xx_:x]: = II_[aa_ + bb_, xx]/; (! FreeQ[II, Integrate]) :→ II[aa, xx] + II[bb, xx]
```

(4) 将两个同类的不定积分求和合并成一个不定积分

```
iaib2iab[xx_:x]: = II_[aa_, xx] + II_[bb_, xx]/; (! FreeQ[II, Integrate]) :→ II[aa + bb, xx]
```

虽然都是积分，不定积分的函数结构与定积分不同，所以相应的函数有一定的差异。

以上自定义函数的示例参见 1.4.3 节。

12. 其他有用函数

(1) 量阶估计：approx

估计表达式的量阶：

```
approx[expr_, x_,x0_:0] := Module[
  {ep, den, tmp},
  tmp = Series[expr, {x, x0,3}];
  den = tmp[[-1]];
  ep = tmp[[-3]]/den ;
  If[x0 == ∞, 𝕆[x^(-ep)], 𝕆[(x - x0)^ep]]]
```

(2) 转化函数

将显式表达式解转化为纯函数解：

```
toPure = (#/. (a_[p__] → b_) :→ a → Function[List[p], b]&);
```

将替换转化为等式：

```
toEqual = (#/. Rule → Equal&);
```

将逻辑与表示的联立等式转化为列表：

```
toList = (#/. And → List&);
```

以上自定义函数的示例参见 1.4.4 节。

(3) 将求和号中出现的不同幂次变成相同的幂次，以便推导递推公式：

```
same[i_,x_:x]: = sum_[a_.x^j_,c_List]/; FreeQ[a,x] :→ sum[ax^j/.i → 2i − j,c]
```

A.2 第 2 章的专用函数

1. 判断两个函数的渐近关系

```
judge[f_,g_,x2X_Rule] := Which[
    AsymptoticEquivalent[f,g,x2X], asymptoticEquivalent[f,g,x2X],
    AsymptoticGreater[f,g,x2X], muchGreaterThan[f,g,x2X],
    AsymptoticLess[f,g,x2X], muchLessThan[f,g,x2X],
    bounded[f,g,x2X], asymptoticEqual[f,g,x2X],
    AsymptoticEqual[f,g,x2X], bigO[f,g,x2X]]
```

2. 判断函数是否有界

```
bounded[f_,g_,x2X_Rule] := Module[
    {tmp},
    tmp = Limit[f/g, x2X, Method → {AllowIndeterminateOutput → False}];
    tmp = Max[Abs[tmp]];
    If[NumberQ[tmp]&&tmp > 0, True, False]]
```

3. 用量阶符号表示函数的渐近关系

```
order[f_,g_,x2X_Rule] := Which[
    bounded[f,g,x2X], asymptoticEqual[f,g,x2X],
    AsymptoticEqual[f,g,x2X], bigO[f,g,x2X],
    AsymptoticLess[f,g,x2X], littleO[f,g,x2X],
    True, littleO[g,f,x2X]]//Quiet
```

4. 渐近关系的显示形式

```
Format[asymptoticEquivalent[f_,g_,x2X_Rule]] := DisplayForm[
    GridBox[{{Inactive[Tilde][f,g], "as", RightArrow[Sequence@@x2X]}}]]
Format[asymptoticEqual[f_,g_,x2X_Rule]] := DisplayForm[
    GridBox[{{Inactive[Set][f,Defer[O[g]]], "as", RightArrow[Sequence@@x2X]}}]]
Format[bigO[f_,g_,x2X_Rule]] := DisplayForm[
    GridBox[{{Inactive[Set][f,Defer[O[g]]], "as", RightArrow[Sequence@@x2X]}}]]
Format[littleO[f_,g_,x2X_Rule]] := DisplayForm[
```

```
  GridBox[{{Inactive[Set][f, Defer[o[g]]], "as", RightArrow[Sequence@@x2X]}}]]
Format[muchGreaterThan[f_, g_, x2X_Rule]] := DisplayForm[
  GridBox[{{Inactive[GreaterGreater][f, g], "as", RightArrow[Sequence@@x2X]}}]]
Format[muchLessThan[f_, g_, x2X_Rule]] := DisplayForm[
  GridBox[{{Inactive[LessLess][f, g], "as", RightArrow[Sequence@@x2X]}}]]
```

5. 渐近展开

```
asymptoticExpand[f_, g_List,x0_:0] := Module[
  {org = f, c, expr = {}, n = Length[g]},
  Do[c = Limit[org/g[[i]], x → x0];
  AppendTo[expr, c * g[[i]]];
  org = org - c * g[[i]], {i, 1, n}]; Plus@@expr];
```

A.3　第 3 章的专用函数

1. 逐项积分法

(1) 自动版本：

```
integrateByTerms[expr_, tt_List, ss_List] := Module[
  {tmp, expr1, expr2},
  {expr1, expr2} = twoParts[expr];
  tmp = Expand[expr2Normal@Series[expr1, ss]];
  Map[Integrate[#, tt]&, tmp]]
```

(2) 手动版本：

```
INTEGRATEByTerms[expr1_, expr2_, tt_List, ss_List] := Module[
  {tmp},
  tmp = Expand[expr2 * Normal@Series[expr1, ss]];
  Map[Integrate[#, tt]&, tmp]]
```

内部调用函数twoParts将被积函数分为两部分：

```
twoParts[expr_] := If[Head[expr] === Times,
  {Select[expr, ! FreeQ[#, E^_|Sin[_]|Cos[_]]&],
  Select[expr, FreeQ[#, E^_|Sin[_]|Cos[_]]&]}, {expr, 1}]
```

这里可能存在的问题是当被积函数比较复杂时，需要确定哪个部分展开成级数。第一个函数是手工确定，第二个函数是自动确定，调用了函数 twoParts，有可能会出现误判，所以在使用的时候需要注意。

2. 分部积分法

(1) 第一种分部积分法：

```
integrateByParts[expr_, rg_, num_,ass_:True] := Module[
  {n, u, v, t = rg[[1]], t0 = rg[[2]], t1 = rg[[3]], dv, res = 0, rem = expr},
  For[n = 1, n ≤ num, n + +,
```

```
    {dv, u} = twoParts[rem];
    v = Integrate[dv, t];
    dv = u * v;
    uv = Limit[dv, t → t1, Assumptions → ass] − Limit[dv, t → t0, Assumptions → ass];
    res = res + uv;
    rem = −vD[u, t]];
  {res, rem}]
```

式中，第 4 个参数是可能用到的假设。

(2) 第二种分部积分法：

```
INTEGRATEByParts[expr_, rg_, x_, num_]: = Module[
  {n, u, v, t = rg[[1]], t0 = rg[[2]], t1 = rg[[3]], GT, dv, uv, res = 0, rem = expr},
    For[n = 1, n ≤ num, n + +,
      GT = Select[rem, ! FreeQ[#, e]&];
      u = Select[rem/D[GT, t] , FreeQ[#, x]&];
      dv = rem/u ;
      v = Integrate[dv, t];
      uv = (uv/. t → t1) − (uv/. t → t0);
      res = res + uv;
      rem = −vD[u, t]//Simplify];
      {res, rem}]
```

3. 换元法

```
substitute[GT_, rg_, t_, bh_] := Module[
  {tmp, x = rg[[1]], x0 = rg[[2]], x1 = rg[[3]], dx, t0, t1, nu, xsol, tsol, pos, num},
  tmp = Solve[bh, x]/. C[n_] → 0//Normal;
  num = LeafCount/@(x/. tmp);
  pos = Ordering[num, 1];
  xsol = Flatten[Take[tmp, pos]];
  {dx} = Solve[Dt[bh], Dt[x]];
  tmp = Solve[bh/. x → nu, t]/. C[n_] → 0//Normal;
  num = LeafCount/@(t/. tmp);
  pos = Ordering[num, 1];
  tsol = Flatten[Take[tmp, pos]];
  {t0, t1} = t/. tsol/. {{nu → x0}, {nu → x1}};
  tmp = GT Dt[x]/Dt[t] /. dx/. xsol//Normal//Simplify//PowerExpand;
  {tmp, {t, t0, t1}}]
```

4. Laplace 方法

```
laplaceMethod[ig_, rg_, x_:x]: = Module[
  {ft, ht, t = rg[[1]], a = rg[[2]], b = rg[[3]], tsol, c, fc, hc, h2c, res},
  {ft, ht} = ig/. Exp[xH_]F_. → {F, H};
```

```
tsol = Solve[D[ht, t] == 0&&D[ht, {t, 2}] < 0&&a ≤ t ≤ b, t];
If[Length[tsol] > 0,
  c = t/. Flatten[tsol];
  {fc, hc, h2c} = {ft, ht, D[ht, {t, 2}]}/. t → c;
  res = e^(xhc) fc/√(-xh2c);
  If[a < c < b, res = √(2π) res,
  res = √(π/2) res]];
  res]
```

5. 驻相法

(1) 自动根据被积函数确定$f(t)$和$h(t)$，根据驻相法原理给出结果：

```
stationaryPhaseMethod[ig_, rg_List,x_:x] := Module[
  {ft, ht, t = rg[[1]], a = rg[[2]], b = rg[[3]], tsol, c, fc, hc, h2c, res},
  {ft, ht} = ig/. Exp[IxH_]F_. → {F, H};
  tsol = Solve[D[ht, t] == 0&&a ≤ t ≤ b, t];
  If[Length[tsol] > 0,
    c = t/. Flatten[tsol];
    {fc, hc, h2c} = {ft, ht, D[ht, {t, 2}]}/. t → c;
    res = fc/√(xAbs[h2c]) Exp[I(xhc + Pi Sign[h2c]/4)];
    If[a < c < b, res = √(2π) res, res = √(π/2) res]];
    res]
```

(2) 如果以上函数未能获得预期结果，可采用手动方式确定$f(t)$和$h(t)$：

```
stationaryPhaseMethod[ft_, ht_, rg_List,x_:x] := Module[
  {t = rg[[1]], a = rg[[2]], b = rg[[3]], tsol, c, fc, hc, h2c, res},
  tsol = Solve[D[ht, t] == 0&&a ≤ t ≤ b, t];
  If[Length[tsol] > 0, c = t/. Flatten[tsol];
    {fc, hc, h2c} = {ft, ht, D[ht, {t, 2}]}/. t → c;
    res = fc/√(xAbs[h2c]) Exp[I(xhc + Pi Sign[h2c]/4)];
    If[a < c < b, res = √(2π) res, res = √(π/2) res]];
    res]
```

6. 一些辅助函数

(1) 复数的代数形式转成指数形式：

```
xy2Exp[z_]:= Apply[(#1Exp[I#2]&), ComplexExpand@AbsArg@z]
```

(2) 复数的代数形式转成三角形式（极坐标形式）：

```
xy2Trig[z_] := Apply[(#1(Cos[HoldForm[#2]] + ISin[HoldForm[#2]])&),
  ComplexExpand@AbsArg@z]
```

举例如下：

```
{xy2Exp[1/2 + √3 I/2], xy2Exp[a + bI]}
```

$$\left\{e^{\frac{i\pi}{3}}, \sqrt{a^2+b^2}e^{i\mathrm{Arg}[a+ib]}\right\}$$

```
{xy2Trig[1/2 + √3 I/2], xy2Trig[a + bI]}
```

$$\left\{\text{Cos}\left[\frac{\pi}{3}\right]+\text{iSin}\left[\frac{\pi}{3}\right],\sqrt{a^2+b^2}(\text{Cos}[\text{Arg}[a+ib]]+\text{iSin}[\text{Arg}[a+ib]])\right\}$$

(3) 改变积分限：

```
change[GT_, rg_List] := Module[
  {tmp = rg},
  If[tmp[[3]] < tmp[[2]], tmp[[{2,3}]] = tmp[[{3,2}]]; {−GT, tmp}, {GT, rg}]]
```

(4) 颠倒积分限：

```
upDown[GT_, rg_List] := Module[
  {tmp = rg},
  tmp[[{2,3}]] = tmp[[{3,2}]]; {−GT, tmp}]
```

(5) 提取公共项；

```
commonTerm[expr_,GT_:1] := Module[
  {tmp = GT},
  Which[
    GT == 1, tmp = expr[[1]],
    GT == −1, tmp = expr[[−1]]];
  {tmp, Expand[expr/tmp]}]
```

(6) 显示分部积分的结果，除了已经积出的项，还包括积分形式的余项：

```
SHOW[res_, rem_, rng,ord_:0] := Module[
  {num, tmp, ORD},
  num = Length[res];
  If[ord === 0, ORD = Append[Range[num, 1, −1], num + 1], ORD = ord];
  tmp = res + Inactive[Integrate][rem, rng];
  show[tmp, ORD]]
```

A.4 第 4 章的专用函数

(1) 定义积分与求和交换的函数is2si：

```
is2si[m_Integer:0] := int_[sum_[f_, {i, 0, ∞}], x] :→ If[m > 0,
  sum[int[f, x], {i, 0, m − 2}] + sum[int[f, x], {i, m − 1, m − 1}]
  +sum[int[f, x], {i, m, ∞}], sum[int[f, x], {i, m, ∞}]]
is2si[m_Symbol]: = int_[sum_[f_, {i, 0, ∞}], x] :→ sum[int[f, x], {i, 0, m − 2}]
  +int[p_{m−1}x^{−1}, x] + sum[int[f, x], {i, m, ∞}]
```

(2) 定义函数s2ss将级数表示成两部分，更容易看清其解析结构：

```
s2ss[a_, x_,m_: − 1]: = Sum[a_i x^i, {i, 0, m}] + Sum[a_i x^i, {i, m + 1, ∞}]
```

定义替换xs2sx将求和号外的部分放入求和号内：

```
xs2sx = x^n-Sum[a_i b_, lst_] :→ Sum[a_i x^n b, lst];
```

(3) 一些显示函数

将ba_i表示为a_ib的形式：

```
ba2ab = b_a_i_ :→ HoldForm[a_i b]
```

将级数表示成常见的形式：

```
usual[expr_] := With[
  {act = Head[expr]},
  Inactive[act]@@(List@@expr/. ba2ab)//HoldForm[#]&//Activate]
```

将ba_i表示为a_ib的形式，此时下标只能是i：

```
BA2AB = b_a_i :→ HoldForm[a_i b]
```

将级数表示成常见的形式，此时下标只能是i：

```
USUAL[expr_] := With[
  {act = Head[expr]},
  Inactive[act]@@(List@@expr/BA2AB)//HoldForm[#]&//Activate]
```

(4) 判断一阶微分方程的奇点：

```
judge1[eq_, y_, x_] := Module[
  {eq1, eq2, ans = {}, inf = {∞, -∞, Indeterminate}, OK = True},
  eq1 = coef2one[eq, y'[x]];
  lhs = eq1[[1]] - eq1[[2]];
  qsol = Solve[Denominator[Coefficient[lhs, y[x]]] == 0, x];
  zero = {{x → 0}};
  sol = Union[zero, qsol];
  num = Length[sol];
  qtmp=Coefficient[lhs,y[x]]//Together//Factor;
  For[i=1,i≤num,i++,x0=x/.sol[[i]];
  ans1=Limit[qtmp,x→x0]//Simplify;
  If[!MemberQ[inf,ans1],AppendTo[ans,{x0,"ordinary"}];Continue[]];
  ans1=Limit[qtmp(x-x0),x→x0]//Simplify;
  If[!MemberQ[inf,ans1],AppendTo[ans,{x0,"regular"}],AppendTo[ans,{x0,"irregular"}]];];
   (*∞*)
  y2Y=y→(Y[χ[#1]]&);
  χ2X=χ[x]→X;
  χx=χ→( 1/#1 &);
  x2X=x→ 1/X ;
  tmp=eq1/.y2Y/.χ2X/.χx/.x2X//Simplify//Expand;
  eqtmp=Collect[tmp[[1]]-tmp[[2]],{Y'[X],Y[X]},Simplify]==0;
  eq2=coef2one[eqtmp,Y'[X]];
  lhs=eq2[[1]]-eq2[[2]];
  qtmp=Coefficient[lhs,Y[X]]//Together//Factor;
  ans1=Limit[qtmp,X→0]//Simplify;
```

```
    If[!MemberQ[inf,ans1],AppendTo[ans,{∞,"ordinary"}];OK=False];
    If[OK,ans1=Limit[qtmp*X,X→0]//Simplify;
    If[! MemberQ[inf, ans1], AppendTo[ans, {∞, "regular"}], AppendTo[ans, {∞, "irregular"}]]];
    ans]
```

(5) 判断二阶微分方程的奇点：

```
judge2[eq_,y_,x_]:=Module[
    {eq1,eq2,ans={},inf={∞,-∞,Indeterminate}},
    eq1=coef2one[eq,y"[x]];
    lhs=eq1[[1]]-eq1[[2]];
    psol=Solve[Denominator[Coefficient[lhs, y'[x]]]==0,x];
    qsol=Solve[Denominator[Coefficient[lhs, y[x]]]==0,x];
    zero={{x→0}};
    sol=Union[zero, psol, qsol];
    num=Length[sol];
    ptmp=Coefficient[lhs,y'[x]]//Together//Factor;
    qtmp=Coefficient[lhs,y[x]]//Together//Factor;
    For[i=1,i≤num,i++,x0=x/.sol[[i]];
    ans1=Limit[ptmp,x→x0]//Simplify;
    ans2=Limit[qtmp,x→x0]//Simplify;
    If[!MemberQ[inf,ans1]&&!MemberQ[inf,ans2],
        AppendTo[ans, {x0,"ordinary"}];Continue[]];
    ans1=Limit[ptmp(x-x0),x→x0]//Simplify;
    ans2=Limit[qtmp(x-x0)^2,x→x0]//Simplify;
    If[!MemberQ[inf,ans1]&&!MemberQ[inf,ans2],
        AppendTo[ans, {x0,"regular"}],
        AppendTo[ans,{x0,"irregular"}];]];
(*∞*)
    y2Y=y→(Y[χ[#1]]&);
    χ2X=χ[x]→X;
    χx=χ→(1/#1 &);
    x2X=x→ 1/X;
    tmp=eq1/.y2Y/.χ2X/.χx/.x2X//Simplify//Expand;
    eqtmp=Collect[tmp[[1]]-tmp[[2]],{Y''[X],Y'[X],Y[X]},Simplify]==0;
    eq2=coef2one[eqtmp,Y''[X]];lhs=eq2[[1]]-eq2[[2]];
    ptmp=Coefficient[lhs,Y'[X]]//Together//Factor;
    qtmp=Coefficient[lhs,Y[X]]//Together//Factor;
    For[i=1,i≤1,i++,ans1=Limit[ptmp,X→0]//Simplify;
    ans2=Limit[qtmp,X→0]//Simplify;
    If[!MemberQ[inf,ans1]&&!MemberQ[inf,ans2],
```

```
        AppendTo[ans,{∞,"ordinary"}];Continue[]];
    ans1=Limit[ptmpX,X→0]//Simplify;
    ans2=Limit[qtmpX^2,X→0]//Simplify;
    If[!MemberQ[inf,ans1]&&!MemberQ[inf,ans2],
        AppendTo[ans,{∞,"regular"}],AppendTo[ans,{∞, "irregular"}]]; ];
    ans]
```

(6) 确定常微分方程的阶数：

```
odeOrder[eq_, y_, x_] := Module[
    {lhs = eq[[1]] - eq[[2]]},
    Max[Cases[lhs,a_.Derivative[_][_][_]]/.a_.Derivative[n_][_][_] → n]]
```

(7) 判断微分方程奇点的类型：

```
singlularPointType[eq_, y_, x_] := Which[
    odeOrder[eq, y, x] == 1, judge1[eq, y, x],
    odeOrder[eq, y, x] == 2, judge2[eq, y, x],
    True, Print["Not  available! "]]
```

(8) 判断某点的奇点类型：

```
singlularPointType[eq_, y_, x_, x0_] := Module[
    {ans, res},
    Which[
        odeOrder[eq, y, x] == 1, ans = judge1[eq, y, x],
        odeOrder[eq, y, x] == 2, ans = judge2[eq, y, x],
        True, Return["Not  available! "]];
    res=Cases[ans, {x0,type_}];
    If[Length[res]==0,res={{x0,"ordinary"}}];
    res]
```

(9) 方程中系数分母上的零点：

```
zeroPoint[eq_Equal] := Module[
    {eq1, tmp, sp = {}, yy, xx, nn},
    If[! isODE[eq], Return[sp]];
    eq1 = standardODE[eq];
    {yy, xx, nn} = getODE[eq1];
    tmp=PolynomialLCM@@Denominator[List@@eq1[[1]]];
    eq1=Variables[tmp];
    If[!MemberQ[eq1,xx],Return[sp]];
    Union[Join[sp, Solve[tmp==0]]]]
```

(10) 判断是否为常微分方程：

```
isODE[eq_Equal] := Module[
    {tmp, yy},
    tmp=Union[Cases[eq[[1]]-eq[[2]],a_.Derivative[_][yy_][_]→yy]];
```

```
    If[Length[tmp]==1,True,False]]
```

(11) 确定常微分方程的函数名，自变量和阶数：

```
getODE[eq_Equal] := Module[
    {lhs, yy, tt, nn, tmp},
    lhs=Expand[eq[[1]]-eq[[2]]];
    tmp=Union[Cases[lhs,a_.Derivative[_][yy_][_]→yy]];
    If[Length[tmp]≠1,Return[eq]];
    yy=tmp[[1]];
    tmp=Union[Cases[lhs, a_.Derivative[_][yy][tt_]→tt]];
    tt=tmp[[1]];
    nn=Max[Cases[lhs, a_. Derivative[nn_][yy][_]→nn]];
    {yy, tt, nn}]
```

(12) 判断函数是否解析：

```
isAnalytic[eq_Equal,y_:y,x_:x] := Module[
    {xs, nx, sols, ns, res, seri, ord, str, x0, sol, tmp, ii, jj},
    xs = zeroPoint[eq];
    nx = Length[xs];
    If[nx == 0, Return[No Singular Points!]];
    sols = Simplify[Coefficient[DSolveValue[eq, y[x], x], {C[1], C[2]}]];
    ns = Length[sols]; res = {   };
    For[ii = 1, ii ≤ ns, ii + +, sol = sols[[ii]];
    For[jj = 1, jj ≤ nx, jj + +, x0 = xs[[jj]];
        seri=Series[sols[[ii]],{x,x/.x0,10}];
        If[!FreeQ[seri,Exp[_]],str="essential singular point",
        If[ord=seri[[4]];
        ord≥0,str="analytic",str=ToString[ordNum[Abs[ord]]]<>"pole point"]];
        tmp={sol,x/.x0,str};
        AppendTo[res,tmp]]];
    res]
```

(13) 整数转序数：

```
ordNum[num_Integer] := Module[
    {tmp, n2o, str = "th"},
    n2o = <|1 → st, 2 → nd, 3 → rd|>;
    tmp = Mod[num, 10];
    If[0 < tmp < 4&&(num < 4||num > 20), str = n2o[tmp]];
    IntegerString[num] <> str]
```

(14) 将方程某项的系数归一化：

```
coef2one[eq_, term_] := Module[
    {lhs, c$s},
```

```
lhs = eq[[1]] − eq[[2]];
c$s = Coefficient[lhs, term];
If[Not[c$s === 0], Expand[Apart[lhs/c$s]] == 0, lhs == 0]]
```

(15) 定理 4.2：

```
theorem1[eq_, y_, x_] := Module[
  {p, q, p0, q0, eq1, lhs, n1, n2, α},
   eq1 = coef2one[eq, y''[x]];
   lhs = eq1[[1]] − eq1[[2]];
   {p, q} = Coefficient[lhs, {y'[x], y[x]}];
   n1 = Exponent[p, x, Max];
   n2 = Exponent[q, x, Max];
   p0 = Coefficient[Coefficient[lhs, y'[x]], x, n1];
   q0 = Coefficient[Coefficient[lhs, y[x]], x, n2];
   Which[
     p === 0&&q = ! = 0, α = Indeterminate,
     q === 0&&p = ! = 0, α = 0,
     n1 > n2 + 1, α = 0,
     n1 == n2 + 1, α = −q0/p0,
     True, α = Indeterminate];
     α]
```

(16) 定理 4.3：

```
theorem2[eq_, y_, x_] := Module[
  {p, q, p0, q0, eq1, lhs, n1, n2, α},
  eq1 = coef2one[eq, y''[x]];
  lhs = eq1[[1]] − eq1[[2]];
  {p, q} = Coefficient[lhs, {y'[x], y[x]}];
  n1 = Exponent[p, x, Min];
  n2 = Exponent[q, x, Min];
  p0 = Coefficient[Coefficient[lhs, y'[x]], x, n1];
  q0 = Coefficient[Coefficient[lhs, y[x]], x, n2];
  Which[
     p === 0&&q = ! = 0, α = Indeterminate,
     q === 0&&p = ! = 0, α = 0,
     n2 > n1 − 1, α = 0,
     n2 == n1 − 1, α = −q0/p0,
     True, α = Indeterminate];
     α]
```

A.5 第 7 章的专用函数

(1) KB 方法

```
KB[eq_Equal,ep_:ϵ] := Module[
   {lhs, deg, var, num, yy, tt, ig, ar, br, w0, ab},
   lhs = eq[[1]] − eq[[2]];
   deg = Max[Cases[lhs,c_.Derivative[n_][a_][θ_] → n]];
   var = Cases[lhs,c_.Derivative[n_][a_][θ_] → {a, θ}]//Union;
   num = Length[var];
   If[deg == 2&&num == 1,
      yy = var[[1,1]];
      tt = var[[1,2]];
      deg = yy[tt] → a[tt]Cos[b[tt]];
      var = yy'[tt] → −a[tt]w0Sin[b[tt]];
      w0 = Cases[lhs,aa_.yy[tt]/; FreeQ[aa, ep] → aa][[1]]^(1/2)//PowerExpand;
      ig = −Select[lhs, ! FreeQ[#, ep]&]/. ep → 1/. deg/. var;
      ar = Integrate[ig ∗ Sin[b[tt]], {b[tt],0,2π}] (−ep)/(2πw0) /. w0 → w0;
      br = Integrate[ig ∗ Cos[b[tt]], {b[tt],0,2π}] (−ep)/(2a[tt]w0π) /. w0 → w0;
      ab = Last[DSolve[{a'[tt] == ar, θ'[tt] == br}, {a[tt], θ[tt]}, tt]]/. {C[1] → a0, C[2]
                     → θ0};
      yy[tt]/. deg/. b → (w0# + θ[#]&)/. ab/. w0 → w0,
      eq
      ]
  ]
```

A.6 第 10 章的数值模拟程序

(1) 计算图 10.3.4 的程序

```
n = 100;
hc = 4.;
H0 = Table[hc, n];
H0[[50]] = H0[[50]] − 0.1;
H0[[51]] = H0[[51]] + 0.1;
H1 = H0;
a = 2;
tau = 1/a;
```

```
gama = 0.1; (* 可修改数值 *)
Vmax = 2.;
V[h_]: = Vmax (Tanh[h − hc] + Tanh[hc])/2;
t0 = 0; dt = tau; t1 = 10000; t2 = 10150;
H = Array[0&, {15, n}];
i = 1;
For[t = t0, t ≤ t2, t = t + dt,
   H2 = H1 + (gama − 1)tauV[H0] + (tau − 2gama * tau)V[RotateLeft[H0,1]] + gama * tau
                * V[RotateLeft[H0,2]];
   If[t > t1&&Mod[t, 10] == 0, H[[i, All]] = H0; i + +];
   H0 = H1; H1 = H2]
   ListPlot3D[H, DataRange → {{1,100}, {1,15}}, Mesh → {0,13}, PlotStyle → None, PlotRange
                → {{1,100}, {1,15}, {0,7}}, BoundaryStyle → None, Boxed → False]
```

(2) 计算图 10.3.5 的程序

```
n = 100;
hc = 4.;
H0 = Table[hc, n];
H0[[50]] = H0[[50]] − 0.1;
H0[[51]] = H0[[51]] + 0.1;
H1 = H0;
a = 2;
tau = 1/a;
gama = 0.2; (* 可修改数值 *)
Vmax = 2.;
V[h_]: = Vmax (Tanh[h − hc] + Tanh[hc])/2;
t0 = 0;
dt = 1/2;
t1 = 20000;
For[t = t0, t ≤ t1, t = t + dt,
   H2 = H1 + (gama − 1)tauV[H0] + (tau − 2gamatau)V[RotateLeft[H0,1]]
                + gamatauV[RotateLeft[H0,2]];
   H0 = H1;
   H1 = H2];
ListLinePlot[H0, Frame → True, PlotRange → {{1,100}, {1,7}}]
```

后　　记

渐近分析和奇异摄动方法是我国前辈科学家做出过突出贡献并产生重大国际影响的研究领域。钱伟长被誉为中国近代力学和国际奇异摄动理论的奠基人之一。他在 1947 年提出了圆薄板大挠度问题的摄动解法，还提出了合成展开法，对后续的研究产生了深远影响。郭永怀在 1953 年推广了 Poincaré-Lighthill 方法，应用于有边界层效应的粘性流问题，后被钱学森称为 PLK 方法。林家翘在 1954 年对双曲型微分方程问题提出了被称为解析特征线法的奇异摄动理论。他们对奇异摄动理论的发展做出了重要贡献。后来丁汝、谢定裕、梅强中、江福汝、苏煜城、林鹏程、林宗池等学者在奇异摄动理论的不同分支和应用领域中做出了各自的贡献，如改进摄动法、平均变分法、多重尺度法、KBM 方法、边界层校正法、奇异摄动数值计算方法以及微分不等式理论等。20 世纪 80 年代，钱伟长在国内大力推广奇异摄动理论。国外著名华人学者谢定裕、梅强中、易家训等也纷纷应邀回国讲学，他们的讲义也作为流体力学与应用数学讲座丛书结集出版。1980 年，柯朗数学研究所的丁汝教授主讲了为期半年的奇异摄动讲习班。国内也翻译出版了一批该领域的名著，如奥马列、林家翘、范戴克、奈弗、本德和奥斯扎戈等著名学者的专著。1979 年 5 月，钱伟长在上海主持举办了“奇异摄动理论讨论会”。全国奇异摄动学术研讨会自 2005 年以来已连续举办了多届，这个系列会议为国内外从事奇异摄动理论研究和应用的专家学者提供了一个交流最新研究成果的平台。2014 年，国内出版了张伟江主编的“奇异摄动丛书”，这是一套专门介绍奇异摄动理论及其应用的系列图书，系统地介绍了奇异摄动理论的起源、基本概念、经典方法、主要理论、当代发展以及实际应用。这表明渐近分析和奇异摄动方法仍是一个活跃的研究领域。

上海大学戴世强教授的课题组主要有两个研究方向：非线性水波和交通流理论。在水波理论研究中，渐近分析和奇异摄动方法是主要研究工具。在交通流理论中，跟车模型和流体力学模型中也要用到这些工具。戴世强教授师从郭永怀先生，在渐近方法方面有精深的造诣。他最先接触到计算机代数软件是 1991 年春在华盛顿大学柯朗数学研究所访问期间。同事看到他在手工计算矩阵特征值，就向他推荐了 Mathematica 软件，从此切身感受到计算机代数软件可以大幅度提高工作效率。这也是他将“渐近分析”这门课升级到“渐近分析和计算机代数”的主要原因。

后来我接着上这门课，到今年也将近二十年了。这是一门有难度的课程，也是最接近科研实战的课程。冯·卡门说过：教一门课或写一本书是学这门知识的最好方法。现在想起来，传统的授课或写书都是会忽略不少细节的，因为时间和精力有限，也不可能去验证每个知识点。“纸上得来终觉浅，绝知此事要躬行”，利用计算机代数，则有可能在一个更高的起点上实现这个目标。我萌生写一本以计算机代数为工具的教材的想法大概也有十年了。令人惊讶的是，早在 1999 年奈弗与其合作者就写了 *Perturbation Methods with Mathematica*。这本书介绍了摄动方法在非线性动力学方面的应用及其 Mathematica 实现（网上可以找到电子版，当时用的是 3.0 版），分享了很多有用的技巧。时隔多年，该书仍是一本很好的参考书。本书的写作就是受到了该书的启发。多年来，我一直有一个执念，就是希望将整个推导过程完全用

Mathematica 实现（甚至包括结果的理想显示形式），而不用中间跳步，但做到这些并不容易。有时候用 Mathematica 无法直接求解方程，只好直接引用了文献上给出的解，它确实满足方程，但不知道是怎么得到的。我更希望以合理的方式推导出期望的结果。另外，有些在人们看来比较简单的事情，对于软件而言却并非如此。直到最近几年，我感觉 Mathematica 12.0 版能够实现我绝大多数想法，尤其是一些新函数的引入。例如，对于渐近分析很有用的 AsymptoticLess 等函数（MMA 11.3 版引入）以及从数据中发现规律的 FindSequenceFunction（MMA 10.1 版引入）。对于我而言，现在有了本书作为配套教材，授课内容就不必拘泥于书中已有内容，还可以讲授一些新的内容和知识，如非摄动类方法，其中典型代表就是同伦分析法，相关可参考廖世俊教授(2006)的专著。

回想过往，我觉得自己与渐近分析和计算机代数软件有不解之缘。1993 年大学毕业时，我在杭州科技书店买到了本德和奥斯扎戈的《高等应用数学方法》（李家春等译）。同年，我考上复旦大学应用力学系的研究生，我记得开学典礼的时候，就坐在宋家骕教授旁边，他翻译了奈弗的《摄动方法导引》，他和戴世强教授还一起翻译过一本奈弗的摄动方法习题集。这两本书对初学者极其友好。后来陶明德教授教我们“应用数学方法”，用的是他和吴正老师编著的《高等工程数学》，其中有部分内容就是“奇异摄动方法”。后来我在复旦大学南区边上的旧书店淘到了奈弗的《摄动方法》（王辅俊等译）。在上海市应用数学和力学研究所工作期间，我也曾有幸见到过很多国际知名的应用数学家，如谢定裕先生、梅强中先生等，他们都是擅长渐近方法的名家。第一次接触计算机代数软件大概是在 1996 年，同学史一蓬拷贝给我一个软件 Derive。这个软件只有不到 200KB，放在一张 5 英寸软盘里。我尝试做了一下指数函数的 Taylor 展开，还真能行！我正式开始用 Mathematica 大概是 1997 年，同学麻伟巍让我用这个软件画一个喷嘴的形状。那时计算机代数软件远没有现在这么普及。一开始学习这方面的知识，我也在网上搜集资料。对我影响最大的是圣母大学的 McCready 教授用 Notebook 做的几个流体力学问题的课件，另外我在积分的渐近展开以及边界层问题的处理方面也学到了一些有用的技巧，在本书中也有所反映。最后值得一提的是，戴世强教授曾把一叠他与香港城市大学戴晖辉教授合作论文的 Mathematica 源程序（打印在穿孔的打印纸）交给我。这是我看到的唯一一份由专家完成的完整 Mathematica 代码，也保存至今。

往事历历常追忆，前尘似梦怀中萦。

这是我的第一本书，也是第一次用这么久的时间做一件事情。感谢妻子刘琼和儿子乐为，他们一起见证了本书的成书过程，正是有他们相伴，才让我体悟到生活的意义。

最后，我想把这本书献给我的父母。在我离开家上大学以后，父亲陆陆续续给我写了几十封信，它们一直伴随着我。而今父母虽然都已不在，但他们的谆谆教诲，我一直铭记于心。

董力耘

2024 年 9 月